长输管道压缩机组维修技术

赵赏鑫　王清亮　沈登海　田永文
郭小磊　徐　明　张　伟　肖　旺　编著
宋文强　颜项波　王立伟　魏和强
　　　　胡玉华　韩小虎　马彦宝

COMPRESSOR UNIT REPAIR AND MAINTENANCE
FOR LONG-DISTANCE PIPELINES

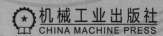
机械工业出版社
CHINA MACHINE PRESS

本书依托的西气东输管道工程已投产运行 20 多年，输送天然气约 10000 亿立方米，惠及 5 亿人口，有力地推动了国家的发展建设，也提高了人民生活水平。西气东输管道沿线的增压站是保障管道输气的重要节点，站内压缩机组作为天然气干线输气的"心脏"，其核心制造、维修、故障处理技术原本掌握在欧美国家手里，根据近 20 年管线压缩机组运行、维修的实践活动，我们突破了进口设备维修的"卡脖子"技术，且该自主维修技术近年来快速发展并被大力倡导，已成为我国能源领域安全、高效运行的重要支撑，是工程维修学科前沿领域。

目前大多数储运专业用书多聚焦经典的专业基础知识，无法快速跟踪行业的发展速度，也无法适应科研一线与工程实际对知识和技能应用的迫切需求。本书对输气压缩机组基本结构型式、工作原理与功能及其配套的辅助系统等开展了系统的讲解，将为油气储运领域技术人员开展相应设备的运检维技术奠定基础。

图书在版编目（CIP）数据

长输管道压缩机组维修技术 / 赵赏鑫等编著.

北京 ：机械工业出版社，2025. 1. -- ISBN 978-7-111 -77367-2

Ⅰ. TE973

中国国家版本馆 CIP 数据核字第 2025YV6065 号

机械工业出版社（北京市百万庄大街22号　邮政编码100037）

策划编辑：李小平　　　　　　责任编辑：李小平
责任校对：樊钟英　王　延　　封面设计：鞠　杨
责任印制：邓　博

北京中科印刷有限公司印刷

2025年6月第1版第1次印刷

184mm×260mm・42.5印张・2插页・1051千字

标准书号：ISBN 978-7-111-77367-2

定价：368.00 元

电话服务　　　　　　　　　　网络服务

客服电话：010-88361066　　　机 工 官 网：www.cmpbook.com
　　　　　010-88379833　　　机 工 官 博：weibo.com/cmp1952
　　　　　010-68326294　　　金 书 网：www.golden-book.com
封底无防伪标均为盗版　　　　机工教育服务网：www.cmpedu.com

　　本书围绕西部天然气能源通道不同类型燃气轮机、高速变频电机、压缩机，从简单到复杂，以现场检修实践为基础，剖析各设备的内部结构。各模块之间保持极强的相关性，自成一体，具有较强的工程实践价值。

　　作者拥有多年进口和国产大型离心压缩机组运行、维护检修、管理工作经历，精通燃气轮机驱动压缩机组中、大修技术，包括各类燃气发生器、动力涡轮转子、压缩机干气密封更换，特别是 GE、Siemens、Solar 燃气轮机现场叶片更换、热通道更换、内部轴承拆卸和更换，转子现场动平衡等检修技术。主导了 GE 燃气轮机 GS16 燃调阀的自主修复、国产化替代与测试应用等技术；主持了"天然气管线压缩机 15MPa 国产干气密封研制应用项目"，推进了国内干气密封的进步与发展；主持负责包括国家管网集团燃气发生器、Siemens 燃气轮机用燃调阀、甲烷回收等多项研发计划课题。

　　此外，作者有着多年的燃气轮机现场检修经历，自主开展"卡脖子"技术攻关，攻克了燃气轮机压气机、燃烧室、高压涡轮、动力涡轮等核心部件以及配套离合器、VSV 伺服系统、附件齿轮箱等辅助部件现场维修技术难题。

　　随着天然气管网全国一张网的形成，天然气压缩机组现场检修受到越来越多的关注并得到了快速发展。同时，站场压缩机组中的燃气轮机、高速变频电机、压缩机，是油气储运的常见应用场景。本书采用理论知识和现场实际相结合的方式，系统掌握天然气压缩机组的基本原理和应用检修场景，完成天然气压缩机组相关基础理论的学习和操作，熟练利用压缩机组剖分成零部件的大检修作业，加深理论知识要点的认知和理解，掌握通过天然气压缩机组内部结构分析方法处理疑难故障问题的能力，具备典型压缩机站场动力设备系统和部件设计能力以及处理复杂问题的素质及沟通协作能力。

　　本书的主要内容包括长输管道压缩机组概述；燃气发生器现场维修技术；动力涡轮现场维修技术；电机与变频器现场维修技术；离心式压缩机组现场维修技术；压缩机组辅助系统维护检修技术；压缩机组转子现场动平衡技术；天然气压缩机组新技术发展趋势；视情维修与状态维修技术；综合应用实例。

　　与同类书相比，本书根据天然气干线压缩机组运行和大中修检修的经历，独立设计并完成了国内为数不多、专门面向油气储运行业的新入职者或从业者的学习资料。本书基于先进设备的现场维修技术，建成了干气密封试验平台，便于进行现场模拟式的学习。本书更加注重航改型和工业性燃气轮机、高速变频电机、压缩机、相关配套系统的设计原理，并结合现场大中修、故障处理的实践知识培养学生、从业人员自行发现问题、分析问题并解决问题的能力，加强了学生的自学能力和创新能力。

在此向促成本书问世的我们的朋友们、领导和同事们、我的家人、机械工业出版社的编辑，表示由衷的感谢！第10章综合应用实例部分内容得益于现场故障处理同事，也向他们表示感谢！

限于作者的学识水平、时间和精力，书中可能存在疏忽和谬误之处，恳请广大读者及时指正！

沈登海

2024 年 3 月

目录
Contents

第1章 长输管道压缩机组概述

1.1 燃气轮机装置

燃气轮机装置简称燃气轮机，是一种完整成套的动力装置，是由压气机、燃烧室、透平，有时还有换热器等主要部件组成的回转式热机。

大多数燃气轮机采用开式等压循环，就是以空气作工质，用内燃的方式加热，并把废气放回大气来排热。热力循环中的压缩、加热与膨胀做功过程，分别由压气机、燃烧室（有时还有回热器）与透平分工，同时都在连续不断地工作。因此燃气轮机是一种续流式热机。以后各章节只介绍开式机组，不再提及其他形式的燃气轮机。

少数汽轮机采用闭式循环，工质在加压后用外燃方式（空气锅炉、原子能反应堆或其他热交换器）加热，膨胀做功后用热交换器排热，再周而复始，循环不息。闭式汽轮机可以采用非空气工质，例如氢气。蒸汽轮机动力厂实质上也是闭式"气"轮机的一种变相形式，它以水及其蒸汽作工质，用水泵代替压气机加压，用锅炉加热，用冷凝器排热。

有的燃气轮机同其他工业设备有工质上的联系，通称为工业过程式燃气轮机。例如在化工、冶金等工业过程中的压气机和乏气透平等，可以组成强化工艺过程或综合利用能量的燃气轮机。从广义上说，可以认为蒸汽燃气联合循环、内燃机增压器等也属于这个范畴。涡轮增压内燃机可以看作是燃气轮机与活塞式机械的联合形式。压缩过程（一部分或全部）、燃烧过程和高压膨胀过程是在活塞式机械内进行的间歇式过程。低压压缩过程有时在增压器中进行，而低压膨胀过程在废气透平中进行。

燃气轮机是将燃料蕴藏的化学能通过燃烧的方式转变为热能，然后部分转变为机械功（有用功）的旋转式动力机械（或装置）。如图1-1上部所示为一个典型的最简单的燃气轮机工作示意图。

燃气轮机以气体（通常为空气）为工质，工质首先被吸入压气机（或压缩机）内部进行压缩增压，压气机排出的高压工质进入燃烧室内部，与从外界喷入燃料进行掺混并燃烧增温，燃烧室出来的

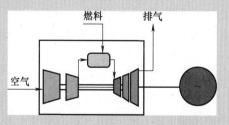

图1-1 燃气轮机工作示意图

高温高压燃气进入透平（或涡轮）中减压膨胀做功，使部分热能转变为机械能。做功完成后的排气（乏气）排向大气。由于高温高压燃气的做功能力增强，因此燃气在透平中所得

到的膨胀功除了提供给压气机压缩工质所消耗的压缩功外，还存在相当的剩余功率对外输出功（有用功）。

燃气轮机一般由压气机、燃烧室、透平、换热器等主要部件组成，具体的组成数目可以是多个，如由两个压气机、一个燃烧室、两个透平组成的双轴燃气轮机，由一个压气机、两个燃烧室、两个透平、一个换热器组成的单轴再热回热燃气轮机等。

根据燃气轮机有用功的输出形式不同，燃气轮机可以用于不同的用途。目前，燃气轮机广泛应用于国防、航空、工业、交通等的动力装置。而燃气轮机在地面则主要应用于地面发电、舰船动力、机车驱动、天然气输运以及化工、冶金、供热等方面。

燃气轮机所使用的燃料主要是天然气、轻油等，也可以使用重油、渣油等其他劣质燃料，现在更可以以煤为燃料。但是由于燃气轮机一般采用气体作为工质，因此除使用天然气外，使用液态燃料时必须进行雾化处理；而对重油、渣油等劣质燃料还必须进行预处理；而使用固体燃料如煤时，则必须进行气化处理等。

1.1.1 燃气轮机的发展历史

1. 1900 年以前

人们对燃气轮机向往已久，但由于社会生产能力的限制，20 世纪之前这个理想未能实现，仅有过一些零星的雏形创造。例如公元 690 年左右我国张遂（唐僧一行）曾用燃气激动铜轮；959 年前后，北宋以前，我国已有走马灯的创造；1550 年达·芬奇（Leonardo da Vinci）也曾设计过利用壁炉烟道中的烟气来转动叶轮等。至于有意识地根据热力循环知识来设计燃气轮机的活动，约在 18 世纪末才开始。1791 年巴贝尔（J. Barber）建议过用往复式压气机的汽轮机，但未能实现。1900 年前后，司徒尔兹（F. Stolze）、拉马尔（C. Lamale）和阿尔芒哥（R. Armengaud）等人分别试验了一些燃气轮机，可是都不能发出功率，未获成功。

20 世纪之前，冶炼工业还不能提供在足够高的温度和转速下运转的叶片材料，制造工艺也不能达到燃气轮机所要求的加工水平，人们对空气动力学的认识还不足以设计效率较高的压气机。因此，这些客观的社会生产能力限制了燃气轮机成功的可能性。此时要求较低的热机，如蒸汽机首先获得成功，它促进了第一次产业革命。通过产业革命，社会生产能力得到提高，为以后发展更新型的机械创造了条件。

燃气轮机工业是从蒸汽轮机和航空发动机两大工业发展而来的。燃气轮机对压气机的要求比通用的透平压气机高，对燃烧室的要求比锅炉高，对透平的要求比蒸汽轮机高，因此 20 世纪 30 年代以前虽经试验，但仍未获得实用。

2. 1900~1939 年

第二个历史阶段是从燃气轮机初步试验成功，发展到制造出有工业价值的装置，前后花了约 40 年时间。在这个阶段中，工业较先进的欧洲开始在冶炼工艺和空气动力方面有了提高，而具备了生产燃气轮机的条件。1907 年左右，法国涡轮机协会制造的燃气轮机获得了3% 的效率。同时，霍尔兹瓦斯（H. Holzworth）设计了 50 马力⊖等容燃烧式燃气轮机，它是第一台在工业上长期运转的装置。

⊖ 1 马力 = 0.735kW。

以后十年中，内燃机用的废气涡轮增压器得到了较多的注意和试验。1929 年起 BBC（曾改为 BST）制造了许多同蒸汽锅炉联用的增压燃气轮机，1936 年制成了石油工业在催化裂化过程中采用的增压燃气轮机，积累了较多的经验。到 1939 年，BBC 又制成了第一台功率较大的发电用燃气轮机，这台 4000kW 装置的效率达到 18%。同年 EW 公司（现并入 BBC）制造成功第一台闭式循环汽轮机，效率达 31.5%。同年 Heinkel 工厂的第一台涡轮喷气式发动机试飞成功。1940 年 BBC 又制成了第一台燃气轮机车，功率为 2200 马力，效率达 16%。

3. 20 世纪 40 年代

第三阶段是生产了第一代工业上实用的燃气轮机和喷气发动机，并积累了运行经验。在这个阶段中，燃气轮机工业和科学系统开始形成。在一些中等功率的动力用途中，第一代燃气轮机经受了考验，人们也得到了更多的经验。1947 年 MV 公司（现为 GEC）制造的第一台舰用燃气轮机试航。尤其是在 20 世纪 40 年代后期，航空上涡轮喷气发动机由于比活塞式发动机轻小、功率大，所以得到迅速发展，在军用飞机方面已获到了广泛的应用。

4. 20 世纪 50 年代

第四阶段中，工业用燃气轮机在上述许多机组的设计及运行经验之上研制出来。喷气发动机在航空工业中基本上取代了活塞式发动机，并且大量的航空结构设计经验被这些工厂用到运输式及固定式燃气轮机上去。它非但对陆海用燃气轮机的改革和发展起了决定性引导作用，而且对蒸汽轮机和透平式压气机工业也起了带动作用。这些轻型结构的燃气轮机在与根据蒸汽轮机传统设计的重型结构燃气轮机的竞争过程中，占了优势。同一时期，自 1950 年 Rover 公司第一辆燃气轮机汽车面市后，小功率燃气轮机获得了很大发展。由于小功率装置的技术周期比较短，较成熟的小功率燃气轮机也在这个阶段的后半期制造出来。

5. 20 世纪 60 年代

20 世纪 60 年代轻型结构燃气轮机的经济性和可靠性经受了考验，并被众所公认。喷气发动机被成批地改装成陆海用装置，单机功率已达 10 万 kW，像蒸汽轮机那样分散式的重型结构燃气轮机逐渐被淘汰。在这种情况下，苏、美、英三国决策更新海军，使舰艇燃气轮机化。1965 年美国又遇到东北电网大停电事故，损失惨重，因此各国电业界决定添建大批燃气轮机调峰应急发电机组。再加上输气、输油管线的建设以及中小功率燃气轮机的推广，故在 20 世纪 60 年代这十年中，陆海用燃气轮机功率总容量猛增 13 倍，其中大都以发展简单循环单轴、分轴机型为主。1970 年，全世界陆海用燃气轮机达到了 9500 万马力，其中 4500 万马力用于发电，800 万马力用于舰船。

6. 20 世纪 70 年代

20 世纪 70 年代，指标更高的新一代燃气轮机问世，实现了用电子计算机监视的遥控全自动化。透平进气温度近 1400℃，压比近 30∶1，开式简单循环燃气轮机效率高达 36%，回热式效率高达 38%，单机功率达 11 万 kW，多台喷气发动机燃气发生器组装，各配或合配一台动力透平，驱动一台发电机时，功率可达 16～35 万马力。1975 年陆海用燃气轮机已有 2.6 万马力，舰船用约占 2000 万马力。当时航机改型的已占陆海用燃气轮机中的 1/3 左右。这些改型机组同航机原型约有 70% 的零部件可以通用，其余 30% 的零件则需重新设计，以适应不同用途的要求，另外还要加配动力透平，所以航机改型的大修间隔有的已能超过 5 万小时。20 世纪 70 年代中期，由于产油国禁运石油，油价提高几倍，影响深远，西方国家工业萧条，用电量下降。且因燃气轮机效率不如蒸汽轮机和增压柴油机，高温燃气轮机又难以燃用重燃料，同时还由于某些国家空气污染严重，燃用劣质重燃料受到限制，故燃气轮机在西方电业界中的发展遇到困难，制造厂及用户大都希望发展与选用以高效为主的机型。为此，往往是新型航空发动机刚刚投产，就研制其陆海改型，以适应对高效率机型的需要。这个时期，海军和石油、天然气方面用的燃气轮机继续增长，坦克也开始正式采用燃气轮机。

7. 新一代燃气轮机计划

工业燃气轮机发展的特点主要是通过不断提高透平初温、增大压气机压比和完善部件设计以提高燃气轮机性能；未来的五十年，利用新材料、新技术的突破，再开发出两代新的燃气轮机。

从 20 世纪 70 年代开始，通过移植先进航空技术和汽轮机技术应用于工业及地面用燃气轮机，使得燃气轮机的性能不断提高。当今的燃气轮机参数已经达到最高水平：$T_3^* = 1260 \sim 1300℃$，压比 $= 10 \sim 30$，简单循环效率 $= 36\% \sim 40\%$，联合循环效率 $= 55\% \sim 58\%$。

预计 T_3^* 将会提高到 $1430℃$。当前的燃气轮机的技术特征：采用轻重结合结构、超级合金和保护涂层、先进的空冷技术、低污染燃烧、数字式微机控制系统、联合循环总能系统应用。

具体的燃气轮机性能参数特征为：$T_3^* < 1430℃$，简单循环效率 $< 40\%$，联合循环效率 $< 60\%$。当前，新一代的燃气轮机正在研制，其主要技术特点为：使用蒸汽冷却技术，高温部件材料以超级合金为主，但采用先进工艺（定向结晶、单晶叶片等）等改善合金性能。部分静止部件可能采用陶瓷材料，同时应用智能型计算机控制系统。

如 GE 公司正在研制的 GE37 喷气发动机：通过采用超级合金、陶瓷材料，可以使 $T_3^* = 1400 \sim 1500℃$，短时可以达到 $1600℃$。以及各公司的"H"型技术产品。通过蒸汽冷却，可保证 $T_3^* > 1430℃$。

同样，GE 的"G"型技术燃气轮机的性能参数为：$T_3^* = 1430℃$，单机功率 280MW，单机联合循环功率 480MW，联合循环效率 $> 60\%$。

未来更先进的燃气轮机也正处于设计构思阶段。该类型燃气轮机的重要特征将是基于采用革命性的新材料、发动机处于或接近于理论燃烧空气量条件下工作。此时，预计性能参数将达到 $T_3^* > 1600 \sim 1800℃$，冷却系统可能取消。而目前广泛使用的熔点为 $1200℃$、密度为 $8g/cm^3$ 超级合金被淘汰，新的高级材料预计为密度 $< 5g/cm^3$，且具有综合高温性能。

1.1.2　燃气轮机的特点

燃气轮机工业的两个基础是航空发动机和蒸汽轮机两大工业。这两类工厂的设计传统很自然地使燃气轮机在发展过程中形成两种具有明显差别的结构形式：轻型结构；重型结构。

这两种结构形式有许多不同特点，反映在单位功率机重的指标上大致是：轻型结构 $<$ $10kg/HP^{\ominus}$（英制，马力）；重型结构 $> 15kg/HP$。

这两派在燃气轮机工业发展的过程中，互相竞争对峙了二十年，至 20 世纪 60 年代，轻结构派在工业实践中取得了胜利。后来由于用航空发动机直接改型在海上陆地试用满意，故

$\ominus$　1HP $= 745.7$W。

较轻的燃气轮机又相继分成航机改型与工业型两支。后者目前也称为重负载型，可以认为是介于原来轻型与重型结构之间的产品设计型式。

目前，从蒸汽轮机工业发展起来的重结构燃气轮机已经淘汰。而轻结构燃气轮机中的两种类型，即工业型轻结构（现又称重载荷型）与 20 世纪 60 年代崛起的航空改装型燃气轮机又在相继竞争，目前还各有特点，有待进一步在实践中考验。最新一代的航机陆用改型燃用轻柴油或天然气的效率已近 36%，有的寿命已超过 2~5 万小时，而且可以利用航机的大量科研成果、生产线，成本低，故近年发展甚快。而工业型轻结构燃气轮机可以燃用较重的油料，寿命为 5~10 万小时。

燃气轮机同蒸汽轮机装置和内燃机相比较，具有下列优点：

（1）装置轻小

机重及所占容积往往只有蒸汽轮机或内燃机的几分之一或甚至几百分之一。消耗材料少，也更宜作移动式动力装置。且因厂房基建省，投资成本仅为蒸汽轮机动力厂的 20%~80% 或更少。技术周期短，从设计到投入运行有时只需几个月。

（2）燃料适应性强、公害少

可以燃用较便宜的燃料，如重油、煤气、核燃料。同一台机往往能燃用不同的液体和气体燃料而很少需要更换设备。排气比较干净，除 NO_x（氮氧化物）一项需要采取措施外，对空气污染较少。噪声也可控制在规定的范围内。

（3）节省厂用水、电、润滑油

不用水作工质，冷却水用量很少，可在缺水地区运转。厂用电极少，宜作无电源起动。润滑油很省。厂用电和滑油费只占燃料费的 1%，而蒸汽轮机或内燃机则要占 6%。

（4）起动快、自动化程度高

从冷车起动到满载只需几十秒到几十分钟，内燃机或蒸汽轮机装置起动到满载则往往需要几分钟到数小时。燃气轮机在严寒下也容易起动。并且自动化程度高，便于遥控，现场可不需要运行人员。

（5）维修快、运行可靠

设备简单，磨损件少，系列化、标准化、通用化程度高，能设计成单元体快装结构。运行可靠系数高达 99.5%，利用系数也可达 95%。维修费用只有蒸汽轮机装置或内燃机的80% 左右。

因此，燃气轮机的应用范围几乎遍及各个主要经济部门，可以说没有任何一种动力机械有这么多的应用方式。所以在以往 15 年中全世界陆海用燃气轮机总功率猛增了 40 倍。目前已大量采用燃气轮机的领域有：

空——占全面压倒优势。有涡喷、涡扇、涡桨、涡轴发动机及起动辅机。

海——舰艇加力机、水翼船、气垫船及海上钻采平台中占压倒优势；舰艇主机、巡航机及油船成批采用。

陆——峰载应急发电机、移动电站、移动式多用途综合能源（发电、机械动力、供压缩空气、供暖及制冷等）、输气、输油管线、油田动力及坦克等方面有压倒趋势，中间载荷电站、新建或改建燃气蒸汽联合电站、化工厂流程及动力、高速动车和机车发动机在成批采用。还在试用考验的有货船、汽车及基本载荷电站等。

1.1.3 燃气轮机在我国输气管道上的应用

随着我国天然气工业的迅速发展，在 20 世纪 90 年代以来，天然气管道建设进入了新的时期。先后建成了鄯乌（鄯善到乌鲁木齐）、陕京（靖边到北京）、靖西（靖边到西安）、靖银（靖边到银川）、涩宁兰（青海油田的涩北经西宁到兰州）、忠武（重庆忠县到武汉）、陕京二线及西气东输一线、二线、三线管道，目前西四线正在建设中。这些输气管道的建成对改善我国的能源结构、减少环境污染，起到了十分积极的作用。

为了提高输气管道的输气能力，必须在输气管道上设立增压站，通过燃气轮机或电机带动压缩机给天然气加压以克服摩擦阻力。

压缩机种类繁多，长输天然气管道压气站使用的压缩机，是天然气管道输送最核心的设备。管道压缩机一般分为往复式和离心式两种，需根据增压工况和安装地区的环境条件选择适用机型。压缩机组的选用，需要考虑适用功率、周围环境以及经济评价等因素，对驱动方式、功率大小、备用方式等进行比选。

往复式压缩机驱动方式包括天然气发动机和变频调速电动机，适用于工况不稳定、压力较高或超高、流量较小等场合。优点包括：总体热效率较高、能适应广泛的压力变化范围和超宽的流量调节范围、压比较高、适应性强。缺点包括：结构复杂、运动和易损部件多、外形尺寸和质量大、运转有振动且噪声大、需要频繁维护、保养和更换。

离心式压缩机的驱动方式包括变频调速电动机直联/增速齿轮箱驱动、定速电动机+液力耦合装置/行星齿轮装置驱动、燃气轮机直联/增速齿轮箱驱动。其单机功率较大，效率较高，压比较低，适用于输气量较大，且流量波动幅度不大变化范围（70%～120%）的工况。离心式压缩机的主要特点包括：无往复运动部件、排气压力稳定、转速高排量大、运行平稳、振动较小、运行管理和维护保养简单、使用期限长、可靠性高、可直接与驱动机联动、便于调节流量。缺点包括：压比低、对输气量和压力波动适应范围小、低输量下易发生喘振、热效率低。

往复式压缩机更多地应用于气田内部、储气库管网以及口径较小的支线管道，单机功率 2500kW 以上的往复式压缩机组在国外长输管道的使用较为罕见，我国也仅在早期建成的少数管道中使用过。离心式压缩机更适于输气量大、工况相对稳定的场合，按照目前国内外新建长输天然气管道的高压、大口径、大流量的发展趋势，离心式压缩机将得到更广泛的使用。

1.1.4 燃驱压缩机组

自 20 世纪 50 年代起，燃气轮机成为中等至大功率范围天然气管道增压站中使用最为广泛的驱动机。燃气轮机按用途可分为航空、船舰和工业用三类，工业用燃气轮机主要包括重型燃气轮机和航改型的轻型燃气轮机。长输天然气管道压缩机的驱动燃气轮机主要使用航改型燃气轮机和一部分中小功率的重型燃气轮机，这些机组的结构介于轻型航空发动机和重型陆用固定式之间，既具有航空发动机经济性高、轻便灵活、体积小、启动快等优点，又具有重型结构可靠性高、寿命长的优点。

按转子数目划分，燃气轮机可分为单轴、双轴和多轴结构。不同轴系形式的燃气轮机结构、性能和应用范围有所差异。单轴机组适合于恒速运行工况，多用于发电设备。双轴和多轴更适合于驱动变转速负荷机组或作为牵引动力，在管道增压应用中多采用此类燃气轮机，其动力输出轴转速可变，可向压缩机提供一定范围内可调节的转速，以适应不同的工况。

由于燃气轮机驱动压缩机组使用所输的天然气作为燃料，不受管道所经过的各种外部环境的限制，因此得到了广泛应用，在环境较差、偏远地区占有绝对优势。

燃气轮机与其所驱动的离心压缩机及辅助系统合称为燃驱压缩机组。燃气轮机的主要辅助系统包括空气系统、燃料气系统、启动系统、润滑油系统、清洗系统、箱体通风系统、变几何控制系统、点火系统、火气（消防）系统等。离心式压缩机的主要辅助系统包括工艺气系统、后空冷系统、干气密封系统、润滑油系统、仪表风系统、防喘及机组控制系统等。

1. GE 公司 LM2500+SAC 燃气轮机

LM2500+SAC 燃气轮机（Gas Turbine, GT），主要由燃气发生器（Gas Generator, GG）+动力涡轮（Power Turbine, PT）组成，主要部件包括：进气过滤器室及进气道、压气机前机匣（Compressor Front Frame, CFF）17 级高压压气机（High-Pressure Compressor, HPC）、压气机后机匣（Compressor Rear Frame, CRF）、燃烧室部件（Single Annular Combustor, SAC）、高压涡轮（High-Pressure Turbine, HPT）、涡轮中机匣（TMF）、附件齿轮箱、2 级高速 PT、排气蜗壳及烟道、箱体部分及辅助系统、GG 由 17 级 HPC、单环形燃烧室、2 级 HPT、附件齿轮箱、调节装置和附件设备组成。

燃气发生器运行时，空气由压气机进口进入。在压气机中，空气压力最大能被压缩到进口压力的 21.5 倍。压气机前 7 级的进气导叶的角度可以按燃气发生器的转速和进气温度来改变（可调导叶），导叶位置的改变使压气机可在较宽的转速范围内有效地运行，保持有一个有效的喘振裕度，导叶位置是由转速传感器和伺服阀来控制的。

压气机的前部由滚柱轴承支撑，轴承在压气机前机匣轴（A 收油池）。压气机静叶安装在压气机机匣上，而转子的后端由滚珠轴承和滚柱轴承支撑，轴承在压气机后机匣 B 收油池内。压气机静叶由前、后外部两个部分组成，静叶上安装有可调导叶和固定导叶。涡轮中机匣具有支撑高压涡轮静叶机匣和后端的滚柱轴承。

空气由燃气发生器进气道经过压气机前机匣的入口导向器叶片进入高压压气机。压气机的前 7 级定子叶片为安装角度可调节叶片（Variable Stator Vane, VSV），其每级流向下一级的气体进气角度可以调节。压气机的后十级定子叶片为全固定叶片，其每级流向下一级的气体进气角度不变。压气机最后一级出口气体直接进入燃烧室。

该机组燃烧室为环形，燃烧室外机匣前沿圆周方向安装有 30 个分管型燃烧器。每个燃烧器进入的燃料气与进入燃烧室的空气混合燃烧、掺冷，直接进入高压涡轮，吹动高压涡轮转动。旋转的高压涡轮反过来通过轴驱动高压压气机旋转，以维持自循环运行。

动力涡轮由两级转子、静叶和一个涡轮后机匣组成。燃气发生器后法兰直接与动力涡轮进口端法兰连接。燃气发生器排出的低压燃气驱动动力涡轮，旋转的动力涡轮通过输出轴将转矩经过联轴器传递给离心式压缩机。

2. 西门子公司 RB211-24G 燃气轮机

RB211-24G 燃气发生器由 RB211 涡扇航空发动机改型而成。在形式上去掉了航机的低压转子，该低压转子由前置风扇和低压涡轮构成，保留了中压转子和高压转子，并加以改型设计。该燃气发生器的目的就是为了给动力涡轮入口提供持续不断的大流量的高温高压燃气。

RB211-24G 燃气发生器在结构上仍然采用航机 RB211 发动机模块化设计的单元体结构形式，主要分成五大单元体：01 号单元体——进气机匣，02 号单元体——中压压气机，03 号单元体——中机匣，04 号单元体——高压系统，05 号单元体——中压涡轮。除以上五个单元体之外，还把装在燃气发生器上的燃料气管、振动探测装置、润滑油管、热电偶和导线、防喘装置等附属控制系统统合为 06 号非单元体。具体如下：

01 号单元体——进气机匣由前整流罩、进气延伸段、进气机匣、中压压气机前轴承座、可调进气导向叶片等组成。

02 号单元体——中压压气机对吸入燃气发生器的空气首先进行初压缩，并将压缩后的空气经中介机匣单元体送入高压压气机进一步压缩。中压压气机包括一个由转子鼓筒和 7 级叶片组成的转子以及一个带 6 级静叶的压气机机匣。

03 号单元体——中介机匣包括中压压气机后轴、定位轴承、液压启动马达和内齿轮箱等部分组成。中介机匣为一环管形机匣，前端固定到中压压气机后端，中介机匣为中压和高压压气机之间的过渡段，为中压和高压压气机定位轴承提供支撑。中介机匣前端装有中压压气机排气导向支板，环形通道内有 10 个空心支板支撑。

04 号单元体——高压系统由高压压气机、燃烧系统和高压涡轮组成。高压压气机将来自中压压气机的空气进一步增压，然后供入燃烧系统。高压压气机是一个 6 级轴流式压气机，由一个转子鼓筒和 6 级转子叶片构成并由一个单级涡轮驱动。转子鼓筒包括三部分：前面部分包括第 1 和第 2 级，中间部分是第 3 级，后面部分则为第 4~6 级。转子鼓筒的后部与高压涡轮组件的前安装边相配。1 级盘与高压曲线联轴器相连，受高压定位轴承（在 03 单元体中）的支撑。高压压气机转子由分开的外机匣组件包住，这个组件支承 5 个级的静叶叶片。第 6 级静叶，即出口导流叶片，是 04 单元体组件整体的一部分。高压压气机机匣包括 6 个相互分离的外机匣组件和 5 个级的耐腐蚀钢制静叶叶片，静叶叶片的叶根安装到各自独立的对开护板环上。外机匣组件通过螺栓与外叶根固定在一起，外叶根安装在两个相邻机匣之间。前后衬圈装入到外机匣的叶片定位槽中。燃烧段的环形燃烧室，包容并支持在燃烧段内机匣内。通过内机匣将压气机空气导入燃烧室，整个组件包含在一个独立的外机匣内。在燃烧室外机匣的前端和后端制有安装边，分别用来安装中介机匣和中压涡轮机匣。18 个燃料喷嘴的定位衬套用螺栓安装在它们各自的沿机匣圆周分布的安装座上。环形燃烧室包括前火焰筒、后火焰筒和外火焰筒。高压涡轮转子向高压压气机提供驱动转矩，并通过一根轴连接到压气机上。在轴上装有高压涡轮前空气封严装置的旋转件。连接到涡轮盘后端面上的是后空气封严装置和形成高压滚柱后轴承内座圈的短轴。高压涡轮叶片的叶型有整体的叶冠和封严齿，在圆周形成封严环，防止燃气通过叶端泄漏。叶片根部是枞树形榫头，装在盘的相应部分，通过位于盘和叶根槽中的定位板来固定。

05 号单元体——中压涡轮包括中压涡轮转子、中压涡轮机匣以及驱动中压压气机的中压涡轮轴。单级中压涡轮是一个动平衡组件，包括有主轴、短轴和安装叶片的涡轮盘。该涡轮外机匣内安装有中压导向器叶片以及高压和中压滚动轴承座组件，它们通过径向支撑板被固定到机匣上。

RT62 动力涡轮是将燃气发生器产生的高温燃气中的能量转化为机械能。RT62 动力涡轮有两级，主要由涡轮支撑、轴承罩、转子轴、涡轮叶轮和喷嘴导向叶片、轴承、扩压器、排气罩、传动设备联轴器等组成。

3. Solar 公司 Titan130 燃气轮机

Titan130 是一个两轴、单循环轴流式燃气轮机，由附属传动齿轮箱、空气进气装置、压气机、扩散器和燃烧室、高压燃气涡轮、动力涡轮和排气系统等组成。

附属传动装置是一个整体的变速齿轮箱。该附属传动装置装在压气机进口端，在正常工作期间由压气机转子轴驱动，在启动期间由启动器进行驱动。附属传动装置上面装有启动器装置、润滑油泵和其他辅助设备。

空气进气装置的进气管道，装在压气机组件的前端，它能改变空气由径向流动方向为轴向流动进入压气机。进气装置上的一个环形开口被一个进气筛网盖住，防止固体异物进入燃气发生器压气机进口。空气进气装置上的前支撑轴承箱，装有燃机压气机止推轴承、径向支撑轴承等。

压气机机匣包括压气机前机匣和可调静叶叶片组件、后机匣和静叶叶片。压气机转子包括转子鼓、转子叶片及前后轴。压气机机匣的前部装有 6 个可调静叶叶片装置。叶片旋转角度通过装在压气机机匣右侧的一个线性控制电子调节器来调节。

压气机扩散器/燃烧室组件用螺栓连到压气机机匣后法兰和第三级喷嘴组件前端。压气机扩散器是扩散器/燃烧室组件的前部分，包括压气机轴承支座、燃料气总管、燃料喷嘴、润滑油供油管、润滑油排放管和空气溢流管等装置。压气机排出的气体进入扩散器室，然后进入扩散器/燃烧室组件。燃烧室和扩散器在 Titan130 中是一个整体，扩散器占据燃烧室的进气侧，燃烧室组件在其后端。

燃气涡轮位于压气机燃烧室后、动力涡轮前，主要包括第一级导向喷嘴、第二级导向喷嘴和两级涡轮转子等组件。第一级涡轮导流盘组件用螺栓固定在燃机轴承支座上的轴承端盖上。涡轮导流盘组件由一个前涡轮式喷嘴和活塞环组成。前涡轮式喷嘴同一个空气动力条的叶片形成改变冷却空气的路径。第一级涡轮喷嘴组件由带密封条的喷嘴组、滑动环、传递管和喷嘴支撑环等组成，喷嘴组每组包括两个叶片。传递管安装在每个喷嘴组上，传递冷却空气冷却每个叶片。轮叶是空气内冷却的，采用的是冷却空气收集和转换冷却技术。叶片后缘附近的一排孔用于膜冷却。喷嘴支撑环把喷嘴组装在一起，支撑环装在涡轮室。

动力涡轮和排气系统由两级动力涡轮转子、动力涡轮轴承腔、第三级喷嘴和第四级喷嘴组件、排气蜗壳等组成。动力涡轮前部和后部均由轴承支撑，动力涡轮轴向力被推力轴承吸收。第三级喷嘴安装在燃气涡轮和动力涡轮支撑轴承腔之间。涡轮排气蜗壳位于支承动力涡轮轴承的后端，接收动力涡轮组件的轴向废气，并将其转向径向方向，其表面温度高的外部区域都覆盖着一层绝缘的保温材料，以减少散热。

1.2　燃驱型压缩机组工作原理及基本组成

长输管道压缩机组是一种叶轮机械，它以连续流动的流体为工质，以叶片为主要工作元件，实现工作元件与工质之间能量转换，安装于管道沿线的压气站场，用于提高天然气长输管道气体压力、补充天然气沿管道输送消耗的能量而设置的增压设备，其动力源分为电力（电机）和燃气轮机两类。其中电驱型压缩机组主要由高压变频器、高压电机和离心压缩机及其附属系统组成，燃驱型压缩机组主要由燃气发生器、动力涡轮和离心压缩机及其附属系统组成。

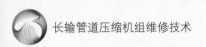

1.2.1 燃气发生器

燃气发生器是一种高速旋转的叶轮机械，以连续流动的气体作为工作介质，通过加注燃料，将燃料的热能转变为高温高压燃气的动能，带动叶轮高速旋转，产生输出功的动力装置。其基本工作过程是：压气机（即压缩机）连续地从大气中吸入空气并将其压缩，压缩后的空气进入燃烧室，与喷入燃料混合后燃烧，成为高温燃气（烟气），随即流入燃气透平（涡轮）中膨胀做功，推动透平叶轮带着压气机叶轮一起旋转；加热后的高温燃气做功能力显著提高，推动燃气透平带转压气机的同时，还有余功作为燃气轮机的输出机械功。燃气轮机由静止启动时，需要启动机带着旋转，待加速到能独立运行后，启动机脱开而停止。

燃气发生器一般由轴流式压气机（也有离心式的）、燃烧室和高压涡轮构成，并带有自动控制系统和其他辅助系统，其中：

压气机是由高压涡轮驱动压缩空气，将机械功在其中变成不断流动着的气体的势能（压头）或为燃气轮机中增加工质压力的一个部件。

燃烧室将燃料的化学能变成燃烧产物热能的燃料燃烧设备，其作用是将压气机排出的工质气体变成高温燃气，实现热功转换。

高压涡轮是将燃烧产物（热燃气）在其中不断膨胀，将工质热能转化成旋转轴机械功的机械。

燃气发生器辅助系统一般由润滑油系统、燃料气系统、启动系统、空气冷却及密封系统、涡轮控制及保护装置、在线/离线水洗系统、通风系统、消防点火系统、空气入口过滤器系统组成。各辅助系统主要功能如下：

（1）合成润滑油系统

用于润滑和冷却燃气发生器转子轴承、附属齿轮箱，还可用于 VSV 系统，提供 VSV 系统动作用油。

（2）燃料气系统

用于消除降低气体热值的固体或液体杂质，提供燃烧时气体所需压力和温度条件。

（3）启动系统

用于机组点火前，为燃气发生器压气机吹扫、运行、检修、测试等提供机械动力。

（4）冷却密封系统

用于为压气机运行过程中轴承、高压涡轮、动力涡轮提供冷却和密封用气，也有一部分用于进气系统冬季防冰使用。

（5）控制保护系统

通过对运行温度、振动、压力、转速等运行参数的采集、计算，提供给燃机正常运行的控制变量，及运行安全报警、联锁停机等保护功能。

（6）水洗系统

当压气机运行效率降低时，通过对压气机内部喷入含有清洗剂的水溶液完成浸泡、清洁、烘干等过程，清除压气机叶片上的积垢等异物。

（7）通风系统

主要功能为燃机箱体内部提供冷却及通风用气，用于燃机表面冷却、可燃气体吹扫等。

（8）消防系统

紧急情况下为燃机箱体内部着火提供紧急灭火功能，主要由火焰检测器、温升传感器、二氧化碳灭火剂等组成。

（9）进气系统

为燃气发生器提供清洁干净、安全的空气，提供压缩、燃烧、冷却等方面的洁净空气。

1.2.2　动力涡轮

动力涡轮从燃气发生器排出的热燃气摄取能量，从而驱动动力涡轮上连接的各种设备（如压缩机、发动机等）等，将热功转换为旋转的机械能。

动力涡轮一般由涡轮组件、流通组件、支撑组件、轴承箱组件、附属系统、监测系统组成，各组件主要功能如下：

（1）转子组件

转子组件包括有一个长钢轴，带有止推盘、测速齿轮和两级涡轮盘。转子组件将燃气发生器产生的燃气热能和速度能变换为旋转的机械能。动力涡轮设计成悬臂转子，转子总成由安装在轴端部的轴颈轴承支撑。

（2）流通组件

每级动力涡轮由涡轮叶轮和静叶叶片组成，涡轮叶轮包括轮盘和涡轮叶片。热燃气从燃气发生器中排出，通过一级导向叶片将热燃气以最佳角度和速度冲击一级涡轮叶片，然后经过同样的过程，导入二级涡轮叶片，在热燃气通过涡轮叶片总成而导致压力下降的过程中，能量被提取出来，输出机械功，驱动压缩机组做功。通过二级涡轮后热燃气的压力只比大气压力略高，再被导入排气段（排气扩压器）被热回收系统利用或通过烟道直接排入大气中。

（3）支撑组件

用于承载动力涡轮、燃气发生器重量，调整安装位置。

（4）轴承箱组件

轴承箱用铸铁制成，内装有涡轮轴、径向轴承、止推轴承、振动传感器以及润滑油管路。整个壳体悬垂在后支架上，沿支架中心水平放置，朝向涡轮的进气端。

（5）附属系统

动力涡轮附属系统有冷却封严系统和润滑油系统，主要功能是轮缘冷却、油气封严及轴承润滑，其密封形式主要有级间梳齿密封、叶顶蜂窝密封等。

（6）监测监视系统

动力涡轮上装有轴位置与振动、轴承瓦块温度、速度监测和超速保护系统等一些监视监测设备，通过监测装置上发出的信号来保证设备正常运转及安全保护。

1.2.3　离心压缩机

离心压缩机是一种叶轮旋转机械，气体由吸气口进入，通过旋转叶轮对气体做功，提高气体的压力、温度和速度，进入扩压器，从而提高气体的压力。它是以连续流动的天然气流体为工质，以叶片为主要工作元件，实现工作元件与工质之间的能量转换，实现将机械能转变成流体动、势能。

离心压缩机由压缩机主体及其附属系统组成。压缩机主体主要由静叶和转子组成，转子部件由一些可以转动的零部件组成，如转子轴、轴承、叶轮、推力盘、平衡鼓等，静叶部件

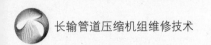

由不能转动的零部件组成，如壳体、机匣、流道、扩压器等。

1.2.3.1 主机部件

1. 壳体

离心式压缩机的壳体结构主要有水平剖分型和垂直剖分型两种。水平剖分型的壳体分为上、下两半，出口压力一般低于 7.85MPa，是用途最广泛的一种结构型式。

垂直剖分型也称筒型，壳体是圆柱形整体，两端采用封头。这种结构最适用于压缩高压力和低分子量、易泄漏的气体，能承受较高的压力。

公司天然气管道压缩机壳体为筒形，两端离心压缩机剖面盖用连接螺栓与筒形缸体连成一个整体，隔板与转子组装后，用专用工具送入筒形缸体。隔板为水平剖分，隔板与隔板由连接螺栓连成一个整体。检修时需打开端盖，将转子和隔板同时由筒形缸体拉出，以便进一步分解检修。

该机筒形缸体、端盖、隔板和主轴多用碳钢或合金钢制作而成。叶轮为碳钢或合金钢组焊件。该类压缩机最高工作压力可达 70MPa。

2. 转子

转子是高心式压缩机的主要部件。它通过旋转对气体介质做功，使气体获得压力和速度能。转子由主轴以及套在轴上的叶轮、平衡盘、推力盘、联轴器和卡环等组成。

转子是高速旋转组件，必须有防松的技术措施，以免运行中产生松脱、位移，造成摩擦、撞击等事故，转子组装时要进行严格的动平衡试验，以免消除不平衡引起的严重事故。

转子上的各个零件用热套法与轴连成一体，以保证在高速旋转时不至松脱。为了更可靠起见，叶轮、平衡盘和联轴器等大零件还往往用键与轴固定，以传递扭矩和防止松动。有的叶轮不用键而用销钉与轴固定。

转子上各零、部件的轴向位置靠轴肩（有时还有套筒）来定位。转子上各部件的轴向固定，是把两个半环放入轴槽中，然后被具有过盈的热套卡环夹紧。

3. 叶轮

离心式压缩机的叶轮又称工作轮，是使气体提高能量的唯一元件。叶轮按其整体结构可分为开式、半开式和闭式三种，压缩机中实际应用的是半开式和闭式两种。叶轮随叶片出口角 β_2 的不同，可分为前向叶轮（不采用）、径向叶轮和后向叶轮。公司压缩机组叶轮均为闭式叶轮。

4. 扩压器

常在叶轮后设置流通面积逐渐扩大的扩压器，用以把速度能转换为压力能，以提高气体压力。

离心式压缩机的扩压器分无叶扩压器和叶片扩压器两种。无叶扩压器效率较低，但结构简单，同一无叶扩压器可与不同出口角的叶轮匹配工作。对于工况变化较大的情况，采用无叶扩压器较好。

具有相同扩压度时，叶片扩压器的径向尺寸比无叶扩压器小，对于工况变化小的情况，为了提高效率，以采用叶片扩压器较好。

5. 轴封

在离心式压缩机的各级之间和主轴穿过机壳处，为了防止泄漏，安装轴封装置。轴封型式有迷宫密封、浮环油膜密封、机械密封和干气密封等。

迷宫密封是在密封体上嵌入或铸入或用堵缝线固定多圈翅片，构成迷宫衬垫。

由于浮环油膜密封具有摩擦小、安全、自动对中，以及漏油量少等优点，因此特别适用于大压差、高转速的离心式压缩机。

机械密封，由动环和静环组成的摩擦面，阻止高压气体泄漏。密封性能好，结构紧凑，但摩擦副的线速度不能太高，工作时所需高于被密封的内部气体的润滑油压，要比采用浮环油膜密封时高。机械密封一般在转速 $n \leqslant 3000 \mathrm{r/min}$ 时采用。机械密封可适用于大多数气体，但它主要是用于清洁的气体、重烃气体和冷剂气体等。

干气密封是一种新型的非接触机械密封，与其他接触式机械密封相比，具有泄漏量少、摩擦磨损小、寿命长、能耗低、操作简单可靠、维修量低、被密封的流体不受油污染等特点。此外，干气密封可以实现密封介质的零逸出，从而避免对环境和工艺产品的污染，密封稳定性和可靠性明显提高，对工艺气体无污染，密封辅助系统大大简化，运行维护费用显著下降。

离心式压缩机轴封包括迷宫密封（级间密封等）、浮环密封（滑油系统）和干气密封等。

6. 推力盘

由于平衡盘只平衡部分轴向力，其余轴向力通过推力盘传给止推轴衬上的推力块，实现力的平衡。

7. 联轴器

联轴器是驱动轴与被驱动轴相互连接的一种部件。离心式压缩机靠联轴器与驱动轴连接传递转矩，对联轴器的要求是：

1）对运转时两转子中心产生的偏差有一定的调心作用。

2）联轴器采用锥形与轴配合，更换轴端密封件时，联轴器拆装方便。

3）安装联轴器轴端，轴颈不宜过长，以免影响转子的弯曲临界转速。

4）计算轴系扭转临界转速时，需计算或测定联轴器的刚度，改变其刚度可调整轴系的扭转临界转速。

1.2.3.2　附属系统

离心式压缩机的辅助系统主要有以下几个。

1）润滑油系统：主要包括油箱、油过滤器、油冷却器、安全阀、单向控制阀、油泵、驱动机和压力表等。

2）干气密封气：主要包括过滤器、加热器、安全阀、止回阀、增压泵及相应的电动机（或气动泵）、管路和接头等。

3）其他辅助系统：如联轴器、轴向位移、振动监测仪表、油雾分离器、高位油箱等。

1.2.4　燃驱型压缩机组基本结构与参数

长输管道压缩机组绝大部分使用离心式压缩机，按压缩机驱动方式，可分为电驱型离心式压缩机组和燃驱型离心式压缩机组。先期的管道压缩机组基本都是燃驱型，近年来由于国内电力条件大为改善，新管道压缩机组基本均采用电驱型压缩机组。

目前国内压气站的压缩机组大部分采用德国西门子（Siemens）公司和美国 GE 公司的产品，上述两家公司的燃气轮机功率为 30MW 等级。国内生产的 30MW 级燃气轮机已经在西气东输三线上实现工业性应用，由中船重工 703 所生产。在陕京一线和涩宁兰线等较小口径管道有少量美国 Solar 的燃气轮机，功率范围在 4~15MW 之间。

国家石油天然气管网集团西部管道公司目前共有各型燃驱机组 60 台，电驱型机组 23 台，分布于西气东输一线、二线、三线、轮吐线共 16 个站场。燃气轮机制造厂家和型号包括 GE 公司 PGT25+SAC（31 台）、Siemens 公司 RB211-24G/RT62（22 台）、中船重工 703 研究所 CGT25-D（3 台），共 3 家。

1.2.5 燃驱型压缩机组

1.2.5.1 PGT25+燃气轮机+PCL800/PCL600 型

1. PGT25+型燃气轮机

美国 GE 公司生产的 PGT25+燃气轮机由 LM2500+高速动力涡轮（High Speed Power Turbine，HSPT）组成（见图 1-2 和 1-3）。燃气发生器主要部件为压气机前机匣（Compressor Front Frame，CFF）、17 级高压压气机（High-Pressure Compressor，HPC）、压气机后机匣（Compressor Rear Frame，CRF）、燃烧室部件（Single Annular Combustor，SAC）、高压涡轮（High Pressure Turbine，HPT）、涡轮中机匣（Turbine Mid Frame，TMF）和附件齿轮箱。

进气道和中心锥体安装在压气机前机匣前部，机匣框架为 LM2500+燃气轮机中的高压压气机转子轴承、压气机静叶、高压涡轮转子和动力涡轮转子提供支撑。压气机的前部由 3 号滚柱轴承支撑，转子的后端由 4 号滚珠轴承和 4 号滚柱轴承支撑。压气机静叶由两个前部外壳部分和后部外壳部分组成，其中装有可调叶片（VSV）和固定叶片。中机匣的 5 号滚柱轴承为高压涡轮静叶后端提供支撑。高速动力涡轮为两级，由低压涡轮静叶机匣和涡轮后机匣组成，由燃气发生器排气驱动。燃气发生器的启动由液压马达拖动，当燃机点火成功，达到自持转速后，通过超越离合器自动分离。其基本参数见表 1-1。LM2500+燃气发生器总貌、内部剖面见图 1-2 和图 1-3，HSPT 动力涡轮内部剖面见图 1-4。

表 1-1 PGT25+燃气轮机结构与参数

序号	名称或参数	数值或描述
1	生产制造厂家	GE 公司
2	ISO 功率/MW	31.372
3	循环方式	简单循环
4	运行方式	连续运行
5	转子转向	顺时针方向（由后向前看）
6	输出轴最低运行转速/(r/min)	3660
7	ISO 工况下额定运行转速/(r/min)	6100
8	输出轴最高连续运行转速/(r/min)	6405
9	机组跳闸转速/(r/min)	6710
10	GG 第一临界转速/(r/min)	1000
11	GG 第二临界转速/(r/min)	2500

（续）

序号	名称或参数	数值或描述
12	GG 第三临界转速/(r/min)	14160
13	轴系	单轴
14	压气机转子型式	装配式
15	转向	CW（顺时针方向）
16	压气机级数	17
17	压气机型式	轴流式
18	压气机压比	23：1
19	压气机气缸组合型式	径向分开式
20	压气机转子叶顶最大速度/(m/s)	415.2
21	燃烧室型式	单个环形
22	透平转子型式	装配式
23	透平缸组合型式	径向分开式
24	高压透平级数	2
25	低压透平级数	2
26	高压透平叶顶最大速度/(m/s)	478.3
27	低压透平叶顶最大速度/(m/s)	478.6
28	压气机转子叶片材料	Ti-6A1-4V A286
29	压气机静叶叶片材料	Ti-6A1-4V A287
30	压气机转子轴材料	INCONEL 718
31	高速透平第一级喷嘴材料	N5
32	高速透平第一级叶片材料	N5
33	高速透平第一级轮盘材料	INCONEL 718
34	高速透平第二级喷嘴材料	RENE125
35	高速透平第二级叶片材料	RENE80
36	高速透平第二级轮盘材料	INCONEL718
37	低速透平第一级喷嘴材料	FSX414
38	低速透平第一级叶片材料	INCONEL738
39	低速透平第一级轮盘材料	M152
40	低速透平第二级喷嘴材料	FSX414
41	低速透平第二级叶片材料	INCONEL738
42	低速透平第二级轮盘材料	M152

（续）

序号	名称或参数	数值或描述
43	燃烧室材料	HASTELLOY X & HAYNES 188
44	GG 径向轴承型式	滚柱式
45	GG 径向轴承制造厂家	GE 公司
46	GG 推力轴承型式	滚珠式
47	GG 推力轴承制造厂家	GE 公司
48	PT 径向轴承型式	可倾瓦块式
49	PT 径向轴承制造厂家	GE 公司
50	PT 推力轴承型式	可倾瓦块式
51	PT 推力轴承制造厂家	GE 公司
52	PT 径向振动探测器型式和厂家	非接触式 BENTLY　NEVADA3300
53	PT 轴向位置探测器型式和厂家	非接触式 BENTLY　NEVADA3300

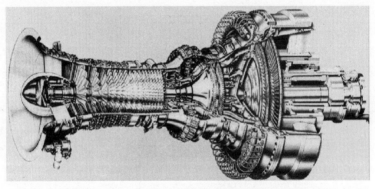

图 1-2　LM2500+燃气发生器内、外部总貌

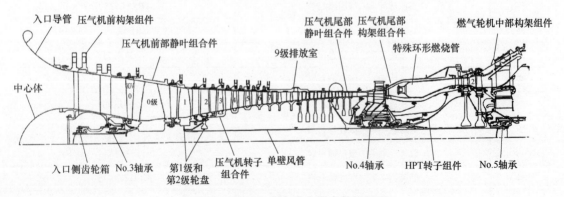

图 1-3　LM2500+燃气发生器内部剖面图

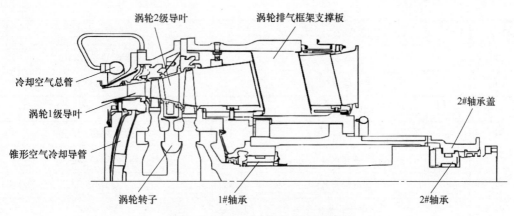

图 1-4　HSPT 动力涡轮内部剖面图

2. PCL800 型离心压缩机组

PCL800 型离心压缩机由意大利新比隆（Nuovo Pignone）公司生产，由于叶轮级数的不同，分为 PCL801～804 型号，其中 PCL802/803 机型基本参数见表 1-2，外形及内部剖面图如图 1-5 所示。

表 1-2　PCL802/803 型离心压缩机组基本参数表

序号	名称或参数	数值或描述
1	型式	桶型机壳，两端开口，进出口法兰平行于轴线
2	生产厂家	Nuovo Pignone
3	离心压缩机型式	离心式
4	最高运行转速/（r/min）	6405
5	跳闸转速/（r/min）	6725
6	第一临界转速/（r/min）	3400r/min（PCL803 为 3460r/min）
7	第二临界转速/（r/min）	7300r/min（PCL803 为 7450r/min）
8	额定流量/（kg/s）	PCL802：352.27 PCL803：239.93
9	设计进口压力/（MPaG）	PCL802：8.49 PCL803：7.0
10	设计出口压力/（MPaG）	11.85
11	气缸设计压力/（MPaG）	15
12	气缸水压试验/（MPaG）	22.5
13	最大允许运行温度/℃	100
14	入口法兰尺寸/in[①]	30
15	出口法兰尺寸/in	24
16	气缸材料	ASTM A350 LF2

（续）

序号	名称或参数	数值或描述
17	隔板材料	ASTM A240 GR410
18	叶轮材料	ASTM A182 F22
19	转子轴材料	AISI4340
20	平衡盘材料	ASTM A240 GR410
21	轴套材料	ASTM A240 GR410
22	迷宫密封材料	铝
23	轴密封型式	干气密封
24	轴承室材料	39NiCrMo7
25	径向支承轴承型式、厂家	可倾瓦块式 Nuovo Pignone
26	推力轴承型式、厂家	可倾瓦块式 KINGBURY OR EQ
27	振动探测器型式、厂家	非接触式 BENTLYNEVADA 3300
28	轴向位置探测器型式、厂家	非接触式 BENTLYNEVADA 3300

① 1in = 2.54cm。

图 1-5　PCL800 系列离心压缩机外形及内部剖面图

1.2.5.2　RB211-24G/RT62+RFBB36 型

1. RB211-24G/RT62 型燃气轮机

ROLLS ROYCE（罗尔斯罗伊斯）公司生产的 RB211-24G/RT62 型燃气轮机由 RB211 燃气发生器和 RT62 型动力涡轮组成，其基本参数见表 1-3。RB211-24G 燃气发生器由 RB211 涡扇航空发动机改型而成，去掉了航机由风扇和风扇涡轮构成的低压转子，保留了中压转子和高压转子。采用双转子结构，有一个 7 级中压压气机和一个 6 级高压压气机。燃料气进入环形燃烧室，排出的高温燃气通过同心轴，驱动与压气机相连的两个独立的单级涡轮。中压转子轴和高压转子轴在机械上相互独立，它们都以自己最佳转速运转。其外貌及剖视图如图 1-6 和图 1-7 所示。

表 1-3　RB211-24G/RT62 型燃气轮机主要参数

序号	参数或名称	数值或描述
1	生产制造厂家	罗尔斯罗伊斯公司
2	ISO 功率/MW	29.53
3	循环方式	简单循环
4	运行方式	连续运行
5	转子转向	顺时针方向（由后向前看）
6	暖车转速/(r/min)	3250
7	ISO 工况下额定运行转速/(r/min)	6643（中压）9445（高压）
8	输出轴最高连续运行转速/(r/min)	6720（中压）9550（高压）
9	机组跳闸转速/(r/min)	7300（中压）
10	中压压气机级数	7
11	高压压气机级数	6
12	轴系	双轴
13	压气机转子型式	轴流式
14	转向	CW（顺时针方向，从进气端看）
15	压气机级数	13
16	压气机型式	轴流式
17	压气机压比	20:1
18	压气机转子叶顶最大速度/(m/s)	355
19	燃烧室型式	环形
20	燃烧喷嘴数	18
21	透平转子型式	轴流式
22	高压透平级数	1
23	低压透平级数	1
24	高压透平叶顶最大速度/(r/min)	9445
25	低压透平叶顶最大速度/(r/min)	6643
26	涡轮最大叶尖转速/(m/s)	525

（续）

序号	参数或名称	数值或描述
27	高压涡轮最大连续转速/（r/min）	6720
28	低压涡轮最大连续转速/（r/min）	9550
29	GG 径向轴承型式	滚柱式
30	GG 径向轴承制造厂家	RR 公司
31	GG 推力轴承型式	滚珠式
32	GG 推力轴承制造厂家	RR 公司
33	PT 径向轴承型式	可倾瓦块式
34	PT 径向轴承制造厂家	RR 公司
35	PT 推力轴承型式	可倾瓦块式
36	PT 推力轴承制造厂家	RR 公司
37	PT 级数	2
38	ISO 额定功率/kW	29530
39	额定转速/（r/min）	4800
40	运行转速范围/（r/min）	3120~5300
41	额定进口压力/kPa	356.5
42	额定进口温度/℃	755
43	额定排气温度/℃	509.6
44	轴颈轴承盘端间隙/mm	0.33~0.38
45	止推轴承轴向间隙/mm	0.28~0.43
46	轴颈轴承连接件端/mm	0.20~0.25
47	涡轮蜂窝密封间隙/mm	1.78~3.3
48	轴颈轴承盘端转子直径/mm	203.2
49	轴颈轴承联轴器端转子直径/mm	177.8
50	运行时涡轮密封空气压力设定/mm 水柱	180~200
51	PT 径向振动探测器型式、厂家	非接触式 BENTLY NEVADA3300
52	PT 轴向位置探测器型式、厂家	非接触式 BENTLY NEVADA3300

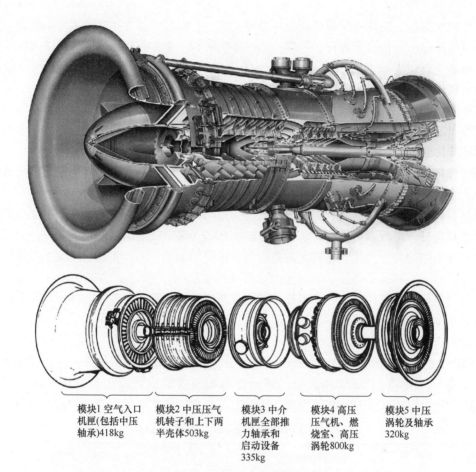

| 模块1 空气入口机匣(包括中压轴承)418kg | 模块2 中压压气机转子和上下两半壳体503kg | 模块3 中介机匣全部推力轴承和启动设备335kg | 模块4 高压压气机、燃烧室、高压涡轮800kg | 模块5 中压涡轮及轴承320kg |

图 1-6　RR 机组外貌图

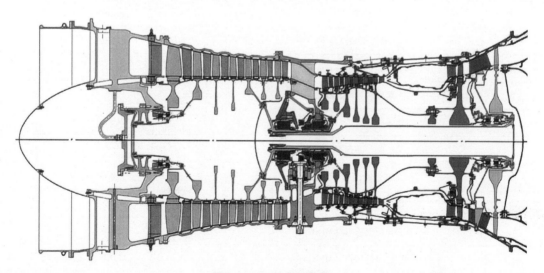

图 1-7　RR 机组剖视图

燃气发生器是一个组件,由以下 5 个主要模块组成,分别是进气模块、中压压气机模块、中压机匣模块、高压系统模块和中压涡轮模块。它们可以作为独立装置分别拆卸。

进气机匣是一种铝合金铸件，包含一个内部机匣和一个外部机匣。内部机匣为发动机中压转子前轴承提供了轴承座。在进气机匣和整个进气喇叭之间的接口有入口导流罩及过渡段；进气机匣后部装有单级34个可调导向叶片VIGV。

中压压气机为7级轴流式压气机，包括7级叶片的转子鼓轮，由一个单级涡轮驱动。机匣由两个半部机匣组成，从外部通过两端法兰分别与进气机匣和中介机匣相连，上下机匣通过水平连接法兰螺栓相连。

中压机匣模块为低压和高压压气机之间的过渡段，为低压和高压压气机定位轴承提供支撑，其内还装有启动机传动组件和内齿轮箱。

高压系统单元由高压压气机、燃烧系统和高压涡轮组成，高压压气机为6级轴流式压气机，燃烧室包括一个环形衬筒组件，在筒心的内部和外部空气通道之间得到支撑，引导压气机的空气进入燃烧室，高压涡轮转子向高压压气机提供驱动转矩，实现燃气发生器高压系统的运转。

中压涡轮模块包括中压涡轮和涡轮机匣，机匣内装有涡轮导向叶片、高压涡轮和中压涡轮滚柱轴承支撑组件。

2. RFBB36 型离心压缩机组

RFBB36 型离心压缩机组由 Simens 公司生产，在长输管道压缩机组中，由于叶轮级数的不同，又有 RF2BB36、RF3BB36 之分，其设计参数与管道设计压力相匹配，其中西二线（管道设计压力 12MPa）RF3BB36 型离心压缩机基本参数见表 1-4。后视图如图 1-8 所示。

表 1-4　RF3BB36 型离心压缩机主要参数

序号	参数或名称	数值或描述
1	型式	双支承梁式转子，旁侧进气和排气
2	生产厂家	Simens
3	离心压缩机型式	离心式
4	最高运行转速/(r/min)	5040
5	跳闸转速/(r/min)	5300
6	第一临界转速/(r/min)	2600
7	第二临界转速/(r/min)	—
8	额定流量/(m³/s)	3.35
9	设计进口压力/(MPaG)	5.64
10	设计出口压力/(MPaG)	12.408
11	气缸设计压力/(MPaG)	15.51
12	气缸水压试验/(MPaG)	23.27
13	最大允许运行温度/℃	100

（续）

序号	参数或名称	数值或描述
14	入口法兰尺寸/in	36
15	出口法兰尺寸/in	36
16	气缸材料	STL Casting，A-34
17	隔板材料	ASTM A-516 Grade 70
18	叶轮材料	STL Forging，USS T-1，Type C
19	转子轴材料	STL Forging，ASTM A-688 CL. M
20	平衡盘材料	Steel Plate ASTM A-514. GR. F/Q
21	轴套材料	ASTM A-519
22	迷宫密封材料	铝
23	轴密封型式	干气密封
24	轴承室材料	—
25	径向支承轴承型式和厂家	可倾瓦块式 ROLLS-ROYCE
26	推力轴承型式和厂家	可倾瓦块式 ROLLS-ROYCE
27	振动探测器型式和厂家	非接触式 BENTLYNEVADA 3300
28	轴向位置探测器型式和厂家	非接触式 BENTLYNEVADA 3300

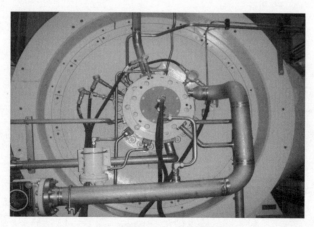

图 1-8　RR 离心压缩机后视图

1. 2. 5. 3　Solar+MAN RV050/2 型

1. Taurus60/Taurus70/Titan130 燃气轮机

长输天然气管道中采用的 Solar 公司燃气轮机主要有 Taurus60、Taurus70 和 Titan130 共 3 种机型，其中 Titan130 为涩宁兰线主要机型，基本参数见表 1-5。

表 1-5　Titan130 型燃气轮机主要参数

序号	参数或名称	数值或描述
1	生产制造厂家	Solar 公司
2	ISO 功率/MW	18300hp
3	循环方式	简单循环
4	运行方式	连续运行
5	转子转向	顺时针方向（由后向前看）
6	暖车转速/(r/min)	3250
7	ISO 工况下额定运行转速/(r/min)	6643（中压）9445（高压）
8	输出轴最高连续运行转速/(r/min)	6720（中压）9550（高压）
9	机组跳闸转速/(r/min)	7300（中压）
10	中压压气机级数	7
11	高压压气机级数	6
12	轴系	双轴
13	压气机转子型式	轴流式
14	转向	CW（顺时针方向，从进气端看）
15	压气机级数	14
16	压气机型式	轴流式
17	压气机压比	20∶1
18	压气机转子叶顶最大速度/(m/s)	355
19	燃烧室型式	环形
20	燃烧喷嘴个数	18
21	透平转子型式	轴流式
22	高压透平级数	1
23	低压透平级数	1

Solar 机组所有燃气轮机都是采用模块化结构（见图 1-9），其组成结构如图 1-10 所示。

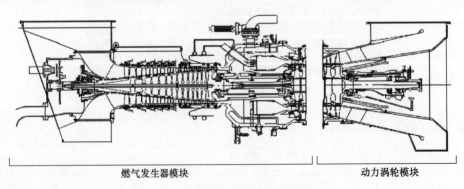

燃气发生器模块　　　　　　　　　动力涡轮模块

图 1-9　Solar 燃气轮机的模块化结构

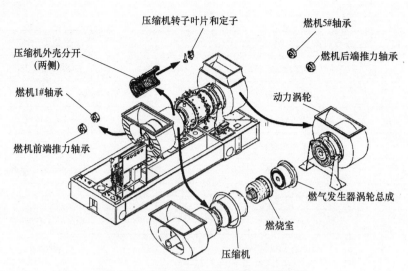

压缩机转子叶片和定子

燃机5#轴承

燃机后端推力轴承

压缩机外壳分开
（两侧）

动力涡轮

燃机1#轴承

燃机前端推力轴承

燃气发生器涡轮总成

燃烧室

压缩机

图 1-10　Solar 燃气轮机的基本组成结构

2. Manturbo Rv050/2 型离心式压缩机

Manturbo Rv050/2 型离心式压缩机主要参数见表 1-6。

表 1-6　Manturbo Rv050/2 型离心式压缩机主要参数

序号	参数或名称	数值或描述
1	型式	双支承梁式转子，旁侧进气和排气
2	生产厂家	MAN
3	离心压缩机型式	离心式
4	设计运行转速/(r/min)	10026
5	功率/kW	7000
6	第一临界转速/(r/min)	5888
7	第二临界转速/(r/min)	14992
8	额定流量/(m³/h)	7755
9	设计进口压力/(MPaG)	4.54
10	进口温度/℃	20
11	设计出口压力/(MPaG)	6.4
12	气缸设计压力/(MPaG)	8.0
13	气缸水压试验/(MPaG)	12
14	最大允许出口温度/℃	52
15	入口法兰尺寸/mm	$\phi610\times12.5$
16	出口法兰尺寸/mm	$\phi610\times12.5$
17	总重量/kg	14000

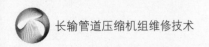

（续）

序号	参数或名称	数值或描述
18	外形尺寸（L, W, H）/mm	5320×2750×2800
19	叶轮材料	X3CrNiMo13-4V（1Cr12Ni3MoWV）
20	转子轴材料	34CrNiMo6
21	平衡盘材料	34CrNiMo6
22	轴套材料	34CrNiMo6（相当）
23	迷宫密封材料	铝
24	轴密封型式	干气密封
25	轴承室瓦块材料	ZBHW36
26	径向支承轴承型式	可倾瓦块式
27	推力轴承型式	可倾瓦块式
28	振动探测器型式和厂家	非接触式 BENTLYNEVADA 3300
29	轴向位置探测器型式和厂家	非接触式 BENTLYNEVADA 3300

1.2.5.4　CGT25-D 型燃气轮机

国产 30MW 系列燃气轮机驱动离心压缩机组单台额定功率为 26.7MW。燃压机组主要由国产燃气发生器（Gas Generation，GG）、动力涡轮（Power Turbine，PT）组成；机组支持系统由空气（燃烧和通风）系统、GG 电机启动系统、燃料气系统、GG 清洗系统、GG 润滑油系统、PT 润滑油系统、消防系统和控制系统等组成；整个机组及支持系统通过 UCS 集中监控并通过 SCS 与全线 SCADA 系统通信。

国产 30MW 燃气发生器由乌克兰 GT25000 涡扇航空发动改型而成，轴流高、低压压气机分别由高低压涡轮驱动。这样设置燃气发生器的目的就是为了给动力涡轮进口提供持续不断的大流量的高温高压燃气。国产 CGT25-D 型燃气发生器主要参数见表 1-7。

表 1-7　国产 CGT25-D 型燃气发生器主要参数

序号	参数或名称	数值或描述
1	制造厂家	中船重工 703 所
2	型号	CGT25-D
3	转动方向	顺时针（从进气端向后看）
4	燃料系统	天然气
5	慢车转速	交付试车时调定，当控制面板信号灯亮时达到
6	润滑油	合成润滑油
7	压气机类型	轴流双转子（组合转子）

（续）

序号	参数或名称	数值或描述
8	低压压气机级数	9 级
9	高压压气机级数	9 级
10	低压涡轮级数	1 级
11	高压涡轮级数	1 级
12	压气机剖分线	水平/垂直
13	压气机正常运行转速	按燃机履历本
14	涡轮级数	2
15	涡轮剖分线	垂直
16	燃烧室类型	回流环管式
17	燃烧室数目	16
18	径向轴承	滚柱（挤压膜）
19	推力轴承	双滚柱
20	每个轴上的轴承数量	低压 3，高压 2
21	最大工作温度（EGT）	按燃机履历本
22	最大振动/(mm/s)	平均速度 25
23	正常振动/(mm/s)	平均速度低于 16
24	慢车转速/(r/min)	2600~3000（低压）
25	燃气轮机压气机压比	20.5±0.5
26	燃气轮机前燃料气压力/MPa	3.43±0.05
27	燃气轮机前燃料气温度/℃	20~40

CGT25-D 动力涡轮是一台 2 级冲击-反力式涡轮。它吸收来自燃气发生器排气的能量而旋转，以一根向后伸出的轴带转压缩机。其主要参数见表 1-8。

表 1-8　国产 CGT25-D 动力涡轮主要参数

序号	名称或参数	数值或描述
1	制造厂家	703 所
2	型号	CGT25-D
3	级数	2
4	种类	冲击-反力式
5	转动方向	顺时针（从动力涡轮输出端向压气机方向看）
6	额定转速（暖机）/(r/min)	3500
7	额定转速（正常）/(r/min)	5000

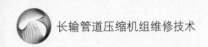

（续）

序号	名称或参数	数值或描述
8	最大连续转速/（r/min）	5490
9	控制范围/（r/min）	3500~5490
10	超速停机（主系统）/（r/min）	5500
11	超速停机（备份系统）/（r/min）	5500
12	排气温度（ISO 额定）/℃	500
13	转子直径（轴颈轴承-盘端）/mm	203.20（8.0in）

1.3　电驱压缩机组工作原理及基本组成

电驱压缩机组主要由高压变频器、同步电动机和离心压缩机及其附属系统组成。这部分主要介绍电驱压缩机组变频驱动系统的相关内容。

1.3.1　变频驱动系统概述

变频驱动系统主要由隔离变压器、高速同步电机、变频器以及相关辅助系统组成。10kV 电源经隔离变压器（移相变压器）输入变频器，变频器将其整流逆变后输出额定电压为 6kV/10kV 电压/频率可调的交流电，向同步电机供电，使电机按照给定的转速进行旋转。变频驱动系统典型系统图如图 1-11 所示。

1.3.1.1　隔离变压器

隔离变压器（移相变压器）是多脉波整流器不可缺少的组成部分，它具有三个功能：①实现一次、二次线电压的相位偏移以消除谐波；②变换得到需要的二次电压值；③实现整流器与电网间的电气隔离。

根据绕组连接的不同，隔离变压器一次侧有两种结构，即星形（Y）与三角形（D）两种接法，而二次绕组一般都为延边三角形联结。

隔离变压器主要由铁心、绕组、吸湿器、储油柜、气体继电器、压力释放阀、油箱、冷却风扇等部件组成。隔离变压器实物如图 1-12 所示。

1.3.1.2　变频器

变频器是一种把工频电源（50Hz）变换成各种频率的交流电源，以控制电机的变速运行的装置。变频器主要由主电路和控制电路两部分构成，其中主电路包括整流电路和逆变电路两部分，控制电路完成对主电路的控制。整流电路把工频电源的交流电变换成直流电且对直流电进行平滑滤波，逆变电路把直流电再逆变成各种频率的交流电。对于通用变频器单元，变频器一般是指包括逆变电路、整流电路和控制电路部分的装置。结构原理图见图 1-13 所示。

1. 逆变电路工作原理

逆变电路是变频器最主要的部分之一。它的主要作用是在控制电路的控制下，将整流电路整流输出的直流电源变换为电压和频率都任意可调的交流电源。逆变电路的输出即为变频

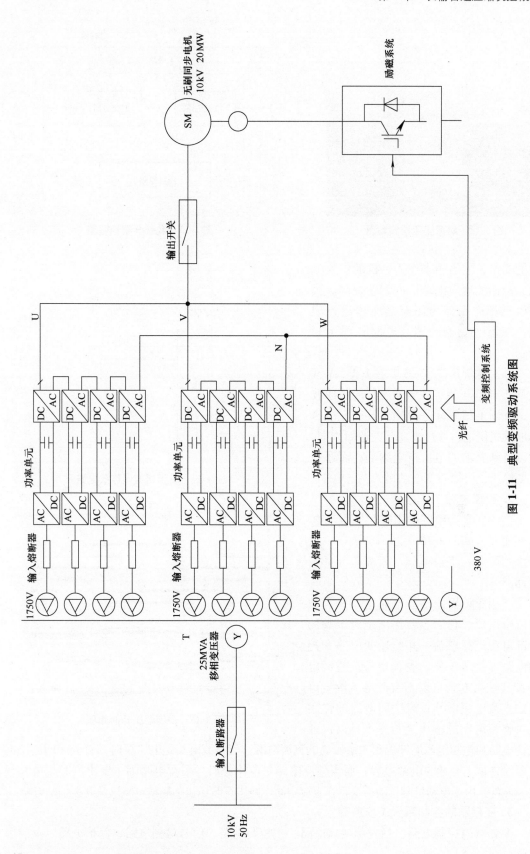

图 1-11　典型变频驱动系统图

图 1-12　隔离变压器实物图

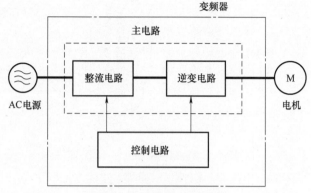

图 1-13　变频器结构框图

器的输出，它被用来作为电机的供电电源，从而实现对电动机的调速控制。我们以三相逆变器为例对其原理进行说明，三相逆变器的等效电路如图 1-14 所示。

顺次通断开关 $S_1 \sim S_6$，在 U-V、V-W 及 W-U 端，产生等效于逆变器的脉冲波形，如图 1-15 所示。该矩形波交流电压给电动机供电。通过改变开关通断周期，可以得到要求的电机供电频率；而通过改变电压，可以改变电动机的供电电压。

2. 整流电路工作原理

整流器是变频器中用来产生直流电的变流器。如图 1-16 所示，整流器由以下电路组成：平滑电容、整流单元、吸收回路。

三相变频器的整流电路由三相全波整流桥组成。它的主要作用是对工频的外部电源进行整流，并给逆变电路和控制电路提供所需要的直流电源。整流电路按其控制方式可以是直流电压源也可以是直流电流源。直流中间电路的作用是对整流电路的输出进行平滑，以保证

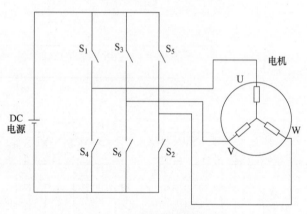

图 1-14　三相逆变器等效电路

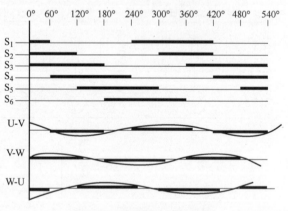

图 1-15　逆变器工作时序图

逆变电路和控制电源能够得到质量较高的直流电源。当整流电路是电压源时，直流中间电路的主要元件是大容量的电解电容；而当整流电路是电流源时，平滑电路则主要由大容量电感组成。此外，由于电动机制动的需要，在直流中间电路中有时还包括制动电阻以及其他辅助电路。

3. 变频器的控制系统工作原理

变频器的控制电路包括外部接口电路、主控制电路、信号检测电路、保护电路以及门极

（基极）驱动电路等几个部分，也是变频器的核心部分。控制电路的优劣决定了变频器性能的优劣。控制电路的主要作用是将检测电路得到的各种信号送至运算电路，使运算电路能够根据要求为变频器主电路提供必要的门极（基极）驱动信号，并对变频器以及异步电动机提供必要的保护。此外，控制电路还通过 A/D、D/A 等外部接口电路接收发送多种形式的外部信号并给出系统内部工作状态，以便使变频器能够和外部设备配合进行各种高性能的控制。

图 1-16　整流器原理图

1.3.1.3　同步电动机

同步电动机主要结构包括：定子、转子、轴承、空冷器、状态监视系统等。其中，定子由定子铁心、定子绕组、机座等组成，定子上布置三相绕组（电枢绕组）；转子由转子铁心、励磁绕组、集电环、阻尼绕组、转轴等组成，转子上安装磁极，磁极上安装励磁绕组，励磁绕组通入直流电流，直流励磁通过无刷励磁机实现。同步电动机结构如图 1-17 所示。

电枢绕组通以频率为 50Hz 的三相对称电流，产生合成基波旋转磁场，带动转子磁极转动；转速为 $n_1 = 60f/p$。同步电动机工作时，在定子的三相绕组中通入三相对称的交变电流，在气隙中产生磁场，在转子励磁绕组中通入直流电流时，将产生极性恒定的静止磁场。若转子磁场的磁极对数与定子磁场的磁极对数相等，转子磁场因受定子磁场磁拉力作用而随定子旋转磁场同步旋转，即转子以等同于旋转磁场的速度、方向旋转。同步电动机原理如图 1-18 所示。

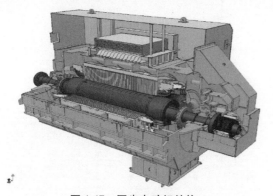

图 1-17　同步电动机结构

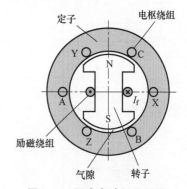

图 1-18　同步电动机原理图

1.3.1.4　变频驱动系统辅助系统

变频驱动系统辅助系统包括冷却水系统和电动机空气吹扫系统。

冷却水系统分为内循环系统和外循环系统，外循环系统是为电动机及变频器冷却柜提供合适温度的工业蒸馏水用于运行过程中的热交换和冷却。在同步电动机中通过电动机的空水冷却器冷却电动机箱体内部空气温度，通过内部风扇对电动机定子进行冷却。在变频器中，冷却循环水在变频器冷却柜上通过换热板对变频器内部的去离子水系统进行冷却，变频器内部各功率元件通过去离子水冷却系统冷却。冷却水系统流程图如图 1-19 所示。

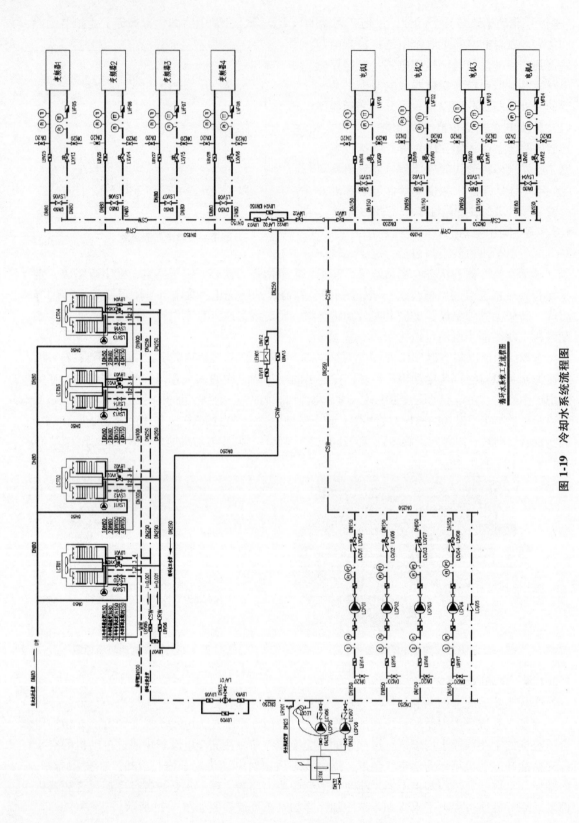

图 1-19 冷却水系统流程图

电动机空气吹扫系统是在电动机启动前，采用站场仪表风空气进行吹扫，用清洁的空气置换电动机内部的混合气体，吹扫时间和置换的空气量根据电动机内部腔体需要设定，吹扫结束后自动转换为泄漏补偿模式，在正常运行期间继续补充电动机内部空气泄漏量，使电动机内部一直保持微正压，周围环境的可燃气体无法进入电动机内部，达到防爆功能。电动机吹扫系统外形如图 1-20 所示。

图 1-20　电动机吹扫系统外形

1.3.2　电驱压缩机组基本结构与参数

1.3.2.1　隔离变压器基本参数

　　表 1-9~表 1-11 分别给出了 TMEIC 变频器配套隔离变压器、荣信变频器配套隔离变压器和上海广电集团变频器配套隔离变压器的技术参数。

表 1-9　TMEIC 变频器配套隔离变压器技术参数

序号	参数	数值
1	变压器类型	油浸
2	额定容量/MVA	3×2×3350
3	高压侧电压/kV	10
4	低压侧电压/kV	2×1717
5	冷却方式	ONAN
6	调压方式	有载调压
7	油重量/kg	12000
8	总重量/kg	大约 50000
9	绝缘等级	A 级（105℃）
10	绕组温升/K	60

表 1-10　荣信变频器配套隔离变压器技术参数

序号	参数	数值
1	型号	ZSF-21000/10
2	相数	三
3	额定容量/kVA	21000/2400×12
4	额定电压/kV	10/1.76×12
5	额定频率/Hz	50
6	冷却方式	ONAF
7	短路阻抗（%）	8.18

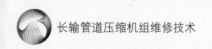

（续）

序号	参数	数值
8	负载损耗/kW	112.61
9	空载损耗/kW	16.55
10	空载电流（%）	0.129
11	绝缘水平	高压线路端子 LI/AC 75/35kV； 低压线路端子 LI/AC 75/35kV

表 1-11　上海广电集团变频器配套隔离变压器技术参数

序号	参数	数值
1	类型	三相干式变频调速用变压器
2	型号	ZTSFG（H)-12500/10
3	额定容量/kVA	12500
4	额定电压/V	10000/12×660
5	额定电流/A	721.7/12×911.2
6	额定频率/Hz	50
7	相数	三
8	冷却方式	AF
9	联结组标号	星形/延边三角形
10	绝缘耐热等级	H

1.3.2.2　变频器基本参数

表 1-12～表 1-14 分别给出了 TMEIC 变频器、荣信变频器和上海广电集团变频器的技术参数。

表 1-12　TMEIC 变频器技术参数

序号	参数	数值	备注
1	额定容量/kVA	20,000	1000m ASL
2	整流器	36 脉冲	
3	直流环节电容器容量/μF	6050	for P-N-3 相
4	直流环节电容器电压/V	4540	DC-3 相
5	逆变器单元	PWM（5-Level）	
6	逆变器单元功率器件类型	IEGT	
7	控制方式	无传感 PWM 控制	
8	输入电压/V	1760	1000m ASL
9	输入电流/A	1468	1000m ASL

（续）

序号	参数	数值	备注
10	输出电压/V	6000	1000m ASL
11	输出电流/A	1925	1000m ASL
12	输出频率范围/Hz	56.3~91	
13	额定频率/Hz	86.7	
14	额定负载下的效率（%）	99.0	

表 1-13　荣信变频器技术参数

序号	参数	数值
1	技术类型	H 桥 IEGT 多电平串联交直交电压源型
2	额定输出电压/kV	9.35~10
3	额定输出频率/Hz	80Hz（0~100Hz 可调）
4	变频装置容量/kVA	25000
5	输入电压/kV	三相 10
6	额定输出电流/A	1300
7	稳速精度（%）	0.5
8	输入电压波动范围（%）	+10/-15
9	输入频率/Hz	50
10	输入频率波动范围（%）	±5
11	辅助电源电压/V	AC 380（三相）甲方现场提供
12	辅助电源电压波动范围（%）	+10/-15
13	辅助电源频率/Hz	50
14	主逆变功率器件	IEGT
15	直流电容	薄膜电容
16	控制信号隔离方式	控制信号采用光纤隔离
17	过电流能力	1.1 倍长期；1.2 倍 60s；1.5 倍瞬动
18	功率因数	0.95（满载时）
19	效率	本体额定效率≥98%，系统额定效率≥96%
20	谐波	满足国标要求
21	运行环境温度/℃	0~40 相对湿度 90%（不结露）
22	储存温度/℃	-10~55
23	防护等级	IP31
24	保护功能	具有过电压、过电流、欠电压、变频器过热、过载、短路故障等

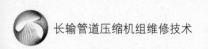

表 1-14　上海广电集团变频器技术参数

序号	参数	数值
1	变频器容量/kVA	25000
2	适配电机	额定电流不超过 1450A 的同步电动机或异步电动机
3	输入频率/Hz	45~55
4	额定输入电压/V	10000
5	最高输出电压/V	10000
6	输入功率因数	0.96（>20%负载）
7	系统效率	额定负载下>98%（含输入变压器）
8	输出频率范围/Hz	0.5~84（与电动机有关）
9	频率分辨率/Hz	0.01
10	过载能力	110% 1min，每 10min
11	控制电源/V	可选 AC 380/AC 220/DC 220/DC 110
12	模拟量输入	(0~10)V/(4~20) mA，任意设定，可扩展
13	模拟量输出	(0~10)V/(4~20) mA，任意设定，可扩展
14	开关量输入/输出	可按用户要求扩展
15	现场总线	Profibus、Modbus 等
16	主电路结构	单元串联多电平
17	控制方式	无速度传感器矢量控制/VVVF 控制/闭环矢量控制
18	人机界面	图形化中文显示触摸屏
19	保护功能	过电流、过电压、接地、断相、过载、过热、风机异常、变压器保护、励磁故障保护、水冷故障保护等
20	运行环境温度/℃	-10~40
21	冷却方式	水冷
22	环境湿度	<90%，无凝结
23	安装海拔	<1000m，超过需降额
24	防护等级	IP3X

1.3.2.3　同步电动机基本参数

　　表 1-15~表 1-17 分别给出了 TMEIC 同步电动机、上海上电电机股份有限公司同步电动机和哈尔滨电气集团公司的同步电动机的技术参数。

表 1-15　TMEIC 同步电动机技术参数

序号	参数	数值
1	电机型号	SHBLR
2	额定功率/kW	18000
3	额定电压/V	5940
4	额定频率/Hz	86.7
5	额定同步转速/(r/min)	5200
6	满载时的转速/(r/min)	5200
7	满载电流/A	1900
8	额定功率因数	1.0
9	定子最高温度/℃	155/85
10	DE 轴承最高温度/℃	105
11	NDE 轴承最高温度/℃	105
12	EX 轴承最高温度/℃	105
13	轴材料	Alloy steel（Ys 67kg/mm^2）
14	励磁机端轴承	可倾瓦块式
15	驱动端轴承 Bearings（DE）	可倾瓦块式
16	非驱动端轴承 Bearings（NDE）	可倾瓦块式
17	第一临界转速/(r/min)	2350
18	第二临界转速/(r/min)	6400
19	冷却水所需流速/(m^3/h)	100
20	冷却水所需压力/MPa	0.5
21	冷却水入口温度/℃	5~30
22	电机轴承所需滑油流量/(L/min)	2×60±10
23	励磁机端轴承所需滑油流/(L/min)	1×10±2
24	滑油压力/MPa	0.1±0.02
25	滑油温度/℃	50±5

表 1-16　上海电机同步电动机技术参数

序号	参数	数值
1	型号	TAGW20000-2
2	电动机功率/kW	20000
3	额定转速/(r/min)	4800
4	调速范围/(r/min)	3120~5040

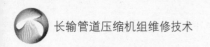

（续）

序号	参数	数值
5	额定电压/V	9350
6	额定电流/A	1264
7	功率因数	1.0
8	极数	2
9	额定频率/Hz	80
10	相数	三
11	定子接法	Y
12	绝缘等级	F
13	额定转矩/(kN·m)	39.8
14	额定励磁电流/A	435
15	额定励磁电压/V	105
16	效率设计值	97.7

表 1-17　哈尔滨电气同步电动机技术参数

序号	参数	数值
1	型号	TBPY20000-2
2	额定功率/kW	20000
3	额定电压/V	10000
4	额定电流/A	1184
5	功率因数	1.0
6	额定转速/(r/min)	4800
7	额定频率/Hz	80
8	极数	2
9	定子绕组联结	Y
10	结构型式	IM7311
11	防护等级	IP54
12	冷却方式	IC81W
13	绝缘等级（定子/转子）	F/F
14	临界转速（一阶/二阶）	1729/5821
15	调速范围（%）	65~105

第2章 燃气发生器现场
维修技术

2.1 GE公司LM2500+燃气发生器现场维护及模块化检修

2.1.1 GE燃气发生器现场维修关键技术——压气机3~16级动叶更换技术

1. 高压压气机转子3~16级动叶拆卸

1）用标记笔标记HPC转子叶片相对于HPC转子轮盘的位置。

2）使用T形手柄通用扳手，逆时针转动两个闭锁凸耳的固定螺钉，直到闭锁凸耳滑入HPC转子轴内的挡圈槽平面下端。

3）在任意方向上沿圆周转动整级HPC转子叶片，转动大约50%的HPC转子叶根宽度。

4）把HPC转子叶片直接拉出HPC转子轴的进口槽，如图2-1所示。把锁紧的HPC转子叶片放在经批准的容器内。

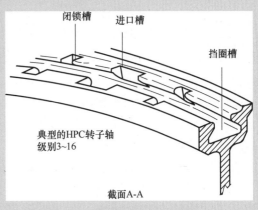

图2-1 叶片安装定位槽

2. 高压压气机转子（见图2-2）**3~16级叶轮安装**

1）在每一级标记HPC转子轴的外径上标记闭锁槽。

2）根据HPC转子叶片拆卸期间所做的位置标记，把HPC转子叶片插入进口槽内。

3）圆周方向把HPC转子叶片滑入挡圈槽。

4）根据拆卸期间所做的位置标记把平衡块安装在相同位置。

5）继续安装HPC转子叶片，直到保留四个HPC转子叶片位置。

6）把闭锁HPC转子叶片安装在进口槽内，并向HPC转子轴的其他闭锁槽滑动。确保闭锁HPC转子叶根的切口面对进口槽。

7）把两个闭锁凸耳安装在进口槽内，并把某压在闭锁HPC转子叶片上。确保闭锁凸耳的斜面符合HPC转子轴的斜面。闭锁凸耳固定螺钉应当缩回。

8）安装其他闭锁HPC转子叶片。确保闭锁HPC转子叶根上的切口面对闭锁凸耳。

9）沿圆周方向转动整级HPC转子叶片，大约50%的叶根宽度，直到能安装完成HPC

转子叶片。

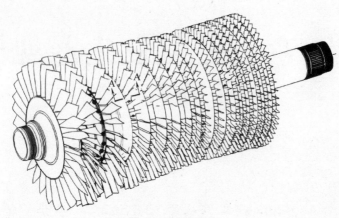

图 2-2　转子总成

10）安装闭锁 HPC 转子叶片。确保闭锁 HPC 转子叶根上的切口面对闭锁凸耳。

11）相反方向转动整级 HPC 转子叶片，直到凸耳对于 HPC 转子轴内的闭锁槽对齐。

12）转动固定螺钉，把闭锁凸耳提升到 HPC 转子轴内的闭锁槽内。把固定螺钉拧紧到 8.0~9.0lb·in$^{\ominus}$（0.9~1.0N·m）的扭矩。闭锁凸耳的顶部应与叶片榫缘顶部平齐或低于榫缘顶部。

13）转动闭锁凸耳固定螺钉，把第二闭锁凸耳提升到 HPC 转子轴内的闭锁槽内。把固定螺钉拧紧到旋转扭矩以上 8~9lb·in（0.9~1.0N·m）。在固定螺钉压在楔形榫头槽底部（一圈以内）之前，测量旋转扭矩。如果旋转扭矩低于 4lb·in（0.5N·m），测量断开转矩。如果断开转矩低于 4lb·in（0.5N·m），更换任何闭锁凸耳和/或固定螺钉。闭锁凸耳的顶部应与叶片榫缘顶部平齐或低于榫缘顶部。

3. 以更换 16 级叶片为例的操作步骤（见图 2-3）

1）标记支架位置及其安装螺栓，防止回装时偏差，分别拆卸、标记压气机中机匣与前、后机匣法兰连接自锁螺栓、固定支架。

2）拆卸每个执行环上的四个螺栓，先将执行环上下的销钉取出，做标记后小心将执行环取下，防止静叶臂的衬套丢失，左右方法相同。

3）拆卸两侧水平剖分面螺栓，共计 47 个，螺栓位置由后向前标记，按顺序定位至专用工装上，螺栓规格不等，防止顺序错误、回装困难，有几个位置螺栓需要较薄的梅花扳手拆卸，特别是 14#螺栓，需要用万向头的套筒拆卸，通常拆卸螺母，防止螺杆损伤。若 0~6 级处空间较小，可以用塑料棒将静叶驰环向下移动。

图 2-3　压气机静叶壳体分离

4）将最靠近中分面的上下静叶臂调整至水平，以黄胶带将其粘连成一体，左右上下相

$\ominus$　1lb·in＝0.113N·m。

同，防止提升壳体上盖时，此处静叶转动。

5）在压气机 CRF 下部安装支撑千斤，缓慢将千斤受力，压气机机壳上盖左侧（从后先前看）稍稍提起，提起前在 7~11 级、12~16 级静叶锁片处安装专用夹具，防止锁片脱落，然后上下壳体边安装合页（见图 2-4）。

图 2-4　静叶叶片锁片夹具

6）将压气机机壳上盖右侧（从后先前看）再次提起，将上盖翻起，在压气机后机匣与中机匣法兰处安装支撑杆，定位壳体上盖（安装尺寸要求见表 2-2）。

7）拆卸 3~16 级动叶方法相同，仅是锁紧动叶的锁耳大小不同，以 3/32 的内六角扳手拆卸锁耳，扳手与棘轮间以胶带缠绕，防止外物掉落至壳体内，无法拆下时，以电钻将内六角螺钉破坏，钻头钻入的深度通过专用工具定位，外加定位套管（3~16 级有不同的直径、深度），以面黏碎屑，防止碎屑掉入机壳内，然后锁耳四角向下敲击，整圈动叶在保持槽内能够转动，从进入槽处逐片将动叶取出。

8）按照专用工具箱内位置编号、叶片上编号，按顺序将叶片放置，防止碰坏叶片。

9）对拆卸后的所有叶片按顺序号（见图 2-5）及部件号称重，并做记录。调出 16 级叶片重量原有历史记录。

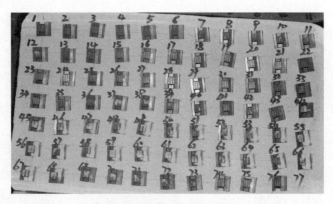

图 2-5　拆卸叶片按顺序排列

10）核对损坏叶片的部件号，测量相同类型新旧叶片的高度，计算新叶片去除的高度量并画线。用砂轮机将高度磨去，然后称重。

11）将新叶片的重量输入记录表格，以平衡程序重新计算叶片的分部情况。

12）按叶片的分部情况，重新标记叶片的安装编号，将叶片放入纸板的标记编号上。

13）按顺序将动叶安装至 16 级环槽，注意配重块的位置，测量叶片累计周向间隙，其值在 0.25~0.76mm 之间，若值小于上述区间，将靠近锁片的一、二片叶片取出，磨削叶片平台宽度方向的位置，使其满足要求，若新叶片的叶根与叶尖的高度偏大，需磨削至合理要求范围 1.077″~1.080″。软件计算压气机叶片排列顺序见表 2-1，测量叶顶间隙及安装叶片锁块如图 2-6 所示。

表 2-1　软件计算压气机叶片排列顺序

发动机类型：LM2500+　　　　　　　　　　操作者：
级数：　　压气机 16 级　　　　　　　　　　位置：GEAE
序列号：　　641226　　　　　　　　　　　日期：2015/11/6 10:31:17

位置号	叶片号	重量/g	位置号	叶片号	重量/g
1①	1	19.2	39	13	19.8
2	30	19.7	40	73	19.8
3	46	19.8	41	71	20.5
4	65	20.6	42	69	20.5
5	33	19.7	43	67	20.5
6	64	20.4	44	50	19.8
7	29	19.6	45	70	20.5
8	43	19.8	46	63	19.4
9	60	20.3	47	68	20.4
10	31	19.5	48	17	19.5
…	…	…	…	…	…

① 如果此级原本有平衡块，则将其放回初始位置，目标不平衡量：1.4g 在 290.0°；最终不平衡量：1.4g 在 290.0°。

图 2-6　测量叶顶间隙及安装叶片锁块

14）缓慢松倒链，将上盖放下，保证前后下落距离保持一致，水平剖分面法兰及后部径向法兰螺栓涂抹高温防咬合剂，先大螺栓后小螺栓将全部螺栓装入，按要求先紧固径向法兰螺栓至 220lb·in，水平剖分面螺栓左右相互紧固，螺栓扭矩为 220lb·in。更换后的测试情况如图 2-7 所示。

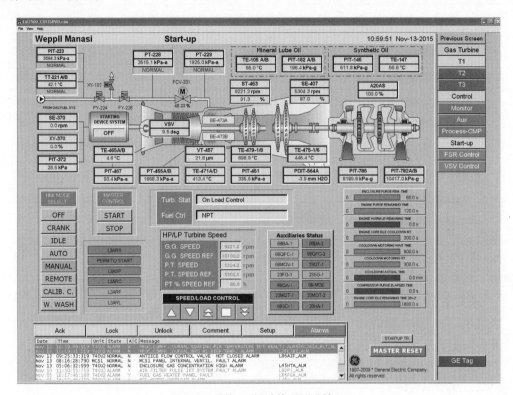

图 2-7 更换 16 级叶片后测试情况

表 2-2 压气机动叶安装尺寸要求　　　　　　　　　　　　　　（单位：mm）

级数	叶片数	周向间隙		每级允许的叶尖弯曲叠加累计长度	叶片圆板中心测量的周向宽度 AH 值	每级叶片宽窄平台叶片的数量	
		最小	最大			宽平台	窄平台
3	42	0.03	0.35	86.4	32.13	19	19
4	45	0.03	0.35	86.4	32.11	16	25
5	48	0.03	0.35	86.4	31.88	15	29
6	54	0.03	0.35	86.4	29.49	18	32
7	56	0.03	0.35	86.4	29.26	16	36
8	64	0.03	0.35	86.4	26.29	14	46
9	66	0.03	0.35	91.4	26.25	10	52
10	66	0.03	0.35	91.4	26.92	16	46
11	76	0.03	0.35	96.5	23.80	10	62
12	76	0.03	0.35	96.5	24.21	10	62

长输管道压缩机组维修技术

（续）

级数	叶片数	周向间隙		每级允许的叶尖弯曲叠加累计长度	叶片圆板中心测量的周向宽度 AH 值	每级叶片宽窄平台叶片的数量	
		最小	最大			宽平台	窄平台
13	76	0.03	0.35	96.5	24.49	10	62
14	76	0.03	0.76	91.4	24.77	10	62
15	76	0.025	2.03	91.4	24.84	10	62
16	76	0.025	0.76	91.4	24.84	10	62

2.1.2　GE 燃气发生器现场 4#轴承拆卸与安装关键工艺与方法

1. 燃气发生器从水平位置翻转至垂直位置

1）拆卸 P2 总引压探头及固定板、CFF 前法兰，安装垂直维修小车 1C6853 的导向器至压气机前轴。概貌如图 2-8 所示。

2）确认导向器（见图 2-9）端部接近销部位的滚花螺母是松的，导向器的棘轮锁夹，能逆时针转动，将导向器与压气机前轴花键完全接触、落座。

3）顺时针转动销，锁住压气机前导向器，拔出锁定夹，拧紧滚花螺母，在正确的位置，导向器不能拔出。

4）连接前机匣翻转工具 1C8332 至 CFF 上部吊点，并用锁销保护。

5）使用后提升翻转工具 1C8334G02。

6）CFF 顶部垂直中心线与维修小车的标记对正，缓慢下降 GG，使压气机前轴完全进

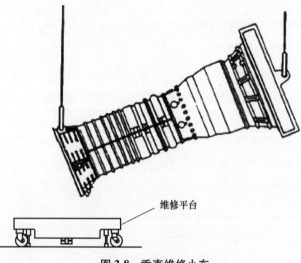

图 2-8　垂直维修小车

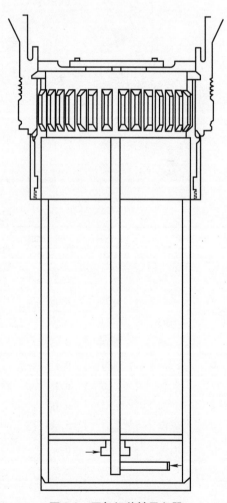

图 2-9　压气机前轴导向器

维修平台

入工具导向器，否则在拆卸压气机后机匣时，转子可能下落，尝试转动转子，检查导向器功能，如果导向器正确安装，转子不转动，导向器不会转动。

7）CFF 前法兰坐落在小车上，紧固 8 个均布的固定夹。

2. 涡轮中机匣的拆卸与安装

1）移去影响拆卸的相关管线及金属软管，切断相关锁丝。

2）移去 CRF 与 TMF 法兰连接螺栓、螺母，使用润滑油润滑 TMF 前法兰后面 4 个顶丝孔，使用顶丝 1C6804G02 顶连接法兰。

3）若拆卸困难，法兰周向喷涂渗透油，使用塑料榔头敲击，均匀拧紧顶丝，防止拉动 2 级喷嘴组件，在前法兰的外缘安装 6 个夹子 2C6148，保持 TMF 中机匣衬里的轴向位置，然后提出 TMF（见图 2-10）。

4）从 1:30、7:30、10:30 移去 3 个制动螺钉，从 CRF 后法兰安装 4 个顶丝 1C6804，拆卸 CRF 和 TMF 过盈配合法兰，如果需要，使用热风枪加热 CRF 后法兰，使 CRF 与 TMF 容易分离。

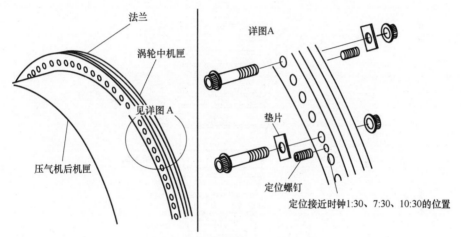

图 2-10　法兰螺栓拆卸与顶丝安装

5）使用四个 slave bolts，确保 HPT 二级喷嘴与 CRF 后法兰连接，并用手拧紧。

6）将 TMF 放置工具 1C5617、1C5711 安装好，并将 TMF 坐落在此工装上。

7）安装时使用异丙醇清洗 CRF 后法兰、HPT 二级喷嘴法兰、TMF 前法兰，使用石油脂润滑 5#轴承滚柱，向外推滚柱，使其与 HPT 转子后轴间尽可能有较大的间隙，对正 TMF 与 GG 时，防止损坏 5#轴承和密封。

8）安装 3 个制动螺钉，保证过程法兰齐平，然后安装 136 个螺栓、螺母，包括 7 个方形垫片压紧紧固螺钉。然后以 1、34、78、102、162～178lb·in 扭矩紧固螺栓 5 遍。吊装涡轮中机匣如图 2-11 所示。

3. 高压涡轮转子拆卸与安装

移去孔探口两个孔探堵头，编号 18、19，拆卸 T48 温度探头，使用针形卡簧钳拆卸 5#轴承锁母保持环、槽销，使用拆卸 5#轴承锁母工具扳手 1C6897，固定涡轮后轴及 CRF 后法兰，拆卸 5#轴承锁母（左旋螺纹），联轴器螺母为右旋螺母，油管为右旋螺纹。拆卸时，标记高压涡轮转子叶片、二级喷嘴、提升工具三者的位置，渗透油润滑联轴器螺母，拆卸过程使用导向销。

当安装时，转动两个转子，使 HPT 转子后空密封上的标记 Z 与压气机转子后轴上的 0 位或 LO 标记对正。使用酒精、仪表风清洁工装、部件法兰面。将工具定位环与 CRF 后法兰对正，确保抗扭矩环的 24 个扇形夹子嵌入至高压涡轮转子后轴上，同时扇形环外部 12 个夹子将 2 级导叶组件拉住，并用顶杆将其轴向限位。在工装内部安装与 5# 轴承螺纹配合的相应锁母，使转子轴向限位，使用吊耳将高压涡轮组件吊起，检查联轴器螺母涂抹防咬合剂，2 级喷嘴组件外圆涂抹润滑脂。将高压涡轮组件再次放置在工装上，去掉吊耳，将联轴器螺母扳手（见图 2-12）装入，使其头部花键与联轴器螺母后部花键配合。安装工装锁母，限制扳手轴向移动，加扭矩倍增器，再安装带弹簧平衡吊具（减振）。

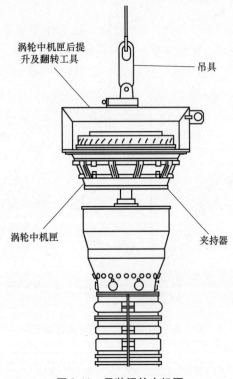

图 2-11 吊装涡轮中机匣

高压涡轮转子下落时，下部转动压气机转子，使涡轮转子、压气机转子花键正确配合。对正过程，保证二级导叶组件孔探孔在正确的方向和位置。一边下降涡轮组件，一边右旋扭矩倍增器组件，保证联轴器螺母安装轻松，防止过量的压力作用在螺母上，起始阶段，联轴器螺母安装扭矩不超过 200lb·ft（271N·m），如果超过，需要检查螺纹。使用扭矩倍增器紧螺栓至 7500lb·ft（10170N·m），然后松螺母至 500~1500lb·ft（678~2034N·m），再次将螺母紧固至 2000lb·ft（2712N·m）此过程扭矩倍增器为 10:1。此时将倍增器角度设置为零，然后使用 65:1 扭矩倍增器安装，以小于 10000lb·ft（13560N·m）紧固螺钉（扭矩尽量小，且两人均匀用力），使角度到达 28°~30°，两者均到达或先到者为准，然后皮榔头敲击 2 级导向叶片组件，使法兰面完全接触。安装图如图 2-13 所示。

安装高压涡轮阻尼衬套、油管，测量 DIM Z 值与计算值比较。将转子下降到最下部

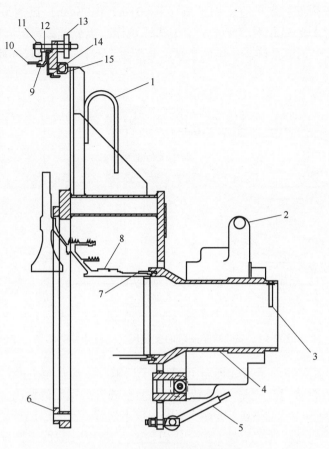

图 2-12　拆卸 5#轴承螺母扳手

1—提升环　2—扭矩倍增器　3—手柄　4—扭力管　5—吊环索　6—反扭转环　7—5#轴承螺母
8—高压涡轮转子后轴　9—高压涡轮 2 级喷嘴　10—压气机后机匣壳体　11—夹具
12—压气机后机匣后法兰　13—手动旋钮　14—高压涡轮后护环支撑　15—定位环

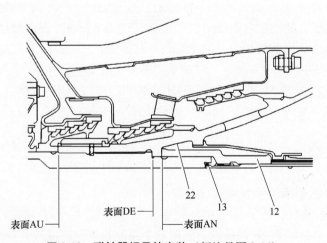

图 2-13　联轴器螺母的安装（标注见图 2-16）

（最前部），5#轴承内圈打表检查，如果值在 0.003in（0.08mm）以内最佳，转动转子完整两圈，最大读数为 0.0035in（0.089mm），5#轴承内圈高点位置做标记。如果读数超过限值，移去 HPT，再次安装时需要转动一定的角度，直至读数合格。安装尺寸如图 2-14 所示。

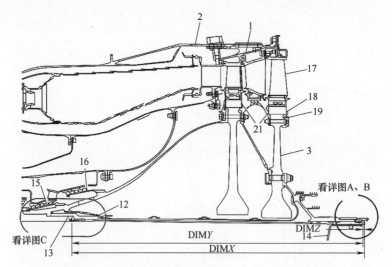

图 2-14 涡轮转子油管的安装尺寸（标注见图 2-16）

测量 Y 值，从压气机转子后端面至 HPT 转子后轴，放油管至平面，螺纹端向下，测量油管长度 X，尺寸 $Z=X-Y$，测量 HPT 转子后端面至油管后端面的距离，两者应相等，尺寸 Z 应在 0.002~0.005in（0.05~0.13mm）范围。拔出油管，安装阻尼衬套；然后油管上安装弹性油密封及 O 形圈，用带光的镜子检查压力锁密封在 HPC 后部正确位置，安装油管，扭矩 600~800lb·ft（813~1085N·m），反方向拆卸油管，目视检查油管和 HPT 后轴内表面涂抹的颜料，确认油管在合适的位置。再次安装油管，扭矩 1000lb·ft（1356N·m），再反方向转动扭矩倍增器，反复几次，将油管打扭矩至 1000lb·ft（1356N·m），对正油管槽和保持环槽，如果需要，增加扭矩，使油管槽和保持环槽对正，但扭矩值不超过 1200lb·ft（1627N·m），测量 Z 值。局部尺寸如图 2-15 所示，高压涡轮转子及二级喷嘴安装如图 2-16 所示。

如果再次安装后，5#轴承内圈跳动值在 0.003in（0.08mm）以内最佳，顺时针转动转子完整两圈，跳动的变化值不应超过 0.0015in（0.038mm），或者高点限定在 60°以内，角度偏差限值小于 0.0007in（0.018mm），5#轴承内圈最大跳动值是 0.005in（0.13mm）。

使用扭矩倍增器拧紧 5#轴承锁母至 450~500lb·ft（610~678N·m），使用 0.001in（0.03mm）塞尺检查锁母与内圈的间隙，确认内圈在正确的位置。反时针旋转锁母，安装槽销至最近的孔。

使用塞尺测量锁母与后轴后面的间隙 C60，测量三个等分点，最小间隙应是 0.002in（0.051mm）。

4. 高压涡轮 1 级喷嘴组件的拆卸与安装

1 级导叶组件拆卸时，拆卸压气机后机匣密封支撑后法兰 72 颗螺栓，前法兰 36 颗螺栓，拆卸压气机后机匣隔板 66 颗螺栓，使用三个顶丝将其与连接法兰分离，工具 1C8217 吊出。1 级导叶组件安装时，检查压力平衡空气密封法兰背面的螺母压条，是否有缺损，若无，使用酒精擦拭法兰面，安装定位导销，使用工具 1C8217 起吊 1 级导叶组件并安装，保

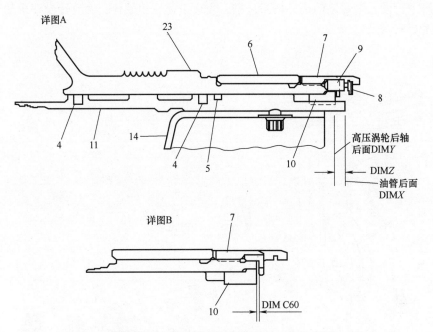

图 2-15　涡轮转子油管与锁母的局部尺寸（标注见图 2-16）

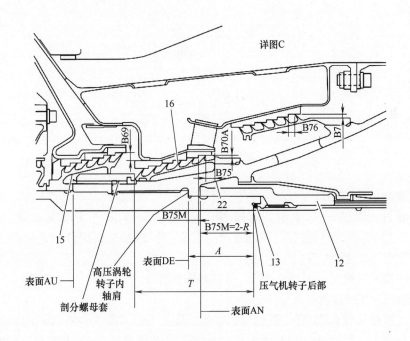

图 2-16　高压涡轮转子及二级喷嘴安装

1—高压涡轮 2 级喷嘴组件　2—压气机后机匣　3—高压涡轮转子　4—弹性油密封　5—O 形圈　6—5#轴承内圈
7—5#轴承锁母　8—卡簧　9—槽销　10—保持环　11—油管　12—高压涡轮转子联轴器螺母　13—压力锁紧密封
14—油管帽（盖）　15—前空气旋转密封　16—后空气旋转密封　17—高压涡轮 2 级动叶　18—密封环
19—二级动叶保持环　20—阻尼套　21—叶片阻尼器　22—高压涡轮前轴　23—高压涡轮后轴

证导叶鱼唇密封插入燃烧室的内外密封环槽，安装上述三组螺栓，并紧固到要求的力矩。拆装工具如图 2-17 所示。

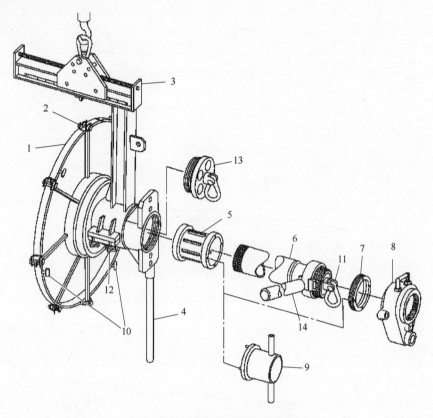

图 2-17　高压涡轮转子拆装工具

1—高压涡轮转子联轴器螺母扳手　2—卡子　3—高压涡轮转子提升工具　4—防转杆　5—导向螺母
6—扭矩管　7—锁母　8—扭矩倍增器　9—扳手　10—T 型顶丝　11—提升孔　12—手动旋钮
13—提升螺母　14—花键扳手

5. 燃烧室的拆卸与安装

燃烧室通过 PIN 定位与固定，拆卸 30 个火嘴，拆卸 10 个 PIN 定位销，使用工具 2C6203 吊出；安装时，反向进行，需测量 PIN 销直径，以及与其配合套管的内径，正常情况，导销与套管表面镀银处理。

6. 压力平衡空气密封（见图 2-18）、**拆卸与安装方法**

将螺栓松开，使用顶丝将其顶出。

安装时，测量螺栓孔法兰的厚度，热风枪加热止口边，设备本体上安装导向销，将其装入，尼龙棒敲击，使其法兰面完全贴合，快速拧入 8 颗螺栓，冷却到室温，螺栓按力矩 120~130lb·in（13.6~14.7N·m）拧紧，深度尺测量顶丝孔的深度，是否与安装前测量法兰的厚度一致，然后胶带粘住旁边 16 级防冰空气通道，防止螺栓掉入，将所有螺栓紧固。

使用塞尺，测量 F65，为 16 级动叶后面与 16 级静叶前面的间隙，此时确认转子在最上面（即靠后端），最小间隙为 0.050in（1.27mm），这一步可以不做，需要假轴。

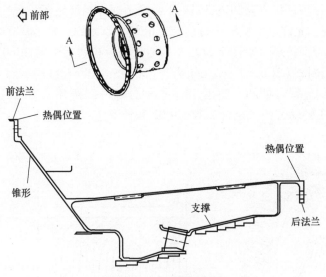

图 2-18　压力平衡密封

7. 4#轴承剖分螺母（右旋）拆卸与安装方法及工具

4#轴承（剖面见图 2-19）剖分（见图 2-20）螺母为右旋螺母，在拆卸剖分螺母期间，

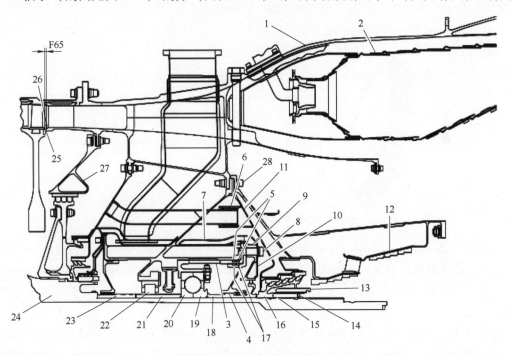

图 2-19　4#轴承剖面图

1—压气机后机匣　2—燃烧室衬里　3—4B 轴承腔组件　4—4B 轴承静止油密封　5—O 形圈　6—活塞环　7—隔热毯　8—螺栓　9—4B 轴承后静止空气密封　10—热屏蔽层　11—4B 轴承外静止空气密封　12—后静止空气密封　13—剖分螺母套　14—剖分螺母锁环　15—剖分螺母　16—压气机排气端旋转空气密封　17—O 形圈　18—4B 轴承旋转空气/油密封　19—4B 轴承后内圈　20—4B 轴承前内圈　21—4R 轴承内圈　22—4R 轴承　23—4R 轴承旋转有密封　24—高压压气机转子后轴　25—16 级叶片平台　26—静叶架　27—压气机排气端静止空气密封　28—螺栓

使用 4#轴承剖分螺母锁环拔出器 2C6251 取出 4#轴承剖分螺母锁环。然后松开垂直维修手推车 1C6853 的棘轮锁，允许压气机转子转动，使扭矩管 2C6050P02 和转子顺时针旋转，然后使用 4#轴承剖分螺母保持环（见图 2-21）& 后空气密封拉拔适配器 2C6048，压气机转子后密封 & 轴承内外圈拉拔器 2C6299，最大压力为 5000PSI（34473kPa），将 4#轴承剖分螺母保持环拔出。在安装剖分螺母期间，使用 4#轴承剖分螺母保持环安装工具 2C6249 安装保持环，允许压气机转子转动，使扭矩管 2C6050P02 和转子逆时针旋转。

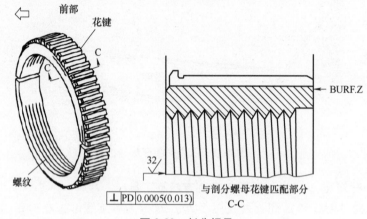

图 2-20　剖分螺母

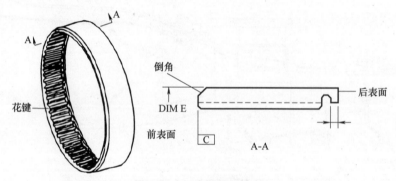

图 2-21　剖分螺母保持环

安装剖分螺母时，两半剖分螺母前端向下，放在平板上，使用深度尺测量高度 M，计算（尺寸 N＝实际测量尺寸 L－剖分螺母高度 M），实际尺寸应比计算尺寸大 0.014～0.020in（0.36～0.51mm），测量尺寸与打表位置如图 2-22 所示。使用图 2-23 的安装工具，安装螺母外套。

使用溶剂清洁螺纹，并涂抹少量润滑脂，切勿过量。将螺母两半一起放置在轴螺纹上，检查剖分螺母后端面平齐，安装外套，使其与剖分螺母前端台阶接触，若需要，使用皮榔头敲击，直至达到位置。温度降至室温，用手将剖分螺母拧紧。架设杠杆表在导向轴颈（pilot journal）的后部，将压气机转子下降至最下端，此时，杠杆表显示不变化。

完整转压气机转子两圈，确认转子由轴承支撑，不要使用很大的力转动转子。

同心度和垂直度由间隔 180°两部分的读数决定，在导向轴颈的径向和端面处设定杠杆表为 0，按下表记录数据。每个读数精度最接近 0.0001in（0.003mm）。

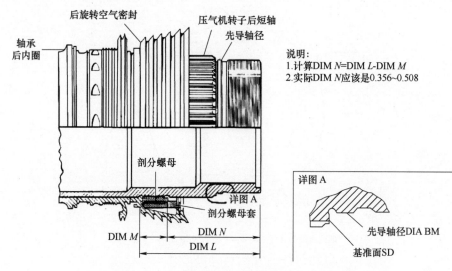

图 2-22　剖分螺母安装后测量尺寸与打表位置

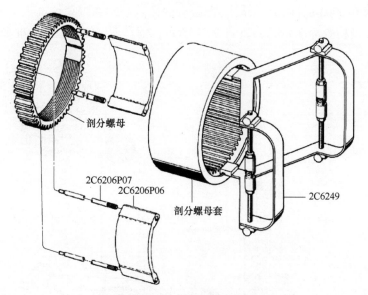

图 2-23　剖分螺母安装工具

在测量转子窜量时，确认转子无负荷，否则破坏可能发生。转子最大窜量为 0.25mm。

安装剖分螺母扳手，使剖分螺母固定，转动转子，由于螺母是螺纹，则需逆时针转动转子。为了得到螺母拧紧后最佳的同心度和垂直度（见图 2-24），尝试最小的轴拉升和最小的扭矩。拧剖分螺母至 4000lb·ft（5423N·m），然后松至 1000lb·ft（1356N·m），再紧至 6200lb·ft（8406N·m），移去扭矩倍增器，测量实际值 N，实际值应比计算值大 0.014～0.020in（0.36～0.51mm），主要为轴向拉升的设计特征设计。剖分螺母拆卸工具如图 2-25 所示。

转动压气机转子两圈，确定由 4B 轴承支撑。剖分螺母拧紧后的千分表测量同前，径向读数（FIR）必须满足下图。全部对角线的数据不超过 0.0015in（0.038mm）。剖分螺母拧紧前后，对角线的差值不超过 0.0010in（0.025mm）。如果被拧紧的剖分螺母，任意对角线

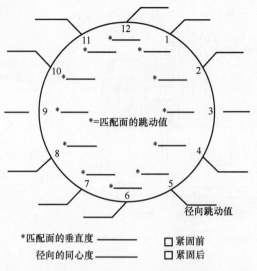

图 2-24 压气机转子同心度、垂直度测量极坐标图

的最大 FIR 超过 0.0005in（0.013mm），拧紧后的高点必须在拧紧前高点的 60°以内。拧紧前后同心度比较及检查标准如图 2-26 和 2-27 所示；垂直度比较及检查标准如图 2-28 和 2-29 所示。

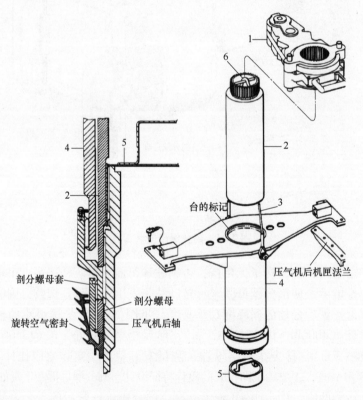

图 2-25 剖分螺母拆卸工具

1—扭矩倍增器 2—扭矩管 3—提升吊绳 4—支撑件 5—保护帽 6—提升孔眼

紧固前同心度

位置	读数	位置	读数	同心度（A）	方向（B）
1	_____	7	_____	_____	_____
2	_____	8	_____	_____	_____
3	_____	9	_____	_____	_____
4	_____	10	_____	_____	_____
5	_____	11	_____	_____	_____
6	_____	12	_____	_____	_____

紧固后同心度

位置	读数	位置	读数	同心度（A）	方向（B）
1	_____	7	_____	_____	_____
2	_____	8	_____	_____	_____
3	_____	9	_____	_____	_____
4	_____	10	_____	_____	_____
5	_____	11	_____	_____	_____
6	_____	12	_____	_____	_____

(A)　同心度是相隔180°径向位置跳动值的差值

例如：在1点钟位置的跳动值 ＝ 0.0004in　　0.010mm
在7点钟位置的跳动值 ＝ 0.0008in　　0.020mm
同心度 ＝ 0.0008in　　0.020mm
　　　－0.0004in　　－0.010mm
　　　0.0004in　　0.010mm

(B)　同心度的方向是相隔180°径向位置跳动值的大值

例如：1点钟位置的跳动值 ＝ 0.0004in　　0.010mm
7点钟位置的跳动值 ＝ 0.0008in　　0.020mm

同心度的方向是趋向7点钟位置

图 2-26　剖分螺母紧固前后同心度比较

同心度检查标准

参考	条件	限值
ad.(1)	1.紧固后最大同心度	0.0015in　0.038mm
ad.(2)	2.紧固前后同心度偏差值	

位置	紧固前 同心度	紧固前 方向	紧固后 同心度	紧固后 方向	偏差	
1-7	_____	_____	_____	_____	_____	0.0010in　0.025mm
2-8	_____	_____	_____	_____	_____	0.0010in　0.025mm
3-9	_____	_____	_____	_____	_____	0.0010in　0.025mm
4-10	_____	_____	_____	_____	_____	0.0010in　0.025mm
5-11	_____	_____	_____	_____	_____	0.0010in　0.025mm
6-12	_____	_____	_____	_____	_____	0.0010in　0.025mm

注意：当方向是相同的，同心度被减到最终的偏差，若方向是相反的，同心度加到最终的偏差

ad.(3)　　　3. 若紧固后最大的同心度ad.(1)超过0.0005in(0.013mm)，紧固后最大同心度的方向必须在紧固前最大同心度方向的60°以内

最大同心度方向(锁紧位置)

紧固前 _____

紧固后 _____

偏差方向 _____　X30°　_____　＜60°

图 2-27　剖分螺母同心度检查标准

紧固前的垂直度

位置	读数	位置	读数	垂直度	方向
1	———	7	———	———	———
2	———	8	———	———	———
3	———	9	———	———	———
4	———	10	———	———	———
5	———	11	———	———	———
6	———	12	———	———	———

紧固后的垂直度

位置	读数	位置	读数	垂直度	方向
1	———	7	———	———	———
2	———	8	———	———	———
3	———	9	———	———	———
4	———	10	———	———	———
5	———	11	———	———	———
6	———	12	———	———	———

(A)　垂直度是相隔180°读数的偏差值

例如：3点钟位置的垂直度　= 0.0003in　0.008mm
9点钟位置的垂直度　= 0.0001in　0.003mm
垂直度　= 0.0003in　0.008mm
−0.0001in　−0.003mm
0.0002in　0.005mm

(B)　垂直度的方向是相隔180°两读数的大值

例如：3点钟位置的读数　= 0.0003in　0.008mm
9点钟位置的读数　= 0.0001in　0.003mm

垂直度方向是趋向3点钟位置

图 2-28　剖分螺母拧紧固前后垂直度比较

垂直度检查标准

参考	条件	限值
ad.(1)	1. 紧固后最大垂直度　———————	0.001in　0.025mm
ad.(2)	2. 紧固前后垂直度偏差值	

位置	紧固前 垂直度	方向	紧固后 垂直度	方向	偏差		
1-7	———	———	———	———	———	0.0005in	0.013mm
2-8	———	———	———	———	———	0.0005in	0.013mm
3-9	———	———	———	———	———	0.0005in	0.013mm
4-10	———	———	———	———	———	0.0005in	0.013mm
5-11	———	———	———	———	———	0.0005in	0.013mm
6-12	———	———	———	———	———	0.0005in	0.013mm

注意：当方向是相同的，垂直度被减到最终的偏差，若方向相反，垂直度被加到最终的偏差。

图 2-29　剖分螺母垂直度检查标准

ad.(3)　　　　　　3. 若紧固后最大垂直度ad.(1)超过0.0005in(0.013mm)，紧固后最大垂直度方向
必须在紧固前最大垂直度方向的60°以内

最大垂直度　　　　　　　　最大垂直度方向
　　　　　　　　　　　　　　（锁紧位置）

紧固前　_____

紧固后　_____

偏差方向　_____　X30°　　　_____　＜　60°

图 2-29　剖分螺母垂直度检查标准（续）

剖分螺母拧紧后，端面最大值需满足：在对角线方向不超过 0.0010in（0.025mm）。剖分螺母拧紧前后，对角线的差值不超过 0.0005in（0.013mm）。如果被拧紧的剖分螺母，任意对角线的最大 FIR 超过，拧紧后的最低点必须在拧紧前最低点的 60°以内。

如果上述径向和端面数据规定任一不满足，则需要遵守，最好的方法是更换剖分螺母，保证最小的许可扭矩和最小的许可拉升。如果剖分螺母紧固后，尺寸超规定，但两尺寸的方向相同，转动后旋转空气密封。

标记端面测量的最低点，也标记后轴轴头的最低点。

安装剖分螺母锁环，序列号面对剖分螺母后部。

拆卸示意图如图 2-30 所示。

8. 拆卸后旋转空气密封

拆卸压力平衡空气密封，使用 4#轴承剖分螺母保持环和后空气密封拉拔适配器 2C6048，压气机转子后密封和轴承内外圈拉拔器 2C6299，将后旋转空气密封拔出。然后拆卸后部外静止空气密封（见图 2-31）。

安装上述密封时，加热到 148℃，液压安装冷却后，测量其外端面至轴头 12 点、3 点、6 点、9 点的距离，测量上述值分别为 4.9800″、4.9793″、4.9793″、4.9803″，上述差值必须满足手册规定。使用深度尺测量轴头端面距旋转空气密封后端面的距离，实际距离应等于计算距离（$L = Z - A$），偏差在 + 0.002 ~ - 0.001in（+ 0.05 ~ - 0.03mm）。尺寸测量如图 2-32 所示。

9. 4B 轴承外静止空气密封拆卸与安装

使用顶丝将外静止空气密封拆下，安装时需要冷冻，其内止口与 4R 轴承座配合，使用四氟棒均匀敲击，法兰面紧密贴合，然后快速对称拧入 8 颗螺栓，紧固到一定的扭矩。

（1）拆卸 4B 轴承后静止空气密封及热屏

拆卸相关螺栓，取下热屏，使用四氟棒敲击后静止空气密封，将其取下。安装时将其在电加热炉加热，使用导向销，四氟棒敲击安装到位，并更换热屏及螺栓。螺栓扭矩为 55 ~ 70lb·in（6.2 ~ 7.9N·m）。

（2）后旋转油/空气密封拆卸与安装

拆卸后内静止空气密封（见图 2-33），使用 4B 轴承旋转空气 & 油密封拔出适配器 2C6009 和压气机转子后密封 & 轴承内外圈拉拔器 2C6299，将旋转油/空气密封拆卸。

安装时，加热至 148℃，使用专用工具液压安装至冷却。压力为 2100PSI。

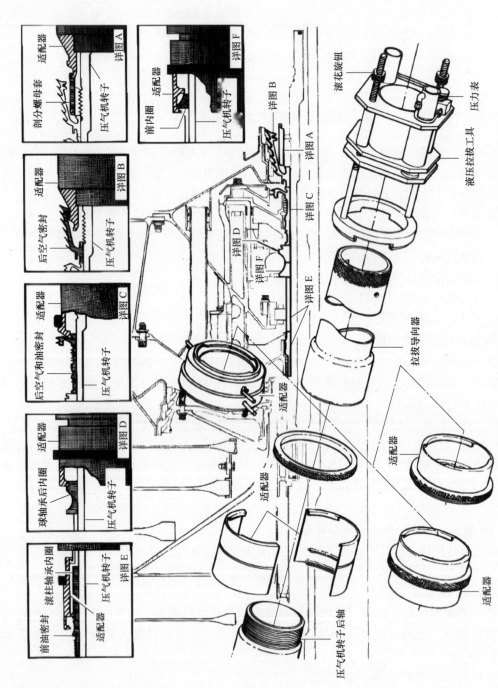

图 2-30 剖分螺母保持环、后旋转空气/油密封、旋转空气密封、4B、4R 轴承内圈拆卸示意图

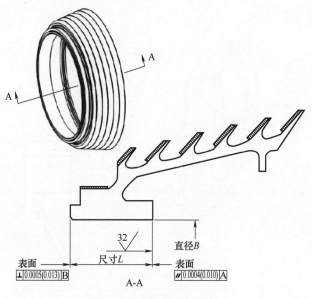

图 2-31　后旋转空气密封

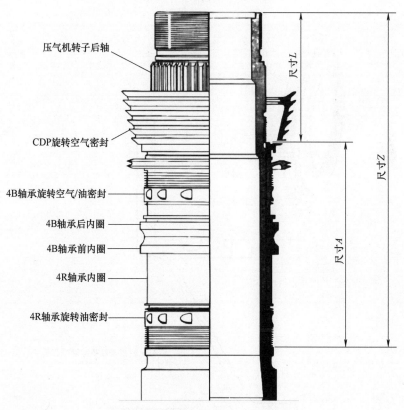

图 2-32　后旋转空气密封尺寸测量

（3）4B 轴承静止油密封拆卸与安装

使用顶丝将其拆卸，安装时，安装 O 形圈，加 O 形圈保护套，冷冻油密封（见图2-34），使用导向销安装，四氟棒敲击，快速在对称的 8 个位置拧紧螺栓。

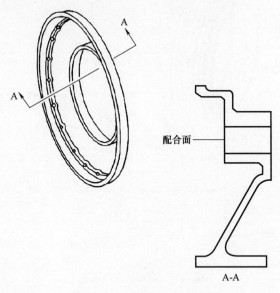

图 2-33　后内静止空气密封

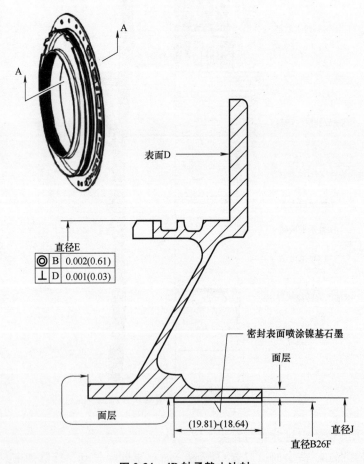

图 2-34　4B 轴承静止油封

（4）4B 轴承前部、后部内圈及 4B 轴承滚珠、外圈和轴承座拆卸与安装

依靠内圈的台阶使用专用工具，2C6047、2C6009、2C299，将轴承后内圈拔出，然后将轴承座螺栓拆去，使用工具 2C6356，保护滚珠，使用顶丝将轴承座（见图 2-35）同专用工具一起拆卸。

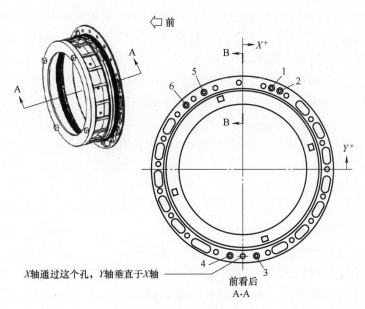

图 2-35 4B 轴承座

拆卸时使用专用工具 2C6356G03 将滚珠与保持架取出，专用工具 2C6042 将其外圈压出，对滚珠、滚道检查，再使用工具 2C6047、2C6009、2C299，将轴承前内圈拔出。4B 轴承外圈安装时，冷冻后使用专用工具 2C6042 将其压入，将锁母使用扭矩倍增器安装到位，安装固定螺栓 2 个（螺栓由内向外，螺母在外侧，与图纸相反），然后将滚珠与保持架装入。

安装轴承时，先将轴承前后内圈加热液压安装，冷却到常温，安装轴承外圈、滚珠、锁母、O 形圈至轴承座，O 形圈外加保护卡箍，内滚珠使用专用工具 2C6042 保护一起冷冻，防止滚珠脱落。冷冻后，去掉 O 形圈卡箍，提前在 180° 方向加装两支导向销，安装至预安装标记位置，使用四氟棒敲击，保证轴承座安装到位，然后保持至常温，调整压气机转子上下位置，使 4B 轴承滚珠与内圈前半边接触，且轴承腔恰好与 CRF 内轴承座法兰接触。在安装后内圈前，再次确认滚珠与前内圈接触，再将后部内圈加热，安装后液压加压，保持至常温。

（5）压气机后机匣的拆卸与安装

压气机后机匣拆卸与安装需要加导向器，防止损坏密封和轴承滚柱，注意标记支架的位置，并在连接法兰处做好标记，螺栓利旧，螺母更换新备件。

（6）4R 轴承、前旋转油封拆卸、检查与安装

检查 4R 轴承镀银层是否脱落或滚道、滚柱是否有划痕，若有，则需要更换。拆卸 4R 轴承静止放空空气密封、静止空气密封，使用工具将外圈和滚柱拉出。安装时两者需要冷冻，4R 轴承外圈、滚柱需要冷冻轴承座热风枪加热后安装。4R 轴承内圈若拆卸，需要与前

油封一起拆卸,安装时加热上述两部件,分别安装,并液压工具加压安装冷却至常温,然后以相同的方法安装 4R 轴承内圈。

(7) 燃气发生器现场动平衡注意事项

641-235 燃气发生器在试验台测试过程中,CFF、CRF 壳体振动超标(标准要求在发动机加速和减速的过渡段机组振动应在 2mile[⊖] 以内),此台发动机 TMF 振动满足要求,说明涡轮转子自身的平衡较好。主要是压气机转子不平衡量存在问题,此机组在投产初期振动 30μm 左右,更换 4B 旋转油/气密封后,在 9300~9400r/min 时,振动为 82μm 左右,与现场 93μm 左右值降低不明显,说明 4B 旋转油/气密封损坏对其振动的影响不明显,主要为压气机长周期运行,叶片结垢、随着运行时间、以及温度变化转子质量中心不均匀所致。

若需要现场动平衡,则需要拆卸中心体及入口齿轮箱端盖法兰(见图 2-36)。

整体拆卸入口齿轮箱的齿轮轴(见图 2-37)及前部轴承,拆卸前测量几点的轴向位置尺寸,并与安装后核对。

需要在 CFF、CRF、TMF 分别安装振动探头。为了减少现场动平衡的次数,可以手动转动转子,假如前看后转子顺时针方向转动到静止位置后,会反方向转动一定的角度,最终停止。通过此时停止的最低点向反方向偏转一定的角度做标记,一般为 8 点钟方向,同时逆时针转动转子,仍出现上述状况,在 4 点钟方向做标记。若两者标记位重合,则安装配重块的位置为此标记的 180° 对应位置,然后使用 3/8″ 的自锁螺母加配重块安装。若一次成功,配重完成。若不成功,则需要严格按三元法进行配重,在转子上再与上述点相隔 120° 标记另外两点,采用三元法对压气转子进行现场动平衡。

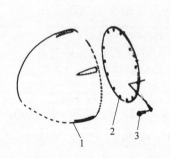

图 2-36 中心体与入口齿轮箱端盖法兰

1—导流锥 2—盖板 3—螺钉

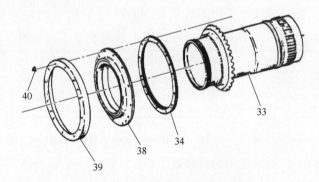

图 2-37 拆卸入口齿轮箱齿轮轴

33—入口齿轮箱齿轮轴 34—可剥离调整垫 38—双联推力球轴承 39—推力轴承保持环 40—自锁螺母

2.1.3 GE 燃气发生器现场检修附属内容

GE 燃气发生器现场检修关键技术除了部分外,还包括燃气发生器水洗、内窥镜检查、火嘴检测技术与标准;燃气生气器 25K 中修检修工艺和执行的技术标准;以及燃气发生器

⊖ 1mile = 25.4 × 10⁻⁶ m。

现场性能测试问题。

当燃气发生器运行 4000 小时或者压气机排气压力较当地大气环境降低 5%～10% 时，需要按照手册规定的要求进行离线水洗，主要为后续孔探检查，或者提高燃气发生器的效率。

1. 内窥镜检查技术标准

燃气轮机整体内窥镜检查标准（压气机、燃烧室、高压涡轮、动力涡轮）按内窥镜检查技术规范执行，重点强调孔探堵头必须按规定力矩进行紧固，否则容易损伤涡轮转动叶片或孔探孔螺纹。

2. 燃气发生器 4B 轴承旋转密封内窥镜检查

GE 燃气发生器 4B 轴承旋转油气密封（见图 2-38，结构见图 2-39）由于其壁厚较薄，在气流交变的冲击下，运行一定时间，容易疲劳断裂，损伤涡轮后部组件，OEM 厂商对 4B 轴承旋转密封进行了改进，增加其厚度，增强了抗疲劳能力。

图 2-38　LM2500+损坏的 4B 轴承旋转密封

燃气发生器在 25K 中修过程中，通常不对 3#轴承、4#轴承、入口齿轮箱、附件齿轮箱等冷端部件拆卸检查，仅对热端部件进行修复、更换、装配。至今 4B 轴承旋转空气封严损坏发生多起，若 4B 轴承拆卸检查，需要拆卸 TMF、高压涡轮转子、一级喷嘴、燃烧室等热端部件。在了解燃机复杂的 4B 轴承原理、结构以及拆卸方法后，增强了 LM25000+燃机检修过程的整体认识。有必要在 8K 检修过程中，孔探检查 3#、4B 轴承部位的封严状况是否完好。

尽管有很多通道可以使用，建议使用 7、10 两个通道，主要是这两个管口直径大，具有较好的视角。拆卸后，可以直观地看见需要穿过的支板孔，便于操作。沿顺时针和逆时针方向由上向下检查盖板螺栓、锁丝完好情况，以及缝隙内是否夹有异物（旋转封严脱落物）。若得到较佳的视角，可以观察到转子，则可以转动转子，检查旋转封严情况。密封位置及孔探路径如图 2-40 和图 2-41 所示。

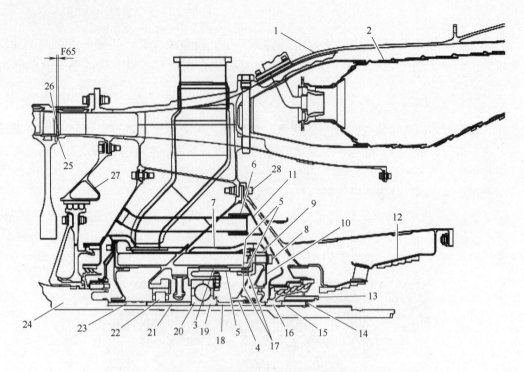

图 2-39　LM2500+损坏的 4B 轴承结构

1—压气机后机匣　2—燃烧室衬里　3—4B 轴承座　4—4B 轴承静止油密封　5—O 形圈　6—活塞环　7—隔热毯　8—螺栓
9—4B 轴承后静止空气密封　10—隔热屏　11—4B 轴承外静止空气密封　12—后静止空气密封　13—剖分螺母套
14—花键锁环　15—剖分螺母　16—CDP 旋转空气密封　17—O 形圈　18—4B 轴承选装空气/油密封
19—4B 轴承后内圈　20—4B 轴承前内圈　21—4R 轴承内圈　22—4R 轴承　23—4R 轴承旋转油密封
24—高压压气机后轴　25—16 级动叶平台　26—静叶栅　27—CDO 静止空气密封　28—螺栓

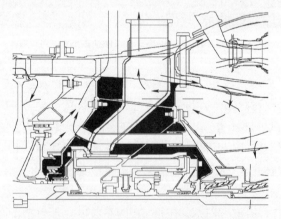

图 2-40　LM2500+4B 轴承旋转密封的位置

3. 燃料气火嘴检查标准

　　燃料气喷嘴由于受气流的冲刷，内部气流通道或外部会磨损（见图 2-42 和图 2-43），一般内部通道清洗后进行一定压力的仪表风测试，使 30 个火嘴的流量近似相等，否则容易导

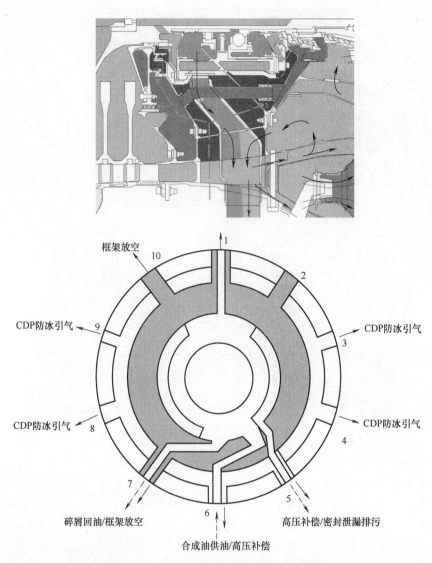

图 2-41　LM2500+4B 轴承旋转密封孔探路径

致燃烧室和涡轮内部温度偏差大。

　　火嘴外部检查，主要使用外径千分尺或卡尺测量尺寸，与标准参数进行对比，否则需要修复处理。

　　火嘴杆端磨损不能超过 0.002″，火嘴头部磨损不能超过 0.010″，法兰点蚀（见图 2-44），上述部位使用激光熔覆技术进行修复。

　　4. 燃气生气器 25K 中检修工艺和执行的技术标准

　　（1）GE 燃气发生器冷端部件的检修内容与工艺

　　首先进行缺件检查、压气机孔探检查，以空气在 20PSI、40PSI 压力下，测试压气机前机匣（CFF）A 油池、后机匣（CRF）B 油池、涡轮中机匣（TMF）C 油池、附件齿轮箱、传动齿轮箱、入口齿轮箱喷嘴流量情况。

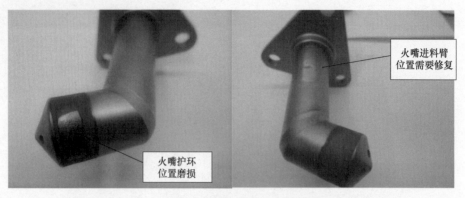

火嘴进料臂
位置需要修复

火嘴护环
位置磨损

图 2-42 燃料气火嘴外表面磨损

图 2-43 燃料气火嘴内控及外表面磨损

冷端部件主要检查压气机前机匣、高压压气机静叶及 VSV 伺服系统、高压压气机转子、压气机后机匣。孔探查 3#、4#轴承油气密封，修理或更换 VSV 增压泵、伺服阀、VSV 扭矩轴前后轴承、执行器、连接杆、连接环、执行环、转动臂。压气机叶片损坏，则进行现场更换。更换所有的合成油系统、矿物油系统过滤器。

检查清洗入口齿轮箱和传动附件齿轮箱的五单元泵碎屑检测器，根据历次检测器收集的碎屑分析评估 3#、4#、5#轴承的完好性。进行高压补偿孔板、VSV 命令与反馈校核。现场检查表见表 2-3。

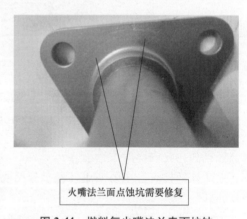

火嘴法兰面点蚀坑需要修复

图 2-44 燃料气火嘴法兰表面坑蚀

表 2-3 GE 燃气发生器现场检查表

燃气发生器基本信息	
压气站名称及机组位号	
燃气发生器型号	
燃气发生器安装号	

（续）

燃气发生器基本信息	
燃气发生器序列号	
燃气发生器生产日期	
燃气发生器修理日期	
孔探检查及 PT 下部滑动键	
拆装 GG 前，将动力涡轮下部滑动键前后以顶丝定位	
在燃气发生器运走前，对压气机、燃烧室、喷嘴、高压涡轮、动力涡轮孔探检查，测量动力涡轮 A、B 值	
进气系统	
拆装入口滤网（inlet screen），检查滤网金属丝是否损伤，标记螺栓顺序	
拆装喇叭嘴（bellmouth）与前机匣（front frame）的螺栓，螺栓是否有缺失或松动	
检查喇叭口上进气软密封（inlet plenum seal）是否破裂	
拆装 GG 时拆下中心体（centerbody），留在现场，更换新 GG 时使用，有条件盲板将其封堵	
拆装 GG 前端人字形吊臂	
检查吊臂两端孔是否磨损	
检查柱销是否磨损，备件号分别为 SMR59882、SMR59866，现已测绘加工	
检查关节轴承是否磨损 RSQ13012（GEH50ES-2RS）RTQ40412（GEH35ES-2RS），已从 SKF 购买	
检查上述连接螺栓是否过短	
拆装液压启动器及离合器组件（两部件留在现场）	
拆装液压启动器矿物油进出软管马蹄形法兰、高点放空管线接头，取下液压启动器，螺栓留存，检查软管是否完好，密封圈需更换，管口封堵	
拆装 SE-370 速度探头，离合器下部排污管线接头，L100、L101 管线，离合器密封气管线，管口封堵，拆下离合器	
有条件盲板封堵附件齿轮箱离合器处法兰	
拆装离线与在线水洗管线	
离线水洗管线在喇叭口下端第一道螺纹处拆装	
在线水洗管线分段拆装，下部喷头旋转一定方向，中上部喷头取出	
合成油系统软管、航空电缆及航插	
检查 SE463 速度探头 RCO43932（E12）是否是直头	
检查 SE463 速度探头 RCO84224（E7）是否是 90°头	
检查 VSV 控制系统电缆是否有支撑、是否碰磨擦破，航插接头连接是否紧固	

（续）

合成油系统软管、航空电缆及航插	
检查 VSV 系统锁丝有无缺失，部件是否缺失，接头、螺母是否缺失	
检查软管是否扭曲、毁坏、松动，接头是否破坏、松动	
检查油气分离器出口挠性软管（A12）是否碰磨，若有，加保护胶皮，检查卡子大小尺寸是否合适	
润滑 & 碎屑泵管线及引压管线连接是否正确	
碎屑检测器航空插头位号是否连接正确，无松动	
检查合成油挠性软管及电缆是否松动、扭曲、碰撞损坏，是否安装在非 GG 支撑位置	
检查合成油软管是否允许 GG 膨胀，是否有泄漏，检查电缆是否进槽盒，合理布置	
传动附件齿轮箱	
检查是否有缺失、损坏的部件	
TGB、AGB 是否被碰撞	
燃气发生器外壳	
检查外部锁丝是否缺失或损坏	
检查卡子或支架是否松动	
检查接头及连接螺栓是否绞缠、弯曲、裂口、伤痕、松动	
检查部件间的接触是否正常	
检查静叶外部 U 形卡子、杆端轴承是否损坏或锁丝缺失，是否绞缠、弯曲、裂口	
检查静叶驰环及垫片是否损坏，驰环垫片间隙是否合理，见 WP209	
VSV 扭矩轴在移动中是一个整体，检查是否有损坏或缺失的部件，检查是否有与扭矩轴接触的管线、软管、电缆	
检查 VSV 执行器（作动筒）及液压管线无泄漏，无缺件或损坏部件	
检查 GG 振动探头接头是否松动或破损，是否正确固定，是否检查回路、病做振动测试	
T3 电缆是否正确固定，与其他挠性管及 GG 管线无接触	
螺栓销是否正确点焊	
检查 PS3 压力变送器是否有疏水的泪孔，否则，变送器管线向燃烧室倾斜，检查接头是否松动	
软管与 GG 不能直连，检查 GG 与软管间是否有过度短节	
检查燃烧室外部是否绞缠、弯曲、裂口、伤痕，是否缺失螺栓、螺母、垫片	

（续）

燃气发生器外壳	
检查燃料气喷嘴及歧管接头是否松动、破损，是否绞缠、弯曲、裂口、伤痕、凹痕等缺陷，锁丝是否损坏或缺失	
检查燃料气系统卡子及托架是否松动，软管是否扭曲、毁坏、松动，软管接头是否破损、松动	
检查燃料气汇管、火嘴连接软管、火嘴紧固螺栓，无缺件，螺栓紧固到位，开机后无可燃气体报警或可燃气体含量偏高	
高压补偿管线、点火器及火焰探头	
点火器安装与检查参照 WP103，点火器是否打火测试	
检查点火器电缆与其他硬件无碰磨，点火器螺母是否拧紧，是否打锁丝，若第二个点火器安装并不使用，移去并安装堵头	
检查火焰检测器电缆与其他硬件无碰磨，火焰检测器螺母及支架螺母是否拧紧	
检查高压补偿管是否与其他部件接触或碰磨，是否使用正确的补偿孔板垫片，GG 与挠性管间是否有短节，检查接头是否松动，检查软管是否松动、扭曲、碰撞损坏	
压气机后机匣 CCF，涡轮中机匣 TMF	
检查压气机后机匣排污管是否与其他部件接触或碰磨，是否松动或有缺失部件	
检查涡轮中机匣及管线是否扭结、刻痕、伤痕、损伤或变色	
检查涡轮中机匣接管螺栓、螺母是否缺失，接管是否松动	
检查 T48 电缆是否正确支撑，是否与其他部件碰磨，检查连接是否紧固、完整、螺母缺失	
检查挠性软管是否扭曲、碰伤或松动，检查软管是否正确支撑、是否泄漏、是否影响 GG 的热膨胀	
安装后整机检查	
仪表及探头引线安装正确，无缺件及扭曲或碰磨	
空气管线安装正确，无缺件、无泄漏	
燃料气系统安装正确，无缺件、无泄漏	
液压系统连接正确，无缺件、无泄漏	
合成油系统安装正确，无缺件、无泄漏	
密封气系统连接正确，无缺件	
排污管线连接正确，无缺件、无泄漏	
VSV 系统连接正确，无缺件	
整机外部无缺陷	

（2）GE 燃气发生器热端部件的检修内容与工艺

热端部件维修主要内容分两部分：①返回原制造厂维修部件：包括燃烧室、高压涡轮转子（高压涡轮前轴、后轴、联轴器螺母及适配器、一二级轮盘、压力管、垫片、热屏、一二级叶片保持环）、二级喷嘴（二级喷嘴支撑、静密封、二级后叶冠支撑）、燃料喷嘴、镀银销钉、堵头等部件；②维修工厂将上述部件按 IRM 要求组装或修复，测试涡轮中机匣润滑油喷嘴、检查 5#轴承、T5.4 探头、燃料系统等内容。

现场将检修好的燃烧室、一级喷嘴组件、高压涡轮转动部件与二级喷嘴组件、涡轮中机匣等进行组装。

（3）GE 燃气发生器现场检修执行的标准

LM2500+燃气发生器随着运行小时数的增加，不断完善检修工艺，相应提出新的改进标准。下列标准在现场不易实现，但维修工厂一般通过检测执行。如果维修工厂对上述标准在其 50K 检修执行，则后续相同序列号燃机现场 25K 检修不再执行。

BT_SB_LM2500-IND-286 压气机 12～14 级动叶增加叶顶间隙；

SB_LM2500-IND-205 3#轴承静止油密封改进；

SB_LM2500-IND-214 13#火嘴及软管组件增加防空气热冲击挡板；

SB_LM2500-IND-220 T3 传感器增加间隙；

SB_LM2500-IND-225 压气机出口压力密封齿尖引入热涂层；

SB_LM2500-IND-227 4B 轴承旋转密封改进；

SB_LM2500-IND-236 LM2500+高压压气机 16 级动叶改进；

BT_SB_LM2500-IND-272 压气机 15 级动叶增减环向间隙；

BT_SB_LM2500-IND-275 压气机转子鼓去除金属高点；

BT_SB_LM2500-IND-277 燃机空气管前端涂层改进；

SB_LM2500-IND-248 VSV 扭矩轴前轴承改进；

SB_LM2500-IND-249 VSV 扭矩轴后轴承改进；

SB_LM2500-IND-254 高压涡轮 2 级喷嘴支撑及冷却空气管改进；

SB_LM2500-IND-268 LM2500+燃气发生器 TMF 去除 Tee 型接头。

（4）轴承型号及检查内容

GE 燃气发生器轴承，主要检查轴承内外圈的、滚子形位尺寸及磨损情况，尺寸见表 2-4。主要检查内容见 GEK-115643 中的要求。

表 2-4　燃气发生器主轴轴承型号及尺寸

轴承名称	轴承厂家/品牌型号	参数	最小	最大	滚子个数	安装位置
3#滚柱轴承	FAG/597418A 07482SOCN（CANADA）	外滚道外径	7.847in（199.31mm）	7.848in（199.34mm）	40	压气机前机匣
		内滚道内径	6.2248in（158.110mm）	6.2252in（158.120mm）		
		径向间隙	0.0032in（0.081mm）	0.0036in（0.091mm）		
		外滚道硬度 R_c	61	65		
		内滚道硬度 R_c	48	54		

（续）

轴承名称	轴承厂家/ 品牌型号	参数	最小	最大	滚子 个数	安装 位置
4#球轴承	FAG/593021 07482SOCN （CANADA）	外滚道外径	9.2375in（234.633mm）	9.2380in（234.645mm）	24	压气机 后机匣
		内滚道内径	6.6140in（168.000mm）	6.6144in（168.006mm）		
		径向间隙	0.0058in（0.147mm）	0.0070in（0.178mm）		
		滚道硬度 R_c	60	65		
4#滚柱轴承	NTN07482SOCN	外滚道外径	8.4040in（213.462mm）	8.4045in（213.474mm）	40	压气机 后机匣
		内滚道内径	6.6175in（168.085mm）	6.6179in（168.095mm）		
		径向间隙	0.0030in（0.076mm）	0.0035in（0.089mm）		
		滚道硬度 R_c	60	65		
5#滚柱轴承	FAG \ 597408 07482SOCN （CANADA）	外滚道外径（生产商标准）	7.5690in（192.253mm）	7.5700in（192.278mm）	36	涡轮中 机匣
		外滚道外径（修理标准）	7.5692in（192.258mm）	7.5698in（192.273mm）		
		内滚道内径	6.1809in（156.995mm）	6.1813in（157.005mm）		
		径向间隙	0.0025in（0.064mm）	0.0030in（0.076mm）		
		滚道硬度 R_c	60	65		

　　通过三年多的 GE 燃气发生器现场检修关键技术的研究，形成了 GG 中修，热端部件更换，冷端部件修旧利废的工艺技术，包括离合器、液压马达、VSV 伺服系统、连接杆、VSV 扭矩轴、执行环、转动臂、附件齿轮箱、传动齿轮箱、入口齿轮箱、压气机动叶、燃气发生器现场动平衡、GS16 燃调阀、动力涡轮检修等技术，几乎涵盖了 GE 燃气发生器的所有现场故障，除了压气机叶片、涡轮叶片损坏现场无法修复外，其他工作基本均可解决。有力地促进了 GE 燃气发生器现场检修工作和疑难故障处理工作。

　　GE 燃气发生器现场检修关键技术必将引领管道企业燃驱压缩机组未来检修、发展趋势，赶超欧美先进技术，进一步提升压缩机组的运行可靠性。

2.1.4　LM2500+SAC 燃气发生器现场维修技术

1. 燃气发生器现场拆卸

（1）拆除附属管线及箱体门板

1）现场检修前，完成机组工艺系统隔离及确认。

2）所有附属管线拆卸应做好标识并逐一封口或装入现场标准化集装箱内。

3）拆除冷却和密封空气系统管线、燃气发生器 16 级防冰管线、合成润滑油及油气的相关管线。

4）拆除燃气发生器燃料气进气软管连接法兰，并加装承压盲板。

5）拆除燃气发生器系统的仪表、探头和电缆。

6）拆除液压启动马达、离合器及其连接管线。

7）拆卸燃气发生器箱体吊点处顶板和维修门（见图 2-45）。

（2）拆卸燃气发生器入口相关连接部件

1）拆卸燃气发生器水洗喷嘴，标记位置并封口。

2）安置燃气发生器入口滤网小车至导轨，拆卸燃气发生器入口滤网并利用小车将其移开（见图2-46）。

图 2-45　拆卸箱体门

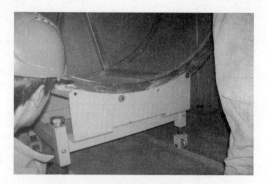

图 2-46　拆卸燃气发生器入口滤网

3）拆卸燃气发生器进气导流罩及燃气发生器中心体，并用挡板将燃气发生器入口封严（见图2-47）。

图 2-47　拆卸燃气发生器进气导流罩及燃气发生器中心体

4）拆卸燃气发生器入口隔板门软连接。

5）拆除燃气发生器入口隔板门的紧固螺栓，将螺栓放入封口带保存并做标记，打开燃气发生器入口隔板门（见图2-48）。

6）安装燃气发生器吊梁前安装架（见图2-49）。

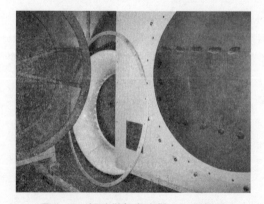

图 2-48　拆除燃气发生器入口隔板门

图 2-49　安装燃气发生器吊梁前安装架

7）安装燃气发生器吊梁中框架（见图 2-50），将压气机后机匣前向法兰上部的螺栓和自锁螺母取下，共 15 个。安装燃气发生器吊梁的中框，拧紧螺栓，使其扭矩达到 70~110lb·in（8.0~12.4N·m）。

8）用速卸销连接燃气发生器吊梁与连接连杆，准备安装燃气发生器吊梁（见图 2-51）。

图 2-50　安装燃气发生器吊梁中框架

图 2-51　安装燃气发生器吊梁

注：7）8）中框吊臂及连接连杆，分长短连杆及高低吊臂，需配套使用（长连杆配低吊臂，短连杆配高吊臂），否则现场吊装会出现重心偏移问题。

9）使用 2 个速卸销，将燃气发生器吊梁前端与安装在压气机前机匣上的燃气发生器前安装支架连接固定（见图 2-52）。

10）使用 2 个速卸销，将燃气发生器吊梁中端固定在燃气发生器吊梁中框上（见图 2-53）。

图 2-52　安装前机匣支架

图 2-53　安装燃气发生器吊梁中端固定支架

11）将动力涡轮下方纵向滑销两端顶丝紧固（见图 2-54）。

12）安装、调整吊梁滑轮和手拉葫芦（见图 2-55），使其受力，使燃气发生器前端 V 形吊架下方的两个柱销能够自由窜动。

注：机组自带的悬臂葫芦吊，在吊装前应加载 5t 左右重物，一般为叉车，进行试重，检查防脱机构是否可靠。

13）拆下燃气发生器与 HSPT 连接法兰上的螺栓，左右两侧各保留 4 个螺栓（见图 2-56）。

14）拆卸燃气发生器"V"形吊臂的 3 个柱销和垫片并放入封口袋保存（见图 2-57），拆下吊臂。

图 2-54　紧固动力涡轮下方顶丝

图 2-55　调整吊梁滑轮调整螺栓和手拉葫芦

图 2-56　拆卸燃气发生器与 PT 连接螺栓

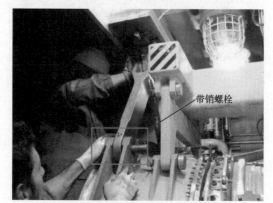

图 2-57　燃气发生器前吊臂底部柱销

15）拆下燃气发生器与 HSPT 连接法兰上剩余的螺栓，将燃气发生器吊出。

16）将燃气发生器安装固定在燃气发生器运输小车上（见图 2-58），安装推荐顺序为先连接排气侧连接螺栓，然后将进气侧插销支座螺栓松开，使其可以自由移动，整体按先排气侧再进气侧的原则依次安装至移动小车，移出检修场地，用防雨布或帆布遮盖好。

17）如不需更换燃气发生器，则在箱体内移开燃气发生器进行后续的检查工作（见图 2-59）。

图 2-58　燃气发生器吊出装在燃气发生器小车上

图 2-59　移开燃气发生器

（3）燃气发生器拆卸后现场检查

1）检查燃气发生器及 HSPT 结合面"J"形密封的完好情况，视情更换。

2）用孔探仪检查燃气发生器侧高压涡轮二级动叶。

3）检查 PT 过渡段密封环的变形情况并进行必要的处理，消除变形（见图 2-60）。

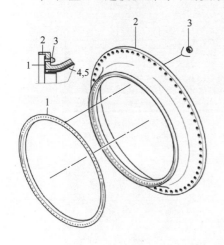

图 2-60　检查 PT 过渡段密封环

1—L 型环　2—动力涡轮过渡机匣　3—螺母　4—隔热罩　5—有窗隔热罩

4）燃气发生器移开后，需要对动力涡轮受热过渡段 A、B 两个值按时钟方向分 12 个点进行测量（见图 2-61）。

图 2-61　动力涡轮 A、B 两个值的测量

5）对动力涡轮进行孔探检查。

6）检查燃气发生器的"V"形吊架关节轴承的磨损情况（见图 2-62），视情更换。更换或回装前需仔细清理柱销、轴承及轴承座、轴套上的油物及杂物，用无水酒精擦拭内外表面。

2. 燃气发生器的安装

（1）开启运输集装箱

1）检查集装箱湿度环境。燃气发生器集装箱体上有显示内部状况的湿度指示器，如图 2-63 所示，指示器的不同颜色表示内部的湿度等级。在高湿度条件下，与厂家联系获取进一步确认。

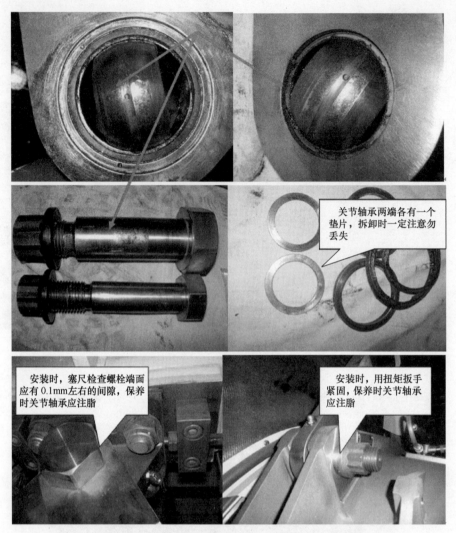

图 2-62 检查燃气发生器的 "V" 形吊架关节轴承

图 2-63 运输集装箱

2）按下位于减压阀中心的按钮，使得运输集装箱降压。

3）将运输集装箱盖子固定在基座的 T 型螺栓的螺母松开。

4）转动 T 型螺栓使得螺栓头落入较低的法兰凹处。

5）将吊索安装在运输集装箱盖子上的 4 个吊耳上，要求 4 根 10t 长吊带，配锁扣。

6）使用厂房吊车将运输集装箱盖子直线起吊，并将盖子放在枕木上。

（2）燃气发生器开箱后的检查

1）打开运输集装箱后，对燃气发生器外观进行检查，确认型号与需更换的燃气发生器一致，随机附属设备及管路齐全，外观无损伤。

2）仔细检查所有的燃气发生器开口是否被保护和密封，防止异物进入。

（3）燃气发生器回装

1）将燃气发生器吊梁固定到厂房吊车上。

2）将燃气发生器吊梁的中框安装在燃气发生器上，与拆卸时安装步骤一致（见图 2-64）。

3）使用厂房行吊将燃气发生器从运输集装箱微微提起，将进气侧支座及插销移出，拆卸排气侧连接螺栓，然后将燃气发生器放至运输小车上并进行固定。

4）将小车移至箱体手拉行吊轨道正下方，并将手拉行吊吊钩与燃气发生器吊臂吊耳连接（见图 2-65）。

5）拉动手拉行吊，拆卸燃气发生器与小车连接部分，将燃气发生器从小车上吊起。

6）将燃气发生器吊入箱体，转动燃气发生器使其与 HSPT 轴成一直线，连接调整燃气发生器吊梁滑轮。

图 2-64　安装燃气发生器吊梁

图 2-65　手拉行吊吊钩与燃气发生器吊臂吊耳连接

7）检查燃气发生器的 J 型垫片。

8）连接燃气发生器与 HSPT 的 8 个螺栓（水平方向左右各 4 个），轻轻拧住螺栓，以便与 HSPT 保持平行（不要全部拧紧螺栓）。

9）在燃气发生器压气机框架的顶部，回装 "V" 形吊臂。借助柱销安装辅助工具先安装顶部柱销，然后再安装左右两侧柱销。装入柱销垫片（每个螺栓 2 个），调整吊梁滑轮调整螺栓和手拉行吊，使燃气发生器前端 V 形吊架下方的两个柱销能够自由窜动，并且确保拧紧顶部柱销直到中间隙值为 0.1mm，用 800N·m 扭矩值拧紧下部 2 个柱销（见图 2-66）。

10）回装并拧紧剩余的燃气发生器与 HSPT 的连接螺栓（21.5~29.9N·m）。

11）移除燃气发生器吊梁及专用工具，回装中机匣连接螺栓。

12）再次检查燃气发生器与 HSPT 连接螺栓的扭矩值一致。

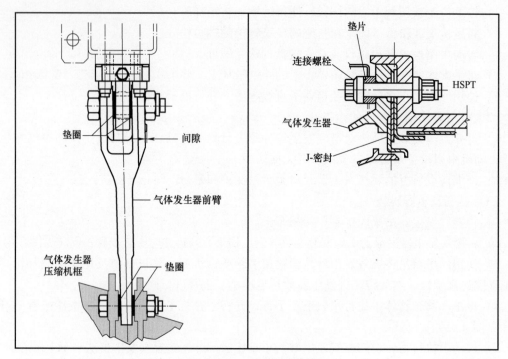

图 2-66　V 形吊架的回装

（4）恢复附属管线及仪表接线

1）冷却和密封空气系统管线。

2）燃气发生器 16 级防冰管线。

3）合成润滑油、油气的相关管线。

4）燃气发生器燃料气进气软管连接法兰。

5）燃气发生器系统的仪表、探头和电缆。

6）液压启动马达、离合器（如更换离合器，应一并更换 O 型圈，涉及转速探头安装，间隙控制在 0.25～0.35mm 范围内），连接管线。

7）与燃气发生器相连的引压管管线，卡套应在无应力下回装，卡套需手动可以紧固。

8）回装进气导流罩（回装前要用酒精擦拭清理干净表面）及燃气发生器入口隔板门。

9）回装中心体前要用将螺纹胶清理干净，并用酒精擦拭连接平面，用扭矩值 55～70lb·in 拧紧 5 个紧固螺栓，打锁丝后涂抹平面密封胶，为保证胶面过渡平滑，可以用收手指粘洗洁精稀释液，抹平密封胶面而不粘手。

10）检查入口滤网，并恢复。

11）将动力涡轮下方纵向滑销两端顶丝松开，使其恢复到原来位置。

12）恢复燃气发生器箱体吊点处顶板和维修门，并清洁燃气发生器进气室。

（5）燃气发生器校验

1）对燃调阀进行校验。

2）对 VSV 进行校验。

3）检查燃机的所有信号线和电源线都已连接可靠。

4）盘车检查是否有跑、冒、滴、漏现象。

5）检查机组在运行过程中的相关参数是否正常。

6）查看机组振动参数，对异常参数进行相关检查处理。

7）进行带载 72 小时连续运行测试，并监视相关运行参数。

2.2　Siemens RB211-24G 燃气发生器现场维护与更换

2.2.1　Siemens RB211-24G 燃气发生器日常维护

1. 燃料气计量阀作用

燃料气计量阀是燃驱压缩机组中燃气发生器的关键附属部件，其作用是接收机组控制系统计算的燃料气供应量命令，通过阀门内置电子阀位控制器驱动 24V 直流电机，完成对燃料气计量阀节流口开度调节，进而对燃料气流量控制，最终实现对燃气发生器转速的控制。

2. 主要结构及工作原理

目前，在天然气长输管道燃驱压缩机组中，RB211-24G 燃气发生器主要使用两种配置的燃料气计量阀：

1）西气东输一线配置 WHITTAKER（阀体）/KOLLMORGEN（执行器）/PAKKER（控制器）。

2）西气东输二、三线配置 WHITTAKER（阀体）/MOOG（执行器）/MOOG（控制器）。

阀体及执行机构内部结构如图 2-67 所示。

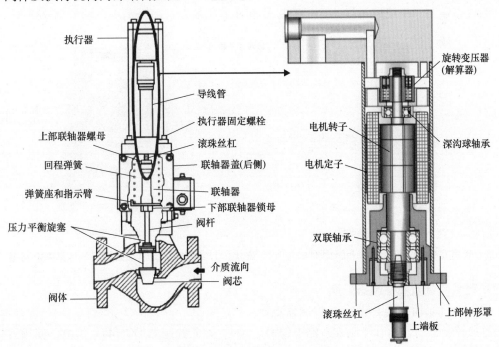

图 2-67　阀体及执行机构内部结构

燃料气计量阀的 WHITTAKER 阀体结构形式类似于截止阀。当阀门收到开启信号时，上部电机开始顺时针转动，通过电机轴前端的滚珠丝杆，提升中间联接套，带动阀芯向上运行，完成开启动作。中间弹簧为回座弹簧，当电机提升力大于弹簧回座力与阀芯自重之和时，阀门向上开启，增大阀门开度；当弹簧回座力大于电机提升力时，阀门向下关闭，减小阀门开度。

西气东输一线配置燃料气计量阀如图 2-68 所示，型号为 C521385。

阀门控制器如图 2-69 所示，型号为 PARKER 2-02G-134-003（01F0600）。

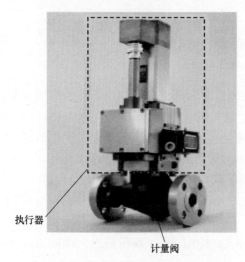

图 2-68　西气东输一线燃料气计量阀

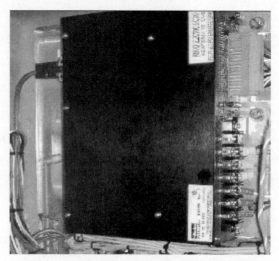

图 2-69　西气东输一线燃料气计量阀控制器

西气东输二、三线配置燃料气计量阀如图 2-70 所示，型号为 C521395。

西气东输二、三线燃料气计量阀控制器如图 2-71 所示，型号为 MOOG C173735-3。

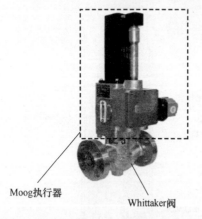

图 2-70　西气东输二、三线燃料气计量阀

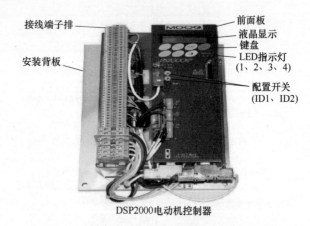

图 2-71　西气东输二、三线燃料气计量阀控制器

3. 燃料气计量阀控制器更换

（1）西气东输一线 PARKER 控制器更换

更换控制器前，断开控制器双路电源 Q3、Q4，切断控制器 DC 144V 供电，使用万用表验电，控制器供电回路如图 2-72 所示。

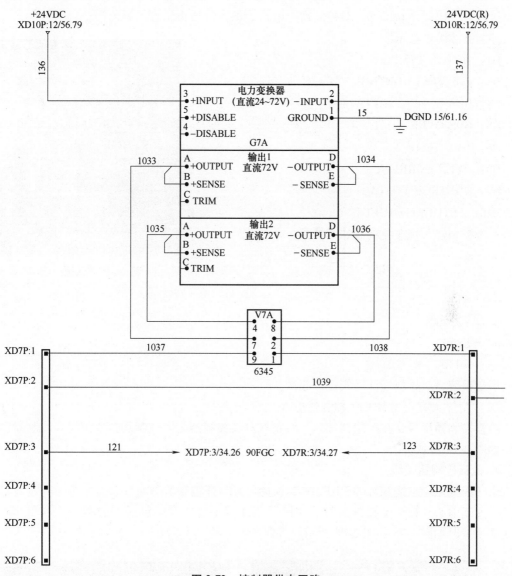

图 2-72　控制器供电回路

　　拆卸控制器金属防爆箱端盖螺栓，打开防爆箱，对控制器接线做好记录。控制器内部情况如图 2-73 所示。

　　更换控制器，恢复接线。

　　控制器参数设定，参照表 2-5 设定控制器拨码开关位置。

表 2-5　拨码开关位置

拨码开关位置	阀门	SW1	SW2	SW3
0	1.5″气体	ON	OFF	OFF
1	2.0″气体	ON	ON	OFF
2	液体	ON	OFF	ON
3	HP6	ON	ON	ON

拨码开关应在正确位置，对控制器上电，确保控制器指示灯均绿色常亮。

控制器故障灯指示：

D1：MOTOR TEMP

D3：POSITION CONTROL

D4：BUS UNDER VOLTAGE

D5：BUS OVER VOLTAGE

D6：AMP TEMP

D8：OVER CURRENT

D9：CONTROL VOLTAGE

D10：CRITICAL FAULT

在线控制器，校准控制器如下参数：

ilm = 80

rms = 50，−75，30，26

cpn = 4500，32767

pcp = −23000

pdp = 5800

ppn = −4300

图 2-73　控制器内部

恢复系统，对燃料气计量阀进行测试。

（2）西气东输二线 MOOG 控制器更换

检查控制器型号，在控制器侧面，检查核对新控制器与旧控制器型号无误。控制器型号标识如图 2-74 所示。

4. 检查控制器接线

由于西气东输三线 SIMENS RB211-24G 燃气发生器控制器与西气东输二线内部接线存在差别，安装前必须核对新控制器与旧控制器接线端子排线序，包括 J1、J6、J7 和 J8 端子。接线端子情况如图 2-75 和图 2-76 所示。

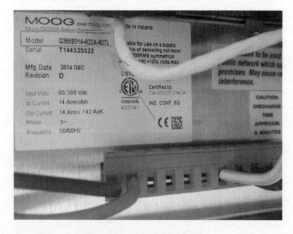

图 2-74　控制器型号标识

图 2-75　控制器接线情况

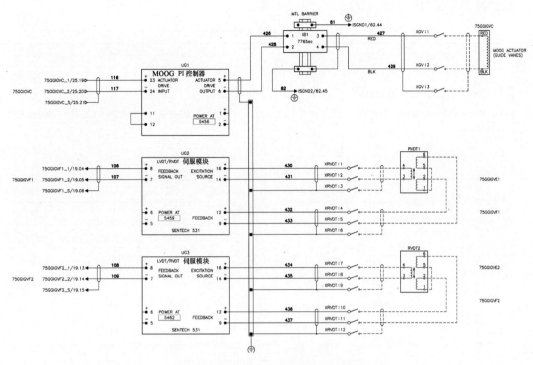

图 2-76　MOOG 控制器接线示意图

系统断电，为避免在拆、接线过程中烧毁控制回路及相关状态信号回路保险，必须提前断开相关回路。

5. 更换控制器

（1）工器具准备（见表 2-6）

表 2-6　工器具准备

序号	型号	数量
1	3/8'内六方 （带棘轮安装头）	1 个
2	棘轮扳手（带加长杆）	1 个
3	通用仪表工具	1 套
4	FLUKE15B	1 个
5	绝缘胶布	1 卷
6	剥线钳	1 把

（2）控制器接线（见表2-7）

表 2-7　控制器相关接线情况

	端子号	线号	颜色		端子号	线号	颜色
MOOG 控制器	5	75FGME ENABLE	红	FG2 接线箱	5		绿
	6		黑		28	FG2-28	红
	7	sin+	黑		29	FG2-29	黑
	8	sin−	白		30		绿
	9	GND	白		47	sin+	黑
	10	cos−	白		48	sin−	白
	11	cos+	黑		49		绿
	12	23FGM+	黑		50	cos+	黑
	13	23FGM−	白		51	cos−	白
	14	REF+	黑		52		绿
	15	REF−	白		53	REF+	黑
	19		红（细）		54	REF−	白
	20		黑（细）		55		绿
	25		红	EMV 阀门 左侧	1	FG2-1	棕色
	26		蓝		2	FG2-2	红
	34		蓝（细）		3	FG2-3	橙
	36		白（细）		4	FG2-4+两绿	黑+两绿
	43		4		5	FG2-28	红
	44		2		6	FG2-29	黑
	45		3	EMV 阀门 右侧	1	FG2-37	黑
	46		1		2	FG2-38	红
	47	GND	绿		3	FG2-40	黑
FG2 接线箱	1	FG2-1	棕		4	FG2-41	红
	2	FG2-2	红		5	FG2-43	黑
	3	FG2-3	橙		6	FG2-44	红
	4	FG2-4	黑		7	屏蔽线	三绿色

（3）拆卸旧控制器

拆下控制器端子排左侧接线和控制板地线，做好标记。拆除控制器地板 4 个固定螺栓（3/8"内六方），将控制器从安装盒取出。

（4）安装新控制器

在安装新控制器前，在控制器金属地板均匀抹上一层导热膏。对准安装孔后，拧紧 4 颗螺栓，使新控制器固定。

（5）接线

按照之前标记，恢复控制器接线。

（6）控制器调试

1）设置 DS2000XP 控制器通信参数为 250kb/s。

2）DS2000XP 控制器上电，等待 DS2000XP 控制器启动完成后，将 ECS 送电，所有启动完成后，ECS 机架 DEVICENET 卡前面板通信状态灯应常绿，表示 DS2000XP 控制器与 DEVICENET 卡已建立通信。

（7）下载 DS2000XP 控制器配置文件

1）在下载配置文件前，在 HMI 界面报警栏点击 RESET 按钮，对整个机组控制系统进行主复位。

2）保持 RSnetworx 在线。

3）打开 ECS 程序，程序在线。在 TimeClass3/Program Tags 找到 Tuning. emv_script，将其值由 0 改为 1.0，则配置文件将自动下载，下载完成后 Tuning. emv_script 值将由 1.0 变为 0（见图 2-77）。

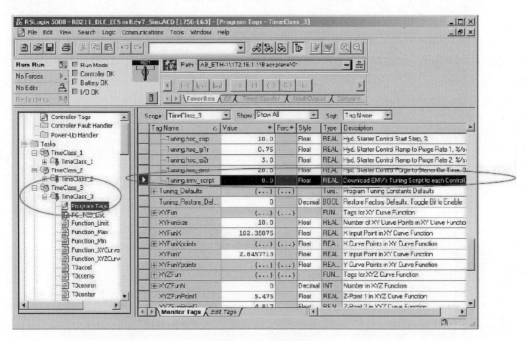

图 2-77　程序在线

4）检查 LEE65UC038 标签值是否为 1，1 表示配置文件已经成功下载（见图 2-78）。

5）恢复系统，对燃料气计量阀进行测试。

（8）燃料气计量阀强制测试

1）在 HMI 主复位报警。

2）打开 ECS 程序在线，TimeClass3/Program Tags，将 Tuning. ft_tune 改为大于 100，将 Tuning 使能。

3）找到 Tuning. zg_test 标签，强制阀门开度，查看阀门命令和反馈是否一致，并与现场阀门实际动作刻度表比对其工作位置是否正确（见图 2-79）。

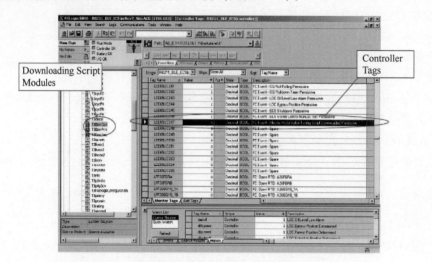

图 2-78　配置文件成功下载检查

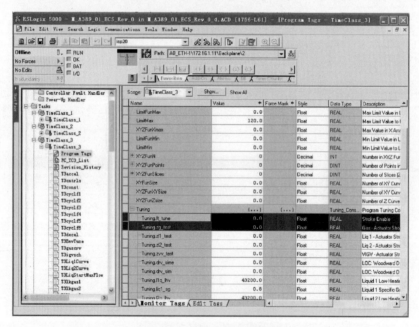

图 2-79　阀门反馈命令检查

6. 燃料气计量阀更换

1）阀门连接法兰紧固螺栓的扭矩应控制在 $70\sim90\text{ft}\cdot\text{lb}^{\ominus}$。

2）为了对执行器、自动温度调节装置、解析器和位置限位开关进行电缆连接，需拆除螺丝，打开连接箱盖子。

3）连接电气导管到连接箱的导管口（ $3/4''\text{-}14\text{NPT}$ 和 $1/2''\text{-}14\text{NPT}$ ）。

$\ominus$　$1\text{ft}\cdot\text{lb}=1.36\text{N}\cdot\text{m}$ 。

4）将电缆穿入导管并连接到相应的端子上，螺丝紧固力矩 3.5~5.3in·lb[⊖]。

5）将接线箱端盖用螺丝紧固，电机接线图如图 2-80 所示。

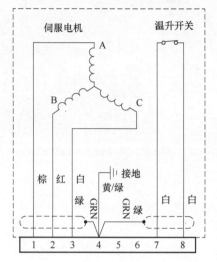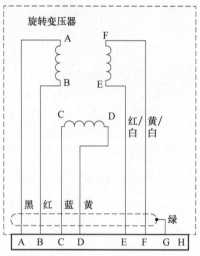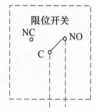

图 2-80　电机接线

6）记录新阀本体铭牌，根据阀体铭牌 SN 号对 ECS 阀门控制程序进行更新，更新阀门流量特性曲线。阀门铭牌信息如图 2-81 所示。

7. 燃料气计量阀阀体拆解

1）拆卸之前标记拆卸位置（见图 2-82）。

2）在阀体与执行机构的结合部位，首先拆卸与上面壳体相连的 4 个螺栓，将阀芯拔出后，再拆卸与阀体相连的 4 个螺栓，使阀芯与阀座分离（见图 2-83）。

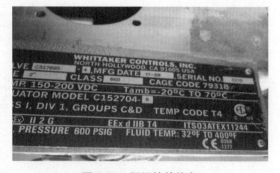

图 2-81　阀门铭牌信息

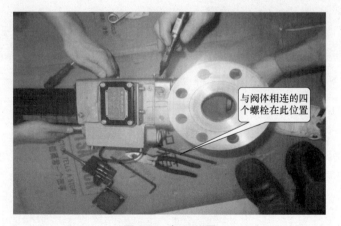

图 2-82　标记位置

⊖　1in·lb=0.113N·m。

图 2-83　卸下阀体

图 2-84　拆出阀头顶端通往平衡腔的滤网

3）拆出阀头顶端通往平衡腔的滤网（见图 2-84）。

4）阀芯（杆）与执行机构分离。做好标记，拆卸将阀芯、阀杆与电机转子部分固定的螺母（见图 2-85）。

弹簧座通过锁紧螺母与阀杆固定，连接杆穿过弹簧座。弹簧座承接压缩弹簧的推力，当电机作用的向上拉力减小时，弹簧推力使阀杆向下运动，使阀门流通截面减小或关闭阀门。图中连接杆和阀杆皆做直线运动，弹簧座上设计有指示器和限位器，可以指示阀位（机械）和开关限位。

5）分离后的阀芯和执行机构，如图 2-86 所示。

图 2-85　标记拆除部位

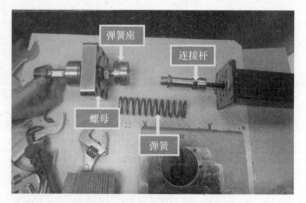

图 2-86　阀芯与执行机构分离

6）松开弹簧座与阀杆的锁紧螺母，取下弹簧座，并将阀杆从阀座上盖中取出，拉出阀杆（阀芯）（见图 2-87）。

7）分解执行机构与阀杆的中间联接套。先拆卸中间联接套上滚珠螺母紧固背帽，转动连接套，将连接套从螺纹丝杆上拧下，小心取出连接套螺纹槽内滚珠，共 126 颗，取出时放入封口袋，小心放好，以防丢失（见图 2-88~图 2-90）。

丝杆螺母内有 6 个反向器，当丝杆旋转时，每个反向器将滚珠限制在自己的闭合管道中滚动。

8）执行机构与阀体全部分解完成（见图 2-91）。

弹簧座（位置指示）　　　　　　　　　　　　　　阀芯

图 2-87　弹簧座和阀芯

图 2-88　滚珠丝杆副

图 2-89　滚珠及螺纹反向器

8. 燃料气计量阀主要故障现象及解决办法

（1）阀门卡涩

Siemens RB211-24G 燃气发生器燃料气计量阀阀门卡涩故障较为普遍，在西气东输一线、二线机组中多次发生。通过对故障燃料气计量阀进行拆解检查情况看，大部分为阀杆平衡盘

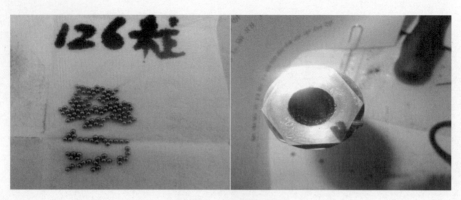

图 2-90　联接套与滚珠

外表面污物较多，导致电机传动力矩增大，触发电机故障。

　　为减小阀头在回座过程中的阻力，在阀头上部设计了一个平衡腔室，当天然气进入阀体后，天然气从阀头顶部的连通气道进入平衡腔室的上部平衡压力。燃料气计量阀压力平衡示意图如图 2-92 所示。在拆解后，发现该腔室存在较多的污泥，大大增加了阀杆提升及回座的阻力，导致阀门开关出现卡涩（见图 2-93 和图 2-94）。

图 2-91　组合示意图

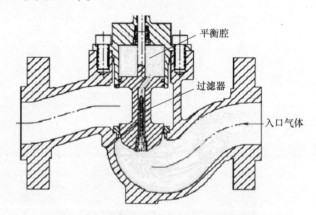

图 2-92　燃料气计量阀压力平衡示意图

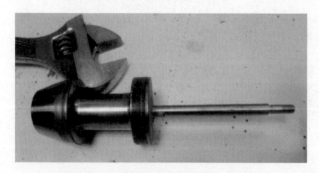

图 2-93　平衡盘与腔体接触面上的脏物

图 2-94　平衡腔体内壁上有脏物及磨痕

　　阀门发生卡涩后，通过对阀体进行拆解清理，会有一定效果。但卡涩较为频繁时，应送修进行解决。

（2）控制器故障

Siemens RB211-24G 燃气发生器燃料气计量阀控制器发生故障，表现为阀门进行校验时，阀位故障，控制器故障指示灯 D3（位置控制）和 D10（严重故障）点亮，此类故障需通过备件更换解决。

2.2.2　VIGV 系统维护

2.2.2.1　系统组成

VIGV 可调导叶进气系统主要由 4 个部分构成，分别为 MOOG 伺服阀、高压作动筒传动部件、RVDT 反馈以及高压油管路，各组成在机组上的布置如图 2-95 和图 2-96 所示。

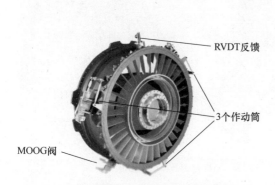

图 2-95　西气东输一线 VIGV 可调导叶组成

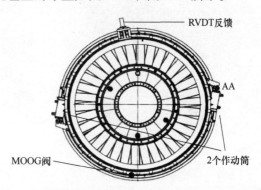

图 2-96　西二线、西三线和轮吐线 VIGV 可调导叶组成

2.2.2.2　执行机构

VIGV 执行机构主要作用：根据机组运行工况，为可调导叶提供驱动力，实时调整导向叶片的角度，控制燃气轮机入口空气进气量，满足机组运行需求。

工作原理：高压液压油经过 VIGV 电磁阀调节后，进入 3 个作动筒（西气东输一线机组 3 个，其余管线机组 2 个，见图 2-95、图 2-96）一侧或另一侧的流量，以驱动活塞朝向预期的方向动作。本质上讲，电磁阀就是接收电信号，改变流向 VIGV 作动筒的流量。VIGV 角度的改变可以调节压气机的空气流量，从而调节压气机的转速"N"。作动筒传动部分见图 2-97。

控制原理：电磁阀用无量纲转速参数 $NL/\sqrt{T_1}$ 进行控制，其中 NL 是低速轴转速信号，T_1 是进气开氏温度。这些信号按照 PID 算法（比例、积分、微分）处理后，相应的确定电磁阀的位置。VIGV 的位置通过反馈仪表反馈至发动机控制系统（ECS），位置信号和反馈将被调整、滤波，最后平均。错误信号将反馈至 PID 控制器。如果反馈信号、NL 信号或 T_1 信号出现故障，系统将通过报警或跳闸来对燃气轮机进行保护。

2.2.2.3　MOOG 伺服阀

Siemens RB211-24G 燃气发生器上安装的 E760 MOOG 伺服阀（见图 2-98），是一种高性能电液流量控制阀，通过它精确控制流入 VIGV 系统作动筒中液压油的流量来驱动 IGV 动作。

1. 工作原理

MOOG 伺服阀有 2 级设计，包括一个无摩擦的驱动级和一个四通中位关闭滑阀组成的输出级。驱动级由力矩衔铁、双头喷嘴、喷嘴挡板及挡板和喷嘴之间的空隙够成，喷嘴挡板与衔铁相连并由薄壁中空的挠性支撑连接到永磁铁上。当给力矩衔铁上的线圈施加直流电流时，线圈在永磁场中产生转矩使衔铁绕挠性连接发生偏转，与衔铁相连的喷嘴挡板与双头喷嘴两边的间隙发生改变，导致经 P 口通过空隙溢流的两端液压油的压力发生改变，空隙减小的一侧 B 口处油压大于 A 口，从而使作用于输出滑阀两端的压力失去平衡，滑阀阀芯向 A 侧移动，打开 P 口与控制口 C2 之间的通道，回流口 R 与 C1 接通，油液如图 2-99 所示方向流动。

图 2-97　作动筒传动部分组成

1—液压作动筒　2—导流叶片作动臂
3—作动环　4—拉杆　5—导流叶片

图 2-98　MOOG 伺服阀

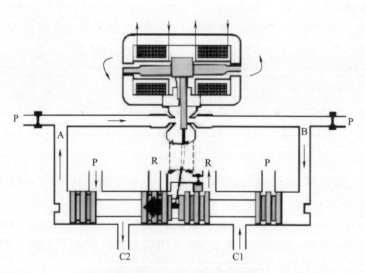

图 2-99　MOOG 阀工作原理图

　　在喷头挡板和滑阀阀芯上连接有悬臂弹簧构成的机械反馈弹簧臂，用于控制输出滑阀的位置。滑阀在运动过程中，推动反馈弹簧臂发生偏移，从而产生反作用扭矩到衔铁-挡板机构上，当反作用力矩等于线圈在永磁场中所产生的转矩时，喷嘴挡板又回到双头喷嘴的中间位置，使两端空隙相同，此时作用于滑阀阀芯两端的压力平衡。滑阀阀芯就停止在反馈臂所产生的扭矩和电流在线圈中所产生的转矩相等的位置上，此时 MOOG 阀就输出相应的流量。

滑阀的输出压力及负载流量由载体内线圈中电流的大小来控制，流量由下式计算得到：

$$Q = Ki\sqrt{p_v} \tag{2-1}$$

式中，Q 是控制流量；K 是阀型号参数；i 是输入电流；p_v 是阀内流压降。

从表 2-8 中可以看出，MOOG 阀内线圈采用并联接线方式，并在回路中增加一个高阻抗的伺服放大器，以减小线圈的自感效应，将线圈电阻变化对回路的影响减小到最小限度。

表 2-8　并联接线参数

线圈电阻±10%	40Ω
额定电流	±40mA
额定电压	±16V
自感系数	0.18H
功率	0.064W
接线方式	A\C(+)，B\D(-)

2. 零点漂移的调节

MOOG 阀使用前应对阀的零点进行调整。在阀体上有一个机械零点的调节偏心固定销，它可以进行±20%流量漂移的调节。调节固定销连接着阀体内反馈弹簧臂，当旋转调节固定销时由反馈臂带动调节滑阀阀芯的位置（即中间位置），从而改变阀芯开启所需电流值来改变流量。调节方法如下：

1) 用 3/32" 的内六方扳手插入调节销的孔槽内旋转，以获取所需的流量漂移。

2) 如果调整所期望的漂移的力矩大于 12lb·in，则需用 3/8" 的套筒扳手松开自锁螺母，再转动调节销，将力矩调节到 10~12lb·in 范围内锁紧自锁螺母，再按上一步进行调整。

2.2.2.4　RVDT 传感器

1. RVDT 控制原理

VIGV 的角度由 2 个旋转差动传感器 RVDT 监测。将 VIGV 的作动环连接上 RVDT 角位移传感器的轴上，带动 RVDT 内的扰流片/铁心，改变线圈中的感应电压，使输出与旋转角度成比例的电压，再经过调理电路放大处理，由 A/D 转换器采集到主控制器用于控制，整个 VIGV 系统的控制回路原理图如图 2-100 所示。

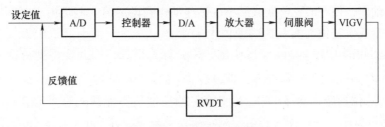

图 2-100　RVDT 控制原理

a75ggigvf1（以 RVDT A 为例），即与角度成比例的电压值，经 A/D 转换被送到主控制器 Control Logix 系列 L55 处理器中，经主控制 PID 计算最终得到 RVDT 的实际反馈值 zvvdeg，它与由 $NL/\sqrt{T_1}$ 计算出来的设定值 zvvset 进行比较得到偏差值 zvverr（zvverr = zvvdeg - zvvset），主控制器以该偏差值为纠偏信号，通过 PID 控制算法来输出 MOOG 阀的控制量 c75ggigvc，再经 D/A 转换为电流模拟量信号，经调理放大器处理施加到 MOOG 阀线圈上。同时 zvverr 值在 PID 控制器中也用于对机组的保护，当 zvverr 绝对值大于 2°超过 0.5s 时，控制器即会发出停车指令，图 2-101 是 VIGV 角度与 $NL/\sqrt{T_1}$ 的关系图。

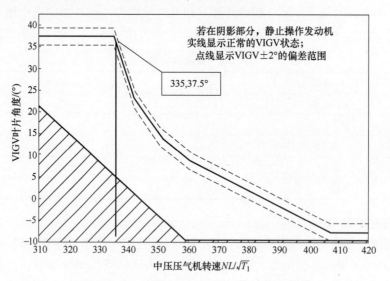

图 2-101　VIGV 角度与 $NL/\sqrt{T_1}$ 的关系图

在图 2-101 中，当 $NL/\sqrt{T_1}$ 的值小于 335 时，VIGV 的设定值处于全关位置 37.5°，而实际上 ECS 程序中当 $NL/\sqrt{T_1}$ 的值达到 337，VIGV 才开始动作。随着机组转速的增加，$NL/\sqrt{T_1}$ 的值从 335 增加到 337 这个过程，即为输出控制量 c75ggigvc 的累积时间。对于伺服阀来说，接收的控制信号到实际动作到位有一个响应时间。也就是说为了避免这个响应时间的影响，在 $NL/\sqrt{T_1}$ 的值达到 337 之前，施加到伺服阀线圈上已经有一个线性增加的控制信号。只是这个信号，还不足以打开伺服阀内输出滑阀的位置（与滑阀流量零漂的调节有关）。随着 $NL/\sqrt{T_1}$ 的值达到 337，设定值 zvvset 变为 32.5°，而此时控制信号已累积到 12.90%，此时再需要此控制信号一个小小的累积，就可以打开伺服阀内的滑阀，液压油进入 VIGV 的液压作动筒内动作，使 VIGV 角度从最小位迅速动作到设定值。避免由于时间过短，控制信号积累不够，造成设定值与实际值的差值大于 2°超过 0.5s，而引起机组停机。这个累积信号 c75ggigvc 是由程序中用 zvverr 经过比例、积分计算得到，因此要得到持续增加正值的控制信号必须要求 zvverr 的值为正值，即 $NL/\sqrt{T_1}$ 的值增大的过程中 zvvdeg＞zvvset。因此，VIGV 的实际零点位置应大于 37.5°。当 RVDT 的反馈值不能回到零点时，zvvdeg 的值小于 zvvset，机组动力涡轮加速顺序进程中，当机组运行到 $NL/\sqrt{T_1}$ 的值等于 337 时，机组控制系统会出现"VIGV 位置控制错误"而导致故障停机。

RVDT 零漂的调试过程，从控制器的计算程序上看，RVDT 模拟量反馈值 a75ggigvf1 在主控制器中最终被转换为实际角度值 zvvdeg（zvvdeg＝选择 rvdtdega、rvdtdegb 之间的小值），实际上 a75ggigvf1 先经 PID 计算得到 RVDT 线圈的实际位置输入值 rvdta，这个值是按线圈阻值改变得到的一个比例值，再转换成实际的角度值。以下是主控制程序中的计算公式：

$$rvdta = zvvafs \times (zvvain - zvvals) \tag{2-2}$$

$$zvvafs = 100/(zvvahs - zvvals) \tag{2-3}$$

$$rvdt\ deg\ a = zvvmin - (rvdta \times zvvgain) \tag{2-4}$$

$$zvvmax = zvvmin - 45.75° \tag{2-5}$$

$$zvvgain = \frac{|zvv\ min| + |zvv\ max|}{100} \tag{2-6}$$

$$a75ggigvf = zvvain \tag{2-7}$$

式中，rvdta 为 VIGV A 位置反馈（IGV 修正后角度放大量程后的值）；zvvafs 为线圈 rvdta 的实际增益系数；zvvgain 为 VIGV 反馈（模拟量输入）；标定后输入的 zvvals = 20.55，即将 20%～80% 的 60% 间隔放大到 100%；zvvahs = 79.0，标定后输入的；zvvmin 为 GG 最小停止位；zvvmax 为 GG 最大停止位。

对于 rvdtdegb 的计算亦是如此，ECS 控制程序中的 zvvdeg 选择 rvdtdega 和 rvdtdegb 较小的一个值作为控制量。因此，从计算中可以看出，对 RVDT 的调节实际上是对各个线圈实际增益系数（即 zvvafs, zvvbfs）的调节，部分正确的线圈实际增益系数，通过 ECS 控制系统才能计算出正确的反馈角度值。对于增益系数的调节，将调试中 zvvahs、zvvals、zvvbhs、zvvbls 的实际值，写入到 ECS 控制程序的可调常数表中，这样每个 RVDT 的增益系数就由机组控制系统自动计算。

2. RVDT 零漂的调节

RVDT 调节所用的校准方法，由确定变换器的最大、最小和零位组成，具体步骤如下：

1）手动作动环调整 VIGV 到中间位置，直到将 26.66mm 专用调整工具（零件号 LOR26505）紧紧地吻合在低速止动钉之间为止，此时 RVDT 反馈线圈位置输入应为 50%±1%。

2）若反馈值没在这个范围内，拧动 3 个 RVDT 安装螺栓。慢慢地旋转 RVDT 壳体，直到两个 RVDT 反馈值为 50%±1%，这一点对应零位，即 RVDT 的输出电压大约为 0V。

3）调整完成后拧紧安装螺栓，并再检查 RVDT 的反馈线圈位置输入值没有发生改变。

4）手动移动 VIGV 的作动环到它的低速止动钉（大于 37.5°），记录每个 RVDT 的线圈实际位置% 输入值读数，这些计数都应小于 50%。

5）手动移动 VIGV 作动环到它的高转速位置（-7.5°），通过在低转速止动钉之间插入 53.33mm 专用调整工具，记录 RVDT 的线圈实际位置% 输入值读数，这些计数应当都是大于 50%。

6）把每个 RVDT 的低转速止动位置和高转速位置线圈实际位置% 输入值，写入机组控制系统可调常数表中，每个 RVDT 的增益系数就由发动机控制系统自动计算。

7）调整完成后，通过 Logix5000 控制系统对 VIGV 系统进行强制测试，以评估 VIGV 系统的可靠性，测试方法如下：

① 手动启动任意一个合成润滑油泵，建立液压油压力。

② 打开 ECS 控制程序上线，找到 Tuning. ft_tune 标签，将其赋值 100.01（这个标签是程序对机组进行测试的赋值程序，使测试程序处于使能动位，即对机组可能测试的所有零件测试之前必须对其进行 100.01 的赋值）。

③ 找到 VIGV 的测试标签 Tuning. zvv_test，按照每次增加 5% 的值从 0～10 的输入，观察记录 VIGV 设定值与反馈值，这时 VIGV 的旋转角度从最小停车位增加到 -7.5°，如果在

100%的设定值时 VIGV 的角度与−7.5°的偏差较大（偏差在±0.5%），就应按上面 RVDT 的调整方法重新调整，直到测试满足要求为止。

④ 测试完成，将记录的实际反馈数据和表中的期望值进行对比，实际数据应和期望数据相吻合，并且反馈值回到零点位置的值大于设定值 37.5°，测试成功。

⑤ 测试完成，取消所有强制。

3. 液压油控制流程

VIGV 液压控制流程如图 2-102 所示，管路 1 代表高压液压油总管，管路 2 代表伺服液压油总管，管路 3 代表低压液压油总管，管路 4 代表液压油排放管路。

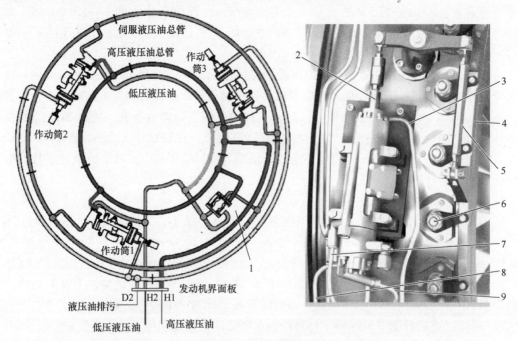

图 2-102 液压管路分布

1—MOOG 伺服阀 2—作动筒 3—液压油回路 4—进口导叶作动环 5—拉杆
6—进口导流叶片 7—高压液压油 8—低压液压油 9—伺服液压油

4. 常见故障及排除方法

RVDT 命令与反馈偏差大故障引起机组停机，具体排查方法如下：

（1）检查 RVDT 励磁及反馈线圈阻值异常，检查结果应符合表 2-9 要求范围

表 2-9 RVDT 反馈值

Parameter	Without I. S. Barriers/Ω	With I. S. Barriers/Ω
Servo	500~600	650~750
Excitation （Primary）	25~35	NA
Feedback （Secondary）	35~45	NA

（2）检查机柜间内 RVDT 控制命令和反馈信号接线是否存在虚接

检查机柜间内 RVDT 控制命令和反馈信号的接线，各接线端子均接线牢固，没有发现虚接现象。排除信号线及电源线虚接问题，接线如图 2-103 所示。

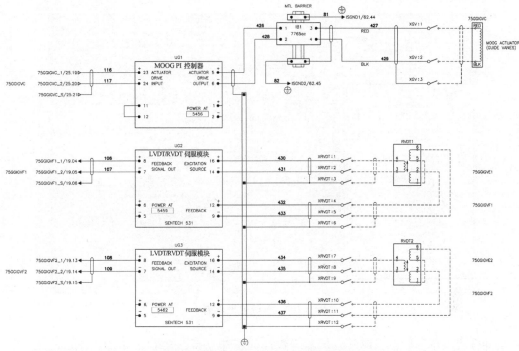

图 2-103 RVDT 控制命令和反馈信号接线图

（3）检查 PI 控制器的线性关系

对照 PI 控制器手册，检查信号线和电源线；对照 PI 控制器检查 Controller Bias、Feedback Zero、Feedback Gain、Controller P Gain 电位器，检查控制器输入及输出电流零位及满量程位满足 0mA±0.4mA 及 15mA±0.4mA，并满足线性要求，模块及示意图如 2-104 所示。

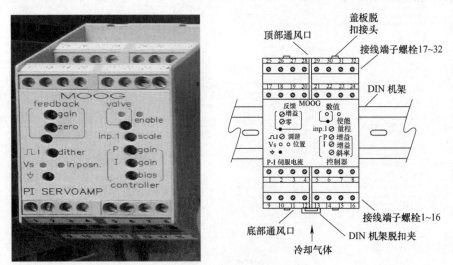

图 2-104 模块及示意图

（4）检查 RVDT 命令与反馈值行程测试

对控制 RVDT 命令与反馈值进行行程测试。打开 ECS 程序，按图 2-105 所示找到需要设置的参数组 Tuning。

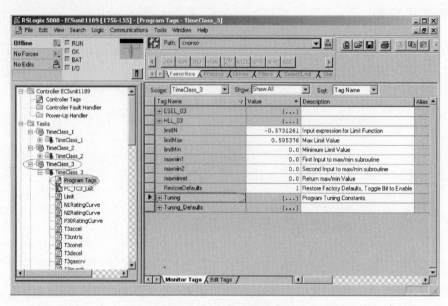

图 2-105　参数设置界面

启动合成油系统后，当燃气发生器合成油油压建立后，在 ECS 中输入 Tuning. ft. tune =
100.01，Tuning. zvv_test 输入 0，25，50，75，100，如图 2-106 所示。

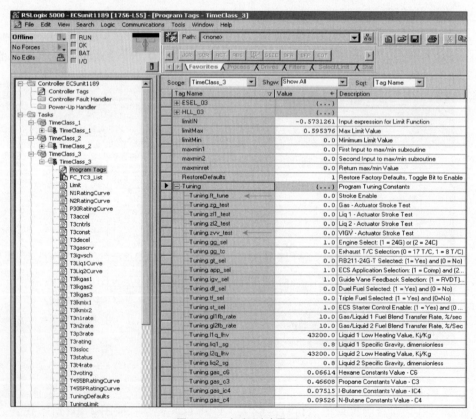

图 2-106　行程测试界面

检查 VIGV 行程结果，如图 2-107 所示。

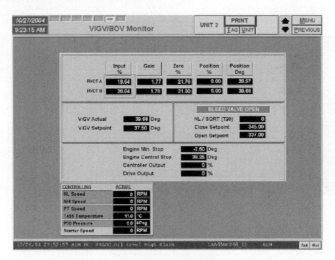

图 2-107　HMI 界面

（5）在进行上述检查后仍未找到故障

紧急的情况下要进行起机的话，可通过修改 RVDT 命令和反馈偏差裕度值，原来的偏差设定值由 2°更改为 4°。

2.2.3　RB211-24G 燃气发生器现场更换

2.2.3.1　准备工作

1）备件准备：检修所需零部件备件，清单见 6.6 节中相应内容。

2）工具准备：检修所需专用工具、量具清单，见 6.7 节相应内容。

3）工艺准备：检修机组完成工艺及能量隔离，将燃料气点火器断电，等待 5 分钟后用万用表检查接线箱相应接线柱。确认断电后，拆卸供电导线。隔离清单见附录 6-3 相应内容。

4）其他准备：电缆沟加固，将带轮 GG 小车运至现场就位；必要的人力、消耗材料、通用维修工具等。

2.2.3.2　实施步骤

1. 安装 GG 吊装导轨

检查专用工具导轨、挡板、连接板及配套螺栓是否齐全、完好，运输至安装龙门架下方。

2. 西气东输二、三线

1）进入箱体，将维修门所有固定螺栓拧松，旋转夹板 90°，打开箱体大门，并固定，防止在导轨安装过程中箱体大门转动（见图 2-108）。

2）在导轨两侧用吊带、手动葫芦等工

图 2-108　打开箱体门

具将导轨水平、缓慢地吊至龙门架、箱体侧与导轨的连接位置，紧固螺栓。检查所有连接螺栓，并确保紧固（见图 2-109）。

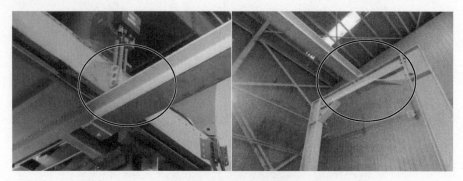

图 2-109　导轨安装示意图

3. 西气东输一线

1）打开箱体大门并固定，防止在导轨安装过程中箱体大门转动（见图 2-110）。

图 2-110　导轨安装现场图

2）检查龙门架侧导轨上两块导轨挡板已安装并紧固螺栓，箱体侧"Z"字形连接板与导轨联接紧固，并检查准备与箱体联接的 4 个螺栓。

3）在导轨两侧用吊带、手动葫芦等工具将联接好后的导轨水平、缓慢地吊至龙门架、箱体侧与导轨的连接位置，连接紧固螺栓。检查所有连接螺栓并确保紧固。

4）检查龙门架两根支柱所有螺栓，确认完全紧固。

5）对安装后在导轨进行试重检查，确认承载负荷要求（见图 2-111）。

4. 燃气发生器拆卸

（1）拆卸燃气发生器放气管

1）利用箱体内横梁，用吊带固定放气管（见图 2-112）。

图 2-111　导轨安装完成图

2）拆下固定管道支架上的 U 型卡螺栓。

3）拆卸放气管与热补偿接头（排烟隔热罩侧）上的双头螺栓、螺母和垫片。

4）拆卸固定在 GG 放气口 A42（IP7）、A43（HP3）上延伸放气管软管上的卡子。

5）拆下在燃气发生器连接件 A63（05 模块）处的弯管。

6）将拆卸后的排气管移出箱体，并将 IP7 处的挠性连接件从排气管端部拆卸。

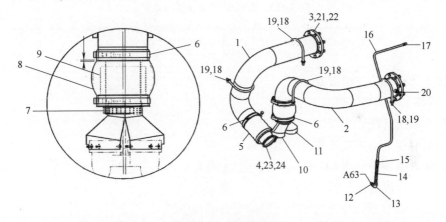

图 2-112　放气管线图

1、2—放气管　3—调整垫片　4—放气管　5—弯管　6、7—管箍　8—挠性连接件　9—延长管　10—放气单元组件　
11—双头螺栓　12—管接头　13—弯头　14—金属软管　15—管接头　16—过热保护管　17—管接头　
18—U 型管箍　19—平垫片　20—方形堵头　21—外六角螺栓　22—六角螺母　
23—V 型连接器　24—密封环

（2）拆卸燃气发生器放气管支架（见图 2-113）

1）拆卸支撑排气管垂直支架上的水平支架和管道支架。

2）拆卸管道支架和箱体支架上连接螺栓。

3）拆除管道支架并放到规定位置。

（3）拆卸防冰组件

1）拆下 GG 本体 A49（防冰管线接口）与防冰阀连接软管。

2）结合现场情况，若影响 GG 从的拆卸取出，需要从支撑支架上拆下防冰阀及通向箱体外的隔离管道。

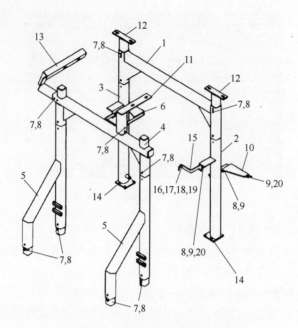

图 2-113　放气管支架拆装示意图

1、2、3、4、5、11、12、13、15—管线支撑　6—支架　7、14—内六角螺栓　8、16—螺母
9、19—螺栓　10—支架　17—剖分锁紧垫片　18、20—平垫片

3）将防冰阀支撑支架拆除。

（4）拆除 GG 进气玻璃钢护罩

1）断开水洗管线。

2）用吊带固定喇叭口外部玻璃钢护罩。

3）拆卸玻璃钢护罩与 GG 进气道处的软连接卡子。

4）将挠性软连接件与玻璃钢护罩分离，避免损坏。

5）拆卸玻璃钢护罩与进气室处外延伸部分螺栓。

6）将玻璃钢护罩从外延伸部件和 GG 进气道之间拿出，并放在指定位置。

（5）断开燃气发生器附属部件及相关联接件

1）拆卸燃气发生器上连接件，参照空气系统示意图、燃气系统示意图、燃气发生器润滑油示意图和仪表设备示意图。

2）拆卸连接件及支架前先做好标记，方便正确回装。

3）拆卸点火器时先断开低压电源，等待至少 5min 后进行作业。

4）GG 本体上的挠性金属软管一定要两端拆开，平放软管到指定位置，保证软管特氟隆衬套的完好性。

5）拆卸下的管道及连接件一定要对两端口封堵，防止灰尘杂物等进入管内不被发现。

6）分别沿着燃气发生器左、右侧拆卸连接件（从后向前看）。

（6）拆卸燃气发生器并取出

1）将吊具工装（部件号 LW14741）固定在燃气发生器上的前面和后面的提升点。

2）将起重吊葫芦连接到固定吊具上。

3）用合适的拉力固定住燃气发生器，可适当晃动吊链看是否有足够的力固定燃气发生器。

4）拆卸 GG 前支撑架 T5 处连接螺栓的开口销和螺帽。

5）拔出连接螺栓并将前支撑架用手放到箱体底座上，拆卸过程严禁调整前支撑架的长度（见图 2-114）。

6）通过吊链微调燃气发生器高、低位，将动力涡轮安装环弹簧支座处锁销插入定心键中。

7）拆卸燃气发生器排气端和动力涡轮处的连接螺栓和螺栓套筒（共 112 个，其中 56 个带套筒）。

8）安装 GG 两侧用于运输的支座，准备好燃气发生器运输架及相关联接件支架等。

9）调整 GG 箱体内手动行车导链，起吊 GG 与 PT 脱开，手动移动箱体葫芦前后滑轮，使其向进气口平移，GG 旋转 90°，通过箱体外龙门架处导轨平移至箱体外，将其固定于 GG 运输小车上。

10）清理箱体内卫生。

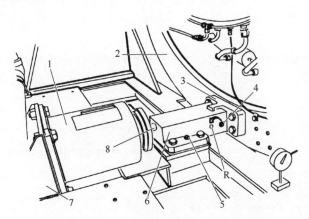

图 2-114　动力涡轮底部弹簧支撑示意图

1—弹簧支撑　2—动力涡轮安装环　3—定心键　4—有螺母和开尾销的锁销，R 为 GG 操作期间
储存锁销的孔　5—定位销和螺母　6—中心导向体　7—支撑架　8—推杆

5. 检查动力涡轮进气道扩散器机匣

1）将直线规紧靠动力涡轮进气道侧止动环。

2）在 3、6、9、12 点钟位置，测量止动环和进气扩散器机匣法兰之间的距离（见图 2-115 中 D 值），标准值应介于 69.90 ~ 70.3mm（2.752 ~ 2.768in）之间。若发现测量值小于 67.31mm（2.65in）或者超过 71.37mm（2.81in），则视为有问题。

3）检查动力涡轮第一、二级喷嘴及动叶完好情况，并用塞尺在水平和垂直 4 个方向测量动叶顶隙，计算平均值，确认正常（顶隙标准：第 1 级 1.78 ~ 3.3mm（0.070 ~ 0.13in），第 2 级 1.78 ~ 3.3mm（0.070 ~ 0.13in）。

6. 备用燃气发生器开箱及检查

1）检查压缩机厂房内行车使用性能合乎要求，并经过特种设备检验并在有效期内。

2）使用厂房行车（行车操作人员需取得相关资质），将备用燃气发生器集装箱运输至

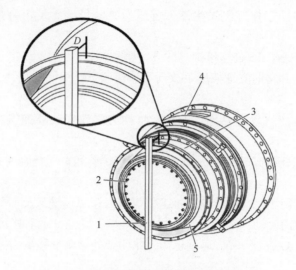

图 2-115 进气扩散器机匣变形检查示意图

1—直线规 2—止动环 3—进气扩散器机匣 4—进气扩散器外侧 5—进气扩散器内侧

$D = 69.9 \sim 70.3mm$（$2.752 \sim 2.768in$）

压缩机厂房内安全、宽敞的位置，注意不要堵塞消防通道。

3）转动集装箱后门 4 个固定手轮，并全部拧出，在集装箱右侧用专用液压杆将后箱门缓缓放平（见图 2-116）。

图 2-116 集装箱后门开启示意图

4）将专用棘轮套筒扳手插入右侧下部内孔，并缓缓将 GG（连同小车）移除集装箱，直至到达死点位置（见图 2-117）。

图 2-117 GG 从集装箱移出并吊装

5）拆除 GG 小车下部的 2 个水平定位块及 4 个上下位置卡具，并取出放好，供旧 GG 装箱时使用。

6）检查专用小车吊装工具（LW15350）钢丝绳、U 形吊耳完好，并与 GG 连接。注意专用工具吊点位置不在平衡位置，安装过程中应扶好，保持水平，不要碰到 GG 外表面的任何位置。

7）操作厂房行车，用慢速模式，缓缓将 GG 小车吊起，使其离开集装箱底板 5~10mm 即可，并慢慢水平移动，使 GG 全部离开集装箱后，将 GG 小车往上升，以方便安装小车车轮为止。

8）安装 GG 小车 4 个车轮，并推至安装机组安装导轨正下方。

9）打开 GG 密封布，对 GG 进行全面检查，必要时对 GG 进行孔探检查，确认完好，可进行安装。

7. 燃气发生器安装

1）将吊具工装（部件号 LW14741）固定在燃气发生器上。

2）利用承载能力至少为 4536kg（10000lb）的箱体内提升工具将燃气发生器吊起并移入安装位置。

3）调整燃气发生器位置，校准、对中燃气发生器排气段与动力涡轮进气道扩散器相连的凸缘螺栓孔。

4）用木槌（橡皮锤）将连接处螺栓套筒装入孔内。

5）安装好所有套筒后，安装所有连接螺栓，扭矩设定为 370in·lb（41.81N·m）。

6）提升燃气发生器前部支架，调整燃气发生器高低位置，将球型轴承与 T5 安装支架对准。

7）将配装螺栓穿入 T5 安装支架和球型轴承并紧固。

8）确认 PT 弹簧支座处锁销在定心键（见图 2-114 中 3）和定心导杆（见图 2-114 中 6）中自由滑动，将锁销（见图 2-114 中 4）放入"R"孔（机组运行期间用于贮存螺栓）中。

8. 连接燃气发生器

1）安装燃气发生器上连接件，参照空气系统示意图、燃气系统示意图、燃气发生器润滑油示意图和仪表设备示意图。

2）连接点火器高压导线，然后连接低压电源导线。

3）按标记安装支撑架，并去除连接管上封堵。

4）分别沿着燃气发生器左、右侧安装连接件（从后向前看）。

9. 安装防冰组件

1）安装管道支架。

2）将防冰阀和管道固定到管道支架上。

3）安装防冰阀连接软管到 GG 本体 A49（防冰管线接口）。

10. 安装燃气发生器放气管支架

1）安装固定到燃气发生器护罩上的支架。

2）安装垂直支架上和水平支架。

3）安装管道支架到垂直支架上。

11. 安装燃气发生器放气管

1）在放气口 417 处固定软管夹。

2）在 GG 放气口 A42（IP7）、A43（HP3）上安装延伸放气管软管和卡子。

3）在燃气发生器连接件 A63（05 模块）处的安装弯管。

4）在管线连接处使用密封胶，将挠性连接件连在延伸管上。

5）利用箱体内横梁，用吊带将放气管移动到安装位置。

6）双头螺栓将热补偿接头固定到排气罩上，扭矩为 129N·m。

7）U 型卡螺栓固定放气管到支架上。

8）将挠性连接件用软管卡固定。

9）拆卸固定吊带等工具。

12. 安装 GG 进气玻璃钢护罩

1）用水准仪确认进气道垂直。

2）在进气玻璃钢护罩与喇叭口外部延伸部分接合面涂抹密封胶。

3）将玻璃钢保护罩固定到外部喇叭口。

4）测量玻璃钢保护罩和燃气发生器进气道之间的轴向间隙，冷态设定轴向间隙在 19～22mm。

5）喇叭口外组件之间的径向偏差，间隙最大不应超过 0.0±2.54mm。

6）将玻璃钢外圈和燃气发生器进气道之间的挠性连接。

7）间隙正确时紧固所有螺栓，紧固卡子。

13. 拆下龙门吊及导轨，恢复 GG 箱体安装门

14. 检查并清理作业现场

2.2.3.3 机组调试

1）对所有执行器进行校验，确认反馈正常无卡涩。

2）对可调导叶联动机构进行校正。

3）根据新机组对程序的有关设定进行修改。

4）检查发动机的所有信号线和电源线都已连接可靠。

5）启动机组合成油系统检查是否有漏气、漏油现象。

6）检查机组在运行过程中的相关参数是否正常。

7）查看整个机组的振动参数，如过高则需采取相关措施进行纠正。

8）带负荷开展 72 小时连续运行试验，并监视相关运行参数。

2.3　CGT25-D 国产机组现场维护与更换

2.3.1　燃气轮机外观检查

1）对燃气发生器进行外观检查：对燃气轮机本体螺栓紧固检查，对燃气轮机本体上所有活动机构加润滑脂。

2）检查燃气轮机箱体门及箱体门锁：门锁完好性，门锁螺栓紧固、无松动，检查箱体门密封性，必要情况下更换密封胶条。

3）检查伺服阀，检查相关气管、接头等有无损伤、泄漏，航插等附属零部件有无松动、缺损。

4）检查作动器，检查气管、接头、油封等有无损伤、泄漏，作动器排污口有无泄漏，检查活塞杆、关节轴承有无磨损、松动；使用柴油、润滑油对关节轴承进行清洗。

5）检查扭矩轴两端托架关节轴承有无磨损、松动，所属附件有无损伤、松动。

6）检查 VSV 制动系统 IGV、0 级、1 级、2 级制动臂、制动环有无变形、损伤、松动，连接杆关节轴承有无磨损、松动，VSV 制动系统动作应灵活无卡涩。

7）检查滑油系统 3#、4#、5#轴承进、回油管、接头有无损伤、泄漏、松动。

8）检查低压压气机密封气/冷却空气、高压压气机级冷却空气、过渡段、高压补偿等位置相关管线、接头、法兰有无损伤、泄漏、松动，紧固件有无缺损。

9）重点查看燃机底部低压六级向油气分离箱引压管无变形、松动、泄漏，油气分离箱机油管无松动、漏油。

10）检查所有排污阀，并对箱体四周排污阀进行排污。

11）检查挠性支撑固定到燃气轮机壳体上的螺栓头部和锁紧垫圈是否紧固。

12）检查挠性支撑到基座和挠性支撑到构架上的螺栓、锁紧螺母和螺柱是否紧固。

13）检查燃气轮机壳体板定位器之间的间隙（总间隙应该在 0.03~0.10mm）。

14）检查燃气轮机挠性支撑相关固紧螺栓和螺母是否损坏。

15）检查净化冷却组件管接头和螺栓是否清洁；螺栓是否紧固；检查净化冷却组件底部排水泄放口螺栓冬季运行模式/夏季运行模式是否正确，根据环境情况进行调整。

16）检查过滤器部件是否清洁，密封垫片和弹簧垫圈是否损坏，铆钉是否损坏，新垫片安装螺栓时是否涂抹特 221 号润滑脂。

17）检查冷却净化组件是否回装到位。

18）拆卸检查维护保养低压放气阀、高压放气阀，用氮气作为动力源对低压放气阀 PK01、PH02 及新增 PK05 放气阀进行测试，查看其动作是否灵活，如动作卡涩应拆卸检查放气阀，清理密封面，消除故障。

19）拆卸检查维护保养低压放气阀、高压放气阀，用氮气作为动力源对低压放气阀及新增 PK05 放气阀进行测试，查看其动作是否灵活，对低压放气阀及新增 PK05 放气阀进行拆检，清理密封面，使用氮气模拟机组运行时压力，放气阀应动作灵活无卡涩。

20）利用氮气作为动力源对可转导叶位置开关进行测试，记录测试结果；拆卸作动筒，作动筒销钉螺栓冬季运行模式/夏季运行模式是否正确，根据环境情况进行调整；检查内部有无杂质积水，查看作动筒弹簧是否锈蚀，检查作动筒及引气管路外保温是否缺损、失效。

2.3.2 PT 检查

1）检查动力涡轮联轴器相关进、回油管、接头有无损伤、泄漏、松动。

2）检查动力涡轮紧固件有无缺损，表面有无色变。

3）检查动力涡轮联轴器护罩紧固件有无缺损，法兰、接头、管线有无损伤、松动、泄漏。

4）检查动力涡轮地脚垫片有无移位，顶丝是否拆除。

5）检查动力涡轮排气烟道石墨密封环是否损坏，如有损坏，则进行更换。

6）检查动力涡轮外保温层有无变色、缺损。

7）检查动力涡轮各紧固螺栓是否松动。

2.3.3 燃气轮机进气系统检查

1）检查进气滤芯和燃气轮机保护网的清洁度、完好性。

2）检查进气室消音器、软连接的完好性。

3）检查进气室是否洁净，如有沙尘用洁净的面团进行清理。

4）检查进气室、进气通道、进气滤芯的密封性。

5）检查进气室与燃气轮机连接通道的完好性。

6）检查通道固定件的完好性。

7）检查内外导流罩、夹布橡胶板、中心体、0级导叶有无损伤。

8）检查机组进气反吹系统、反吹喷头是否堵塞、有无缺失、错位；并对故障及漏气的反吹膜片进行更换。

9）检查防冰管线应无破裂，防冰气体无泄漏。

10）基础无沉降、破裂，螺栓无锈蚀，冬季框架无挂冰现象，平台巡检通道无杂物。

11）检查所有防火百叶窗的功能，接入仪表风检查通风系统的通风道挡板工作情况，并给挡板两端支撑加注润滑脂；拆卸检查防火百叶窗气动执行机构。

12）对通风电机进行测试，运转时应平稳无异常声音。

13）检查箱体通风排气挡板动作灵活，检查固定螺栓是否紧固，对掉落的挡板应重新装配螺栓后回装。

2.3.4 燃料气系统检查

1）检查燃料气加热器、前置聚结器、过滤器本体及附属管线静密封点有无天然气泄漏，换热器本体及附属管线静密封点有无天然气泄漏。

2）检查带导向环的过滤元件是否有破损。

3）检查过滤器内腔是否有污物，对燃料气加热器及过滤器进行排污作业。

4）检查过滤器是否回装到位。

5）检查 Y 型过滤器 SFG010、CF020 是否清洁。

6）检查燃料气主过滤器 FG 滤芯是否清洁并进行排污。

7）检查燃料气 1#、2#气路与燃机本体软连接上、下侧法兰螺栓是否松动、漏气、法兰垫片是否变形、缺损。

8）对燃料气喷嘴进行拆卸检查，以顺时针方向（ALF）、圆周轮换均匀拆除 4 个喷嘴检查燃料气喷嘴。

9）查询机组运行期间温度场情况，对温度场偏差较大的喷嘴进行清洗，根据排气温度调整对换节流环进行更换并留存记录。

2.3.5 燃气轮机润滑油系统检查

1）更换滑油过滤器滤芯前检查滑油是否排放干净。

2）检查带垫片的罩帽是否清洁。

3）检查粗滤过滤元件内腔是否完好，是否清洁；密封圈完好无破损，进出口管线螺栓是否松动，橡胶垫片有无老化渗油。

4）检查粗滤过滤器销钉与骨架筋条之间的槽道是否重合。

5）检查粗滤过滤元件与盖、套筒贴合（0.05mm 的塞尺应不能通过过滤元件之间的间隙）。

6）检查骨架上过滤元件的转动情况（用手能缓慢转动）。

7）检查过滤器挡环是否完好，是否回转到位。

8）检查精滤过滤器上的压降是否超过预警信号的规定值，查询运行期间的历史趋势，视情况对滤芯尽心更换（若最近一次保养已经更换，本次作业可以根据现场检查情况进行确定是否需要更换）。

9）检查精滤磁力过滤器闸板是否清洁，垫片是否损坏。

10）检查精滤磁力过滤器是否回装到位。

11）拆卸检查燃机本体供油母管供油过滤器并进行清洁。

12）检查燃气轮机磁性金属屑检测器，检查电插座的插销和信号器传感器壳体之间电路的电阻（电路电阻应不低于 20MΩ）。

13）检查插销之间的电路电阻（电路电阻应不大于 3Ω）。

14）检查密封环是否完好。

15）检查磁力金属屑信号器回路的完好性。

16）检查磁力金属屑信号器传感器上有无碎屑。

17）检查锁紧螺母和锁丝。

18）拆卸检查、清洗燃气轮机本体及油箱静态油雾分离器，视情况进行更换。

19）检查燃气轮机滑油液位在正常范围内，排查液位趋势有无跳变。

20）检查测试所有阀门的开关位置，确认处于完好状态。

21）清理箱体内部，检查箱体及滑油箱泄漏情况并做相应处理。

22）利用红外热成像仪测试温控阀是否存在内漏，对于存在内漏的申报物资进行更换。

23）检查油雾分离器，滤芯安装是否锁紧固定、垫圈有无偏移；油雾分离器底部无集油，回油管线通畅；并对油雾分离器厂房外管线进行排污。

24）检查滑油滤油机，更换预过滤（Pre filter）过滤器滤芯（与压缩机滑油共用）。

25）就地和远控对燃机油箱滑油搅拌泵进行启停测试，检查有无异常。

26）就地和远控对燃机供油、回油泵进行启停测试，启停过程中对泵及电机进行振动监测，检查有无异常。

27）清洗和检查燃气轮机支撑前的保护滤器。

28）检查滑油组件、齿轮箱连接管路有无松动、渗漏；转速探头垫片是否失效、渗漏；高压盘车口顶盖螺栓有无渗漏。

2.3.6　燃气轮机电动启动系统检查

1）冷吹测试电动启动电机运行情况。

2）检查外置传动箱管线连接有无渗油现象，若有需要紧固。

3）检查外置传动箱滑油液位指示器是否清洁，液位是否在允许范围内。

4）机组每运行 6000 小时（6K 保养时）需要更换外置传动箱润滑油并检查润滑油颜

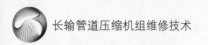

色、浑浊情况并记录。

2.3.7 火气系统检查

1）检查机组消防系统机柜界面，确认有无异常。

2）检查消防柜内软管连接固定牢靠，无变形、裂纹或老化。

3）检查电磁阀执行机构指示均在 SET 位，金属丝保险固定牢靠，无脱落。

4）检查消防柜内二氧化碳气瓶处于正常位。

5）检查 GG 箱体内二氧化碳喷嘴口没有堵塞变形。

6）检查 GG 箱体内 4 个火焰探头、2 个温升探头仪表接线无松动。

7）检查所有可燃气体探头和接线箱接线无松动。

8）检查 GG 箱体两侧二氧化碳手动紧急释放按钮完好，系统指示灯完好。

9）拆卸二氧化碳泄放电磁阀，打开释放手阀，手动释放箱体门两侧二氧化碳释放按钮，检查消防系统报警喇叭、报警灯、二氧化碳释放电磁阀动作正常。

10）确认所有作业完成，消防系统复位，回装所有拆卸部件到位。

11）对可燃气体探头进行校验测试，对零点发生漂移的探头进行校准。

12）对可燃气体探头及火焰探测器进行清洁维护，利用棉签及酒精擦拭探头镜面保持镜面清洁。

13）检查机组消防机柜电源模块及 UPS 模块电压输出是否正常，检查蓄电池有无漏液、腐蚀情况。

2.3.8 控制系统维护检查

1）检查机组控制柜及现场接线盒检查端子排接线无松动、积液、腐蚀现象。

2）线号标签齐全，接地线屏蔽线可靠。

3）对控制柜进行灰尘清理，风扇检查。

4）检查系统所有接地完好无腐蚀；保护接地、屏蔽接地、工作接地检查。

5）检查箱体内接线箱、热电阻和振动探头接线盒、燃调阀控制电路板密封性，防止油气进入接线箱。

6）重点检查控制柜内燃机排气温度 RTD 安全隔离栅状态，如有故障报警（ERR 灯常亮）则进行更换。

7）检查消防控制柜通信状态，发现问题及时处理。

8）检查机组 ESD 机柜电源模块及 UPS 模块供电是否正常。

9）对机组控制系统进行冗余切换，查看冗余切换日志并进行分析。

10）重点检查控制柜内燃机排气温度 RTD 安全隔离栅状态，如有故障报警（ERR 灯常亮）则进行更换。

11）检查消防控制柜通信状态，发现问题及时处理。

2.3.9 可调导叶检查

1）对可转导叶进行检查升压测试。

2）检查可调导叶进入"-""+"位置反馈准确性，并对其进行记录。

2.3.10　箱体挡板检查

1）对箱体挡板进行功能检查测试。

2）测试期间检查箱体挡板位置反馈准确性。

3）对箱体挡板执行机构进行检查。

2.3.11　等离子点火器测试

1）点火系统接线箱检查，对点火电缆进行检查点火电缆有无击穿现象。

2）确保燃料系统相关阀门电源处于断开状态。

3）在 PCS 程序中强制 FE026IO（点火器 AC 220V 电源）、FE016IO（点火器 AC 220V 电源），现场检查 GG 两侧等离子点火器放电声音可清楚听见。

2.3.12　电机检查

1）检查电动机外观，清扫电机外壳，必要时除锈，涂防锈漆。

2）检查所有机械连接，检查引出线连接及绝缘情况。

3）检查电机电缆进线口密封状况，应良好且符合防爆要求。

4）检查电机外壳接地可靠、牢固。

5）利用仪表风气体清理电机冷却风扇。

6）电机手动盘车，若盘车费劲时，拆解电机检查轴承，若需要进行更换；非全密封轴承，加注轴承润滑脂，不超过轴空腔的 2/3。

7）检查电机电气连接应无松动，符合站场工艺要求。

8）测试电机定子线圈值阻及绝缘电阻，测试电阻与以前测得值比较，相差不大于 2%，绝缘电阻不低于 0.5MΩ（500V 兆欧表）（因燃机滑油油箱运行时为微正压，油蒸气通过电机转子飘出，对于电机有油气腐蚀，重点检查燃机循环油泵电机绝缘情况）。

9）检查电机接线正确，端子确保无烧蚀痕迹，如有烧蚀现象进行打磨处理。

10）检查油冷器皮带完好度，视外观情况更换风机皮带，清理风机、固定架及风筒壁污垢。

2.3.13　CGT25-D 燃机更换步骤

1）将燃气轮机装置箱装体大底架运抵现场，将装配现场地面彻底清理干净，并保证足够的吊装空间。利用顶丝和千斤顶在三点（前横梁中间用千斤顶、动力涡轮支撑安装座两侧用顶丝）将大底架支撑起来，大底架安装座下表面离开地面约 70mm。

2）用水平仪测量大底架上安装表面（大底架与小底架的结合面）的水平度，水平度偏差每米不应大于 1.0mm。通过千斤顶和顶丝调整水平度。

3）准确测量大底架安装座处与基座的间隙值（在每个安装座处测均布 4 点取平均值），配制适当规格的临时工艺垫片，将大底架垫实。垫片的加工要求为：①最终厚度与实测值偏差不允许大于 ±0.05mm；②垫片上的凹坑不大于 0.1mm，不允许存在凸起；③表面粗糙度 R_z 不大于 20μm。

4）撤下千斤顶和顶丝，用垫片承受大底架的重量，复查大底架上安装面的水平度应符合要求。

5）检查大底架与小底架的配合表面应保持光洁、无油污和油漆，为与带小底架的燃气轮机组装做好准备。

6）用吊具吊起带小底架燃气轮机（见图2-118），并将其放到高度不小于100mm的木方上，从而可以保证将调节滚轮固定到小底架的安装座上。

7）用与调节滚轮成套的螺栓、垫圈将滚轮固定到小底架侧板的滚轮安装座上（见图2-119），并用成套的限制器和滚轮板条固定好防止脱落。

8）用吊具将带小底架燃气轮机吊装到燃气轮机装置大底架上，使滚轮落到大底架的导轨上，并通过销钉使大底架与小底架的安装孔基本对齐。

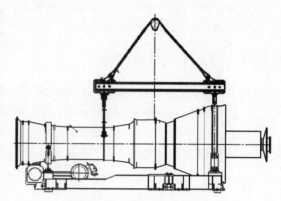

图2-118　燃气轮机运输小车

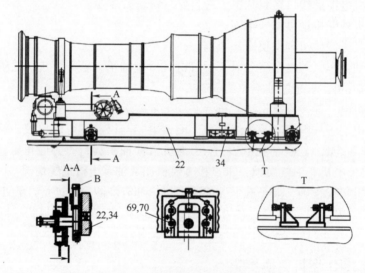

图2-119　燃气轮机运输支点位置

22、34—底架　69、70—螺栓

9）拆下吊具，使调节滚轮承受小底架的重量，利用调节滚轮上的成套顶丝调整燃气轮机小底架到如下位置：①燃气轮机小底架安装孔与大底架安装座上的孔目视重合；②燃气轮机轴线目视与大底架中心线重合；③小底架所有支承的下端面到大底架安装面的高度尺寸为50 ± 0.5mm。

10）将燃气轮机小底架在自由状态下用千斤顶和顶丝在三点支撑。为此，沿发动机轴线将千斤顶支撑在小底架前横梁下（见图2-120），另外两点利用燃气轮机动力涡轮两侧后支撑处的调节滚轮支撑。拆下位于两侧前支撑附近的调节滚轮，使千斤顶缓慢承力。

11）在燃气轮机前、后支撑处，对应于小底架与大底架的安装面共4点，测量小底架相对于大底架的不平度H_1，按如下测量和计算方法（见图2-120）：

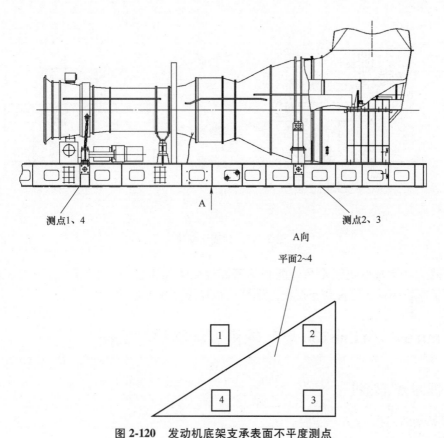

测点1、4　　　　　　　　　　　　　　　　　　测点2、3

A向

平面2~4

图 2-120　发动机底架支承表面不平度测点

根据以下公式确定，相对于 2，3，4 所在平面，点 1 偏离量 H_1 为

$$H_1 = (\delta_1 + \delta_3) - (\delta_2 + \delta_4)$$

式中，δ_1，δ_2，δ_3，δ_4 为燃气轮机大底架安装座与小底架之间间隙值。

得到的 H_1 的值为 "+"，意味着底架上的点 1 相对于底架上点 2，3，4 所在平面向上偏移，若得到 H_1 值为 "-"，则反之。把标记 "向上" 或者 "向下" 的 H_1 值记入履历簿相应章节中，作为以后机组不平度检查的初始值。

12）将用于大底架与小底架之间安装的 $L_1 = 45\mathrm{mm}$ 成套球面垫片（11）放到大底架安装面上（见图 2-121）。

13）用量规和塞尺准确测量小底架安装面下表面与球面调节垫片上表面之间的间隙值 L（见图 2-121），在圆周测量均布 4 点取平均值。按相应位置配制调整垫片（12），并做好安装位置标记。垫片的加工要求如下：

① 垫片完成加工的最终厚度与实测值偏差不大于 ±0.03mm；

② 垫片上的凹坑不大于 0.1mm，不允许存在凸起；

14）垫片表面粗糙度不大于 R_z 20μm。

15）将配制好的垫片放置在安装位置，并将配套的紧固螺栓穿入调整垫片和大、小底架的安装孔中，拧上螺母，暂不把紧。将三点支撑松开，使垫片承受发动机的重量。此时复测小底架的不平度 H_1 值，与之前三点支撑测量值偏差不大于 1.0mm。

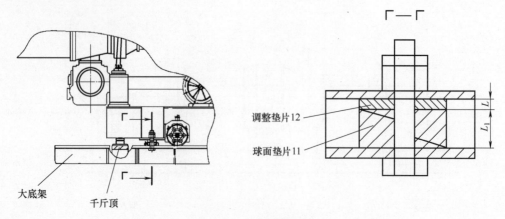

调整垫片12

球面垫片11

大底架

千斤顶

图 2-121　球面调整垫片

16）将大底架与小底架安装处配套的紧固件用力矩扳手可靠拧紧，力矩为 300N·m，并用开销锁紧紧固件，完成带小底架的燃气轮机在大底架上。

2.4　Taurus70/Titan130 燃气轮机现场维护与更换

2.4.1　拆卸燃气轮机

1. 拆卸箱体门板

1）移开机组撬体一侧的踏板护栏。

2）拧动压缩机侧门转动手柄，打开机组进出门进入撬体内（见图 2-122）。

3）从门板内侧释放上下固定插销，对折并推开门板，依次打开两侧所有的维修门，并做好固定，防止自行转动。

侧门转动手柄

图 2-122　楔形块及转动手柄

4）拆除机组撬体门板中间固定板（见图 2-123）的上下固定螺钉，小心取下中间板，放置于安全的地方。

2. 搭建维修支架

1）用吊车将吊葫芦（可承重 4t）移到滑动横梁的一端，并让其滚入相应的轨道内。

2）检查滑动横梁的另一端要装有阻挡板，并且每个横梁装两个吊葫芦（一个普通的，一个带齿轮的），带齿吊葫芦装在与检修支架连接的一侧。

图 2-123　中间固定板联接示意图

3）按图 2-124 所示，用螺栓（5）、平垫（4）、锁紧垫（3）将臂撑（6）与基座（1）和下支柱（2）相连。

4）按图 2-124 所示，用螺栓（14）、螺母（13）、平垫（12）、锁紧垫（11）将横梁（10）与上支柱（7）相连。

5）测量从地面到滑动横梁的垂直距离。

6）根据滑动横梁的高度，按图 2-124 所示，将上支柱（7）与下支柱（2）进行匹配，并用插销（8）和开尾销（9）固定二者之间的连接（操作过程使用吊绳）。

7）用吊绳将检修支架移动到滑动横梁的一端。

8）按图 2-124 所示，用锁紧垫（19）、螺母（16）、平垫（17）、螺栓（18）将搭接板（15）与横梁（10）相连。

9）按图 2-124 所示，用吊绳将检修支架两块搭接板（15）的中心插入撬体的滑动横梁内，并用垫片进行高度的最后调整。

10）按图 2-124 所示，用锁紧垫（19）、螺母（16）、平垫（17）、螺栓（18）将搭接板（15）与撬内滑动横梁相连。

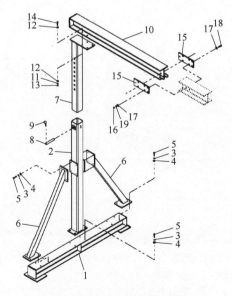

图 2-124　检修支架组装示意图

1—基座　2—下支柱　3—锁紧垫　4—平垫　5—螺栓　6—臂撑　7—上支柱　8—插销　9—开尾销　10—横梁　11—锁紧垫　12—平垫　13—螺母　14—螺栓　15—搭接板　16—螺母　17—平垫　18—螺栓　19—锁紧垫

3. 拆卸联轴器组件（见图 2-125）

1）拆除联轴器护罩中分面的自锁螺母（26），取出上半护罩（21）；将下半护罩按圆周方向旋转至上方，取出下半护罩（27）。

注意：取出或旋转时，不要损坏护罩两侧的联接护环上面的 O 形密封圈。

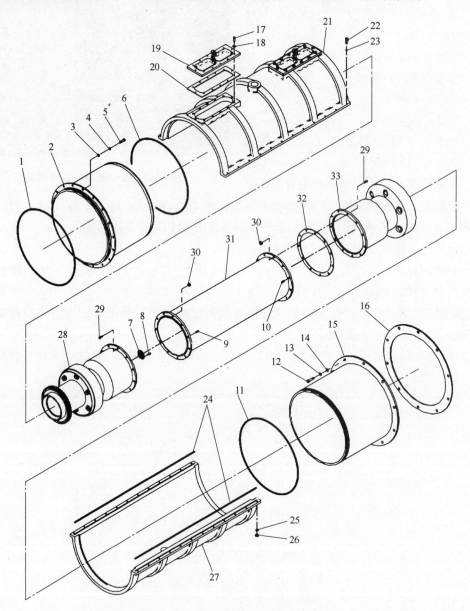

图 2-125　联轴器组件分解示意图

1—O 形圈　2、15—连接适配器　3、14、18、20、25—垫片　4、13—锁垫　5—螺栓
6、11、24—O 形圈　7—紧固螺栓　8、12、17、22、29—螺栓　9、10—平衡螺栓
16—适配器垫片　19—检查孔盖　21—上半护罩　23—垫片　26—自锁螺母
27—下半护罩　28、33—轮毂　30—自锁螺母
31—中间短节　32—调整垫片

2）将压缩机侧的护罩接口圈紧固螺栓拆除，并将接口圈移动至联轴节中部位置。

3）拆卸联轴节两侧紧固螺栓，用 4 个膜片压紧螺栓（短的）均匀压缩 CC 侧半联节，直至联轴节法兰止口全部露出并有 2~3mm 间隙为止，取出调整垫片并做好记录。如果照此方法间隙太小，可以用 4 个膜片压紧螺栓（长的）均匀压缩 GP 侧半联节，直到可以顺利取出中间短节为止（见图 2-126）。

图 2-126　联轴器压膜片压紧螺栓

4）将两侧调整垫片、中间短接旋转于备件存放区，并做好标记。

4. 拆卸与燃机连接的相关部件

1）拆卸 PT（接线见图 2-127）尾部 4#、5#轴承（管线见图 2-128）的供油（2）、回油（4）、密封气管线（1）。

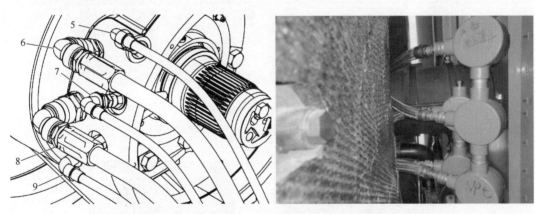

图 2-127　PT 侧相关探头接线

5—PT 速度探头　6—PT 推力轴承 RTD 探头　7—备用速度探头
8—4#、5#轴承部位转子径向振动探头　9—PT 键相探头

2）拆卸振动、键相器、4#/5#轴承温度接线。

3）确认测速探头已经与测速音轮脱开 3~5mm 间隙，并拆卸转速探头接线。

4）拆除所有 T5 信号线（见图 2-129），并与接线箱分离。

5）断开点火器（见图 2-130）的天然气管线、排污管线和燃烧室下面的排污管线。

6）断开放气阀（见图 2-131）的电源线和信号线接头（见图 2-131）。

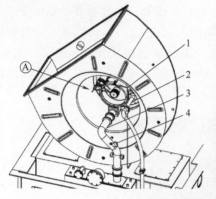 

图 2-128　4#5#轴承油气管线示意图

1—4#、5#轴承密封气管线　2—润滑油供油管线
3—润滑油回油管线　4—回油 RTD 温度探头

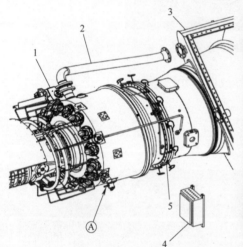 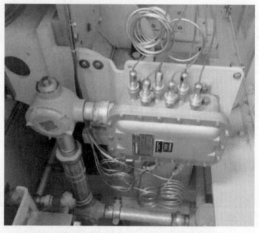

图 2-129　T5 信号线示意图

1—放气阀（BV 阀）　2—放气管　3—排气蜗壳　4—温度探头接线箱　5—T5 热电偶

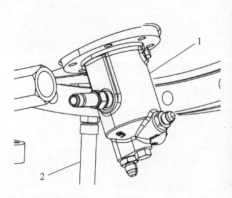 

图 2-130　点火装置示意图

1—点火器　2—燃烧室排污管

7）断开放气阀的电源线和信号线（见图 2-131 中 3）。

8）拆卸 2#、3#轴承的供油管连接（见图 2-131 中 4）。

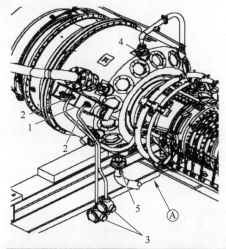

图 2-131　放气阀接线示意图

1—放气阀执行器　2—放气执行器接口导管　3—放气阀执行器转接线
4—供油管接头管箍　5—回油管连接法兰

9）拆卸 2#、3#轴承（见图 2-132）的回油管连接（见图 2-132 中 5）。

10）拆卸 2#、3#轴承振动信号线接头（见图 2-132 中 6）。

11）断开 2#、3#轴承的振动信号线（见图 2-132 中 7）。

12）断开天然气汇管的连接（见图 2-133 中 1）。

13）断开 PCD 的测量管线（见图 2-133 中 2）。

14）断开齿轮箱前后的空气密封管线（见图 2-133 中 3）。

15）断开可调导叶执行器的电源线和信号线（见图 2-133 中 4）。

16）断开可调导叶执行器的电源线和信号线接头（见图 2-133 中 5）。

17）断开主油泵、气动马达上相连的所有附属管线。

18）断开水洗的环管连接。

19）拆卸 T1 探头。

20）拆卸 1#轴承的振动信号线（见图 2-134 中 3）。

21）拆开超速探头的信号线（见图 2-134 中 4）。

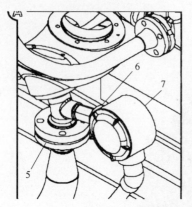

图 2-132　2#、3#轴承相关接线示意图

5—回油管连接法兰及垫片　6—控制线转接头　7—控制线接线盒

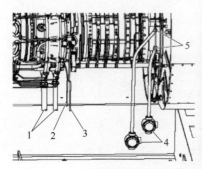

图 2-133　可调导叶接线、齿轮箱密封管线示意图

1—燃料气供气管线　2—压气机排气压力仪表线　3—密封气引压管

4—可变静叶命令反馈仪表接线盒　5—仪表管线转接头

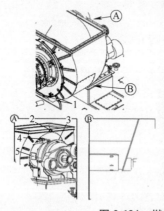

图 2-134　燃机入口相关联接头示意图

1—进气温度探头　2—燃气发生器速度探头　3—1#、2#轴承振动探头引线

4—燃气发生器推力轴承 RTD 探头引线　5—附件齿轮箱密封气供气管线

22）拆开止推轴承温度探头的信号线。

23）断开进气蜗壳的排污管线。

24）断开进气段压差变送器 TPD358（PDT1000）的引压管线。

25）拆除启动马达与齿轮箱的联接螺钉，用导链将启动马达移出箱体（见图 2-135）。

26）拆除离合器固定螺栓，用导链将离合器移出箱体（见图 2-136）。

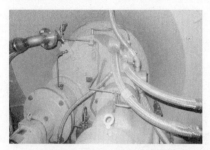
图 2-135　启动马达拆卸处

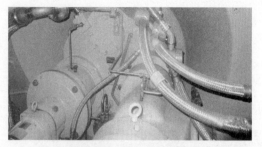
图 2-136　离合器拆卸处

27）拆除主油泵连接螺栓，用导链将主油泵移出箱体（见图 2-137）。

图 2-137　主油泵拆卸处

5. 燃机吊装工具安装

1）在机组撬内的滑动横梁上安装合适的吊装设备。

2）拆掉燃料汇管顶部的 3 根燃料管线。

3）拆掉 VSV 可调导叶的护罩。

4）检查吊装设备的可靠性。

5）拆卸影响吊具安装的其他管线。

6）将吊具（FT33496-1&-2）移到压缩机腔体的上方。

7）用插销将吊具与燃机相连，并用开尾销锁定。用螺栓把吊具与压气机后腔固定在一起（见图 2-138）。

图 2-138　吊具与燃机连接图

8）将后吊具和钩环与燃机的吊臂相连（见图 2-139）。

9）移动检修支架到吊具上方的合适位置，将 4 个吊葫芦与吊具相连，调整吊葫芦，以让其承担燃机的重量。

6. 拆卸燃机

1）检查安装在燃机上的专用吊具是否连接紧固，检查 4 个横梁上的吊葫芦是否受力一致，并承担了 GT 的全部重量。

2）拆卸空气进气蜗壳与进气道软联接的连接螺栓，并确认它们之间的结合面已脱开一定间隙（见图 2-140）。

图 2-139　燃机后吊点

图 2-140　进气蜗壳断开处

3）拆卸燃机排气蜗壳与排气道的连接螺栓，利用制作的工具将结合面脱开 3~4mm 的间隙（见图 2-141）。

4）拆卸 PT 两侧后支撑板上部的 4 个固定销盖板，用工具取出上部安装于 PT 上的固定销。拆除支撑板下部螺栓，并用力取下支撑板（见图 2-142）。

图 2-141　排气蜗壳断开处

图 2-142　燃机后支撑

5）拆卸 GT 前支撑连接螺栓（见图 2-143）。

注意：定位销不要掉落丢失。

6）拆卸 PT 下部的定位块槽的固定螺栓，将定位块取出（见图 2-144）。

7）确认燃机的所有连接（管线、线缆等）均已断开。没有管线、设备挡在燃机吊出的行进路线上。使用 4 个吊葫芦，匀速平稳将燃机移出箱体（见图 2-145）。

8）将燃机安装至运输支架（见图 2-146）。

注意：燃机的运输支架是为了运输过程中的固定和检修过程中暂时的存放，在 GT 拆出之前，应提前将运输支架移动到 GT 吊装横梁的下方合适位置。

图 2-143　燃机前支撑

图 2-144　PT 下部定位块

图 2-145　燃机移出箱体

图 2-146　燃机安装至运输支架

7. 拆卸 PT 侧轮毂

1）用平口长螺丝刀将 PT 轴头的固定板防松垫片碾平（见图 2-147）。

2）用 15/16 套筒扳手（需使用加长杆），拧出三个轴头固定板螺栓，取出固定板（见图 2-148）。

3）将拆卸下来的 3 个螺栓重新拧入联轴节拆卸顶丝螺孔内，均匀、同时拧紧三个螺栓，直到取下半联轴节。

8. 拆卸燃机进、排气蜗壳

1）用导链将进气蜗壳吊起受力，拆卸进气蜗壳凹端和背面的固定螺栓，水平将进气蜗壳移出，放至指定位置并固定（见图 2-149）。

图 2-147　碾平 PT 侧轴头防松垫片

图 2-148　拆卸轴头固定板螺栓

注意：取出蜗壳时，不要损坏进气道的进气滤网。

图 2-149　拆卸进气蜗壳连接螺栓

2）断开排气蜗壳与动力涡轮处的连接环，拆除排气蜗壳内部的连接螺栓，水平将排气蜗壳移出，放至指定位置并固定（见图 2-150）。

图 2-150　拆卸排气蜗壳连接环及连接螺栓

注意：原则上回装步骤与拆卸相反，仅对关键部分作说明。

3）安装前再次检查安装支架所有紧固螺栓是否紧固，确认滑动地面是否平整光滑，并确认 GT 支撑底座基准面水平是否在规定范围内。

2.4.2　安装燃气轮机

1. 安装 PT 侧联轴器轮毂

1）用润滑油将 PT 侧联轴器轮毂与 PT 轴配合花键处加热至 120℃。

2）用手劲将 PT 侧联轴器轮毂安装到位（见图 2-151）。

3）依次安装 PT 侧轮毂固定螺栓防松锁片及固定螺栓（见图 2-152）。

图 2-151　PT 侧轮毂安装

图 2-152　固定螺栓及锁片安装

4）用防松锁片将固定螺栓锁定（见图 2-153）。

图 2-153　锁定固定螺栓

2. 安装燃机进、排气蜗壳

参照"拆卸燃机进、排气蜗壳"部分，安装燃机进排气蜗壳。

注：安装进气蜗壳时，不要损坏进气道的进气滤网。安装排气蜗壳时，固定好 PT 振动和转速探头线缆，不要损坏探头线缆。

（1）燃机移入箱体

1）用吊车或平板车将燃机移到检修支架下方。

2）用吊车将进气蜗壳移到检修支架下方，利用现场安装支架上方的吊点，恢复安装进气侧蜗壳。

3）把燃机吊装专用工具前吊架、后吊环分别安装在 GT 相应位置上。

4）调整检修横梁支架上的吊葫芦并让其承担燃机的重量。

5）拆掉燃机上的运输支架，移动横梁并调整吊葫芦的高度，并慢慢滑入撬体内燃机安装位置。

6）安装前支架与燃机之间的连接螺栓。

7）掉发动机前方的吊具。

8）安装发动机可调导叶上方的护罩盖板。

（2）安装燃机两侧后支撑板

1）燃机两侧后支撑板位于 GT 排气侧，为其自身重量的主要承受点，同时也对机组安装位置直到定位作用。

2）后部支撑板下部每侧各有两个定位销，用于与撬体基座进行定位；支撑板上部有一个定位销，用于与 GT 进行定位。需要特别注意的是：安装该定位销前需要事先对定位销、销孔进行清洁处理，并涂上防卡涩剂，防止烧结；同时需注意 GT 下部纵向定位滑销的位置定位，所有滑动及转动部位都须涂有防卡剂。

3. 连接燃机外围部件

参照"发动机外围的断开"部分逐个进行连接，并按要求对所有管接头，分开式法兰连接螺栓和其他连接件打扭矩。特别注意的是信号线不能卷曲，因为其最小弯曲半径只有 6.4mm。控制线和电源线的连接一定要按照所做的标识进行，同时与图纸反复进行核对。

4. 拆卸检修支架

外部检修支架的拆卸请参照其安装过程，拆卸完成后，所有立柱、横梁、联接螺栓需清理、分类，保存完好。

5. 机组对中检查及调整

注意：环境温度的变化影响对中数值，因此最好在稳定的环境温度下进行对中调整。

1）用内径千分尺在互成 90°的四个方向测量动力涡轮侧轮毂与压缩机侧轮毂之间的距离，然后进行平均其读数，Taurus70 燃机标准值为 629.82±0.254mm，Titan130 燃机标准值为 724.15±0.254mm。若对轮间距超标，松开燃机地脚螺栓，用顶丝移动燃机，将对轮间距调整至标准范围。

2）用 4 颗拉丝和 4 颗顶丝固定压缩机侧轮毂膜片。

3）安装联轴器短节、对中支架和百分表（见图 2-154）。

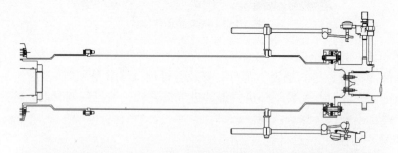

图 2-154　对中工具安装

4）用盘车工具转动压缩机转子，检查动力涡轮侧百分表表针位置是否正确，若不正确，将其调整至正确位置。

5）平缓盘转压缩机转子，由于在 12 点钟位置 FT 和 BT 的读数都为零，因此在整个旋转一圈的过程中记录 FL、FR、FB、BL、BR、BB 的读数。

6）测量指示表在 FACE 和 BORE 的位置（见图 2-155）。

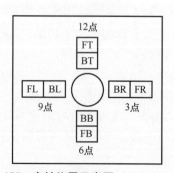

图 2-155　表针位置示意图

7）重复上述过程，以验证测量指示表的读数是否基本不变。

注意：可以用 $FB=FL+FR$ 和 $BB=BL+BR$ 来确认读数的准确性。

8）根据内圆左右偏差，计算燃机左右平移量，即燃机前后支撑均平移 S_1 为

$$S_1 = \frac{BL+BR}{2} \tag{2-8}$$

9）根据相似三角形关系，端面误差与对端面打表直径构成的三角形相似与需左右调整量与支撑点之间的三角形（见图 2-156）。

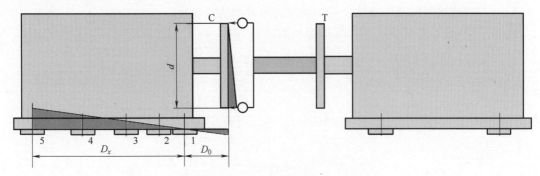

图 2-156　端面左右偏移量相似三角形

10）根据端面左右偏差，计算燃机前支撑平移量，端面的修正值与内圆的修正值有一定的关系，因此在进行端面修正时需要将这个因素考虑进去。

$$a = \frac{FL+FR}{2} \tag{2-9}$$

$$S_{2前} = \frac{a}{d/2} \cdot D_x \tag{2-10}$$

$$S_{修} = -\frac{a}{d/2} \cdot D_0 \tag{2-11}$$

11）根据以上计算数值，计算燃机前后支撑点左右平移量。

$$S_{前} = S_1 + S_{2前} \tag{2-12}$$

$$S_{后} = S_1 + S_{修} \tag{2-13}$$

12）根据内圆上下偏差，计算燃机调整垫片厚度，即燃机前后支撑调整垫片厚度均为 D_1。

$$D_1 = \frac{BB}{2} \tag{2-14}$$

13）根据相似三角形关系，端面误差与对端面打表直径构成的三角形相似与需调整垫片厚度与支撑点之间的三角形。

14）根据端面上下偏差，计算燃机前支撑点调整垫片厚度，端面的修正值与内圆的修正值有一定的关系，因此在进行端面修正时需要将这个因素考虑进去。

$$b = \frac{FB}{2} \tag{2-15}$$

$$D_{2前} = \frac{b}{d/2} \cdot D_x \tag{2-16}$$

$$D_{修} = -\frac{b}{d/2} \cdot D_0 \tag{2-17}$$

15）根据以上计算数值，计算燃机前支撑点调整垫片厚度，计算燃机后支撑点调整垫片厚度。

$$S_{前} = D_1 + D_{2前} \tag{2-18}$$

$$D_{后} = D_1 + D_{修} \tag{2-19}$$

16）根据计算燃机前后支撑点调整燃机位置。

17）当完成垫片的增加或减少后，则按力矩紧固地脚螺栓。

注意：Titan130 机组后支撑点紧固螺栓力矩为 70N·m（见表 2-10）。

表 2-10　力矩标准

螺齿大小	英制扭矩值/ft[一]	公制扭矩值/（N·m）	等级
0.75~10	211（有防黏剂）	286（有防黏剂）	B7
1.00~8	423（有防黏剂）	574（有防黏剂）	B7
1.25~7	806（有防黏剂）	1094（有防黏剂）	B7
1.50~6	1437（有防黏剂）	1950（有防黏剂）	B7
2.00~4 1/2	3408（有防黏剂）	4624（有防黏剂）	B7

18）平缓盘转压缩机转子，重新记录 FL、FR、FB、BL、BR、BB 的读数，与其误差要求比对，若不满足其误差要求，重复以上步骤，直至满足 FL、FR、FB、BL、BR、BB 的误差要求（见表 2-11 和表 2-12）。

表 2-11　内圆标准

名称	BT	BL	BR	BB
Taurus70	0	-0.693±0.051	-0.693±0.051	-1.385±0.127
Titan130	0	-0.862±0.051	-0.862±0.051	-1.724±0.127

表 2-12　端面标准

名称	FT	FL	FR	FB
Taurus70	0	-0.042±0.025	-0.042±0.025	-0.085±0.051
Titan130	0	-0.079±0.025	-0.079±0.025	-0.157±0.051

19）拆卸对中支架、百分表和联轴器短节。

20）旋松燃机对中调整顶丝，使其与燃机的基座接触但不要过紧。

6. 回装联轴器组件

1）用内径千分尺测量对轮间距，计算联轴器调整垫片厚度 T；标准见表 2-13。

表 2-13　联轴器调整垫片厚度计算标准

名称	联轴器短节长度 N/mm	对轮间距 M/mm	调整垫片厚度/mm	预拉伸量（PreS）/mm
Taurus70	626.26	629.82±0.254	≤1.524	2.032
Titan130	718.67	724.15±0.254	≤3.20	2.29

[一]　1ft=0.3048m。

$$T = M - N - \text{PreS} \tag{2-20}$$

2）按照以上计算加装联轴器调整垫片。

3）将压缩机侧护罩接口环套至联轴器短节上，按照轮毂法兰与联轴器短节法兰标记钢印连接联轴器短节，拆卸轮毂膜片4颗压紧螺栓，并按力矩要求紧固联轴器连接螺栓，Taurus70力矩标准为27N·m，Titan130力矩标准为67N·m。

4）更换联轴器护罩连接处O形密封圈，并在密封面处涂抹平面密封胶。

5）回装联轴器护罩。

6）回装燃机箱体门板。

第3章 动力涡轮现场维修技术

3.1 动力涡轮现场维修主要内容

动力涡轮现场维修对于不同厂家生产的动力涡轮在维修间隔上有不同的规定。动力涡轮分为日常检查、高温燃气流道检查和大修检查。

3.1.1 日常检查

对于燃料为天然气的动力涡轮，每半年或运行累计4000h进行一次。主要内容有：

1）检查动力涡轮与燃气发生器连接处螺栓的缺失、烧蚀、变形等情况。

2）检查动力涡轮冷却器管线固定螺栓的紧固程度、缺失等情况。

3）检查动力涡轮支架固定螺栓有无松动，垫片是否规整，顶丝是否已取下。

4）检查动力涡轮排气道软连接螺栓有无缺失、松动、变形等情况。

5）检查联轴器护罩结合面有无泄漏，视情拆卸联轴器护罩及时对漏点进行处理。

6）检查动力涡轮冷却气歧管确认有无焊缝开裂，螺栓有无松动，冷却气汇管有无应力集中现象。

3.1.2 高温燃气流道检查

每隔25000h进行一次。在燃气发生器拆卸完成后，主要检查以下内容：

1）孔探检查动力涡轮与燃气发生器接口处的部件、过渡段和一、二级喷嘴组件、动叶轮有无损坏、过烧、裂纹、变形等现象。

2）动办涡轮2号轴轴颈轴承、止推轴承磨损、巴氏合金脱落等情况。

3）动力涡轮主轴与压缩机的对中状态检查。

4）发现超标等异常情况应及时联系主管部门或OEM生产厂家进行处理。

3.1.3 大修检查

每隔50000h、75000h、100000h进行一次。动力涡轮大修，主要对动力涡轮进行现场解体检查。主要内容有：

1）1级喷嘴组件、12级喷嘴组件锥体检查。

2）1#、2#轴颈轴承、止推轴承解体检查。

3）转子、静叶间隙检查。

4）转子的动平衡检查等。

由于动力涡轮大修检查的复杂性，目前一般的做法是将动力涡轮整体拆卸，更换一个新备件，将拆卸的成套动力涡轮送至 OEM 厂商进行大修，后期随着国内技术的发展进步，也可以探索在国内进行大修。

对于西门子公司 RT62 型动力涡轮，目前日常检查、热通道检查内容和间隔与 GE 公司动力涡轮相同，只是大修间隔为 75000h（75kh）。索拉公司的动力涡轮由于与其燃气发生器一起为成套部件，一般每 30kh 时，随燃气发生器检修同时进行。

3.2　GE 机组 HSPT 型动力涡轮现场维修技术

3.2.1　现场拆卸

1. 动力涡轮监测仪表探头拆卸

1）动力涡轮本体监测仪表清单详见表 3-1。

表 3-1　HSPT 型动力涡轮本体监测仪表清单

序号	位号	描述
1	TE-401A/B/C/D	驱动端轴承轴瓦 RTD 温度探头
2	TE-409A/B/C/D	非驱动端轴承轴瓦 RTD 温度探头
3	TE-403A/B/C/D	止推轴承轴瓦 RTD 温度探头
4	TE-413A/B	前轮缘温度探头
5	TE-417A/B	后轮缘温度探头
6	SE-407A/B/C	转速探头
7	VE-425A/B	驱动端径向振动
8	VE-421A/B	非驱动端径向振动
9	ZE-427A/B	轴位移探头

2）利用 3/16 英寸内六角扳手拆卸顶部探头盖板的 8 个螺钉（见图 3-1），断开并在线缆上标记 7 个探头位号：动力涡轮驱动端径向振动 X 方向 XE-425A、Y 方向 XE-425B；盘端径向振动 X 方向 XE-421A、Y 方向 XE-421B；动力涡轮轴位移探头 ZE-427A、ZE-427B；键相位 KE-423。将探头延伸线缆顺出后，回装顶部盖板。

3）在接线箱内断开动力涡轮 3 个转速探头 SE-407A/B/C 接线，将线缆分别从穿线管中抽出，抽出前在线缆上绑上细绳或铁丝，便于线缆的回装（见图 3-2）。

4）拆卸机匣振动 18V-PT 探头的固定螺钉，将探头取下封存。

5）断开动力涡轮轴承温度 RTD 探头接线（见图 3-3）。标记动力涡轮驱动端轴承轴瓦

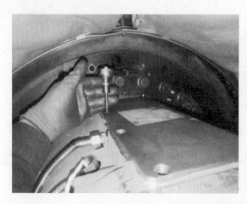

图 3-1　振动、轴位移、键相位延伸线缆拆卸

RTD 温度探头 TE-401A/C、非驱动端轴承轴瓦 RTD 温度探头 TE-409A/C 和止推轴承轴瓦 RTD 温度探头 TE-403A/C、TE-405A/C 位置。将温度探头线缆从穿线管中顺出。

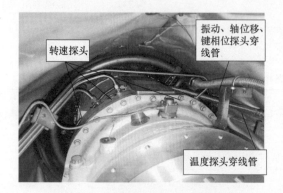
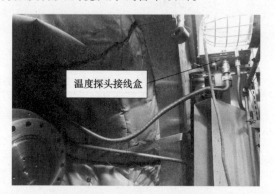

图 3-2　动力涡轮驱动端仪表位置图　　　　　图 3-3　轴承温度探头接线盒

6）拆卸前轮间温度探头（见图 3-4）TE-413A/B、TE-415A/B 接线；拆卸后轮间温度探头 TE-417A/B、TE-419A/B 接线。逐一抽出前、后轮间温度探头。

图 3-4　轮间温度探头拆卸

2. 动力涡轮驱动端附属管线拆卸（见图 3-5）

1）拆卸 1#、2#轴承封严气和排气机匣冷却供气管。

2）拆卸排气机匣冷却气汇管（见图 3-6）。

3）拆卸动力涡轮轴承箱供油/回油管（见图 3-7）。拆卸轴承箱连接长方形供油/回油法兰螺栓，拆除供油/回油管及密封圈。

3. 安装动力涡轮驱动端专用工装

1）拆卸排气机匣内壳与轴承座连接法兰端面上的螺栓，保留 4 颗螺栓（见图 3-8）。

2）拆卸 PT 轴承座上的轴承腔室前后盖板，将温度及转速探头线缆放进腔室。

图 3-5　排气机匣冷却气供气管拆卸　　　　　图 3-6　排气机匣冷却气汇管

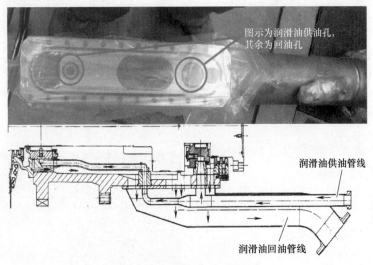

图 3-7　轴承箱供油/回油管

3）在动力涡轮轴承箱侧上方安装轴承箱吊装的组件（见图 3-9，RPR47956、RVP20851、RPR47957、GOF09019、RRP39159）。

4）将支撑套筒 SMP8317921（机组手册中为 SMP92549）安装在 PT 轴末端的法兰上（见图 3-10）。

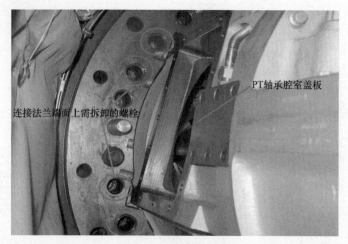

图 3-8　轴承座固定螺栓和轴承腔盖板位置

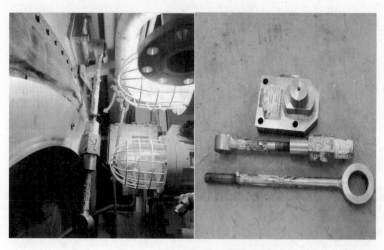

图 3-9　驱动端顶部吊装组件

5）安装吊梁 SMP8317975（见图 3-11），利用柱销与上部吊点连接。

6）安装导轨 SMP8317924（见图 3-12），与支撑套筒连接。

4. 动力涡轮盘端零部件拆除

（1）拆卸动力涡轮冷却气环管

1）在 GG 箱体顶部横梁处安装滑轨 SMO0329469、吊耳与吊葫芦（见图 3-13）。

2）拆卸冷却气管与机匣连接螺栓及密封垫。

3）吊出冷却气环管组件（见图 3-14）。

图 3-10　支撑套筒安装

图 3-11　吊梁安装

图 3-12　导轨安装

图 3-13　动力涡轮盘端吊装组件安装

图 3-14　动力涡轮冷却气环管拆除

（2）拆卸动力涡轮过渡段零部件

1）将锥型风道隔热屏压环螺栓及锁块编号（见图 3-15）。

2）拆除锁丝，用 5/16 英寸套筒拆卸 6 个锥型风道隔热屏压环，并拆卸螺栓。

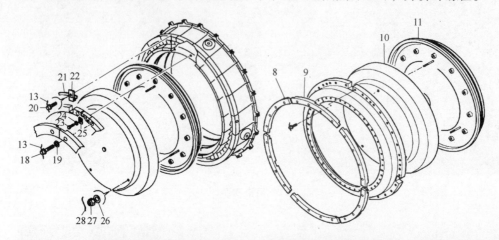

图 3-15　锥型风道隔热屏压环拆卸

8—隔热屏压环　9—隔热屏压环　10—锥形空气隔热罩　11—1 级隔板　13—锁丝　18—螺栓　19—垫片　20—螺栓
21—锁紧环　22—键　23—螺栓　24—安全垫片　25—垫片　26—垫片　27—螺母　28—锁丝

3）校平扇形密封锁块防松垫片，用 7/16 及 9/16 英寸套筒扳手拆卸 6 个扇形密封锁块固定螺栓，取下锁块（见图 3-16）。

4）拆除锁丝后，利用 3/8 英寸套筒扳手拆卸 6 个扇形弹簧密封组件支架螺栓，移出扇形密封（见图 3-17）。

5）拆卸锥型风道隔热屏外盖板 3 个螺母，拆出锥型风道隔热屏外盖板（见图 3-18）。

6）拆卸锥型风道隔热屏锁紧块锁丝及 6 个螺栓，取出转子护罩固定垫圈（见图 3-19）。

7）安装隔热屏拆卸专用工具

① 在箱体轨道滑轮上安装 SM92697 组件，如图 3-20 所示。

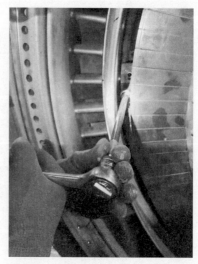

图 3-16　扇形密封锁块固定螺栓拆卸

图 3-17　扇形密封拆除

图 3-18　隔热屏盖板拆卸

图 3-19　隔热屏固定部件拆卸

② 安装 L 型吊具 SM92698 组件，拧紧顶丝。

③ 专用工具 SMO0328902 对正锥型风道隔热屏 3 个螺栓，安装工具。

④ 调整 L 型吊具与 SMO0328902 中心对正，组合专用工具，调整 L 型吊具，使之受力，拉出锥型风道隔热屏（见图 3-21）。

5. 动力涡轮前端小车安装

1）将间隙环 SMO 92642 与锥形吊架 SMP 92548 用 24 颗螺钉组装到一起，再将前

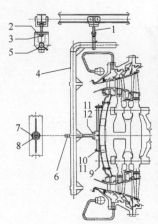

图 3-20 隔热屏拆除专用工具

1—T 型杆 2—支撑件 3—螺母 4—L 型工装 5—紧固螺钉 6—连接件 7—开口销
8—开口销 9—专用工装 10—螺钉 11—垫片 12—螺钉

端小车 SMO 92639 用 23 颗螺栓与间隙环 SMO 92642 组装起来，安装位置要求如图 3-22
所示。

2）将组装好的前端支撑工装分别与动力涡轮静叶和转子连接，静叶利用 GG 与 PT 的连接螺栓固定到 PT 的法兰上，转子通过 16 个间隙环与螺钉将锥形吊架 SMP 92548 与转子压紧环 SMQ7955079 连接（为对正螺栓孔，需要利用支撑套筒 SMP8317921 锁紧螺母 RPR47959 对动力涡轮转子进行盘车）。

3）调整前端小车支腿高度，让滑轮与轨道接触并受力（见图 3-23）。

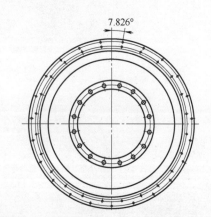

图 3-21 隔热屏拆除

图 3-22 前端小车组装

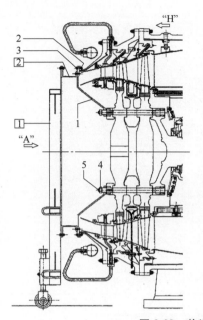

图 3-23　前端小车与动力涡轮连接

1—锥形专用工装　2—螺母　3—螺栓　4—垫片　5—螺栓

6. 拆出动力涡轮

1）拆卸二级涡轮机匣与外壳连接法兰上的螺栓（见图 3-24）。

左右各留四个螺栓

图 3-24　动力涡轮机匣固定螺栓拆卸

2）拆卸排气机匣内壳与 PT 轴承座连接法兰端面上保留的 4 颗螺栓，并装入法兰的 4 颗顶丝孔内（见图 3-25）。

3）先后在驱动端横梁与支撑套筒上放置水平尺，利用调整螺母进行调平（见图 3-26）。

4）检查确认驱动端所有探头线缆可靠固定，避免在动力涡轮移出过程中损伤线缆。

5）在盘端观察二级转子机匣法兰与排气机匣法兰上下左右开口，在驱动端用 4 颗顶丝将动力涡轮均匀顶出（见图 3-27）。

139

使用图例

转动顶丝将PT转子推出来

图 3-25　动力涡轮轴承座顶丝位置

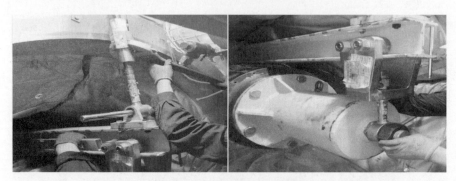

图 3-26　动力涡轮驱动端调整

6）将手葫芦拉链一端连接在 GG 进气室前部的挂钩上，另一端连接在 PT 前行小车上，将 PT 转子从撬体中拉出。

7）平稳移出动力涡轮转子组件，当转子组件移出至轴承座法兰露出时，停止移动（见图 3-28）。

图 3-27　进气室增加施力点

图 3-28　动力涡轮拆出中

8）安装 PT 以及涡轮机匣后法兰端面上的吊装板、安装 PT 轴承座上法兰端面的吊装板。

9）箱体轨道滑轮上安装手拉葫芦，连接轴承箱吊点，并受力。

10）安装动力涡轮后部支撑小车（见图 3-29）。

11）拆卸联轴器侧支撑套筒螺母（见图 3-30）。

图 3-29　动力涡轮后部支撑小车安装

图 3-30　支撑套筒固定螺母拆除

12）进一步将动力涡轮向进气室侧移动，挂 5T 吊葫芦，利用箱体上侧行车分别连接两个吊点，并受力（见图 3-31）。

13）将动力涡轮吊出箱体（见图 3-32）。

图 3-31　动力涡轮完全移出

图 3-32　动力涡轮吊出箱体

3.2.2　安装前检查

1. 燃气发生器与动力涡轮之间安装连接检查

动力涡轮专用运输固定支架（见图 3-33）和锁轴工具只用于运输过程。

当动力涡轮到达现场时，需要进行检查：

1）在确定位置后可以将专用运输工具（见图 3-34）拆除。

2）通过最大 735N·m 的转矩旋转动力涡轮一定角度检查动力涡轮情况。

3）在燃气发生器安装法兰连接之前要检查 J 型密封（见图 3-35）是否存在，通过探孔检查 J 型密封正确的安装位置。

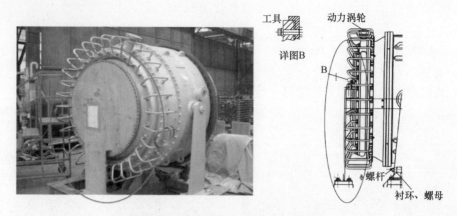

图 3-33　动力涡轮专用运输固定支架

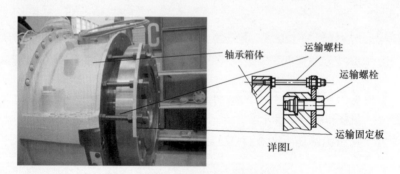

图 3-34　动力涡轮专用运输锁轴工具

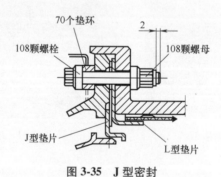

图 3-35　J 型密封

4）在每次燃气发生器进行更换作业时，必须安装动力涡轮底部滑销前后螺栓进行原位固定（见图 3-36）。机组启动之前必须拆卸。

2. 内部过渡段检查

在燃气发生器安装之前，必须检查：

1）内部过渡段是否为第 4 代型号（在 2004 年 4 月以后，现场应该为第 4 代过渡段，包括过渡段、内夹层和外夹层，见图 3-37）。

2）内部过渡段与燃气发生器接触面是否有一个好的条件（如定位、碎屑等）。

图 3-36　动力涡轮底部滑销前后顶丝

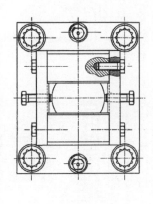

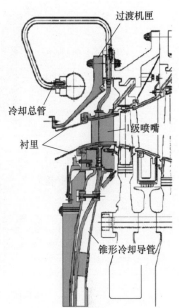

图 3-37　动力涡轮剖视图

3）冷却管和歧管是否正确安装。

新一代过渡段检查方式：在过渡段内伸入一只手，在与第 1 级喷嘴和过渡段之间感觉到有一个凸台（见图 3-38）。

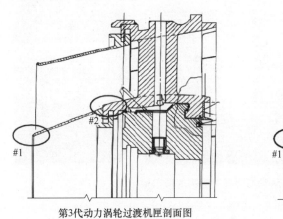

第3代动力涡轮过渡机匣剖面图　　　　第4代动力涡轮过渡机匣剖面图

图 3-38　第 3 代和第 4 代过渡段对比

3. 动力涡轮轮间温度探头检查

动力涡轮轮间温度探头一共有 8 个，分布在其左、右两侧（见图 3-39 和图 3-40）。检查以下内容：

1）检查所有轮间温度探头完整性。

2）检查温度探头绑扎和支架是否松动。

3）检查整个组件的松动情况。

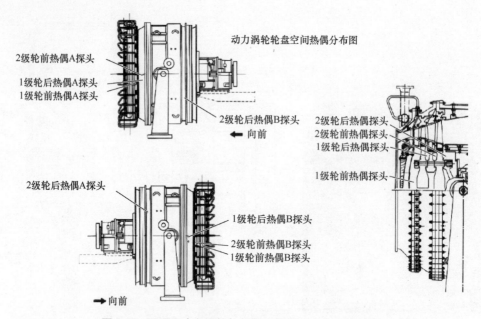

图 3-39　HSPT 动力涡轮轮间温度探头分布及测量位置

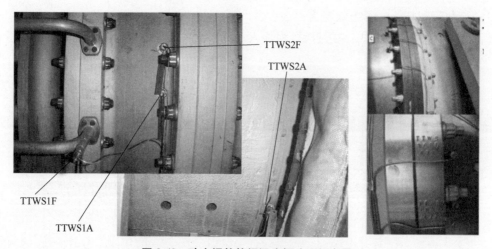

图 3-40　动力涡轮轮间温度探头现场布置

4. 动力涡轮冷却密封气系统检查

冷却密封气来自燃气发生器压气机第 9 级抽气口。在标准状况下抽气的温度在 270℃，通过外置冷却器将温度降至 190℃。在任何条件下出口温度不会超过 220℃。冷却气被用于冷却动力涡轮盘、排气机匣，也被用于动力涡轮轴承密封气（见图 3-41 和图 3-42）。

动力涡轮冷却密封气系统检查包括以下内容：

1）法兰是否紧固。

2）螺栓、螺母有无缺失。

3）管线是否支撑稳妥。

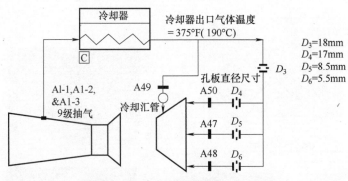

图 3-41 动力涡轮冷却密封气工艺流程

4）管线有无搭接、摩擦。

5）孔板是否在正确位置，尺寸是否正确。

6）系统与 P&ID 是否相符。

7）检查 A1-1 软管和工艺管线的间隙（见图 3-43）。

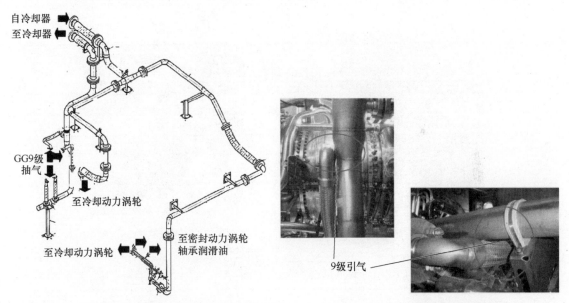

图 3-42 动力涡轮冷却密封气管路现场布置   图 3-43 金属软管与主管线搭接

8）检查 A1-2 软管与出口管线的间隙。

5. 动力涡轮驱动端监控仪表检查

动力涡轮驱动端监控仪表配置如下所示：

1）速度探头 3 个，其中 1 个用于超速保护（见图 3-44）。

2）键相器 1 个（见图 3-45）。

3）非接触式轴向位移探头 2 个。

4）非接触式径向振动探头 4 个，其中 2 个用于 1#轴承，2 个用于 2#轴承（见图 3-46 和图 3-47）。

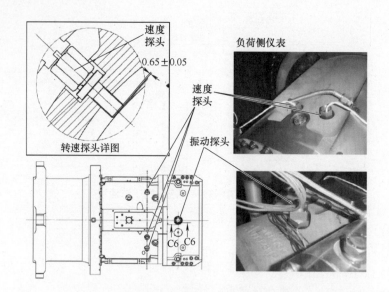

图 3-44　速度探头和加速度计

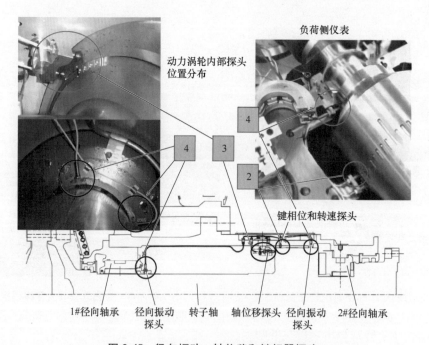

图 3-45　径向振动、轴位移和键相器探头

2—键相位和转速探头　3—轴位移探头　4—径向振动探头

5）加速度计 1 个。

6）热电阻式温度探头 8 个，1#轴承、2#轴承、止推轴承主推力侧、副推力轴承侧各 2 个。

6. 动力涡轮壳体排污检查

动力涡轮壳体排污（见图 3-48）检查包括以下内容：

1）检查部件是否缺失或松动。

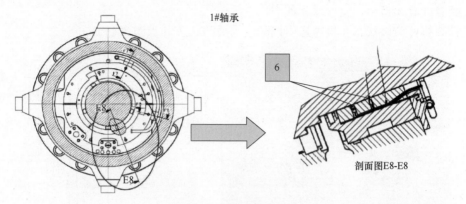

图 3-46　1#轴承温度探头

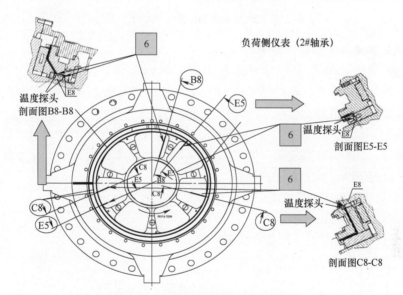

图 3-47　2#轴承和止推轴承温度探头

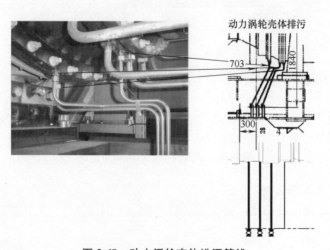

图 3-48　动力涡轮壳体排污管线

2）查管线有无扭结、变形或其他损伤。

3）检查排污球阀状态在机组运行期间应为关闭状态（见图3-49）。

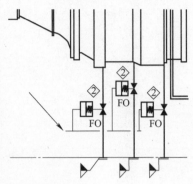

图 3-49　动力涡轮壳体排污气动阀气源

7. 动力涡轮轴承润滑油管路检查

动力涡轮要求在 150kPa 的额定供应压力下 ISO VG32 矿物油（40℃下的平均黏度为 32 厘司[⊖]）供应流量为 100g/min（6.31l/s）。在正常运行期间，润滑油温度控制系统应该可以调节供应到轴承润滑油温度在 50~60℃。当起动燃气轮机时，供应到轴承润滑油最低温度为 10℃，供应到轴承润滑油被过滤到 25μm。在燃气发生器起动之前，起动交流电机驱动油泵供应润滑油。当润滑油供应压力低于 120kPa 时，交流泵必须起动，应急直流泵可以保证供应量正常值的 70%。检查如下内容：

1）法兰固定螺栓有无缺失。

2）法兰和轴承箱间隙。

3）法兰连接（入口管线、排污管线等）（见图3-50）。

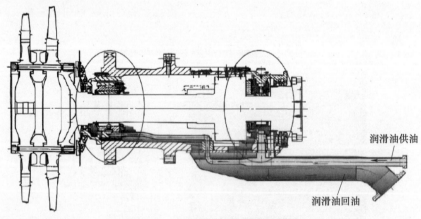

润滑油供油

润滑油回油

图 3-50　动力涡轮轴承润滑油管路

8. 动力涡轮排气系统检查

动力涡轮排气系统主要包括：动力涡轮排气室（见图3-51）、外部扩压器、排气机匣内

⊖　1 厘司 = 10^{-6} m²/s。

部扩压器、排气机匣支撑。

内部隔热保温层（见图 3-52）检查包括以下内容：

1）检查部件是否有缺失。

2）检查全部五块隔热板是否完整。

3）在机组起动之前检查底部隔热板是否有润滑油积油存在。

4）检查隔热板是否有润滑油遗留。

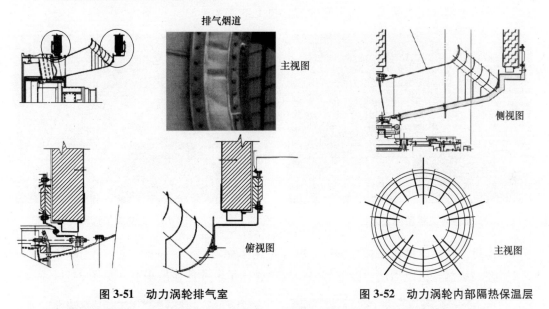

图 3-51　动力涡轮排气室　　　图 3-52　动力涡轮内部隔热保温层

5）隔热保护层（见图 3-53）检查包括以下内容：

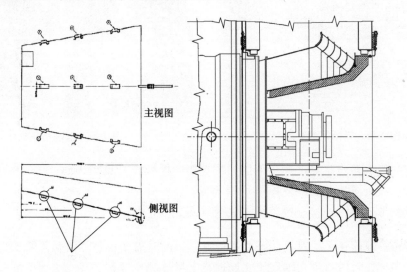

图 3-53　动力涡轮隔热保护层

① 检查部件是否缺失。

② 检查隔热保护层是否锁定在隔热板上。

③ 检查排污管是否延伸出箱体。

④ 隔热保护层是否在挂钩上用铁丝锁住。

3.2.3 现场安装

1. 将动力涡轮备件从集装箱安装至运输小车

1）拆卸集装箱上盖与底座的一圈固定螺栓，用吊车将上盖吊出（见图 3-54）。

2）拆卸上部固定支架所有固定螺栓后，将上部支架吊出（见图 3-55）。

图 3-54　集装箱上盖拆卸

图 3-55　上部支架拆卸

3）在过渡机匣下部用千斤顶进行支撑（见图 3-56）。

4）在一级涡轮机匣后法兰处安装吊装板，悬挂吊带并挂在吊车上（见图 3-57）。

图 3-56　机匣底部支撑

图 3-57　安装吊装板

5）拆卸一级涡轮机匣后法兰与下部工装支架连接螺栓（见图 3-58）。

6）拆卸过渡机匣法兰上的支撑（见图 3-59）。

7）安装锥形工装，连接至过渡机匣法兰（见图 3-60）。

注：若转子螺栓孔无法对正，需要进行盘车，此时需要检查二级转子叶片与蜂窝密封间隙是否均匀，如需调整可在轴承箱底部进行支撑（见图 3-61）。

8）吊出动力涡轮（见图 3-62）。

9）将动力涡轮安装至运输小车（见图 3-63）。

10）将动力涡轮上方两个吊点与厂房内行车连接（见图 3-64）。

图 3-58　机匣固定螺栓拆卸

图 3-59　过渡机匣支撑工装拆卸

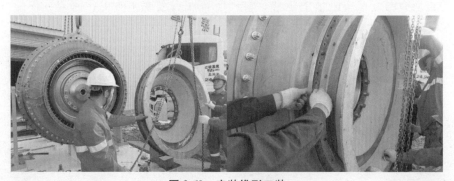

图 3-60　安装锥形工装

图 3-61　轴承支撑方法

图 3-62　将动力涡轮从集装箱支架上吊出

图 3-63 将动力涡轮安装至运输小车

图 3-64 将运输小车置于厂房行车下方

2. 动力涡轮回装

1）将动力涡轮推至燃机行车下部，并与两个吊点连接，拆卸移动小车固定螺栓，用行车将动力涡轮吊起（见图 3-65）。

2）将动力涡轮吊进箱体，使前部小车滑轮进入轨道。

3）调整前部及后部小车支腿高度，保证转子与静叶水平。

4）用塞尺检查转子二级动叶叶顶间隙，并记录。

5）动力涡轮孔探检查。

6）安装支撑套筒，在联轴器侧挂吊葫芦。

7）检查所有温度探头阻值应正常。整理所有探头线缆，防止在回装过程中挤压损坏（见图 3-66）。

图 3-65 将动力涡轮燃机吊梁下方

图 3-66 在压缩机侧设置动力涡轮回装的施力点

8）回装过程中注意观察扇形密封不要与壳体接触，待支撑套筒在联轴器侧露出时，将其与吊梁连接。

9）拆掉后部小车及上部吊装板。

10）在左右两侧安装长丝杆，进一步回装动力涡轮，直到涡轮机匣与排气机匣的螺栓可以安装为止（见图 3-67）。

11）安装涡轮机匣与排气机匣的螺栓和 3 个定位销并紧固到位。

12）回装轴承箱固定螺栓。

13）拆除动力涡轮前部所有工装（见图 3-68）。

图 3-67　利用丝杆与螺母进一步回装

图 3-68　盘端工装拆卸

14）盘车检查应无卡涩等异常现象。

15）拆卸支撑套筒，安装锁轴工具，检查推力间隙应在 0.6~0.8mm 之间（见图 3-69）。

16）将转子置于推力间隙中间。

17）回装所有探头线缆，检查轴承 RTD 探头阻值是否正常，检查轴位移、振动、键相位探头间隙电压应在 -9.5~10.5V 之间（见图 3-70）。

图 3-69　推力间隙检查

图 3-70　间隙电压检查

3. 动力涡轮零部件和附属管路回装

1）安装专用工装，回装锥形风道隔热屏（见图 3-71）。

图 3-71　隔热屏回装

2）回装 6 个锥形风道隔热屏锁紧块及螺栓，螺栓需要打锁丝（见图 3-72）。

图 3-72　隔热屏固定块及螺栓安装

3）按拆卸反序回装扇形弹簧密封组件，注意正确安装扇形密封锁块防松垫片（见图 3-73）。

4）回装 6 个锥形风道隔热屏压环，固定螺栓需打锁丝（见图 3-74）。

图 3-73　扇形密封锁块安装

图 3-74　隔热屏压环回装

5）回装冷却环管组件（见图 3-75）。

6）回装 8 个轮间温度探头，具体安装长度应查阅对应机组的维护手册（见图 3-76）。

图 3-75　冷却环管回装

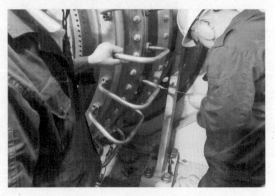

图 3-76　轮间温度探头回装

7）回装联轴器侧所有附属管线。

8）回装机匣振动探头。

9）检查动力涡轮数据。

10）游标卡尺测量并记录动力涡轮固向钟点不同位置的 A、B 值。

11）动力涡轮回装后，应在完成燃气发生器回装后进行机组的对中检查并视情调整，并在机组所有检修完成后进行运转测试，检查动力涡轮及机组其他运行参数是否正常。

3.2.4　现场解体大修

1. 动力涡轮 2#轴承拆卸

1）拆卸 2#轴承箱中分面及上半盖立面固定螺栓（见图 3-77）。

2）利用倒链移出 2#轴承箱上半盖。移出过程应平稳缓慢，防止压坏梳齿油封（见图 3-78）。

图 3-77　2#轴承箱上半盖紧固螺栓

图 3-78　移出轴承箱

3）拆卸动力涡轮顶部线缆盒，断开 2#轴承组件温度探头线缆（见图 3-79）。

4）拆卸 2#轴承组件中分面固定螺栓（见图 3-80）。

图 3-79　拆卸轴承线缆盒

图 3-80　移出轴承上半组件

5）将 2#轴承温度探头线缆抽出穿线槽（见图 3-81）。

6）利用倒链平稳移出 2#轴承组件上半部分（见图 3-82）。

图 3-81　温度探头线缆

图 3-82　移出 2#轴承组件上半部分

7）将 2#轴承下半组件旋转出轴承箱下半壳，并移出（见图 3-83）。

2. 动力涡轮 2#轴承轴瓦更换

1）解体动力涡轮 2#轴承组件。

2）对新轴瓦安装温度探头，并用万用表检测温度探头电阻及绝缘应合格。

3）利用白布和酒精清洁轴瓦和轴承座。

4）组装动力涡轮 2#轴承组件。

3. 动力涡轮 2#轴承组件回装

1）在动力涡轮轴和轴瓦上涂抹润滑油，将 2#轴承下半组件平稳扣至轴上，缓慢滑入轴承箱下半壳（见图 3-84）。

外侧推力轴承轴瓦　内侧推力轴承轴瓦

图 3-83　移出 2#轴承组件下半部分

图 3-84　回装 2#轴承组件下半部分

2）回装 2#轴承组件上半部分。回装时注意对正轴承上下半组件销钉，回装过程应注意外侧推力轴承轴瓦掉落（见图 3-85）。

3）回装 2#轴承中分面紧固螺栓（见图 3-86）。

4）将轴承温度探头线缆固定至走线槽内，并对 2#轴承箱中分面和上半壳立面涂抹平面密封胶（见图 3-87）。

5）利用倒链平稳安装 2#轴承箱上盖，紧固轴承箱上盖固定螺栓。回装过程应缓慢平稳，防止轴承梳齿油封压坏（见图 3-88）。

4. 动力涡轮 1#轴承拆卸

1）拆卸动力涡轮 1#轴承箱左右盖板紧固螺栓和螺栓防松垫片，移出轴承箱左右盖板和盖板密封垫（见图 3-89）。

图 3-85 回装 2#轴承组件上半部分

图 3-86 回装中分面紧固螺栓

图 3-87 2#轴承组件温度探头线缆走向

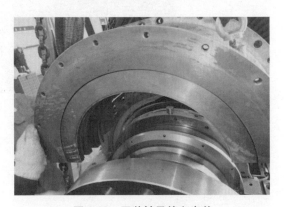

图 3-88 回装轴承箱上半盖

图 3-89 1#轴承箱左右盖板

2）利用拔销器拔出 2 个振动探头支架定位销，拆除其两个固定螺栓和锁片，移出振动探头支架（见图 3-90）。

3）拆卸 1#轴承温度探头线缆穿线管固定螺栓，移出穿线管（见图 3-91）。

4）利用拔销器拔出 1#轴承轴瓦压盖固定盖板下半段 2 个定位销，拆卸轴承轴瓦压盖固定盖板下半端 4 个固定螺栓和锁片。逆时针旋出两块轴瓦压盖，并移出轴瓦压盖固定盖板下半段（见图 3-92）。

图 3-90　振动探头支架

图 3-91　穿线管

图 3-92　轴瓦压盖

5）利用简易支架和千斤顶将动力涡轮转子组件抬离 1#轴承下瓦（见图 3-93）。

6）标记 1#轴承轴瓦相对位置，依次移出轴瓦（见图 3-94）。

5. 动力涡轮 1#轴承轴瓦更换

1）对新轴瓦安装温度探头，并用万用表检测温度探头电阻及绝缘应合格。

2）利用白布和酒精清洁轴瓦和轴承座，并在轴瓦和轴上涂抹润滑油。

图 3-93　抬轴

图 3-94　1#轴承轴瓦

6. 动力涡轮 1#轴承轴瓦回装

1）按拆卸时的标记位置，依次回装 1#轴承轴瓦（见图 3-95）。

2）回装 1#轴承轴瓦压盖固定盖板下半段和轴承轴瓦压盖，安装其 2 个定位销，并紧固其固定螺栓（见图 3-96）。

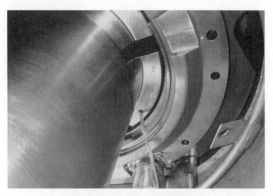

图 3-95　回装 1#轴承轴瓦

图 3-96　1#轴承轴瓦压盖安装

3）回装振动探头支架，安装其定位销，紧固其固定螺栓（见图 3-97）。

4）回装动力涡轮内部 1#轴承温度探头线缆穿线管及探头线缆，并穿至动力涡轮顶部接线盒（见图 3-98）。

图 3-97　安装振动探头支架

图 3-98　安装穿线管

5）安装动力涡轮 1#轴承箱左右盖板。拆卸扇形密封固定螺栓，移出中分式扇形密封（回装过程步骤相反，见图 3-99）。

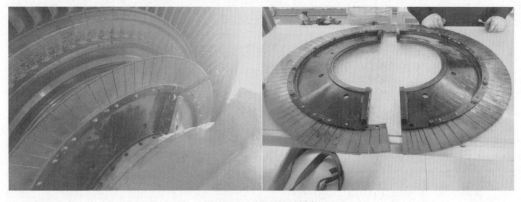

图 3-99　扇形密封拆卸

7. 动力涡轮静叶组件拆卸

1）拆卸过渡段与一级涡轮机匣连接螺栓（见图 3-100）。

2）安装过渡段吊装专用工具（见图 3-101）。

3）利用行吊平稳移出过渡段，并放置于橡胶垫上（见图 3-102）。

4）拆卸 8 块密封条（见图 3-103）。

5）拆卸一级机匣外侧冷却管固定螺栓，抽出弹簧，由内向外抽出外半段冷却管，将内半段冷却管旋转 180°后，抽出内半段冷却管（见图 3-104）。

图 3-100　过渡段与一级涡轮机匣连接螺栓

图 3-101　过渡段吊装工具

图 3-102　移出过渡段

图 3-103　拆卸密封条

图 3-104　拆卸冷却管

6）利用吊带和行吊固定动力涡轮一级喷嘴组件，拆卸动力涡轮一级喷嘴组件固定螺栓和定位块，总共 16 组（见图 3-105）。

图 3-105　拆卸一级喷嘴定位块和固定螺栓

7）利用吊带和行吊平稳移出动力涡轮一级喷嘴组件，并放置于橡胶垫上（见图 3-106）。

图 3-106　移出一级喷嘴组件

8）安装一级涡轮机匣吊装专用工具（见图 3-107）。

图 3-107　安装一级涡轮机匣吊装专用工具

9）拆卸一级机匣和二级涡轮机匣连接螺栓，总共 3 颗，每隔 120°一颗（见图 3-108）。

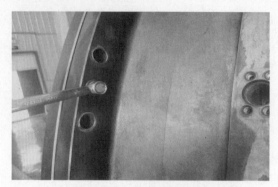

图 3-108　拆卸连接螺栓

10）利用行吊平稳移出一级涡轮机匣，平稳放置于橡胶垫上（见图 3-109）。

图 3-109　移出一级涡轮机匣

11）利用吊带和行吊固定二级喷嘴组件，拆卸二级喷嘴组件固定螺栓、锁片和定位销（见图 3-110）。

图 3-110　拆卸二级喷嘴固定螺栓

12）对每组喷嘴做好位置标记，整体将二级喷嘴组件轴向向外移动，然后径向向外依次取出二级喷嘴组件（见图 3-111）。

8. 动力涡轮静叶组件回装

1）按拆卸时的标记位置回装动力涡轮二级喷嘴组件（见图 3-112）。

2）安装二级喷嘴固定螺栓、固定块、锁片和定位销（见图 3-113）。

图 3-111　拆卸二级喷嘴

图 3-112　回装二级喷嘴组件

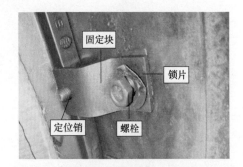

图 3-113　回装二级喷嘴组件固定螺栓组件

3）利用行吊按标记位置回装一级涡轮机匣（见图 3-114）。

4）回装一、二级涡轮机匣连接螺栓，总共 3 颗，每隔 120°一颗（见图 3-115）。

图 3-114　回装一级涡轮机匣

图 3-115　回装一、二级涡轮机匣连接螺栓

5）利用千斤顶固定动力涡轮机匣，安装机匣吊装工具，利用行吊和千斤顶固定静叶机匣。

6）利用行吊按标记位置安装动力涡轮一级喷嘴组件（见图 3-116）。

7）回装一级喷嘴组件固定螺栓和定位块，并用锁丝固定螺栓，防止其松动（见图 3-117）。

图 3-116　回装一级喷嘴

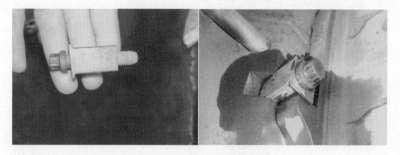

图 3-117　回装一级喷嘴固定螺栓和定位块

8）按照拆卸时的标记位置，和拆卸时的反向方法回装冷却管（见图 3-118）。

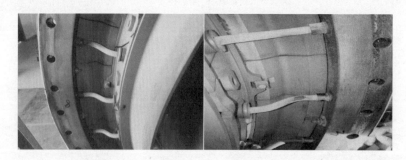

图 3-118　回装冷却管

9）按拆卸时的标记位置，回装冷却管护罩，并用锁丝固定（见图 3-119）。

10）利用行吊回装过渡段，并紧固过渡段和一级涡轮机匣连接螺栓（见图 3-120）。

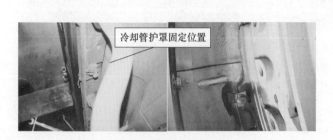

图 3-119　回装冷却管护罩

图 3-120　动力涡轮组装完成

3.3　Siemens 机组 RT62 型动力涡轮现场维修技术

3.3.1　现场拆卸

实施步骤

（1）拆卸动力涡轮前应先拆除燃气发生器、联轴器及护罩

（2）拆卸动力涡轮监测仪表探头

1）动力涡轮本体监测仪表详见表 3-2。

表 3-2　RT62 型动力涡轮本体监测仪表清单

序号	位号	描述
1	26PTDE1/2	PT 驱动端轴瓦 RTD 温度探头
2	26PTNE1/2	PT 非驱动端轴瓦 RTD 温度探头
3	26PTTB1/2	PT 推力轴承 RTD 温度探头
4	26PTRC1A/1B	PT 第 1 级轮间温度探头
5	26PTRC2A/2B	PT 第 2 级轮间温度探头
6	99PT1/2	PT 转速（63 齿）探头
7	99PT3/4/5	PT 转速（60 齿，超速保护）探头
8	39PTDEX	动力涡轮驱动端 X 振动探头
9	39PTDEY	动力涡轮驱动端 Y 振动探头
10	39PTNEX	动力涡轮非驱动端 X 振动探头
11	39PTNEY	动力涡轮非驱动端 Y 振动探头
12	39PTA	动力涡轮轴向位移探头
13	39PTKP	PT 键相位探头

2）拆卸动力涡轮驱动端振动、轴位移、键相位探头线缆。

① 标记动力涡轮驱动端径向振动 X 方向 39PTDEX、Y 方向 39PTDEY，非驱动端径向振动 X 方向 39PTNEX、Y 方向 39PTNEY，动力涡轮轴位移探头 39PTA 和键相位 39PTKP 位置。

② 用万用表检测动力涡轮驱动端径向振动 X 方向 39PTDEX、Y 方向 39PTDEY，非驱动端径向振动 X 方向 39PTNEX、Y 方向 39PTNEY，动力涡轮轴位移探头 39PTA 和键相位 39PTKP 探头间隙电压值，并做好记录。

③ 在振动监测系统接线箱内断开动力涡轮驱动端径向振动 X 方向 39PTDEX、Y 方向 39PTDEY，非驱动端径向振动 X 方向 39PTNEX、Y 方向 39PTNEY，动力涡轮轴位移探头 39PTA 和键相位 39PTKP 探头接线。

④ 拆卸动力涡轮驱动端径向振动 X 方向 39PTDEX、Y 方向 39PTDEY，非驱动端径向振动 X 方向 39PTNEX、Y 方向 39PTNEY，动力涡轮轴位移探头 39PTA 和键相位 39PTKP 探头线缆密封组件。

3）拆卸动力涡轮速度探头（见图 3-121）。

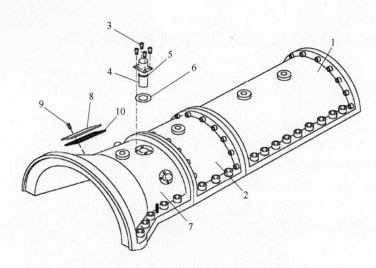

图 3-121 动力涡轮速度探头安装位置

1—外侧护罩 2—中间护罩 3—内六角螺栓 4—转速探头 5—O 形密封圈
6—调整垫 7—内侧护罩 8—检查盖 9—内六角螺栓 10—垫片

① 标记动力涡轮速度探头 99PT1/2、99PT3/4/5 安装位置。

② 在接线箱内断开动力涡轮速度探头 99PT1/2、99PT3/4/5 接线。

③ 拆卸动力涡轮速度探头 99PT1/2、99PT3/4/5 的固定螺栓。

④ 从套管中取出动力涡轮速度探头 99PT1/2、99PT3/4/5。

4）断开动力涡轮轴承温度 RTD 探头接线（见图 3-122）。

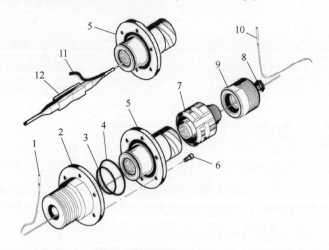

图 3-122 RTD 插座分解

1—短探针 2—壳体接头 3—O 形圈 4—O 形圈 5—连接件 6—内六角螺栓 7—堵头连接件
8—导线箍 9—连接件锁紧环 10—长探针 11—RTD 探头 12—探针拆卸安装工具

① 标记动力涡轮驱动端轴承轴瓦 RTD 温度探头 26PTDE1/2、非驱动端轴承轴瓦 RTD 温度探头 26PTNE1/2 和止推轴承轴瓦 RTD 温度探头 26PTTB1/2 位置。

② 在插座上拆卸插头连接器。

③ 拆卸插座上螺钉，将其分开。

④ 在连接件（5，见图 3-122）内使用专用拆装插针将探头接线柱取出。

⑤ 将插头连接器各个组件进行标记，便于安装。

5）拆卸动力涡轮轮间温度探头（见图 3-123）。

① 拆卸动力涡轮外部保温层和锁丝。

② 从适配器（14，见图 3-123）和第一级和第二级空气冷却汇管（7 和 12，见图 3-123）上断开金属软管，做好复位标记。

③ 在入口扩压器（2，见图 3-123）的顶部和底部，分别拆卸第一级喷嘴轮间冷却热偶 26PTRC1A 和 26PTRC1B（16，见图 3-123），探头结构为卡套配合，断开卡套后开展拆卸。

④ 拆卸第一级空气冷却汇管的固定卡箍（7，见图 3-123），并将第一级空气汇管拆卸，做好管口封堵。

⑤ 拆卸第二级空气冷却汇管的固定卡箍（12，见图 3-123）。

⑥ 在喷嘴机匣的顶部和底部，拆卸第二级喷嘴轮间冷却热偶 26PTRC2A 和 26PTRC2B（16，见图 3-123）。

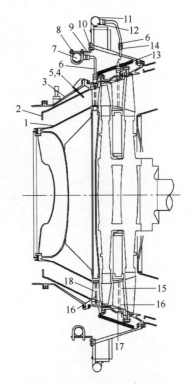

图 3-123　动力涡轮剖面图

1—入口扩压器内侧　2—入口扩压器外侧　3—扩压器壳体
4—机制螺栓　5—压力探头　6—弹性金属软管
7— 一级空气冷却汇管　8—U 形卡　9—角框架
10—螺栓　11—管线卡　12—二级空气冷却汇管
13—隔热防护罩及锁丝　14—适配器　15—二级导向叶片
16—热偶　17—导叶支撑壳体　18—导向叶片

6）拆卸入口扩压器测压探头（西气东输一线增输机组无测压探头）。

松开入口扩压器外罩上的机制螺栓（4，见图 3-123），将入口扩压器压力探头（5，见图 3-123）取下。

（3）拆卸动力涡轮入口扩压器组件（见图 3-124）

1）测量动力涡轮转接环至 GG 连接法兰面尺寸在 2.752~2.768in 之间。

2）拆卸入气扩压器外圈正上方的两颗连接螺栓，安装专用吊架，利用箱体行车将入口扩压器机匣吊装承受机匣的重量。

3）拆卸入口扩压器外部（21，见图 3-124）固定螺栓（3，见图 3-124）。

4）利用顶部吊具将入口扩压器外部（21，见图 3-124）、扩压器壳体（20，见图 3-124）、连接着的第一级导向叶片（14，见图 3-124）和入口扩压器内部（22，见图 3-124）。

5）将扩压器组件进口端向下，放在平整的木块上。

（4）测量动力涡轮第一级喷嘴和动叶有关数据（见图 3-125）

1）测量第一级动叶叶片叶顶和第一级蜂窝密封的间隙，记录在附录 6.8.2.4 中。

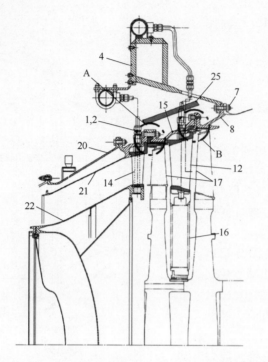

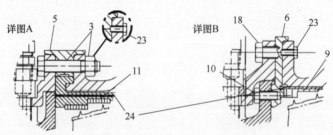

图 3-124　入口扩压器和喷嘴叶片

1—连接器　2—适配器和垫片　3—螺栓、螺母　4—涡轮安装环　5—垫环　6—保持环　7—螺栓、螺母
8—动叶壳体　9—第二级动叶蜂窝密封　10—螺栓　11—第一级蜂窝结构密封件　12—第二级导向叶片
14—第一级导向叶片　15—静叶壳体　16—隔板　17—涡轮盘　18—螺栓、螺母
20—扩压器壳体　21—入口扩压器外部　22—入口扩压器内部
23—螺栓　24—带状密封　25—隔热罩和锁丝

2）测量第一级动叶叶顶间隙。

（5）测量第一级喷嘴叶片和第 1 级动叶叶片轴向间隙

（6）拆卸动力涡轮第一级喷嘴叶片

1）将第一级喷嘴叶片和所在的位置进行标记。

2）从入口扩压器外圈逐个取出第一级喷嘴叶片。在叶片下垫螺母，逐一撬起。

3）拆卸动力涡轮第一级密封件。

4）拆卸螺栓（23，见图 3-124）和垫环（转接环）（5，见图 3-124）。

5）拆卸第一级蜂窝结构密封件（11，见图 3-124）和带状密封（24，见图 3-124）。

（7）拆卸动力涡轮第二级喷嘴机匣（见图 3-126）

图 3-125　测量第一级喷嘴和动叶数据

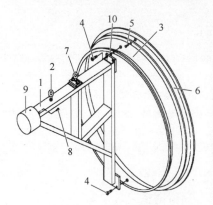

图 3-126　第二级喷嘴机匣拆装工具

1—提升工具　2—吊耳　3—导叶壳体　4—内六角螺栓螺母　5—锥形销、螺栓、螺母
6—动叶壳体　7—吊耳　8—内六角螺栓　9—反向配重块　10—垫片

1）拆卸第二级静叶壳体（15，见图 3-124）所有的连接件、接头和垫圈。（垫圈后端有 4 颗固定的小螺栓应拆卸，也可以连同第二级喷嘴外机匣一块拆卸）

2）拆卸第二级静叶壳体（15，见图 3-124）顶部和底部连接螺栓（18，见图 3-124）。

3）将提升工具（1，见图 3-126）通过吊耳（2，见图 3-126）连接到吊具挂钩上。

4）将提升工具通过螺栓（4，见图 3-126）连接到第 2 级导叶壳体（3，见图 3-126）上。

5）用吊耳（7，见图 3-126）将提升工具提升到足够的高度，以承受第二级喷嘴机匣的重量。

6）拆卸将第二级静叶壳体（15，见图 3-124）固定到第二级动叶壳体（8，见图 3-124）上的螺栓（18，见图 3-124）定位销（先拆卸定位销后端螺母）。

7）将第二级喷嘴机匣移出并放置在合适的地方。

（8）测量动力涡轮中间隔板的间隙数据

1）测量并记录中间隔板前轴向位置间隙。

2）测量并记录中间隔板直径间隙。

3）测量并记录中间隔板后轴向位置间隙。

注：上述步骤为专用工具检查，无法测量。

（9）拆卸动力涡轮第二级喷嘴叶片（见图3-127）

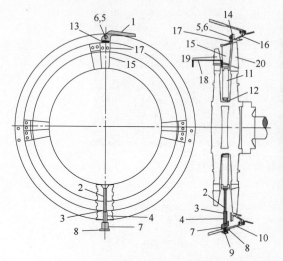

图3-127　扭矩杆安装位置和隔板作动筒

1—手柄　2—对中调整千斤　3—螺母　4—衬套　5—内六角螺栓　6—螺母　7—适配器块　8—安装板
9—内六角螺栓　10—涡轮外壳安装环　11—隔板　12—梳齿密封　13—调整垫　14—保持环
15—第二级导向叶片　16—动叶机匣　17—内六角螺栓　18—量规　19—第一级动叶　20—第二级动叶

1）将第二级喷嘴叶片和所在的位置进行标记，并做好记录。

2）拆卸第二级喷嘴叶片位于底部的2~3组，预留调整工具空间。

3）将适配器块（7，见图3-127）放到涡轮外壳安装环（10，见图3-127）上，并且用安装板（8，见图3-127）和内六角螺栓（9，见图3-127）固定。

4）用衬套（4，见图3-127）、适配器块（7，见图3-127）、螺母（3，见图3-127）和调准动作筒支撑隔板（11，见图3-127）。防止隔板掉下损坏隔板本身或梳齿密封（12，见图3-127）。

5）从动力涡轮顶部开始沿顺时针方向，拆卸第二级导向叶片（15，见图3-127）固定螺栓（17，见图3-127）。

6）将每个喷嘴叶片从隔板（11，见图3-127）上拉出，并放入专用叶片存放箱。

7）小心释放和拆卸对中调整千斤（2，见图3-127），这样就不会损坏它下面的隔板（11，见图3-127）或者梳齿密封（12，见图3-127）。

8）拆卸第二级喷嘴迷宫密封护环，护环正上方和正下方有两个销子，注意保存，护环后端有4个连接螺栓，应注意拆卸。

（10）测量并记录动力涡轮第二级动叶叶顶间隙

1）测量并记录第二级动叶叶片叶顶和第二级蜂窝密封的间隙。

2）测量并记录密封环直径间隙。

（11）拆卸动力涡轮第二级密封组件

1）拆卸螺栓（23，见图3-124），取下保持环（6，见图3-124）。

注：此步骤应在测量第二级喷嘴与蜂窝密封间隙之前开展。

2）从第二级动叶壳体（8，见图3-124）上，拆卸第二级动叶蜂窝密封（9，见图3-124）

和带状密封件（24，见图 3-124）。

（12）测量动力涡轮轴向间隙

1）安装动力涡轮锁轴工具。

2）在轴承箱上安装百分表，用于测量动力涡轮轴向间隙。

3）使用动力涡轮锁轴工具将轴沿轴向拉动，测量并记录动力涡轮轴向间隙。

4）拆卸测量百分表和动力涡轮锁轴工具。

（13）拆卸动力涡轮轴承箱罩

1）安装轴承和轴承箱罩拆装工具（见图 3-128）。

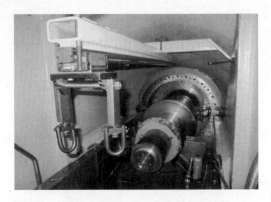

图 3-128　轴承箱罩拆装工具

2）拆卸轴承箱罩的剖分面固定螺栓。

3）将轴承和轴承箱罩拆装工具起重螺栓固定在外壳上部。

4）提升工具，将外部轴承箱罩沿轨道滑出取下。

5）重复之前步骤，依次取下中部轴承箱罩和内外部轴承箱罩（见图 3-129～图 3-131）。

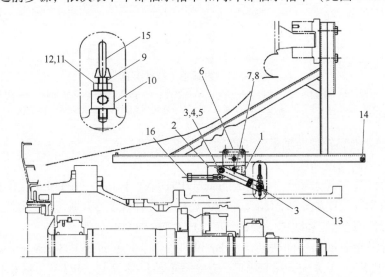

图 3-129　外部轴承箱罩拆装

1—压杆　2—调整块　3、16—螺栓　4、5、11—垫片　6—滚轮　7、14—内六角螺栓　8、12—螺母
9—螺杆　10、15—凸耳　13—外部轴承箱罩

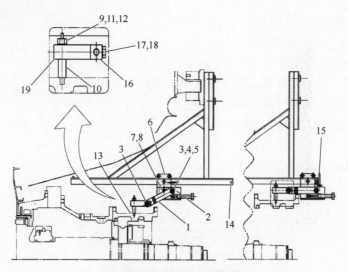

图 3-130　中部轴承箱罩拆装

1—压杆　2—调整块　3—螺栓　4—垫片　5—垫片　6—滚轮　7—内六角螺栓　8—螺母　9—螺杆　10—衬套　11—垫片　12—螺母　13—中部轴承箱罩　14—内六角螺栓　15—吊耳　16—枢轴　17—内六角螺栓　18—垫片　19—枢轴延长段

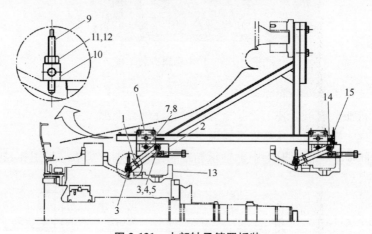

图 3-131　内部轴承箱罩拆装

1—压杆　2—调整块　3—螺栓　4—垫片　5—垫片　6—滚轮　7—内六角螺栓　8—螺母　9—螺杆　10—凸耳　11—垫片　12—螺母　13—内部轴承箱罩　14—内六角螺栓　15—吊耳

（14）拆卸动力涡轮径向轴承和止推轴承（见图 3-132）

1）拆卸动力涡轮振动监测系统探头。

① 松开动力涡轮驱动端径向振动 X 方向 39PTDEX、Y 方向 39PTDEY，非驱动端径向振动 X 方向 39PTNEX、Y 方向 39PTNEY，动力涡轮轴位移探头 39PTA 和键相位 39PTKP 探头固定螺母，拆卸固定螺栓和线夹（见图 3-133）。

② 将动力涡轮驱动端径向振动 X 方向 39PTDEX、Y 方向 39PTDEY，非驱动端径向振动 X 方向 39PTNEX、Y 方向 39PTNEY，动力涡轮轴位移探头 39PTA 和键相位 39PTKP 探头取出。

2）安装动力涡轮抬轴工具（见图 3-134）。

① 安装动力涡轮轴下面的转子导块下半部分。

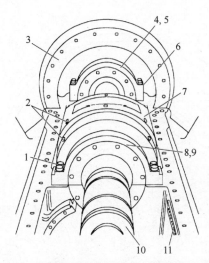

图 3-132　动力涡轮径向轴承和止推轴承安装位置

1—内六角螺栓　2—内六角螺栓　3—轴承壳体　4—盘端径向轴承盖　5—盘端径向轴承座　6—内六角螺栓
7—推力轴承座　8—联轴器端径向轴承盖　9—联轴器端径向轴承座　10—涡轮转子轴　11—RTD 轴端延长电缆

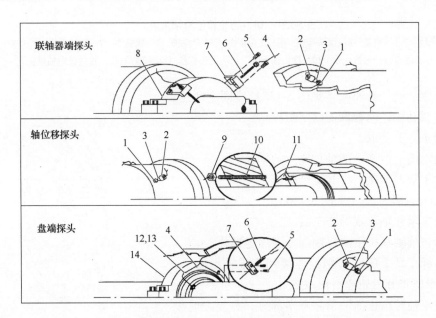

图 3-133　振动和位移探头

1—仪表电缆密封　2—导管连接器　3—橡胶套　4—导线　5—沉头螺栓　6—振动探头　7—探头固定座
8—联轴器端径向轴承盖　9—锁母　10—轴位移探头　11—副推力轴承　12—线卡　13—螺栓　14—盘端径向轴承盖

② 将转子导块的上半部分放到下半部分的上面。

③ 在转子导块上下部分结合处安装层压垫片。

④ 安装转子导块上下部分连接螺栓，将转子导块上下部分与动力涡轮轴贴紧。

⑤ 安装转子导块上半部分与轴承箱体的连接螺栓，将动力涡轮轴抬离。

3）拆卸动力涡轮驱动端的径向轴承。

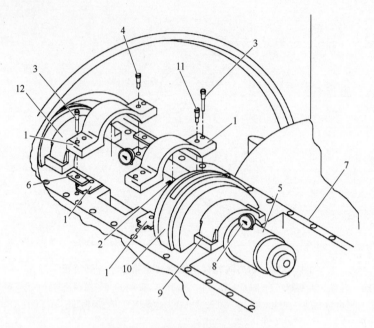

图 3-134　动力涡轮转子抬轴工具

1—转子导块　2—调整垫　3—沉头螺栓　4—沉头螺栓　5—涡轮轴　6—调整垫　7—轴承壳体　8—百分表
9—联轴器端径向轴承盖　10—推力轴承腔　11—沉头螺栓（运输用）　12—盘端径向轴承盖

① 拆卸驱动端径向轴承（见图 3-135）座固定螺栓。

② 拆卸驱动端径向轴承盖固定螺栓。

③ 将轴承座上部取下。

④ 从轴承座上拆卸下部轴承座上的轴瓦。

⑤ 转动下部轴承座，将其绕轴取出。

4）拆卸止推轴承座（见图 3-136）。

① 安装轴承和轴承罩拆卸工具。

② 拆卸止推轴承机匣的每侧剖分面固定螺栓。

③ 将拆卸工具上的双头螺栓连接到止推轴承座上，提起止推轴承座将其沿轨道滑出取下。

④ 沿涡轮轴转出止推轴承座下半部分，重复之前步骤将其移出。

5）拆卸止推轴承（见图 3-137）。

① 拆卸止推轴承上剖分面固定螺栓。

② 将拆卸工具连接到止推轴承上，提起止推轴承将其沿轨道滑出取下。

③ 沿涡轮轴转出止推轴承下半部分，重复之前步骤将其移出。

6）拆卸非驱动端径向轴承（见图 3-138）。

① 将动力涡轮径向轴承应急润滑油管路做好标记，断开。

② 拆卸非驱动端径向轴承盖固定螺栓（见图 3-139）。

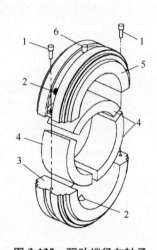

图 3-135　驱动端径向轴承

1—轴承座紧固螺栓　2—轴承瓦块固定螺栓
3—下部轴承座　4—带 RTD 的轴承瓦块
5—上部轴承座　6—定位销

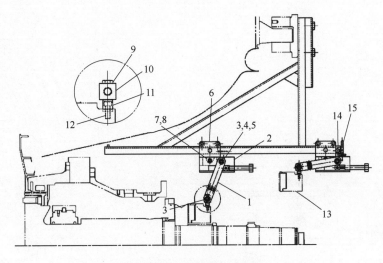

图 3-136　止推轴承座拆装

1—压杆　2—调整块　3—螺栓　4—垫片　5—垫片　6—滑套　7—内六角螺栓　8—螺母
9—内六角螺栓　10—凸耳　11—适配器　12—沉头螺栓　13—推力轴承　14—内六角螺栓　15—吊环

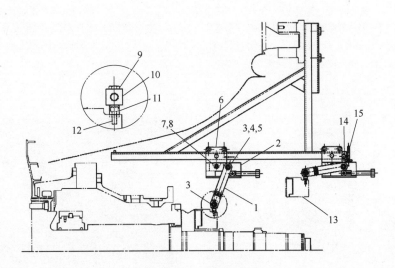

图 3-137　止推轴承拆装

1—压杆　2—调整块　3—螺栓　4—垫片　5—垫片　6—滚轮　7—内六角螺栓　8—螺母　9—内六角螺栓
10—凸耳　11—适配器　12—内六角螺栓　13—推力轴承　14—内六角螺栓　15—吊耳

③ 拆卸非驱动端径向轴承座固定螺栓。

④ 将轴承座上部取下。

⑤ 从轴承座上拆卸下部轴承座上的轴瓦。

⑥ 转动下部轴承座，将其绕轴取出。

（15）拆卸动力涡轮转子组件

1）组装转子拆装专用工具（见图 3-140）。

① 将反向配重块（5，见图 3-140）固定到支撑（4，见图 3-140）上。

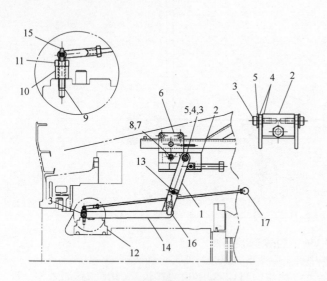

图 3-138 非驱动端径向轴承拆装
1—压杆 2—调整块 3—螺栓 4—垫片 5—垫片
6—滚轮 7—内六角螺栓 8—螺母 9—双头螺栓
10—凸耳 11—螺母 12—轴承座 13—内六角螺栓
14—延长杆 15—锁销 16—锁销 17—推杆

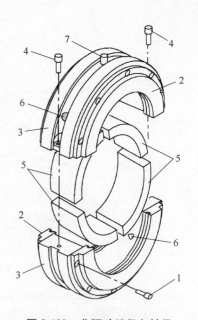

图 3-139 非驱动端径向轴承
1—轴承座定位环紧固螺钉 2—轴承定位环
3—下轴承座 4—轴承紧固螺钉 5—瓦块
6—轴承瓦块固定螺钉 7—定位销

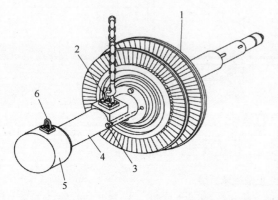

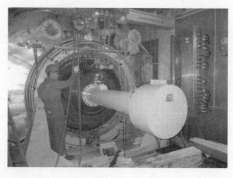

图 3-140 转子组合件夹具
1—涡轮盘 2—吊环 3—螺栓 4—支撑 5—反向配重块 6—吊环

② 利用吊环（6，见图 3-140）提升拆装专用工具。

③ 通过螺栓（3，见图 3-140）将拆装专用工具固定到转子组合件上。

④ 垫高反向配重块（5，见图 3-140），以支撑拆装专用工具。

⑤ 将吊具挂到吊环（2，见图 3-140）上。

⑥ 用吊环（2，见图 3-140）中的起重机挂钩提升转子组合件。

2）拆卸定距环（3，见图 3-141）。

3）用耐火材料保护轴颈，用防爆电磁感应加热设备加热斜齿轮（也可采用火焰加热，加热时注意用耐火材料保护轴颈和其他部件），从涡轮轴（13，见图 3-141）上拔出螺旋齿（4，见图 3-141）和螺旋齿键（11，见图 3-141）。

4）拆卸铜密封环（5，见图 3-141）。

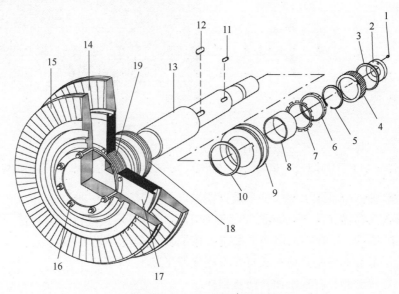

图 3-141　动力涡轮转子组合件

1—定位螺栓　2—螺母　3—定距环　4—螺旋齿　5—铜密封环　6—定距套螺母　7—锁紧垫片　8—定距套
9—推力盘　10—铜密封环　11—螺旋齿键　12—推力盘键　13—涡轮轴　14—第二级涡轮动叶
15—第一级涡轮动叶　16—T 形拉杆螺栓螺母　17—隔板　18—密封环　19—梳齿密封

5）拉直锁紧垫片（7，见图 3-141）上的放松垫片。

6）在螺母（6，见图 3-141）上安装螺母拆装专用工具（见图 3-142），用橡皮锤将其敲松后取下锁紧螺母。

7）拆卸定距套（8，见图 3-141）。

8）将转子组合件套筒和运送工具安装在轴上（见图 3-143）。

① 在轴下将轴承座（3，见图 3-143）的底部滚动半个位置。

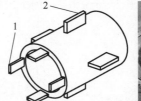

图 3-142　螺母拆装专用工具
1—凸舌　2—手柄

② 将 4 个销子（6，见图 3-143）安装在下面半个轴承座的 4 个小孔中。

③ 将上面半个轴承座（3，见图 3-143）定位在下面半个轴承座上。

④ 用两个内六角螺栓（7，见图 3-143），将上面半个和下面半个轴承座连接在一起。

⑤ 将轴承导向套（2，见图 3-143）安装在轴的末端。

⑥ 用螺母（1，见图 3-143）固定轴承引导套筒。

9）使用防爆电磁感应加热设备加热止推盘约 120℃（也可采用火焰加热，加热时注意用耐火材料保护轴颈和其他部件），拆卸止推力盘（9，见图 3-141）和铜密封环（10，见图 3-141），并移至其内径非配合处。对于新转子，止推盘需重新安装，安装时需注意方向。

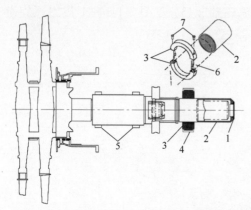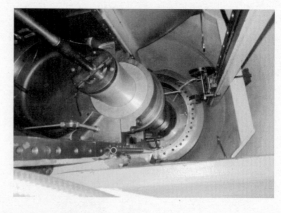

图 3-143 转子组合件引导套筒

1—螺母 2—轴承导向套 3—轴承座 4—轴承盖 5—轴承组件 6—定位销 7—内六角螺栓

10）安装联轴器端轴颈引导保护套及锁紧螺母工装。

11）锁轴工具螺栓加长 300mm，安装锁轴工具，利用吊具将转子组合件提升承重，逐渐释放锁轴工具螺母，配合逐渐水平平稳拉出转子组合件。

12）将转子组合件移出箱体并放置在专用支撑工装上。

13）保护好转子的径向轴承面，防止损坏。

3.3.2 安装前检查

1. 动力涡轮扩压器内机匣拆卸、检查

（1）动力涡轮扩压器内机匣拆卸、检查

检查动力涡轮扩压器内机匣与盖板热膨胀间隙，并记录（见图 3-144）。

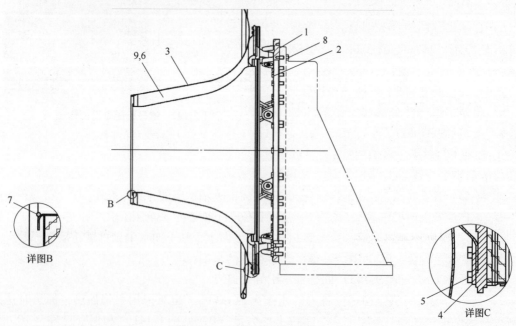

图 3-144 排气扩压器结构

1—扩压器固定支撑 2—螺栓 3—扩压器 4—压板 5—螺栓 6—隔热罩 7—玻纤密封条 8—锁丝 9—螺栓

（2）检查、确认盖板内壁与平衡鼓配合部位完好、无损伤（见图 3-145）。

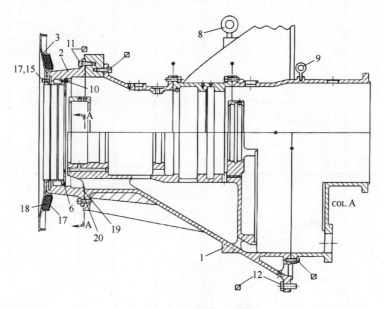

图 3-145　轴承箱示意图

1—轴承箱　2—扩压器支撑　3—排烟适配器　8—孔眼螺栓　9—孔眼螺栓　10—内六角螺栓　11—内六角螺栓

12—外六角螺栓　15—内六角螺栓　17—锁丝　18—金属包裹隔热件　19—O 形圈　20—O 形圈

1）用深度尺测量盖板至挡油板尺寸，并记录。

2）拆卸图 3-145 中盖板 16 颗螺栓（15）的锁丝及螺栓。

3）拆卸盖板，检查图 3-144 中密封条（7）是否完好。

4）检查、确认扩压器夹层隔热材料完好。

5）用千分尺测量转子平衡鼓及其配合腔体直径，计算平衡鼓间隙，若超差，则更换平衡鼓（见图 3-146）。

6）选择合适尺寸的石棉盘根，将扩压器内机匣夹层填充，以消除可能从夹层向外窜燃气的路径（见图 3-147）。

7）安装盖板与扩压器机匣之间的密封条（见图 3-144中 7）。

8）按记号回装盖板，安装螺栓（见图 3-145 中 15），并按扭矩要求紧固螺栓。用深度尺复查盖板至挡油板尺寸，确认盖板安装到位。

9）检查图 3-144 中所述内机匣与盖板之间膨胀间隙与拆卸时一致，以确认盖板安装到位。

10）确认安装无误后，恢复盖板螺栓锁丝。

2. 检查和清理动力涡轮径向轴承和止推轴承

（1）拆解径向轴承

1）标记轴承座上装有 RTD 探头的位置。

2）去掉轴承 RTD 安装孔内的密封胶，拆卸带有 RTD 的底座。

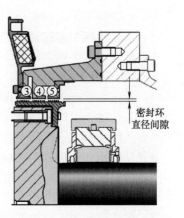

图 3-146　平衡鼓及其配合部件

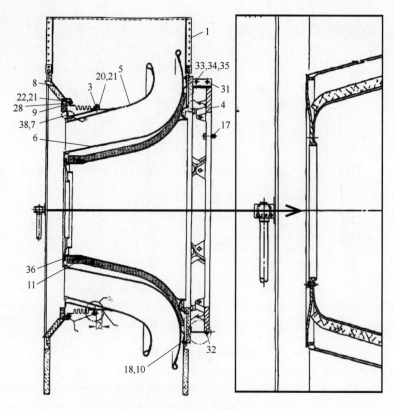

图 3-147　扩压器机匣

1—排烟道　3—锁紧垫片　4—扩压器固定架　5—涡轮外扩压器　6—涡轮内扩压器　7—扩压器支撑　8—热防护罩
9—膨胀节　10—保持板　11—隔热罩　17—螺栓　18—螺栓　20—螺栓　21—自锁螺母　22—螺栓
28—金属包裹隔热件　31—剖分盖　32—螺栓　33—螺栓　34—螺栓　35—平垫
36—耐高温玻纤密封件　38—扩压器支撑

注：填充石棉盘根时，要确保夹层内部缝隙填实；同时要注意不得影响盖板的安装。

3）拆卸轴承固定螺栓。

4）松开轴瓦止动螺钉。

5）从轴承座中提起轴承护圈。

6）从轴承座上拆卸轴瓦。

（2）拆解止推轴承（见图 3-148）

1）标记轴承座上装有 RTD 探头的位置。

2）去掉轴承 RTD 安装孔内的密封胶，拆卸带有 RTD 的底座。

3）从凹头螺钉上拆卸安全锁线。

4）从轴承盖上拆卸凹头螺钉。

5）将轴承盖和轴承座分开。

6）拆卸轴承盖和轴承壳之间的铝制垫片。

7）拆卸底座固定螺栓和轴承瓦块。

8）拆卸校平盘。

（3）清洁和检查轴承

1）使用酒精和干净的大布彻底清洁轴承座、轴承组件和转子轴。

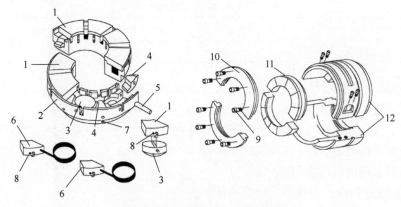

图 3-148　止推轴承和止推轴承座

1—无 RTD 轴承瓦块　2—基环　3—水平盘　4—水准块　5—定位销　6—带 RTD 轴承瓦块

7—油孔　8—定位螺钉　9—内六角螺栓　10—轴承盖　11—推力轴承　12—轴承腔

2）清洁之后用干净的大布擦干。

3）检查轴承组件是否有裂纹或其他损伤。

4）检查涡轮轴磨损情况。

5）若检查出现以下情况，需要更换轴瓦（见图 3-149）：

① 严重磨损，超过轴瓦表面 50%。

② 轴瓦表面上的巴氏合金被磨掉。

③ 轴瓦巴氏合金被磨平突出在钢衬以外。

④ 轴瓦巴氏合金表面出现裂纹。

⑤ 径向轴承轴瓦上的痕迹超过 9.65mm 宽（见图 3-149）。

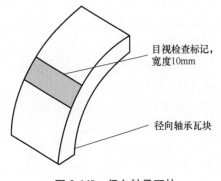

图 3-149　径向轴承瓦块

（4）测量径向轴承间隙

1）用球头千分尺，测量 3～4 个瓦块最后的部位。

2）计算瓦块的平均厚度 A。

3）测量轴承座内径 B，在轴承座两个半圆水平中分面位置的上下应在 1.02mm 以内。

4）测量轴承座内径垂直方向 B。

5）计算平均值 B。

6）测量 3 个位置的轴直径。

7）计算平均值 C。

8）使用测量结果在公式中计算径向轴承间隙：间隙直径 $=B-2A-C$。

9）测量结果超过以下数值（见表 3-3），应更换新的轴瓦。

（5）抬轴法间接测量径向轴承间隙

径向轴承间隙和两侧瓦背紧力有关，一般用塞尺测两侧瓦背与轴承座间隙，间隙相近则认为瓦背紧力一致，可以保证抬轴后测出来的径向轴承间隙为真实值。具体见表 3-3。

表3-3 径向轴承间隙

非驱动端径向轴承	0.33~0.38mm
驱动端径向轴承	0.19~0.25mm

3. 清洁和检查空气汇管、挠性管、安装支架和固定螺栓

1）使用酒精、干净大布清除掉部件表面污垢。

2）检查空气汇管、挠性管和安装支架是否存在裂纹及热应力或其他损坏情况。

3）检查固定螺栓是否存在损坏或螺纹剥落等情况。

4）更换或修理出现损坏的部件。

4. 清理和检查入口扩压器内、外部壳体

1）使用干净大布和酒精清理掉入口扩压器内、外部壳体表面污垢。

2）检查每个部件是否有裂纹或其他损坏情况。

3）检查连接螺栓有无损坏或螺纹剥落等情况。

4）修复或更换出现损坏的部件。

5. 清理和检查喷嘴壳体

1）使用干净的大布和清洗剂除去喷嘴壳体内的污垢。

2）检查喷嘴机匣是否存在裂纹或热应力等情况。

3）检查紧固螺栓是否存在损坏或螺纹剥落等情况。

6. 清洗和检查动力涡轮喷嘴叶片

1）清理喷嘴叶片表面。

2）检查喷嘴叶片是否存在磨损、裂纹和凹痕。

3）喷嘴叶片出现以下情况时，请更换（见图3-150）：

① 裂纹或凹痕超过2.03mm深。

② 裂纹间隔小于50.8mm。

③ 后缘25.4mm范围内，凹痕深度超过1.52mm。

④ 弯曲超过2.03mm宽。

⑤ 弯曲超过38.1mm长。

4）可采取研磨和抛光的方法，修理下列叶片缺陷。

① 裂纹或凹痕深度小于2.03mm。

② 金属的受力区域。

5）抛光修理过的区域，在所有方向都具有很好的倒圆。

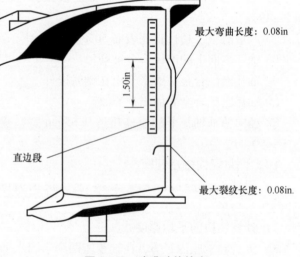

图3-150 喷嘴叶片检查

（图中标注）最大弯曲长度：0.08in　1.50in　直边段　最大裂纹长度：0.08in.

7. 清理和检查蜂窝密封

1）检查每个蜂窝密封件是否存在损坏或叶尖擦伤情况。

2）更换蜂窝密封，需要将末端进行打磨，间隙在1.52~2.29mm之间。

8. 清洗和检查动力涡轮转子组合件

1）用酒精或清洗剂清洗动力涡轮转子组合件。

2）用干净的大布擦干。

3）检查转子、隔板、隔板梳齿密封是否存在裂纹、支架松动或磨损等情况。

4）检查铜密封环的圆度和配合公差。

① 铜密封环（5，见图3-141）的内径应在177.89~177.91mm。

② 铜密封环（10，见图3-141）的内径应在228.69~228.71mm。

③ 铜密封环尺寸过大时，请更换。

5）动力涡轮叶片（见图3-151）出现以下情况时，请更换叶片：

① 用酒精或清洗剂清洗动力涡轮动叶叶片。

② 着色检查每个叶片上的高应力区（位于榫头、平台、叶冠附近）是否存在疲劳情况。

③ 高应力区凹痕深度大于0.254mm。

④ 着色检查或荧光探伤检查发现高应力区有裂纹。

⑤ 高应力区之间的叶片表面凹痕、压痕和裂纹深度或长度达到0.762mm。

⑥ 修理在高应力区之间深度或长度达到0.762mm的叶片表面凹痕、压痕和裂纹。

⑦ 对修理过的区域进行研磨和抛光，直到着色检查表面没有任何缺陷。

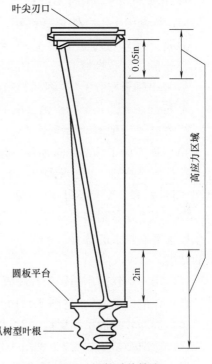

图 3-151 涡轮叶片检查

6）检查隔板和涡轮盘之间的梳齿密封是否存在裂纹、支架松动或摩擦的情况。

7）检查第二级涡轮盘后面的密封环是否存在裂纹、支架松动或摩擦的情况。

8）拉直弯曲的梳齿密封。

9）清洗扩压器支架连接处结合面。

3.3.3 动力涡轮安装

1. 回装动力涡轮转子

1）使用防爆电磁感应加热设备推力盘（9，见图3-141）和螺旋齿（4，见图3-141）（也可采用火焰或热油加热，加热时注意用耐火材料保护轴颈和其他部件），加温到比涡轮转子轴的环境温度高52℃。

2）安装转子组合件套筒和支撑工具。

3）安装转子组合件夹具。

4）同拆卸反顺序，将转子通过水平尺调水平，用加长螺杆牵引，引导转子轴通过排气装置转接器和组合件轴承。

5）当转子通过联轴器末端组合件轴承时，安装铜密封环（10，见图3-141）。

6）将定距环（3，见图 3-141）定位在轴上。

7）将热的推力盘（9，见图 3-141）放到涡轮轴（13，见图 3-141）上的推力盘键（12，见图 3-141）上方，并且使得它牢固地紧靠转子轴上的肩部。

8）将轴在轴承座中就位，并且固定轴承座中的轴承组合件。

9）在配重（5，见图 3-140）下面放置一个支撑或者垫块。

10）拆卸转子组合件套筒和搬运工具（见图 3-143）。

① 拆卸螺母（1，见图 3-143）和轴承导向套（2，见图 3-143）。

② 拆卸内六角螺栓（7，见图 3-143）。

③ 提出轴承座（3，见图 3-143）的上半部分。

④ 拆卸所有的 4 个定位销（6，见图 3-143）。

⑤ 在转子周围滚动轴承座（3，见图 3-143）的下半部分，并且拆卸。

⑥ 将所有的工具部件储存在一起。

11）在涡轮轴（13，见图 3-141）上滑定距套（8，见图 3-141）、调整片锁紧垫片（7，见图 3-141）和定距套螺母（6，见图 3-141）。

12）用手拧紧轴端螺母（2，见图 3-141）。

13）滑动轴上的螺母拆装专用工具（见图 3-142），紧贴定距套螺母（6，见图 3-141）上的开槽。

14）用一个软面木槌轻敲开脚扳手上的凸片。

15）在推力盘（9，见图 3-141）冷却的同时，一直拧紧螺母。

16）拆卸开脚扳手和螺母（2，见图 3-141）。

17）弯曲锁紧垫片（7，见图 3-141）的调整片，固定定距套螺母（6，见图 3-141）。

18）安装铜密封环（5，见图 3-141）。

19）安装定距环（3，见图 3-141）。

20）在转子轴上安装螺旋齿键（11，见图 3-141）。

21）在轴上滑动热的螺旋齿（4，见图 3-141）到螺旋齿键上（11，见图 3-141）。

22）在转子轴上安装定距环（3，见图 3-141）。

23）拆卸转子组合件夹具。

2. 安装动力涡轮径向轴承和止推轴承

（1）安装轴承和轴承箱盖拆卸工具

（2）安装非驱动端径向轴承

1）在转子轴和轴承座上倒入适量润滑油润滑。

2）将下半轴承座用拆卸工具沿轨道移入安装位置。

3）将拆卸工具移开。

4）下半轴承座绕轴旋转至安装位置。

5）重复之前操作，将上半轴承座安装到位。

6）用连接螺栓将上下半轴承座连接在一起。

7）将非驱动端径向轴承盖放在轴承座上方，并安装螺栓进行固定。

8）安装应急润滑油管路连接到非驱动端径向轴承上。

（3）安装止推轴承

1）在轴承盖和轴承座之间安装铝质垫片。

2）将上、下轴承盖分别用螺栓固定到相应的上、下半轴承座上。

3）在涡轮轴和轴承座上倒入适量洁净的润滑油进行润滑。

4）将下半轴承座通过轴承和轴承箱盖拆卸工具沿轨道移入下放。

5）将下半轴承座沿轴转动划入安装位置。

6）重复之前操作方法将下半轴承安装到位。

7）安装上、下半轴承连接螺栓。

8）重复之前操作方法将上半轴承安装到位。

9）重复之前操作方法将上半轴承座安装到位。

10）安装上、下半轴承座连接螺栓，拆卸专用工具。

（4）安装驱动端径向轴承

1）在涡轮轴和轴承座上倒入适量润滑油润滑。

2）将轴承座下半部分放置轴上，沿轴转动到位。

3）将轴承座上半部分放在下半部分的上面，并用螺栓连接起来。

4）将轴承盖放在轴承座上方，并用螺栓固定。

（5）拆卸抬轴工具

1）拆卸驱动端的转子导块连接螺栓。

2）取掉转子导块上半部分和层压垫片。

3）沿轴转动转子导块的下半部分，将其取下。

4）拆卸非驱动端的转子导块连接螺栓。

5）取掉转子导块上半部分和层压垫片。

6）沿轴转动转子导块的下半部分，将其取下。

7）将驱动端径向轴承盖固定螺栓拧紧，转矩 81~95N·m。

8）确认在驱动端径向轴承盖与轴承座之间有 0.025~0.25mm 间隙。

9）将非驱动端径向轴承盖固定螺栓拧紧，转矩 81~95N·m。

10）确认在非驱动端径向轴承盖与轴承座之间有 0.025~0.25mm 间隙。

（6）检查止推轴承间隙

1）临时用螺栓固定中部和内部轴承箱盖。

2）安装动力涡轮锁轴工具（见图 3-152）。

3）在轴承箱上安装百分表，用于测量轴向位移。

4）使用动力涡轮锁轴工具将轴沿轴向拉动，测量动力涡轮轴向位移。

5）动力涡轮止推轴承间隙在 0.28~0.43mm。

6）若动力涡轮止推轴承间隙小于 0.28mm，止推轴承座可能未安装到位。

7）若动力涡轮止推轴承间隙大于 0.43mm，止推轴承可能严重磨损。

8）对发现有问题的止推轴瓦进行调整或更换。

9）再次检查确认止推轴承间隙。

10）拆卸百分表和动力涡轮锁轴工具。

（7）拆卸临时安装的中部和内部轴承箱盖

（8）对于新更换的转子，需测量定距套与联轴器距离，调整定距套厚度

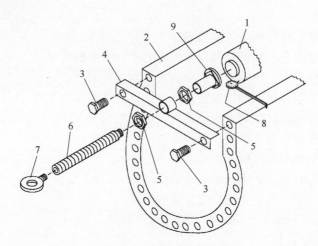

图 3-152　动力涡轮锁轴工具

1—转子轴　2—轴承壳　3—内六角螺栓　4—定位架　5—紧固螺栓　6—螺杆　7—吊环螺栓　8—百分表　9—调整螺母

3. 安装动力涡轮扩压器组件和喷嘴叶片

（1）安装第二级蜂窝密封

1）按照顺序依次将蜂窝密封件放入叶片机匣，并将带状密封插入各段之间。

2）测量隔段末端之间的间隙，正常值应为 1.52~2.29mm。

3）用动叶壳体（8，见图 3-124）和螺栓（23，见图 3-124）固定各段，螺栓转矩值 4N·m。

（2）在 0、3、6、9 点钟位置，测量第二级涡轮叶片叶尖和第二级蜂窝密封间的间隙

1）通过各个检查窗口，插入排气蜗壳。

2）使用长的最小公差的塞尺，伸入内、外排气扩压器之间进行测量。

3）完成测量后，退出排气蜗壳，关闭检查窗口。

（3）安装调准动作筒，并将隔板放在中心

1）将适配器块（7，见图 3-127）放到涡轮外壳安装环（10，见图 3-127）的底部垂直中心线中的孔中，并且用安装板（8，见图 3-127）和内六角螺栓（9，见图 3-127）固定。

2）用适配器块（7，见图 3-127）中的套筒末端销，将调准动作筒组合件（2、3 和 4，见图 3-127）定位在隔板（11，见图 3-127）下面。

3）转动螺母（3，见图 3-127），升起调准对中调整千斤（2，见图 3-127），直至 V 形支架与外部的隔板边缘稍有接触。

4）将百分表紧靠隔板的顶部。

5）将百分表定到零。

6）小心顺时针转动螺母（3，见图 3-127），升高隔板，直至隔板底部内径在 6 点钟位置接触到梳齿密封为止。

7）读出百分表读数。中心线是升起距离的一半。

8）反时针转动螺母，放下动作筒，直至大约高于中心线 0.51mm。

9）拆卸百分表。

（4）安装第二级喷嘴叶片

1）在 0、3、6 和 9 点钟位置，安装几个第二级导向叶片（15，见图 3-127），以支撑隔

板（11，见图 3-127）。

2）利用手柄（1，见图 3-127）、调整垫（13，见图 3-127）、螺母（6，见图 3-127）和内六角螺栓（5，见图 3-127），将每一个叶片都安装在隔板上。

3）用防粘剂涂抹内六角螺栓（17，见图 3-127）的螺纹。

4）当叶片就位时，安装并且拧紧内六角螺栓（17，见图 3-127）至 18N·m。

5）当所有的叶片就位时，除了 6 点钟位置周围的以外，拆卸调准动作筒工具。

6）在 6 点钟位置周围安装喷嘴叶片。

7）拆卸手柄（1，见图 3-127）和调整垫（13，见图 3-127）。

（5）安装喷嘴机匣

1）用适配器块（7，见图 3-127）提起手柄（1，见图 3-127）和连接的螺母（3，见图 3-127）。

2）小心将螺母（3，见图 3-127）定位在紧靠螺母（6，见图 3-127）的地方。

3）用锥形销、螺母和螺栓（5，见图 3-127），将机匣固定在一起（若更换新的机匣，该处锥孔需将相连接机匣连接无误后，进行配钻和铰孔，需小头直径 11mm、1∶50 的锥铰刀）。将每一个螺栓拧紧到 95N·m。

4）将起重机移到对中调整千斤（2，见图 3-127）上，并且支撑手柄（1，见图 3-127）的重量。

5）拆卸内六角螺栓和螺母（5、6，见图 3-127）及涡轮外壳安装环（10，见图 3-127）。

6）利用对中调整千斤（2，见图 3-127），从螺母（3，见图 3-127）上拆卸手柄（1，见图 3-127）。

（6）检查隔板间隙

1）在第一级动叶（19，见图 3-127）之间沿量规（18，见图 3-127）滑动，直至它接触到第二级导向叶片（15，见图 3-127）。

2）在 3、6、9 和 12 点钟位置，在第一级动叶（19，见图 3-127）和隔板（11，见图 3-127）之间，朝着涡轮盘的中心量规（18，见图 3-127），并且检查间隙。

3）将量规（18，见图 3-127），通过第一级动叶（19，见图 3-127）和第二级导向叶片（15，见图 3-127），经过隔板（11，见图 3-127），直至它接触到第二级动叶（20，见图 3-127）。

4）将量规（18，见图 3-127）朝向位于隔板（11，见图 3-127）和第二级动叶（20，见图 3-127）之间的涡轮盘中心，并且在 3、6、9 和 12 点钟位置检查间隙。

（7）安装第一级蜂窝密封

1）用螺栓（23，见图 3-124）安装垫环（5，见图 3-124）。拧紧每一个螺栓至 4N·m。

2）在它们原来的位置安装第一级蜂窝结构密封件（11，见图 3-124）和带状密封（24，见图 3-124）以及转子叶尖密封件。

（8）在 3、6、9 和 12 点钟位置，测量在第一级涡轮叶片和第一级蜂窝结构密封件之间的间隙（见图 3-153）

（9）安装第一级喷嘴叶片

1）将扩压器壳体（20，见图 3-124）和外入口扩压器（21，见图 3-124）头朝下放在木块上。

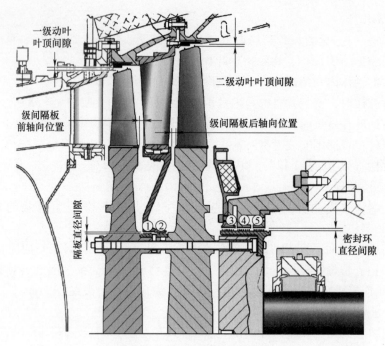

图 3-153   动力涡轮测量间隙

2）将内入口扩压器（22，见图 3-124）头朝下，放在外入口扩压器（21，图 3-124）的中心。

3）堵塞内入口扩压器（22，见图 3-124）稍稍大于外入口扩压器（21，图 3-124），以调准用于接头和垫圈（2，见图 3-124）的孔。

4）将第一级导向叶片（14，见图 3-124）放在内和外入口扩压器中原来的位置。

5）用接头和垫圈（2，见图 3-124）固定钻有孔的喷嘴叶片。

（10）测量第一级喷嘴叶片和第一级涡轮叶片之间的间隙（见图 3-154）

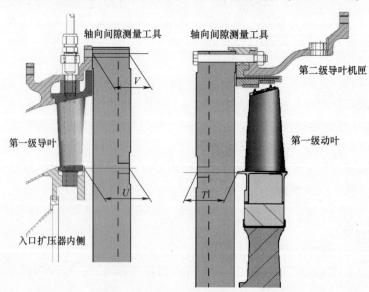

图 3-154   第一级喷嘴叶片和第一级涡轮动叶间隙测量

1）用千分尺测量轴向间隙工具厚度 V。

2）通过深度千分尺测量轴向间隙工具到入口扩压器组合件的距离 U。

3）通过深度千分尺测量轴向间隙工具到第一级涡轮叶片的距离 T。

4）计算第一级喷嘴叶片和第一级涡轮叶片之间的距离 C。

5）通过公式 $C=T+U-2V$ 计算第一级喷嘴叶片和第一级涡轮叶片之间的间隙。

6）计算 0、3、6、9 四个位置每一个位置的 C。

7）计算 C 的平均值。

8）C 的平均值正常应大于 13.13mm，C 的平均值或其中 1 个 C 的数值小于 13.13mm，需要联系设备供应商。

4. 安装扩压器组合件

1）利用一条尼龙带和链式绞车，小心提升和将组装好的扩压器壳体（20，见图 3-124）、外入口扩压器（21，见图 3-124）、内入口扩压器（22，见图 3-124）和第一级导向叶片（14，见图 3-124）定位在静叶壳体（15，见图 3-124）和垫环（5，见图 3-124）上。

2）用螺栓和螺母（3，见图 3-124）将扩压器组合件固定到喷嘴机匣上。将每一个螺栓拧紧到 95N·m。

3）拆卸吊带和吊装工具。

4）测量动力涡轮转接环至与 GG 连接法兰面尺寸在 2.752~2.768in 之间，此值影响 GG 与 PT 连接后的正常运行，若超标，需要对转接环进行调整或切削加工至标准范围内。

5. 安装动力涡轮监测探头

（1）安装振动和轴位置探头

1）检查探头是否存在裂纹、刻痕、弯曲和磨损情况。

2）用万用表检查探头的通断，更换断路的探头。

3）将振动探头装入固定支架。

4）用螺栓将探头支架固定在非驱动端径向轴承盖上。

5）调整振动探头的位置。

6）重复操作，安装其他振动探头。

（2）安装位置探头和键相位

1）安装转子定位工具。

2）用转子定位工具将转子轴拉向联轴器侧。

3）将位置探头和键相位装入，直至碰到止推盘。

4）将探头导线连接到本特利振动系统进行检查。

5）调整探头位置至合适位置后，将探头导线断开。

6）拆卸转子定位工具。

6. 安装轴承箱罩

1）用清洗剂和干净的大布清理拆卸下来的轴承箱罩。

2）擦干拆卸下来的轴承箱罩。

3）检查凸缘处是否有裂纹或压痕。

4）安装轴承箱拆卸工具。

5）将内部轴承箱罩利用轴承箱拆卸工具放入安装位置。

6) 拧紧内部轴承箱罩安装螺栓。

7) 重复操作将中部和外部轴承箱罩安装到位，并拧紧安装螺栓。

8) 拆卸轴承和轴承箱罩拆卸工具。

7. 连接动力涡轮探头接线

（1）连接振动、位移、键相位探头

1) 安装探头电缆线密封件。

2) 安装探头电缆线穿线管。

3) 将探头接到接线盒内。

（2）连接 RTD 线缆

1) 将 RTD 导线穿过轴承座中的孔，并安装插座。

2) 将 RTD 导线连接到接线盒内。

3) 用万用表检查 RTD 电阻是否正常。

（3）安装转速探头

1) 打开内部轴承箱罩上的检查孔。

2) 安装转速探头，并将其固定。

3) 用塞尺通过检查孔测量转速探头与涡轮转子之间的间隙，应该在 0.381~0.508mm 之间。

4) 通过调整转速探头安装位置的垫片获得正常的间隙值。

5) 将调整好的转速探头进行固定。

6) 安装内部轴承箱罩上的检查孔。

7) 将转速探头的电缆线连接至接线盒，并安装好套管。

完成动力涡轮回装后，应进行机组的对中检查并视情调整（对中应在燃气发生器回装完毕后开展），并在机组所有检修完成后进行运转测试，检查动力涡轮及机组其他运行参数是否正常。

3.4　索拉 Taurus60 和 Taurus70 燃机涡轮现场检修技术

3.4.1　索拉 Taurus60 燃机涡轮现场解体

1) 涡轮解体前应先将 Taurus60 燃机移出箱体后安装至专用支架上（见图 3-155），安装在专用支架上之前，需要提前拆卸燃机下方的螺栓。

图 3-155　燃机专用支架

2）拆卸燃机上影响现场解体作业的仪表密封气、冷却气管线，并将燃机本体接头位置进行封堵。

3）依次拆卸燃机上 T5 热电偶探头。

4）在 PT 端安装专用吊耳，两侧各一个，排气侧上部两个，下部两个（垂直起吊时用，M12.4），用吊葫芦将 PT 拉紧（见图 3-156）。

5）做好 PT 回装标记，拆卸 PT 与 GP 连接螺栓，安装 3 颗专用顶丝（12.4×10，牙距 13），用手拉葫芦调整 PT 高度，缓慢拧动顶丝，将 PT 与燃气发生器脱开（见图 3-157）。

图 3-156　动力涡轮吊装位置　　　　　图 3-157　PT 与燃气发生器脱开

6）PT 与燃气发生器脱开后，向上拉动排气侧下部的吊葫芦的同时，向下放进气侧的吊葫芦，将动力涡轮变成垂直状态，对动力涡轮一级动叶进行目视检查，将动力涡轮放置在枕木上（见图 3-158）。注意：保护下部的动力涡轮一级动叶，避免枕木损伤叶片。

图 3-158　PT 的吊装与放置

7）安装拉拔用的螺栓（4.8×44，牙距 32），用锁丝将 14 颗螺栓串接起来绑紧（见图 3-159）。

8）用专用刨锤将 PT 一级喷嘴组件拆下，并放至于指定位置（见图 3-160）。

图 3-159　拉拔用螺栓和锁丝安装　　　　图 3-160　PT 一级喷嘴拆卸

9）标记拉杆螺栓与二级动叶组件的相对位置（见图 3-161），并将高压涡轮动叶连接螺母锁片用样冲分开。

10）安装高压涡轮动叶组件拆装及固定工具（见图 3-162），防止叶轮突然掉落。

图 3-161　相对位置标记

图 3-162　高压涡轮动叶组件拆装及固定工具安装

11）用电加热棒，对连接拉杆螺栓进行加热约 15 分钟（见图 3-163），使得螺柱伸长，与二级高压涡轮动叶组件端面脱开。

12）用气动扳手连接（2″-5/8″）的套筒拆卸连接拉杆螺栓（见图 3-164）。

图 3-163　连接螺柱加热

图 3-164　气动扳手拆卸连接螺柱

13）安装导杆（螺纹部分 38×25、牙距 12，光杆部分 45.1×600,）后端为六角方头，将高压涡轮二级动叶组件拆下，并取下其护环（见图 3-165）。

14）标记 TOP 位置，拆卸高压涡轮二级喷嘴组件卡簧及护环（见图 3-166）。

图 3-165　高压涡轮二级动叶组件拆卸

图 3-166　高压涡轮二级喷嘴组件卡簧及护环

15）安装拉拔螺栓，用锁丝将拉拔螺栓串接起来，用刨锤将高压涡轮二级喷嘴组件拆下（见图 3-167），放置在指定位置（拆卸方法与 PT 一级喷嘴组件相同）。

16）标记 TOP 位置，移出高压涡轮一级动叶组件（见图 3-168）。

图 3-167　高压涡轮二级喷嘴组件拆卸

图 3-168　高压涡轮一级动叶组件拆卸

17）拆卸蜂窝密封连接盘螺栓（见图 3-169），注意：拆卸前喷涂螺栓松动剂浸泡。

18）安装专用工具，将蜂窝密封连接盘顶出，并放置于指定位置（见图 3-170）。

图 3-169　蜂窝密封连接盘螺栓拆卸

图 3-170　蜂窝密封连接盘拆卸

19）标记高压涡轮一级动叶组件护环与壳体的位置，安装专用吊装工具（见图 3-171），吊装螺栓规格 9.44×65，牙距 16。

20）利用顶丝均匀顶出护环，移至指定位置（见图 3-172）。

图 3-171　护环吊装专用工具

图 3-172　护环拆卸

21）安装 2 根导向杆，用 3 颗专用顶丝将高压涡轮一级喷嘴组件顶出，并移至指定位置

（见图 3-173）。燃机涡轮解体作业完成。

3.4.2 索拉 Taurus60 燃机涡轮现场组装

1. 索拉 Taurus60 涡轮组装前检查

1）用酒精和白布清洁涡轮组件。

2）用手电照射，利用放大镜检查燃机涡轮组件是否存在缺陷（见图 3-174）。

图 3-173　高压涡轮一级喷嘴组件拆卸

图 3-174　检查涡轮组件

3）更换涡轮静叶组件密封条（见图 3-175），更换完密封条后，用 502 胶水固定，防止安装时脱落。

2. 索拉 Taurus60 动力涡轮现场组装

1）在涡轮转子轴连接花键上，用记号笔标记 TOP 位上的凸出来的一个齿，将一级喷嘴放置在之前安装的导杆上（见图 3-176）。

图 3-175　安装高压涡轮静叶组件密封条

图 3-176　高压涡轮一级组件放置导杆上

2）用乙炔加热喷嘴的内环，直至螺栓孔能完全对上，停止加热，将一级喷嘴迅速推到底，安装新的锁片和新的连接螺栓（见图 3-177），螺栓转矩为 30.5lbf·ft[⊖]。

注：高压涡轮一级组件安装到位后利用手电检查密封条是否脱出。

3）用干冰将高压涡轮一级喷嘴内部的蜂窝密封连接盘进行冷却大约半小时，然后将该盘安装在一级喷嘴组件上，并将螺栓拧紧（见图 3-178），转矩为 30.5lbf·ft。

4）用乙炔对涡轮壳体内部进行加热10分钟左右，按拆卸时标记的位置回装一级动叶护

⊖　1bf·ft = 1.35582N·m。

环，在护环与喷嘴组件接触面涂抹二硫化钼，回装到位后，用三组螺栓和垫片对护环进行固定（见图 3-179）。

图 3-177　高压涡轮一级组件安装

图 3-178　高压涡轮一级喷嘴蜂窝
密封连接盘安装

图 3-179　高压涡轮一级动叶护环安装

5）安装导向杆（见图 3-180），并将原先花键的标记延伸到导向杆上。

6）在一级动叶组件的花键内侧和外侧凹齿位置进行标记，沿着导向杆的标记线将一级动叶组件回装到位，并安装专用工装，将一级动叶顶住（见图 3-181）。

7）利用反光镜检查高压涡轮一级动叶组件花键是否完全啮合（见图 3-182）。

8）按照拆卸时标记的位置，利用皮锤将高压涡轮二级喷嘴组件安装到位（见图 3-183）。注意：高压涡轮二级组件安装到位后利用手电检查密封条是否脱出。

9）安装高压涡轮二级喷嘴组件护环和卡簧（见图 3-184）。

10）安装导向杆（见图 3-185），将高压涡轮一级动叶组件花键凹齿处标记延伸至导向杆。

图 3-180　导向杆安装

图 3-181　高压涡轮一级动叶组件安装

图 3-182　高压涡轮一级动叶组件安装位置检查

图 3-183　高压涡轮二级喷嘴组件安装

图 3-184　高压涡轮二级喷嘴组件卡簧安装

图 3-185　导向杆安装

11）在高压涡轮二级动叶组件内侧花键凸齿处标记位置，并延伸至外侧，沿着导向杆的标记线将二级动叶组件回装到位，并安装专用工装，将二级动叶顶住（见图 3-186）。

12）利用反光镜检查高压涡轮二级动叶组件的安装位置（见图 3-187）。

图 3-186　高压涡轮二级动叶组件安装

图 3-187　高压涡轮二级动叶组件安装位置检查

13）安装高压涡轮转子连接螺栓及锁片，拆卸动叶组件固定工具。用专用工具测量拉杆螺栓的尺寸为 0.314in（见图 3-188）。

14）安装加热棒，加热约 30 分钟，用专用工具再对连接螺栓的尺寸进行测量（见图 3-189）为 0.390ft⊖，计算拉杆螺栓的变形量，符合要求后将拉杆螺栓拧紧（见图 3-190），并用锁片

⊖　1ft = 0.3048m。

锁死（见图 3-191）。

图 3-188　锁片

图 3-189　高压涡轮转子连接螺栓尺寸测量

图 3-190　高压涡轮转子连接螺栓的紧固

图 3-191　高压涡轮转子连接螺栓的锁定

15）根据拆卸前标记位置，回装动力涡轮一级喷嘴组件，利用皮锤将动力涡轮一级喷嘴组件回装到位（见图 3-192）。

16）按照拆卸前标记位置，回装动力涡轮（见图 3-193）。

图 3-192　动力涡轮一级喷嘴组件回装

图 3-193　动力涡轮回装

17）安装燃机上现场解体作业的仪表密封气、冷却气管线等本体管线。

18）安装 T5 热电偶探头。

19）将 Taurus60 燃机回装至箱体内，供机组恢复备用。

注：Taurus60 燃机涡轮部分回装完成后，回装至燃机箱体后，应进行机组的对中检查并

视情况调整，在机组所有检修完成后进行运转测试，检查燃机及机组其他运行参数是否正常。

3.4.3 索拉 Taurus70 燃机涡轮现场解体

1）将 Taurus70 燃机移出箱体后放置在支架上。

2）拆卸燃机上影响现场解体作业的仪表密封气、冷却气管线（见图 3-194），并将燃机本体接头位置封堵。

3）依次拆卸燃机上 T5 热电偶探头。

4）用燃机维检修支架承担燃机全部重量，在燃气发生器涡轮部分法兰连接处底部安装支撑座，拆卸动力涡轮底部支撑座（见图 3-195）。

图 3-194　燃机本体连接管线拆卸情况

图 3-195　燃气发生器涡轮部分法兰
连接处底部支撑座

5）动力涡轮与燃气发生器机匣法兰连接处的动力涡轮吊点位置拆卸固定螺栓，并安装动力涡轮吊具（见图 3-196）。

6）在动力涡轮两侧吊具上安装手拉葫芦并拉紧受力（见图 3-197）。

图 3-196　动力涡轮吊具

图 3-197　动力涡轮吊起受力

7）在动力涡轮与燃气发生器机匣法兰螺栓连接处左、右两侧对称位置拆卸螺栓，并安装导向杆（见图 3-198）。

8）在动力涡轮与燃气发生器机匣法兰连接处拆卸剩余螺栓。

9）拆卸燃气发生器涡轮机匣两侧孔探孔盖板，取出定位杆，安装定位销并紧固（见图 3-199）。

图 3-198　法兰连接处导向杆和顶丝

图 3-199　燃气发生器涡轮机匣孔探孔定位销

10）在动力涡轮与燃气发生器机匣法兰连接处对称安装顶丝。

11）用手拉葫芦调整动力涡轮高度，缓慢拧动顶丝，将动力涡轮与燃气发生器脱开（见图 3-200）。

12）降低动力涡轮高度，在两侧安装动力涡轮支架组件（见图 3-201），并将动力涡轮放置在上面进行固定。

图 3-200　动力涡轮与燃气发生器脱开

图 3-201　动力涡轮支架组件

13）拆卸燃气发生器尾部的金属密封圈。

14）在燃气发生器涡轮盘拉杆螺栓做好标记，依次用电加热棒加热涡轮盘拉杆螺栓 3 ~ 5 分钟（见图 3-202），拆卸后对称安装 2 个导向杆（见图 3-203）。

图 3-202　燃气发生器涡轮盘连接螺栓加热

图 3-203　涡轮盘导向杆

15）做好标记，安装涡轮盘连接组件，小心将第二级涡轮盘取出（见图 3-204 和图 3-205）。

图 3-204　涡轮盘连接组件

图 3-205　第二级涡轮盘移出

16）安装第二级涡轮叶片叶顶密封固定盘（见图 3-206），用重锤将固定盘轻轻均匀敲出，注意密封块之间的锁片脱落。

17）安装第二级喷嘴叶片固定盘和拆装盘（见图 3-207 和图 3-208），拆卸涡轮两侧孔探孔定位销，用顶丝将整套组件顶出。

图 3-206　第二级涡轮叶片叶顶密封固定盘

图 3-207　第二级喷嘴叶片固定盘

18）拆卸第一级喷嘴机匣和第二级喷嘴机匣之间的金属密封圈。

19）做好标记，安装涡轮盘连接组件，小心将第一级涡轮盘取出（见图 3-209 和图 3-210）。

图 3-208　第二级喷嘴叶片拆装盘

图 3-209　第一级涡轮连接组件

3.4.4　索拉 Taurus70 燃机涡轮现场组装

1）连接涡轮盘连接组件，将第一级涡轮盘穿过固定在燃气发生器涡轮盘上的导向杆将其推到位（见图 3-211），拆卸第一级涡轮盘连接组件。

图 3-210 第一级涡轮组件移出

图 3-211 安装第一级涡轮盘

2）安装第一级喷嘴机匣和第二级喷嘴机匣之间的金属密封圈（见图 3-212），用凡士林或纸胶带进行固定。

3）在喷嘴机匣安装结合面涂抹凡士林或二硫化钼进行润滑（见图 3-213）。

图 3-212 第一级喷嘴机匣和第二级喷嘴机匣
之间的金属密封圈

图 3-213 在安装结合面涂抹润滑剂

4）在第二级喷嘴叶片组件上安装固定盘和拆装盘（见图 3-214），用手拉葫芦将其吊起，推到燃气发生器涡轮机匣内。

5）在燃气发生器涡轮两侧孔探孔内安装定位销进行固定（见图 3-215）。

图 3-214 安装第二级喷嘴叶片

图 3-215 燃气发生器涡轮两侧孔探孔定位销

6）拆卸第二级喷嘴叶片固定盘和拆装盘。

7）将第二级涡轮叶片叶顶密封安装在固定盘上（见图 3-216），用橡皮锤将其均匀敲击到位后拆卸叶顶密封固定盘。

8）安装第一级和第二级涡轮盘之间的金属密封圈（见图 3-217）。

图 3-216　第二级涡轮叶片叶顶密封安装　　　图 3-217　第一级和第二级涡轮盘之间的金属密封圈

9）将涡轮盘连接组件安装在第二级涡轮盘上，用吊装工具将其通过涡轮盘导向杆推到位，拆卸吊装工具（见图 3-218）。

10）安装涡轮盘拉杆螺栓进行预紧（见图 3-219），拆卸涡轮盘连接组件。

图 3-218　第二级涡轮盘安装　　　　　　　图 3-219　涡轮盘连接螺栓安装

11）依次用电加热棒加热涡轮盘拉杆螺栓 3~5min 进行紧固，拆卸导向杆。

12）安装燃气发生器尾部的金属密封圈，用凡士林或纸胶带进行固定。

13）检查动力涡轮与燃气发生器装配界面。

14）安装动力涡轮吊装支架，提升动力涡轮后拆卸支架组件。

15）在燃气发生器法兰连接处左右两侧均匀安装 4 个导向杆。

16）调整动力涡轮高低和左右，与燃气发生器通过导向杆进行对正，用连接螺栓均布拉紧，连接其余位置螺栓并按照规定力矩紧固（见图 3-220）。

17）在动力涡轮底部安装支撑座，将燃气发生器涡轮部分法兰连接处底部安装的支撑座拆除。

18）拆卸动力涡轮吊装支架。

19）拆卸燃气发生器涡轮两侧孔探孔内定位销，用盖板封堵（见图 3-221）。

20）安装燃机上现场解体作业的仪表密封气、冷却气管线等本体管线、T5 热电偶探头。

21）将 Taurus70 燃机回装至箱体内，是机组恢复备用。

图 3-220　动力涡轮与燃气发生器连接

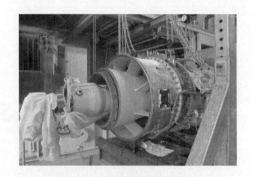

图 3-221　动力涡轮回装情况

3.4.5　索拉 Taurus60 和 Taurus70 燃机调试

1）对所有执行器进行校验。

2）对可调导叶联动机构进行检查校正。

3）根据新燃机对程序的有关参数设定进行修改。

4）检查燃机的所有信号线和电源线都已连接可靠。

5）检查燃机盘车是否有跑、冒、滴、漏现象。

6）检查机组在运行过程中的相关参数是否正常。

7）查看机组振动参数，对异常参数进行相关检查处理。

8）进行带载 72h 连续运行测试，并监视相关运行参数。

第4章 电机与变频器现场维修技术

4.1 TMEIC XL-75 型变频器现场维修技术

4.1.1 维修级别及周期

TMEIC XL-75 型变频器维修周期及级别如下：

1）常规性维护检修，与压缩机组 4K、8K 维护保养同步开展。

2）预防性维护检修，与压缩机组 25K 及 50K 维护保养同步开展。

4.1.2 维修前准备

TMEIC XL-75 型变频器维修前需做好备件、工具、安全措施及资料准备，具体内容如下：

1）备件准备：维修所需备件。

2）工具准备：维修所需工具。

3）安全措施：维修需按照电力安全规程做好相关安全措施，能量隔离。

4）资料准备：维修所需设备说明书、图纸、检修记录等。

4.1.3 维修项目

TMEIC XL-75 型变频器常规性维护检修项目包括：

1）拆除变频器防尘过滤网，对过滤网进行清洁。

2）清理变频器阻尼柜、功率柜、REG 控制柜、接口控制柜、PLC 控制柜、励磁柜、DP 柜等柜体内部积灰及杂物。

3）去除控制板卡表面灰尘。

4）检查控制电路板、电子元器件及电气部件有无损坏迹象、变色是及烧焦痕迹。

5）检查变频器各设备间及变频器内部的电缆外观，表面应光滑，不应有尖角、颗粒，擦伤或烧焦痕迹。

6）检查去离子水储水罐液位，如液位低于下限应进行补水。

7）检查水冷柜及冷却水管路有无渗漏。

8）检查冷却风机应无异响。

9）检查去离子水电导率，如超过 0.5μS/cm，更换去离子水及离子交换器树脂。

10）检查 IEGT 驱动回路各部位光纤导线连接是否紧固，且无破损或弯折。

11）检查母排和电缆螺栓连接的松紧，用扭矩扳手进行检查，M12 螺栓扭矩为 50N·m。

12）检查各控制回路接线端子并进行紧固。

13）在控制电源接通的情况下，检查控制柜 GOT1000 的电池电压，当电压低于 3V 时进行更换。

14）检查变频器冷却水装置主泵、备泵之间自动切换功能是否正常，防冻模式是否投运。

15）开展变频器预充电测试。

TMEIC XL-75 型变频器预防性维护检修项目除包含常规性维护检修的所有项目外，还应增加下列检修项目：

1）功率单元检查，检测整流单元、逆变单元器件管压降并进行记录。

2）检测控制电压并进行测量。

3）对电阻、电容等进行外观检查，检查有无发热损坏现象。

4）对变频器控制柜、励磁柜内 CTR 控制板参数进行备份。

5）对变频器 PLC 程序进行备份。

6）对变频器整体进行绝缘测试。

7）更换达到使用年限的部件。

8）开展变频器脉冲测试、空载升压测试。

4.1.4　关键维修步骤

1. 变频器主控板程序写入

变频器主控板程序写入步骤如下：

1）用网线将调试工程本连接至 CTR 主控板。

2）在调试工程本 DriveNavigator 软件安装目录下，双击 HexWriteE-v1.8B2 软件，在 Read File 处点击 Select，选择 CTR 固件版本，点击 Step 2 Start，升级完毕后，点击 Exit，如图 4-1 所示。

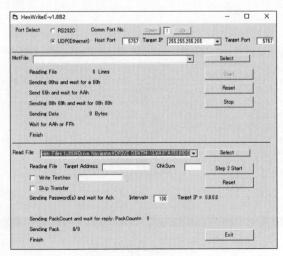

图 4-1　主控板程序写入

2. 变频器主控板参数备份及修改

变频器主控板参数备份及修改步骤如下：

1）用网线将调试工程本连接至现场变频器，如图 4-2 所示。

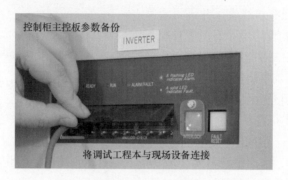

图 4-2　调试工程本与现场设备连接

2）打开 DriveNavigator 软件，在 Log On 对话框中输入用户名"TOSHIBA"，访问等级选择"Full Access Level 9"，点击 OK。在弹出的 Drive Password 对话框中输入密码"TOSHIBA"，点击 OK，如图 4-3 和图 4-4 所示。

图 4-3　打开 Drive Navigator 软件

图 4-4　账号选择用户等级

3）备份变频控制器参数。点击常用工具栏上的参数按钮，在弹出的对话框中新建 file，点击 EEPROM 至 file 的箭头，即可开始备份，如图 4-5~图 4-7 所示。

图 4-5　点击参数按钮

图 4-6 新建 file

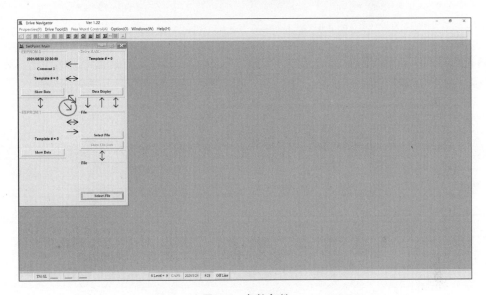

图 4-7 参数备份

4）参数备份完毕后，下面以修改变频器过负荷报警参数 CP_RMS_A 为例说明，点击常用工具栏上的 WORD 按钮，弹出 Word Data Control 对话框，如图 4-8 和图 4-9 所示。

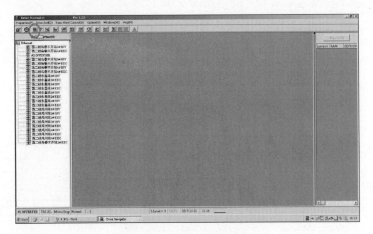

图 4-8 点击 WORD 按钮

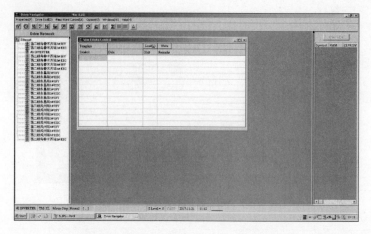

图 4-9　弹出 Word Data Control 对话框

5）双击 Symbol 下面的空白单元格，在弹出的 Symbol Select 对话框中输入 CP_RMS_A，点击 OK，如图 4-10 所示。

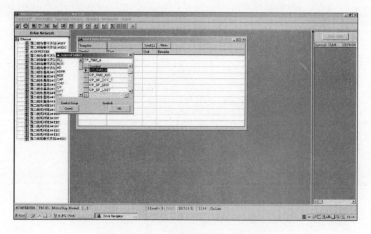

图 4-10　输入需要更改的参数名称

6）双击修改 CP_RMS_A 和 CP_RMS_A20 的值，改为 55%，如图 4-11 所示。

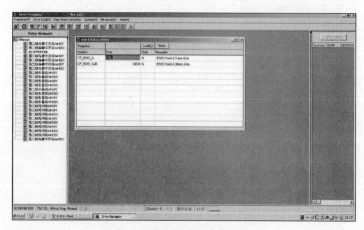

图 4-11　将参数修改为需要的值

7）修改完毕后，将变频器控制柜断路器断开 10s 后，再合上。重新用调试工程本连接现场变频器，查看参数修改是否生效。

8）参数修改完毕后，再次备份变频器参数。

3. 变频器故障记录导出

变频器故障记录导出步骤如下：

1）用网线将调试工程本连接至现场变频器。

2）打开 Drive Navigator 软件，从菜单栏中选择 Drive Tool→Graph Display→Fault Traceback，如图 4-12 所示。

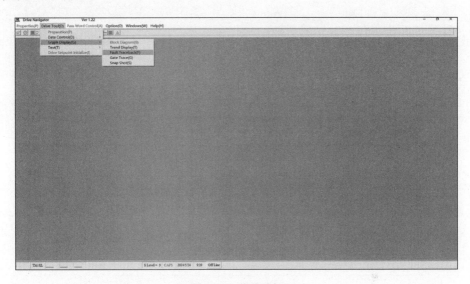

图 4-12　菜单选择

3）弹出 Fault Trace 对话框，如图 4-13 所示。

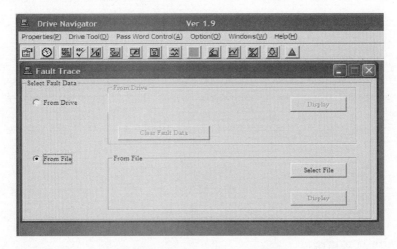

图 4-13　弹出 Fault Trace 对话框

4）在 Fault Trace 对话框中选择 From Drive，选择故障记录，点击 Display 按钮，如图 4-14所示。

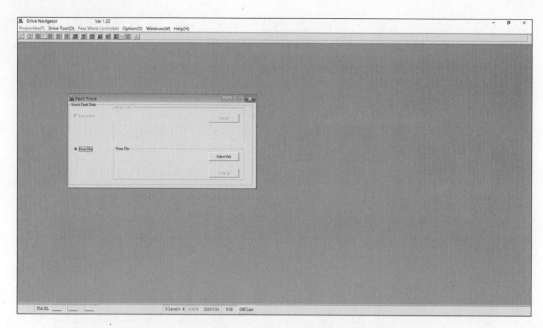

图 4-14　选择 From Drive

5）在打开的故障记录中，点击"Save"，将故障记录保存即可，如图 4-15 所示。

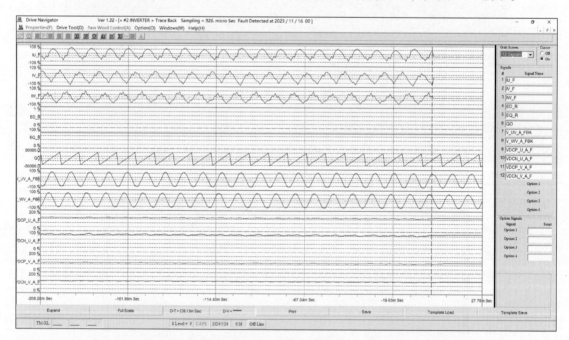

图 4-15　故障记录保存

4. 变频器 PLC 程序备份

变频器 PLC 程序备份步骤如下：

1）将调试工程本与连接到变频器 PLC 模块，如图 4-16 所示。

2）打开 GX Works2 软件，在菜单栏中点击 Online，选择 Read from PLC，在弹出的连接对话框中点击 OK，如图 4-17~图 4-19 所示。

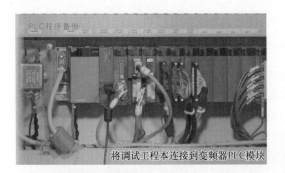

图 4-16　调试工程本与 PLC 链接

图 4-17　打开 GX Works2 软件

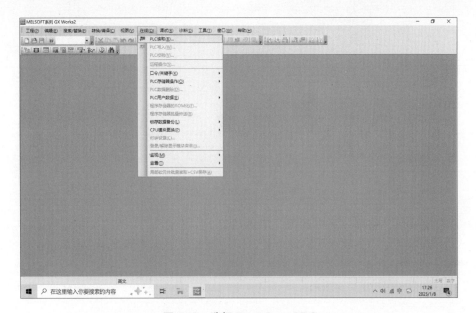

图 4-18　选择 Read from PLC

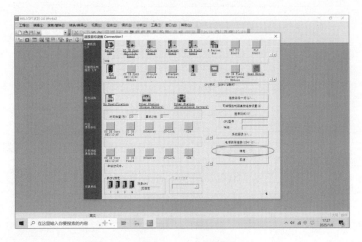

图 4-19　点击确定

3）弹出 online Data Operation 对话框，选择读取参数+程序，点击执行即可开始读取 PLC 程序，如图 4-20 所示。

图 4-20　读取 PLC 程序

4）读取完成后，将程序另存即可，如图 4-21 所示。

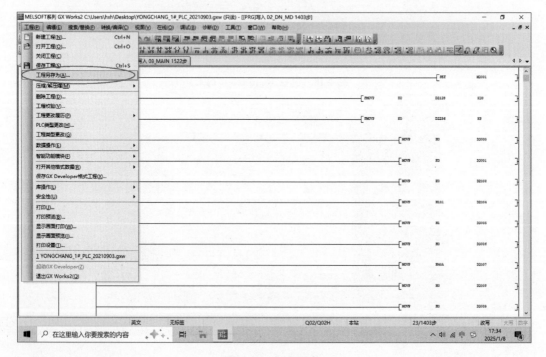

图 4-21　程序保存

5. 变频器功率单元更换

变频器功率单元更换步骤如下：

1）拔下功率单元前端驱动电路板控制电源连接线，并做好保护，如图 4-22 所示。

2）拔下功率单元前端驱动电路板连接光缆，并用光缆保护头对拆下的光缆进行保护，如图 4-23 和图 4-24 所示。

图 4-22　拔下电源连接线

图 4-23　拔下连接光缆

3）将功率单元冷却水管与主回路断开。断开时，可能会有少量水流出，应立即用布擦干，如图 4-25 所示。

图 4-24　保护光缆接头

图 4-25　断开冷却水管

4）拆卸功率单元与母排间的连接螺栓，每个单元有 4 个连接点，如图 4-26 所示。

5）拆除功率单元地脚固定螺栓，共计 3 个 M6 螺栓。

6）安装吊耳，如图 4-27 所示。

图 4-26　拆卸连接螺栓

图 4-27　安装吊耳

7）用专用叉车将功率单元从变频器内移出并放置在指定位置，如图 4-28 所示。

8）变频器功率单元的安装步骤，通过反向操作拆卸步骤即可完成。

6. 变频器脉冲试验

变频器脉冲试验步骤如下：

1）在 REGULATOR 柜的 T11 端子排上，分别短接 166BG 和 24P 端子（PLC 发来的急停信号）、171DF 和 171DX 端子（VCB1 和 VCB2 的返回信号）。其中，当 166BG 和 24P 短接时，REGULATOR 柜内左侧 DI1 继电器指示灯亮；当 171DF 和 171DX 端子短接时，REGU-LATOR 柜内左侧 AVDR 继电器指示灯亮，如图 4-29 和图 4-30 所示。

图 4-28　将功率单元移出

图 4-29　DI1 继电器指示灯亮

2）打开 DriveNavigator 软件对变频器主控板参数进行备份。

3）点击 DriveNavigator 软件菜单栏上的 Options 按钮，在弹出的对话框中，点击 Display 选项卡，确认"Write EEPROM Same Time"功能未勾选，如图 4-31 所示。

图 4-30　AVDR 继电器指示灯亮

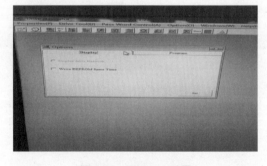

图 4-31　Options 设置

4）如图 4-32 所示，在 Word Data Control 中将 TEST_MODE 由 0 修改为 3，将 TEST3_REQ 由 0 修改为 4，将 TEST34_EQ_R 由 0 修改为 100%，将 TEST34_F_SET 由 0 修改为 1Hz。

5）进入 Bit Data Control，在 UV1 中强制 IL、C_IL 信号，在 UVA1 中强制 VDCP_U_A、VDCP_V_A、VDCP_W_A、VDCN_U_A、VDCN_V_A、VDCN_W_A 信号，改变 MSK 值（1→0）即可。

6）进入 Bit Data Control，在 DI_EX1 中将 EXT MSK 1→0（见图 4-33），则启动变频器运行，变频器的光驱板将通过光纤发送信号驱动功率单元的门极驱动板，可通过门极驱动板的红色指示灯是否闪烁来确定脉冲是否送达；将 EXT MSK 0→1，则可停止变频器运行。

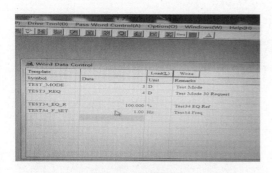

图 4-32　参数修改

图 4-33　修改 EXT 启动变频器

7）将示波器表笔挂在门极驱动板的测试端子上，调整示波器的纵坐标和横坐标，观察每个驱动板的脉冲波形并进行对比，如图 4-34 所示。

7. 变频器空载升压测试

变频器空载升压测试步骤如下：

1）在 REGULATOR 柜的 T11 端子排上，分别短接 166BG 和 24P 端子（PLC 发来的急停信号）、166EG 和 24P 端子（逆变急停信号）。

2）拔出 DO4 继电器（防止逆变器给 UCS 发送运行信号），如图 4-35 所示。

图 4-34　示波器查看脉冲波形

图 4-35　拔出 DO4 继电器

3）将 VCB1 断路器小车摇至工作位置，"远方/就地转换开关"选择远方位置，将变频器 PLC 柜内 VCB1 TRIP 继电器拔出，避免测试过程中 VCB1 跳闸，如图 4-36 所示。

4）将输出电缆拆开，并将逆变柜面板的合闸旋钮选择"就地"位置。

5）打开 DriveNavigator 软件对逆变控制器进行参数备份。

6）点击 DriveNavigator 软件菜单栏上的

图 4-36　拔出 VCB1 TRIP 继电器

Options 按钮，在弹出的对话框中，点击 Display 选项卡，确认"Write EEPROM Same Time"功能未勾选。

7）点击菜单栏上的 WORD 按钮设置调试参数，其中，LMT_SP_MIN 为最小转速，SP_ERF2 为提速百分比，SP_F 为速度反馈，修改前和修改后参数如图 4-37 和图 4-38 所示。

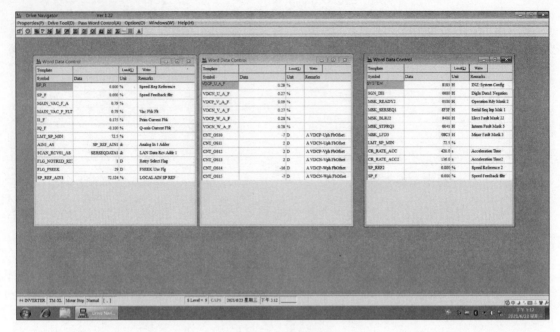

图 4-37　修改前参数

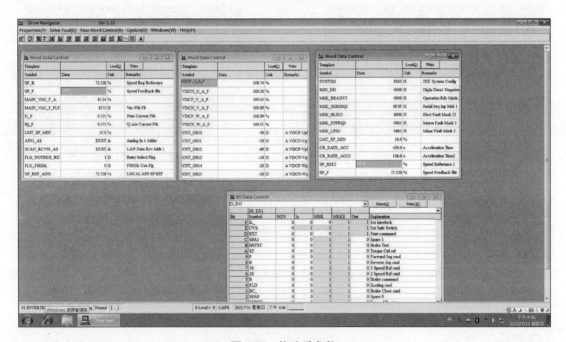

图 4-38　修改后参数

8）进行直流充压，将变频器柜上的运行/停止按钮旋至"运行"，开始直流充压，充压完毕后 VCB1 合闸指示灯亮。

9）进入 Bit Data control，在 DI_EX1 中将 EXT　MSK　1→0，则启动变频器运行，电机转速将开始上升，由于空载输出电压会达到 7000V 后降至 6000V，转速会在 420s 内升至设定转速 1092r/min。

10）通过修改 SP_REF2 给定速度，增加 10%、20%、40%、50%、70%等，查看转速反馈、直流电压、交流输出电压、用红外和紫外热成像仪进行母排和功率单元放电和温度检查。

11）进入 Bit Data control，在 DI_EX1 中将 EXT　MSK　0→1 停止变频器运行。

12）测试完毕后，恢复短接端子、继电器及变频器输出电缆，并对控制器重新上电，检查参数是否恢复到正常运行时的设定。

4.2　荣信变频器现场维修技术

4.2.1　维修级别及周期

荣信变频器维修周期及级别如下：

1）常规性维护检修，与压缩机组 4K、8K 维护保养同步开展。

2）预防性维护检修，与压缩机组 25K 及 50K 维护保养同步开展。

4.2.2　维修前准备

荣信变频器维修前需做好备件、工具、安全措施及资料准备，具体内容如下：

1）备件准备：维修所需备件。

2）工具准备：维修所需工具。

3）安全措施：维修需按照电力安全规程做好相关安全措施，能量隔离。

4）资料准备：维修所需设备说明书、图纸、检修记录等。

4.2.3　维修项目

荣信变频器常规性维护检修项目包括：

1）拆除变频器防尘过滤网，对过滤网进行清洁。

2）清理变频器、功率柜、控制柜、励磁柜、水冷柜等柜体内部积灰及杂物。

3）清洗主过滤器滤芯。

4）去除控制板卡表面灰尘。

5）检查控制电路板、电子元器件及电气部件有无损坏迹象、变色及烧焦痕迹。

6）检查变频器各设备间及变频器内部的电缆外观，表面应光滑，不应有尖角、颗粒、擦伤或烧焦痕迹。

7）检查去离子水储水罐液位，如液位低于下限应进行补水。

8）自动排气阀功能检查。

9）检查水冷系统氮气瓶压力，若偏低，应更换氮气瓶。

10）检查水冷柜及冷却水管路有无渗漏。

11）检查冷却风机应无异响。

12）检查去离子水电导率，若长期超过 0.5μS/cm，应更换去离子水及离子交换器树脂。

13）检查 IEGT 驱动回路各部位光纤导线连接是否紧固，且无破损或弯折。

14）检查母排和电缆螺栓连接的松紧，用扭矩扳手进行检查。

15）检查各控制回路接线端子并进行紧固。

16）检查变频器冷却水装置主泵、备泵之间自动切换功能是否正常。

荣信变频器预防性维护检修项目除包含常规性维护检修的所有项目外，还应增加下列检修项目：

1）功率单元检查，检测整流单元、逆变单元器件管压降并进行记录。

2）检测控制电压并进行测量。

3）对电阻、电容等进行外观检查，检查有无发热损坏现象。

4）对变频器参数进行备份。

5）对变频器 PLC 程序进行备份。

6）对变频器整体进行绝缘测试。

7）更换达到使用年限的部件。

8）开展变频器低压空载发波、高压空载发波测试。

4.2.4　关键维修步骤

1. 变频器 PLC 程序备份

变频器 PLC 程序备份步骤如下：

1）将调试工程本连接到变频器 PLC 模块。

2）打开 STEP7 软件，点击菜单栏的"选项"→设置 PG/PC 接口→选择"SCANET S7（MPI）"接口→点击"属性"按钮→输入 SCANET 模块的 IP 地址→点击"确定"。

3）点击常用工具栏上的"新建项目"按钮，在名称中输入项目名称，点击"确定"。

4）点击 PLC→将站点上传到 PG，如图 4-39 所示。

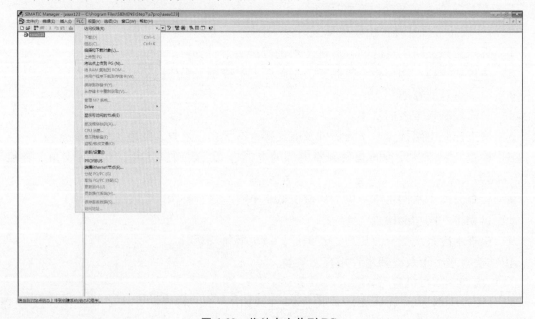

图 4-39　将站点上传到 PG

5）在弹出的"选择节点地址"的对话框中，点击"显示"。选择需要上传的站点，点击"确定"，输入口令，点击"确定"，选中站点的信息将上传到当前项目中。

6）上传完毕后，将程序归档另存即可。

2. 变频器逆变相模块测试

变频器逆变相模块测试步骤如下：

1）测试前需要将功率柜电源断开（两路电源都需要断开，A、B、C 相功率柜电源分别为控制柜内 1#功率柜电源、2#功率柜电源、3#功率柜电源空开），当驱动板指示灯熄灭时，证明电源已全部断开。现场 IEGT 蓝色为 C 极，黄色为 E 极，红色为 G 极。

2）IEGT G-C 极间电阻测试：如图 4-40 所示，将万用表调至电阻挡，将两个表笔放置于 G、C 极（实物为红色和蓝色），正常阻值为 5kΩ 左右。若测试结果远低于 5kΩ，需要将 IEGT 与驱动板解开，分别测试驱动板和 IEGT，确定故障原因在 IEGT 还是驱动板，若驱动板阻值偏低，则需更换驱动板；若 IEGT 阻值偏低，则证明 IEGT 性能下降，只能短期内运行，长时间运行 IEGT 会被击穿。

3. 续流二极管管压降测试

续流二极管管压降测试步骤如下：

1）将万用表调至二极管档位。

2）将万用表红表笔置于 C 极（蓝色），黑表笔置于 E 极（黄色），正常续流二极管管压降值在 0.2V 左右，如图 4-41 所示。

图 4-40　IEGT G-C 极间电阻测试

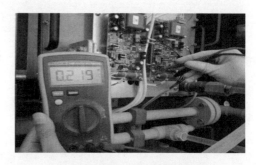

图 4-41　续流二极管管压降测试

4. 整流二极管管压降测试

整流二极管管压降测试步骤如下：

1）将万用表调至二极管档位。

2）将万用表黑表笔放置在负极铜排上，红表笔分别置于整流模块前三相铜排上，可以测得 3 个整流二极管管压降，如图 4-42 和图 4-43 所示。

3）将万用表红表笔放置在正极铜排上，黑表笔分别置于整流模块前三相铜排，可以再测得另外 3 个整流二极管管压降。测得的这 6 个整流二极管管压降值均应在 0.2V 左右。

5. 变频器功率单元更换

变频器功率单元更换步骤如下：

1）将驱动箱顶板拆除并妥善保管。断开相模块与接触器连接排（每只相模块有外六角螺栓 8 个，每组 H 桥共 16 个），如图 4-44 所示。

图 4-42　黑表笔放置在负极铜排上

图 4-43　红表笔分别置于整流模块前三相铜排上

2）断开该区域内所有液压管路（可在水管内有水的情况下断开液压管路），如图 4-45 所示。

图 4-44　拆除连接铜排

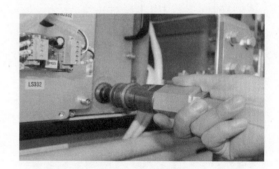

图 4-45　断开水管

3）逐一断开该区域内所有连接线和光纤，如图 4-46 所示。

4）拆除左右相模块与底托板连接螺钉 A 和 B（每组 H 桥共 4 个外六角螺栓），如图 4-47所示。

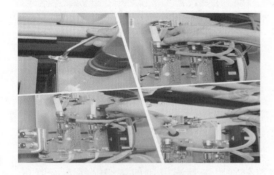

图 4-46　断开连接线与光纤

图 4-47　拆除底部螺栓

5）将手动液压叉车前叉升高，保证升起后高度与相模块底托板上表面在同一水平面上，如图 4-48 所示。

6）双手握紧相模块两侧拉手，将其完全抽出，固定到叉车前叉上，然后将模块摆放到指定位置，如图 4-49 所示。

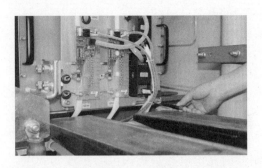

图 4-48　使叉车与单元底板在一个平面上

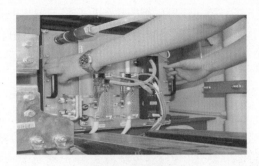

图 4-49　拉出模块

7）替换故障模块时，将新模块固定到叉车前叉上，将前叉升至与底托板水平高度后，将模块推入即可。

6. 变频器旁路接触器及电容模块更换

变频器旁路接触器及电容模块更换步骤如下：

1）拆除图 4-50 中的螺栓及连接铜排（每组 H 桥共 8 个外六角螺栓）。

2）断开所有液压管路及连接线，如图 4-51 所示。

图 4-50　拆除螺栓和铜排

图 4-51　拆除连接线

3）如图 4-52 所示，拆除 H 桥底托板与绝缘梁连接的所有螺栓（拆除左右相模块后可看到每组 H 桥共 12 个十字沉头螺钉，在柜体后侧可看到每组 H 桥共 4 个外六角螺钉）。在柜体后侧，将叉车前叉完全伸入底托板 A 和 B 处，然后将与底托板连接的电容模块和接触器整体拆除。

4）当需要更换 H 桥单元中的组件时，只需要将新的 H 桥单元中的组件按照与拆卸相反的步骤安装完成即可。

图 4-52　拆除底部螺栓

7. 隔离变压器二次绕组各线圈电压测量

隔离变压器二次绕组各线圈电压测量步骤如下：

1）确定电驱压缩机组的进线断路器 1QF/2QF 荣信变频器进线断路器以及接地刀处于分开状态，1QF 断路器开关处于试验位置。

2）在变频器进线 2QF 断路器输出侧接入 AC 380V 的电源。

3）打开变频器整流柜柜门，用万用表测量整流模块的（U、V、W）三相即变压器二次绕组各线圈输出电压大约为 70.3V。

8. 低压空载发波测试

低压空载发波测试步骤如下：

1）将 110kV 变电所机组 10kV 小车摇至试验位置。

2）将变频器馈出柜隔离刀闸置于分闸。

3）将变频器控制模式由 8 改为 1，同时将控制器内充电电压最低阈值参数改为 50V，欠电压阈值参数改为 20V。注意：单元板参数修改后，必须重启荣信汇科控制器。否则，参数将无法下传成功。另外，修改前一定要记录修改前参数。

4）手动启动水冷柜，确定回水压力和回水温度正常。

5）短接控制柜刀闸状态点，即 X212 端子排的 7 和 8 端子。

6）将 380V 交流电接至进线高开柜断路器输出侧，其中电源引自控制柜反充电开关。注意：不能将原有反充电电源线接入。

7）在 PLC 程序中修改合主电的条件，如图 4-53 所示，将 Q19.7 高压开柜断路器合闸允许条件删除，然后重新下载 PLC 程序。

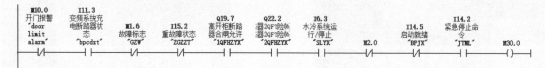

图 4-53　PLC 程序修改

8）将反充电开关 AC 380V 电源开关合闸。

9）点击控制柜门"合主电"按钮。

10）合闸之后，此时一人在高压开关柜（110kV 变电所）试验位合闸。

11）馈出柜接触器 1 和 2 合闸，倒计时 1min 后，接触器 3 合闸，预充电完成后，2QF 合闸，充电完成后，控制器界面显示充电完成，发出"变频就绪"。

12）点击人机界面上"变频运行"（初始频率表从 10Hz 开始）。

13）观察录波界面上的输出电压显示是否正确。

14）上升频率，直到额定值 80Hz，上升间隔为 10Hz。

15）达到额定值后，保持 5min 左右，点击"变频停止"，分开 AC 380V 电源。

9. 低压反充电相位校对试验

低压反充电相位校对试验步骤如下：

1）将 110kV 变电所机组 10kV 小车摇至试验位置。

2）将变频器馈出柜隔离刀闸置于分闸。

3）将变频器控制模式由 8 改为 1，同时将控制器内充电电压参数改为 50V，欠电压阈值参数改为 20V。注意：单元板参数修改后，必须重启控制器，否则参数将无法下传成功，另外修改前一定记录修改前参数。

4) 手动启动水冷柜，确定回水压力和回水温度正常。

5) 短接控制柜刀闸状态点，即 X212 端子排的 7 和 8 端子。

6) 将 380V 交流电接至进线高开柜断路器输出侧，其中电源引自控制柜反充电开关，同时连接低压反充电接线。

7) 波形界面调出网侧电压波形和进线高开柜 PT 信号波形。

8) 合上低压反充电 AC 380V 电源，按控制门"合主电"按钮，单元开始进行充电。

9) 在波形界面比较网侧电压和高压进线开关柜 A/B/C 三相电压波形是否一致（必须在 1min 内），如图 4-54 所示，网侧电压和反充电的电压波形分别——对应，表明相位一致。

10) 波形显示后，按下急停按钮。

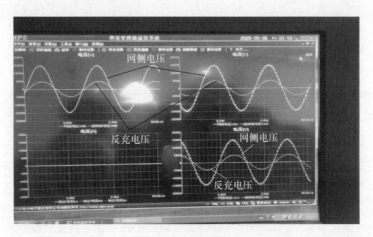

图 4-54　波形显示

10. 高压空载发波试验

高压空载发波试验步骤如下：

1) 检查馈出柜隔离刀闸处于分闸状态，如图 4-55 所示。

2) 改变变频器控制模式，在变频器触摸屏中的参数配置界面，将变频器控制模式由 8 改为 1（VF 模式）。

3) 确定频率给定值在 10 以下，确定无误后点击"下传参数"按钮，对更改的参数进行下载，如图 4-56 所示；然后点击"查询参数"，查看控制模式及频率给定值，确认更改的参数已下载至变频控制器。

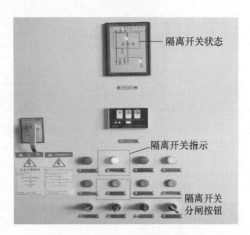

图 4-55　隔离开关状态

4) 短接控制柜刀闸状态点，即 X212 端子排的 7 和 8 端子。

5) 短接外部急停信号，即 X204 端子排的 22 和 23 端子。

6) 查看调试信息界面，如图 4-57 和图 4-58 所示，短接前，控制器输入状态 4 和 5 指示灯为熄灭状态；短接后，控制器输入状态 4 和 5 指示灯为点亮状态。

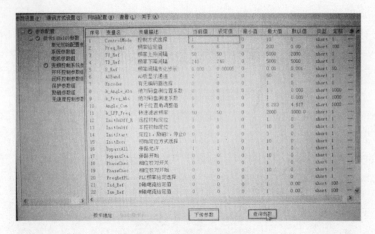

图 4-56　变频器参数配置

图 4-57　短接前调试信息界面

7）将控制柜"就地/远控"开关旋至就地模式。

8）就地启动水冷系统，检查回水压力、流量等参数是否正常。

9）启动变频器。点击合主电按钮，变频器触摸屏主界面右上角的合主电状态变为绿色，等待约 1min 后，待控制面板上的"变频就绪"指示灯亮后，在触摸屏主界面右下角的操作命令中点击"变频运行"后，变频器开始启动。

10）变频器空载升速：在触摸屏主界面查看实际频率给定值，当显示频率与给定频率一致时，可以 10 为单位逐渐增加频率设定值，在显示频率与给定频率一致时，继续增加设定值，逐渐将给定频率增加至 80。

11）当实际频率给定值显示为 80Hz 时，开始计时 10min，观察变频器运行状态及电压波形图。

图 4-58　短接后调试信息界面

12）测试完毕停止变频器：在主界面点变频器停止运行，然后分主电。将急停信号和刀闸信号短接线恢复，将控制方式改为 8，频率改回到 10Hz，将刀闸打到合闸位置，将控制柜"就地/远控"开关旋至远控模式，水冷控制柜切换至远控位置。

11. 励磁系统静态调试

励磁系统静态调试步骤如下：

1）将变频器控制柜切换至本地状态，确认界面无故障、无急停报警。

2）确保励磁柜处于远程状态。

3）在变频器 HMI 界面右下角双击"下载参数界面"，如图 4-59 所示。

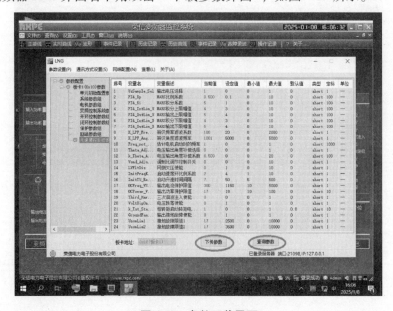

图 4-59　参数下载界面

4）进入"下载参数界面"，选择"变频控制系统参数组"，如图 4-60 所示。

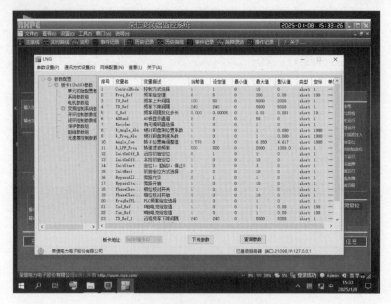

图 4-60　变频器控制系统参数

5）选择"12. 远控初始定位"，将值由 1 改为 0，如图 4-61 所示。

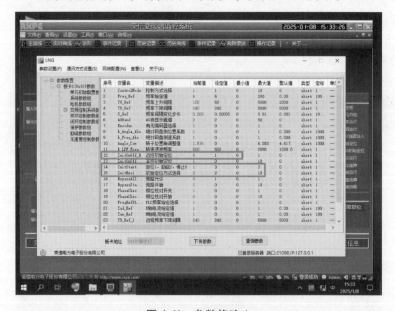

图 4-61　参数修改 1

6）选择"13. 本控初始定位"，将值由 0 改为 1，如图 4-62 所示。

7）选择"14. 初始定位测试"，将值由 3 改为 0（0 为停止状态），如图 4-63 所示。

8）选择"励磁参数组"，选择"2. 励磁电流给定"，将值由 251 改为 25.1，测试时此值递增，每次增加 25.1，即设定比例从 10%（25.1）开始逐步测试到 100%（251），如图 4-64 所示。

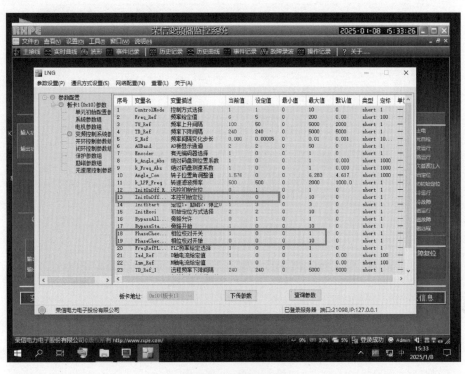

图 4-62　参数修改 2

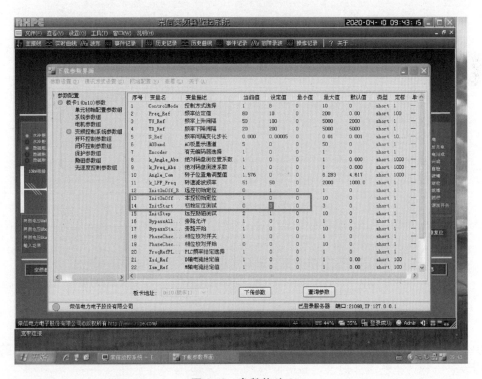

图 4-63　参数修改 3

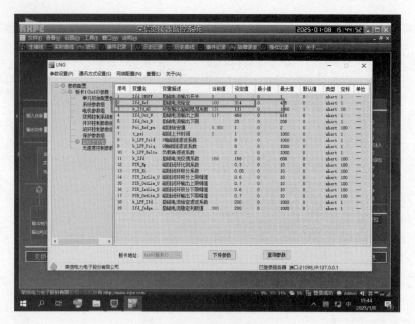

图 4-64　励磁电流给定

9）开始测试，将"变频控制系统参数组"中"14. 初始定位测试"，将值由 0 改为 3（测试），此时励磁柜合主电，自动切换至运行状态，如图 4-65 所示。

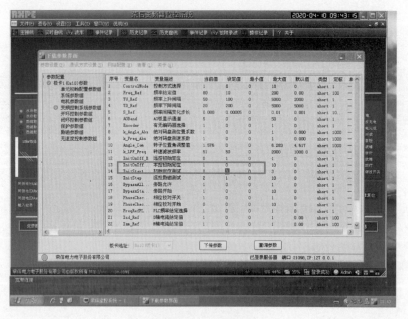

图 4-65　启动测试

10）分别用万用表和钳形电流表测试测试不同给定值时的励磁控制柜到励磁机的出线侧三相线电压和三相电流，记录励磁柜面板励磁显示电压、电流值。

11）测试完成后恢复上述变频器系统相关参数原设定值。

12）测试数据分析标准：励磁柜对应的输出电压与电流应与原始调试测试数据一致，如不一致说明励磁系统存在问题，需要进一步分别确认励磁控制柜、励磁电机、旋转整流盘、电机转子线圈回路。

12. 变频器带电机测试

变频器带电机测试步骤如下：

1）在低压配电室 UMD 控制柜风冷电机变频器面板设置为就地控制（频率设置为 50Hz），就地启动 1#电机风冷电机、2#电机风冷电机、3#电机风冷电机、4#电机风冷电机，现场确认 4 台风冷电机运行正常，同时，站控室 HMI 显示风冷电机在运行状态。

2）在低压配电室 UMD 控制柜将 1#滑油泵和 2#滑油泵由远控切至就地，就地启动 1#滑油泵或者是 2#滑油泵，现场确认滑油泵运行正常，控室 HMI 显示油泵均在运行状态，油压显示正常，查看排烟风机运行正常。

3）在站控室远程启动 1#顶升油泵、2#顶升油泵、3#顶升油泵、4#顶升油泵，控室 HMI 显示四台顶升油泵均在运行状态，现场确认运行正常。

4）检查变电所 10kV 开关柜断路器小车在工作位置，控制方式处于远方控制状态。

5）检查变频器馈出柜隔离刀闸处于合闸状态。

6）在变频器触摸屏中的参数配置界面，确定变频器控制模式改为 8。

7）将频率给定值修改为 10Hz 以下。参数修改完成后，点击"下传参数"按钮，对更改的参数进行下载；然后点击"查询参数"，查看频率给定值，确认更改的频率已下载至变频控制器。

8）对变频器进行复位，现场查看变频器界面无任何报警，无急停信号。

9）就地启动变频器水冷，确认回水压力等水冷柜相关参数正常。

10）将控制柜"就地/远控"钥匙旋至就地模式。

11）启动变频器后，点击"合主电"按钮，变频器触摸屏主界面合主电状态变为绿色，等待约 1min 后，待控制面板上的"变频就绪"指示灯亮后，在触摸屏主界面右下角的操作命令中，点击"变频运行"后，变频器开始启动，到励磁就绪约需几分钟。

12）变频器升速，在触摸屏主界面查看实际频率给定值，当显示频率与给定频率一致时，可以 10 为单位逐渐增加频率设定值，在显示频率与给定频率一致时，继续增加设定值，逐渐将给定频率增加至测试需要的频率，同时观察变频器运行状态及电压波形图。

13）现场恢复，测试完毕后，停变频器时在主界面点变频器停止运行，然后停主电源。将控制柜"就地/远控"钥匙打到"远控"模式，将水冷柜由就地控制切至远程控制。

4.3 上广电变频器现场维修技术

4.3.1 维修级别及周期

上广电变频器维修周期及级别如下：

1）常规性维护检修，与压缩机组 4K、8K 维护保养同步开展。

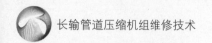

2）预防性维护检修，与压缩机组 25K 及 50K 维护保养同步开展。

4.3.2 维修前准备

上广电变频器维修前需做好备件、工具、安全措施及资料准备，具体内容如下：

1）备件准备：维修所需备件。

2）工具准备：维修所需工具。

3）安全措施：维修需按照电力安全规程做好相关安全措施，能量隔离。

4）资料准备：维修所需设备说明书、图纸、检修记录等。

4.3.3 维修项目

上广电变频器常规性维护检修项目包括：

1）拆除变频器防尘过滤网，对过滤网进行清洁。

2）清理变频器、功率柜、控制柜、励磁柜、水冷柜等柜体内部积灰及杂物。

3）清除控制板卡表面灰尘。

4）检查控制电路板、电子元器件及电气部件有无损坏迹象、变色及烧焦痕迹。

5）检查变频器各设备间及变频器内部的电缆外观，表面应光滑，不应有尖角、颗粒、擦伤或烧焦痕迹。

6）检查去离子水储水罐液位，如液位低于下限，应进行补水。

7）自动排气阀功能检查。

8）检查水冷系统氮气瓶压力，若偏低，应更换氮气瓶。

9）检查水冷柜及冷却水管路有无渗漏。

10）检查冷却风机应无异响。

11）检查去离子水电导率，如超过 $0.5\mu S/cm$，更换去离子水及离子交换器树脂。

12）检查 IGBT 驱动回路各部位光纤导线连接是否紧固，且无破损或弯折。

13）检查母排和电缆螺栓的连接松紧，用扭矩扳手进行检查。

14）检查各控制回路接线端子并进行紧固。

15）检查变频器冷却水装置主泵、备泵之间自动切换功能是否正常。

上广电变频器预防性维护检修项目除包含常规性维护检修的所有项目外，还应增加下列检修项目：

1）功率单元检查，检测整流单元、逆变单元器件管压降并进行记录。

2）检测控制电压并进行测量。

3）检查电阻、电容等进行外观检查，有无发热损坏现象。

4）对变频器参数进行备份。

5）对变频器 PLC 程序进行备份。

6）对变频器整体进行绝缘测试。

7）更换达到使用年限的部件。

8）开展变频器 V/F 测试。

4.3.4　关键维修步骤

1. 变频器主控板参数备份

变频器主控板参数备份步骤如下：

1）将调试工程本与现场设备连接。

2）打开 VFD 软件，选择 25MVA 版，点击"确定"。

3）点击"参数"按钮，点击"从 DSP 上传"。

4）上传完毕后，点击"导出至 Excel"，将参数另存即可。

2. 变频器 PLC 程序备份

变频器 PLC 程序备份步骤如下：上广电变频器 PLC 程序备份与荣信变频器 PLC 程序备份操作步骤一致，详情请参见 4.2.4 节。

3. 变频器功率单元更换

变频器功率单元更换步骤如下：

1）拔出待拆卸功率单元驱动板上的光纤头，并用光缆保护头对拆下的光缆进行保护，如图 4-66 所示。

2）用扳手卸下功率单元的 L1、L2、L3 连接电缆，如图 4-67 所示。

图 4-66　拔出光纤接头

图 4-67　拆下连接电缆

3）用扳手卸下功率单元的 T1、T2 连接铜排，如图 4-68 所示。

4）拆下功率单元与轨道的固定螺钉，如图 4-69 所示。

图 4-68　拆卸功率单元的 T1、T2 连接铜排

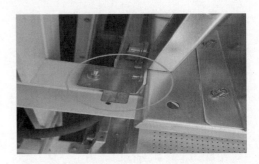

图 4-69　拆卸功率单元与轨道的固定螺钉

5）做好被拆卸功率单元周边单元的防水工作，覆盖防水膜。

6）用水管路夹具夹住功率单元两侧橡胶软管。

7）用堵头将功率单元水管封堵。

8）用功率单元安装拆卸专用车对准功率单元轨道，将功率单元沿轨道抽出，注意功率单元滚轮位置。

9）按与上述拆卸相反的顺序将备用单元装上并接线。

4. 变频器 V/F 测试

变频器 V/F 测试步骤如下：

1）记录触摸屏所有参数。

2）修改电机参数，将"电机类型"由同步电机改为异步电机。

3）修改内部参数，将控制模式由 OLVC 改为 OLTM。

4）上述完成后下载参数变频器无报警、故障。

5）短接"合用户断路器 QF1"，3s 后，QF1 会合闸，合闸成功后，断开短接线。

6）变频器画面显示"变频器就绪"后，将变频器切换至就地模式。变频器画面显示就地后，点击"启动"。

7）启动成功后，可以逐步调速。

8）完成后将参数修改为原参数，并核对。

5. 变频器带电机测试

变频器带电机测试步骤如下：

1）确认馈出柜断路器分闸，就地位置。

2）将变频器触摸屏所有参数均拍照记录。

3）修改电机参数，将电机类型由同步改为异步。

4）修改内部参数，将控制模式由 OLVC 改为 OLTM，修改完成后下载参数。

5）速度下限默认 64.5%，对应最小负荷。

6）变频器除"压缩机未就绪"报警外，无其他报警信号。

7）短接"压缩机就绪反馈信号来自 UCS"信号。

8）断开"变频器运行至 UCS"信号。

9）短接"合用户断路器 QF1 来自 UCS 信号"，3s 后（如果水冷电导率不合格，可能超过 3s）QF1 会合闸，合闸成功后断开短接线。

10）变频器画面显示"变频器就绪"后，将变频器切换至就地模式。

11）变频器画面显示就地后，点击"启动"。

12）启动成功后，可以根据需求给定速度。

4.4 同步电动机现场健康评估及维修技术

4.4.1 维修级别及周期

同步电动机维修周期及级别如下：

1）常规性维护检修，与压缩机组 4K、8K 维护保养同步开展。

2）预防性维护检修，与压缩机组 25K 及 50K 维护保养同步开展。

4.4.2　维修前准备

同步电动机维修前需做好备件、工具、安全措施及资料准备，具体内容如下：

1）备件准备：维修所需备件清单及更换周期。

2）工具准备：维修所需工具。

3）安全措施：维修需按照电力安全规程做好相关安全措施，能量隔离。

4）资料准备：维修所需设备说明书、图纸、检修记录等资料。

4.4.3　维修项目

同步电动机常规性维护检修项目包括：

1）打开电机本体观察孔盖板。

2）目视检查电机防护罩内的污物、碎片、锈蚀和损伤，并人工进行清理。

3）用 0.5MPa 压缩空气对电机外部冷却风道进行吹扫，清除电机积灰。

4）检查电机各部位应无渗漏油，更换滑动轴承箱体润滑油。

5）检查电机各部位接线盒内接线端子，无松动及发热打火现象，绝缘部件完好无损坏灼烧痕迹。

6）检查电机空间加热器并测试绝缘电阻，绝缘电阻应不小于 $0.5M\Omega$。

7）检查电机本体温度、振动传感器温度。电机初始停机到完全冷却后，查看温度历史曲线，观察温度整体下降趋势。完全冷却后，温度示数与实际环境温度的误差不超过 ±3%。

8）定子绕组及励磁机定子绕组直流电阻测试以及对地绝缘电阻测试，具体按 DL/T 596 相关要求执行。

9）各部位接地线无松动脱落，接地电阻不大于 4Ω。

同步电动机预防性维护检修项目除包含常规性维护检修的所有项目外，还应增加下列检修项目：

1）拆除电机本体上部端盖和冷却器。

2）定子绕组悬垂部分目视检查，不应存在损伤。

3）打开轴承上部防护端盖，提升轴离开支撑面。

4）检查电机各部位轴承密封，检查轴承及内部部件不应存在损伤。

5）用 500V 兆欧表测量轴承的绝缘电阻，阻值在 $1M\Omega$ 以上。

6）定子绕组直流电阻测试。

7）定子绕组对地绝缘电阻测试。

8）定子绕组极化指数测试（注意：IEEE 推荐 F 级绝缘定子绕组对地绝缘电阻值和极化指数分别为 100MΩ（40℃）和 ≥2，若电机绕组绝缘电阻和极化指数测试未通过，不进行后续测试）。

9）定子绕组直流阶梯波电压测试。

10）定子绕组匝间绝缘测试。

11）定子绕组局部放电量和放电电压测试。

12）电机转子直流电阻测试。

13）电机转子绝缘电阻测试。

14）电机转子极化指数测试。

15）电机转子匝间短路测试（RSO）。

16）励磁机定子直流电阻测试。

17）励磁机定子、转子绝缘电阻测试。

18）励磁机定子极化指数测试。

19）旋转整流盘二极管检测。

20）电动机振动频谱分析测试。

21）更换运行中发现损坏或有缺陷的备件。

4.4.4 关键维修步骤

1. TMEIC 同步电动机拆卸

TMEIC 同步电动机拆卸步骤如下：

1）拆卸空气吹扫管道、连接电缆等附件，如图 4-70 所示。

图 4-70　拆卸空气管道及附属管道

2）拆卸下励磁机外罩，如图 4-71 所示。

3）拆卸润滑油管线、振动探头、温度探头等，如图 4-72 所示。

图 4-71　励磁机外罩拆卸　　**图 4-72　拆除振动、温度探头**

4）拆卸励磁机挡风板，拆之前先测量间隙并记录，如图 4-73 所示。

5）拆卸励磁机轴承，拆之前测量阻油环间隙并记录，如图 4-74 所示。

6）励磁机轴升起量及尾滑车的数值进行计测并记录，为防止造成损坏，用橡胶外包材料等对轴颈进行保护，如图 4-75 和图 4-76 所示。

图 4-73　拆卸励磁机挡风板

记录阻油环的间隙

图 4-74　测量阻油环间隙

对轴升起量及尾滑车的数值进行计测并记录

图 4-75　轴升起量及尾滑车的数值测量

为防止造成损坏，用橡胶外包材料等对轴颈进行保养

图 4-76　对轴径进行保护

7）拆卸励磁机定子，如图 4-77 所示。

8）拆卸励磁机转子与电机转子的连接导线，如图 4-78 所示。

图 4-77　拆卸励磁机定子

拆卸下连接导线

图 4-78　拆卸励磁机转子与电机转子的连接导线

9）拆卸励磁机转子与电机转子间的连接螺栓，拆除励磁机转子，如图 4-79 所示。

10）拆卸非驱动端上部托架，拆卸托架上下结合部位有自下向上的紧固螺栓，如图 4-80所示。

11）确认电机非驱动端阻油环与轴的间隙，并记录。拆卸下阻油环和接地电刷，如图 4-81所示。

12）拆卸下轴承盖，记录间隙，拆卸下阻油环。用橡胶外包材料等对轴颈部进行保养，防止异物混入轴承内，如图 4-82 所示。

图 4-79 拆卸励磁机转子与电机转子间的连接螺栓

图 4-80 拆卸非驱动端上部托架

图 4-81 拆卸接地电刷

图 4-82 拆卸下轴承盖

13）拆卸轴承，如图 4-83 所示。

14）确认鼓风机与风扇导向器之间的间隙，拆卸风扇导向器，如图 4-84 所示。

图 4-83 拆卸轴承

图 4-84 拆卸风扇导向器

15）驱动端轴承拆卸。

16）将底部螺栓插入到定子与转子之间，用底部螺栓支撑转子，如图 4-85 所示。

17）拆卸驱动端托架。

18）在电机转子和定子之间插入纤维板，如图 4-86 所示。

19）向纤维板上方插入转子滑动保护板，如图 4-87 所示。

20）拆卸非驱动端轴承，如图 4-88 所示。

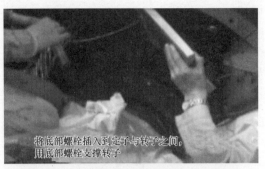

将底部螺栓插入到定子与转子之间，用底部螺栓支撑转子

图 4-85 将底部螺栓插入到定子与转子之间

图 4-86 插入纤维板

图 4-87 插入转子滑动保护板

图 4-88 拆卸非驱动端轴承

21）安装转子支架。

22）抽出转子，如图 4-89 所示。

2. 国产同步电动机励磁机拆卸

国产同步电动机励磁机拆卸步骤如下：

1）电机需将冷却器外部供水切断，并将冷却器内的水排出，断开并拆开冷却器外部接口，最后将冷却器上的排水孔打开进一步排净冷却器中的水。排水时现场做适当防护，防止水到处溅射。断开电机正压通风系统，将外罩与底板上相连接的所有管路断开，如图 4-90 所示。

图 4-89 抽出转子

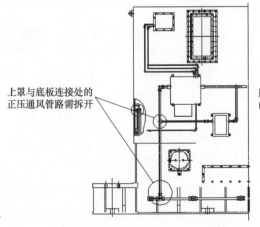

上罩与底板连接处的正压通风管路需拆开

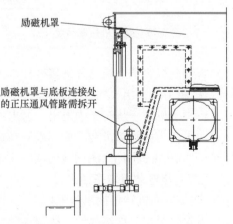

励磁机罩

励磁机罩与底板连接处的正压通风管路需拆开

图 4-90 示意图

2）断开电机与外部连接的电缆，信号线，做好标记，拆开主机和励磁机外罩风筒部件（见图 4-91），拆开后做好位置标记，将螺钉和垫圈等小部件保存好，切勿遗忘或者掉落到电机内腔中。

3）拆开主机外罩与底板之间的等位铜带，如图 4-92 所示。

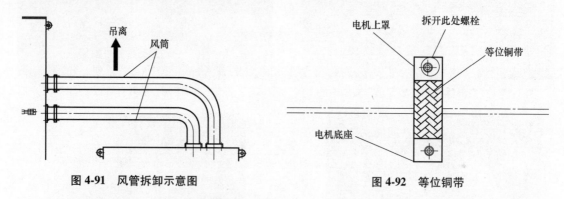

图 4-91　风管拆卸示意图

图 4-92　等位铜带

4）拆开励磁机外罩与底板之间的把合螺栓拆开，将励磁机外罩平稳吊出，此时励磁机定转子就裸露在外部了（见图 4-93）。

5）将励磁机轴承座和轴承垫板等部件拆出，轴瓦台和测振位置用涤纶毡和白布包好（见图 4-94）。

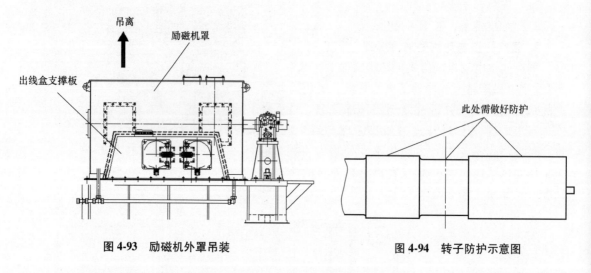

图 4-93　励磁机外罩吊装

图 4-94　转子防护示意图

6）将励磁机定子电缆与外部接线柱连接拆开，拆开时做好标记，将外部防爆出线盒支座拆开，吊离工位，摆放到预先选好的位置。

7）将励磁机定子从转子中退出，退出的过程中防止刮碰定转子铁心和端部线圈。

8）用吊车吊稳励磁机转子后，松开励磁机转子和主机连接法兰处的把合螺栓，将励磁机转子凸止口从主机凹止口中平稳退出，拆的过程中不可破坏止口。

3. 国产同步电动机转子抽出

国产同步电动机转子抽出步骤如下：

1）拆除外罩相关连接部件，按图 4-95 所示吊出外罩。

2）拆出主机两端的玻璃钢挡风罩，将其吊出电机，拆时做好标记以便后续回装，拆时注意不要磕碰到转子风叶，如图 4-96 所示。

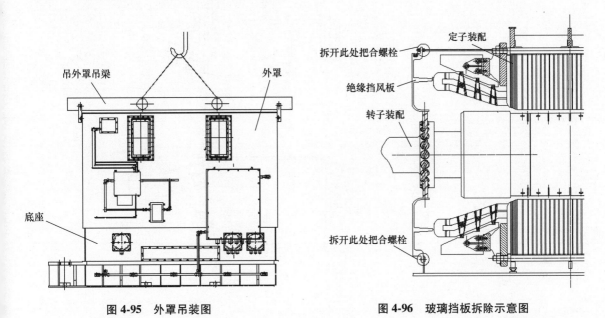

图 4-95　外罩吊装图　　　　　　　　图 4-96　玻璃挡板拆除示意图

3）拆开主机两端风叶，每拆开一个风叶都需在风叶和风扇座上用记号笔做好标记，以便后续回装。

4）按图 4-97 将滑块（序 3）安装至驱动端 D320 轴台处，滑块（序 4）安装到非驱动端靠近轴法兰的轴径处，轴径和滑块之间垫好绝缘纸或者涤纶毡（主要保护作用），并在滑块底部均匀地涂抹一层黄油。

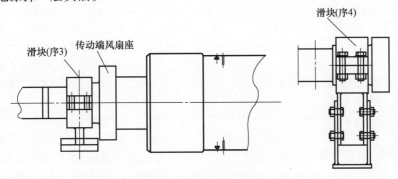

图 4-97　转子支架安装

5）按图 4-98 所示在定子铁心和转子铁心底部垫好铁心保护工具和垫板。

6）两端拆开轴承座的高、低压管，拆开高压油站，吊离工位摆放到工地现场统一规划好的位置保存好。

7）拆开主机两端的轴承座上盖和上瓦，做好标记，将其吊离工位，摆放到统一规划好的位置保存好，放到驱动端和非驱动端支撑架上，支撑轴时要保持轴的水平，转子切不可有明显倾斜而导致转子发生滚落，如图 4-99 和图 4-100 所示。

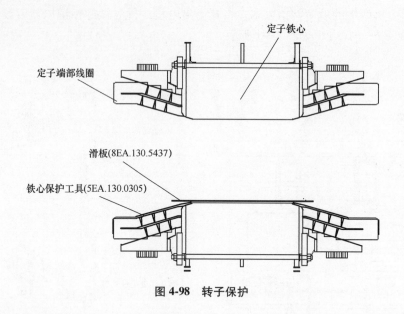

图 4-98　转子保护

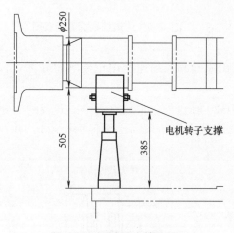

图 4-99　驱动端支撑位置

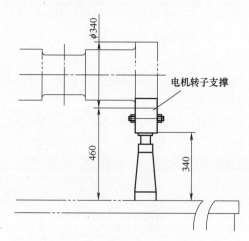

图 4-100　非驱动端支撑位置

8）转子支撑稳后，将轴承座的下瓦翻出，拆开轴承室内的高压软管，将下瓦保标记保存好。

9）拆出轴承垫板与轴承座把合螺栓，松开底板靠近轴承座边缘的地脚螺栓螺母，将工具挡板按示意图组合好后把到地脚螺栓上，吊车吊起轴承座（约 2mm）用 16t 千斤顶按图 4-101 所示方向将轴承垫板顶出，然后将轴承座落到底板上。驱动端轴承座可直接落到底板上，非驱动端轴承座需从侧面顶出，顶出的方法同顶轴承垫板的方法。

10）驱动端在图 4-102 所示位置挂好吊绳，缓慢起钩，让吊绳吃力，撤走支撑架。

11）如图 4-103 所示在非驱动端法兰端面安装专用工具。

12）在滑块途经位置适当涂抹些黄干油，专人负责看定子和转子上下气隙，挂钩人员指挥装配人员轴向拉手动葫芦和吊车走向，将转子抽到如图 4-104 所示位置时可将吊绳卸下。

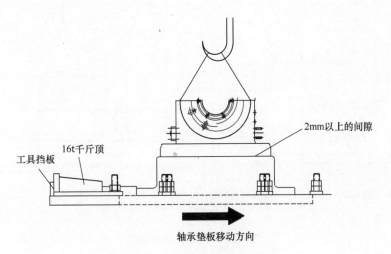

图 4-101　轴承垫板移动方向

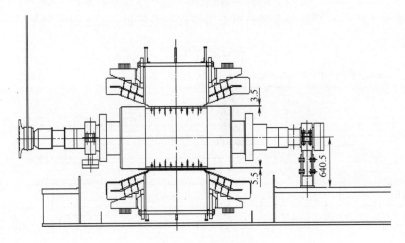

图 4-102　吊绳悬挂

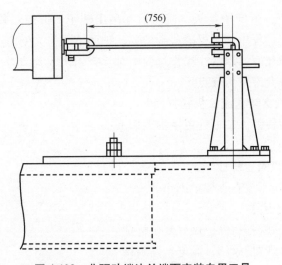

图 4-103　非驱动端法兰端面安装专用工具

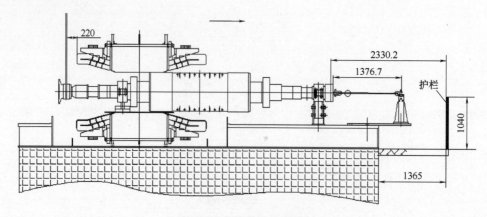

图 4-104　转子抽出位置 1

13）继续拉手动葫芦，将转子抽到如图 4-105 所示的位置，可用 2 根 10t 的软吊绳挂到图中位置，试吊下转子，如重心有偏差可适当串动吊绳位置，直至可平稳吊起转子。

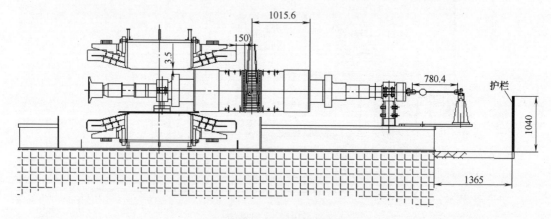

图 4-105　转子抽出位置 2

14）拆卸手动葫芦，拆卸法兰板，使用吊车吊出转子，拆卸工具，将转子落到滚轮架上做检查清理。抽转子过程中切不可磕碰到护环，护环不可作为受力点，轴上测振位置和轴瓦台位置必须用涤纶毡包好，严禁在操作过程中对其有划伤或者磕碰，转子落到转子支撑工具支撑座内其他位置不允许作为支点。

4. 国产同步电动机旋转整流二极管更换

国产同步电动机旋转整流二极管更换步骤如下：

（1）仪表接线箱拆除

1）拆除仪表接线箱固定螺栓。

2）移除仪表接线箱，放在支架上固定。

（2）励磁机密封罩拆除

1）拆除励磁机正压吹扫风筒，做好复位标记。

2）拆除励磁机正压吹扫管路，做好管路封堵。

3）用行吊吊离正压吹扫风筒，放置在存放区。

4）将励磁机和同步电机的方形引风孔进行封堵。

5）拆除密封罩与基座把合螺栓，做好复位标记。

6）用行吊吊离密封罩，放置在存放区。

7）密封罩各接触面密封垫，清除密封胶。

（3）励磁机旋转整流器护罩拆除

1）拆除励磁机驱动端旋转整流器上、下端护罩与励磁机定子外壳连接螺栓，做好复位标记。

2）移除护罩，放置在存放区。

3）用塞尺按照上下左右四个方向，对驱动端定子和转子的气隙进行测量，并记录。

（4）励磁机非驱动端拆除

1）拆除励磁机非驱动端转子护罩，做好复位标记，放置在存放区。

2）用塞尺按照上下左右四个方向，对非驱动端转子和密封板气隙进行测量，并记录。

3）拆除励磁机密封板，做好复位标记，放置在存放区。

4）拆除励磁机非驱动端护罩，做好复位标记，放置在存放区。

5）用塞尺按照上下左右四个方向，对非驱动端定子和转子的气隙进行测量，并记录。

（5）励磁机配重块检查

1）检查非驱动端的转子配重块是否存在松动情况，并紧固。

2）检查驱动端旋转整流器上配重块是否存在松动情况，并紧固。

（6）励磁机直流电阻和绝缘电阻测试

1）拆除励磁机三相电缆和空间加热器动力电缆，做好电缆接头防护。

2）移除动力电缆接线箱，放在支架上固定。

3）对励磁机定子线圈三相绕组直流电阻进行测量，并记录。

4）对励磁机定子线圈三相绕组绝缘电阻进行测量，并记录

（7）励磁机旋转整流器二极管和压敏电阻检查

1）利用千斤顶将定子外壳在基座上向非驱动端平移 60~70cm，露出转子上旋转整流器负极侧 10~15cm，做好复位标记。

2）断开旋转整流器直流输出与转子线圈连接点（P 极和 N 极），拆卸二极管与励磁机转子绕组抽头连接铜片，拆卸压敏电阻连接铜片，对正极侧 6 个整流二极管（$V_1 \sim V_6$）进行漏电流测试，对 4 个压敏电阻（$RV_1 \sim RV_4$）进行耐压测试，对负极侧 6 个整流二极管（$V_7 \sim V_{12}$）进行漏电流测试，4 个压敏电阻（$RV_5 \sim RV_8$）进行耐压测试并记录，判定标准见 OEM 厂家说明书，电气原理图见图 4-106，旋转整流盘布置如图 4-107 所示。

3）根据二极管、压敏电阻测试结果，如有损坏，用内六方将整个桥臂的元件进行更换。

4）更换前的二极管及压敏电阻与更换后的二极管及压敏电阻合计重量差不得超过 3g，否则需要重新调整励磁机动平衡。

（8）注意事项

1）拆除二极管、压敏电阻及连接片时一定做好标记，原位置回装。

2）拆除动力电源，控制线缆时应记录线号，以防回装时安装错误。

3）拆装过程中防止异物掉入励磁机内部。

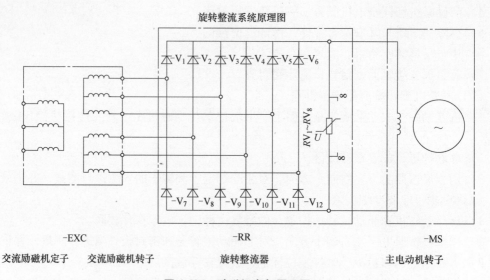

旋转整流系统原理图

-EXC

交流励磁机定子　交流励磁机转子　　　旋转整流器　　　　　主电动机转子

-RR

-MS

图 4-106　励磁机电气原理图

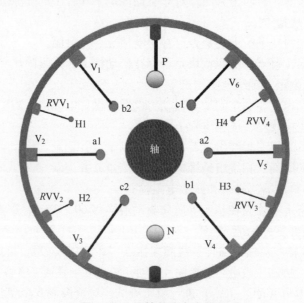

图 4-107　旋转整流盘布置图

4.4.5　离线状态检测与评估

1. 绕组直流电阻测试

（1）测试目的

绕组电阻测试是一项简单的试验，用于初步指示定子绕组的健康。

（2）测试原理

试验时在绕组通入已知大小的电流，测量绕组上的电压降，用欧姆定律计算绕组的电阻值。

（3）测试工具

AWAIV 电机静态分析仪。

（4）测试依据

判断相间电阻的不平衡度。

（5）直流电阻的定义

$R=\rho L/S$，其中的 ρ 是电阻率；L 为材料的长度；S 为面积。可以看出，材料的电阻大小与材料的长度成正比，即在材料和横截面积不变时，长度越长，材料电阻越大；而与材料横截面积成反比，即在材料和长度不变时，横截面积越大，电阻越小。电阻率不仅与材料种类有关，而且还与温度、压力和磁场等外界因素有关。金属材料在温度不高时，ρ 与温度 $t(℃)$ 的关系是 $\rho_t=\rho_0(1+\alpha t)$，式中，$\rho_t$ 与 ρ_0 分别是 $t℃$ 和 $0℃$ 时的电阻率；α 是电阻率的温度系数，与材料有关。

（6）线圈直流电阻的结果

影响绕组直流电阻结果的因素主要有以下几点：

1）漆包线的直径。

2）漆包线的长度（匝数）。

3）匝间开路。

4）匝间短路。

5）绕组接头处焊接质量不良。

6）绕组的温度。

绕组不平衡量的定义：$R\%=(\text{Max-Min})/\text{Avg}$，其中，Max 是三相中最大的电阻，Min 是三相绕组中最小的电阻值，Avg 为三相三组的平均电阻值。25℃的电阻值：$R_{[25℃]}=[25+K]/[\theta+K]R_{[\theta]}$。其中，$K$ 为材料在 0℃ 时的固有系数，Cu 为 235；θ 为测试时绕组温度；$R_{[\theta]}$ 为绕组的测量阻值。

（7）结果判别

$R\%$ 一般散线电机小于 5%，成型线圈小于 1%。

2. 绝缘电阻测试

（1）测试目的

绝缘电阻测试是一项简单的试验，用于初级绕组对地的绝缘状态。

（2）测试原理

试验时在绕组通入已知大小的电压，测量泄漏电流，用欧姆定律计算电阻值。

（3）测试工具

绝缘电阻测试仪。

（4）测试依据

IEEE 43-2010。

（5）绝缘电阻简介

测量铜导体与定子铁心或者转子铁心之间电气绝缘的电阻．理想情况下，该电阻是无限大，实际上，绝缘电阻并不无限大，一般来说，绝缘电阻越低，绝缘中存在问题的可能性就越大。

IEC43-2000 标准中详细地描述了应用于旋转电机的 IR 和 PI 的试验原理，在 IEC 标准中没有对等的试验方法，测量绝缘电阻和极化指数时，在绕组铜导体与定、转子铁心之间施加一个相对较高的直流电压，测量电路中的电流，在 t 时刻的绝缘电阻可以表示为 $R_t = U/I_t$，即欧姆定律。式中，U 是试验施加的直流电压，I_t 是 t min 后所测量的总电流值，因为电流通常随时间变化，所以需要一个电流的参考时间，绝缘电阻 R_x 的测量的等效电路电导电路绝缘电阻 R_x 的测量的 4 种电流分类：电容电流、电导电流、表面漏电流、吸收电流。

（6）绝缘电阻 R_x 的测量

在 U/V/W 以及电机机壳之间施加已知大小的直流电压，测量其泄流电流。

根据欧姆定律 $R = U/I$，计算绝缘电阻值。通常所说的绝缘电阻为 1min 时的电阻值。

极化指数 $PI = R_{10}/R_1$

式中，R_1 为 1min 的绝缘电阻值；R_{10} 为 10min 的绝缘电阻值。

影响绝缘电阻 R_x 测量结果的因素：绝缘材料、绕组内部水分含量、绕组表面是否存在脏污、绕组的温度。

（7）测试绝缘电阻的作用

1）判断电机对地绝缘故障。

2）判断电机表面脏污（表面漏电流）。

3）执行极化指数和吸收比测试。

4）绝缘电阻测试不能用于判断电机是否合格。

绝缘电阻测试电压推荐值见表 4-1。

表 4-1　绝缘电阻测试电压推荐值

绕组额定线电压/kV	<3	3~5	5~10	>10
绝缘电阻试验电压/V	500	1000	2500	5000

（8）绝缘电阻 R_c

因为铜导体中有大量的自由电阻，较高的温度引发热绕动，随着电子移动能力的减弱致使电子运动的平均路径缩短，进而导致电阻率提高，而在绝缘体内，温度的提高提供了热能，这使得额外的电荷载体获得了释放从而降低了电阻率，温度变化影响者除电流意外的所有电流分量，绕组绝缘电阻值取决于绕组的温度和所施加电压的时间。为防止分析时温度的影响，建议所有的绝缘电阻值统一到一个基准温度 40℃，尽管校正值是近似的，但是它可以将不同温度下获得的绝缘电阻值进行更有意义的比较。

$$R_c = K_t R_t$$

式中，R_c 为校正到 40℃ 的绝缘电阻值；K_t：在温度 t 时绝缘电阻的温度系数，$K_t = (0.5)^{(40-t)/10}$，每升高 10℃，绝缘电阻值降低一半；R_t 温度 t 时所测量的绝缘电阻值。

IEEE-43-2013 推荐 F 级绝缘电机的定子绕组对地绝缘电阻值为 100MΩ（40℃），极化指数最小推荐值见表 4-2。

表 4-2　极化指数最小的推荐值

热绝缘等级/V	A	B	F	H
极化指数	1.5	2	2	2

注：如果 R_1 值非常高，大于 5000MΩ，可以取消 PI 试验。

3. 绕组直流电阻测试阶梯波电压试验

（1）测试目的

验证绕组可以通过一定条件下的直流电。

（2）测试原理

施加一系列已知大小直流电压，但是电压等级高于绝缘电阻测试，试验目的是证明绕组对地的绝缘可以承受该直流电压而不发生击穿或者较大的泄漏电流。

（3）测试工具

Megger1060 或者 AWAIV。

（4）测试依据

仪器自动判定。

（5）直流耐压试验

它是将高电压施加到各种类型的定子和转子绕组上，英文单词 Hipot 是高电压（high potential）的缩写。在这项试验中，一个高于正常运行的直流施加到绕组上。试验的基本概念是，如果绕组在这么高的电压下都没有出现故障，那么它重新投入运行时，就很有可能不会因为绝缘老化而在短时间内发生故障。如果绕组的直流耐压试验没通过，那么应强制执行修理或重绕，因为主绝缘已经击穿，定子绕组比转子绕组经受的直流高压可能更多一些。

（6）直流耐压试验试验目的

在绕组投运前或者在运行期间确定主绝缘是否存在重大缺陷。根据 IEC60034 和 NEMA MG1 标准，所有新绕组在用户接受前必须通过耐压试验。

（7）直流耐压试验方法

传统的直流耐压试验是将适当的直流高压电源与被试绕组相连接，连接点可以选在开关装置处，也可以在电机的出现端子上，快速提升直流电压至试验电压，并保持 1min 或者 5min，然后再迅速降低电压和使绕组接地。

分级加压的直流耐压试验是传统的直流耐压试验的一种变化形式，以等长或者不等长逐渐升压到预定试验电压，采集每级电压结尾时的直流电流，画出电流对电压的曲线，理想情况下，这条曲线是平滑上升的直线，然而有时电流在某个电压下徒然增加，这可能是绝缘接近击穿的信号。20 世纪 50 年代，分级加压的耐压试验又发展出一种变化形式，以变时限分级加压代替了等时限分级加压，其目的是在于通过让吸收电流线性化的分级加压形式，使直流电流对电压的关系为一条曲线，这使得确定任何电流的突变更加简单，进一步增加了击穿前发现绝缘缺陷的可能性。

斜坡直流耐压试验是直流电压以均匀平衡线性地升至试验电压，通常每分钟 1～2kV，然而对于电压或者电流来说，没有分级步骤，自动画出并显示电流对电压的曲线，通过以常数斜率升压，电容电流为常数，因此与分级加压不同，电容电流可以不考虑，斜坡电压试验最主要的好处是，到目前为止它是检测出电流不稳定最灵敏的方法。

图 4-108 给出了三种试验方法的原理图。

（8）直流耐压试验结果

基本上说直流耐压不是诊断性试验，它不能给出绝缘相关的信息，更确切地说它的判据仅有两个：通过和不通过。如果通过了耐压试验，那么绕组状态良好；如果没有通过绕组处于严重的劣化状态。然而与 IR 试验类似，在耐压试验下测得的直流电流可以定性地给出绝

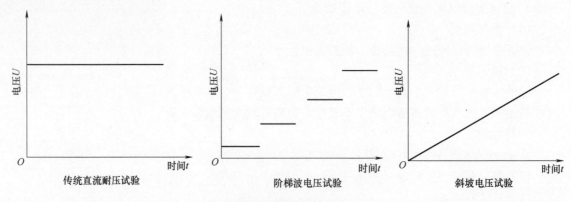

图 4-108　直流耐压试验方法

缘状况的一些信息，具体地说，如果在某个电压下，电流多年来一直单调地增加，那么这就是绝缘电阻持续下降的信号，从而绕组变得更加潮湿和脏污，然而在判别电流变化趋势时一定要谨慎，因为电流严重依赖绕组的温度和大气湿度。因此在多数情况下，它的趋势没有一定的规律。

阶梯波电压试验作用：解决薄弱的对地绝缘层、漆包线绝缘问题。

阶梯波电压的优点：能有效地避免绝缘击穿并判断对地绝缘水平。

图 4-109 所示为阶梯波电压测试失败的波形图，经过加热除湿后，绕组测试通过。而采用传统的直流耐压测试则有很大的击穿风险，因为传统交流耐压试验电压：$U_{ac} = 2U_N + 1000V$；传统直流耐压试验电压：$U_{dc} = 1.7U_{ac}$。

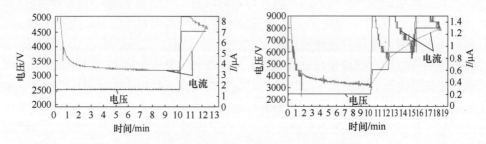

图 4-109　阶梯波电压测试失败的波形图

表 4-3 给出了阶梯波电压测试试验电压标准。

表 4-3　阶梯波电压测试试验电压　　　　　　　　　　　　　　（单位：kV）

第一个阶梯电压（2min）	1.0	2.5	5.0
第二个阶梯电压（2min）	2.0	4.5	8.0
第三个阶梯电压（3min）	3.0	6.0	10.0
第四个阶梯电压（3min）	4.5	8.0	12.0

4. 匝间短路试验

（1）测试目的

判断绕组是否存在匝间、相间短路。

（2）测试原理

在绕组内施加一个大电流脉冲，将在绕组匝与匝之间形成电压差，如果匝间的绝缘损坏或者薄弱，同时这个电压差值足够大，那么绕组匝与匝之间将产生电弧，这个电弧将引起匝间测试波形的改变。

（3）测试工具

AWAIV 电机静态分析仪。

（4）匝间试验简介

绝缘电阻测试/极化测试/耐压测试用于检测和诊断绕组绝缘对地薄弱点，匝间测试主要用于检测和诊断绕组匝间绝缘的薄弱点，电机的主绝缘损坏经常起源于匝间失效，匝间测试可以在设备没发生重大故障前诊断出绝缘较弱的部分或者匝间短路点。

匝间试验的作用：发现匝间绝缘薄弱和损坏、相间绝缘薄弱和损坏、线圈间绝缘薄弱和损坏。

（5）测试原理

匝间测试时，在绕组内施加一个短时的冲击电流脉冲，这个冲击电流脉冲将在绕组匝间感应出电压差，如果绕组匝间绝缘比较薄弱或者已经损耗，又或者这个感应电压足够高，绕组匝间将产生电弧，在绕组匝间试验波形上将会观测到该电弧。

匝间短路测试仪，包含一个脉冲发生器和示波器，匝间试验波形是一个电压波，试验时，波形通过测试仪的测试夹。当有匝间故障发生时，示波器观测到的波形将左右移动或者波形的幅值在变小。试验时观测到的波形和主要和线圈的电感量相关，当然测试波形还受一些其他因素影响。试验时，线圈和匝间测试仪组成一个 LC 振荡电路，其中 L 为线圈的电感量，C 为匝间测试仪的内部电容。匝间短路试验等效电路如图 4-110 所示。

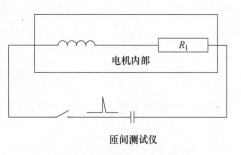

图 4-110　匝间短路试验等效电路

匝间试验试验电压，新电机或者重绕线电机，试验电压为 $4U_n$；旧电机，试验电压不超过 $2U_n$，一般推荐为阶梯波最终测试电压。

（6）匝间短路试验结果判断

1）脉冲间误差不超过 10%（不抽转子）。

2）相间误差不超过 10%（抽转子）。

5. 二极管阻断特性试验

（1）测试目的

测试旋转二极管在一系列电压下的阻断能力。

（2）测试原理

二极管反向施加一系列已知大小直流电压，测量反向漏电流的大小。

（3）测试工具

AWAIV 电机静态分析仪。

（4）测试依据

判断漏电流大小。

（5）二极管基本结构

如图 4-111 所示，PN 结加上管壳和引线，就成为半导体二极管，PN 结具有单向导电性。

（6）二极管阻断特性试验方法

1）试验配置：阶梯波电源、限流电阻、电流表和开关，图 4-112 给出了二极管阻断特性试验等效电路图。

2）试验优点：可以测试出二极管在不同电压下的漏电流。

3）测试要求：二极管须和励磁机转子以及转子线圈分离。

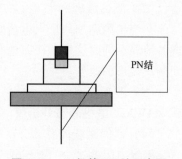

图 4-111　二极管 PN 结示意图

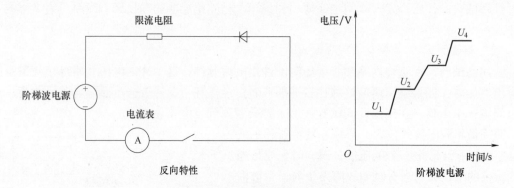

图 4-112　二极管阻断特性试验等效电路图

4）电源要求：电压波动不能超过 5%。

5）测试电压必须低于二极管反向击穿电压。

6）二极管测试结果要求：漏电流 $I_L<500\mu A$。

表 4-4 给出了二极管阻断特性试验的试验电压标准。

表 4-4　二极管阻断特性试验的试验电压

绕组额定电压/kV	0.6~1	1.2~1.6	>1.8
第一个阶梯电压（10s）	0.1	0.1	0.5
第二个阶梯电压（10s）	0.2	0.5	1.0
第三个阶梯电压（10s）	0.3	0.8	1.3
第四个阶梯电压（10s）	0.4	1.0	1.6

6. 局放放电测试

局部放电是存在于电机绝缘体内部及绝缘体与导体间的放电现象，电气设备绝缘内部存在如空隙、杂质、气泡等缺陷，当其场强达到一定值时（3kV/mm），就会发生局部放电。这种放电只存在于绝缘的局部位置，而不会立即形成贯穿性通道，称为局部放电。这种放电以仅造成导体间的绝缘局部短（路桥）接而不形成导电通道为限。每一次局部放电对绝缘介质都会有一些影响，轻微的局部放电对电力设备绝缘的影响较小，绝缘强度的下降较慢；而强烈的局部放电，则会使绝缘强度很快下降。这是使高压电力设备绝缘损坏的一个重要因素。对高压电机而言，由于电机绝缘介质长期承受热、电、机械应力及环境影响，导致绝缘发生劣化，使得电机在运行时绝缘产生局部放电；反过来局部放电又加速了绝缘的劣化，若局部放电持续扩大与发展，最终将导致绝缘被破坏。局部放电测量是必要的，它能预先发现电机的绝缘薄弱点，进而采取必要的预防措施，该试验主要应用于 2300V 及以上的模绕定子绕组（成型线圈）。局部放电常见的放电类型分为：绝缘体内部放电、绝缘体和导体间的放电、槽放电和端部放电

局部放电测试试验参数一般为：局部放电值 Q_m（局部脉冲的幅值），放电量 NQN（局部脉冲活动的总数），局部放电起始电压（PDIV）和局部放电熄灭电压（PDEV）。局部试验的难点在于如何消除噪声干扰，目前采用的方式为异频噪声分离技术，定形噪声分离技术，定向噪声分离技术，其中定向噪声分离技术是消除噪声干扰最有效的方法。

定向噪声分离技术的电路配置：第一个电容耦合器和电机一相定子绕组相连接，电机另外两相绕组对地短接，第二个电容耦合器和外部交流高压电源相连接。在这种方式下局部放电主机 TGA-B 可以对系统噪声进行辨别，识别出采集到的局部放电脉冲是来自于外部电源还是发电机自身，进而在试验结果上消除了外部电源的干扰。定向噪声分离技术的试验配置图见图 4-113。

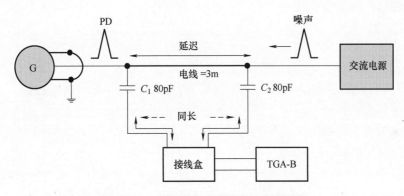

图 4-113　定向噪声分离技术试验配置图

通过局部放电测试可以测出：

1）绕组热退化及绕组松动。

2）端部绕组间距不足。

3）绕组端部污染。

4）防晕涂层/半导体涂层失效。

第5章 离心式压缩机组现场维修技术

5.1 GE 压缩机现场维修关键技术

5.1.1 PCL800 型离心压缩机维修关键技术

5.1.1.1 联轴器拆装实施步骤

1. 联轴器拆卸

1) 拆除联轴器护罩周围四块燃气发生器箱体密封隔板。

2) 拆除与联轴器护罩连接的附属管线。

3) 拆除联轴器膨胀节固定螺栓、利用膨胀节自带螺栓杆及螺母压缩膨胀节。

4) 拆除联轴器护罩水平面定位销、水平面及立端面的护罩连接螺栓，吊装出护罩。

5) 拆卸压缩机驱动侧轴承上箱盖中分面定位销、拆除水平面及与压缩机端盖固定的连接螺栓，吊装出驱动侧轴承上箱盖。

6) 在联轴器标识回装记号和螺栓编号（回装记号应与厂家原钢印标识一致，见图 5-1），拆除联轴器螺栓，螺栓螺母配对封存（注明动力涡轮侧和压缩机侧）。

用三个螺钉压缩联轴器取出两端调整垫片

两端结合面做记号

图 5-1　联轴器端面标记和轮毂压缩方法图示

7) 利用 3 个专用内六方螺栓顶丝（见图 5-1），压缩压缩机侧靠背轮，取出联轴器短节及调整垫片并妥善放置，取出联轴器膨胀节。

8）松开 3 个专用内六方螺栓。

9）标记好 PT 侧靠背轮螺栓序号，拆除动力涡轮侧靠背轮螺栓，取下动力涡轮侧靠背轮（见图 5-2），螺栓螺母配对封存。

图 5-2　动力涡轮侧靠背轮

2. 联轴器安装

1）计算联轴器垫片厚度。

① 根据附件 2 联轴器图纸所示，用内径千分尺测量压缩机侧联轴器靠背轮内侧端面到动力涡轮轴端距离，记为 X，保证其 1800mm（自由状态 1796mm+预拉伸量 4mm）的长度。

② 每张调整垫片的厚度为 0.381mm，垫片个数即为（X-1800）/0.381，取最接近整数值，平均分配两边安装，每边不能超过八个垫片。

2）按照拆卸标识回装动力涡轮侧靠背轮，螺母转矩为 54N·m。

3）将联轴器护罩膨胀节套入联轴器，用专用内六方螺栓压缩压缩机侧靠背轮，根据标记安装联轴器短节及调整垫片，此时根据需要按规定方向转动压缩机轴。

4）联轴器安装就位后松开内六方螺栓，根据拆卸前标记安装联轴器短节螺栓，按照 100N·m 转矩要求紧固。

5）逐一回装联轴器护罩，确保每个接触面均匀涂抹平面密封胶，避免油气泄漏。

6）回装与联轴器护罩连接的附属管线。

7）回装联轴器护罩周围四块燃气发生器箱体密封隔板。

5.1.1.2　轴承拆装步骤

1. 拆卸压缩机驱动端径向轴承

1）拆除压缩机驱动端轴承温度探头、轴振动探头、轴位移探头的接线，并粘贴标签标记。

2）拆除压缩机驱动端的油气管线，对法兰口进行封堵。

3）拆除压缩机联轴器及护罩，具体参考 PCL800 系列压缩机联轴器拆装。

4）拆除压缩机驱动端靠背轮。

① 在压缩机驱动端轴端安装靠背轮液压缸、油泵、接管及接头等组件。

② 用推进泵给液压推进器打压伸出距离约 10mm，推进压力保持在 0.2~0.5MPa，使得液压推进器端面与靠背轮端面贴合。

③ 利用扩压油泵给液压推进器每 2000PSI 压力递增，间歇性增加扩张压，当推进泵压力明显上升时说明靠背轮从轴上脱开，保持液压推进器扩张压力（大约 200MPa），交替泄放推进泵和扩张泵压力直至完全泄压，使得靠背轮完全松动。

④ 拆除液压推进器及液压油管路，将靠背轮移出放置在存放区。

5) 安装压缩机轴套用以保护轴颈。

6) 在压缩机驱动端安装锁轴工具（见图 5-3），利用锁轴工具测量压缩机推力间隙（0.35~0.45mm），并记录数值，拆除锁轴工具。

7) 用千斤顶或手拉葫芦抬压缩机轴，测量径向轴承间隙（0.195~0.25mm），并记录数据，测量完成后，移除千斤顶或手拉葫芦。

8) 用万用表测量振动探头间隙电压，用塞尺测量驱动端径向轴承振动探头间隙，记录所测量数值（见图 5-4）。

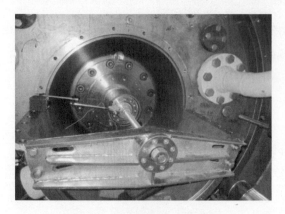

图 5-3　驱动端锁轴工具安装

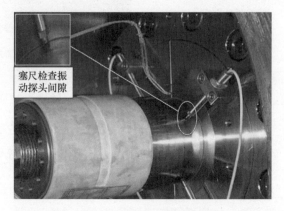

图 5-4　测量振动探头间隙

9) 拆卸压缩机驱动端径向轴承振动探头（见图 5-5）。

10) 用深度尺测量轴承体端面与壳体、轴头与轴承体端面的轴向尺寸，记录测量数值及测量点。

11) 标记驱动端径向轴承外圈法兰正上方位置，拆除轴承外圈法兰固定螺栓（见图 5-6）。

图 5-5　驱动端振动探头

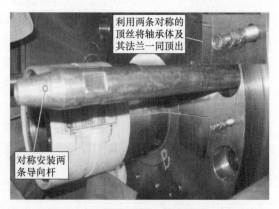

图 5-6　利用顶丝顶出轴承外圈法兰

12）在轴承外圈法兰水平同一高度左右对称安装专用工具导向杆，利用顶丝顶开驱动端径向轴承法兰。

13）在轴承外圈法兰正上方安装吊耳，吊装出轴承外圈法兰。

14）用吊带或千斤顶抬起压缩机轴至径向轴承间隙值 1/2 处，安装 T 形拉杆拉出驱动端径向轴承（见图 5-7）。

用两条顶丝对称顶出轴承体

图 5-7　用拉杆拉出轴承体

15）在下半径向轴承下方安装半环形专用工装（见图 5-8），并对称安装两个水平高度一致的导向杆固定在径向轴承固定螺栓孔中。

16）拆除轴承体上下半环内六方连接螺栓（见图 5-9），依次取出上下半径向轴承，检修过程注意保护温度探头线。

图 5-8　安装半环形专用工装

图 5-9　驱动端径向轴承连接螺栓

2. 压缩机驱动端径向轴承检查

1）检查驱动端径向轴承瓦块巴氏合金有无磨损、剥落、沟槽、烧灼等缺陷，将有缺陷的瓦块进行更换。对于需要更换的轴瓦，用千分尺测量新瓦块与旧瓦块厚度差值应小于 0.01mm，保持几何尺寸一致。

2）检查驱动端径向轴承瓦块在轴承体内摆动是否灵活，瓦块固定螺钉是否松动。对于轴瓦不灵活或固定螺钉松动的进行重新固定。

3）检测轴瓦温度探头是否完好，对于有问题的探头进行更换。

4）检查径向轴承油封是否完好，测量间隙是否符合标准。

5）拆除径向轴承 O 形环和剖分面连接螺栓，拆开轴承体。

6）拆除径向轴承一侧油封的稳钉，拆出油封。

7）清洗轴瓦、油封及轴承体，吹扫油孔。

8）按方向回装轴瓦和油封，拧紧油封稳钉，瓦块装入轴承座后应摆动灵活。

9）复查轴瓦温度探头是否完好。

10）组合轴承体，紧固连接螺栓。

11）将轴承体装入径向轴承法兰。

12）将检查清理完成的径向轴承组件进行包裹封存。

3. 回装压缩机驱动端径向轴承

1）清理、吹扫驱动端轴承座、油孔、油路。

2）安装导向杆和半环形专用工装，将下半轴承放置在专用工装上，再将上半轴承与下半轴承连接组装，更换轴承 O 形环并涂润滑脂。

3）同一水平高度左右对称安装 2 个导向杆，用千斤顶或手拉葫芦抬轴，调整至其间隙值 1/2 处。

4）更换驱动端径向轴承 O 形密封圈，在驱动端径向轴承及轴颈上涂抹润滑油，将组装好的轴承推进腔体，回装径向轴承外圈法兰，并按力矩要求紧固固定螺栓，用深度尺测量确保安装到位。

5）抬轴检查径向轴承间隙范围是否在 0.195~0.25mm 内。

6）回装径向轴承振动探头，调整间隙电压，回装温度探头及线卡，确认振动探头是否安装正确，温度探头是否正常。

7）回装压缩机靠背轮。

① 在压缩机驱动端轴端安装液压推进器、扩压油泵、推进油泵及接管等附件。

② 用推进泵给液压推进器打压使得液压推进器端面与靠背轮端面贴合，用深度尺测量计算需要推进量。

③ 在靠背轮轴向方向上架百分表，监测推进量。

④ 用扩压油泵和推进油泵交替给液压推进器一直打压，直到百分表数值与计算推进量相同，泄放扩压油泵压力，保持推进压力 4h。

⑤ 拆除液压推进器及液压油管路后，检查靠背轮是否安装到位。

4. 拆卸压缩机推力轴承

1）在压缩机驱动端安装锁轴专用工具，测量压缩机推力间隙是否正常，并记录数值，将轴推至轴向间隙 1/2 处，并对压缩机转子进行轴向固定。

2）拆除主油泵外围阻碍检修的管线和仪表接线，并做标记。

3）拆除主油泵箱体和压缩机封头护罩中分面及上半部分的定位销和螺栓，并将螺栓及定位销装入封口袋，做标识。

4）用顶丝顶开非驱动端轴承护罩上半部分，用行车将护罩吊出。

5）在主油泵箱体吊点安装吊索，用手拉葫芦拉紧吊索使得吊索受力即可。

6）拆卸主油泵箱体与压缩机封头连接的护罩下半部分定位销和螺钉。

7）用顶丝将主油泵箱体顶开，用行车平稳吊出，避免对附近其他设备的损坏，将主油泵箱体落在枕木上，确保箱体固定牢靠，避免倾斜（见图 5-10）。

8）将回油孔等开口进行封堵。

9）拆卸非驱动端齿轮联轴器[⊖]。

① 用深度尺测量齿轮联轴器端面到轴端面的距离，并记录数值。

② 用内六方堵头将非驱动端轴头液压油路进行封堵。

③ 在轴端安装齿轮联轴器液压缸、扩张压接管，连接扩张油泵。拆卸方法与驱动端靠背轮拆卸方法相同，记录拆卸扩张压力值。

④ 将拆卸下来的齿轮联轴器、轴头压板、锁紧螺栓成组放在存放区。

10）用专用工具拆卸非驱动端止推轴承位移探头（见图 5-11）。

图 5-10　轴头齿轮泵

拆卸止推轴承前需现拆卸轴位移探头

图 5-11　拆卸止推轴承位移探头

11）用塞尺检查止推轴承主推侧端盖油封（迷宫）间隙，检查四周间隙（0.45 ~ 0.52mm）是否均匀，并记录相关数据。

12）利用卡簧钳拆卸主推侧端盖油封卡簧，对称拧入重锤拔出器，抬轴至径向间隙 1/2 处，用重锤拔出油封。

13）拆卸止推轴承主推侧端盖螺栓及定位销。

14）在正上方同一水平高度对称安装 2 个导向杆，利用 T 形顶丝杆顶开止推轴承主推侧端盖及轴瓦组件，在正上方安装吊耳，将主推侧端盖及轴瓦组件吊出，剖分面向上平放在存放区。

15）用深度尺测量止推盘与轴端面的距离，并记录数值。

16）用专用工具拉直冲头冲直防松垫，拆卸止推盘背帽。

17）安装止推盘拆装液压缸、扩张压接管，连接扩张油泵、推进泵。

18）利用扩压油泵给液压推进器每 2000PSI 压力递增，间歇性增加扩张压，当推进泵压力明显上升时，记录扩张压力（140MPa 左右），交替进行泄压，即可平稳拆出止推盘，取出内侧调整垫片。

19）在非驱动端轴上安装保护套，拆卸副推力轴承法兰固定螺栓。

20）用顶丝顶开副推力轴承法兰，在其正上方安装吊耳，移出副推瓦轴承组件，剖分

⊖　以上方法适用于西气东输二线 PCL800 系列压缩机，一线 PCL 系列压缩机轴头齿轮只能采用加热的方式进行拆装。

面向上平放在存放区。

5. 压缩机推力轴承组件检查

1）检查止推轴承巴氏合金有无磨损、剥落、沟槽、烧灼等缺陷，将有缺陷的轴瓦进行更换。对于需要更换的轴瓦，用千分尺测量新轴瓦与旧轴瓦厚度差值应小于 0.01mm，保持几何尺寸一致。

2）检查止推轴承瓦块在轴承体内摆动是否灵活，瓦块固定螺钉是否松动，若瓦块不灵活或固定螺钉松动应重新进行固定。

3）用深度尺测量法兰至轴承体端面的轴向尺寸，并记录数值。

4）拆除止推轴承温度探头线卡，将止推轴承体从法兰中拆出。

5）清洗轴瓦、轴承体，吹扫油孔。

6）按顺序回装轴瓦，拧紧径向顶丝，瓦块装入瓦座后可摆动灵活。

7）检查定位销是否完好、有无松动。

8）将轴承体装入法兰，固定好止推轴承温度探头线卡，检查轴瓦温度探头线是否正常。

9）将检查完成的止推轴承进行包裹封存。

6. PCL800 系列压缩机推力轴承组件回装[⊖]

1）在推力轴承组件正上方同一水平高度的螺栓孔对称安装 2 个导向杆，回装副推瓦轴承组件，按力矩要求紧固螺栓，测量确认是否已安装到位。

2）拆除导向杆，检查止推轴承温度探头是否正常。

3）回装止推盘内侧垫圈及止推盘，铝棒敲紧止推盘后用深度尺测量计算推进量。

4）安装止推盘液压缸、扩张压接管、推进压接管，连接扩张压和推进压油泵，在止推盘上架百分表用于测量推力盘轴向推进量。

5）先打推进压至 0.1MPa，再打扩张压，交替进行，时刻注意百分表数值变化，推进值与计算值相同，即可认为安装到位。

6）记录安装到位时的扩张压和推进压，泄扩张压，保压 40min 后泄推进压，观察百分表数值，用深度尺再次测量确认止推盘是否安装到位。

7）回装防松垫片，用专用工具紧固锁紧螺母，并锁紧防松垫片。

8）重新安装导向杆，回装止推轴承端盖及主推瓦组件，紧固连接螺栓后测量确认组件安装到位。

9）利用驱动端锁轴工具窜动转子，检查推力间隙是否在 0.45~0.52mm 之间，将转子推至推力间隙 1/2 处，安装止推轴承主推侧轴向位移探头。

10）检查止推轴承温度探头是否正常，轴向位移探头安装是否正确。

11）利用吊带抬轴至径向间隙 1/2 位置，安装油封及卡簧。

12）参考推力盘安装方法回装轴头齿轮泵。

13）回装齿轮联轴器压板，打好放松垫。

14）确认各回油孔内堵塞物已取出，轴承座内已清理干净，各振动、位移、温度探头接线安装正确，并且已从内部进行密封处理。

⊖ 二线采用液压方式安装，一线采用加热方式安装。

15）回装主油泵箱体。

16）回装主油泵箱体与压缩机封头连接护罩。

17）回装主油泵外部各管线，恢复仪表接线。

7. PCL800 系列压缩机径非驱动端向轴承拆卸

1）拆除压缩机推力轴承组件，具体参考 5.1.1.2 小节中轴承拆装步骤中"4. 拆卸压缩机推力轴承"部分。

2）标记好振动探头安装位置，拆除非驱动端径向振动探头、线卡。

3）用千斤顶或吊带抬轴，测量并记录非驱动端径向轴承间隙是否在标准范围内（0.195~0.25mm）。

4）拆卸驱动端径向轴承端面法兰的连接螺栓。

5）在径向轴承固定螺栓位置正上方同一水平高度的螺栓孔对称安装 2 个导向杆，抬轴至径向间隙的 1/2 位置，利用 T 形顶丝杆顶出径向轴承法兰，在径向轴承法兰正上方安装吊耳，将径向轴承组件移出，放置在存放区。

8. PCL800 系列压缩机非驱动端径向轴承检查

非驱动端径向轴承检查参考 5.1.1.2 小节中轴承拆装步骤中"2. 压缩机驱动端径向轴承检查"部分。

9. 压缩机非驱动端径向轴承回装

1）清理吹扫非驱动端轴承腔、油孔、油路。

2）安装导向杆，用千斤顶或吊带抬轴，调整径向轴承至其间隙值 1/2 位置。

3）更换径向轴承 O 形密封圈，在径向轴承及轴颈上涂抹润滑油，回装非驱动端径向轴承，按力矩要求紧固螺栓，用深度尺测量是否安装到位。

4）抬轴检查径向轴承间隙是否在标准范围内 0.195~0.25mm。

5）回装振动探头、调整间隙电压，回装温度探头及线卡，确认振动探头安装是否正确，温度探头是否正常。

6）回装推力轴承组件，具体参考 5.1.1.2 小节中轴承拆装步骤中"6. PCL800 系列压缩机推力轴承组件回装"部分。

5.1.1.3　干气密封更换实施步骤

1. 拆卸驱动端干气密封组件

1）拆卸联轴器，具体过程参见拆除压缩机联轴器及护罩，具体参考 5.1.1.1 小节中"1. 联轴器拆卸"。

2）安装锁轴工具，将转子放置在推力间隙的中间位置，测量轴头值轴承座壳体相对位置轴向尺寸并记录数值。

3）拆卸驱动端径向轴承，具体参考 5.1.1.2 小节中"轴承拆装步骤"。

4）用内六角扳手拆卸干气密封隔离气外密封法兰（见图 5-12）的 4 条连接螺栓。

5）对称拧入两个拉拔工具，用吊带或千斤顶抬轴约 0.2mm，用拉拔工具拉出隔离气外密封组件。

6）标记干气密封剪切块相对位置，拆卸隔离气内密封四瓣剪切定位环。

7）用内六角扳手拆卸驱动侧干气密封锁紧螺母顶丝。

8）用专用工具（RCP84654）拆卸干气密封锁紧螺母（见图 5-13）。

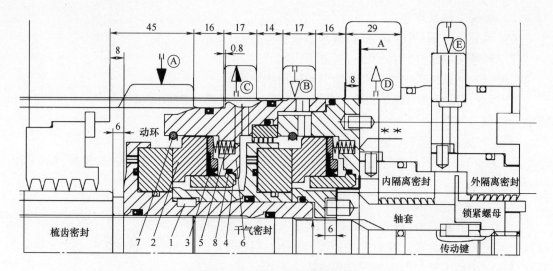

图 5-12　干气密封结构示意图

1—传动键　2—静环　3—推环　4—平衡衬套　5—弹簧　6—密封座　7—卡簧　8—O 形圈

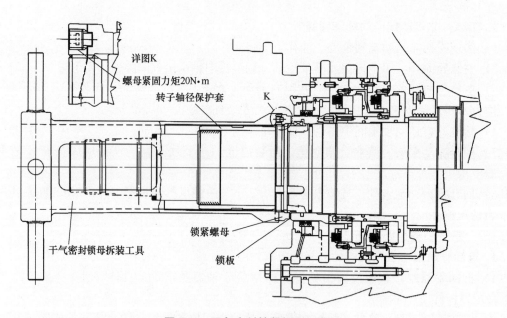

图 5-13　干气密封锁紧螺母示意图

9）测量轴肩至连接轴套端面的轴向尺寸，并记录。

10）对称拧入两个拉拔工具，用吊带或千斤顶抬轴约 0.2mm，用拉拔工具拉出隔离气内密封组件。

11）对称拧入两个拔出工具，拉出连接轴套，取出传动键及轴上 O 形密封圈。

12）测量轴肩至干气密封轴套端面的轴向尺寸，并记录；测量干气密封壳体至密封腔体剪切环内端面的轴向尺寸，并记录。

13）测量干气密封轴套至密封壳体端面的轴向尺寸，并记录（标准为 12mm±0.2mm）。

14）轴颈安装保护套（SWZ9840521）和驱动侧干气密封安装盘，内盘为三爪（见图 5-14）。

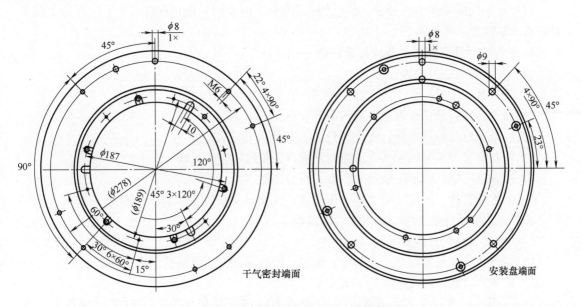

图 5-14　驱动侧干气密封安装盘组装示意图

15）安装干气密封安装盘。

① 方法一：尽可能抬轴至径向轴承中心位置，按工作方向转动转子至图 5-15 所示干气密封端面轴套与壳体螺栓孔相对位置，直至图 5-14 安装盘端面所示锁定螺钉可正常安装。

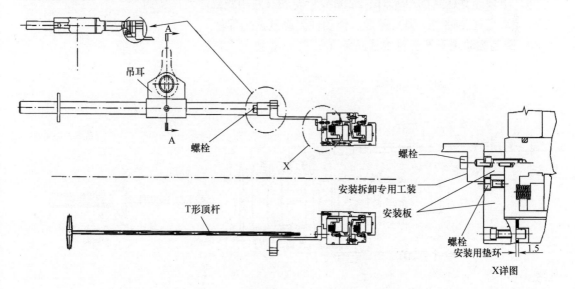

图 5-15　干气密封专用工具示意图

② 方法二：不安装锁定螺钉，其他螺钉安装后，在内外盘端面划线，回装时按此标记安装。

16）在密封腔体正上方做标记，安装拆卸干气密封专用工具组件（编号 SWO4573320）（见图 5-15）。

17）在驱动侧轴颈架百分表，抬轴约 0.20mm。用专用 T 形顶丝杆（3 个）均匀平稳顶开并吊出驱动侧干气密封。

2. 干气密封及隔离密封备件清理检查

（1）干气密封备件检查

1）检查其备件号一致，旋转方向标识一致。

2）检查新密封的试验报告，测试内容合格。

3）检查新密封的紧固螺钉齐全，包装、安装盘完好。

4）检查新密封轴套内和外壳的密封环完好，C 形环方向正确。

5）检查新旧密封的各部位尺寸一致，符合图纸要求。

6）拆卸安装盘，固定轴套，略下压壳体，按旋转方向转动壳体，应轻松、均匀、无卡涩、无异音，下压恢复正常、无卡涩、阻滞现象。

（2）隔离密封清理检查

1）检查迷宫密封应完好，无磨损、偏斜、倒齿等缺陷，无法修复则更换。

2）检查迷宫密封定位销完好、无松动。

3）使用游标卡尺分别测量内外迷宫密封内径和与其相配合的干气密封连接套、锁紧螺母外径，相减得出间隙值（直径间隙 0.45～0.55mm、更换间隙 0.75mm），并记录。

4）若间隙超标则更换，更换时需检查备件编号、几何尺寸一致。

5）清洗隔离气迷宫密封、法兰。

6）更换迷宫密封的 O 形环，涂润滑脂装入与其相配的法兰，备用。

7）清理连接轴套、锁紧螺母、传动件，修复损伤部位。

3. 回装驱动端干气密封组件回装（见图 5-16 和图 5-17）

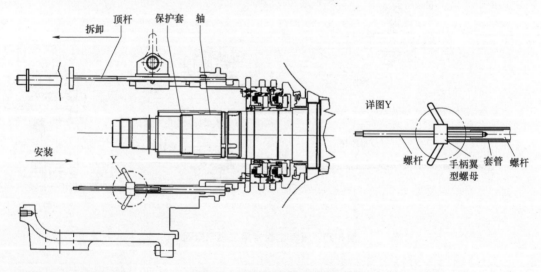

图 5-16　干气密封回装示意图

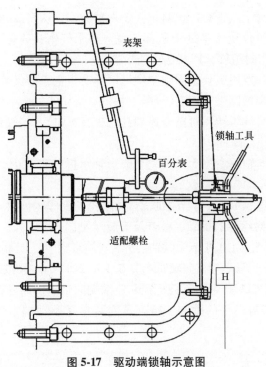

图 5-17　驱动端锁轴示意图

1）清理密封腔体，吹扫各密封气、泄漏气及隔离密封气管路，清理轴颈，修复轴颈损伤部位。

2）确认转子处于推力间隙中间位置，根据干气密封图纸和备件轴向尺寸，测量计算出调整垫片尺寸，并调整、回装调整垫片。

3）安装干气密封拆装工具组件（见图 5-15）和安装盘。

① 拆卸时执行第一种方法时，则先安装干气密封安装盘，再安装拆装专用工具。

② 拆卸时执行第二种方法时，则使用拆卸时的安装盘，确保不安装内外盘防转销的情况下，保证内外盘不发生转动，位置定位依据拆卸时划线标记对正处，再安装拆装专用工具。

③ 密封腔体端面拧入四条干气密封安装工具导向杆，密封腔体、轴颈、干气密封密封环、配合面处涂抹润滑脂。

4）专用工具对正导向杆、干气密封内孔对正轴，将干气密封平稳推入密封腔体。

5）导向杆顶端安装压入套管、螺栓、螺母，抬轴约 0.2mm，对称拧入压入螺母，直至不动为止。

6）拆除专用工具及安装盘，确认安装盘正上方与壳体正上方标识对正。

7）试装干气密封连接轴套，三爪与干气密封轴套销孔对正，确认轴套键槽与轴上键槽对正。

8）安装锁紧螺母，专用工具紧固锁紧螺母，不动为止，在轴套与干气密封结合部位做标识，拆除锁紧螺母。

9）测量、检查确认轴肩至干气密封轴套端面的轴向尺寸和干气密封壳体至密封腔体剪切环内端面的轴向尺寸，与计算或拆卸时数据一致，取出轴套。

10）测量干气密封轴套至密封壳体端面的轴向尺寸在 12mm±0.2mm 范围内。

11）轴颈安装 O 形密封圈，连接轴套内孔及轴颈、O 形密封圈涂润滑脂。

12）连接轴套标识与干气密封标识对正，装入轴套，确认安装到位后，回装传动键。

13）隔离气内密封组件定位销处于顶部位置，与干气密封壳体定位销孔对正，抬轴约0.2mm，装入隔离气内密封组件，回装四条连接螺栓。

14）安装锁紧螺母，专用工具紧固锁紧螺母，不动为止，拧紧锁紧顶丝。

15）回装隔离气内密封四瓣剪切定位环。

16）隔离气外密封组件防转销对正壳体销孔（9点方向），抬轴约0.2mm，回装隔离气外密封组件，回装四条连接螺栓。

17）回装驱动端径向轴承参见5.1.1.2小节中轴承拆装步骤中"3. 回装压缩机驱动端径向轴承"部分。

18）回装联轴器参见5.1.1.1小节中联轴器拆装实施步骤中"2. 联轴器安装"部分。

4. 非驱动端干气密封组件的拆卸、检查及安装（见图5-18）

1）拆卸联轴器参考5.1.1.1小节中联轴器拆装实施步骤中"1. 联轴器拆卸"部分。

2）拆卸推力轴承及非驱动端径向轴承参见5.1.1.2小节中轴承拆装步骤中"4. 拆卸压缩机推力轴承"和"7. PCL800系列压缩机径非驱动端向轴承拆卸"部分。

3）非驱动端干气密封组件的拆卸、检查及安装参考驱动端干气密封的拆卸、检查及安装[一]。

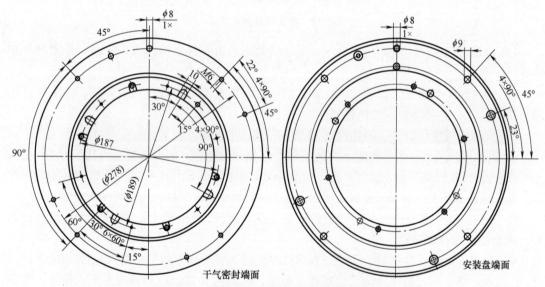

干气密封端面 　　　　　　　　　　　　　　　安装盘端面

图5-18　非驱动端干气密封安装盘组装示意图

4）回装非驱动端径向轴承及推力轴承参见5.1.1.2小节中轴承拆装步骤中"9. 压缩机非驱动端径向轴承回装"和"6. PCL800系列压缩机推力轴承组件回装"部分。

5）回装联轴器参见5.1.1.1小节中联轴器拆装实施步骤中"2. 联轴器安装"部分。

5.1.1.4　机芯解体大修实施步骤

1. 机芯拆卸

1）拆卸联轴器、两端径向轴承、推力轴承及干气密封组件等参加5.1.1.3小节中"干

○　驱动端与非驱动端干气密封组件拆装过程中的安装盘要区分开。

气密封更换实施步骤"部分。

2）用卡簧钳拆除压缩机两端干气密封前置梳齿密封（见图5-19）。

3）拆除压缩机驱动端锁轴工具。

图 5-19 干气密封前置梳齿密封

4）按照现场作业要求搭建作业平台，拆除影响抽取机芯的所有管线。

5）拆卸压缩机正上方的引压管线法兰，取出引压管（仅限西二线 PCL800 压缩机）。

6）测量压缩机非驱动端端盖面与壳体端面的距离并记录，作为回装参考值。

7）拆除压缩机非驱动端端盖 6 个固定块（见图5-20）。

8）用专用吊具拆除压缩机非驱动端端盖剪切块（见图5-21）。

图 5-20 拆除压缩机非驱动端端盖固定块

图 5-21 拆除压缩机非驱动端端盖剪切块

9）安装吊装工具，回装端盖 6 个固定块，用丝杆将压缩机非驱动端端盖拉出，丝杆拉出过程要对称且同步（见图5-22~图5-24）。

图 5-22 安装端盖吊装工具

图 5-23 安装吊装工具

10）拆除压缩机驱动端锁轴工具。

11）拆除压缩机机芯定位螺栓（M22 内六方螺栓 1 个），测量压缩机机芯到壳体的距离并记录（见图 5-25）。

图 5-24　吊装非驱动端端盖

图 5-25　机芯定位螺栓孔

12）安装压缩机机芯的托板固定块和托板（见图 5-26 和图 5-27）。

图 5-26　压缩机机芯托板固定块

图 5-27　安装机芯托板

13）组装压缩机机芯拆装工具，利用支座调节导轨水平度（见图 5-28~图 5-30）。

图 5-28　机芯拆装工具组装

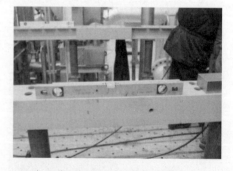
图 5-29　调节导轨水平度

14）安装抽取机芯专用工装（见图 5-31），调整工装两侧与导轨支架接触的滚轮高度，保证工装两侧滚轮接触到导轨支架并使导轨支架受力。

15）利用液压工具或机械千斤顶两侧同步操作，缓慢移出压缩机机芯（见图 5-32 和图 5-33）。

图 5-30　导轨支座

图 5-31　安装机芯抽取专用工装

图 5-32　两侧同步操作移出机芯

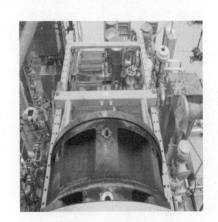

图 5-33　缓慢移出机芯

16）在机芯顶部两端安装 2 个吊耳（见图 5-34），当第三吊点能够顺利安装吊耳时，停止将机芯向外推移，防止机芯从压缩机腔体脱落，利用吊耳及吊带（20t）将机芯吊起缓慢移出（见图 5-35）。

图 5-34　安装吊耳

图 5-35　吊出机芯

17）调整机芯剖分面至水平位置，放置在支架上，如图 5-36 所示。

18）拆卸压缩机机芯密封圈，从排气侧取出，如图 5-37 所示。

图 5-36　调整机芯剖分面水平

图 5-37　机芯密封圈

2. PCL-800 系列压缩机机芯解体、清理检查及组装

1）拆除压缩机机芯剖分面螺栓及定位销（见图 5-38）。

2）在机芯剖分面对角安装 2 个导杆（见图 5-39），吊出压缩机机芯上半部分，吊装过程要平稳（见图 5-40）。

图 5-38　机芯剖分面定位销及固定螺栓

图 5-39　机芯剖分面导杆

3）调整吊带位置，吊出压缩机转子（见图 5-41）。

图 5-40　吊起机芯上半部分

图 5-41　吊出压缩机转子

4）将吊出的压缩机转子（见图 5-42）放置在专用支架上。

5）检查清理压缩机机芯组件及压缩机筒体内腔。

6）对压缩机转子根据情况开展动平衡检查及无损探伤检查。

7）安装转子间隙测量专用工装。

8）将转子吊装至压缩机机芯下半部分（见图 5-43），防止损伤梳齿密封。

9）检查压缩机级间梳齿密封间隙及转子总窜量，若级间梳齿密封间隙超标，请更换级间梳齿密封。

图 5-42　压缩机转子

图 5-43　转子放入机芯下半部分

10）对角安装压缩机机芯剖分面导杆。

11）压缩机机芯端面密封条换新安装，合上压缩机机芯上半部分（见图 5-44），打好定位销，并紧固连接螺栓。

3. 机芯回装

1）安装机芯拆装专用工装（见图 5-45）。

2）将机芯密封圈备件安装至机芯。

3）将压缩机机芯吊装至导轨上，排气侧伸入压缩机腔室。

4）拆除压缩机机芯顶部吊耳。

5）用液压工具或机械千斤顶将压缩机机芯装

图 5-44　合上机芯上半部分

至压缩机壳体内（见图 5-46），当 O 形环到达压缩机进口管线内侧时，避免 O 形密封圈损伤。

机芯拆装工装

图 5-45　机芯拆装专用工装

图 5-46　回装机芯

6）测量压缩机机芯到壳体的距离，确定安装到位后，回装机芯与壳体底部定位螺栓（见图 5-47）。

7）拆除压缩机机芯回装工具。

8）清理压缩机非驱动端端盖组件。

9）将非驱动端端盖密封圈拆除，更换新的密封圈（见图 5-48）并涂抹凡士林。

图 5-47　回装机芯定位螺栓

图 5-48　更换非驱动端端盖密封圈

10）将更换完密封圈的非驱动端端盖吊至压缩机安装位置。

11）安装非驱动端端盖固定块及顶丝，将端盖安装到位，并利用压缩机筒体 6 个定位块及丝杆将端盖固定（见图 5-49）。

12）松开壳体四周的 6 个端盖固定块及顶丝。

13）利用专用工具安装压缩机端盖剪切块，用螺栓固定。

14）安装端盖固定块，用顶丝将端盖向外拉紧，使其紧贴剪切块（见图 5-50）。

图 5-49　安装压缩机端盖

图 5-50　锁定端盖

15）安装两端径向轴承，具体参考 5.1.1.2 小节中"轴承拆装步骤"部分，驱动端安装锁轴工具，将压缩机转子轴向固定在拆卸前的位置。

16）拆除非驱动端径向轴承，安装非驱动端干气密封组件、径向轴承、推力轴承、齿轮联轴器及附属管线仪表等，具体参考 5.1.1.3 小节中"干气密封更换实施步骤"部分。

17）拆卸驱动端径向轴承，回装驱动端干气密封组件、径向轴承及附属管线仪表等，具体参考 5.1.1.3 小节中"干气密封更换实施步骤"部分。

18）回装联轴器，具体参考 5.1.1.1 小节中"联轴器拆装实施步骤"部分。

19）安装压缩机正上方引压管，紧固引压管线法兰（仅限西二线 PCL800 压缩机）。

5.1.1.5　对中调整实施步骤

（1）拆卸联轴器

具体参考 5.1.1.1 小节中"联轴器拆装实施步骤"部分。

（2）对中检查调整

1）安装对中支架，动力涡轮侧为对中驱动轴，压缩机侧为测量点（见图 5-51）。

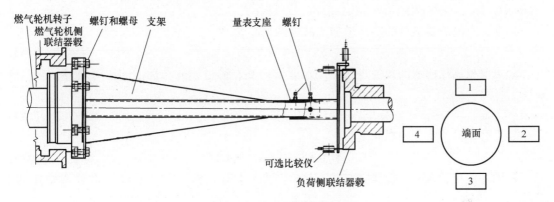

图 5-51　对中工具安装示意图

2）在压缩机对中盘上四个位置记录百分表的值：12 点、3 点、6 点和 9 点位置，对四个位置进行标记，12 点为位置 1，其余按运行方向编号为 2、3 和 4。

3）将径向表放在位置 1，轴向表 A 和 B 分别在位置 1 和 3。

4）按照压缩机旋转方向转动对中工具，对 4 个测点测量 4 组数据。

5）当径向百分表回到起始点 1 时两次显示同样的值。只有轴向表能显示不同的值，因为轴向的移动会造成表的读数不同，但是两个表变化的值应该是一样的。

6）将读数与对中规范值进行比对，通过千斤顶将撬体顶起，增加地脚螺栓处的垫片进行调整，或者调整撬体两侧的对中顶丝对中。

7）对中调整数据计算。

① 测量撬体（见图 5-52）相关尺寸。

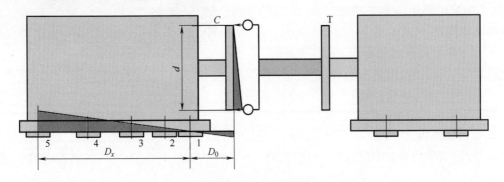

图 5-52　撬体示意图

② 根据相似三角形关系，轴向误差与对中盘直径构成的三角形相似与需添加垫片的高度 S_x 和添加垫片螺钉处与支撑点之间的三角形，关系如下：

$$S_x = \frac{\text{Aerr}}{d} D_x \qquad (5\text{-}1)$$

③ 轴向的修正值 R_x 与径向的修正值 S_x 有一定的关系，因此在进行轴向修正时需要将这个因素考虑进去，进行如下的计算：

$$R_x = \frac{S_x}{D_x} D_0 \qquad (5\text{-}2)$$

④ 在 x 点处需要进行的垫片增加或减少的高度 S_{tx} 为

$$S_{tx} = S_x + (\pm R_x/2) \qquad (5\text{-}3)$$

⑤ 需要根据径向表的数值进行径向位置的调整，通过读数与标准的比对获得径向对中偏差：

$$\text{Radial err} = \text{Rad R. value} - (\pm\text{Spec. value}) \qquad (5\text{-}4)$$

⑥ 需要调整的垫片的总高度为

$$S_{tx} = \pm S_{tx}\,\text{axial} \pm S_{tx}\,\text{radial} \qquad (5\text{-}5)$$

⑦ 拆卸对中支架，回装联轴器，具体参见 5.1.1.1 小节中"联轴器拆装实施步骤"部分。

5.1.2 PCL600 型离心压缩机维修关键技术

5.1.2.1 联轴器拆装实施步骤

PCL600 系列压缩机联轴器拆装参考 5.1.1.1 小节中"联轴器拆装实施步骤"部分。

5.1.2.2 轴承拆检实施步骤

1. 拆卸驱动端径向轴承

PCL600 系列压缩机驱动端径向轴承拆卸参考 5.1.1.2 小节中轴承拆装步骤中"1. 拆卸压缩机驱动端径向轴承"部分[⊖]，振动探头见图 5-53。

2. 驱动端径向轴承检查

PCL600 系列压缩机驱动端径向轴承检查参考 5.1.1.2 小节中轴承拆装步骤中"2. 压缩机驱动端径向轴承检查"部分。

3. 回装驱动端径向轴承

PCL600 系列压缩机驱动端径向轴承回装参考 5.1.1.2 小节中轴承拆装步骤中"3. 回装压缩机驱动端径向轴承"部分。

图 5-53 PCL600 压缩机驱动端振动探头

4. 推力轴承拆卸

1）拆卸联轴，并在驱动端进行锁轴，具体参考 5.1.1.1 小节中"联轴器拆装实施步骤"部分。

2）按照现场作业要求搭建作业平台，便于现场实施作业。

3）拆除非驱动端轴承回油箱（见图 5-54）上半端盖（先将轴承回油箱端面圆盘拆除

⊖ PCL600 系列压缩机推力间隙标准为 0.45～0.55mm。

后，再拆除上半端盖）。

4）拆除非驱动端轴向位移探头、径向振动探头（见图 5-55）。

图 5-54　非驱动端轴承回油箱

图 5-55　拆除非驱动端振动探头

5）拆除非驱动端止推轴承固定螺栓，安装导杆后用顶丝将主推力轴承移出（见图 5-56 和图 5-57）。

图 5-56　止推轴承固定螺栓

图 5-57　主推力轴承

6）用专用工具松开轴头锁盘的锁片后（见图 5-58），用专用扳手将轴头锁盘敲松取下。

7）用深度尺测量止推盘端面与轴头端面之间的距离，作为回装止推盘时的参考值。

8）安装止推盘拆装液压缸，预留出止推盘拆出后退的余量。

9）为止推盘拆装液压工具提供高压扩张压及低压推进压，将止推盘拆卸下来（见图 5-59）。

10）取下止推盘后金属垫片。

图 5-58　轴头锁盘锁片

图 5-59　止推盘拆卸

11）用内六方扳手拆出副推力轴承固定螺栓（见图 5-60 和图 5-61），用丝杆将副推力轴承顶出。

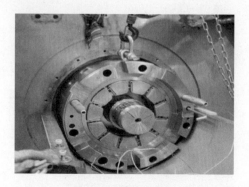

图 5-60　副推力轴承

图 5-61　副推力轴承固定螺栓

5. 推力轴承检查

1）检查止推轴承巴氏合金有无磨损、剥落、沟槽、烧灼等缺陷，将有缺陷的轴瓦进行更换。对于需要更换的轴瓦，用千分尺测量新轴瓦与旧轴瓦厚度差值应小于 0.01mm，保持几何尺寸一致。

2）检查止推轴承瓦块在轴承体内摆动是否灵活，瓦块固定螺钉是否松动，若瓦块不灵活或固定螺钉松动应重新进行固定。

3）拆除止推轴承温度探头线卡，将止推轴承体从法兰中拆出。

4）清洗轴瓦、轴承体，吹扫油孔。

5）按顺序回装轴瓦，拧紧径向顶丝，瓦块装入瓦座后可摆动灵活。

6）检查定位销是否完好、有无松动。

7）将轴承体装入法兰，固定好止推轴承温度探头线卡，检查轴瓦温度探头线是否正常。

6. 推力轴承回装

1）孔对称安装 2 个导向杆，回装清理后的副推瓦轴承组件，按力矩要求紧固螺栓，测量确认是否已安装到位（见图 5-62 和图 5-63）。

图 5-62　副推力轴承吊装

图 5-63　紧固副推力轴承螺栓

2）回装止推盘内侧垫片及止推盘，铝棒敲紧止推盘后用深度尺测量计算推进量。

3）安装止推盘液压缸（见图 5-64）、扩张压接管、推进压接管，连接扩张压和推进压油泵，在止推盘上架百分表用于测量推力盘轴向推进量。

4）先打推进压至 0.1MPa，再打扩张压，交替进行，时刻注意百分表数值变化，推进值与计算值相同，即可认为安装到位。

5）泄放扩张压力，保持推进压力，保压 4h 后拆除液压工具。

6）回装防松垫片，用专用工具紧固锁紧螺母，并锁紧防松垫片（见图 5-65）。

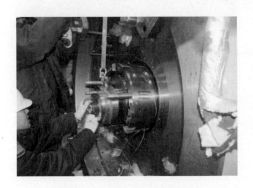

图 5-64　安装止推盘液压缸

图 5-65　锁紧防松垫片

7）重新安装导向杆，回装主推轴承组件，紧固连接螺栓后测量确认组件安装到位。

8）利用驱动端锁轴工具窜动转子，检查推力间隙是否在 0.45~0.55mm 之间，将转子推至推力间隙 1/2 处，安装止推轴承主推侧轴向位移探头。

9）回装轴承上盖及附属管线，恢复仪表接线（见图 5-66）。

7. 非驱动端径向轴承拆卸

1）拆卸联轴器，并在驱动端进行锁轴，具体参考 5.1.1.1 小节中"联轴器拆装实施步骤"部分。

图 5-66　回装主推力轴承

2）拆卸压缩机推力轴承组件，具体参考 5.1.1.2 小节中轴承拆装步骤中"4. 拆卸压缩机推力轴承"部分。

3）测量非驱动端径向轴承间隙并记录数值。

4）拆除非驱动端径向轴承 3 个固定螺栓（见图 5-67）。

5）抬轴至径向间隙 1/2 位置，后用 T 形顶丝杆将非驱动端径向轴承拉出（见图 5-68）。

6）在非驱动端径向轴承顶部安装吊耳，将拉出的径向轴承用吊车移出。

8. 非驱动端径向轴承清理检查

PCL600 系列压缩机非驱动端径向轴承清理检查具体参考 5.1.1.2 小节中轴承拆装步骤中"2. 压缩机驱动端径向轴承检查"部分。

9. 非驱动端径向轴承回装

1）清理非驱动端径向轴承，检查径向轴承温度探头，更换径向轴承供油口密封圈（见图 5-69）。

图 5-67　拆除非驱动端径向轴承固定螺栓

图 5-68　顶出径向轴承

2）安装非驱动端轴承导杆。

3）在非驱动端径向轴承外圆周表面及轴瓦涂抹润滑油。

4）用吊带将轴抬起 0.15～0.20mm，安装径向轴承，并紧固连接螺栓，确保安装到位。

5）回装压缩机推力轴承组件及附属管线、仪表接线等。具体参考本节"6. 推力轴承回装"部分（见图 5-70）。

图 5-69　非驱动端径向轴承供油孔密封圈

图 5-70　非驱动端径向轴承安装

5.1.2.3　干气密封更换实施步骤

1. 驱动端干气密封拆卸

1）拆卸联轴器，具体参考 5.1.1.1 小节中"联轴器拆装实施步骤"部分。

2）打开非驱动端轴承端面盖板，按压缩机运行方向旋转转子，使其轴端缺口标识处于正上方位置。

3）拆卸驱动端径向轴承，具体参见 5.1.1.2 小节中轴承拆装步骤中"3. 回装压缩机驱动端径向轴承"部分。

4）取下固定驱动端挡油环（见图 5-71）的 3 个螺栓，将挡油环拆下。

5）拆除驱动端干气密封组件剪切块固定螺栓，取出剪切块（见图 5-72）。

6）拆除驱动端干气密封调整垫。

7）拆除驱动端干气密封组件动环锁盘组件螺栓，将锁盘组件拆下（见图 5-73）。

8）拆除驱动端干气密封组件静环保持环螺栓，将静环保持环拆下。

图 5-71　驱动端挡油环

图 5-72　驱动端剪切块及调整垫片

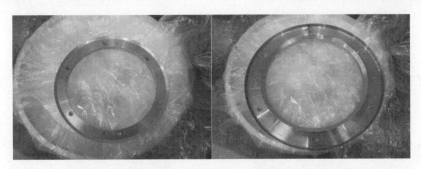

图 5-73　驱动端干气密封组件动环锁盘及静环保持环

9）深度尺测量驱动端干气密封动环端面与静环端面与参考面之间及动环端面与轴肩的距离，记录测量数据。

10）在驱动端干气密封组件上安装干气密封拆装专用工装盘（见图 5-74）。

11）安装驱动端干气密封拆装盘及导杆，测量拆装盘与参考面的相对距离并记录，用千斤顶将轴顶起 0.15~0.20mm，用 2 个 T 形顶丝对称将干气密封组件拉出。

12）驱动端干气密封取出后，将轴推至轴向间隙中间位置并用锁轴工具锁住（见图 5-75）。

图 5-74　安装驱动端干气密封拆装盘

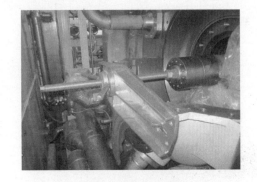

图 5-75　驱动端锁轴

2. 干气密封备件检查

1）检查其备件号一致，旋转方向标识一致。

2）检查新密封的试验报告，测试内容合格。

3）检查新密封配套的剪切块、调整垫片、动环锁盘及静环保持环是否完整。

4）检查新密封轴套内和外壳的密封环完好，C形环方向正确。

5）检查新旧密封的各部位尺寸一致，符合图纸要求。

6）拆卸安装盘，固定轴套，略下压壳体，按旋转方向转动壳体，应轻松、均匀、无卡涩、无异音，下压恢复正常、无卡涩、阻滞现象。

7）检查干气密封前梳齿密封应完好，无磨损、偏斜、倒齿等缺陷。

3. 驱动端干气密封回装

1）安装驱动端干气密封组件固定盘。

2）在驱动端干气密封组件固定盘上安装拆装专用盘（见图5-76）。

3）在压缩机驱动端干气密封腔室外安装4个安装导向杆及2个吊装导向杆。

4）将组装好拆装工具的驱动端干气密封组件吊至驱动端安装位，用导杆进行导向定位（见图5-77）。

图5-76　驱动端干气密封组件拆装盘

图5-77　吊至安装位

5）用吊带将轴抬起$0.15 \sim 0.20$mm。

6）在4个导向杆上装入套管及螺母，对角旋进，平稳将干气密封组件压入干气密封腔（见图5-78）。

7）用深度尺测量干气密封端面与参考面之间及动环端面与轴间的距离，确认是否安装到位。

8）计算干气密封调整垫片的厚度（$X = L_1 - L_2$）（见图5-79）。

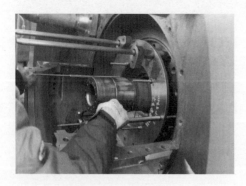

图5-78　装入密封腔

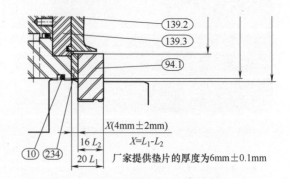

图5-79　干气密封调整垫片厚度计算

9）安装驱动端干气密封组件调整垫片及剪切块。

10）安装驱动端干气密封组件静环保持环，用螺栓将其紧固。

11）安装驱动端干气密封组件动环锁盘组件，用螺栓将其紧固。

12）安装驱动端挡油环，用螺栓紧固到位。

13）回装驱动端径向轴承，具体参见 5.1.1.2 小节中轴承拆装步骤中"3. 回装压缩机驱动端径向轴承"部分。

14）回装联轴器，具体参考 5.1.1.1 小节中"联轴器拆装实施步骤"部分。

4. 非驱动端干气密封拆卸

1）拆卸联轴器，具体参考章节 5.1.1.1 小节中"联轴器拆装实施步骤"部分（见图 5-80~图 5-83）。

图 5-80　拆卸非驱动端干气密封组件动环锁盘组件

图 5-81　非驱动端干气密封组件拆装工具

图 5-82　非驱动端干气密封组件安装 1

图 5-83　非驱动端干气密封组件安装 2

2）打开非驱动端轴承端面盖板，按压缩机运行方向旋转转子，使其轴端缺口标识处于正上方位置。

3）拆卸压缩机推力轴承组件和非驱动端径向轴承，具体参考 5.1.2.2 小节中"轴承拆检实施步骤"部分。

4）更换非驱动端干气密封组件，具体参见本节中驱动端干气密封拆卸、干气密封备件检查、驱动端干气密封回装部分。

5）拆卸非驱动端干气密封安装盘及专用工装盘。

6）回装非驱动端径向轴承，具体参见章节 5.1.2.2 小节中轴承拆检实施步骤中"6. 推力轴承回装"部分。

7）回装压缩机推力轴承，具体参见章节 5.1.2.2 小节中轴承拆检实施步骤中"9. 非驱动端径向轴承回装"部分。

5.1.2.4 机芯解体大修实施步骤

1. 机芯拆解

1）拆卸联轴器、两端径向轴承、推力轴承及干气密封组件等参考 5.1.2.3 小节中"干气密封更换实施步骤"部分。

2）拆除压缩机非驱动端端盖 4 个固定块。

3）用专用吊具拆除压缩机非驱动端端盖剪切块（见图 5-84～图 5-86）。

图 5-84　拆卸端盖剪切块

图 5-85　吊出剪切块

图 5-86　剪切块工具安装

4）安装吊装工具，回装 4 块端盖固定块，借助固定块用 4 根丝杆同步操作将压缩机非驱动端端盖移出并吊装放置检修规划区域，确保整个作业过程中吊装平稳，避免竖直方向倾斜（见图 5-87 和图 5-88）。

图 5-87　端盖吊装工具

图 5-88　移出非驱动端端盖

5）拆除压缩机驱动端锁轴工具。

6）测量压缩机机芯到压缩机壳体的距离并记录，拆除压缩机机芯定位螺栓（M22 内六方螺栓 1 个，见图 5-89 和图 5-90）。

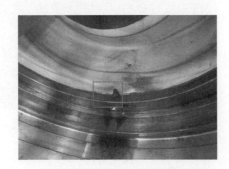

图 5-89　机芯定位螺栓孔

图 5-90　机芯定位螺栓

7）组装压缩机机芯拆装专用工装，利用支座调节导轨水平度（见图 5-91 和图 5-92）。

图 5-91　机芯拆装工具组装

图 5-92　导轨支座

8）在左右两个导轨上各安装液压泵固定块，利用 2 个液压工具同步操作缓慢移出压缩机机芯。

9）移出过程中，机芯下部左右两侧要安装液压工具用以支撑机芯，防止机芯过壳体内台阶时掉落（见图 5-93 和图 5-94）。

图 5-93　移出机芯液压工具

图 5-94　机芯支撑液压工具

10）当机芯顶部吊耳安装孔露出时，在机芯顶部安装 4 个吊耳，将机芯吊起缓慢移出（见图 5-95 和图 5-96）。

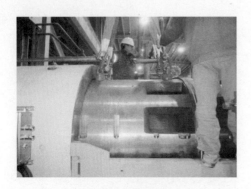

图 5-95　移出机芯

图 5-96　吊出机芯

11）调整机芯剖分面至水平位置，放置在机芯专用支架上（见图 5-97）。

12）拆除压缩机机芯密封圈，从排气侧取出，冬季低温环境可用热风枪加热密封圈（见图 5-98）。

图 5-97　机芯安放在支架上

图 5-98　热风枪加热机芯密封圈

2. 机芯解体、清理检查及组装

1）安装压缩机机芯排气蜗壳吊装工具，利用行车将排气蜗壳吊装至受力（见图 5-99）。

2）用千斤顶将驱动端轴顶起 0.15~0.20mm（见图 5-100）。

图 5-99　排气蜗壳吊装工具

图 5-100　用千斤顶将轴顶起

3）拆除机芯排气蜗壳（见图 5-101）固定螺栓。

4）用 4 个顶丝将机芯排气蜗壳与机匣分开，吊装放置在规定位置（见图 5-102）。

图 5-101　压缩机机芯排气蜗壳

图 5-102　移出排气蜗壳

5）拆除压缩机机芯剖分面螺栓及定位销（见图 5-103）。

6）在机芯剖分面安装导杆，缓慢吊出压缩机机芯上半部分并放置在规定位置（见图 5-104 和图 5-105）。

图 5-103　机芯剖分面定位销及固定螺栓

图 5-104　机芯剖分面安装导杆

7）吊装出压缩机转子并放置在转子专用支架上（见图 5-106 和图 5-107）。

图 5-105　吊起机芯上半部分

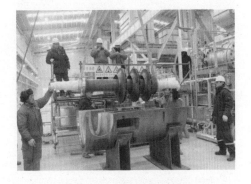

图 5-106　吊出压缩机转子

8）检查清理压缩机机芯组件及压缩机筒体内腔。

3. 机芯回装

1）将转子吊装至压缩机机芯下半部分。

2）安装压缩机机芯剖分面导杆，组装压缩机机芯上半部分，打好定位销，紧固好连接螺栓（见图 5-108）。

图 5-107　压缩机转子

图 5-108　合上机芯上半部分

3）安装压缩机机芯排气蜗壳，并用螺栓紧固。

4）安装机芯拆装专用工装（见图 5-109）。

5）将压缩机机芯吊装至导轨上，用底部液压工具将机芯撑起。

6）拆除压缩机机芯顶部吊耳，安装机芯密封圈。

7）用 2 套液压工具同步推进将压缩机机芯装至压缩机壳体内，深度尺测量压缩机机芯到压缩机壳体的距离，确保回装到位（见图 5-110）。

图 5-109　组装好的压缩机机芯

图 5-110　回装机芯

8）安装机芯与壳体底部定位螺栓。

9）拆除压缩机机芯回装专用工装、导轨及底端支撑的液压泵（见图 5-111）。

10）清理压缩机非驱动端端盖组件。

11）将组装完成的非驱动端端盖吊起，更换新的密封圈。

12）将非驱动端端盖吊至压缩机安装位置，安装 4 个固定块，利用 4 个顶丝同步推进回装压缩机端盖，确保端盖安装到位。

13）松开壳体压缩机端盖固定块及顶丝（见图 5-112）。

14）利用专用工具安装压缩机端盖保持块，用螺栓紧固（见图 5-113）。

15）安装端盖固定块及顶丝将端盖向外拉紧并锁定（见图 5-114）。

16）安装两端径向轴承，具体参考 5.1.2.2 小节中"轴承拆检实施步骤"部分，驱动端安装锁轴工具，将压缩机转子轴向锁定在拆卸前的位置。

图 5-111　回装完成的压缩机机芯

图 5-112　安装端盖固定块

图 5-113　安装剪切块

图 5-114　非驱动端端盖安装到位

17）拆除非驱动端径向轴承，安装非驱动端干气密封组件、径向轴承、推力轴承及附属管线仪表等，具体参考 5.1.2.3 小节中"干气密封更换实施步骤"部分。

18）拆卸驱动端径向轴承，回装驱动端干气密封组件、径向轴承及附属管线仪表等，具体参考 5.1.2.3 小节中"干气密封更换实施步骤"部分。

19）恢复回装联轴器，具体参考 5.1.1.1 小节中"联轴器拆装实施步骤"部分。

5.1.2.5　对中调整

PCL600 系列压缩机组对中检查及调整参考 5.1.1.5 小节中"对中调整实施步骤"部分。

5.2　Siemens 压缩机现场维修关键技术

5.2.1　联轴器拆装实施步骤

1. 联轴器拆卸

1）标记并拆卸与联轴器护罩连接的附属管线及动力涡轮转速探头。

2）拆卸联轴器护罩中分面定位销、螺栓，并取出上下护罩。

3）标记并拆卸联轴器护罩前后两端（压缩机端及动力涡轮端）的转接盘。

4）拆除动力涡 2#轴承箱盖上盖板端面及立面的连接螺栓，吊装出上盖板。

5）在联轴器标识复装记号和螺栓编号（见图 5-115，复装记号应与厂家原钢印标识一致）。拆卸联轴器连接螺栓，螺栓螺母配对封存（注明动力涡轮侧和压缩机侧）。

6）利用 3 个锁紧螺钉，压紧联轴器，并将联轴器及调整垫片取出。

图 5-115　联轴器及其螺栓

2. 联轴器的回装

1）联轴器调整垫厚度计算。

① 利用内径千分尺测量压缩机侧联轴器及动力涡轮侧靠背轮的尺寸，记为 X。

② 查看联轴器铭牌，确认联轴器长度，记为 L。

③ 在保证联轴器有 0.078 英寸的预拉伸量的基础上，计算其所需的垫片厚度，并平均放置在两侧（见图 5-116）。

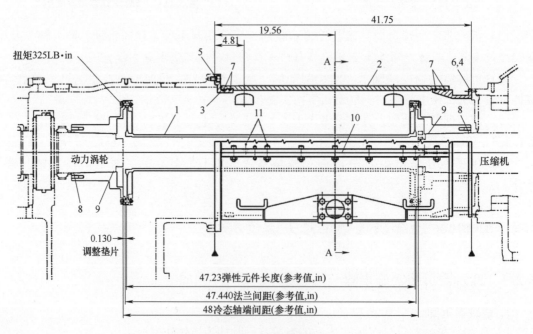

图 5-116　联轴器图纸

1—联轴器　2—护罩　3—转接适配器　4—转接适配器　5—螺栓　6—螺栓

7—O 形圈　8—O 形圈　9—O 形圈　10—密封条　11—定位销

2）按照拆卸标记回装联轴器及其连接螺栓，连接螺栓力矩为 325lbf·in[⊖]。

3）回装动力涡轮 1#轴承上护罩，紧固端面连接螺栓及立面连接螺栓。

4）回装联轴器护罩前后两端（压缩机端及动力涡轮端）转接盘。

5）回装联轴器上下护罩，注意在回装时所有结合面需涂抹平面密封胶，确保其密封性。

6）回装与联轴器护罩连接的附属管线及动力涡轮外侧转速探头。

5.2.2　轴承拆检实施步骤

1. 驱动端径向轴承拆卸

1）拆卸压缩机联轴器，具体参见 5.1.1.1 小节中"联轴器拆装实施步骤"部分。

2）松开驱动端轴头锁紧螺母螺栓，用盘车工具拆卸锁紧螺母，测量轮毂与轴头相对距离，在驱动端安装液压泵，拆卸驱端轮毂（见图 5-117），最大扩张压应小于 25000psi[⊖]。

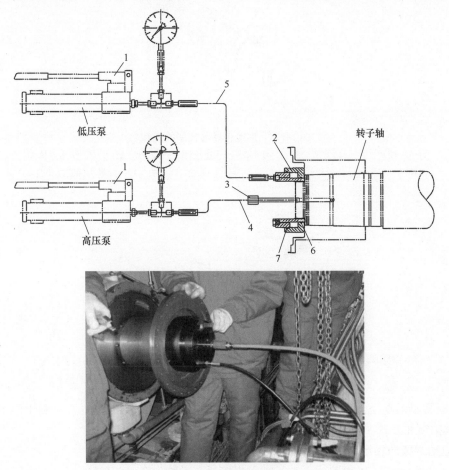

图 5-117　拆卸轮毂

1—液压泵　2—轮毂拆装液压工具　3—转接适配器　4—高压软管　5—低压软管　6、7—O 形圈

⊖　lbf·in=0.113N·m。

⊖　1psi=6.895kPa。

3）拆除驱动端径向轴承外侧挡油板。

4）打开非驱动端轴位移盖板，在驱动端利用盘车工具按照压缩机运行方向转动压缩机转子，直到非驱端轴端键槽盘车到最上端。

5）在非驱动端安装锁轴工具，对轴承装配位置进行标记，对相对尺寸进行测量并记录。

6）测量驱动端径向轴承径向间隙，径向间隙范围应为 0.282~0.318mm。

7）标记并拆卸驱动端振动探头，断开温度探头接线（见图 5-118 和图 5-119）。

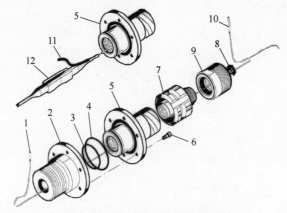

图 5-118　温度传感器插座的拆卸

1—短探针　2—壳体接头　3、4—O 形圈　5—连接件　6—内六角螺栓　7—堵头连接件
8—导线箍　9—连接件锁紧环　10—长探针　11—RTD 探头　12—探针拆卸安装工具

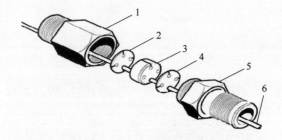

图 5-119　传感器电缆的密封

1—导圈　2—特氟龙垫片　3—封油环　4—垫片　5—压紧螺栓　6—振动探头引线

8）安装驱动端径向轴承拆卸专用工具盘，抬轴至径向间隙 1/2 位置，利用两个丝杆将径向轴承拉出并放置在指定位置（见图 5-120）。

2. 驱动端径向轴承清理检查

1）清洁轴承座、轴承腔体、转子轴，去掉所有杂物。

2）用矿物酒精清洁所有部件。

3）使用干净、不掉毛的干布，彻底擦干所有的部件。

4）用干净、干燥的压缩空气，吹扫空气和油的通路。

5）检查所有零件是否存在裂纹、脏物和其他损伤。

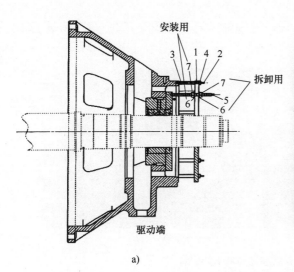

安装用

3 1 4 2
7

拆卸用
7

5
6
6

驱动端

a)

b)

图 5-120　拆卸驱动端径向轴承

1—定位板　2—螺杆　3—套管　4—螺母　5—螺杆　6—垫片　7—螺母

6）检查轴承体与轴承座的配合尺寸，仔细检查各轴承瓦块，巴氏合金不允许有裂纹、脱壳、夹渣、气孔、重皮等缺陷。更换有如下情况的瓦块：

① 巴氏合金磨损大于瓦块表面积的50%或瓦块表面巴氏合金磨损情况异常。

② 检查轴承体和内衬巴氏合金的贴合情况，一般用木棒敲击轴承背面，根据发出的声音判断巴氏合金贴合情况，发声暗哑，说明巴氏合金贴合不良，需进一步检查，把轴承浸入干净的煤油内，浸泡一段时间，然后取出擦净煤油，再在巴氏合金与轴承体接触断面处涂上粉笔，停一段时间，若发现有没有渗出痕迹，说明巴氏合金贴合不良，这种轴承不能使用，需更换。

③ 使用 5 倍放大镜检查巴氏合金表面是否有裂纹。

④ 测量瓦块圆周宽度方向上瓦块支撑是否在 10mm（0.38in）以上。

⑤ 使用万用表检查 RTD 工作的连续性，确认 RTD 阻值正常，引线无破损等缺陷。

7）检查轴承座和保护架有无裂纹、缝隙或变形。

8）对于剖分面轴颈轴承，拧紧中分面螺栓后，内圆不能有错口，用 0.03mm 塞尺在中分面任何部位均不能塞入。

3. 驱动端径向轴承回装

1）回装时应按照装配标记，将驱动端径向轴承吊装至安装位置，轴及轴承加注适量的润滑油。

2）安装径向轴承拆装工具盘，抬轴至径向间隙1/2位置，利用 4 个丝杆平稳安装径向轴承，测量尺寸核实径向轴承是否安装到位（见图 5-121）。

3）拆除径向轴承拆装工具盘，回装振动探头，调整间隙电压，并将径向轴承振动探头和温度线穿出壳体，回装挡油板。

4）恢复振动探头和温度探头接线，再次核实温度探头电阻值和振动探头电压值，应在正常范围之内。

4. 非驱动端推力轴承组件及径向轴承拆卸

1）在驱动端安装锁轴工具，测量压缩机推力轴承间隙，轴窜范围应为 0.28～0.43mm，将轴放置在轴向间隙的中间位置，并且非驱动端轴端标记（见图5-122）盘车到最上端，在驱动端锁轴（见图5-123）。

a)   b)

图 5-121　驱动端径向轴承的回装

图 5-122　非驱动端轴端标记

图 5-123　驱动端锁轴

2）对温度和振动探头接线拆除，对线号进行标记。

3）对推力轴承的装配位置应进行标记。

4）拆除主推力轴承座固定螺栓，用3个顶丝将主推力轴承座顶出，用行车移出主推轴承及轴承座并放置指定位置（见图5-124）。

5）拆卸推力轴承时应注意保护主推和副推轴承座之间的层压垫片。

6）测量记录推力盘的定位尺寸，安装推力盘拆卸工具，用液压泵分段升压，打压拆卸推力盘，记录最终扩张压力（见图5-125）。

图 5-124　拆卸主推轴承及轴承座

图 5-125　打压拆卸推力盘

7）取出副推力轴承，避免损伤轴瓦及问题探头线（见图 5-126）。

5. 清理检查

1）压缩机推力轴承（见图 5-127）清理检查参考本节中"2. 驱动端径向轴承清理检查"部分。

图 5-126　拆除副推力轴承

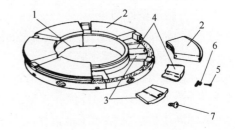

图 5-127　推力轴承示意图

1—轴承组件　2—轴承瓦块　3—下水准块　4—上水准块
5—瓦块紧固螺钉　6—定位器　7—水准快螺钉或销

2）如果所测得的间隙小于 0.28mm（0.011in），则止推轴承瓦块安装不正确，或者轴承座之间的层压垫片太薄。

3）如果所测得的间隙大于 0.43mm（0.017in），轴承座之间的垫片太厚或止推轴承瓦块磨损；如果减小该垫片的规格尺寸太多，说明止推轴承瓦块严重磨损以致不能使用。拆卸该止推轴承，并更换瓦块。

4）检查瓦块及水准块是否磨损，使用内径千分尺分别测量主、副推力瓦块厚度，上述每组瓦块厚度偏差值应小于 0.01mm，否则予以更换，基础环的磨痕深度最好不超过 0.12mm。

6. 非驱动端径向轴承拆装

1）拆卸固定径向轴承的螺栓前应测量径向轴承间隙，范围为 0.282~0.318mm。

2）拆卸前应对温度探头线进行标记并做好保护。

3）安装径向轴承拆装专用工具盘，抬轴至径向间隙1/2 位置，用 4 根拉杆对角同步操作移出非驱动端径向轴承并吊装移出（见图 5-128）。

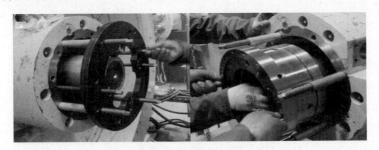

图 5-128　拆除非驱动端径向轴承

4）回装时应按照装配标记，将驱动端径向轴承吊装至安装位置，轴及轴承加注适量的

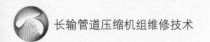

润滑油。

5）安装径向轴承拆装工具盘，抬轴至径向间隙 1/2 位置，利用 4 个丝杆平稳安装径向轴承，测量尺寸核实径向轴承是否安装到位。

6）拆除径向轴承拆装工具盘，回装振动探头，调整间隙电压，并将径向轴承振动探头和温度线穿出壳体，回装挡油板。

7）恢复振动探头和温度探头接线，再次核实温度探头电阻值和振动探头电压值，应在正常范围之内。

7. 推力轴承组件回装

1）回装副推力轴承、轴承座，防止磕碰轴瓦及温度线，避免温度线在轴承箱内缠绕，回装应保证轴承座与壳体平齐。

2）在副推力轴瓦涂抹润滑油，清洁轴径和止推盘内圈，安装推力盘垫片。

3）分清推力盘内侧和外侧，将推力盘回装在轴颈上。

4）用高压扩压泵和低压推进泵交替升压，直到推力盘安装到位，测量核实安装尺寸，保压 4h。

5）检查副推力轴承瓦块，瓦块应能自由活动。

6）回装主推力轴承及轴承座，紧固连接螺栓。

7）利用驱动端锁轴工具检查回装后压缩机推力间隙。

8）回装轴端盖板，调整轴位移间隙电压，安装非驱动端径向振动探头并调整间隙电压，检查所有温度探头线阻值是否正常，恢复接线。

9）恢复非驱动端所有附属管线，拆除锁轴工具。

10）回装压缩机驱动端轮毂，安装轮毂拆装液压工具，扩张压与推进压交替升压，直到将轮毂安装到位，保压 4 小时。

11）拆卸液压工具，核实安装尺寸，回装轮毂锁紧螺母并紧固，锁好防转螺栓。

12）回装压缩机联轴器及附属管线，具体参见 5.1.1.1 小节的"联轴器拆装实施步骤"部分。

5.2.3 干气密封更换实施步骤

1. 驱动端干气密封组件拆装

1）拆除联轴器，具体参考 5.1.1.1 小节的"联轴器拆装实施步骤"部分。

2）拆除非驱动端轴位移探头固定座。在驱动端利用盘车专用工具转动转子，直至非驱动端轴头端面键槽中心处于中心线的垂线位置。

3）拆卸非驱动端轴承座对称两条螺栓，安装非驱动端锁轴工具（见图 5-129）。

4）拆卸驱动端径向轴承，具体参考 5.1.2.2 小节轴承拆检实施步骤中"1. 拆卸驱动端径向轴承"部分。

5）松动密封锁紧螺母两个胀紧螺钉，拆除锁紧螺母（右旋螺纹）。

6）测量隔离密封套至密封端面、密封端面至壳体相对端面位置尺寸，并记录。

7）拆卸隔离密封与干气密封连接的 12 条连接螺栓，壳体正上方做标识。

8）回装轴颈保护套，安装隔离密封安装盘，先装内盘，确定外盘防转销定于内盘相应销孔正确配合。同时，外盘正上方与壳体上方标识对正，螺栓孔对正，方可保证正确安装。

安装完成后，内外盘标识也对正。西气东输一线、西气东输二线 RR 机组使用的干气密封和隔离密封专用工具不同（见图 5-130）。

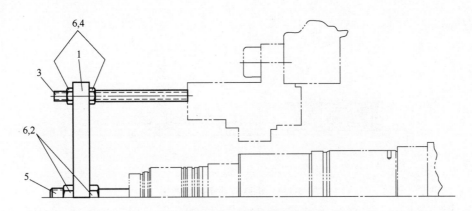

图 5-129　非驱端锁轴工具安装
1—锁定板　2、4、6—螺母　3—固定螺栓　5—锁轴/窜轴螺栓

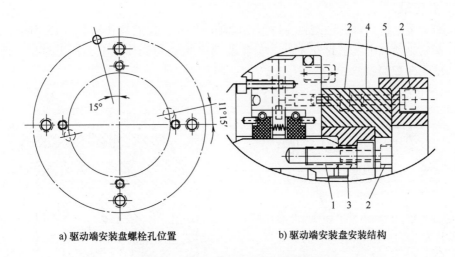

a) 驱动端安装盘螺栓孔位置　　　　　　b) 驱动端安装盘安装结构

图 5-130　驱动端隔离密封安装板组装
1、2—螺钉　3—内安装板　4—中间安装板　5—外安装板

9）安装盘装四条拆装螺杆栓，拆装盘的 TOP 标识置于正上方，安装拆装专用工具组件（见图 5-131）。

10）抬轴约 0.20mm 左右，对称拧入四个螺母，将隔离密封拉出密封腔体（见图 5-131 中的 10）。

11）拆除拆装工具组件，将隔离密封及安装盘一同拉出，取出轴上 O 形密封圈。

12）剪切定位环按由上至下、由左至右顺序编号，共有六块，利用剪切定位环上的螺栓孔拆卸六个剪切环，壳体正上方做标识。

13）测量轴肩至干气密封轴套端面的轴向尺寸，并记录。

14）测量干气密封壳体至密封腔体剪切环内端面的轴向尺寸。

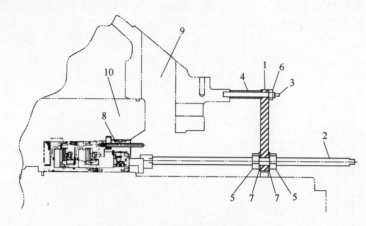

图 5-131　拆装驱动端隔离密封

1—密封安装工具　2、3—螺杆　4—套管　5、6—螺母　7—垫片　8—导向杆　9—轴承座　10—密封腔

15）干气密封轴套端面至密封腔体剪切环内端面的轴向尺寸（标准为 30.4mm ± 0.2mm），并记录。

16）测量干气密封轴套至密封壳体端面的轴向尺寸，并记录（标准为 13.5mm）。

17）安装驱动端干气密封安装盘，安装盘 TOP 标识与壳体正上方标识对正。螺栓孔位置关系（见图 5-132）。

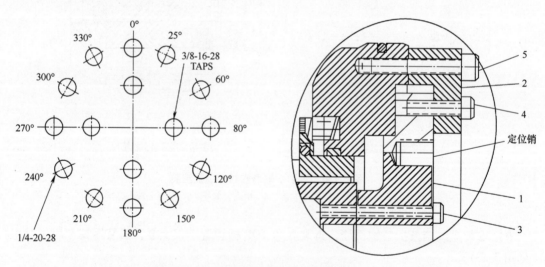

图 5-132　驱动端干气密封安装板组装

1—内盘　2—外盘　3—内盘连接螺栓　4—内外盘连接螺栓　5—外盘连接螺栓

18）安装拆装螺栓、拆装盘组件（见图 5-133）。

19）抬轴约 0.20mm 左右，对称拧入四个螺母，将干气密封拉出密封腔体。

20）拆除拆装工具组件，将干气密封及安装盘一同拉出。

2. 备件清理及检查

1）检查干气密封备件。

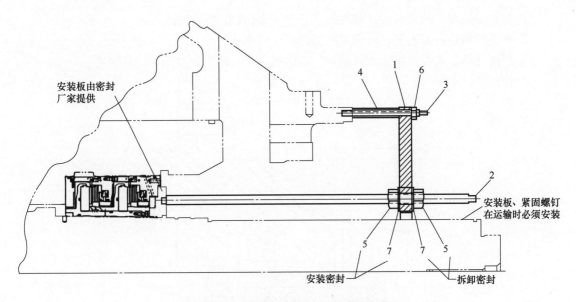

图 5-133 驱动端拆装盘/干气密封拆装

1—定位板 2、3—螺杆 4—套管 5、6—螺母 7—垫片

① 检查其备件号一致，旋转方向标识一致。

② 检查新密封的试验报告，测试内容合格。

③ 检查新密封的紧固螺钉齐全，包装、安装盘完好。

④ 检查新密封轴套内和外壳的密封环完好，C 形环方向正确。

⑤ 检查新旧密封的各部位尺寸一致，符合图纸要求。

⑥ 拆卸安装盘，固定轴套，将干气密封进行倒置，略下压旋转动环检查弹力和旋转性能，应轻松、均匀、无卡涩、无异音。下压恢复正常、无卡涩、阻滞现象。

⑦ 确认无误，装箱备用。

2）检查、更换驱动侧隔离密封。

① 解体检查隔离密封各零配件应完好，石墨环无磨损、偏斜、裂纹等缺陷，无法修复则更换。

② 检查隔离密封定位销、传动销完好、无松动。

③ 清洗组装隔离密封。

④ 更换迷宫密封的 O 形环，涂润滑脂装入与其相配的法兰，备用。

3）清理密封腔体，吹扫各密封气、泄漏气、隔离密封气气路。

4）清理轴颈，修复轴颈损伤部位。

5）清理连接轴套、锁紧螺母、传动件，修复损伤部位。

3. 驱动端干气密封组件回装

1）测量确认转子处于推力间隙中间位置。

2）根据 GEM0016（仅适用于驱动端固定密封腔）、干气密封图纸和备件轴向尺寸，测量计算出调整垫片尺寸，如图 5-134 所示。

① 用深度尺测量干气密封轴向尺寸 "Z+" 值（带安装盘）。

② 拆除安装盘，测量安装盘厚度与 "Z+" 相减的出 "Z" 值。

③ 测量剪切环内端面至轴肩端面的轴向尺寸 "X+Y"。

④ 根据计算公式引用相应抵消系数，得出的 "W" 即为调整垫片应有厚度。

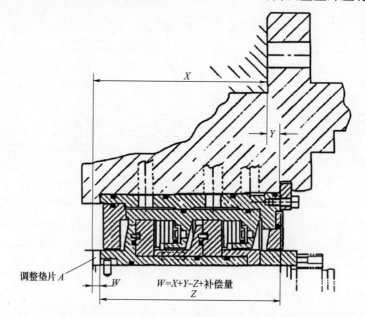

压缩机型号	固定密封腔结构，安装干气密封时垫片增加的补偿量/mm
RCBB14（侧进气入口尺寸14in梁式离心压缩机）	0.38
RFBB20（侧进气入口尺寸20in梁式离心压缩机）	0.51
RFBB30（侧进气入口尺寸30in梁式离心压缩机）	0.89
RFBB36（侧进气入口尺寸36in梁式离心压缩机，最大工作压力小于10MPa）	0.89
RFBB36（侧进气入口尺寸36in梁式离心压缩机，最大工作压力大于10MPa）	1.27
RFBB30（侧进气入口尺寸42in梁式离心压缩机）	0.89

图 5-134　干气密封调整垫片计算图表

3）根据计算值 W，剥离干气密封调整垫片（千层铝箔垫），回装调整垫片。计算完垫片厚度以后，需要对调整垫片的厚度偏差进行测量，要求值偏差不大于 0.03mm。

①确定转子在中心位置，驱动端锁轴；②若驱动端非浮动密封腔体，需加压力系数。非驱动端为浮动密封腔体，不需要加压力系数。一线压缩机出口设计压力小于 1440Psig，需要在计算垫片厚度基础上加 0.89mm 的尺寸，为实际垫片的厚度，二线出口设计压力大于 1440Psig，则需要在计算垫片厚度基础上加 1.27mm 的尺寸，为实际垫片的厚度。

4）安装干气密封拆装安装盘（见图 5-132），安装盘 TOP 标识与壳体正上方标识对正；安装安装盘时，连接动静环的螺丝上紧后要回一圈，保证动静环要有一定的活动余量。

5）密封腔体、轴颈、干气密封密封环、配合面处涂抹润滑脂。

6）安装四条拆装螺栓，安装盘 TOP 标识与壳体正上方标识对正，轴套键槽与轴上传动销对正，将干气密封推入密封腔体。

7）安装拆装螺栓、拆装盘组件（见图 5-133），抬轴约 0.20mm 左右，对称拧入四个螺母，将干气密封压入密封腔体，不动为止。

8）拆除干气密封拆装专用工具盘，确认安装盘正上方与壳体正上方标识对正，拆除干气密封安装盘。

9）试装隔离轴套，传动销与干气密封轴套销孔对正，安装锁紧螺母，专用工具紧固锁紧螺母，不动为止，拆除锁紧螺母。

10）在轴套外端与轴结合部位做标识，取出轴套。

11）测量轴肩至干气密封轴套端面的轴向尺寸、干气密封壳体至密封腔体剪切环内端面的轴向尺寸、干气密封轴套端面至密封腔体剪切环内端面的轴向尺寸，与计算或拆卸时数据一致、符合图纸要求。

12）测量干气密封轴套至密封壳体端面的轴向尺寸，并记录（标准为 13.5mm）。

13）按编号顺序回装剪切定位环，并装入导向杆，将隔离密封轴套装入隔离密封，按参照图 5-135 装安装盘。

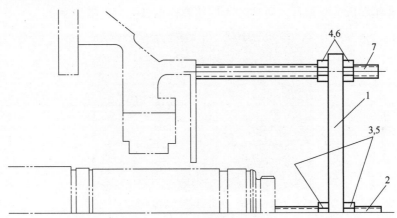

图 5-135　驱端锁轴工具安装

1—锁定板　2—锁轴/窜轴螺栓　3、5—锁轴/窜轴螺母、垫片　4、6—固定螺母、垫片　7—固定螺栓

14）轴颈安装 O 形密封圈，连接轴套内孔及轴颈、O 形密封圈涂润滑脂。

15）安装四条拆装螺栓，安装盘 TOP 标识与壳体正上方标识对正，隔离密封传动销与干气密封轴套销孔对正，将隔离密封推入密封腔体。

16）回装隔离密封安装盘组件，抬轴约 0.20mm 左右，对称拧入四个螺母，将隔离密封压入密封腔体（见图 5-131 中的 10），不动为止。

17）拆除隔离密封安装盘组件，确认安装盘正上方与壳体正上方标识对正，轴套外端与轴结合部位标识对正。

18）确认隔离密封轴套至密封端面、密封端面至壳体相对端面尺寸与计算或拆卸时数据一致。

19）安装锁紧螺母，专用工具紧固锁紧螺母，不动为止，拧紧 2 个锁紧螺钉。

20）回装驱动端径向轴承，具体参考 5.2.2 小节中轴承拆检实施步骤中"3. 驱动端径向轴承回装"部分。

4. 非驱动端干气密封拆装

1）确认转子在推力间隙中间位置，或用锁轴工具在驱动端将转子窜至推力间隙中间位置。锁紧螺母，确保转子不窜动。记录轴头至轴承座壳体相对位置轴向尺寸（见图 5-134）。

2）拆卸压缩机推力轴承组件及非驱动端径向轴承，具体参见 5.2.2 小节中"4. 非驱动端推力轴承组件及径向轴承拆卸"部分。

3）拆卸非驱动端轴承座固定螺栓，吊出轴承座（见图 5-136）。

4）松开干气密封锁紧螺母两个锁紧螺钉，拆卸锁紧螺母（左旋螺纹）。

5）测量隔离密封轴套至密封端面、密封端面至壳体相对端面位置尺寸，并记录。

6）拆卸隔离密封与干气密封四条连接螺栓（约翰克兰密封无连接螺栓），壳体正上方做标识。

7）安装轴颈保护套，安装隔离密封安装盘（见图 5-137）。

8）安装拆装盘托架组件。利用顶丝和外圈固定螺栓（各 3 个）调整干气密封浮动腔体 O 环端面至封头端面尺寸与轴承座配合尺寸一致 67.3mm（即轴承座止口凸台轴向尺寸，测量三个点，见图 5-138）。

9）安装非驱端拆装盘组件，对称拧入拆装螺栓螺母，拉出隔离密封。

图 5-136　拆除非驱动端轴承座

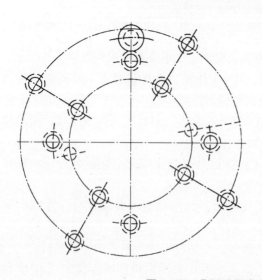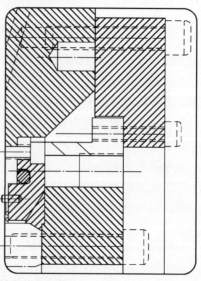

图 5-137　非驱端隔离密封安装盘组装

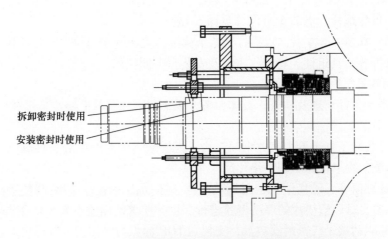

拆卸密封时使用

安装密封时使用

图 5-138　非驱端密封拆装示意图

10）拆除拆装工具组件，将隔离密封及安装盘一同拉出，取出轴上 O 形密封圈。

11）测量轴肩至干气密封轴套端面的轴向尺寸、干气密封壳体至密封腔体外端面的轴向尺、干气密封轴套端面至密封腔体剪切环内端面的轴向尺寸并记录。

12）测量干气密封轴套至密封壳体端面的轴向尺寸，并记录。

13）安装非驱动端干气密封安装盘，螺栓孔位置关系（见图 5-139）。

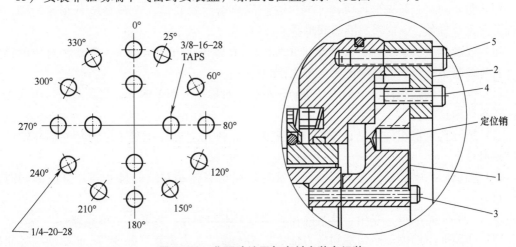

图 5-139　非驱动端干气密封安装盘组装

1—内盘　2—外盘　3—内盘连接螺栓　4—内外盘连接螺栓　5—外盘连接螺栓

14）安装拆装螺栓、拆装盘组件（见图5-139）。

15）抬轴约0.20mm左右，对称拧入四个螺母，将干气密封拉出密封腔体。

16）拆除拆装工具组件，将干气密封及安装盘一同拉出。

5. 非驱动端干气密封回装

1）干气密封备件清理及检查，具体参考5.2.3节干气密封更换实施步骤中"2. 备件清理及检查"部分。

2）测量确认转子处于推力间隙中间位置，根据干气密封图纸和备件轴向尺寸，参照驱动端，不加系数，测量计算出调整垫片尺寸。

3）根据计算值 W，剥离干气密封调整垫片（千层铝箔垫），回装调整垫片；计算完垫片厚度以后，需要对调整垫片的厚度偏差进行测量，要求值偏差不大于0.03mm。

4）安装非驱动端干气密封安装盘，安装盘 TOP 标识与壳体正上方标识对正。

5）密封腔体、轴颈、干气密封密封环、配合面处涂抹润滑脂。

6）安装四条拆装螺栓，安装盘 TOP 标识与壳体正上方标识对正，轴套键槽与轴上传动销对正，将干气密封推入密封腔体。

7）参照5.2.3节干气密封更换实施步骤中"4. 非驱动端干气密封拆装"中8）和9）两步，安装拆装盘托架组件和拆装盘组件，抬轴约0.20mm左右，对称拧入四个螺母，将干气密封压入密封腔体至不动为止。

8）拆除拆装盘组件，确认安装盘正上方与壳体正上方标识对正，拆卸干气密封安装盘。

9）试装隔离轴套，传动销与干气密封轴套销孔对正，安装锁紧螺母，专用工具紧固锁紧螺母至不动为止，拆除锁紧螺母。

10）在轴套外端与轴结合部位做标识，取出轴套。

11）测量轴肩至干气密封轴套端面的轴向尺寸、干气密封壳体至密封腔体外端面的轴向尺寸、干气密封轴套端面至密封腔体剪切环内端面的轴向尺寸，与计算或拆卸时数据一致、符合图纸要求。

12）测量干气密封轴套至密封壳体端面的轴向尺寸，并记录。

13）将隔离密封轴套装入隔离密封，安装隔离密封安装盘，轴颈安装 O 形密封圈，连接轴套内孔及轴颈、O 形密封圈涂润滑脂。

14）安装四条拆装螺栓，安装盘 TOP 标识与壳体正上方标识对正，隔离密封传动销与干气密封轴套销孔对正，将隔离密封推入密封腔体。

15）安装拆装盘组件，抬轴约0.20mm左右，对称拧入四个螺母，将隔离密封压入密封腔体，不动为止。

16）拆除拆装盘组件，确认安装盘正上方与壳体正上方标识对正，轴套外端与轴结合部位标识对正。

17）确认隔离密封轴套至密封端面、密封端面至壳体相对端面尺寸与计算或拆卸时数据一致。

18）安装锁紧螺母，专用工具紧固锁紧螺母至不动为止，拧紧2个锁紧螺钉。

19）回装非驱动侧径向轴承和推力轴承，具体参见5.2.2节"6. 和7. 非驱动端径向轴承拆装和推力轴承组件回装"部分。

20）回装联轴器，具体参考 5.2.1 节"2. 联轴器的回装"部分。

5.2.4　机芯解体大修实施步骤

1. RFBB36 型压缩机机芯拆卸

1）拆卸影响抽取机芯的附属管线，拆卸联轴器及两端轴承及密封组件。具体参考本章 5.2.1 节联轴器拆装实施步骤、5.2.2 节轴承拆检实施步骤和 5.2.3 节干气密封更换实施步骤三个部分。

2）拆卸压缩机端盖保持环（见图 5-140）16 个螺钉，并取出端盖固定。

3）安装 4 个顶块（见图 5-141），利用顶丝顶压端盖，给予剪切环活动间隙。

4）安装压缩机端盖剪切环拆卸工具，拆卸锁紧环上螺钉，利用行车拆卸剪切环共 8 个（见图 5-142），并做好回装标记，此剪切块回装位置要与拆卸前一致。

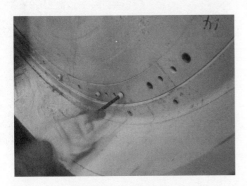

图 5-140　机芯固定环

图 5-141　机芯端盖顶块及顶丝

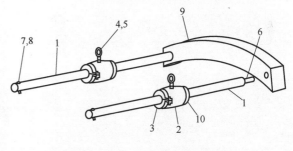

图 5-142　剪切环拆卸工装

1—剪切块提升工具　2—滑动环　3—收紧环　4—吊耳　5—螺母　6—螺栓杆
7—螺栓　8—螺母　9—剪切块　10—垫圈

5）组装拆卸端盖工装（工装有 2 种规格，受厂房空间条件限制，西气东输一线西门子一期工程机组站场必须使用 C 形工装（见图 5-143），西气东输一线西门子二期工程机组、西气东输二、三线及轮土线则使用直桶形工装，见图 5-144），连接端盖拆装工装及端盖（见图 5-145），调整端盖及工装吊装的吊点，利用安装在压缩机壳体上的 4 个顶块及拉杆工具，同步操作将端盖拉出，放在支撑端盖的专用工具上（见图 5-146）。

6）测量入口壁外侧至转子轴肩的轴向尺寸。

图 5-143　C 形工装

图 5-144　直桶形工装

图 5-145　拆除压缩机端盖

图 5-146　放置端盖的专用工装

7）使用专用工具拆卸机芯卡环和保持环（见图 5-147）。

8）安装用于拆卸机芯的连接工具（见图 5-148）。

图 5-147　拆卸完成的保持环

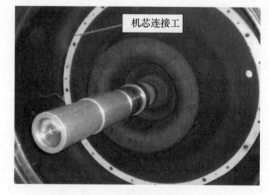

图 5-148　组装连接机芯的工装

9）组装专用工具（见图 5-149），连接专用工装与压缩机机芯（见图 5-150），重新调整吊点。

10）驱动端安装轴保护套及轴端盖板，压缩机驱动端安装机芯拆装导向板，利用非驱动端 4 个锁块与拉杆将机芯取出⊖。

⊖ 一线机芯拆卸专用工装与二、三线工装不同，如机抽芯过程阻力过大，可加工抽芯导轨、T 形拉杆，在机芯底部、上部工装位置优化机芯抽取受力点，抽取机芯（见图 5-151 和图 5-152）。

图 5-149 组装专用工装

图 5-150 连接专用工装与压缩机机芯

图 5-151 二三线机组利用锁块与
拉杆将机芯取出

加工导轨，T
形拉杆架设部
位；下部千斤
顶受力部位

上部千斤顶
架设部位

图 5-152 下部、上部受力点优化

11）将取出后的机芯放好，固定牢固（见图 5-153），调整吊点，拆卸机芯专用工装。

2. 机芯解体、清理检查及组装

1）拆卸机芯排气侧 8 个堵头，用套筒拆卸 8 个入口壁连接螺栓杆，吊装拆除压缩机机芯入口壁（见图 5-154 和图 5-155）。

2）安装用于分解机芯的吊耳，并拆卸机芯的连接螺栓，上下各有 8 个，共计 16 个。

图 5-153 取出后的机芯

图 5-154 拆卸堵头和连接螺栓杆

图 5-155 拆卸机芯入口壁

3）分解压缩机机芯，并将上半部分机芯放置于枕木上（见图 5-156 和图 5-157）。

图 5-156　机芯分解

4）检查压缩机驱动端蜂窝密封，如有损伤需要更换，则将其拆卸后更换。

5）清洁和检查机芯及压缩机腔体。

① 使用蒸汽清洗机芯、转子。

② 彻底干燥所有零件。

③ 用清洁、干燥的压缩空气吹扫所有通路。

④ 检查各部件有无生锈腐蚀、裂纹、破损和过大磨损。

⑤ 检查迷宫密封有无擦伤、裂纹、毛刺、和研磨的痕迹。

图 5-157　机芯分解后

⑥ 拆卸机芯结合面的密封条，回装时需要换新。

⑦ 修理或更换有毛刺的件。

⑧ 检查所有金属构件有无缺陷或螺纹损伤的情况。更换任何有缺陷的金属构件。

⑨ 清理压缩机机芯腔体内壁，清理疏通各排污口；清理腔体时提前将排污口（内外侧各 1 个）封堵，避免杂质进入发生堵塞。

参照 GB/T 8923.1—2011《涂覆涂料前钢材表面处理　表面清洁度的自视评定　第 1 部分》，转子及零部件清理需达到 St3 等级，即钢材表面应无可见油脂和污垢，并且无附着不牢的铁锈、氧化皮或油漆涂层等；并且比 St2 除锈更彻底，底材显露部分的表面有金属光泽。

6）转子圆跳动检查：在进行圆跳动检查前，需完成压缩机转子清洗作业。

7）利用专用圆跳动检测平台对转子圆跳动进行检查。检查标准如图 5-158 所示。

部位	主轴颈 A	干气密封安装轴径 B	端封 C	叶轮气封 D	隔板气封 E	联轴器 F	叶轮入口 G	叶轮外缘 H	止推盘 I
标准	≤0.02	≤0.02	≤0.02	≤0.06	≤0.06	≤0.02	≤0.10	0.2~0.4	≤0.02

8）压缩机转子无损检测。

① 选择有资质的无损检测厂家开展相应工作。

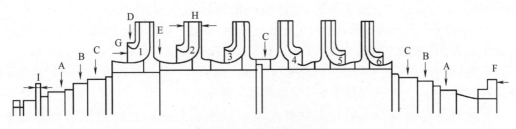

图 5-158 圆跳动检查标准

② 在现场检测完成后，需得到检测人员确认转子无问题，才可继续开展回装作业。

检测过程执行 JB/T 9218—2015《无损检测 渗透检测方法》。

9）更换机芯结合面密封条，将压缩机机芯转子放置于下半部分静叶部件上面，在放置好后测量转子在静叶机匣中的轴向窜量，标准值为 8~10mm。

10）确定压缩机转子工作位置：叶轮后盖板内平面与隔板平面对齐。

11）将压缩机机芯上半部分静叶部件放置到位，并测量转子在静叶机匣的轴向窜量，标准值为 8~10mm。

12）紧固压缩机机芯连接螺栓。上端连接螺栓力矩为 $100lbf \cdot ft^{\ominus}$，下端连接螺栓力矩为 $57lbf \cdot ft$。

13）回装压缩机机芯入口壁，紧固连接螺栓，安装堵盖，再次测量转子在静叶机匣的轴向窜量，标准值为 8~10mm。

3. RFBB36 型压缩机机芯回装

1）安装压缩机机芯拆装专用工装，调整吊装点，确保机芯及专用工装综合体吊装过程平稳，将机芯吊装至安装位置。

2）利用非驱动端 4 个锁块与螺栓杆，同步操作将机芯平稳推进压缩机腔体，测量机芯与壳体相对距离，确保安装到位。

3）调整吊装点为机芯专用工装自身的平衡点位置，拆除工装与机芯连接螺栓，吊出机芯专用工装。

4）拆卸连接压缩机机芯拆装专用工装与机芯的专用转接工装。

5）回装压缩机机芯保持环，并紧固连接螺栓，用专用工具（见图 5-159）回装机芯卡簧。

6）组装压缩机端盖专用工装，连接专用工装与压缩机端盖。

7）重新调整专用工装与端盖综合体的平衡点位置，将压缩机端盖吊装至安装位置，更换新的压缩机端盖密封圈。

8）利用非驱动端 4 个锁块与螺栓杆，同步操

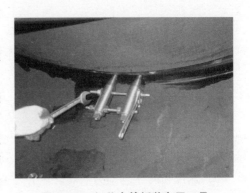

图 5-159 机芯卡簧拆装专用工具

⊖ $1lbf \cdot ft = 1.35582N \cdot m$。

作将压缩机端盖安装到位，测量端盖与壳体相对距离确保安装到位。

9）重新调整吊点至端盖拆装专用工装自身平衡点位置，拆除端盖拆装工装。

10）回装压缩机端盖剪切块及固定块，并紧固连接螺栓。

11）拆除驱动端抽芯导向板，回装驱动端径向轴承、非驱动端轴承座、非驱动端径向轴承。具体参考5.2.2小节"轴承拆检实施步骤"部分。

12）驱动端安装锁轴工具，重新测量压缩机转子在静叶机匣的轴向窜量，标准为8~10mm。

13）利用锁轴工具将压缩机转子固定在拆卸前的位置并进行锁定，开展其他部件的回装工作，具体参考5.2.3节中"干气密封更换实施步骤"部分相关内容。

5.2.5 对中调整实施步骤

1. 拆卸联轴器

具体参见5.2.1节中"1. 联轴器拆卸"部分

2. 对中测量检查

1）测量动力涡轮与压缩机的轴头间距（DBSE）满足RR机组的技术要求，确定合适的对中工具。

2）将对中支架固定至压缩机转子，将百分表打在动力涡轮轮毂端面、外圆或轮毂内圆上（见图5-160）。

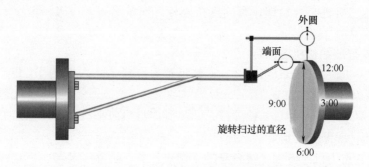

图5-160 对中工具安装示意图

3）在动力涡轮轮毂端面12点、3点、6点、9点分别标记，标记痕迹不影响百分表的读数，同时确认对中支架、百分表固定无松动，否则影响读数的准确性。

4）以垂直正上方（12点钟方向）为起始点，按压缩机转向每旋转90°读取数据，并记录。由于RR机组对中通常采用两表法，当在四个位置读端面数据时，将转子推力盘贴紧主推力轴承或副推力轴承，以一个位置为基准，转子旋转一圈，读数在12点钟方向回到初始值，说明读数准确；若采用三表法，减去转子窜动量，即为端面的正确数值。如图5-161所示，记录端面与外圆或内圆的读数，然后计算或采用渐近调整法。

5）压缩机转子与动力涡轮转子在垂直、水平面内的偏差范围，最好无左右偏差，即打百分表若在轮毂外圆时，6点钟方向读数为-1.20mm内，若打在轮毂内圆时，6点钟方向为+1.20mm内，表明压缩机转子较动力涡轮转子低。联轴器中间短节的原始长度为1199.69mm（见图5-162）。

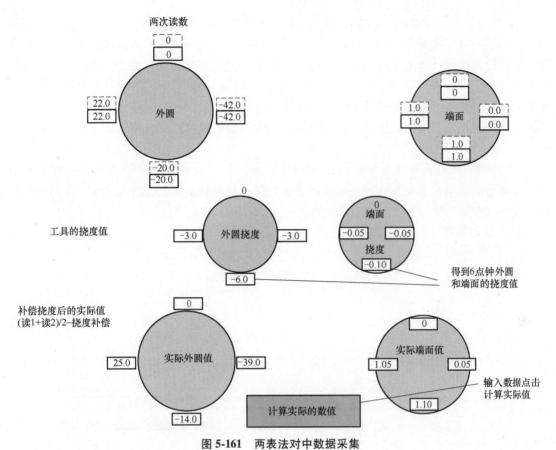

图 5-161　两表法对中数据采集

6）两转子的角偏差范围，即张角，端面百分表划过的直径乘以 0.0005 的系数作为最大开口的控制范围。轮毂外径约 425mm，角偏差相互关系见图 5-163。

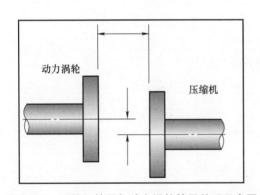

图 5-162　压缩机转子与动力涡轮转子关系示意图

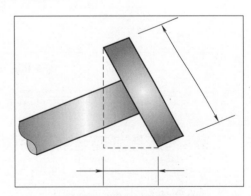

图 5-163　两转子角偏差范围

3. 对中调整

1）将读数与对中要求的目标值进行比较，测算需要调整的数据。一般的调整原则为，首先消除转子间水平方向左右两侧张口的偏差，即前、后关系（保证轴头间距在规范要求内），然后消除两转子水平方向在垂直平面内不同面的问题，即左、右关系，最后调整两转子在垂直方向进入同一水平面的问题，即上、下关系。

2）压缩机组对中调整时，动力涡轮静止，调整压缩机的位置，由于压缩机连接进出口管线，调整时需要松开管线限位部件及压缩机地脚螺栓，当用压缩机地脚顶丝调整压缩机位置后，若松开顶丝，机组运行后，管线应力可能将压缩机移动至某一位置，对压缩机轴承、联轴器、干气密封有一定的影响，若不松开顶丝，压缩机法兰受力，影响其安全性。上述问题相互矛盾，根本原因需对管线消除管系作用在压缩机上的应力，或对管系限位，使其应力不至于作用至压缩机。如此阐述，若压缩机振动远离报警值且对中偏差在范围内，最好不要对其对中调整。

3）底脚支撑位置与偏差形成的相似三角形无法直观表达，一般根据张口位置消除偏差，在调整的地脚位置架百分表，根据微小调整量，测量对中优劣，修正需要再次调整的地脚，直至对中数据完全满足偏差要求的范围。

4. 回装联轴器

1）按联轴器图纸资料（见图 5-164），计算安装垫片的数量及厚度。

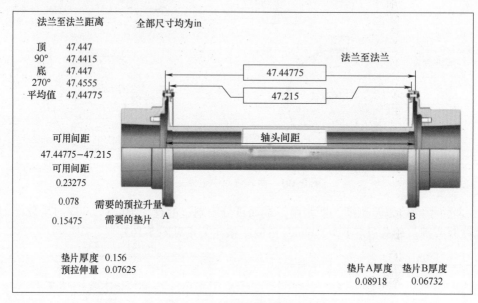

图 5-164　联轴器垫片的计算

2）回装联轴器，具体参见 5.2.1 节中"2. 联轴器的回装"部分。

5.3　MAN 压缩机现场维修关键技术

5.3.1　干气密封更换

1. 拆卸联轴器组件

参照 2.4.1 小节"3. 拆卸联轴器组件"拆卸联轴器组件。

2. 拆卸压缩机两侧附属管线

3. 拆卸压缩机相关探头

1）拆卸压缩机非驱动侧振动探头、轴位移探头、键相位探头和轴承温度探头线缆，并做好回装标记。

2）拆卸压缩机驱动侧振动探头和温度探头线缆，并做好回装标记。

4. 拆卸压缩机侧联轴器轮毂

拆卸 RV050/2 型压缩机轮毂。

1）用内六角扳手拆卸轮毂锁紧螺母的内六角螺栓，使用专用工具拆卸锁紧螺母（见图 5-165）。

2）测量联轴器轮毂外端面至轴头的距离 d，并记录。

3）安装压缩机侧轮毂拆装准用液压工具，连接高、低压液压泵（见图 5-166）。

图 5-165　拆卸轮毂锁紧螺母

图 5-166　安装轮毂拆卸专用工具

4）将低压泵打至 20MPa，高压泵打至 200MPa，压缩机侧轮毂脱开，并取下。

注意：高压泵升压时，先升至 50MPa，停 20min，之后每隔 10min 升 20MPa，至 200MPa 时静止 10min。若压力下降，继续升至 200MPa，直至轮毂与轴脱开。

5）拆卸 RV050/4 型压缩机轮毂与 RV050/2 工序相同，仅使用专用液压工具不同（见图 5-167）。

5. 拆卸驱动端径向轴承

1）拆卸轴承箱上盖和挡油盘（见图 5-168）。

图 5-167　RV050/4 型压缩机轮毂拆装专用工具

图 5-168　挡油盘与轴承箱上盖

2）包裹外露的轴表面，使用抬轴工具和百分表测量径向间隙，应在 0.15～0.20mm 范围内（见图 5-169）。

3）用 M14 的内六角扳手将上轴承座拆下，此时露出径向轴承。

4）用 M4 的内六角扳手将径向轴承上瓦拆下。注意：上瓦有定位销。

5）在轴承箱下盖水平剖分面处标记轴承座轴向位置（见图 5-170）。

图 5-169　安装抬轴工具

图 5-170　标记轴承位置

6）将轴落下，再抬起 0.1mm，顺出下瓦座和下瓦，如取不出，可把轴继续向上抬，直至顺出下瓦座和下瓦，标记瓦座和瓦的朝向（见图 5-171）。

7）取下轴承内、外挡油环（见图 5-172）。

图 5-171　取出下瓦

图 5-172　挡油环位置

8）安装锁轴工具（见图 5-173），使用锁轴工具拉轴并使用百分表测量总间隙值，即为推力轴承轴向总间隙，标准值为 0.43~0.55mm。

6. 拆卸驱动侧密封组件

1）拆卸驱动侧隔离密封。

① 测量隔离密封与轴头或壳体的距离，并记录。

② 拆卸隔离密封固定螺栓，安装推拉盘，利用丝杆连接隔离密封和推拉盘。

③ 抬轴至径向间隙的一半位置，旋转推拉盘中心螺母将隔离密封从腔体中拉出（见图 5-174）。

2）拆卸定位环套的 2 个螺丝，使用拉拔器将定位环套沿轴套取出（见图 5-175）。

3）露出两半定位环，将两半定位环取出（见图 5-176）。

图 5-173　安装驱动端锁轴工具

图 5-174　拆除隔离密封

图 5-175　拆卸定位环套

图 5-176　拆卸两半定位环

4）使用拉拔器将轴套沿轴拆下（见图 5-177）。

5）拆卸 4 块剪切环（见图 5-178）。

图 5-177　拆卸轴套

图 5-178　拆卸剪切环

6）拆卸干气密封组件。

①拆卸调整垫的螺丝，将调整垫拆下（见图 5-179）。

②安装干气密封安装盘、推拉盘、拉杆和抬轴工具，测量安装盘端面与轴头的相对尺寸，并记录，便于回装时参考。

③将轴抬高 0.15mm（见图 5-180）。

图 5-179 拆卸调整垫片

图 5-180 干气密封拉出前抬轴

④ 旋转推拉盘中心螺母将干气密封从腔体中拉出（见图 5-181）。

7）检查干气密封密封组件。

① 检查新隔离密封组件各零配件应完好，石墨环无磨损、偏斜、裂纹等缺陷。

② 使用新隔离密封 O 形圈，涂凡士林后装入隔离密封内。

③ 检查新密封备件号、旋转方向正确。

④ 检查新密封的试验报告，测试内容合格。

⑤ 检查新密封的紧固螺钉齐全，包装、安装盘完好。

⑥ 检查新的轴套密封圈。

⑦ 检查新密封的各部位尺寸一致，符合图纸要求。

⑧ 拆卸安装盘，固定轴套，略下压壳体（见图 5-182），按旋转方向转动壳体，应轻松、均匀、无卡涩、无异音。下压恢复正常、无卡涩、阻滞现象。

图 5-181 拉出干气密封

图 5-182 新密封旋转浮动性检查

7. 回装驱动端干气密封组件

1）清理密封腔体，吹扫各密封气、泄漏气、隔离密封气气路和清理轴颈，并取出装配面毛刺。

2）测量计算干气密封调整垫片厚度。

① 用深度尺测量剪切块与壳体配合面至轴肩的距离 L。

② 用卡尺测量安装盘后干气密封与安装盘的厚度 S。

③ 用卡尺测量干气密封安装盘厚度 D。

④ 计算干气密封调整垫片厚度 T，如下：

$$T = L - (S - D) \tag{5-6}$$

3）在轴上干气密封安装位置及密封腔内表面涂抹少量凡士林或硅脂。

4）在压缩机非驱动侧将盘转转子，使得轴与两半定位环配合销孔处于 12 点位置（见图 5-183）[⊖]。

5）盘转干气密封至安装位置，安装干气密封安装盘。

6）安装推拉盘、拉杆和抬轴工具，抬轴 0.15mm 左右，旋转推拉盘螺母将干气密封平稳推进至安装位置（见图 5-184），测量安装盘端面到轴头的距离，与拆卸时的数据进行核实是否安装到位。

图 5-183　配合销孔位置

图 5-184　安装干气密封

7）拆卸干气密封安装盘（见图 5-185）。

8）按照"测量计算干气密封调整垫片厚度 T"安装干气密封调整垫片。

9）拆卸安装盘、推拉盘、拉杆和抬轴工具，按拆卸工序反工序安装定位环、轴套、定位环套、剪切块（见图 5-186）。

图 5-185　拆卸干气密封安装盘

图 5-186　安装定位环、轴套、定位环套、剪切块

10）回装隔离密封组件。

① 抬轴 0.15mm 左右，利用拉杆和推拉盘将隔离密封平稳推至安装位置。

② 拆卸推拉盘，测量隔离密封到轴头距离，与之前的数据进行核实。

⊖　两半定位环和定位环套配合销与两半定位环和轴配合销位置相同。

8. 安装驱动侧径向轴承

1）将上下轴承座和上下瓦清洗干净，用仪表空气吹扫各油路。

2）检查轴瓦表面是否完好，若磨损面积大于三分之二，或巴氏合金脱层等，更换新轴瓦。

3）检查轴瓦温度探头电阻、绝缘是否完好，若损坏，对其进行更换。

4）将下瓦座放入轴承腔内，与先前的标记位置吻合（见图5-187），水平位置与轴承箱水平剖分面齐平，并预装上瓦座。

5）取下上瓦座，安装径向轴承内、外挡油环，内环定位销朝内，外环定位销超外（见图5-188）。

图5-187 安装径向轴承下瓦座

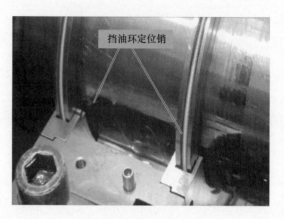

图5-188 挡油环定位销

6）拆卸下轴承座，组装上、下半轴承组件。

7）在轴瓦与轴配合处涂抹润滑油，并抬轴0.15mm。

8）安装上、下半轴承组件，要确保挡油环进入槽内，防转销进入槽内壁。

9）拆卸抬轴工具，安装上、下半轴承组件中分面定位销和紧固内六角螺栓。

10）将轴承端面的标记转正定位销，安装上瓦座并紧固。

9. 拆卸非驱动侧推力轴承组件

1）在驱动侧安装锁轴工具，窜动转子，检查推力间隙是否在规定范围内（应在0.43~0.55mm），并记录，将转子移至中间位置，锁定转子。

2）拆卸驱动端轴承箱端盖，取下端盖时要注意保持垫片完好（见图5-189）。

> 对于RV050/04型，需拆卸平衡管线，将压缩机端法兰轴承上盖附近的几颗螺柱取下，方便拆卸轴承上盖。

3）搭设吊装工装（见图5-190）。拆卸轴承上盖内六角螺栓和轴向两只长螺柱。安装吊装专用工具和吊耳，在吊耳垂直方向挂上导链，准备吊出上盖。

4）拆卸轴承箱上盖固定螺栓，安装上盖顶丝，慢慢将上盖顶起，拉紧导链，将上盖吊出，放置在安全可靠处（见图5-191）。

5）拆卸推力轴承座中剖面的内六角螺栓，用抛撞拆卸定位销，将主推和副推上半轴承座取下，放置在安全可靠处（见图5-192）。

图 5-189　拆卸轴承箱端盖

图 5-190　吊装工装

图 5-191　拆卸轴承箱上盖

图 5-192　轴承座

6）拆卸主推和副推轴承（见图 5-193）。

7）按压主推和副推下半轴承座，将轴承座顺出，放置在安全可靠处。

8）使用内六方扳手拧出键相盘防松顶丝（在内测），用勾头扳手反时针卸松并取下键相盘（见图 5-194）。

图 5-193　推力轴承

图 5-194　键相盘

9）拆卸推力盘：

① 测量推力盘外端面至轴头端面的距离 M，并记录（见图 5-195）。

② 安装液压泵和液压缸，将推力盘从轴上取下（见图 5-196）。

扩张压约为 120MPa，推进压可为零，扩张压泵升压时，先升至 50MPa，停 20 分钟，之后每隔 10 分钟升 20MPa，至 120MPa 时静止 10 分钟；若压力下降，继续升至 120MPa，直至推力盘与轴脱开。

图 5-195　测量推力盘外端面至轴头的距离

图 5-196　拆卸推力盘

10. 拆卸非驱动侧径向轴承

拆卸步骤参考本节拆卸驱动侧径向轴承部分。

11. 拆卸非驱动侧密封组件

拆卸步骤参考本节拆卸驱动侧密封组件部分。

12. 安装非驱动侧密封组件。

安装步骤参考本节安装驱动侧密封组件部分。

13. 安装非驱动端径向轴承

安装步骤参考本节安装驱动侧轴承部分。

14. 安装非驱动端推力轴承组件

1）安装推力盘。

① 将推力盘放至安装位置，手动推紧，测量推力盘外端面至轴头端面的距离 R，并记录，根据拆卸前测量数据 M，计算推力盘推进量 S。

$$S = M - R \qquad\qquad (5-7)$$

② 安装止推盘和液压缸、扩张压接管、推进压接管，连接扩张压和推进压油泵，在止推盘上架百分表。

③ 先打推进压至 5MPa，再打扩张压 20MPa，交替增加进行，直至扩张压接近 100MPa 时，停止打压并充分保压，时刻注意百分表数值变化，百分表数值稳定，即可认为安装到位（见图 5-197），复核推力盘外端面至轴头端面的距离是否与拆卸时一致。

④ 对扩张压泄压，保持推进压 4 小时后泄压，并拆除专用工装。

⑤ 安装键相盘，并锁紧其顶丝。

2）按照拆卸前所测量转子窜量数据计算出所增减推力轴承座垫片数量，并在推力轴承座上安装。

3）将主推下半轴承座放在轴上相应位置，并延圆周方向顺至轴承箱下部。使用同样的方法副推顺入轴承箱下部（见图 5-198）。

4）检查轴瓦表面是否完好，若磨损面积大于 2/3，或巴氏合金脱层等，更换新轴瓦。

5）检查主推和副推轴承轴瓦温度探头电阻和绝缘是否完好，若损坏，更换新探头。

6）在轴瓦表面涂抹润滑油，并参照步骤安装主推和副推下半推轴承，安装主推和副推上半推轴承。

7）安装主推和副推上半轴承座，安装定位销和内六角螺栓，并紧固。

8）安装非驱动侧轴承箱上盖及端盖。

图 5-197 安装推力盘

图 5-198 安装键相盘及下半轴承座

15. 安装压缩机仪表探头

1）按照拆卸时的标记，安装压缩机两侧所有轴瓦温度探头线缆。

2）按照拆卸时的标记，安装压缩机两侧振动探头，并调整振动探头间隙，保证间隙电压处于 -10.4~-9.5V，并与上位机核对数值显示是否正常。

3）用驱动侧锁轴工具将压缩机转子移至中间位置，并锁定转子。

4）按照拆卸时的标记，安装压缩机轴位移探头和键相位探头，并调整振动探头间隙，保证间隙电压处于 -10.4~-9.5V，并与上位机核对数值显示是否正常。

16. 安装压缩机侧联轴器轮毂

1）拆卸驱动侧锁轴工具，安装驱动端径向轴承箱上盖，并紧固其连接螺栓。

2）安装驱动侧挡油板。

3）将联轴器轮毂移至轴上，并用手推紧，测量联轴器轮毂外端面至轴头的距离 S，并记录；根据拆卸前测量数据 d，计算推力盘推进量 R。

$$R = S - d \tag{5-8}$$

4）参照"拆卸压缩机侧联轴器轮毂"步骤，安装液压工具，在轮毂上架百分表，推进压从 10MPa 开始，每隔 10 分钟提高 10MPa。观察百分表显示的推进距离，如还不到位，靠背轮不再向安装位置移动，可将扩张压先升至 50MPa，直至 100MPa，交替进行，每次升压后要充分保压，直到安装到位。RV050/2 型压缩机（见图 5-199）；RV050/4 型压缩机（见图 5-200）。

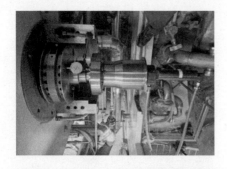

图 5-199 RV050/2 型压缩机侧轮毂安装

图 5-200 RV050/4 型压缩机侧轮毂安装

5）记录推进压与扩张压数值，对扩张压进行泄压，至少保压 40 分钟后再泄压推进压，拆卸液压工具。

6）参照拆卸压缩机侧联轴器轮毂步骤，反序安装轮毂锁紧螺母。

17. 安装联轴器组件

参照 2.4 节中回装联轴器组件工序，回装联轴器组件。

18. 回装压缩机附属管线

5.3.2 RV050/2 型机芯解体大修实施步骤

1. 拆卸联轴器组件

参照 2.4 节拆卸联轴器组件工序拆卸。

2. 拆卸压缩机轴承及密封组件

参照 5.3.1 节 RV050/2 和 RV050/4 型离心压缩机干气密封更换工序拆卸。

　　抽芯前，测量轴头至压缩机驱动端径向轴承的距离，以便机芯回装时对比，安装非驱动端径向轴承和轴承座，固定转子，防止压坏级间梳齿密封。

3. 抽取机芯

1）安装压缩机非驱动端 4 个顶块，将压缩机机芯顶至驱动端（见图 5-201）。

2）拆卸每个剪切块轴向固定螺栓（2 颗），径向固定螺栓（1 颗）（见图 5-202）。

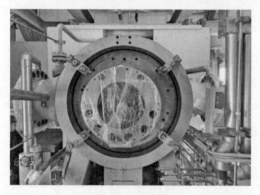

图 5-201　顶块

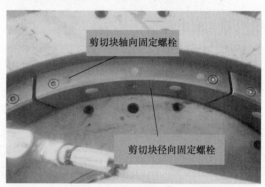

图 5-202　剪切块固定螺栓拆卸

3）安装剪切块拆装工具，利用顶丝顶出剪切块，并放至指定位置（见图 5-203）。

4）拆卸压缩机驱动端 4 个机芯顶丝孔封堵盖，安装压缩机驱动端 4 个机芯顶丝（见图 5-204）。

图 5-203　剪切块拆卸

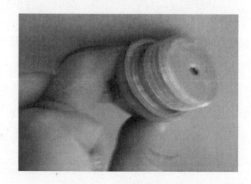

图 5-204　驱动侧顶丝安装

5）在非驱动端安装 4 块机芯拆装专用顶块（见图 5-205）。

6）测量压缩机筒体外端面至机芯端盖的距离，并记录，便于回装时对比，拆卸压缩机非驱动端顶块。

7）用压缩机驱动端 4 颗顶丝和非驱动端 4 颗拉丝，将机芯抽至端盖与压缩机筒体外端面平齐（见图 5-206）。

注意：在抽芯过程中时刻测量机芯上下、左右至壳体端面的距离，防止机芯顶偏卡塞。

8）拆卸驱动侧轴承箱端盖，安装机芯抽取专用工具；

注意：机芯吊装工具延伸段滑轮至于压缩机筒体顶部滑道内，非驱动端支撑工具底部 2 个滑轮至于平台轨道上，支撑工具滑轮利用顶丝调整高度（见图 5-207）。

图 5-205　专用顶块

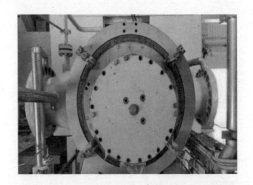

图 5-206　移出端盖与压缩机筒体外端面平齐

9）安装导链，利用导链将机芯抽离压缩机筒体，见图 5-208。

图 5-207　安装压缩机机芯抽取工具

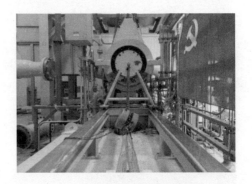

图 5-208　抽取机芯

注意：利用导链拉抽机芯时，机芯离开压缩机筒体即可，防止机芯吊装工具延伸段滑轮脱离筒体顶部（见图 5-209）。

10）利用吊车将机芯吊装至机芯支架（见图 5-210）。

11）拆卸机芯抽取工具，利用吊车将专用工装移至指定位置，利用千斤顶将压缩机非驱动端轴承箱下部顶起，防止机芯偏斜或倒塌（见图5-211）。

图 5-209　滑轮与筒体配合位置

图 5-210　平稳放置机芯

12）压缩机机芯解体。

① 转子驱动端装配平衡鼓导致质量分布不均，为防止非驱动端径向轴承拆除后压倒叶轮口环梳齿密封，须在驱动端支撑转子。

② 拆卸压缩机非驱动端径向轴承和轴承箱上盖（见图5-212）。

图 5-211　支撑机芯

图 5-212　拆卸非驱动端径向轴承和轴承箱上盖

③ 拆除压缩机端盖O形密封圈（3个）、机芯O形密封圈（1个）（见图5-213）。

④ 拆卸压缩机机芯上下半壳静叶机匣连接螺栓和上半壳静叶机匣与端盖连接螺栓（见图5-214）。

图 5-213　O形圈位置

图 5-214　连接螺栓

⑤ 在机芯前后安装两个吊耳，平稳吊出机芯上半静叶机匣，放至指定位置（见图 5-215）。

⑥ 拆卸机芯静子机匣上下盖导向杆（2 根）（见图 5-216）。

图 5-215 移出机芯上半静叶机匣

图 5-216 拆卸导杆

⑦ 利用导链吊装压缩机端盖，拆卸静叶机匣下半壳与端盖连接螺栓，平稳移出压缩机端盖放至指定位置（见图 5-217）。

⑧ 平稳吊出压缩机转子，放至指定位置。

⑨ 拆出压缩机转子中分式级间口环密封和级间轴密封（见图 5-218）。

图 5-217 拆除压缩机端盖

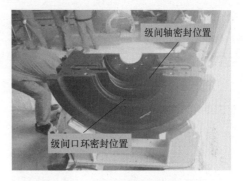

级间轴密封位置

级间口环密封位置

图 5-218 口环密封和级间轴密封

⑩ 拆出压缩机静子机匣入口导叶（见图 5-219）。

4. 机芯清洁检查

1）利用铜刷清洁压缩机静叶机匣、压缩机筒体和转子叶轮（见图 5-220）。

图 5-219 入口导叶

图 5-220 清洁后的转子和机匣

2）对压缩机转子叶轮着色探伤检查。

5. 机芯组装

1）回装静叶机匣上下半壳入口导叶（见图 5-221）。

2）回装静叶机匣上下半壳级间密封和叶轮口环密封（见图 5-222）。

图 5-221　回装入口导叶

图 5-222　回装级间和叶轮口环密封

3）将转子平稳吊装至静叶机匣下半壳内，利用千斤顶调平转子后，用塞尺测量级间密封和口环密封间隙（见图 5-223）。

注意：转子吊装至静叶机匣下半壳时，非驱动端用千斤顶调平并顶起，防止二级叶轮口环密封梳齿损伤。

4）若密封间隙过小，则平稳吊出转子，用整形锉对密封梳齿进行打磨，直至间隙值处于标准范围内（见图 5-224）。

图 5-223　检查级间密封和口环密封间隙

图 5-224　打磨密封梳齿

5）将转子平稳吊装至静叶机匣下半壳内（见图 5-225）。

注：转子吊装至静叶机匣下半壳时，非驱动端用千斤顶调平并顶起，防止二级叶轮口环密封梳齿压坏。

6）回装压缩机入口端盖，紧固静叶机匣下半壳与端盖连接螺栓（见图 5-226）。

注：回装完端盖后，在非驱动端轴承箱下部利用千斤顶顶起，防止倾斜。

图 5-225　转子吊至静叶机匣下半壳

图 5-226　回装压缩机入口端盖

7）回装压缩机非驱动端径向轴承，安装压缩机非驱动端锁轴工具（见图 5-227）。

8）利用非驱动端锁轴工具轴向移动转子，进行流道对中，并在非驱动端标记测量轴至轴承箱端面的距离，确认流道对中后的位置，以便回装时比对（见图 5-228）。

图 5-227　安装非驱动端径向轴承及锁轴工具

图 5-228　转子流道对中

9）拆卸非驱动端锁轴工具，回装非驱动端轴承箱上半盖（见图 5-229）。

10）回装静叶机匣上半壳导向杆（见图 5-230）。

图 5-229　回装轴承箱上盖

图 5-230　回装导向杆

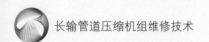

11）回装静叶机匣上半壳，紧固静叶机匣上下半壳和上半壳与端盖紧固螺栓（见图5-231）。

12）回装压缩机端盖O形密封圈（3个）。

6. 回装机芯

1）对压缩机筒体与机芯结合面处涂抹凡士林，对端盖O形密封圈处涂抹凡士林。

2）利用吊车安装机芯拆装专用工具。

3）利用导链调平后，吊装机芯。

> 注意：吊起机芯时安装机芯O形密封圈，并涂抹凡士林。

图5-231　回装静叶机匣上盖

4）将机芯吊至压缩机筒体，专用工装三个滑轮处于机芯安装轨道上。

5）选择合适的固定点安装两个导链，在工装两侧利用导链将机芯拉往压缩机筒体。

6）拆卸机芯拆装专用工装和驱动测4颗顶丝，安装压缩机非驱动端4个顶块，利用4个顶丝将机芯回装到位，测量端盖外端面至筒体端面的距离，并与拆卸前比对，确认机芯回装到位。

7）回装压缩机非驱动测4个顶丝孔堵盖。

8）回装压缩机驱动测径向轴承，安装驱动测锁轴工具，测量轴头至径向轴承的距离，并与拆卸前比对，利用锁轴工具将转子调至拆卸前的位置。

9）回装所有剪切块，并紧固剪切块轴向固定螺栓和径向固定螺栓。

10）拆卸非驱动侧轴承箱上盖和径向轴承，做好回装干气密封的准备。

7. 回装压缩机轴承、密封组件。

参照5.3.1节中RV050/2和RV050/4型离心压缩机干气密封更换工序回装。

8. 机组对中检查调整

参照2.4节机组对中检查调整工序进行。

9. 回装联轴器

参照2.4节中回装联轴器组件工序回装。

5.3.3　RV050/4型机芯解体大修实施步骤

1. 拆卸联轴器组件

拆卸步骤参考5.3.1节中RV050/2型离心压缩机解体大修部分内容。

2. 拆卸压缩机相关探头和附属管线

拆卸步骤参考5.3.1节中RV050/2型离心压缩机解体大修部分内容。

3. 拆卸剪切块

拆卸步骤参考5.3.1节中RV050/2型离心压缩机解体大修部分内容。

4. 抽取机芯

1）拆卸压缩机平衡管线（见图5-232）。

2）拆卸非驱动侧轴承箱端盖，安装压缩机非驱动侧抽芯专用工具（见图5-233）。

3）拆卸驱动侧端盖上的 4 个顶丝堵头，并安装顶丝（见图 5-234）。

图 5-232　平衡管线

图 5-233　非驱动侧抽芯工装

图 5-234　驱动侧顶丝安装

4）在驱动侧安装抽芯专用工装（见图 5-235）。

5）测量压缩机筒体外端面至端盖的距离，并记录。

6）在非驱动侧拉动铁块上安装的拉杆，在非驱动侧拧动顶丝，使机芯向非驱动侧方向抽出（见图 5-236）。

7）在机芯缓慢向非驱动侧抽出的同时，在驱动侧不断加装抽芯延长套管工装（见图 5-237）。

图 5-235　驱动侧抽芯工装

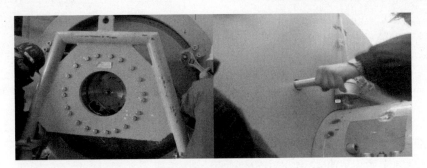

图 5-236　抽芯作业

图 5-237　驱动侧抽芯延长套管

8）顶丝和拉丝到行程后，拆卸非驱动侧固定块，安装导链继续向外拉出（见图 5-238）。

9）在驱动侧安装一个专用横杆支架支撑抽芯延长套管（见图 5-239）。

图 5-238　导链拉出机芯

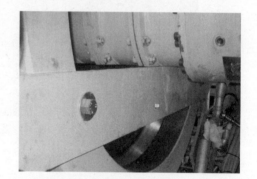

图 5-239　驱动侧安装横杆支架

10）在机芯上和非驱动端端盖上安装 3 个专用吊耳（见图 5-240）。

11）使用吊车在机芯起吊承重后，拆除两端工装，使机芯能顺利起吊。

12）将机芯吊起后吊至地面枕木上，并拆除专用工装（见图 5-241）。

图 5-240　吊耳安装位置

图 5-241　机芯抽取完成

5. 拆卸压缩机轴承及密封组件

参照 5.3.1 节中 RV050/2 和 RV050/4 型离心压缩机干气密封更换工序拆卸。

6. 机芯解体

1）拆除机芯上下半机匣连接螺栓（见图 5-242）。

2）拆卸驱动端与轴承箱连接的螺栓（见图 5-243）。

图 5-242　拆上下半壳连接螺栓

图 5-243　拆驱动端轴承箱螺栓

3）左右两边各安装上下半机匣的导杆（见图 5-244）。

4）平稳吊装机芯上半机匣（见图 5-245）。

图 5-244　安装导杆

图 5-245　吊起机芯上半壳体

5）在驱动端轴承箱上方安装吊耳，拆卸驱动端轴承箱（见图 5-246）。

6）在非驱动端轴承箱上方安装吊耳拆卸非驱动端端盖（见图 5-247）。

图 5-246　拆卸驱动端轴承箱

图 5-247　拆除非驱动端端盖

7）安装转子吊装专用工装，吊出转子叶轮，放置至支架上（见图 5-248）。

7. 拆卸级间轴密封和级间口环密封。

拆卸步骤参考 5.3.1 节 RV050/2 型机芯解体大修部分。

图 5-248　吊出转子叶轮

8. 清理检查机芯

清理步骤参考 5.3.1 节 RV050/2 型机芯解体大修部分。

9. 组装机芯

按照机芯解体顺序，逆向组装机芯并检查级间密封间隙，检查方法参考 5.3.1 节中 RV050/2 型机芯解体大修部分。

10. 回装压缩机轴承、密封组件等

参照 5.3.1 节中 RV050/2 和 RV050/4 型离心压缩机干气密封更换工序回装。

11. 回装压缩机机芯

按照机芯抽取步骤，逆向回装压缩机机芯。

> 注意：回装机芯时在机芯密封和端盖密封处涂抹凡士林；机芯回装到位后，测量压缩机筒体外端面至端盖的距离，并与拆卸前对比，确认机芯回装到位。

12. 回装剪切块，并紧固剪切块轴向固定螺栓及径向固定螺栓

13. 机组对中检查调整

参照 2.4 节中机组对中检查调整工序进行。

14. 回装联轴器组件

参照 2.4 节中回装联轴器组件工序拆卸。回装驱动端联轴器靠背轮、联轴器及其护罩。

15. 回装压缩机相关探头和附属管线

回装步骤参考 5.3.1 节 RV050/2 型机芯解体大修部分。

5.4　DRESSER-RAND 公司 CDP416/D16P3S 型压缩机现场维修关键技术

5.4.1　CDP416 型压缩机现场检修

5.4.1.1　CDP-416 型干气密封更换实施步骤

1. 拆卸联轴器

1）将轴承护罩温度、振动等仪表接线粘标签、拆除。

2）在动力涡轮侧联轴器护板作复位记号、并拆除。

3）联轴器部位有碍护罩拆卸所有的管线做标记、并拆除．

4）测量固定在联轴节护罩上扭力计传感器外露螺栓长度、并记录，拆卸螺帽和与联轴节连接的导管。

5）联轴器护罩水平剖分面下部两端妥善支撑，拆卸剖分面定位销、螺栓。

6）顶开并垂直吊开上半护罩，下半护罩吊挂，移开下半支撑物并吊出下半护罩，剖分面向上放置于胶皮上。

7）护罩两端适配器做记号，拆卸适配器 O 型环及结合面连接螺栓，并拆除适配器（若非剖分件，则吊挂，待联轴节拆除后移出）。

8）在联轴器拆卸位置做复位记号，螺栓编号，拆卸联轴器螺栓，拧入原配和螺母。并将螺栓插入已编号的硬纸板上或装入封口袋（注明动力涡轮侧和压缩机侧）。

9）用专用螺栓压缩侧的联轴器。取出调整垫片、联轴节、护罩适配器。

10）将两侧调整垫片按配合位置拴在联轴节上，避免混淆，摆放到胶皮上，盖好。

11）松开压缩联轴器螺栓，以保护联轴器。

12）记录上位机上动力涡轮、压缩机转子轴向位移量，用内径千分尺测量两端联轴器端面轴向尺寸，并记录。

13）在联轴器端面与轴结合部位做标记，用测量轴端与联轴器的轴向尺寸，并记录。同时，用塞尺检查轮毂后端面与轴肩之间的间隙值，并记录。

14）在驱动侧轴端安装液压推进器、扩张油泵、推进泵及接管等附件，打压排除油管空气。

15）液压推进器打压伸出约 10mm，端面与联轴器贴合。

16）先打扩张压至 10000psig（68.9MPa），然后分段打扩张压，每段升压约 1000psig（6.9MPa），间隔 15min 打压。当推进泵压力上升时（此时即为联轴器拆出压力，记录扩张压力，逐渐松泻推进泵压力，即可平稳拆出联轴器。

注：联轴节轮毂孔最大允许压力为 30000psig（206.9MPa）。

17）将联轴器放在指定位置，做好保护。

2. 拆卸压缩机驱动端仪表线缆

1）标记并拆除压缩机驱动端振动探头，并做好保护。

2）断开压缩机热电阻温度探头线缆。

3. 推力间隙和机组对中检查

1）安装压缩机锁轴工具，测量压缩机的推力间隙并记录。

2）利用锁轴工具，将压缩机转子至于推力间隙的中间位置，拆除锁轴工具。

3）用内径千分尺测量并记录驱动机轴端到压缩机轴端距离。

4）安装对中专用工具，采用"三表法"检查驱动机与压缩机的对中情况、并记录。

4. 拆卸压缩机驱动端径向轴承

1）在驱动侧径向轴承附近架百分表。

2）用专用顶升工具抬轴，测量径向轴承间隙应在 0.114~0.152mm 之间，并记录。

3）用锁轴工具将压缩机转子拉向驱动侧，拆卸锁轴工具。

4）安装轴颈保护套（轴承导入套），表面涂润滑脂。

5）拆卸驱动侧径向轴承振动探头（拆前用塞尺测量探头间隙，作为回装时的参考）。

6）做测量基准记号，用测量轴承体法兰与壳体的轴向尺寸、轴头与轴承体端面的轴向尺寸，并记录。

7）在结合部位作复位记号，拆卸驱动侧径向轴承法兰的定位销和螺栓。

8）安装导向杆及吊耳，抬轴约 0.1mm，用顶丝顶开驱动侧径向轴承法兰，吊装径向轴承放置指定位置。

5. 拆卸驱动侧干气密封

1）测量隔离密封法兰与腔体相对位置轴向尺寸（隔离密封法兰与剪切环端面轴向尺寸），并记录。

2）拆卸干气密封锁紧螺母，测量隔离密封轴套与轴肩相对位置尺寸，并记录。

3）拆卸隔离密封轴套，拆卸外侧调整垫片 E2，测量厚度并记录（见图 5-249）。

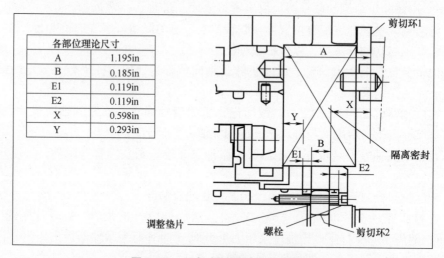

各部位理论尺寸	
A	1.195in
B	0.185in
E1	0.119in
E2	0.119in
X	0.598in
Y	0.293in

图 5-249　干气密封调整尺寸示意图

4）同上，测量壳体剪切环与轴肩剪切环轴向尺寸 X 值，并记录。

5）隔离密封剪切环做复位标记，拆卸剪切环固定螺钉，拆除剪切环。

6）隔离密封做复位标记，用专用工具拉出隔离密封。

7）测量干气密封静环壳体与腔体体相对位置尺寸（或与隔离密封剪切环外端面轴向尺寸 A 值，并记录。

8）标记轴肩剪切环位置，拆除拆除剪切环。拆卸内侧调整垫片 E1，并记录。

9）测量干气密封轴套与轴肩相对轴向尺寸，并记录。

10）测量干气密封轴套与干气密封静环壳体相对轴向尺寸 Y 值，并记录。

11）静环壳体与腔体结合部位做记号，参照附件安装驱动侧干气密封安装盘。

12）参照附件安装干气密封拆装专用工具组件。

13）用专用工具拉出干气密封，拆除专用工具。

6. 检查干气密封组件

1）若需更换干气密封，应先检查其备件号须一致，旋转方向标记一致。

2）检查新密封的包装完好，试验报告，测试内容合格。

3）检查新密封出厂日期，若超过 24 个月，则需厂家检查。

4）检查新密封的安装盘固定完好。

5）检查新密封轴套内和外壳的密封环完好。

6）检查新旧密封的各部位尺寸一致。

7）拆卸安装盘，固定轴套，略下压壳体，按旋转方向转动壳体，应轻松、均匀、无卡涩、无异音。下压恢复正常、无卡涩、阻滞现象。

8）游标卡尺检查隔离密封间隙，应为 0.457mm。当间隙值超过设计值的 130% 时，则更换迷宫密封。

9）检查迷宫密封应完好，无磨损、偏斜、倒齿等缺陷。

10）检查迷宫密封定位销完好、无松动。

11）更换迷宫密封 O 形环。

7. 回装驱动端干气密封组件

1）计算调整干气密封调整垫片的厚度。

2）清理、吹扫驱动端干气密封腔体、各气路管线。

3）确认轴颈无损伤，更换轴颈 O 形环，安装轴承导入套。

4）安装驱动端干气密封安装专用工具，轴上装保护套。

5）密封环处涂抹润滑脂，壳体机转子与其配合部位也涂抹润滑脂。

6）抬轴约 0.10~0.12mm，将干气密封套装至轴上，对正标识推入密封腔体。

7）回装专用工具，将干气密封平稳压入密封腔体至推不动，拆卸专用工具、安装盘。

8）确认干气密封上部定位销对准记号，复查各尺寸。确认干气密封已安装到位，数据一致。

9）测量隔离密封剪切环外端面至密封静环壳体 A = 30.353mm。

10）确认 A 值无误，则按复位记号和顺序，试装轴肩剪切环内侧调整垫、剪切环、外侧调整垫，拧紧密封锁紧螺母，安装与轴套的连接螺栓。

11）将试装件全部拆除，测量密封动环轴套端面至静环壳体轴向尺寸 Y 值为 7.4422mm，确认无误。如有偏差，可通过调整 E1、E2 来保证 Y 值（见图 5-249）。

12）正式回装轴肩剪切环内侧调整垫、剪切环、外侧调整垫，拧紧密封锁紧螺母，安装与轴套的连接螺栓，复核其他尺寸无误。与计算数据或拆卸数据一致。

13）对正复位记号，回装隔离密封，确认其已安装到位，方向正确。

14）按复位记号和顺序，回装隔离密封剪切环，拧紧连接螺栓。

15）确认所有尺寸无误，所有连接螺栓已紧固，安装无误。

8. 清洗、检查驱端径向轴承

1）检查径向轴承巴氏合金应无磨损、剥落、沟槽、烧灼等缺陷。

2）检查径向瓦块与瓦枕接触部位无磨损，瓦块在轴承体内摆动应灵活，瓦块背面顶丝紧固牢靠，无松动。

3）检测瓦块热电阻线缆应完好，阻值正常，否则予以更换。

4）检查轴承油封应完好，测量间隙符合标准。

5）检查剖分面、端面定位销完好，连接紧固。

6）若径向间隙超标、需更换热电阻或瓦块，则在轴承体与法兰结合面做复位记号和转

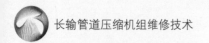

向记号，瓦块编号。

7）拆除 O 形环和剖分面连接螺栓，拆开轴承体。

8）拆除一侧油封的稳钉，拆出油封。

9）测量新瓦块与原装完好瓦块厚度差值应小于 0.01mm，其他几何尺寸一致。

10）清洗瓦块、油封及轴承体，吹扫油孔。

11）按记号、方向回装瓦块和油封，拧紧油封稳钉。（瓦块装入瓦座后摆动灵活）

12）扣合轴承体，紧固连接螺栓。

13）更换 O 形环并涂润滑脂，将轴承体装入法兰用白布包严备用。

9. 回装驱动侧径向轴承

1）清理、吹扫驱动侧轴承座、油孔、油路。

2）确认转子轴颈无损伤，安装轴承导入套。

3）径向轴承及轴颈上涂抹润滑油，回装驱动侧径向轴承，测量确认安装到位。

4）抬轴检查径向轴承间隙范围应为 0.114~0.152mm。

5）安装锁轴工具，检查压缩机推力间隙范围为 0.229~0.279mm。

6）将转子至于推力间隙的中间位置。

7）安装驱动端振动探头、热电阻线及线卡，确认振动探头安装正确，热电阻线缆通道良好。

10. 拆卸非驱动端推力轴承和径向轴承

1）在压缩机驱动侧安装锁轴工具固定转子，避免转子窜动。

2）拆除压缩机非驱动端附属管线。

3）标记并断开压缩机轴位移、转速、温度、振动探头接线。

4）轴承端盖做复位记号，拆卸端盖螺栓，并将位移、转速探头与端盖一起拆除。

5）拆卸止推轴盖座剖分面定位销和螺栓，并吊出上半盖。

6）拆卸止推轴承座上半连接螺栓，并吊出上半部分。

7）分别拆除外侧和内侧止推轴承上半部分，并转出其下半部分，分别标识，放置于指定位置。

8）转出止推轴承座下半部分。

9）抬轴检查径向轴承间隙应在 0.114~0.152mm 范围。

10）拆卸径向轴承座温度探头接线。

11）拆卸径向轴承盖剖分面定位销和连接螺栓，吊出上盖。

12）拆卸振动探头，拆卸径向轴承连接螺栓，取出上半部分轴承，并旋转取出下半部分轴承。

13）轴承座下半部分安装吊环，吊挂受力。

14）拆卸与封头连接定位销、连接螺栓，吊出轴承座。

11. 拆卸非驱动端干气密封

压缩机非驱动端干气密封的拆卸参考本节拆卸驱动侧干气密封部分。

12. 干气密封备件检查

干气密封备件检查参考本节检查干气密封组件部分。

13. 安装非驱动端干气密封组件

非驱动端干气密封组件的安装参考本节回装驱动端干气密封组件部分。

14. 清洗检查非驱动端径向轴承

非驱动端径向轴承的检查参考本节清洗、检查驱端径向轴承部分。

15. 清洗检查推力轴承组件

1）检查止推轴承巴氏合金应无磨损、剥落、沟槽、烧灼等缺陷。接触面积大于 70%。

2）止推瓦块与瓦架接触部位无磨损，瓦块在轴承体内摆动应灵活。检查瓦块热电阻应完好，否则予以更换。

3）若推力间隙超标，需更换瓦块。

4）用深度尺测量法兰至轴承体端面的轴向尺寸并记录。

5）拆除热电阻线卡，将轴承体从法兰中拆出。

6）松开需更换瓦块的径向顶丝，取出瓦块。

7）检查热电阻检测值合格，千分尺测量新瓦块与原装完好瓦块厚度差值应小于 0.01mm，其他几何尺寸一致。

8）清洗瓦块、轴承体，吹扫油孔。

9）按记号回装瓦块，拧紧径向顶丝（瓦块装入瓦座后摆动灵活）。

10）检查各部位定位销完好、无松动。

11）将轴承体装入法兰，固定热电阻线卡。用白布包严，放在胶皮上。

12）若推力间隙超差，而无瓦块更换或瓦块工作面完好，可在主、副止推轴承体背面加减垫片调整。

16. 回装非驱动侧径向轴承和推力轴承

1）清理、吹扫非驱动侧轴承座、油孔、油路。

2）确认轴颈无损伤，轴承座结合面清洁，无缺陷。

3）结合面涂密封胶，回装非驱端轴承座。安装定位销，拧紧连接螺栓，确认结合面正确贴合。

4）径向轴承及轴颈上涂机油，旋入非驱端径向轴承下半。

5）回装上半径向轴承，拧紧连接螺栓。

6）回装、调整轴承振动探头、热电阻线及线卡，确认振动探头安装正确，热电阻线通道良好。

7）抬轴检查径向轴承间隙应为 0.114~0.152mm。

8）回装径向轴承盖，回装定位销，拧紧螺栓。

9）旋如止推轴承座下半，确认剖分面定位销完好。

10）分别回装内外侧止推轴承的下半部分及其上半部分。

11）回装轴承座上半部分，检查确认温度探头及其电缆正常、完好。

12）回装上半盖，回装定位销，拧紧螺栓。

13）回装轴承座端盖，连接振动、温度、位移探头接线，确认正常。

17. 回装联轴器

1）拆除轴颈 O 形环，轴头和联轴器结合面清理干净。

2）按复位记号，轴头装入联轴器，用铝棒轻敲紧。

3）测量轴头至联轴器端面尺寸，计算推进量。同时，塞尺检查轴肩与轮毂间隙，核对推进量一致。

4）拆除联轴器，回装 O 形环，重新安装联轴器，架表。

5）再次测量，确定推进量。

6）将液压推进器压缩，旋入轴头。

7）安装扩张压管，连接扩张泵、推进泵，油管排气。

8）参考拆除的步骤，分段打压，当轮毂后与轴结合面渗出油时，打推进压，交替进行，时刻注意百分表数值变化，当推进压突然升高，百分表不动时，而推进数值与测量值相符，即可认为到位。

9）记录扩张压和推进压，泄扩张压，保压两小时左右，即可泄推进压，观察百分表无变化。

10）测量确认联轴器安装到位，并塞尺核对。

11）回装联轴器锁紧螺母，并安装锁紧螺钉。

12）复查两联轴器间距正常。

13）盘车检查转子转动灵活、轻松、无卡涩。

18. 对中检查调整

1）安装对中工具组件。

2）复查机组对中，调整机组对中数据符合标准。

3）压缩联轴器，按照复位记号回装联轴节两侧垫片，及联轴节，松开压缩螺栓。

4）分别安装两侧连接螺栓，按照力矩要求，对称紧固螺栓。

5）确认两端各回油孔堵塞物已取出，轴承座内已清理干净，内件安装无误，各振动、热电阻等接线安装正确，并且已从内部进行密封处理。

6）按复位记号，回装轴承盖、联轴器护罩及膨胀节。

7）按记录尺寸回装扭力计传感器。

8）按复位记号，回装各温度探头接线、振动探头接线及附属管线。

5.4.1.2　CDP-416 型机芯解体大修实施步骤

（1）拆卸联轴器

参照 5.4.1.1 小节 CDP-416 型干气密封更换实施步骤中"1. 拆卸联轴器"部分。

（2）拆卸驱动端径向轴承

参照 5.4.1.1 小节 CDP-416 型干气密封更换实施步骤中"4. 拆卸压缩机驱动端径向轴承"部分。

（3）拆卸驱动端干气密封

参照 5.4.1.1 小节 CDP-416 型干气密封更换实施步骤中"5. 拆卸驱动侧干气密封"部分。

（4）拆卸非驱动端推力轴承和径向轴承

参照 5.4.1.1 小节 CDP-416 型干气密封更换实施步骤中"10. 拆卸非驱动端推力轴承和径向轴承"部分。

（5）拆卸非驱动端干气密封

参照 5.4.1.1 小节 CDP-416 型干气密封更换实施步骤中"11. 拆卸非驱动端干气密封"部分。

（6）拆卸压缩机端盖

1）拆卸端盖周向法兰连接管线，并用内六角套筒扳手将端盖 24 个螺母拆卸（见图 5-250）。

图 5-250　拆卸非驱动端法兰端盖

2）用专用螺栓将专用工装 HOOK 安装至端盖，安装端盖顶丝，共计 4 个，安装位置（见图 5-251 和图 5-252）。利用顶丝顶压压缩机壳体，将端盖向外移动并拆下。

图 5-251　拆卸端盖专用工装

图 5-252　专用工装与端盖连接螺栓

（7）拆卸压缩机机芯

1）拆卸剪切环和保持环（见图 5-253）。

2）在压缩机壳体螺栓上安装定位拉板，将专用工装 HOOK（见图 5-254）再次安装至机芯端面上，通过调节工装的重心、利用定位拉板与拉杆，将机芯向外抽机芯。

3）在吊装过程中，注意调整重心位置水平取出机芯。直至机芯完全从壳体中脱出。将取出后的机芯放好，注意机芯中分面在机壳里为垂直方向，非水平方向。

（8）分解机芯

1）将机芯下部垫枕木固定，防止其滚翻。

2）拆卸压缩机出口壁内六角螺栓，并安装定位导杆将出口壁拆下，安装用于分解机芯的吊耳，并拆卸机芯的连接螺栓及定位销，左右共有 6 个螺栓和 4 个定位销，利用定位导杆将上半壳体拆下（见图 5-255）。

3）分解压缩机机芯，并将上半部分机芯放置于枕木上。

4）将转子从下半机芯中取出（见图 5-256），并放置在专用支撑上，注意保护转子两端测振区域和轴头。

（9）清洁检查机芯

1）使用酒精清洁所有零件。注意不要清掉装配标记，并用高压水清洗转子、隔板束。用溶剂清洁压缩机壳体内壁。

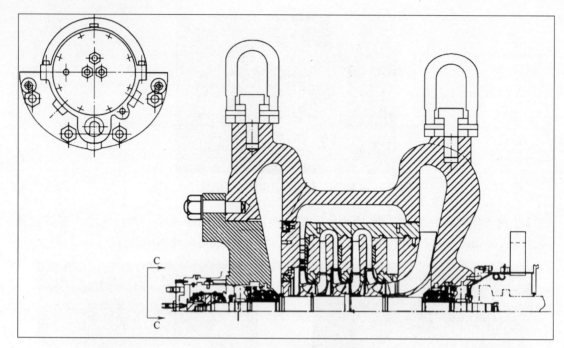

图 5-253　机芯及转子剖面图

图 5-254　机芯拆卸专用工具

2）彻底干燥所有零件。

3）用清洁、干燥的压缩空气吹扫所有通路。

4）隔板表面检查，无变形、磨损、裂纹、划痕；回流器叶片完好无损，无松动、卷曲、脱落、开焊中分面无冲蚀沟槽等缺陷，若有缺陷，补焊研磨，流道光滑无锈蚀。隔板与回流器应进行着色探伤检查。

5）清洗并检查转子轴套、主轴、叶轮、推力盘、平衡盘等，应无裂纹，冲蚀及严重磨损痕迹，必要时无损探伤检查。转子进行低速（1300r/min）动平衡试验，精度等级符合制造方的规定，一般高于或等于 G1.0 级。

6）检查迷宫密封有无擦伤、裂纹、毛刺、和研磨的痕迹，并测量其间隙。

7）测量转子各部位（主轴颈、干气密封安装轴颈、端封、叶轮气封、隔板气封、联轴器、叶轮入口、叶轮外缘、止推盘）的圆跳动值。

图 5-255　分解机芯

图 5-256　吊出转子

8) 拆卸机芯上的 O 形圈，在回装时更换新的 O 形圈。

9) 修理或更换有毛刺的部件。

10) 检查所有金属构件有无缺陷或螺纹损伤的情况。更换任何有缺陷的金属构件。

（10）回装压缩机机芯

1) 检查更换压缩机叶轮口环、级间密封、平衡鼓密封，将压缩机机芯转子放置于下半部分静叶部件上面，在放置好后测量转子轴位移并记录，测量总窜量为 7.80mm，转子在流道中心位置时，驱动端距流道中心半窜量为 3.14mm。

2) 将压缩机机芯上半部分静叶部件放置到位，并安装出口壁，测量转子轴窜量并记录为 7.60mm。

3) 将机芯装进压缩机壳体后，未安装推力轴承前，再次复测转子轴位移并记录，上述三次测量偏差在标准规定范围内，压缩机轴向尺寸的基点以叶轮靠近驱动端隔板向非驱动移动 3.14mm 为基准，此时叶轮入口导叶端面距轴头距离为 155.50mm。

4) 回装步骤与拆卸步骤相反，在未安装径向轴承测量转子轴位移时需要用行车稍微吊起转子，防止损坏级前、隔板迷宫密封。

5) 安装压缩机端盖与压缩机筒体，按力矩要求紧固连接螺栓。

（11）回装非驱动端干气密封

参照 5.4.1.1 小节 CDP-416 型干气密封更换实施步骤中"7. 回装驱动端干气密封组件"部分。

（12）回装非驱动端径向轴承和推力轴承

参照 5.4.1.1 小节 CDP-416 型干气密封更换实施步骤中"16. 回装非驱动侧径向轴承和推力轴承"部分。

（13）回装驱动端干气密封

参照 5.4.1.1 小节 CDP-416 型干气密封更换实施步骤中"7. 回装驱动端干气密封组件"部分。

（14）回装驱动端径向轴承

参照 5.4.1.1 小节 CDP-416 型干气密封更换实施步骤中"9. 回装驱动侧径向轴承"部分。

（15）回装联轴器

参照 5.4.1.1 小节 CDP-416 型干气密封更换实施步骤中"17. 回装联轴器"部分。

（16）对中检查调整

参照 5.4.1.1 小节 CDP-416 型干气密封更换实施步骤中"18. 对中检查调整"部分。

5.4.2 D16P3S 型压缩机现场检修

5.4.2.1 干气密封更换实施步骤

1. 拆卸联轴器

1）拆除联轴器上护罩油气排放聚结过滤器、下护罩润滑油进、回油管线及压缩机径向支撑轴承进、回油管线，遮盖管道口，防止污物等进入。

2）拆除压缩机侧振动探头、温度探头仪表线缆及相应穿线套管，并将穿线软管移至不影响联轴器拆除的区域，并固定。

3）妥善支撑联轴器下护罩，拆卸护罩水平中分面上定位销、螺栓，护罩示意图如图 5-257 所示。

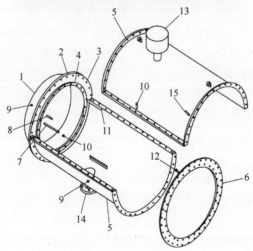

图 5-257 护罩拆除示意图

1—密封圈 2—适配器 3—外环 4—密封 5—内圈 6—护罩 7—密封 8—螺栓 9—螺栓
10—螺母 11—螺栓 12—螺栓 13—螺栓 14—呼吸阀 15—法兰

4）拆除联轴器护罩两端与适配器连接的所有内六角螺栓及螺母。

5）用顶丝顶开并垂直吊开上半护罩，下半护罩吊挂，移开下半支撑物并吊出下半护罩。将上下护罩移至规定的安全区域胶垫上，护罩螺栓装入密封袋。摆放时应轻放，注意保护分割线表面不受损伤。

6）在联轴节拆卸位置做复位记号，对螺栓进行编号。拆卸联轴器螺栓，并插入对应编号的专用放置板上或装入封口袋内（注明 MOTOR 侧和 CC 侧），同时拧入原配合螺母。

7）用 35mm×8mm×1.25mm 的 7 个专用螺栓压缩联轴器膜片 2.5~3mm，直至两侧完全脱开，取出联轴节（可对电机转子进行冷盘，推动电机侧靠背轮及电机转子向电机侧退出一定间隙，直至联轴器两侧完全脱开），取出调整垫片、联轴节。

8）将联轴节、两侧调整垫片摆放至规定区域，并按配合位置进行标记，避免混淆。

9）松开联轴器压缩螺栓，使其恢复至自由状态，以保护联轴器。

10）护罩两端适配器做复位记号，拆除压缩机侧适配器固定螺栓，取下适配器、密封垫片及活套法兰，并移至安全区域整齐摆放，注意不要损伤密封表面，固定螺栓装入密封袋保存。

11）用内径千分尺测量压缩机、电机两端联轴器端面轴向尺寸（23.17in，587.89mm），并记录。

12）在联轴器靠背轮端面与轴结合部位做标记，拧松靠背轮背帽锁紧螺钉（见图 5-258），顺时针转动锁紧背帽（螺纹为顺时针松开、逆时针紧固）取下，放置于规定位置。测量联轴节外端面与转子轴头外端面的距离，并记录作为联轴节回装时的参考。

13）检查液压推进器（1000270909）打压伸出量（电机侧 9.9~10.16mm、压缩机侧 10.67~10.92mm）。

14）安装并紧固扩张压油管接头，安装推进缸至驱动侧轴端，并与联轴器外端面贴合。打压排除油管空气，连接推进压、扩张压油泵及接管等附件（见图 5-259）。

图 5-258　背帽锁紧螺钉位置示意图

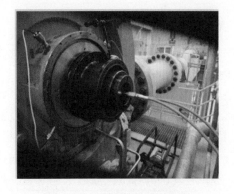

图 5-259　液压缸安装示意图

15）拆除半联轴器。

① 先打推进液压泵，使推环与联轴器接触，持续打压，当推进压力上升至 100kPa（手册要求 500psi，约 3.45MPa）左右时，停止打压，并保持。

② 再打扩张压至 10000psig（68.9MPa），然后分段打扩张压，每段升压约 1000psig（6.9MPa），间隔 15~20 分钟打压，同时观察推进泵压力的变化情况。

③ 当推进泵压力上升时（此时即为联轴器拆出压力，记录扩张压力，逐渐松泄推进压、扩张压至 0，拆除推进缸及液压管，平稳拆出联轴器。联轴节轮毂孔最大允许压力为

30000psig（206.9MPa）。

16）将联轴器靠背轮吊出，放在胶皮上盖好，安装保护套以保护轴颈。拆除后，请注意轴头与联轴器内孔内各有一个O形圈，不要遗失。

17）清洁所有联轴器护罩、护罩适配器及其他密封面，去除所有污物及密封剂。

2. 检查压缩机推力间隙

1）检查挡油板篦齿与轴间隙，并记录（0.2749~0.4191mm）。拆除驱动端里外两层挡油板，将紧固螺栓装入封口袋保存，挡油板摆放至规定区域。

2）水平方向对称拆除驱动端轴承座上的两根固定螺栓，安装锁轴工装，在轴端位置架设百分表。

3）使用锁轴工具将压缩机转子向非驱动端方向推动，直到达到最大移动极限，将百分表归零；朝反侧方向拉动转子轴，直到达到最大移动极限，反复两次，取平均值。

4）记录百分表上显示的读数，即为轴向间隙的总值，间隙总值应位于0.330~0.432mm。如果间隙过大，则务必检查推力轴承零部件，并加减调整垫片。

5）将转子至于间隙一半位置，在驱动端锁轴，移除百分表。

3. 检查对中数据

安装专用表架、百分表，采用"三表法"检查驱动机与压缩机的对中情况、并记录。

4. 拆卸驱动端径向轴承

1）移除轴承座所有的有头螺钉，确认排气、供油、回油管路及密封圈等影响拆除轴承的部件已全部拆除。

2）采用抬轴法检查径向轴承间隙（运行总间隙），范围应为0.2195~0.0.2667mm。

3）测量振动探头间隙电压数值（应为-7.5±0.5V）并移除，拆除温度探头接线并拉出延长线。

4）拆除连接轴颈轴承座与压缩机壳体的8个有头螺钉，底部留存两个防止轴承座脱落。

5）利用专用工具导杆作为轴承座移除导轨，将其安装于拆除的轴承座正上方有头螺钉孔内，确保导杆固定牢固。

6）在对开孔中安装两个1/2"-13UNC安全吊耳并挂在起重机上。

7）抬轴0.13mm（轴承间隙值的1/2），左右且上下错位安装两个专用顶丝，将轴承座上下部分整体顶出（也可将轴承座整体拆除后，再移至洁净环境对轴承进行分解检查）。

8）吊离轴承箱下半部分，拆除导向杆。

9）在转轴的探头区域缠上尼龙带，保护探测区域表面不受损伤。

5. 拆卸驱动端干气密封（见图5-260）

1）测量隔离密封法兰与腔体相对位置轴向尺寸（即隔离密封剪切环与轴端面或轴肩相对尺寸），并记录，拆除隔离密封静止部分与压缩机腔体间的剪切环并标识安装位置、区分内外侧；测量并记录剪切环厚度。

2）测量并记录隔离密封与轴肩、壳体的相对位置，标记内、外环相对位置，并标识与轴转子的相对位置。

3）拆除隔离密封内环上4个与干气密封动环相连接的长螺栓，并装入封口袋进行标记；拆除外剪切环下部定位螺钉，取出3个剪切垃圾块。

4）安装隔离密封拆装盘及拆装大盘，抬轴0.12mm，拉出隔离密封。注意保证隔离密封内环与外环拆装位置在同一竖直及水平位置，拆除前做位置标识，必要时转动转子，保证隔离密封内环与外环拆装孔的位置在同一直线。

5）小心取出隔离密封与干气密封之间的调整垫片、干气密封定位环（两个半圆环），并测量记录厚度，标识内外侧垫片、区分定位环内外侧，小心取下压缩机转子与干气密封动环间内的 2 个传动键。

6）测量并记录干气密封动环与轴肩的相对位置；测量干气密封静环与壳体的相对位置；测量并记录干气密封动环与干气密封静环相对尺寸，作为干气密封和隔离密封回装参考依据。

7）标识干气密封正上方位置（干气密封上标有"H"字样为正上方，静环壳体与腔体结合部位做回装记号，同时标记原始传动键位置），安装干气密封拆装专用工具组件，在转子轴端安装拆转工装（驱动端工装编号 1000270891、非驱端工装编号 100033541）。

图 5-260　隔离密封的拆除

8）使用防护垫在转子轴下以保护转子，利用起重工具抬轴约 0.13mm，将调整轴到中心位置，用专用工具拉出干气密封放置于胶皮上（注意不要损伤干气密封防转销），拆除专用工具（见图 5-261）。

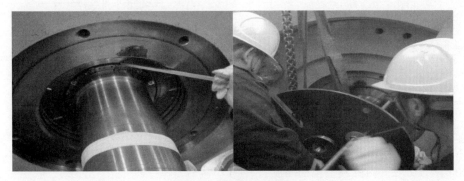

图 5-261　拆卸干气密封

6. 检查新干气密封组件

1）检查其备件型号须一致，旋转方向与转子工作方向一致。

2）检查新密封的包装完好，试验报告，测试内容合格。

3）检查新密封出厂日期，若超过 24 个月，则需厂家检查。

4）检查新密封的安装盘固定完好。

5）检查新密封外壳的密封圈完好。

6）检查新旧密封的各部位尺寸一致。

7）拆卸安装盘，固定轴套，略下压壳体，按旋转方向转动壳体，应轻松、均匀、无卡涩、无异音。下压恢复正常、无卡涩、阻滞现象。

8）确认无误，装箱备用。

9）游标卡尺检查隔离密封间隙不大于 0.41mm。当间隙值超过设计值的 130% 即 0.53mm 时，更换迷宫密封。

10）检查迷宫密封应完好，无磨损、偏斜、倒齿等缺陷。

11）检查迷宫密封定位销完好、无松动。

12）更换迷宫密封 O 形环。

7. 回装驱动端干气密封

1）参照干气密封拆卸步骤和要求，回装干气密封。

2）清理、吹扫驱动端干气密封腔体、各气路管线、流道。

3）更换干气密封与腔体配合位置的 3 个静密封圈，密封圈处涂抹硅油，内套公差带位置涂防卡剂，壳体与干气密封配合部位涂抹适量润滑脂。

4）转动转子轴，使防转销位置处于水平状态。

5）将干气密封放置在安装位置，安装干气密封拆装专用工装，抬轴至径向间隙的一半位置，利用顶丝杆平稳推进干气密封，测量干气密封与客体相对尺寸，保证密封回装到位（重点核算动环与轴肩、静环与壳体的相对位置与拆卸时保持基本一致）。

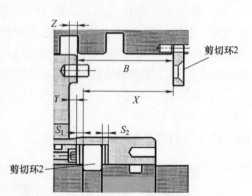
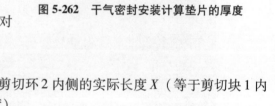

图 5-262　干气密封安装计算垫片的厚度

6）计算干气密封调整垫片，干气密封调整垫片厚度计算如图 5-262 所示。

① 测量干气密封静环至隔离密封剪切块 1 内侧面的实际深度 B。

② 测量干气密封静环台阶的实际深度 Z（对于合格密封为一定值）。

③ 干气密封补偿尺寸 Y。

④ 测量隔离密封剪切块 1 内侧至干气密封剪切环 2 内侧的实际长度 X（等于剪切块 1 内侧至剪切环 2 外侧的实际长度+剪切环 2 的厚度）。

⑤ 计算剪切环 2 内侧调整垫片厚度：$S_1 = (B+Z-Y-X)/2$；

⑥ 计算剪切环 2 外侧调整垫片厚度：$S_2 = S_1$，（$S_1 + S_2 \leq 6.28$，即不大于 4 个垫片）。

⑦ 剪切块 1 的实际厚度为 9.31mm，记录表见表 5-1。

表 5-1　干气密封安装调整垫片计算数据记录表

理论尺寸/mm		实际尺寸	
测量位置		CW	CCW
B	25.49		
X	22.30		
Y	3.12		
Z	3.07		
S_1	3.14		
S_2	3.14		

7) 回装干气密封内外侧调整垫片、剪切环、隔离密封及剪切块，更换隔离密封密封圈。

8) 行静压测试，注意检查一级泄漏管路及背压阀、单向阀完好。

8. 清洗检查及回装驱动端径向轴承

1) 移除轴颈轴承座水平分割线上的有头螺钉与锥形销（见图 5-263）。

图 5-263　轴颈轴承座拆装示意图

2) 松开轴承箱后部（位于轴承箱贴近腔体位置）中分面上的两颗连接螺栓（拆除方向为自上而下），利用 6mm 顶丝在中分面分离轴承箱，并拆除顶丝，吊出轴承箱上半部分。

3) 取出轴承上半部分，滑动下半部分轴承旋转 180 度，取出下半部分，吊出时防止损坏任何仪器接线，对轴承进行保护措施，以防腐蚀并确保无杂物进入。

4) 检查轴承轴瓦磨损情况，根据需要更换轴瓦。

5) 按照逆向顺序回装径向轴承，回装过程避免损伤轴瓦，按照力矩要求紧固径向轴承固定螺栓。

9. 拆卸压缩机推力轴承

1) 移除推力轴承座连接的所有管道、导管与仪表接线，遮盖管道尾端，以防灰尘等落入；对所有的仪表接线进行标识。

2) 移除端盖与推力轴承座所有的有头螺钉，拉出端盖、密封圈。

3) 移除振动探头，用胶布封装探头尖端，防止损坏仪表接线。

4) 移除连接固定推力轴承座上半部分与轴颈轴承座的 8 个有头螺钉，移除轴承座中分线上的有头螺钉和定位销。在推力轴承座上半部分的螺纹孔中安装两个 3/4"-10UNC 安全吊环，小心地提起轴承座上半部分，安全调离至安全区域。

5) 在移除之前，确保温度探头引线断开，同时转动轴承座中的上半推力轴承，将引线拉出温度探头延长线并保护。

6) 沿轴转动外侧推力轴承，将轴承的分割线对准轴承座的水平中分面，并吊出外侧推力轴承上半部分。将外侧推力轴承下半部分旋转 180° 至顶部，从轴承座中移除推力轴承下半部分。

7) 重复步骤上述步骤，将内侧推力轴承从轴承座中移除。

8) 将油涂抹在推力轴承表面，以防腐蚀并确保安全储藏。

9) 安装安全吊耳在轴承座下半部的分割线上的两个对角螺纹孔，移除连接螺钉，使其与底座稳步脱离，拉出轴承座。起吊时缓慢小心，避免起重设备损坏轴或分割线表面。

10）在推力盘上标识原始安装位置，拧松锁紧螺母上的紧定螺钉，使用勾扳手拆除轴头锁紧螺母（顺时针为拆除）。

11）使用液压工具拆除推力盘。

① 将专用扩张压工装 1000270897 紧固在推力盘外侧，安装液压缸 1000270816，打压并排气后紧固连接接头，均匀打压。

② 先打推进液压泵，当推进压力上升至 100kPa 左右时，停止打压。

③ 再打扩张压至 10000psig（68.9MPa），然后分段打扩张压，每段升压约 1000psig（6.9MPa），间隔 15~20 分钟打压，同时观察推进泵压力的变化情况。

④ 当推进泵压力上升时，此时即为推力盘拆出压力，记录扩张压力，逐渐松泄推进泵压力，平稳拆出推力盘（见图 5-264）。扩张压力最大允许压力值为 30000psig（206.9MPa）。

图 5-264　推力盘的安装示意图

10. 拆卸非驱动端径向轴承

非驱动端径向轴承的拆卸参考本节"4. 拆卸驱动端径向轴承"部分。

11. 更换非驱动端干气密封

非驱动端干气密封的拆卸/检查及回装参考本节"5. 拆卸驱动端干气密封、6. 检查新干气密封组件、7. 回装驱动端干气密封"部分。

12. 回装非驱动端径向轴承

非驱动端径向轴承的回装参考本节"8. 清洗检查及回装驱动端径向轴承"部分。

13. 回装推力轴承（见图 5-265）

1）检查推力轴承轴瓦，根据需要更换轴瓦。

2）回装推力盘。用手推进推力盘后，先打推进压约 1000psi 推动推力盘，之后交替打扩张压和推进压，将推力盘安装到位。推进压压力不超过 10000psi，扩张压压力不超过 30000psi。

3）检查推力盘"跳动"值：架设将百分表，周向旋转转子轴，推力盘"跳动"值不高于 0.0127mm 即为合格。如"跳动"值高于 0.0127mm，应拆除推力盘和衬套，使用百分尺检查每个面的变形或不均衡磨损情况。如有必要，更换新的零部件。

图 5-265　回装轴承

4）回装推力盘后检查推力轴承运行间隙，间隙总值应位于 0.330～0.432mm。如有差异，应重新调整外侧推力轴承垫片组。

5）回装内、外侧推力轴承，保护并固定推力轴承温度仪表线缆。

6）在推力轴承壳水平分割线表面均匀涂抹密封剂，组装并回转推力轴承壳上半部分。安装分割线拉销和有头螺钉。

7）回装油气管路，更换所有密封圈，紧固连接螺栓。

8）手动盘车，不应存在任何卡滞。

9）安装轴向和径向探头，测量振动、位移及温度探头数值符合标准（间隙电压为 10V）。

10）更换推力轴承盖密封圈，回装推力轴承盖。

14. 对中复查

1）安装对中工具组件。

2）用三表法复查、调整机组对中数据符合标准。

15. 回装联轴器

1）回装压缩机侧靠背轮：连接专用液压工装 1000270909，先打推进压约 1000PSI，交替打推进压和扩张压，将靠背轮回装至拆卸位置。

2）按照拆卸步骤回装联轴器及护罩。

3）计算联轴器调整垫片数量：垫片厚度 0.381mm，联轴器长度 587.89mm，预拉伸量 0.61mm。

4）压缩联轴器，按照复位记号回装联轴节及压缩机侧垫片，松开压缩螺栓。

5）分别安装两侧连接螺栓，按照力矩要求，对称紧固螺栓。

6）确认两端各回油孔堵塞物已取出，轴承座内已清理干净，内件安装无误，各振动、热电阻等接线安装正确，并且已从内部进行密封处理。

7）按复位记号，回装轴承座、联轴器护罩及膨胀节。

8）按记录尺寸回装扭力计传感器。

9）回装各附属管线，检查更换管路法兰垫片。

5.4.2.2　D16P3S 机芯解体大修实施步骤

1. 拆除压缩机两端干气密封及轴承

在拆卸压缩机机芯之前，需要拆卸附属管线、压缩机轴承、干气密封等，具体操作参考 5.4.2.1 小节"干气密封更换实施步骤"部分内容。

2. 拆卸压缩机端盖的扣环及剪切环

1）应测量端盖至剪切环表面的尺寸，并记录端盖尺寸（见图5-266）。

2）测量压缩机端盖至压缩机机壳表面的尺寸"X"与剪切环厚度"Y"，或测量压缩机端盖至压缩机机壳表面的尺寸"X"与剪切环厚度"Y"加扣环厚度"Z"之间的差异在0.002～0005in（0.508～0.127mm）之内。

3）安装压缩机端盖顶块（见图5-267）。以交叉的形式均匀拧紧找平螺丝直至达到135～156N·m（400～115lb·in）的扭矩为止，推动端盖远离剪切环机扣环，以给予剪切环和扣环活动间隙。

4）拆卸扣环：使用专用工具压紧压缩机端盖，使机芯尽量靠近驱动侧，拆卸压缩机端盖扣环螺钉，取出扣环并作位置标识。

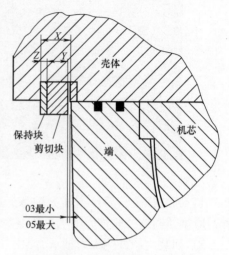

图 5-266　扣环及剪切环尺寸核对

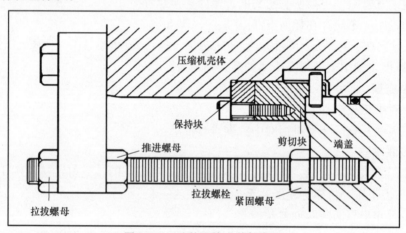

图 5-267　端盖顶块安装示意图

注意：拆卸和安装扣环和剪切环分段时使用的设备，处于暴露轴系的附近，即密封轴颈以及轴颈轴承和推力盘接触区域。拆除扣环和剪环分段时要分步进行，避免损坏转子轴，对转子轴应加保护。

5）拆卸剪切环：剪切环做回装位置标记，安装压缩机端盖剪切环拆卸工具，拆卸锁紧环上螺钉，并取出端盖剪切块（见图5-268）。剪切块拆卸应按照A～L左右交替顺序拆卸，首先拆卸A块，最后拆卸G块。G段底部有定位销，位于底部中心。剪切块松动时，应使用专用工具1000270888（见图5-269）吊出，防止脱落。

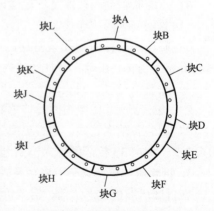

图 5-268　剪切块位置示意图

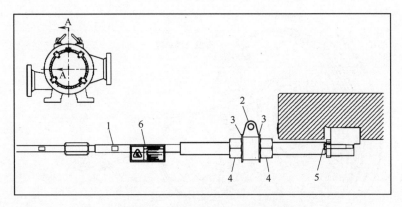

图 5-269　剪切块吊出工具示意图

1—提升杆　2—滑动吊耳　3—垫片　4—螺栓　5—紧固螺栓　6—铭牌

3. 机芯抽取

1）检查并记录原始装配标记。

2）组装机芯拆装托架 134-307-201（见图 5-270）。

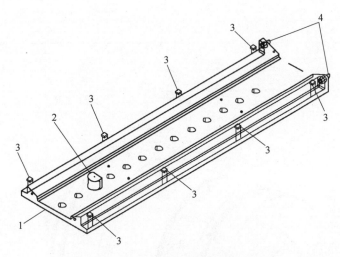

图 5-270　机芯抽取滑动支架组装示意图

1—托架　2—止动销　3、4—螺栓

3）使用深度千分尺，测量并记录从压缩机壳体端面到机芯端面 4 个点的距离，作为回装核对数据。

4）抽取机芯过程利用托架平稳拉出，支架使用前 24 小时应涂抹润滑脂。拉出过程时刻测量 4 个拉点拉出的距离，要保持平衡一致。必要时，调整服务端滚轴和两端托架的滑块位置，保持机芯平衡（见图 5-271）。

5）机芯拉出后，松开托架应使用专用工装 1000270906 吊取机芯（见图 5-272）。吊装过程注意人员安全及设备安全。

6）将整个机芯平稳放置在支架上，中分面水平放置，准备分解检查。

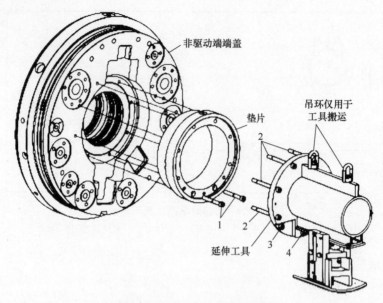

图 5-271 机芯抽出工装示意图

1、2—螺栓 3—托架 4—支架

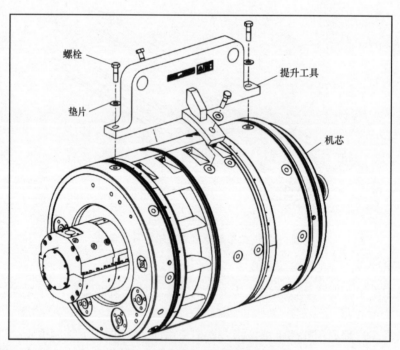

图 5-272 机芯吊出工具示意图

4. 机芯分解

1）用两个管束夹 121-593-204 专用工具夹紧机芯，松动所有有头螺钉。

2）在机芯转子部位的上半部分安装吊耳，利用顶丝将机芯上下两半部分分离大约 1/2″（13mm），使用吊具及专用工具管束提升器 1000270887 调离机芯上半部分，放置在水平木制厚板上。

3）拆除转子轴定心插销。

4）利用顶丝顶开机芯上下半部分，安装吊耳拆卸机芯的非驱端和驱动端机芯上半部分。

5）拆除所有的 4 道密封圈及卡环。

6）利用吊具提出转子，并平稳放置在木质支撑上或专用托架上。

5. 检查并清洁转子

1）检查叶轮与流道间隙尺寸，一级叶轮与流道间隙应为 0，二级与三级叶轮与流道间隙应不大于 5.766mm（见图 5-273）并作为转子回装时的零位中心位置。

2）检查叶轮级间密封间隙尺寸，叶轮级间间隙在 0.305~0.457mm 之内。

图 5-273　检查叶轮级间密封间隙及叶轮与流道间隙

3）清洁所有零件，检查各部件有无生锈腐蚀、裂纹、破损和过大磨损。

4）检查级间密封，如有损伤需要更换，则将其拆卸后更换。

5）清洁机芯上下半结合端面、端面密封条、机芯内壁及转子叶轮外壁。

6）检查迷宫密封有无擦伤、裂纹、毛刺、和研磨的痕迹，清理杂质，如有损坏进行更换。

7）用清洁剂清洁压缩机端盖所有零件，并擦干所有零件。

8）检查机壳盖板、护圈的剪切块及定位块和沉头螺钉有无生锈、腐蚀、裂纹或过分磨损的迹象。

9）转子及机匣隔板视情清洗。

10）转子回装前做跳动检测。

6. 机芯回装

1）回装前检查级间密封迷宫磨损情况，如有磨损应进行更换，并确定记录测量的间隙。

2）保持所有轴承轴颈表面必须干净、光滑，轴锥应通过套筒保护其免受损坏。清洁转子及机芯内部所有面组件保持干净，清理压缩机缸体干净，无刻痕和毛刺。必要时利用仪表风吹扫，确保无杂质颗粒或其他异物。

3）机芯组装吊装过程要谨慎，起吊降落要平稳。

4）将转子吊入下半机匣，避免对转子轴损伤及级间密封损伤。

5）上下半机匣组装合并，塞尺检查结合面密封程度，间隙不应超过 0.05mm。

6）安装进出口壁后检查转子轴向窜量，窜量应在 0.0330~0.432mm 范围内。

7）更换机芯外圈的所有 O 形密封圈和卡环，保证 O 形圈安装槽洁净，安装 O 形密封圈并均匀涂抹凡士林。

8）将机芯转 90 度方向，使中分线处于顶部位置，进气排气端位置找正（见图 5-274）。

9）安装机芯管束提升器 1000270887，在非驱端安装滑动导轨、驱动端安装可调滚轴 1000270903 专用工具（见图 5-275~图 5-277）。

图 5-274　拉转转子旋转 90 度

图 5-275　使用专用工具提升转子

图 5-276　驱动端安装可调滚轴

图 5-277　将机芯放置在滑动导轨上

10）清洁压缩机腔体，利用专用工具管束提升器 1000270887、滑动导轨工具 1000236260、可调滚轴 1000270903 回装机芯。

11）机芯进入腔体后，拆除提升器（见图 5-278）

12）利用驱动端可调滚轴调整机芯平衡及四边间隙，测量检查机芯到壳体的距离，确保机芯安装到位（见图 5-279）。

13）回装机芯剪切环和扣环，确认压缩机壳体到剪切环和扣环的安装间隙。

7. 回装压缩机两端干气密封和轴承

回装压缩机两端干气密封组件、径向轴承、推力轴承及附属管线等，具体操作参考 5.4.2.1 小节"干气密封更换实施步骤"部分内容。

8. 对中复查

1）安装对中工具组件。

图 5-278　拆除提升器

图 5-279　利用驱动端可调滚轴调节机芯四周间隙

2）用三表法复查、调整机组对中数据符合标准。

9. 回装联轴器

1）回装压缩机侧靠背轮：连接专用液压工装 1000270909，先打推进压约 1000PSI，交替打推进压和扩张压，将靠背轮回装至拆卸位置。

2）按照拆卸步骤回装联轴器及护罩。

3）计算联轴器调整垫片数量：垫片厚度 0.381mm，联轴器长度 587.89mm，预拉伸量 0.61mm。

4）压缩联轴器，按照复位记号回装联轴节及压缩机侧垫片，松开压缩螺栓。

5）分别装入两侧连接螺栓，按照力矩要求，对称紧固螺栓。

6）确认两端各回油孔堵塞物已取出，轴承座内已清理干净，内件安装无误，各振动、热电阻等接线安装正确，并且已从内部进行密封处理。

7）按复位记号，回装轴承盖、联轴器护罩及膨胀节。

8）按记录尺寸回装扭力计传感器。

9）回装各附属管线，检查更换管路法兰垫片。

5.5　沈鼓压缩机现场维修关键技术

沈鼓压缩机组现场维修关键技术参考"5.1 GE 压缩机现场维修关键技术"部分。

第6章 压缩机组辅助系统维护检修技术

6.1 合成油系统运维技术

6.1.1 合成油系统介绍

合成油系统是燃驱压缩机组驱动设备（燃气发生器）所必需的一个重要的辅助系统。它的任务是：在燃气发生器的启动、运行及停机过程中，向燃气发生器的轴承、传动装置（附件齿轮箱）提供适量的、温度与压力适当的、清洁的润滑油，从而防止轴承烧毁、轴径过热弯曲造成机组振动，高速齿轮箱齿轮变形或咬齿等事故的发生。除此之外，一部分润滑油分流出来经过过滤后用作液压控制油（GE 和西门子燃气发生器可调导叶作动筒动力油），或成为液压控制系统的工作流体（西门子燃驱压缩机组）。

其中，索拉机组的润滑油系统则为燃气发生器、动力涡轮及压缩机整套设备的轴承进行润滑冷却，因此索拉机组不分合成油系统和矿物油系统，统称为润滑油系统。国产燃机的润滑油系统则为燃气发生器及动力涡轮提供润滑冷却的矿物油，国产压缩机的润滑油也是矿物油，但是燃机和压缩机的润滑系统分布独立布置及运行。

6.1.2 合成油系统的主要设备

1. 合成油（润滑油）泵

燃气发生器润滑油泵共有三种类型：侵入式离心泵（立式交流电机驱动）、直流电机带动的应急油泵（索拉机组）及齿轮容积泵（燃气发生器附件齿轮箱驱动）。

GE 燃气发生器合成油泵采用由附件齿轮箱带动的齿轮容积泵，其提供的润滑油仅为燃气发生器提供润滑。

西门子燃气发生器合成油泵采用由立式交流电机驱动的容积泵（低压泵、高压泵及 3 个回油泵一体），共 2 台互为备用的容积泵，其提供的合成油为燃气发生器提供润滑，并为燃气发生器可调导叶提供高压控制油。

国产燃气发生器润滑油泵采用由立式交流电机驱动的离心泵及悬挂式滑油组件提供润滑油，其润滑油为燃气发生器及动力涡轮提供润滑及冷却作用。当机组启动时或压气机转速较低时，由电机驱动的离心泵对燃气发生器及动力涡轮提供润滑油，当压气机转速达到确定值时，由悬挂式滑油组件为燃气发生器及动力涡轮提供润滑油。

索拉燃气发生器的润滑油系统与压缩机润滑为一套系统，润滑油系统配置 1 台直流电机驱动的备用泵、1 台交流电机驱动超前-置后泵及燃气发生器附件齿轮箱带动的齿轮主泵，在机组启机及停机过程中，燃气发生器转速为 65% 以下时，超前-置后泵运行，燃气发生器转速在 65% 以上工况运行期间由齿轮容积主泵为整套设备提供润滑油，当机组启机及停机过程中超前-置后泵故障时，备用泵投入运行。

2. 合成油电机

GE 机组合成油系统未应用合成油电机。

西门子机组合成油系统配置 2 台立式交流电机，只为燃气发生器提供润滑油，2 台电机互为备用。

索拉机组润滑油系统配备 1 台交流电机，1 台直流电机，交流电机在机组启停机过程（燃气发生器转速在 65% 以下）为燃气发生器、动力涡轮及压缩机同时润滑，当机组启机及停机过程中超前-置后泵故障时，交流电机启动带动油泵投入工作状态。

国产燃气发生器则配置 1 台立式交流电机。

3. 过滤器（见图 6-1）

通常燃气发生合成油系统供回油管路均安装有双联过滤器，以便为设备提供干净清洁的润滑油，当燃气发生器运行时一个油滤投入使用，另一个备用，油滤两端安装压差变送器，监控油滤的工作状态，当运行油滤压差报警时可用切换手柄切换到备用油滤，油滤滤芯可以在任何情况下更换。同时回油管线安装磁性检屑器用以吸附金属碎屑，检测附件齿轮箱、轴承等中滑油回油中的金属含量，以分析齿轮箱、轴承及齿轮磨损情况。

4. 温度控制阀

合成油系统应配置温控阀，以确保燃气发生器的供油温度满足设备运行要求，温控阀通常分为机械式三通温控阀和自立式温控调节阀，经油冷器冷却后的润滑油与回油泵返回的润滑油混合达到所需的滑油温度，温控阀则根据来油温度自动调节开度，以达到恒定的出口温度的要求，同时温控阀进口会安装压力安全阀，当压力超过设定压力时，安全阀打开多余滑油经阀直接返回油箱。

图 6-1　GE 机组合成油系统双联过滤器

GE 机组及国产机组合成油系统则通过温控阀将燃机部分回油分流去冷却器冷却，与未分流的燃机回油进行混合，达到控制燃机润滑油温度的目的，调温后的燃机润滑油直接回到油箱。

西门子机组及索拉机组合成油系统则通过温控阀调温后的润滑油经过过滤器进入燃机润滑冷却（索拉机组为燃气发生器及动力涡轮润滑冷却）。

5. 其他设备

除了上述设备之外，合成油系统还配置了合成油冷却器、油雾分离器等装置，仪表监控设备包括油箱液位计、加热器、压力表、温度计等，确保合成油系统正常、安全可靠运行。

6.1.3 合成油系统日常维护内容

1）每季度对机组合成油取样检验，根据检验报告和分析报告结果，过滤或更换合成油（见表6-1~表6-4）。

表6-1　GE机组合成油检验标准

序号	测试项目	标准	极限值
1	总酸值	2.0 ASTM D664-58	1
2	运动黏度	ASTM D445-65	新油在38℃条件下最大变化在-10%~+25%
3	颜色	ASTM D1500	4
4	颗粒计数	SAE ARP598	每100ml样本中： 15~25μm　10,000 25~50μm　1500 50~100μm　200 >100μm　20
5	水	目测	1000ppm/10ml样本

表6-2　西门子机组合成油检验标准

检查		最大允许变化5Cst	测试方法
超过新合成油的变化值	100℃运动黏度增加百分数（%）	15	IP71 Astmd 455
拒绝接受的限值	绝对总酸值/（-mg KOH/g）	2.0 * * *	IP1A IP177/ASTM664
超过新合成油的变化值	皂化值变化/（-mg KOH/g）	+7.5~-7.5	IP136 Astmd94 * *
总水体积含量（%）		0.1	IP74　Astmd95
开口闪点/℃		最小240	IP36　Astmd92
非溶金属物重量（%）		0.1	RR1055

注：1. 除了1g样品进行皂化试验3~5小时外，使用脱水达到溶剂等级的乙醇替代96%的乙醇，乙醇不做纯化处理，直接进行试验。

2. 油样的最大总酸值为1，合成油是合格的，若总酸值为1~2，则每月进行检测；若总酸值为2~5，则将系统的合成油排净，清洁油箱并重新充装；若总酸值超过5，则需要将系统的合成油排净，清洁油箱，用新合成油冲洗系统再次排净，然后安装新过滤器充装新合成油。

表6-3　索拉燃机滑油检测标准

序号	检测项目	检测标准	参考指标
1	运动黏度40℃	ASTM D445-19	28.8~38.4mm²/s
2	酸值	ASTM D974-2014e2	<0.8mgKOH/g
3	抗乳化性（54℃，乳化液达到3mL的时间）	ASTM D1401-19	≤30min

（续）

序号	检测项目	检测标准	参考指标
4	泡沫性（泡沫倾向/泡沫稳定性）	ASTM D892-18	程序Ⅰ 300/10 程序Ⅱ 300/10 程序Ⅲ ----
5	空气释放值（50℃）	SH/T 0308-1992（2004）	≤10min
6	锌含量	ASTM D5185-18	—
7	水分	GB/T 11133-2015	≤2000mg/kg
8	颗粒度	ISO 11500-2008 ISO4406-2017	≤20/18/16
9	金属元素	ASTM D5185-18	磨损金属总和（铜、铁、铅、锡、银、锑、铝）≤10mg/kg、硅≤5mg/kg
10	开口闪点	ASTM D92-2018	≥199℃
11	漆膜倾向指数	ASTM D7843-18	≤30
12	液相锈蚀	ASTM D665-19	—
13	机械杂质	GB/T 511-2010	—
14	磨痕直径	NB/SH/T 0189-2017	—
15	氧化安定性（旋转氧弹）	SH/T 0193-2008	≥275min
16	铜片腐蚀	ASTM D130-19	—

表6-4 国产燃机润滑油检测标准

序号	检测项目	检测标准
1	闪点（开口）/℃	ASTM D902
2	运动黏度（40℃）	ASTM D445
3	泡沫性	ASTM D892
4	抗乳化性	ASTM D1401
5	密度	ASTM D1298
6	倾点	ASTM D97
7	黏度指数	ASTM D2270
8	酸值	ASTM D974
9	空气释放值	SH/T0308
10	液相锈蚀试验	ASTM DA665

2）定期检查合成油系统过滤器，更换过滤器滤芯。

3）检查合成油箱液位计指示器是否正常，检查油箱液位。

4）检查所有控制阀的开关位置处于相应的工作状态。

5）检查系统软管是否存在老化，对老化情况及时处理或更换。

6）检查系统管线接头有无松动，对松动的接头紧固处理。

7）检查合成油系统密封性。

8）检查系统供回油管线、仪表接线应无磨损、搭接现象。

9）检查监测燃机前中后轴承的磁性检屑器。

6.1.4 更换合成油过滤器滤芯（见图6-2）

1）检查平衡阀（5）是否打开。

2）关闭平衡阀（5）。

3）打开排气口（6）。

4）通过泄流口（7）排出留在外壳中的流体。

5）把盖（8）拧开。

6）从管中取出旧的滤芯（2），并更换上新的滤芯即可。

7）若必要，更换密封垫。

8）重新装好过滤器后打开平衡阀直到空气中的油从排气口（6）排出，关闭排气口（6）。

9）旋转控制杆用于切换过滤器。

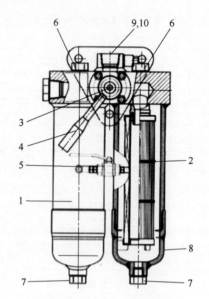

图6-2 合成油系统过滤器
1—外壳 2—滤芯 3—偏转阀 4—手轮柄
5—平衡阀 6—排气口 7—泄流口
8—盖 9—入口 10—出口

6.2 矿物油系统运维技术

6.2.1 矿物油系统介绍

矿物油系统一般为从动设备提供合适温度、压力及流量的润滑油，对从动设备的轴承组件起到润滑及冷却作用。

GE压缩机组及西门子压缩机组的矿物油主要对压缩机、动力涡轮/电机＆励磁机的径向轴承和推力轴承润滑冷却，西二线GE机组矿物油系统还为压缩机主滑油泵传动齿轮箱提供润滑油。

注意：索拉机组的润滑系统为一套系统，润滑系统应用的矿物油，机组的润滑方式及驱动方式在合成油系统已经介绍。国产机组的润滑系统分为两部分（润滑油均为矿物油），即燃机及动力涡轮的润滑系统与压缩机本体的润滑系统分别独立运行，因此压缩机的润滑系统在本节进行简单介绍。

6.2.2 矿物油系统主要设备

1. 润滑油箱

润滑油箱是润滑油和密封油供给、回收、沉降和储存设备，内部设有加热器，用以启机前润滑油加热升温，保证机组润滑油温度满足机组启动时的需要。

2. 润滑油泵

润滑油泵一般分为主润滑油泵及辅助润滑油泵，有些机组还配置应急油泵。主润滑油泵分为主机驱动齿轮容积泵或由交流电机驱动的滑油泵，主润滑油泵为交流电机驱动的滑油泵时，一般需配置 2 台泵互为备用，应急油泵通常为直流电机驱动的滑油泵，在机组启停机过程或机组异常停机时投入运行。

3. 润滑油冷却器

润滑油冷却器用于润滑油的冷却，长输管道压缩机组矿物油的冷却通用采用空冷的方式，以控制进入机组润滑油的温度满足设备使用要求，冷却系统安装于机房外的一个独立的撬上。

4. 润滑油过滤器

机组润滑油过滤器均安装于泵出口，为双联过滤器，用于润滑油的过滤，过滤精度一般为微米级，且在过滤器进出口安装压差变送器，实时监控过滤器的压差，当油滤两端压差达到报警时，运行人员可就地切换双联过滤器通道，也可在线或离线状态下更换过滤器滤芯。

5. 油雾分离器

矿物油油雾分离器主要用来分离由矿物油系统及油箱内的油雾气，并将分离出的矿物油返回矿物油箱，分离器的油气出口将通往大气中的安全区域。油雾分离器从滑油泵启动到任何油泵停止之前，油气分离器均投入运行。同时油雾分离器运行时能够保障矿物油箱的箱体负压。

6. 其他设备

同机组合成油系统相似，矿物油系统同样配置了仪表监控设备，包括油箱液位计、加热器、压力表（差压表）、温度计等，确保矿物油系统正常、安全可靠运行。

6.2.3　矿物油系统日常维护内容

1）检查润滑油箱液位，并保证液位维持在正常水平。

2）每三个月对机组矿物油取样检验（见表 6-5 和表 6-6）。根据检验报告和分析报告结果，过滤或更换矿物油。

表 6-5　西门子机组矿物油指标

特性	ISOVG32	ISOVG46
40℃运动黏度/（cSt）	28.8~35.2	41.4~50.6
赛氏通用黏度/s	136.2~164.9	193~235
黏度指数（最小）	95	95
闪点（最小）/℃	205	205
总酸值/（mg KOH/g）（最大）	0.2	0.2
泡沫试验（ASTM D892） 泡沫倾向性/ml 泡沫稳定性/ml	60 0	60 0
氧化安定性（ASTM D943） 到棕黄色的时间（最小）/hr	2000	2000

包括：总酸值、运动黏度（40℃）、闪点（开口）、黏度指数、泡沫性。

表 6-6　GE 机组矿物油指标

项目		PGT25+SAC 燃气轮机矿物油检测标准						试验方法
		ISO 分类						
		ISO6743/5 TSA/TSE/TGA/TGB/TGE						
		PRESLIA				PRELIA GT		
ISO 黏度分类		32	46	68	100	32	46	ISO
外观		清澈，透明	清澈，透明	清澈，透明	清澈，透明	清澈，透明	清澈，透明	目测
运动黏度（40℃）/（mm²/s）		28.8~<35.2	41.4~<50.6	61.2~<74.8	90.0~<110.0	28.8~<35.2	41.4~<50.6	ASTM D445
黏度指数	不小于	95	95	95	95	95	95	ASTM D2270
闪点/℃	不低于	180	180	195	195	180	180	ASTM D92
倾点/℃	不高于	−7	−7	−7	−7	−18	−15	ASTM D97
空气释放性（50℃）/min	不高于	5	6	8	10	5	6	ASTM D3427
抗乳化性（54℃）/min	不大于	15	15	30	—	15	15	ASTM D1401
（82℃）/min	不大于	—	—	—	30	—	—	—
水分（%）	不大于	痕迹						ASTM D95
泡沫特性（泡沫倾向/泡沫稳定性）/（ml/ml）	24℃　不大于	450/0						ASTM D892
	93.5℃　不大于	100/0						
	后 24℃　不大于	450/0						
酸值/（mg KOH/g）		报告						ASTM D664
铜片腐蚀（100℃，3h），级	不大于	1						ASTM D130
氧化安定性 酸值达 2.0/（mg KOH/g）	不小于	3000	3000	2000	2000	3000	3000	ASTM D943
液相锈蚀试验（人工合成海水）		无锈						ASTM D665

3）检查滑油管路安全阀，确认铅封完好。

4）检查滑油管路各压力、温度测点，确认指示正常。

5）检查滑油供回油管路、引压管泄漏情况，并对泄漏点消漏处理。

6）检查滑油过滤器压差，视情更换滤芯。

7）检查润滑油冷却器风扇、传动齿形带有无裂纹、断齿、磨损、跑偏等异常现象，检查叶片扭角。

8）检查矿物油泵机封应无泄漏。

9）检查联轴器应无明显漏油、磨损、裂纹、错位、变形等。

10）检查矿物油油雾分离器外观完好，连接螺栓紧固及回油情况，各法兰连接处无油品泄漏。

11）检查润滑油压力调节阀工作状况。

12）检查矿物油泵、油冷风机、油雾分离器风机联轴器，视情拆卸维修。

6.2.4　GE 机组矿物油双联油过滤器的更换（见图 6-3）

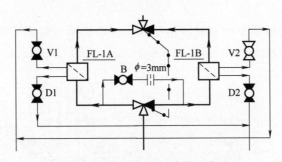

图 6-3　矿物油双联过滤器示意图

1）确认两路排污阀 D1，D2 关闭；溢油阀 V1，V2 打开；平衡阀 B 关闭。

2）确认观察窗 FG 有滑油流动。

3）关闭 V1，确认观察窗无滑油流动。

4）打开平衡阀 B，对备用路滤芯充压。

5）确认观察窗有滑油流动，充压结束。

6）检查备用路滤芯静密封点。

7）操作切换手柄投用备用路滤芯。

8）关闭平衡阀 B。

9）关闭 V2，确认观察窗无滑油流动。

10）打开 V1，D1，进行排油。

11）油排净之后，关闭 V1，D1。

12）开 V2，确认观察窗有滑油流动。

13）更换滤芯，检修完毕。

14）关闭 V2，确认观察窗无滑油流动。

15）打开平衡阀 B，对过滤器进行充压。

16）打开 V1，确认观察窗有滑油流动。

17）检查过滤器静密封点。

18）关闭平衡阀 B。

19）打开 V2。

6.2.5　PGT25+SAC 燃气轮机矿物油系统辅助泵电机机封的更换（见图 6-4）

1）断开电机。

2）拆下电机连接支架（1）。

3）用拨出器取出联轴器（2）和相应的键（3）。

4）拆下轴承箱压盖（21）。

5）松开轴承固定环螺母（11）。

6）断开与泵体相连接的润滑油出油管路（9）及泵盖（6）断开，拆下泵体（7）。

7）松开叶轮固定螺母（19）取下叶轮（26）。

8）从轴同心管（5）断开拆下泵盖（6）。

9）用软木锤小心向上敲下泵轴（15）避免磕碰损坏，此操作也可用于拆下轴承并取下整体部件。

10）更换完所有的轴承及密封且清洁干净后，检查所有的润滑油孔是否畅通，按上述步骤反向顺序进行泵安装。

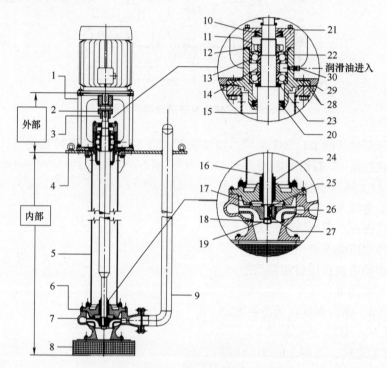

图 6-4　矿物油辅助泵

1—电机连接支架　2—联轴器　3—联轴器键　4—支撑座　5—轴同心管　6—泵盖　7—泵体　8—过滤器
9—出油管路　10—封油环　11—轴承固定环螺母　12—O 形圈　13—轴承　14—轴承间隔环　15—泵轴
16—衬套　17—后密封环　18—前密封环　19—叶轮固定螺母　20—底部封油环　21—轴承箱压盖
22—轴承箱　23—轴承弹簧卡环　24—铜锡合金衬套环　25—叶轮弹簧卡环　26—叶轮
27—叶轮轴键　28—垫圈　29—底板垫圈　30—润滑脂入口

6.3　油雾分离系统现场检修技术

某些机组运行过程中，矿物油油雾排放量超标，厂房外排放大气的立管高点有油气烟雾；如果油雾回收不好，会有油雾排向大气。该部分油雾颗粒直径非常细小（90%以上在0.2~0.6μm 之间），排放到空气中与空气中的固体颗粒混合凝结形成黏附力极强的空气污染物，对环境造成严重污染，油雾中含有一级致癌物苯并芘人员吸入体内后，对人体的健康造成严重威胁。加剧压缩机组的润滑油消耗，增加费用，不能保证清洁生产，造成能源、人力资源浪费。基于上述问题，需要对 GE 燃驱压缩机组矿物油系统油雾进行治理。

GE 压缩机运行 4000 小时需检查油雾分离器内部清洁状况，滤芯有无破损，视情更换，使用纤维滤芯，强制更换。检查油雾分离器风门定位卡簧状态，确认卡簧位置正常，无脱落、断裂现象；SIEMENS 压缩机运行 4000 小时，需检查干气密封系统密封性，并更换过滤器滤芯。

6.3.1 油雾分离器滤芯技术参数

为了减少油雾排放，需检查油雾分离器内部，是否存在油雾走捷径的可能，即油雾不经过聚结滤芯直接向外排大气；聚结滤芯选材不合适，自身聚结分离效果不佳；密封气的流量较大，油雾量大，聚结滤芯的分离能力不足；油雾分离系统旁路是否故障等。

根据油雾流量和温度的要求，重新设计、加工聚结滤芯，在霍尔果斯站和了墩站进行安装测试，并检查油雾分离系统（见图 6-5），排除故障。

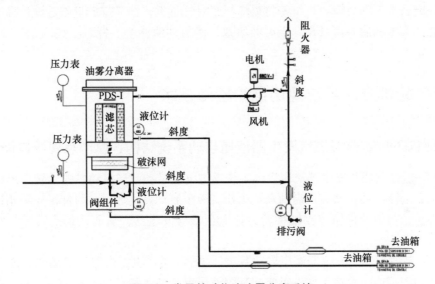

图 6-5　常见的矿物油油雾分离系统

GE 压缩机油雾分离器滤芯技术参数见表 6-7，油雾流量 350 ～ 400Nm³/h，真空度 -40mmH₂O，介质最大温度 80℃，排气中矿物油含量控制在 5mg/Nm³ 以下。

表 6-7　GE 压缩机油雾分离器滤芯技术参数

滤芯规格	$\phi89\times750$（可定制）
滤芯材质	进口复合材料/304SS
滤芯数量（支/台）	—
使用温度/℃	120℃
流通能力/（Nm³/h）	400（具有 20%的余量）
压降（初始/最大允许）	2kPa/15kPa
油雾分离效率	≥0.3μm，99.98%
滤芯寿命	连续工作 8000h 以上

6.3.2 油雾分离器中液封的作用

过滤器本身不复杂，过滤器的入口与油箱的排气口连接，来自油箱的油烟，就会被过滤，再通过过滤器下端面的一个回油小接口，将滤出来的油靠重力送回油箱。过滤器的关键是滤纸，其压损非常非常低。

回油管，无论是接入油箱，还是接入废油收集器，都必须有液封（oil trap），也就是回油管必须插入到盛有润滑油（与油箱使用的油相同）的一个小桶（trap）内，实现液封。

液封的作用，是保持过滤器的入口处（其压力等于油箱内的压力）与回油管端口之间存在一定的压差，这样油箱里的油蒸气才会流入过滤器（过滤后的洁净空气则可以通过过滤器的排气口向环境排放）。如果没有液封，过滤器入口压力等于油箱的压力，气体不会流动，油蒸气就不会进入过滤器，就无法实现过滤。

油雾分离器常见的故障：机组密封损坏，密封气量大，油雾排放量超过设计标准，风机损坏，滤芯油雾饱和后差压增高，阻火器堵塞，液封油泄漏等。针对上述问题，分析原因，分别解决。

6.4 燃气轮机启动系统现场维护检修技术

6.4.1 LM2500+航改型燃气发生器液压启动系统结构、原理及现场检修

LM2500+航改型燃气发生器液压启动系统通过电机带动液压启动泵的运转，形成具有一定流量和压力的液压油驱动液压启动马达工作。液压启动马达通过与附件齿轮箱相连接的离合器和附件齿轮箱中的机械传动轴将动力传送至燃气发生器，从而达到拖转燃气发生器的目的。

LM2500+航改型燃气发生器液压启动系统（见图6-6）主要由液压启动撬、液压启动马达、离合器和相关连接管路等部件组成。其中液压启动马达和离合器安装在与燃气发生器相连接的附件齿轮箱上，液压启动撬在燃机箱体内单独撬装。

LM2500+航改型燃气发生器液压启动撬集成化程度高、结构复杂，主要由电机、液压启动泵、伺服阀、电磁阀、过滤器、压力调节阀、安全泄压阀和相关监测仪表等构成，主要为液压启动马达提供驱动高压液压油。液压启动泵电机（88CR-1）为三相异步电机，用于带动液压启动泵转动。液压启动泵内部为按比例调节斜盘角度控制液压油输出的可变流量柱塞泵，主要用于将进入液压油增压至满足液压启动马达工作压力和流量要求。伺服阀（90HS-1）可通过4~20mA电流控制信号改变四通阀阀位，通过控制油压改变柱塞泵斜盘角度，达到控制液压泵出口流量的目的。电磁阀（20HS-1）用于在液压启动泵开始工作时，将出口管路内的气体排空。在液压启动泵上安装有两个过滤器，一个过滤器（TSA-1）用于液压泵出口管路液压油过滤，另一个过滤器（FSA-1）用于柱塞泵斜盘控制液压油过滤。在液压启动泵上安装有1个安全泄放阀和2个压力调节阀，其中安全泄放阀（VR91-2）设定值35MPa，用于液压油输出超压保护；压力调节阀（VR91-3）设定值33MPa，用于调节控制液压油输出压力；压力调节阀（VR91-4）设定值6MPa，用于调节控制伺服阀液压油压力。

LM2500+航改型燃气发生器的液压启动马达采用了一种可变排量设计的轴向曲轴柱塞结

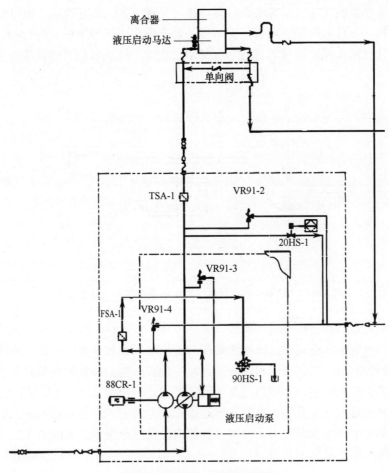

图 6-6　液压启动系统示意图

构，通过液压油输入量大小自动调节其输出转速。主要包括驱动轴、控制活塞、冲程活塞、

配流盘、斜盘、缸体和柱塞等部分（见图 6-7）。驱动轴主要与离合器相连接，实现动力输出；控制活塞内部弹簧通过进入高压液压油控制进入冲程活塞的油量；冲程活塞在液压的作用下控制压板的倾斜角度；缸体与柱塞形成了工作区域，将液压转化为驱动轴扭转的动力。

燃气发生器为了获得较好的启动性能，通常要求启动前期的低转速阶段，启动系统以恒定的最大扭矩运行，从而降低启动时间。启动后期的高转速阶段，启动系统以恒定的最大功率运行，从而提高启动系统效率。

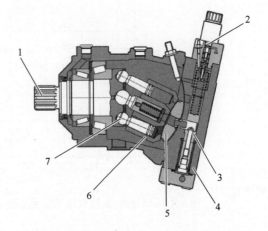

图 6-7　LM2500+航改型燃气发生器液压启动马达剖面结构
1—驱动轴　2—控制活塞　3—冲程活塞　4—配流盘
5—斜盘　6—缸体　7—柱塞

LM2500+航改型燃气发生器的液压启动马达（见图6-8）采用的是一种可变流量的轴向曲轴柱塞泵结构——柱塞与驱动轴成一定角度，这个角度可以改变柱塞的行程，从而实现改变液压启动马达柱塞容积腔排量的目的。在整个过程中，液压启动马达转速可实现平滑的无级变速调节。

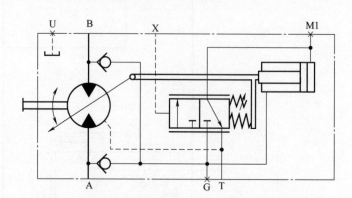

图6-8　LM2500+航改型燃气发生器液压启动马达原理图

从液压启动马达转速—排量特性曲线（见图6-9）中显示，转速和柱塞容积腔排量为非线性变化。当燃气发生器启动时，液压泵提供的液压油压力和流量还无法克服液压启动马达内部控制活塞的弹簧力，柱塞与驱动轴在最大角度位置，柱塞容积腔内排量最大，液压启动马达此时可以产生较大的扭矩实现燃气发生器从零转速平滑起动（A—B段，见图6-9）。随着液压油压力和流量的逐步升高，控制活塞逐步克服弹簧力，高压液压油进入迫使冲程活塞上移，柱塞与驱动轴角度逐渐较小，柱塞容积腔内排量逐渐减小，此时液压启动马达转速随着入口流量的增加逐渐增加（B—C段，图6-9）。当转速达到一定值后，随着柱塞与驱动轴角度逐渐较小，液压启动马达转速增长缓慢，达到最大转速（C—D—E段，见图6-9）。

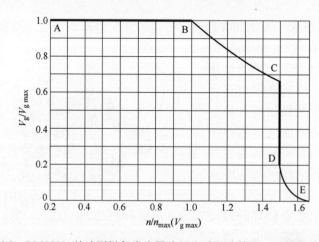

图6-9　LM2500+航改型燃气发生器液压启动马达转速—排量特性曲线

在LM2500+航改型燃气发生器液压启动马达工作范围内，其扭矩、转速和功率计算公式如下所示：

扭矩计算公式：

$$T = (V_g \Delta p \eta_{mh}) / (20\pi) \quad (N \cdot m) \tag{6-1}$$

转速计算公式：

$$n = (q_v 1000 \eta_v) / V_g \quad (r/min) \tag{6-2}$$

功率计算公式：

$$P = (q_v \Delta p \eta_v \eta_{mh}) / 600 \quad (kW) \tag{6-3}$$

式中　V_g——液压启动马达排量，cm^3；

　　　Δp——差压，$bar^{\ominus}$；

　　　q_v——流量，L/min；

　　　η_v——容积效率；

　　　η_{mh}——机械液压转换效率。

根据 LM2500+航改型燃气发生器液压启动马达扭矩、转速和功率的计算公式，可以得出扭矩与液压启动马达进出口差压和柱塞排量成正比关系；转速与液压启动马达入口流量成正比例，与液压马达排量成反比的关系。

LM2500+航改型燃气发生器离合器为超越离合器（见图 6-10）。在燃气发生器起动过程中，离合器输入轴转速高于输出轴转速，两轴一起转动时为结合状态；当燃气发生器点火成功后转速不断升高，离合器输出轴转速超过输入轴的转速，输出轴和输入轴脱开以各自的速度运转时为超越状态。燃气发生器起动成功达到脱开转速后，液压启动马达停止工作，输入轴转速逐渐降低，保证液压启动马达与燃气发生器之间的传动脱开。

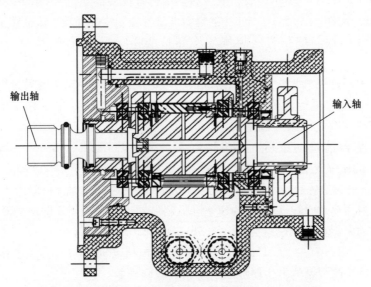

图 6-10　LM2500+航改型燃气发生器超越离合器剖面图

1. LM2500+航改型燃气发生器液压启动系统（见图 6-11）**工作程序**

1）机组控制界面中起机条件全部满足，发出机组启动指令。

$\ominus$　$1bar = 10^5 Pa$。

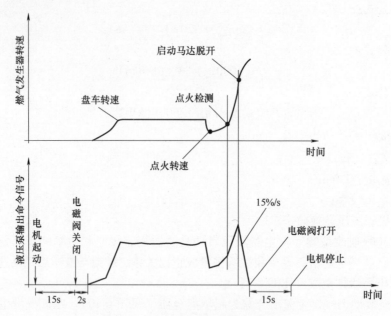

图 6-11　液压启动系统转速-时间曲线

2）矿物油油箱温度达到设定值的情况下，液压启动泵电机（88CR-1）起动，电磁阀（20HS-1）处于打开状态，排除液压泵出口管路内的气体，15s 后动作关闭。

3）电磁阀（20HS-1）关闭 2s 后，液压启动泵行程控制器通过 4~20mA 斜坡信号发送到伺服阀（90HS-1）动作。（0.5%~1%）/s 的慢斜坡信号控制将燃气发生器拖转至 300r/min；较快（2%~3%）/s 的快斜坡信号将燃气发生器从 300r/min 拖转至 2100r/min，达到盘车转速。

4）燃气发生器达到盘车转速后，在 2min 清吹时间内机组控制系统通过燃气发生器速度反馈对液压泵输出命令进行调整，使燃气发生器维持在盘车转速。正常情况下，液压泵输出命令稳定在 50%~60% 之间某一数值。

5）燃气发生器清吹结束后，机组控制系统通过液压泵 4~20mA 斜坡控制命令以（0.5%~2%）/s 的速率改变液压泵输出，使得燃气发生器先降速至 1400r/min，再升至点火转速 1700r/min，点火成功后拖转燃气发生器至液压启动马达脱开转速（一般为 4500r/min）。

6）此后，液压启动泵以 15%/s 的速率降低斜坡输出，直至斜盘输出为 0%。

7）液压启动泵斜盘输出降低为 0% 后，电磁阀（20HS-1）打开。

8）电磁阀（20HS-1）打开 15s 后，液压启动泵电机（88CR-1）停止工作。

2. LM2500+航改型燃气发生器液压启动系统故障现象

在 LM2500+航改型燃气发生器起动过程中，液压启动系统常见故障现象有以下两种：

1）液压启动系统在 30s 内不能拖动燃气发生器达到 200r/min；

2）液压启动系统在 90s 内不能拖转燃气发生器达到盘车转速 2100r/min。

以西气东输二线西段某压气站 LM2500+航改型燃气发生器盘车测试失败为例，在趋势图（见图 6-12）中，可以看到液压泵的输出压力（a63sd1）基本维持在 32.5MPa（4712 PSI），燃气发生器的转速（NGG）在液压泵控制命令（a33sd）逐渐增大至 100% 的过程中，燃气发生器转速升速缓慢，最高达到 1699r/min。在液压启动泵斜盘控制信号发出的 90s 时间内，燃气发生器转速没有达到设定值，导致燃气发生器盘车失败。

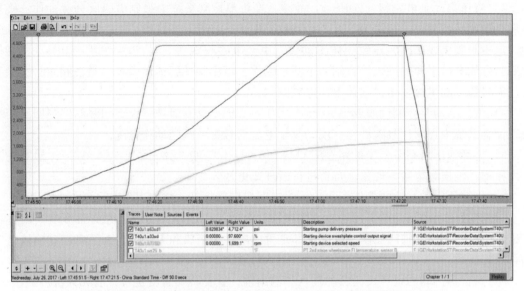

图 6-12   液压启动系统盘车失败趋势（西气东输二线西段某压气站）

3. LM2500+航改型燃气发生器液压启动系统故障原因分析

LM2500+航改型燃气发生器液压启动系统出现故障，导致机组达不到盘车转速，有可能在机械、控制和电气方面存在问题。本文主要从近年来液压启动系统出现的典型故障原因进行分析，主要有以下 7 个方面：

1）液压启动泵电机无法正常工作。

2）液压启动泵出口管路上安全泄放阀（VR91-2）或压力调节阀（VR91-3）未设置在设定值或阀体内部有泄漏、堵塞等情况，导致无法维持液压泵出口压力和流量，满足不了液压启动马达工作条件。

3）液压启动泵上电磁阀（20HS-1）接收命令后未完全关闭，液压泵出口高压油沿排放管路流回油箱，导致进入液压启动马达的液压油流量和压力不足。

4）液压启动泵控制伺服阀（90HS-1）未按命令动作或伺服阀油路压力调节阀（VR91-4）失效，液压启动泵不能正常提供满足流量和压力要求的液压油。

5）液压启动马达两侧进、出口管线之间单向阀失效，应该进入液压启动马达的高压油沿单向阀旁路流走，导致进入液压启动马达的液压油流量不足。

6）液压启动马达本体存在故障，在液压油流量和压力条件满足的情况下，不能正常输出动力满足燃气发生器要求。

7）与液压启动马达相连接的离合器本体故障，不能有效传递动力。

4. LM2500+航改型燃气发生器液压启动系统故障处理方法

1）现场检查液压启动泵电机工作情况，是否旋转正常、旋向正确、无异常响动，与液压启动泵机械连接正常、传动有效。

2）对安全泄放阀（VR91-2）、压力调节阀（VR91-3）进行压力设定值校验。有必要的情况下将阀进行解体检查，检查活塞、弹簧以及阀内部的清洁程度，视情进行清洗。阀体内部件磨损较为严重时，将失效部件进行更换。

3）液压启动泵电磁阀（20HS-1）故障，在机组控制系统中强制电磁阀开关动作，现场查看电磁阀动作情况，测量 DC 24V 工作电压是否到达阀头，判断是电磁阀阀头或阀体的问题。电磁阀阀头线圈问题导致阀体不动作，更换电磁阀阀头。对于电磁阀（20HS-1）阀体故障，可能会由于异物进入导致阀芯卡涩不动作，可将阀体解体后检查、清洗阀芯，去除脏物。无法修复的机械损伤，建议更换电磁阀阀体。

4）液压启动泵控制伺服阀（90HS-1）为 4～20mA 电流信号，检查伺服阀控制回路，在机组控制系统中强制伺服阀动作，现场测量电流信号查看阀门动作情况。

5）拆卸液压启动泵上主油路过滤器（TSA-1）和控制油路过滤器（FSA-1），检查滤芯有无异物、破损和堵塞等现象，视情进行清理或更换。

6）将液压启动马达两侧进、出口管线之间单向阀拆卸，检查其结构和功能是否完整。

7）将液压启动马达拆下用手转动输出轴，查看是否旋转灵活或有无异常声响。解体检查配流盘是否磨损，轴向柱塞及缸体内部是否洁净、无杂质和无磨损，配流盘控制模块滑阀油路是否畅通。

8）离合器拆卸后正、反向转动输入和输出轴，查看转动是否正常，有无异常声响。

随着近年来国内天然气需求量的持续增长，西气东输各条管线输气量逐渐增加至满负荷运行，沿线压气站场机组运行数量增多，备用机组数量相应减少，对备用机组可靠性要求会越来越高。液压启动系统正常工作与否，对于机组是否能够及时启动运行至关重要。通过对 LM2500+航改型燃气发生器液压启动系统故障原因进行具体分析，提出合理、系统的故障处理方法，缩短现场故障处理时间，提高液压启动系统可靠性。在此，为了进一步降低 LM2500+航改型燃气发生器液压启动系统故障率，建议如下：对于处于停机备用的机组，应定期进行盘车测试检查，注意观察趋势图中液压启动泵斜盘开度、离合器转速和燃气发生器转速、振动、回油温度等是否正常，机组其他辅助系统参数是否正常；液压启动马达配流盘控制模块油路较细，容易堵塞。因此在机组定期保养时，检查液压启动系统油管路以及过滤器，按照维检修规程相关要求定期强制更换过滤器滤芯；液压启动马达、离合器等备件存储时间过长，内部部件有生锈老化的可能性。在安装之前，应进行检查保养，确保备件功能和结构完整可靠。

6.4.2　Siemens 航改型燃气发生器液压启动系统现场检修

某 Siemens 燃气发生器自投产运行以来，多次出现液压启动系统盘车脱节故障，导致机组经常盘车或启机失败。连接工程本软件，查看盘车过程中 NS（液压启动马达转速）与 NH（液压高压涡轮转子转速）趋势，如图 6-13 所示。

按照机组保护程序，在 NS 达到 750r/min 后，系统开始检测 NS 与 NH 之间的差值，当差值超过 100r/min 时，盘车自动结束并提示"GG 启动器脱节停车"。图 6-13 中可以看到，在本次盘车过程中，NS 转速存在跳变问题（红色为滤波前，白色为滤波后），在 NH 转速为 500r/min 时，NS 跳变为 787r/min，超过 NS 与 NH 之间的差值 100r/min，导致盘车失败。

1. 原因分析

在盘车过程中，由于 NS 跳变，导致 NS 与 NH 之间的差值超过 100r/min 而发生脱节。

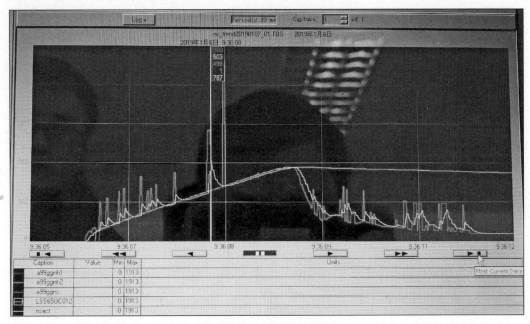

图 6-13　*NS* 与 *NH* 趋势

NS 跳变因素分析如下：

1）转速探头故障。

2）信号电缆绝缘存在问题。

3）信号干扰。

4）控制新系统频率采集卡存在问题。

5）机械原因。

2. 现场检修技术

（1）控制排查

1）绝缘及信号干扰排查：仔细检查核对了控制柜及现场接线箱接线，主要对电缆分屏线进行了检查，检查现场接线箱格兰头处电缆有无破损、分屏线绝缘层有无破损接地现象。检查控制柜信号屏蔽层接地及防浪涌模块是否正常，现场检查未发现问题。同时，*NS*、*NH*信号均为现场同一根电缆到控制柜，*NH* 正常，排除中间电缆受到干扰的问题。

2）控制新系统频率采集卡排查：在机柜间更换了转速采集卡 1794IJ2 后进行盘车测试，其信号跳变现象未曾好转，排除采集卡问题。

3）校验伺服阀工作电压：现场测试结果与泵出厂曲线对比（见图 6-14），偏差很小，正常。

（2）机械排查

1）对机组进行盘车测试，现场排查异常情况：站控选择盘车模式并启动后，顺利托转至 3000r/min，现场发现存在两处异常情况：控制泵的先导压力为 1100psi（PID 图纸中 PI2025 设定值为 1200psi）。系统压力调节阀为 3900psi（PID 图纸中 PSV2012 设定值为 5000psi）。

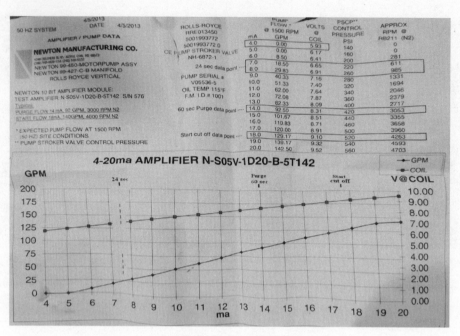

图 6-14　出厂曲线

2）调整压力调节阀参数：按照机组 PSV2012、PI2025 盘车测试结果，调整液压油压力。

3）拆检压力调节阀：现场发现回油压力调节阀（PID 图中 PCV2013）压力示数在 200~300psi 间摆动，回油箱管线及回液压启动泵入口管线有振动现象。随即决定拆检回油压力调节阀，发现内部存在片状金属杂质，取掉杂质后，测试调节阀弹簧无卡塞问题（见图 6-15）。

4）更换 NS 探头：测量新旧 NS 探头阻值，若两者存在较大差异，则需要更换 NS 探头（见图 6-16）。

图 6-15　回油压力调节阀及内部杂质

图 6-16　NS 探头拆检

5）拆检液压启动撬模块中所有部件：将箱体内启动撬模块中的先导滑阀 FCV2010、

FCV2020、隔离阀 FCV2011、单向阀 CV2021、CV2022、CV2023 分别拆检发现：FCV2020 中活塞杆 FCV2011 活塞有磨刮痕迹（见图 6-17~图 6-19）。

图 6-17　滑阀解体检查

图 6-18　滑阀活塞杆有划痕

图 6-19　隔离阀活塞有划痕

将划伤的滑阀活塞杆及隔离阀活塞用金相砂纸打磨后进行回装，多次盘车测试，NS 跳变控制在 300r/min 以下。

6.5　进排气现场维护检修技术

1. 例行压降检查

每周记录过滤器压降和环境条件。

2. 过滤器滤芯检查

每月对过滤器滤芯的外观检查一次，确认过滤器滤芯没有任何破损现象。

过滤器滤芯安装一年之后，对过滤器滤芯进行全面完整的外观检查。

3. 过滤器滤芯更换

过滤器滤芯的替换按以下步骤执行：

1）过滤器滤芯的正常替换在安装 24 个月之后或是压降的增长超过了设定的容许极限时。

2）过滤器滤芯通过打开过滤器入口，转动夹杆以及沿着他们的支架拉元件来移开。

3）使用可伸缩工具或带有吊钩的杆拔出元件。

4）检查新过滤器垫圈。

5）检查新过滤器工作面的破损。

6）安装新的滤芯通过沿着支架滑动元件使得每一行是满的（标准设计为每行8个过滤器）。

7）转动夹杆压紧过滤器垫圈保证安装气密性良好，关闭过滤器入口。

4. 进气反吹系统工作数据

清洁设定值如下：①初始值：270Pa；②清洁循环启动：550Pa；③清洗循环停止：450Pa；④警报设置（高）：800Pa；⑤警报设置（停止运转）：1000Pa。

5. 进气反吹电磁阀膜片更换

1）关闭进气反吹系统供气手阀。

2）手动打开进气反吹系统运行，释放管路内空气压力。

3）打开反吹电磁阀盖板。

4）取出反吹电磁阀膜片。

5）检查反吹电磁阀膜片和反吹管路内异物。

6）清理反吹电磁阀内部和反吹管路内部。

7）安装反吹电磁阀膜片。

8）安装反吹电磁阀盖板。

9）打开反吹系统供气手阀。

10）手动打开进气反吹系统运行，检测反吹电磁阀工作情况。

6. 空气滤芯安装

空气滤芯的安装步骤如下：

1）打开滤芯更换板，解开滤芯锁紧杆（见图6-20）。

2）抽出旧的滤芯，注每列有8~12个滤芯。

3）从包装盒中取出滤芯并检查滤芯及包装完好无损。

4）开始安装，将滤芯推至指定位置，注每列滤芯边缘金属部分之间不可叠压。

5）用夹杆将滤芯锁紧于管道板上（见图6-20）。

7. 燃气发生器喇叭口进气道检查

燃气发生器喇叭口进气道的检查步骤如下：

1）打开进气室门，确认在打开之前进气室门是上锁的。

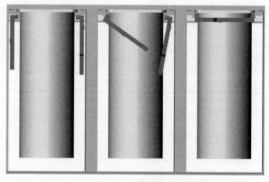

图6-20　滤芯更换依次从左到右"打开位置""锁紧""关闭位置"

2）检查进气道前需拆下燃气发生器进口滤网（见图6-21）。

3）检查进气道（见图6-21）。

4）检查中心体（见图6-21）。

5）完成进气室的维护检查并确认无缺陷或缺陷已修复，回装进气滤网。

6）将进气室清理干净，确认无异物遗留后关闭进气室门并上锁。

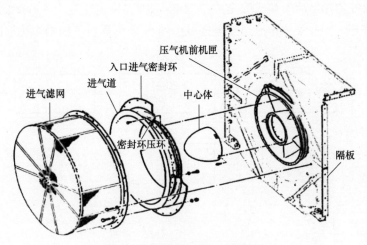

压气机前机匣

入口进气密封环

进气道

中心体

进气滤网

密封环压环

隔板

图 6-21 进气道及中心体的检查

6.6 燃料气系统现场维护检修技术

6.6.1 基本介绍

用来处理，储存燃料的设备，管路和附件，以及将燃料供入燃烧室的设备，一个完整的燃料系统包含仪表和控制元件等部件。GE 公司生产的 LM2500+SAC 型号的燃气发生器，以天然气作为燃料。

燃料气总管（2in）供气压力为 3600kPag 左右，天然气温度必须在 $-54\sim+66$℃之间，如天然气温度有变化，则必须调整初始燃料使进入发动机的燃料在所要求供应的压力下保持单位容积燃料有恒定的热量。供气温度最低应在对应于供气压力下的饱和温度之上 11℃ 左右，最高为 177℃，但基于对控制系统部件的长期可靠工作考虑，建议供气的最高温度限制在 66℃ 以下。机组起动以后，供气温度变化要求小于 11℃。

燃料气系统由燃料气辅助系统及进入燃烧室前的控制调节系统两部分组成：①主要对燃料气进行净化，调温；②主要对流量进行调节和将燃料供到燃烧室。

6.6.2 工艺流程

由站内天然气总管上引出的高压天然气经过 RMG 调压撬调压，过滤，加温后再通过 3 英寸管道，通过切断阀 XV158 到达旋风式分离器 FG-1 进入分离器，在分离器内部天然气通过离心分离作用，将天然气中的液相物、固相物分离，被分离的液相物在分离器内到达一定位置后，排污阀 XV200 会自动打开排污；上部有聚结过滤滤芯，排除液滴和微小颗粒物。

在旋风分离器上部安装有安全放空阀 PSV207，当分离器内压力达到 4600kPag 时安全阀打开，多余气体排放到安全区域。

达到清洁标准的燃料气通过分离器上部 3 英寸管道进入燃料气加热器 23FG-1 加温。经过加温的燃料气通过燃料气流量计 FT150 计量后再经过切断阀 XV159 到达在箱体内的燃料气系统。在燃料气加热器后安装有安全放空阀 PSV208，设定压力为 4600kPag，当压力达到此值时安全阀打开，多余气体排放至安全区域。图 6-22 为燃料气辅助系统框图。

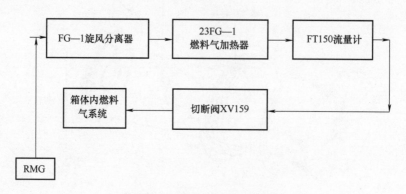

图 6-22　燃料气辅助系统框图

6.6.3　结构与原理

　　GS16 燃调阀是 WOODWARD 公司提供的产品。GS16 燃调阀阀主要由内置伺服控制器、电动执行单元、阀芯主体、内置电子阀位传感单元组成。由内置电子阀位控制器驱动，精准控制球形阀芯 V 字形流量口的位置，使其有效流通面积与流量在一定压差下呈线性比例，通过电子阀位传感单元解算器对位置进行反馈，解算器直接与燃调阀转轴直连获取计量元件流通面积，省去了联轴器和齿轮组，具有准确的调控精度优势。

　　此外，该燃调阀计量元件具备通过球形元件自我清洁功能，带有一个外接 RS-232 维修端口，用于程序升级及维护操作。结构轮廓图如图 6-23 所示。

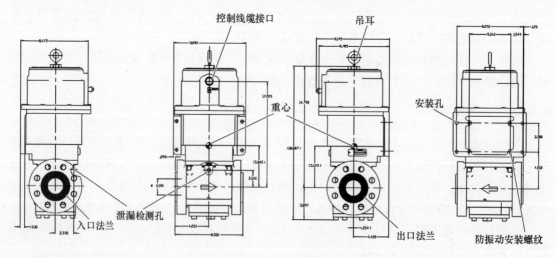

图 6-23　GS16 轮廓图

1. 电气特性

电气特性指标见表 6-8，电气接线图如图 6-24。

表 6-8　GS16 燃调阀电气特性

参数/特性	指标
输入电压	DC 18~32V
输入电流	稳态输入电流范围 0.2~2A，最大瞬态电流 12A@100ms
模拟输入	4~20mA 阀位命令信号
模拟输出	4~20mA 输出，与阀位成比例
关闭输入	阀关闭/重置的继电器或干触点输入
状态输出	关闭状态的固态继电器输出
CAN 网络	DeviceNet 位置、状态和限制配置
接地	通过壳体上的接地螺钉接地
注	供电线缆必须加装熔断器（缓熔型，建议使用 10A 熔断器）。如果使用并联供电，每条供电线缆都必须加装熔断器，公共点有一个 10A 熔断器。如检测到控制器供电线缆上产生瞬流干扰，可以在供电线上连接 100V、1000μF 或更大的电解电容，以减少或消除干扰

2. 机械特性

机械特性指标见表 6-9。

表 6-9　GS16 燃调阀机械特性

介质	天然气
质量	48kg
尺寸	232.26mm×233.17mm×483.74mm
几何流通可用面积	968mm^2（1.5in^2）
燃料气过滤精度	25μm
防护等级	IP56
入口操作压力范围	690~5171kPag
耐压试验压力	7757kPag
爆破压力	25856kPag
名义管径尺寸	50.8mm
阀门泄漏排放背压	69kPag
环境温度、燃料气温度范围	−40~93℃
热浸试验	125℃，2 小时
正弦扫频振动	2g（10~2000Hz）
冲击振动	10g（耐受 11ms，锯齿波）
泄漏量	在 345kPag 入口压力，0kPag 出口压力条件下，燃调阀泄漏量小于最大额定流量的 0.1%
全开或全关时间	小于 100ms
位置回路带宽	在 DC 24V、−6dB 条件下，40rad/s
燃调阀配对法兰	50.8mmRF 法兰（ANSI B16.5 Class600）

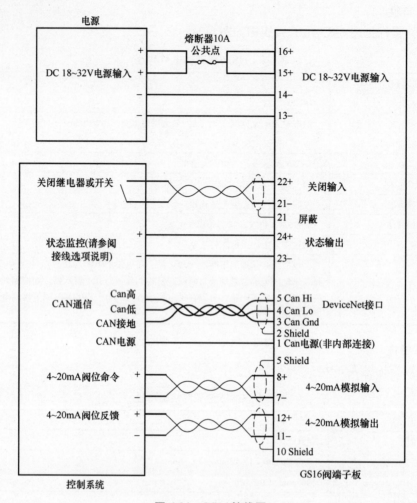

图 6-24　GS16 接线图

3. 流量特性

1）非特性精度：在室温条件下，运行点的流量精度高于 5%，或高于全流量范围的名义校准表的 2%，特别是流量在 2%~100% 范围精度更高。

2）温度漂移：每摄氏温度，模拟位置精度的最大漂移量为全输入命令（4~20mA）的 0.005%。

3）共模抑制比：在每伏特条件下，模拟位置精度的最大共模偏差为全范围输入命令的 0.025%。

4. 燃调阀位置余量

为了使选择的燃调阀有余量，燃调阀的有效面积至少比方程计算值高 10%，包括即使在最恶劣的工况（最小的入口压力，最大的出口压力，最大流量和最高温度）条件下，燃调阀位置须至少有 10% 的余量。

5. 解算器

旋转变压器又称为解算器，用于运动伺服控制系统中，作为角度位置的传感和测量用。

旋转变压器在同步随动系统及数字随动系统中可用于传递转角或电信号，在解算装置中作为函数解算之用。

6. 无刷直流高速电机

无刷直流高速电机由电子换相电路、转子位置检测电路和电动机本体组成。电枢绕组在定子上，转子由永磁体材料组成。

6.6.4　采购、标志、贮存、运输

1. 采购

GS16 是应用广泛的燃调阀，我公司燃机所需 GS16 燃调阀普遍从 BHGE 采购，目前已实现通过国内的第三方采购。

2. 标志

1）GS16 燃调阀阀体提供有铭牌，铭牌上提供了型号、部件号和序列号等信息，方便用户管理。

2）采购或维修的燃调阀应标记厂家标示、维修日期、出厂测试报告和说明书。

3. 贮存

1）燃调阀入库时，应进行验收。验收至少包括外观验收、铭牌信息核对验收。如有条件，建议进行泄漏量测试验收。验收后应建立完善燃调阀入库台账（至少应包括厂家型号、OEM 部件号、生产或维修厂家等）。

2）燃调阀必须贮存在原包装内，新采购备件与维修备件分开存储，并做明显标示。在室温 10~40℃、通风、干燥、避光、干净的室内存放。

4. 运输

燃调阀运输形式不限，运输时应固定在原固定座上，原装软包装密封，防止尖锐物品损伤阀球表面，以及由于振动导致内件松动，影响燃调阀的零点位置或正常运行。运输过程中应遵守包装箱的警示标志和说明。

6.6.5　阀门计量端口选择

为了选择正确尺寸的阀，必须首先计算阀门有效通流面积，使其满足最大流量要求，并控制 10% 的余量后，选择适用计量端口的阀门。

1. 阀门流通面积计算

阀门有效流通面积按照如下公式计算：

其中临界压力比为

$$R_7 = \left(\frac{2}{1+K}\right)^{\frac{K}{K-1}} \tag{6-4}$$

如果 $P_2/P_1 \geqslant R_7$，有效面积计算如下：

$$ACd = \frac{W_f}{3955.289 P_1 \sqrt{\left[\dfrac{KSG}{(K-1)TZ}\right] \cdot \left[\left(\dfrac{P_2}{P_1}\right)^{\frac{2}{K}} - \left(\dfrac{P_2}{P_1}\right)^{\frac{1+K}{K}}\right]}} \tag{6-5}$$

如果 $P_2/P_1 \leqslant R_7$，有效面积计算如下：

$$ACd = \cfrac{W_f}{3955.289P_1\sqrt{\left[\dfrac{KSG}{(K-1)TZ}\right]\cdot\left[R_7^{\frac{2}{K}}-R_7^{\frac{1+K}{K}}\right]}}\qquad(6\text{-}6)$$

式中　ACd——有效面积（平方英寸，in^2）；

　　　W_f——质量流量速率（磅每小时，pph）；

　　　R_7——临界压力比；

　　　P_1——阀入口压力（磅每英寸，psia）；

　　　P_2——阀出口压力（磅每英寸，psia）；

　　　K——比热（60°F 下的标准天然气，通常为 1.300）；

　　　SG——对气体的比重（标准天然气，通常为 0.60）；

　　　T——绝对气体温度（兰氏温度）（兰氏温度=华氏温度+459.7）；

　　　Z——气体压缩系数（通常设置为 1.0）。

2. 阀门计量端口选择

按照计算得到的最大流通面积并控制 10%的余量后，按照图 6-25 对应关系选择正确的阀门计量端口尺寸。

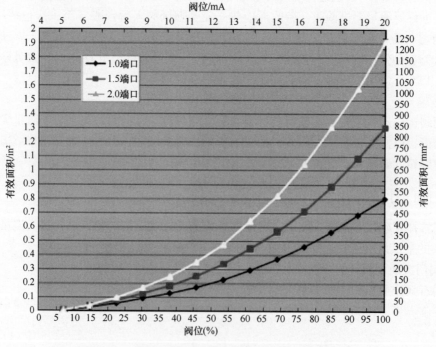

图 6-25　不同计量端口下阀位与流通面积对应关系

6.6.6　燃调阀拆卸与安装

1. 拆卸

1）关闭燃调阀供电电源。

2）拆卸前确认燃料气管线上游手动球阀、燃调阀前截断阀关闭，放空阀打开，全开燃调阀监测是否有天然气成分，必要时对燃调阀上游进行盲板物理隔断。

3）拆卸燃调阀放空、排污管线，拆卸燃调阀电源、命令、反馈等接线端子，做好标记，使用绝缘胶布处理接线端子，防止静电损伤，拆卸格兰头。

4）拆卸燃调阀上下游法兰连接螺栓，将燃调阀移出箱体外；若拆卸执行器板卡，做好防静电措施。

2. 安装

（1）安装前检查

检查燃调阀外观完好，出厂资料（合格证、检验报告、随机附件、装箱清单等）齐全。

1）如有检测平台等条件，检测燃调阀的密封性。

2）用无水乙醇清洁阀球，保证无尘、无水、无油。

3）安装时注意燃调阀本体标记的介质流向，更换法兰垫片，紧固螺栓，安装燃调阀放空、排污管线，紧固燃调阀电源、命令、反馈等接线端子。

（2）安装确认

确认燃调阀固定牢固，上电，检查燃料气管线振动，测试阀体振动值、阀门电流及声音，在标准范围内（阀杆端部的振动不大于 $5m/s^2$、输入电流不大于 3A、无明显噪音且运转声音稳定）。

（3）试压

试压前恢复燃调阀系统附属管线，引调压橇的燃料气至燃调阀，保压 10min，检查是否泄漏。

6.6.7　燃调阀运行与维护

1. 工作模式

GS16 燃调阀有四种工作模式：①正在运行；②关闭；③关闭位置；④关闭系统。

正在运行：此模式下，阀为正常操作，且处于阀位控制状态。状态输出端子将闭合，并且 4~20mA 输出将跟随阀的实际阀位变化。

关闭：此模式下，阀依旧处于阀位控制状态，但可强制将阀关闭，阀位将被置于 0%，4~20mA 输出将为 0mA，状态输出将为关闭（端子开路）。

关闭位置：如果阀进入关闭位置模式，阀将不再控制阀位。在当前控制模式下，驱动器将关闭阀，4~20mA 输出将为 0mA，状态输出将为关闭。

关闭系统：如果阀进入关闭系统模式，驱动器将用 PWM 信号关闭阀。4~20mA 输出将为 0mA，状态输出将为关闭。

各系统根据运行维护实际需要通过外接端口连接 VPC 软件工具进行切换。

2. 正常运行

GS16 燃调阀正常运行时，阀位应随着负荷变化相应稳定变化。阀杆端部的振动烈度不大于 $5m^2/s$、输入电流不大于 3A、无明显噪音且运转声音稳定。

正常保养需进行阀位行程测试、校核；若燃机长时间停机，燃调阀需要下电处理，否则影响控制器的寿命。

3. 维护

GS16 燃调阀主要故障表现为：电缆故障、输入电压故障，输入命令信号（4~20mA）

及极性故障、驱动器故障、执行器故障、机械故障、阀芯卡滞、旋转变压器（解码器）故障等。其中驱动器故障、阀芯磨损、阀芯卡涩等机械故障为运行过程中的常见故障，前者主要为供电单元等电气元件损坏，后者为阀芯卡滞、阀座偏斜，轴承内润滑脂失效，转动不灵活导致。

6.6.8　电气类故障

（1）电缆故障

主要表现为电压降或短路、电压干扰。通常检查方法是在线缆接头终端测试压降、测量电压绝缘，电压是否达到 18~32V，排查是否存在线缆破损、电磁干扰、线缆熔断器是否失效等。

（2）输入电压故障

检查外接电源是否失效、检查电源端子是否松动。

（3）输入输出信号故障

检查 4~20mA 输入信号是否丢失、输入输出信号回路阻抗是否正常（输入线缆阻抗约为 200Ω，输出线缆阻抗约为 500Ω）、输入输出信号回路是否存在共模电压（共模电压高于 DC 40V 时将会导致产生控制误差）。

（4）极性故障

主要检查电源极性、电容极性连接是否正确。

（5）驱动器及执行器、解码器故障

进行性能检测，通常办法需要更换。

6.6.9　机械类故障

（1）阀芯卡涩

阀芯卡涩容易发生在阀门长时间未动作或运行时在零点或 100% 位置边界。阀芯卡涩故障一般采取清洗处理。

清洗时，需先拆卸燃调阀的控制器，盘动燃调阀上端的稳定盘或在燃调阀出口旋转阀球，使用无水乙醇清洁、冲洗阀球入口球面，然后使用仪表风清洁阀门。若运行过程中阀门发生卡滞故障，如采取盘动燃调阀转动惯量盘等临时措施消除卡滞，可满足机组短期应急使用。

> 注：GS16 燃调阀属免维护产品，维修周期按现场应用条件决定，若燃机在低负荷工况下长时间运行，则维修周期会缩短。定期维护使用有机溶剂清洗，或清洁阀门，禁止使用酮基溶剂，有可能损坏 VITON 成型 O 形圈或特氟龙密封材料；防止使用高压冲洗阀门，及带尖角的工具刮擦阀门，可能导致阀门精度下降。

（2）阀芯磨损

需要进行阀芯研磨后重新组装测试。

（3）阀座偏斜

需要拆解调整后重新组装测试。

6.6.10　VPC 程序检测

使用 RS-232 端口连接笔记本，打开 VPC 程序检测阀门状态，若故障不能消除，则需进行送修并及时更换阀门。

选择 VPC 工具软件是应注意版本匹配，检查时阀门应当切换至关闭位置或者关闭系统状态。

6.6.11　维修

（1）维修内容

维修包括清洗、更换备件、控制器检测、直流电机检测、机械部件检修、阀座与阀芯修复、研磨等内容。维修方提供拆检报告，分析损坏原因；维修方提供更换备件清单，包括轴承、密封件；维修方提供检修组装报告、性能测试报告；维修后的燃调阀与新阀具有同等使用性能及使用寿命，同一站场横向比较，其使用寿命应不低于 8000 小时或机组燃调阀寿命的均值。

（2）维修等级

维修分为五级维修：

1）检测清洗、目视检查。

2）基本维修：本体部件无损坏，仅更换密封原件等易损件及可能的润滑。

3）中度维修：修补与研磨阀芯或等关键部件，不直接更换关键零部件。

4）深度修理：更换阀芯等关键零部件。

5）大修：更换阀芯、阀座等关键零部件，并加工相应其他部件、修复控制器、电机线圈、解算器等。

6.6.12　维修主要指标

1）检查燃调阀外观；打开阀头，盘动阀杆，检查阀芯的清洁度，转动是否灵活，测试扭矩大小。若燃调阀阀芯损坏严重，须外委修复，不建议自行修复。

2）检查执行器电路板是否有烧蚀点或者电弧产生的异味。

3）通过 24V 直流电源，燃调阀上电，能听到嗡嗡的电流声，同时若燃调阀在某个开度上电，则阀门自动关闭，或者使用 FLUK744 命令阀门动作，说明阀门执行器尚好；否则说明执行器驱动电路存在故障，主要为负载过高，超过驱动电路正常工作的电流，烧坏 AD629、MBRS100T3、HCPL0701、Capacitor 0.1 UF、VR2、VR3 等元件；需要返厂检修执行器，在返厂前须保证燃调阀机械部分完好。

4）若燃调阀执行器工作正常，更换燃调阀阀杆两侧密封、O 形圈、轴承，清洁、研磨阀芯、阀座端面等。

5）检查阀门电机定子和转子。

6）检查、清洁阀门弹簧、阀座密封及接触部位。

7）阀门更换上述部件及内部清洁后，组装阀门，并测试转动扭矩，满足规定要求，连接 VPC 程序，检测阀门状态无异常。

8）进行零位调整或开关行程测试，若确定零位，在 VPC 程序中测试阀门 0% 位置、100% 位置参数，读取解码器计数值，并与经验值对比。

9）测试阀门 0% 位置时，阀前 62.3psia、阀后大气压，阀门泄漏状况为 0pph（若采用仪表风，则泄漏量小于 6pph）。

10）阀位 7.69%、15.38%、30.75%、53.88%、76.94%、100%，检验阀位命令与反馈，阀前压力稳定在 200psia，阀后压力分别为 42、54、94、164、184、192，测试阀门的流量，须分别在规定的范围内。

11）阀门须做气密性试验，使用氮气，将阀打开，进出口加盲盖，充压至（1125±5）psig，保压 5min，肥皂水检测无气泡。

12）密封泄漏检测（包括 OBVD 和阀杆下部密封检测），阀门上下游法兰打盲板，使用专用带阀充压工具，介质仪表风或氮气，压力 450psig，测量泄漏量均小于 13.5ml/min。

13）安装绝缘强度为 AC500V 的设备，漏电电流 20mA，进行耐压测试，测试接线端子组有具体要求，测试完成后，需要更换 JPR1。

14）解码器做 AC 500V 的绝缘测试 1min，后续只能进行 AC 250V 测试；解码器最小停止位，解码器计数为 10000±1000，最大停止位，解码器计数>30000，一般在 50000 左右；同时，解码器定位紧固螺栓扭矩为 9~10in·lbs；

15）性能测试报告，GS16 型号的燃调阀，天然气流量在 22~13608kg/h，燃调阀泄漏量，在入口压力为 345kPa，出口压力为 0kPa 时，小于最大额定流量的 0.1%。

16）全行程开关时间不大于 100 ms，位置回路带宽：在-6dB、DC 24V 时为 40rad/s。

17）流量精度控制：模拟输入信号时，小于运行点的±5% 或者超过 100∶1 流量范围时，小于全范围的±2%；数字输入信号时，燃调阀运行点的 5%~100% 时，小于±2%。

18）燃调阀的保证电源输入为直流 18~32V 之间操作，最大过载电流，12A 时最长时间 100ms。燃调阀流量的重复率：小于运行点的±2.5% 或者运行点在额定流量的 2%~100% 时，小于±1%。

19）现场测试，修复的燃调阀，现场测试从点火到燃机怠速，时间须控制在 60s 左右，否则需要进行零位再调试。运行过程命令与反馈控制在 0.4% 以下，阀门响应速度迅速，满足燃机逻辑控制要求。

6.6.13　VPC 软件的使用

1. 维修端口（见图 6-26）

可提供 RS-232 连接，用于故障排除和程序升级。仅当在非危险区域时，才可以连接维修端口。重新安装时，将上盖拧至 47N·m（35lbf·ft）。使用此维修端口时，需要 9 针 RS-232 串行电缆。要配置 RS-232 维修端口进行 RS-232 通信，跳线（JPR3）应置于 RS-232 位置，并且跳线（JPR5）应设为 RS232EN。当阀处于正常工作时，建议禁用 RS-232 维修端口。要禁用 RS-232 维修端口，跳线（JPR3）应置于 RS-485 位置，并且跳线（JPR5）应设为 RS232DIS。

图 6-26　通信连接

VPC 软件可以在 Woodward 官网上下载，且免费使用。先将 VPC 软件安装在 PC 上，然后通过 RS-232 与 GS16 连接。打开 VPC 软件，界面如图 6-27 所示。

在主工具栏点击连接按钮，如图 6-28 所示。

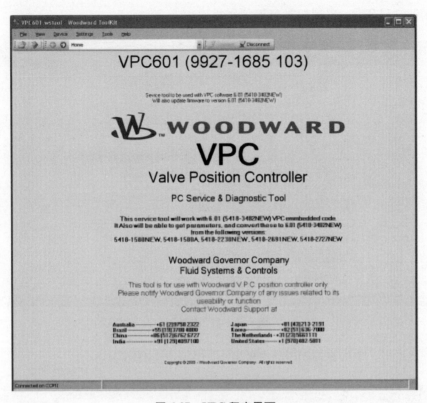

图 6-27　VPC 程序界面

选择一个串口进行通信，如图 6-29 所示。

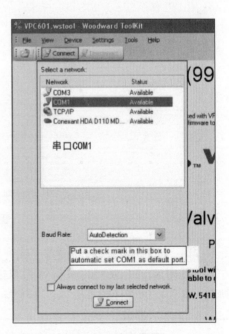

图 6-28　连接按钮　　　　　　图 6-29　串口通信

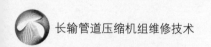

当通信建立起来后，出现如图 6-30 所示界面。

图 6-30　显示版本号

当建立通信后，可以查看阀门的报警及故障信息，如图 6-31 所示。

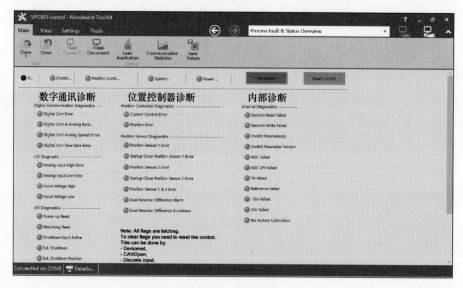

图 6-31　诊断信息

同时，可以查看阀门的设置参数（见图 6-32），不建议随意更改阀门的参数设置。

可以使用 VPC 对阀门进行行程测试，也可以进行离线清洗。在实际使用过程中发现，阀门内部的控制文件版本太旧，不支持 VPC 软件的手动操作，当进行手动操作时，会出现如图 6-33 所示提示。

此时，就应该对阀门内部的软件版本进行升级。

图 6-32　阀门参数设置属性

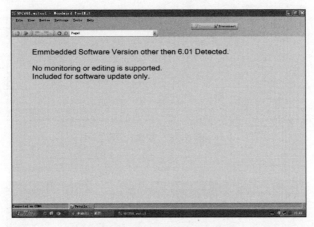

图 6-33　显示阀门软件版本低

2. 阀门软件升级

1）在开始升级之前，应该在阀体的铭牌上读取部件号，产品系列号，在后续的升级过程中会使用这些号码。

2）确认阀门处于 shutdown 状态。

3）通过 RS232 串口将 VPC 软件与阀门建立通信，然后选择"Details"按钮。

4）确认软件部件号是 5418-2727New（Ver5.03）或更新的版本。

5）安装新应用程序：使用菜单"File""Load application"如图 6-34 所示。

然后点击"next"，选择带有新应用文件名：VPC5418-3482.scpwapp，然后点击 Next 按钮，如图 6-35 所示。

6）在"Restore the devices current setting after loading the application"选择框内打勾，如图 6-36 所示。

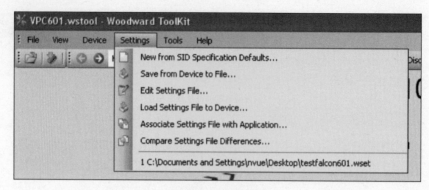

图 6-34　软件下载

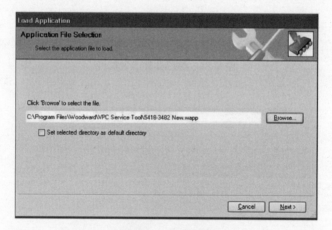

图 6-35　安装位置

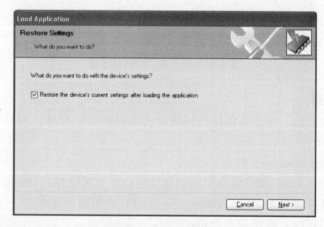

图 6-36　恢复当前设置

7）在对话框内输入阀门的控制部件号、产品修订号、系列号，如图 6-37 所示。

8）如果出现图 6-38 所示，说明升级工作是正确的，点击 next 按钮。

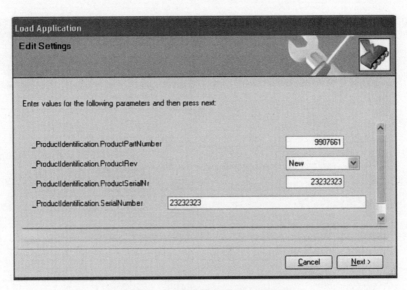

图 6-37　读取产品部件号和序列号

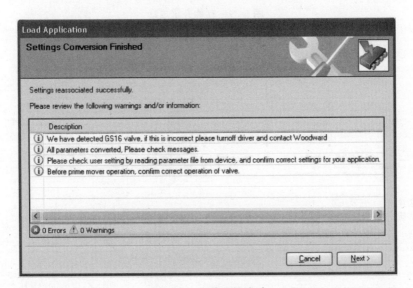

图 6-38　安装连接成功

9）等待升级工作完成，出现 "Application loaded successfully"，点击 Close。升级工作完成，如图 6-39 所示。

6.6.14　RR 机组燃料气系统

燃料气系统（见图 6-40）是用来处理、储存燃料的设备、管路、附件以及将燃料供入燃烧室的设备、仪表和控制元件等构成一个完整的燃料系统，是为燃机启动或燃机运行过程中提供一定压力、温度和精准控制燃气流量的一套系统。压力由燃料系统调压器自动控制，温度则通过电加热器和换热器进行自动控制，而流量则由燃调阀进行控制。

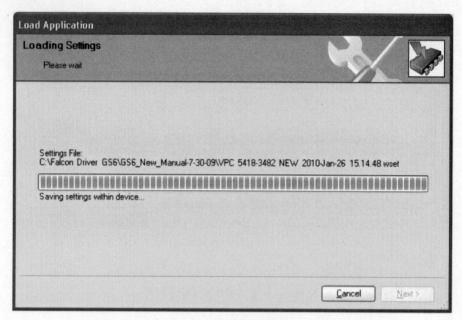

图 6-39　软件升级成功

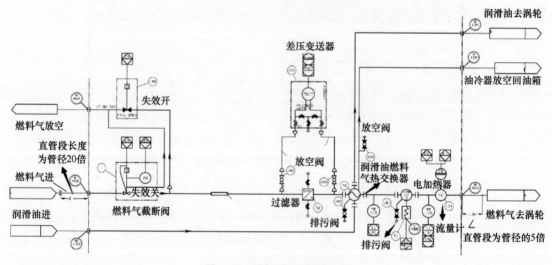

图 6-40　燃气预处理系统图

　　燃机燃料气系统主要作用：燃料气紧急隔断与放空、除液滤杂、换热加热、流量计量、燃料调节、压力、温度监控。

　　燃料气从调压撬（3.2~4.5MPa）过来之后，依次经过换热器、电加热器，再到过滤器（5μm过滤精度）进行过滤，送往箱体内部调压阀（见图6-41）。

　　经过加热后的燃气进入箱体后首先通过隔断阀，再进入调压阀，再去燃调阀，同时此段管路安装有放空管线（见图6-42）。

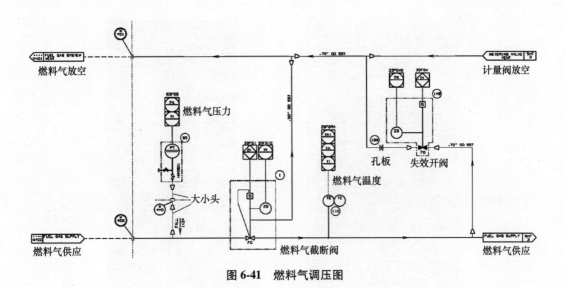

图 6-41　燃料气调压图

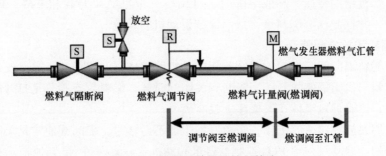

图 6-42　燃料气调节管路

1. 燃料气系统的主要构成原件

燃料气经过调压撬进入燃料气系统（见图 6-43）主要包括：现场测试流量计、隔断阀（见图 6-44）、聚结过滤器、管壳式换热器、电加热器、燃料气流量计、压力调节阀（见图 6-45）、燃料气计量阀、辅助压力、温度、限位开关、放空阀等相关仪表。

图 6-43　燃料系统调压控制管路

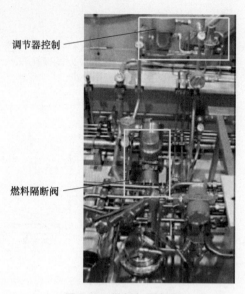

图 6-44 燃料气隔断阀

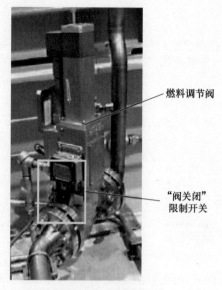

图 6-45 燃料调节阀

整个燃料系统由 3 个基本部件组成：一个调压器，其能保持供气压力恒定；一个燃料关断阀和放空阀，其当停车时把发动机与燃料隔离开；还有一个燃调阀，其为发动机提供计量后的燃料。两个燃料阀和调压器都装在发动机下面，且尽可能靠近发动机燃料总管，避免这三个部件到燃机本体的管路内燃料容量大而导致控制不稳定性。

在机组控制盘，由 PLC 对所有部件进行控制。在起动程序中执行完清吹（盘车）后，两秒钟完成截止阀和放空阀的状态变换，之后燃料进入燃料系统建立压力。

为了控制器能精确地计算燃料流量，由压力调节器来保持燃料系统内部压力恒定。燃料调节阀是一个 PLC 控制的高速电操作阀，其向机组提供工作所需的燃料流量，以使其在稳定安全的状态下工作。为了维持此稳定性，PLC 必须每 10ms 重新计算一次所需的燃料量和燃料阀的开度。

燃料系统的主要作用就是使燃气发生器在其工作规范内安全地工作（见图 6-46）。出于安全的目的，当设备不工作时，燃料一定要与发动机及撬隔离开。当设备在工作过程中，燃料系统为燃气发生器提供燃料流量。燃料调节阀一定要不仅能使设备以稳定恒定的转速工作，而且在需要的时候，还能及时响应，安全迅速地使设备停车。

在给定的时间内发动机所消耗的燃料量取决于燃气发生器的压气机所产生的用于燃烧的空气的多少。当机组的转速升高或下降时，可用空气量也随着升高和下降，PLC 估算可用空气量的多少，并据此计算燃料量，从而保持发动机的转速。

2. 燃料隔断和放空阀管路

此部分由燃料隔断阀、燃料放空阀和相应的管路组成（见图 6-47）。当设备停车时，燃料隔断阀把燃料与机组撬座隔开。当隔断阀关闭的时候，燃料放空阀总是打开的，把燃料气从系统中放掉，以确保机组停车时撬座上没有燃气。

隔断阀与燃料放空阀一起工作，当燃气发生器不运转时，隔断阀通常是关闭的，而放空阀通常是打开的。启动过程中 PLC 控制器要求起动机要一直保持 N2 转速恒定在 3000r/min，

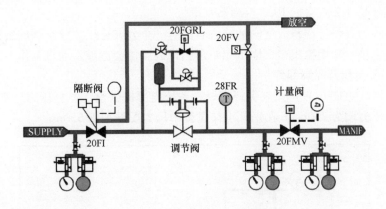

图 6-46　燃料气调压控制图

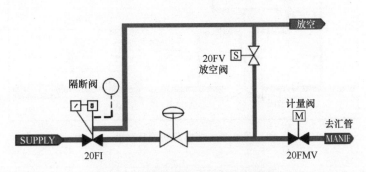

图 6-47　燃料隔离阀和放空阀管路

当发动机的清吹（盘车）已经完成后，并且点火已经接通了 2s，这时 UCP 的控制器就会发出燃料接通命令，并开始向隔离电磁阀和放空电磁阀供电，它们的状态就会改变，这样就打开了燃料隔断阀（见图 6-48），并关闭燃料放空阀，从而使燃料调节阀进口的燃料压力升高。当要求机组停车时，燃料接通命令撤销同时断开隔断和放空电磁阀的电，这两个阀都回到其断电状态，即隔断阀关闭，放空阀打开。这样滞留在隔断阀和发动机燃料总管之间的燃料气就被安全地排到大气中。

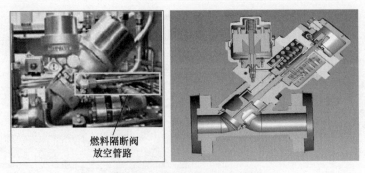

图 6-48　燃料气截断阀机构图

燃料隔断阀是一个高速关断阀，其把燃料与燃气发生器隔离开。当阀处于完全关闭位时，一个内部限制开关就会向 PLC 控制器发信号。

燃料隔断阀的管路与燃料放空阀的输入管路有一个公共连接。放空阀的出口连到一个大气放空口，而不是一个喇叭出口，因为喇叭形出口的反压会造成发动机工作不稳定。

3. 燃料调压器和其控制部件

燃料调压器（见图 6-49）用来保证在燃料系统内部提供恒定燃料压力。在起动过程中，调压器把燃料压力调为 250psi，在正常工作过程中压力要增加到 550psi。

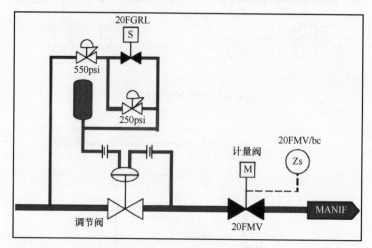

图 6-49　燃料调压器及附件

燃料调压器正好位于燃料隔断阀的后面，其作用就是在发动机的整个工作过程中保证燃料调节阀进口燃气压力恒定。为了使燃气发生器稳定工作，调节器的输出必需稳定才能准确计算所需的燃料流量。

当知道了燃料温度后，控制器利用调节阀进出口压差来计算送往发动机的燃料流量。为了安全和控制稳定，这些计算要在 10ms 或更少的时间内重复进行。

燃料调压器和燃料温度传感器都装在机组的撬座上，位于燃气发生器的下面。图 6-50所示的位于温度传感器下面的是燃料调节器压力传感器的感应管路。控制和感应管路上的计量小孔都在调节器的 Swegelok 接口处，并且它们是影响调节器稳定性的一个重要因素。

图 6-50　燃料调节器

燃料调压器实际上是一个双级调节器，其通过改变调节器的控制压力来控制。紧挨隔断阀的小调节器把压力调为 550psi，而紧挨控制电磁阀的调节器把压力设置为 250psi（见图 6-51）。

　　控制电磁阀（20FGRL）是一个失效-关闭式电磁阀，其使来自 550psi 调节器的燃料经 250psi 的调节器作进一步降压。降低压力是为了准确定位燃料阀以满足起动时燃料流量小的要求。这可使燃料调节阀从点火到慢车这一范围内的稳定性增加。

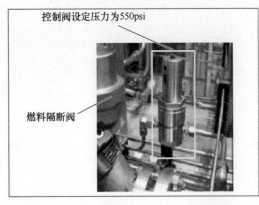
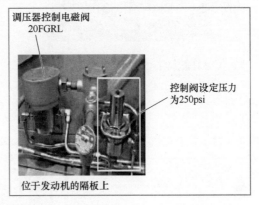

控制阀设定压力为550psi

燃料隔断阀

调压器控制电磁阀 20FGRL

控制阀设定压力为250psi

位于发动机的隔板上

图 6-51　调压阀控制器

　　当发动机达到慢车或者是 N_1 大约为 3250r/min 时，20FGRL（电磁阀）通电打开。燃料慢慢地被迫流过 250psi 调节器后再自由围绕 250psi 调节器流动，而使调压器的输出变为 550psi（见图 6-52）。

　　电磁阀的打开会导致燃料调压器的设置即刻改变，调节器压力突然增加要求燃料阀快速关闭以补偿燃料流量的突然增加。由于燃料阀的响应时间是 500ms，所以在调节器控制线路中设有定时线路。

　　一个大容器瓶和一个 0.094in 的计量小孔（见图 6-53）就起到定时电路的作用，从而使压力从 250psi 逐渐变到 550psi。这样就允许燃料调节阀有时间来调整自己的位置，以保持送往机组的燃料

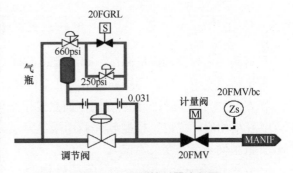

图 6-52　调压控制器流程图

流量不变且稳定。调节器感应管路上的 0.031in 的小孔起振荡缓冲器的作用，以平缓小的压力振荡（见图 6-54）。

4. 燃料调节阀及解算器工作原理

　　控制系统决定由燃气发生器的压气机所提供的可用来燃烧的空气的多少，并计算为保持恰当燃烧所需的燃料流量。

　　燃料调节阀控制送往燃气发生器的燃料流量，阀和装在壳内的控制处理器接受来自 PLC 燃料调节阀的位置信号，控制器安装在设备控制面板上。计量阀门和两个相应的压力传感器，其感受的压力用来计算流过阀门的燃料流量（见图 6-55）。

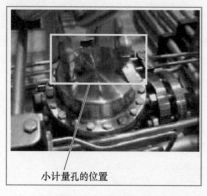

图 6-53 计量小孔

总管压力：

点火：19 PSIA
慢车：60~70 PSIA
满负荷：450~500 PSIA

送到发动机去的燃料是按流量测量的，这考虑了燃料的温度和燃料的成份，上面所说的总管压力是就地仪表的名义指示读数。

图 6-54 燃料总管不同条件下压力

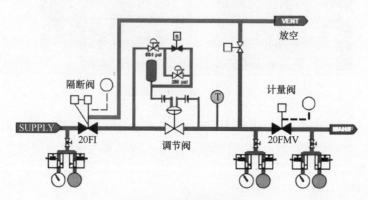

图 6-55 燃料气管路图

燃料阀需做校验和流量测试。阀流量修正曲线确保控制系统将能准确地把阀定位在任何想要的燃料流量位，由内部解算器来验证燃料阀已获得所希望的流速（见图 6-56）。

图 6-56 显示了燃料阀和装在阀侧面黑匣子里的限制开关，在机组起动之前，控制软件利用限制开关来验证燃料计量阀确是在完全关闭位。

调节阀包括一个阀体，一个驱动机构和一个解算器，解算器把阀的位置数据反馈给燃料控制器 PLC（见图 6-57）。

解算器就像一个线性可变差分传感器（Linear Variable Differential Transformer，LVDT），是燃料阀的一部分，监控阀的位置。它把这一数据传给 PLC，PLC 把此阀位置信号作为驱动器 PID 的输入信号。PID 的输出信号增加或减小阀的开度直到解算器的反馈信号与所希望的设置点相匹配为止。图 6-58 表明燃料控制器的输出是所要求燃料量的 0~100%，此信号传给燃料控制器的电子阀驱动卡，驱动卡把这一位置信号再传给马达控制

图 6-56 燃料调节阀

器，此控制器控制一个三相 144V 直流步进电机，以使阀移到所希望的位置。

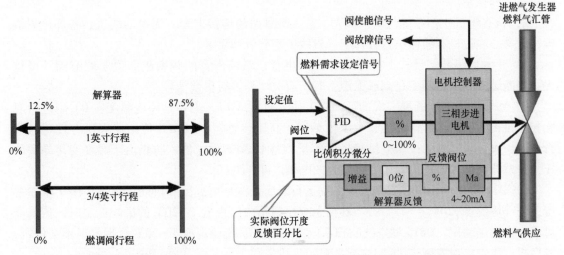

图 6-57　阀门行程测试要求　　　　　　图 6-58　解算器 PID 调节流程

　　马达控制器在 UCP 燃料控制器 PLC 与调节阀之间起界面作用。利用 RS-485 进行信息交换，燃料控制器 PLC 把所希望的阀位置传给马达控制器，马达控制器再步进阀到相应的位置。把阀定位后，马达控制器把阀的位置再送回燃料控制器 PLC，阀的位置是由装在阀内部的解算器来监控的。

　　阀的移动是由一个球螺纹动作机构控制的，此机构由一三相 144V 直流脉冲伺服马达来操纵（见图 6-59）。

　　在燃料控制器 PLC 向马达控制器发送允许信号之前，燃料阀一直处于不被激活状态。当阀处于完全关闭位置时，燃料阀内的阀限制开关发信号给燃料控制器 PLC。

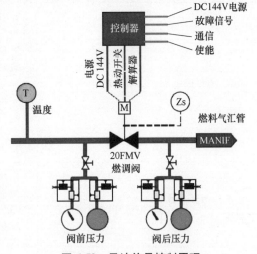

图 6-59　马达信号控制原理

5. 燃料气系统关键设备维护检修

　　燃料气系统主要设备包含：现场测试流量计、隔断阀、聚结过滤器、管壳式换热器、电加热器、燃料气流量计、隔断阀、压力调节阀、燃料气计量阀、辅助压力、温度、限位开关、放空阀等相关仪表。结合现场运行检修实际情况，主要维护检修的设备包括**燃调阀**和**燃料喷嘴**。

6.7　电机吹扫系统检修技术

6.7.1　维修项目

　　电机吹扫系统维护检修项目包括：

1）运行中应目视检查吹扫装置指示灯状态，如出现报警应及时进行人工干预，调整仪表风输入补偿量。

2）检查电机吹扫系统与电机机壳、空压机管路的连接卡套有无松动漏气、各部位划线标记无移位。巡检和检修执行公司工艺管线卡套管管理要求。

3）正常泄漏补偿模式下有断续补气的声音，断续声音的频率越高说明调节阀开度越大，当断续补气声音频率过高或无声音时，应关注是否有报警信号。

4）每年入冬前，开展一次例行检修工作（见表6-1），主要是环境温度在0℃附近时对吹扫流量传感器、低压传感器、中压传感器、高压传感器、CLAPS传感器等压力传感器进行校准，确认无漂移，按照电机机壳泄露量调整CLAPS设定值。防止由于温度变化导致的压力传感器漂移和电机泄漏量变化导致的电机内部压力低。

5）D795/D758型电机吹扫系统冬季运行时应关注环境温度和仪表风温度，由于吹扫系统工作环境温度-20℃~+55℃，当吹扫系统控制箱内出现低于-20℃的极端低温时，传感器可能会出现误动作。D816型空气吹扫系统空气吹扫系统稳定低于-20℃会报警但不会停机，如启机过程中出现温度-20℃时会导致机组启机失败。

表6-10　电机吹扫系统入冬前检修项目

检修项目	检修方法	合格标准	检修结果
外观完好性检查	目视检查	1. 就地显示仪表示数正常，在划线范围内。 2. 就地指示灯指示正常，与工作状态一致。 3. 元器件外观无破损。 4. 电气接线无松动。 5. 气体管线接头连接无松动。 6. 气体管线和接头处无漏气。 7. 电加热器外观无明显变色。	记录目视检查结果
压力传感器校验和调整设定值	Testo510微压表校验	1. 压力传感器、吹扫流量传感器、低压传感器、中压传感器、高压传感器、CLAPS传感器等无漂移。 2. 按照电机机壳泄漏量调整CLAPS设定值。	记录实测结果，与设定值清单对照，数据偏差5%以内
指针式模拟压力表检定	标准压力表比对检定	拆下后检定宜采用检定合格的同型号表计轮换检定	检定合格
电加热器	500V绝缘电阻测试仪检测	测量绝缘电阻值大于50MΩ	记录实测数据，大于50MΩ
电缆绝缘检测	500V绝缘电阻测试仪检测	测量电缆绝缘电阻值大于50MΩ	记录实测数据，大于50MΩ
微动开关校验	500V绝缘电阻测试仪检测、数字式微欧计检测	带电部位与外壳的绝缘电阻应大于100MΩ 触点接触电阻应小于100mΩ	记录实测数据，电阻应大于100MΩ，触点接触电阻应小于100mΩ

（续）

检修项目	检修方法	合格标准	检修结果
远传数据对点校验	就地数据与远传数据的对点校验	向微动开关外加动作设定值时能够正常动作，数据远传至变频器和压缩机组的控制系统与就地给定值一致	记录实测结果，确保正确动作
滤芯清洁与更换	目视检查、手动排污	打开滤芯排污口进行排污拆除滤芯进行目视检查，有明显堵塞点时更换	记录检修结果
电子计时器 9V 锂电池	万用表检测	测量锂电池电压在 DC 9V 的 5%误差范围内。超出范围更换电池。每 3 年必须更换电池	记录实测数据
安全阀	清洁	拆开安全阀，清洁表面积尘	记录检修结果
吹扫放气阀	清洁	拆开吹扫放气阀，清洁表面积尘	记录检修结果
主调节阀膜片	外观检查	拆开膜片进行检查是否有老化开裂现象	记录检修结果

6.7.2　压力传感器调整和校验方法

压力传感器调整和校验方法如下：

1）切换电机状态：将电机切换为停机断电状态。

2）实测压力传感器读数，对照设定值清单分析偏差：如图 6-60 所示，将扫气装置流量调节阀逆时针旋转到最小（调低压力），用 Testo510 微压表连接传感器快速接头（绿色管线，图示红圈内的位置），缓慢将流量调节阀顺时针旋转（调高压力），观察指示灯或报警器由红翻绿时的微压表读数即为传感器实测数据。读数变化较快，至少应重复五次操作确定平均数值。

3）逐一校准调整压力传感器设定值：当实测压力传感器读数与设定值不一致时（偏差超过 5%），应重新校准压力传感器设定值。以低压联锁传感器为例，当低压联锁设定值漂移后

图 6-60　压力传感器测试

读数偏高时，用平口螺丝刀同时压住两侧压紧口，避免单侧受力不均匀，顺时针调整设定值螺丝降低设定值，反之升高，调整完毕后安装好，重新测试低压报警器由红变绿时微压表读数，直至调整到需要的压力。每旋转压力设定值螺丝 1 圈可调节设定值 400Pa，如图 6-61 所示。

4）拆下压力传感器，紧固基座螺栓，如图 6-62 所示，确保无松动、无漏气。

5）重复 2）实测校准调整后压力设定值，确保与设定值清单一致。

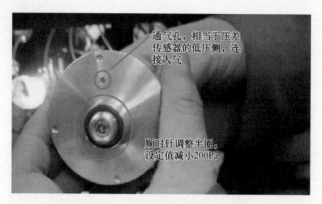

通气孔，相当于压差
传感器的低压侧，连
接大气

顺时针调整半圈，
设定值减小200Pa

图 6-61　压力传感器调整示意图

图 6-62　压力传感器基座紧固

6.8　关键辅助零部件自主检修及国产化替代技术

6.8.1　HILLIARD 超越离合器现场检修技术

　　GE 燃驱机组离合器是其关键辅助部件，是燃机附件齿轮箱与液压马达的桥梁，当盘车或启动时，液压马达通过离合器使附件齿轮箱和 GG 运转起来，当 GG 点火后，一旦 GG 转动速度高于液压马达速率，离合器使液压马达与 GG 脱开，离合器的输入轴与马达降速至零，输出轴与附件齿轮箱连同 GG 共同运转。离合器的好与坏，直接关系燃机是否正常运行。目前国内无企业开展过 GE 离合器的检修工作，公司内的 GE 离合器也未送国外检修。燃机经过近十几年的运行，GE 离合器大部分运行时间超过 25000h，有些虽未到 25000h，但发生轴承保持架及滚道磨损，主要表现为 QE-152、QE-153 碎屑报警，拆卸离合器回油过滤器及 QE-152、QE-153 碎屑过滤器，会发现大量碎屑。目前公司规定燃机 25000h 中修时，离合器未送外维检修，燃机未运行至 25000h，离合器损坏事件也时有发生，所以需要研究离合器的结构、功能、原理，采购合适的内部部件，一旦离合器损坏，能够及时对其维修，降低整件的库存数量与费用。在目前保供情势下，显得尤为重要，离合器的自主维修研究主要目的不是降低维修费用，而是及时恢复机组运行的重要手段。

液压启动系统配置 EONTON 液压泵、REXROTH 液压马达、HILLIARD 离合器。GE 提供的离合器为超越离合器，带速度、温度监控探头，当液压马达转速高于燃机转速，离合器输入轴与输出轴持续啮合；当燃机转速高于液压马达转速，离合器输出轴与输入轴自动脱开。按照离合器运行维护手册，燃机工作 20000~25000h，需要对离合器进行维护检修。公司对离合器的维护检修尚处于空白状态，有必要研究离合器的维护检修工艺及方法，确保 GE 燃机长期稳定运行。

1. 关键技术问题

1）制作专用工具，拆卸、分解离合器至单元体，在数控车床上将抱轴的轴承、轴上粘连的金属进行车削。

2）清洗各部件，离合器输入轴、输出轴测量径向跳动量，使其控制在 0.05mm 以内。

3）检查离合器驱动轴、凸轮、滚柱是否磨损、弹簧功能完好，检查正反转时，输入轴和输出轴是否正常。

4）采购进口窄边、耐高温、高精度、合适游隙轴承，按照图纸要求进行安装，轴承内外圈涂抹不同强度等级的密封胶，安装后保证离合器转动灵活。

5）在玛纳斯站 3#燃机实施，检查离合器回油与供油温差，QE-152、QE-153 阻值数据，通过盘车跑合试验，去除产生的碎屑，离合器运行 15000 小时以上，各项参数正常。

2. 技术路线、措施及试验过程

公司范围内的 GE 燃机离合器均为 HILLIARD 离合器（见表 6-11），厂家要求出现故障后需返厂由专业人员进行检修，目前国内厂家不具备该型号离合器维修能力。离合器出现故障时，用户一般采取返厂维修或报废处理。

表 6-11　GE 燃机离合器的部件号

管线名称	GE 部件号	HILLIARD 部件号	防爆执行标准	备件价格/万元
西一线	RJO06012	6601-01-090-0	UL	18
西二线	RJO06017	6601-01-113-0	ATEX	23
西三线	RJO06017	6601-01-113-0	ATEX	23
轮吐线	RJO06017	6601-01-113-0	ATEX	23

GE 燃机离合器的输出轴随附件齿轮箱运行，当燃机运行达 25000 小时，有必要检查离合器的唇性密封、管线是否有金属屑、壳体是否热变色、检查润滑油流量是否正确，检查离合器旋转情况、啮合情况、轴承腐蚀磨损情况，轴向、径向间隙是否超标、花键轴是否磨损等问题，所以有必要对运行 25000 小时的离合器进行大修检查。

（1）技术路线（见图 6-63）

首先，查阅离合器图纸资料，确定离合器拆卸、分解工艺路线，对于轴向安装间隙小的轴承，制作专用拆卸工具，拉拔轴承。按轴承型号，采购日本 NTN16011、16012 C3P5 型轴承，其特点是耐高温达 250℃以上，精度高 P5 等级，高转速达 12000r/min，窄边保证设备尽可能小的轴向尺寸。由于输出轴抱轴，采用车床车削输出轴表面，保证与轴承内圈的过盈配合，以及轴与梳齿密封空气密封的要求，同时测量轴的跳动量，小于 0.05mm 以内。

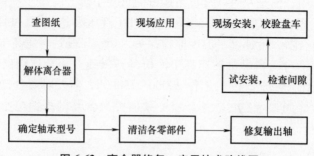

图 6-63　离合器修复、应用技术路线图

清洗各零部件，去除金属高点，若离合器输入、输出轴磨损，啮合与分离功能不完好，则离合器无修理价值。离合器凸轮与滚柱试验其功能，在弹簧力的作用下能够复位，按力矩要求紧固压盖螺栓。离合器输入、输出轴按技术规格安装轴承，轴承内圈、外圈涂抹不同强度的螺纹密封胶，保证内外圈均有一定的过盈量，并安装到位，转动灵活，由于输出轴与迷宫密封配合间隙较小，安装时均匀紧固螺栓，安装始终处于平面，两端轴转动灵活。

（2）技术措施及试验过程

1）离合器检查内容：对超越离合器来说，检查频次见表 6-12。

表 6-12　离合器检查内容及频次要求

频次	检查内容	备注
第一个 5 次启动	检查油流出回油管线	0.47～1.25L/min
带监控的离合器运行 20000～25000h	离合器大修	

2）密封检查：在拆卸离合器前，检查输入轴侧的壳体空腔，若存在润滑油，说明唇性密封泄漏；拆卸离合器后，检查输出轴侧的唇性密封，一般唇性密封不应泄漏润滑油，目视检查是否发生磨损或高温变色，检查梳齿密封是否磨损。如果密封粗糙或磨损，应进行更换。

3）连接管线及壳体检查：目视检查离合器的外壳，在供油口、回油口、吹扫空气口是否有润滑油，是否有金属屑，检查回油过滤器，是否有金属屑，如果发现金属屑，说明离合器内部存在问题。检查离合器外壳是否热变色或油漆鼓泡，以此判断润滑油的流量是否正确。

4）离合器轴旋转检查：在两个方向用手旋转离合器的轴，轴自由旋转，检查是否存在轴承粗糙声或异响。通过百分表检查轴的径向或轴向窜量，若径向位移量大于 0.13mm 或轴向位移量大于 1.52mm，说明离合器内部存在问题。

5）离合器啮合检查：握住输入轴，旋转输出轴，逆时针方向（输出轴侧看）应自由转动，顺时针方向离合器应处在啮合状态，握住输出轴，旋转输出轴，顺时针方向（输入轴侧看）应啮合，否则离合器内部故障（见图 6-64～图 6-66）。

6）离合器花键检查：检查输入轴和输出轴花键是否磨损、腐蚀、粗糙或冲击破坏，如果破坏，说明安装存在问题，能导致离合器内部损坏。

7）孔板检查：检查润滑油和吹扫空气孔板，两个孔板应无脏物或障碍物，孔板处的阻塞物将导致润滑油流量下降，损坏离合器。

图 6-64　握紧输入轴，逆时针旋转输出轴应自由

图 6-65　握紧输出轴，顺时针旋转输入轴应啮合

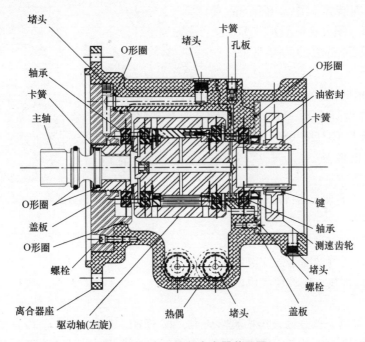

图 6-66　左手旋向离合器装配图

8）离合器油池检查：通过回油口，看离合器内部，检查油池内是否有金属碎屑，检查油池内部是否有润滑油结焦的痕迹。

（3）离合器修复可行性分析

1）霍尔果斯站离合器修复可行性：由于此霍尔果斯离合器是新离合器，仅运行两天，输出轴轴承保持架损坏，在拆卸轴承内圈时，将轴损伤，其他密封、棘轮、滚轮罩、滚珠、弹簧、花键等部件完好，径向与轴向位移在要求范围内，仅需要对损伤的轴进行表面焊、精磨修复，另需更换所有的四个轴承，所以此离合器是可修复的。

2）雅满苏站离合器修复可行性：雅满苏离合器轴承未损坏，但由于运行超过 25000h，轴承发生了点蚀，棘轮与滚柱间存在脏物，导致滚柱移动位置受限，离合器不能啮合，拆检未见驱动轴有明显的磨损，其他密封、棘轮、滚轮罩、滚珠、弹簧、花键等部件完好，径向与轴向位移在要求范围内，仅需要清洗、更换四个轴承，所以此离合器是可修复的。

（4）离合器拆卸（见图 6-67）与安装程序

1）离合器的拆卸。

2）参考离合器安装图和驱动轴安装图。

3）拆卸输入轴侧速度探头、速度齿轮前卡簧、齿轮、后卡簧、盖板、轴承。

4）拆卸输出轴侧的卡簧、密封盖板、输出主轴、轴承。

5）拆卸滚轮罩上的卡环，将滚轮罩与驱动轴分开，拆卸弹簧、棘轮盖板，将滚柱拆下，清洗棘轮、滚柱，检查棘轮、滚柱是否有明显的磨损。

（5）离合器的安装

1）参考离合器驱动轴的安装图，按照拆卸的反向进行安装。

2）离合器安装过程中，必须将各部件清洗干净，螺纹涂抹 LOC-TITE 271 胶，按照图纸要求的力矩紧固螺栓。

3）清洁轴承的内外圈，，清洁驱动轴的底孔，并涂抹 LOC-TITE 222，清洁轴，并涂抹 LOC-TITE 680，然后安装轴承，防止胶水进入轴承的滚道。

4）测试离合器驱动轴转向、超越方向正确。

图 6-67　拆卸离合器内部传动部件

（6）离合器的测试

1）以量杯现场测试离合器润滑油的流量。

2）通过排污管线，比较仪表风的排放量。

（7）效果

通过 GE 燃机离合器维修及维护策略研究，探索 HILLIARD 离合器检修工艺和方法，建立公司范围内 HILLIARD 离合器维护标准，实现部分备件国产化。离合器修复完成后，测量轴向和径向位移量，离合器在使用前，使用仪表风吹扫离合器内腔，然后使用合成油清洗、润滑、盘动离合器，并浸润离合器，最终排出残余润滑油。

安装离合器至附件齿轮箱，手动盘动附件齿轮箱，若无异响，执行校验盘车，观察 QE-152、QE-153 的阻值及离合器回油与供油温差远小于报警值25℃。开始怠速盘车，继续观察 QE-152、QE-153 的阻值及离合器回油与供油温差的变化，若两者同时趋于报警值，则停机检查，若仅碎屑报警器报警，则为离合器输出轴抱轴残余金属，停机清除后，机组能够继续运行，由于无试验台对修复离合器进行跑合，所以只能在现场机组上进行跑合试验。

自主修复首台离合器自安装在玛纳斯 3#机组，运行时间已累计达 1500 小时以上，碎屑报警及油温报警参数、趋势正常，且启停次数已达 8 次以上，经历冬、夏季运行，通过上述试验过程，说明 GE 离合器修复攻关圆满成功。

3. 离合器密封气对机组运行的影响

近期，公司两台 LM2500+燃机发生离合器密封气管线崩脱或断裂，引发离合器回油温度与供油温度差（30℃）高高停机事件，有必要对整个系统进行分析。

（1）工艺条件

离合器供油管径 1/4″，压力为 207~480kPa，温度为 60~71℃，流量为 0.5~1.3L/min，润滑油为离合器 4 套轴承（3 套 16011、1 套 16012）提供润滑（启动阶段），正常运行为 2 套 16012、1 套 16012 轴承润滑，润滑油在离合器底部汇聚，然后通过带过滤 800μm 颗粒的过滤器，且一定坡度的 1/2″管线回到附件齿轮箱的底部（见图 6-68 和图 6-69），附件齿轮箱内的回油，经两个碎屑泵排至油箱。

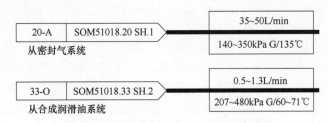

图 6-68　离合器密封气与合成油供油参数

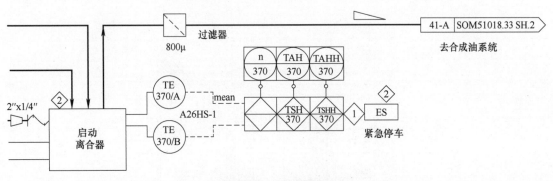

图 6-69　离合器回油

密封气自九级引气经喷射器后通过 1/2″引至离合器的上端，压力为 140~350kPa，流量 35~50L/min 为离合器输出轴端提供密封，部分通过离合器底部管线排出箱体外，气体温度最高达 90℃，同时便于监控此处的梳齿密封是否泄漏合成油，一般泄漏量为 5cm³/h（见图 6-70）；部分密封气进入离合器，在离合器底部合成油回油界面上提供一定的正压，保证离合器顺畅。

（2）离合器机械特性

1）润滑油、密封气在离合器内部流动。合成油通过孔板进入离合器，最先到达输入轴的侧的两套轴承，然后通过内部通道，进入输出轴侧的两套轴承，分别润滑轴承，并带走热量。

密封气进入离合器的梳齿密封（梳齿数为 10 齿，内侧 4 齿，外侧 6 齿），防止合成油向外泄漏，同时大部分（约 6/10）进入离合器腔形成正压，并与附件齿轮箱、油雾分离器保持同等的压力。

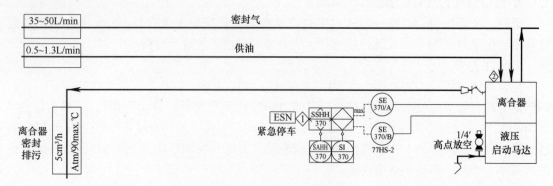

图 6-70 密封气供气与排污

2）离合器的机械部件。离合器主要由轴承、驱动轴、凸轮轴、滚柱、、滚柱骨架、滚柱压板、音轮、外壳、温度探头、速度探头等组成。当盘车或启动时，液压马达通过离合器使附件齿轮箱和 GG 运转起来，当 GG 点火后，一旦 GG 转动速度高于液压马达速率，离合器使液压马达与 GG 脱开，离合器的输入轴与马达降速至零，输出轴与附件齿轮箱连同 GG 共同运转，如图 6-71~图 6-73 所示。

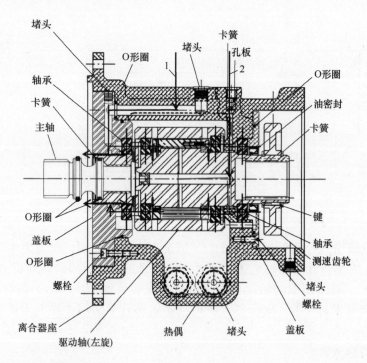

图 6-71 密封气与合成油在离合器内部走向（1：密封气，2：合成油）

3）密封气中断后的趋势分析（见图 6-74）。当密封气中断，大约 47s，回油温度从 73℃上升至 83.27℃，较供油温度 58.9℃，温差达到高报警值，手动停机。当点击停机，回油温

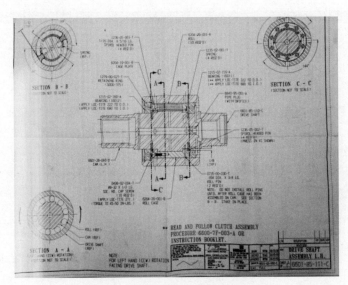

图 6-72　离合器内部转动件结构图

图 6-73　离合器输入轴和输出轴

度开始缓慢下降，但下降速率较慢，比正常回油温度仍高，如图 6-75 所示。

　　离合器在工厂测试时，静态泄漏量为 1200L/h（20L/min），如果泄漏量超过 3000L/h（50L/min）需要进行处理，说明上述泄漏量，不能满足离合器的正常运行要求；这同时也说明密封气需要维持离合器内的正压，保证回油顺利。若离合器密封气管线断裂或崩脱，附件齿轮箱内存在一定的液位，且与油雾分离器相连，有一定的压力，使离合器的回油管阻塞，则离合器回油不顺畅，液位增加，轴承的高速旋转（与 GG 转速相同），输出轴延伸部分（驱动轴外壳，外径、面积较大）搅拌润滑油，使其温度缓慢升高至报警值。

　　4）建议的改进措施。

　　① 条件允许，离合器腔室安装远传压力表，监控其压力，若密封气中断，则腔室压力变化。

　　② 密封气管线共振点安装固定卡子，或中间过渡加软管，降低管线的振动，消除管线断裂。

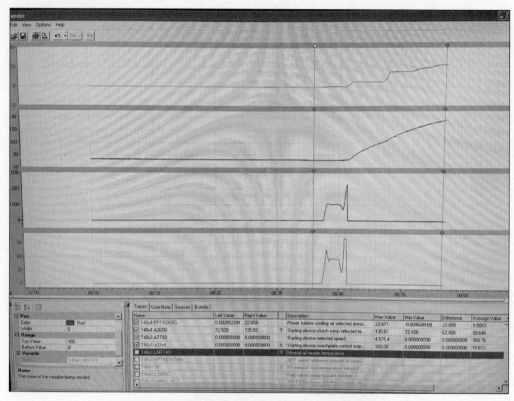

图 6-74　密封气中断后离合器回油温度变化趋势

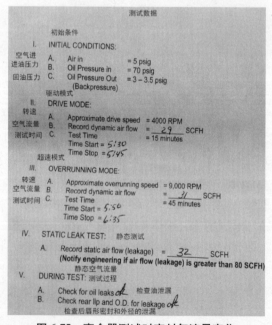

图 6-75　离合器测试时密封气流量变化

③ 在离合器回油管线增加温度探头，与离合器底部温度探头共同表决，以及参考 QE-152、QE-153 碎屑状况综合判断，是否离合器损坏。由于此离合器的轴承是高温轴承，工作温度达 250℃，可以尝试中断密封气，测试 TE-370 的最高温度，许可条件下，将 TE-370 温差报警调高至测试 TE-370 温度以上。

④ 综合判断 TE-151、TE-156、TE-161、TE-166 的温度变化状况，可以排除 TE-147 的故障（防止供油温度跳变，导致离合器温差高停机）。

6.8.2　GE 燃气发生器附件齿轮箱传动轴拆装工具的研发及应用

LM2500+SAC 燃气发生器作为管输离心式压缩机的驱动机，在西气东输一线和二线应用极为广泛。附件齿轮箱，作为该型燃气发生器重要组成部件，主要在燃气轮机的启动拖转、合成油系统供、回油、VSV 可变叶片控制油等方面起到重要作用。

1. 现场情况及需要解决的关键技术问题、相关单位技术应用情况

LM2500+SAC 燃气发生器为 GE 公司在西一线、二线为压缩机组配套的全部机型，附件齿轮箱由位于压气机前机匣的入口齿轮箱（Inlet Gear Box，IGB）、下方支架内的径向传动轴、连接在附件变速箱（Additional Gear Box，AGB）上的传动齿轮箱（Transmission Gear Box，TGB）组成及附件齿轮箱组成。液压启动器、离合器、合成润滑油供泵和回油泵及油气分离器和液压泵/可变定子叶片（Variable Stator Vane，VSV）伺服阀分别安装在附件变速箱前后两端，如图 6-76 和图 6-77 所示。

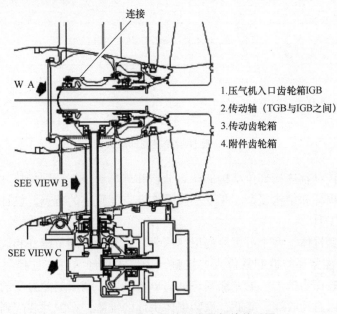

图 6-76　附件齿轮箱组成及部件关系图

从结构上来看，传动轴是一根管轴，通过其两端的花键，将位于压气机入口与转子相连的入口齿轮箱 IGB 和位于压气机匣下部的传动齿轮箱 TGB 连接在一起。由于该部件材质轻、薄、价格昂贵，且易损坏。传动轴安装在狭小的合成油回油腔体内，结构紧凑、复杂、空间狭小。在外部，用手无法伸入，工具伸入时，完全无法看清内部结构。如若拆装工具或方法不当，极易损坏设备或配件。

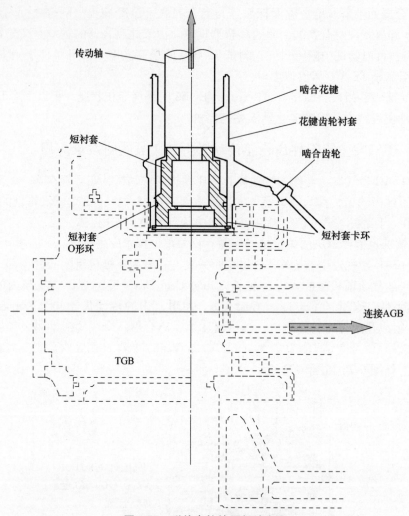

传动轴

啮合花键

花键齿轮衬套

短衬套

啮合齿轮

短衬套卡环

短衬套O形环

连接AGB

TGB

图 6-77　附件齿轮箱局部放大图

通过对齿轮箱传动轴连接部位结构的认真分析和现场对该部位结构尺寸的测量，针对零部件价格昂贵、易损坏和结构复杂、尺寸小以及作业空间狭小的特点，设计、制作出了一套拆装传动轴的专用工具。

专用工具由涨紧锥体、两个可更换的尼龙涨紧环、套管、调节螺杆和调节螺母组装而成（见图 6-78）。由于涨紧环与拆卸零件直接接触，为保护拆卸零件，选择尼龙材质。涨紧环和涨紧锥体的内外表面为锥形，尼龙涨紧环轴向单边剖切。利用尼龙自身的特性，当涨紧力消失后，涨紧环可以自动收缩、复原；涨紧锥体头部的锥体，在配件装配到位后，拆除工具时，具有引导作用。

图 6-78　GE 燃气发生器传动轴拆卸、安装专用工具示意图

2. 使用方法及实施效果（见图 6-79）

拆卸传动轴时，先拆除位于传动轴下部短衬套的卡环，将尼龙涨紧环向上插入环短衬套孔内，转动调节螺母，使涨紧环外表面与短衬套内壁紧贴，然后向下拉工具，将短衬套拉出，传动轴可能自由落体落下。如传动轴未落下，则更换较大直径的尼龙涨紧环，插入传动轴内孔，同样涨紧拉出。然后，即可进行 IGB 和 TGB、AGB 的拆卸。

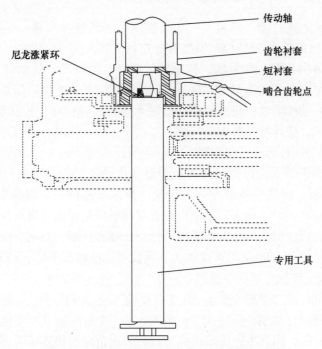

图 6-79　传动轴拆卸安装专用工具使用示意图

回装时，当 IGB 和 TGB、AGB 装配到位后，先将传动轴与工具组装、涨紧，向上插入 IGB 和 TGB 的花键孔，由于新安装齿轮箱，上下两个花键孔不可能同心，就需要通过工具上下窜动传动轴，同时调节 AGB 两端的两个吊架上的调整螺栓，直至传动轴两端的花键完全进入上下两端的花键孔。此时传动轴应能够自如地在花键孔中窜动。然后，锁紧两个调整螺栓。更换涨紧环，与短衬套组装，将传动轴插在短衬套上，向上装入传动轴和短衬套组件。确认传动轴安装到位，当位于短衬套下部卡环槽完全露出时，松开调节螺母涨紧锥体顶部的锥头，对正短衬套上部的内孔，向上推动专用工具，涨紧锥体向上移动，涨紧环紧力释放，涨紧环收缩，轻抽出工具，回装短衬套卡环，传动轴回装结束。

3. 附件齿轮箱调整关键点

将齿轮箱组件放在移动小车上，移动小车调整到合适的位置，固定小车，缓慢调整小车上的螺栓千斤顶，将互相连接的齿轮箱与 GG 前机匣四个柱销孔与支座孔对正，保证传动齿轮箱连接孔与 GG 前部孔通过耐磨环对正。升高螺栓千斤顶，若调整吊杆的距离不合适，松开吊杆两头的锁紧螺母及锁紧垫片，对其进行调整，将四个孔穿入柱销，垂直或水平方向的调整吊杆很难进入正确的位置，将支座上的衬套向外敲出一些，安装后以规定的力矩将柱销拧紧。使用专用工具安装传动轴，传动轴做标记，安装到位并且自由移动，若松手传动轴将自由下落方可。若不能自由活动，调整垂直方向的可调吊杆，从上往下看，逆时针轻微调整螺母，可调吊杆缩短，试装传动轴。同样，水平可调吊杆也已同样的方法调整。两者的调整，最终将使传动轴的移动灵活，若不加限制，传动轴将在自身重力的作用下掉落，说明可调吊杆的位置调整到位。附件齿轮箱组件的关键安装间隙均控制在 0.05mm 范围以内。

6.8.3 燃气发生器 VSV 伺服系统运行维护技术

LM2500+燃气发生器的压气机由 0～16 级组成，前部静叶可调，后部固定，其中前部 VIGV、0～6 级共 7 级静叶由 VSV 控制系统进行控制调节，按照负荷大小，角度在 0%～42% 之间变化，其主要由增压泵、伺服阀、扭矩轴、静叶、执行环、传动臂、连接杆等部件组成。在运行过程中主要存在增压泵失效漏油；伺服阀航空插头磨损，扭矩马达线圈电阻不匹配；执行器长度不一致或漏油；扭矩轴前、后轴承磨损；执行环定位孔磨损；传动臂变形；连接杆杆端轴承磨损，静叶衬套磨损等问题。

1. VSV 伺服阀与执行器运行与维护

VSV 伺服阀和两个带电控的执行器为执行器输出轴提供闭合回路控制，执行器的输出轴连接到 VSV 扭矩轴，使其按照命令进行转动，液压泵提供液压油操作伺服阀和执行器。伺服阀设计成平面安装方式，通过油路接口板直接与增压泵相连，液压油通过平面接口板对伺服阀进行供油和排污。伺服阀侧面的液压口标记头端和杆端，与两个执行器同样匹配的液压口相连，执行器提供 87.50mm 的长度输出，线性可变差动变压器（LVDT）是执行器的集成部件，LVDT 精确反馈执行器的位置输出。

通常伺服阀和执行器（见图 6-80），在工厂校验完成，并排净内部流体。若储存超过一年再次使用，需要使用合成油进行冲洗。伺服阀的 A、B 电气通道均可用，扭矩马达内有冗余线圈，在给定的时间，当其中一个通道失效，另一通道能提供连续可用的控制。每个执行器提供六针的电气连接头，两个 LVDT 同时被控制应用。

图 6-80　VSV 伺服阀、执行器外观图

伺服阀自带扭矩马达，其使用双接口和挡板，产生差压操作两段滑阀，扭矩马达从控制单元接收直流电流信号，产生扭矩到衔铁和挡板，伺服阀应用挡板作为流量限制器，调节液压油流量。齿轮泵分别通过固定孔板为两路接口提供液压油，油压被扭矩马达的挡板位置、两端滑阀控制，传递压力油至 VSV 执行器（流程图见图 6-81）。

压力油进入扭矩马达挡板两侧的接口，当控制信号是 20mA（零位电流），挡板、两段式滑阀在中心位置，执行器维持当前位置。当控制信号电流下降，低于 20mA 零位电流，控制油压力 C2 减小，C1 增大，两段滑阀从中心位置向上移动，送额外的压力油到执行器的杆端，允许头端的油返回，执行器收缩；当控制信号上升，高于 20mA 零位电流，挡板移动导

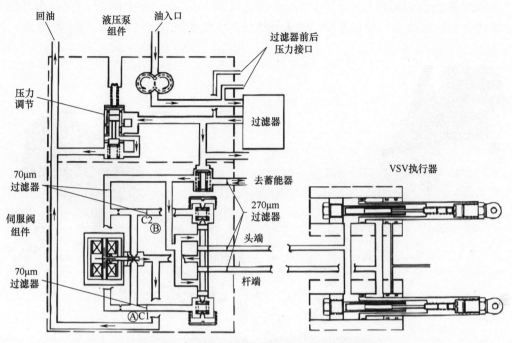

图 6-81　VSV 增压泵、伺服阀及执行器流程图

致控制油压力 C2 增大，C1 减小，两段滑阀从中心位置向下移动，执行器伸长，输入电流与伺服阀液压油流量关系见图 6-82。

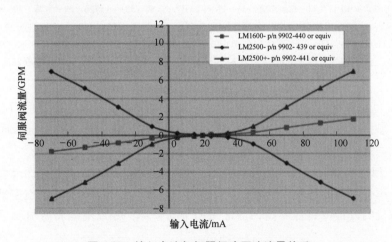

图 6-82　输入电流与伺服阀液压油流量关系

伺服阀零部件（见图 6-83 和图 6-84），内安装充满油的蓄能器，当增压泵失效，以弹簧为负载的单向阀将关闭，使蓄能器提供压力油操作执行器至命令的位置。伺服阀控制与执行器相匹配的位置，两端的 LVDT 同时送精确的位置信号到控制单元。

伺服阀内部的柱塞、单向阀几乎无故障，扭矩马达故障率极低，内部线圈可能会发生断路，通过测量线圈电阻，若阻值在 35～50Ω 范围内，一般认为正常；若电阻不正常，则需要整体更换扭矩马达（见图 6-84 中的 51）。

伺服阀易发生故障部位主要集中在：4 针连接器（见图 6-84 中的 55）内部卡环损坏，航空插针（与航空插头）部位磨损，伺服马达延伸电缆磨损。上述部件均可采购得到。

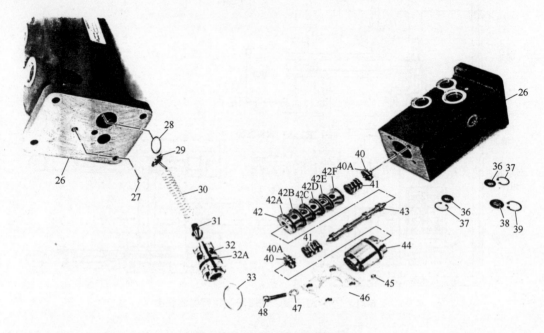

图 6-83　VSV 伺服阀零部件图

26—伺服阀体　27—堵头　28—螺旋卡簧　29—单向阀座　30—单向阀弹簧　31—单向阀柱塞　32—单向阀阀体　32A—O 形圈（0.676×0.070）　33—螺旋卡簧　36—过滤网　37—卡簧　38—过滤网　39—卡簧　40—调节器　40A—O 形圈（0.676×0.070）　41—弹簧组件　42—伺服阀衬套　42A—O 形圈（1.239×0.070）　42B—O 形圈（1.176×0.070）　42C—O 形圈（1.114×0.070）　42D—O 形圈（1.051×0.070）　42E—O 形圈（0.989×0.070）　42F—O 形圈（0.926×0.070）　43—柱塞　44—定位器组件　45—堵头　46—盖板　47—垫片　48—螺栓（0.250-20×0.875）

　　拆解 VSV 伺服阀扭矩马达接线端子，发现 VSV 内部航空插针磨损变形引起故障，导致停机或怠速，航插电缆头部与伺服阀通过螺纹连接，建议将航插头部与伺服阀整体再次固定，防止航插与插针由于机组振动，相互运动磨损。

　　由于 VSV 扭矩马达内部接线长且线径细，绝缘层较薄，盘在 VSV 马达外壳内，其外壳内表面粗糙，运行振动极易导致绝缘层损伤引发断路故障（见图 6-85）。航空插头插针尾部与电缆结合部位的设计可靠性不高，正常使用中易损坏，导致电缆断裂引发了故障停机等后果。

　　在取出和安装航空插针时，需要专用工具，否则易损坏连接器和航空插针，通常扭矩马达延长电缆需要安装两层热缩管（见图 6-86），增加耐磨性。安装插针时注意电缆颜色与连接器序号的对应关系，防止接错或接反，影响机组正常启动。站场自备工具和上述备件，能够实现伺服阀的定期检修及预防性维护，提高可靠性。

　　伺服阀在工厂已将 20mA 调整至名义零电流，执行器全部可调整操作已经在工厂封装，特别是 LVDT 不能现场调整。执行器杆端位置最大可调 3.18mm，步长 0.16mm，执行器零部件见图 6-87。

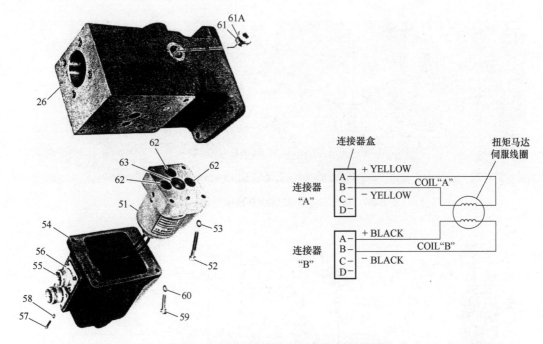

图 6-84　VSV 伺服阀扭矩马达及线圈接线图

26—伺服阀体　51—扭矩马达　52—螺栓（#10-32×1.250）　53—垫片　54—扭矩马达外壳　55—4 针连接器
56—连接器垫片　57—螺栓（#4-140×0.375）58—垫片　59—螺栓（#10-32×1.250）
60—弹簧垫　61—堵头　61A—O 形圈（0.468×0.078）　62—O 形圈　63—O 形圈

图 6-85　VSV 扭矩马达线缆磨损及插针安装

　　燃机速度反馈、压气机入口温度、VSV 线性几何反馈进燃机控制系统，然后通过伺服阀电磁信号，控制液压泵输出压力，见图 6-88。

　　如果液压油压力正常，改变控制通道不能消除执行器问题，需要仔细检查控制源；若 VSV 执行器不能提供一致的位置，检查伺服阀与执行器间的液压连接管路是否阻塞。若管路干净，仔细检查与执行器相关的机械联动装置。

　　VSV 执行器常见的问题，主要是轻微泄漏合成油，VSV 执行器位置反馈存在偏差，连接件磨损等。其内部结构见下图，若泄漏合成油，则需要按图 6-89 中的结构更换相应 O 形圈。

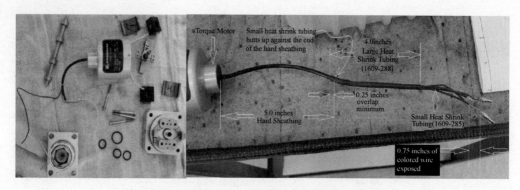

图 6-86　扭矩马达内部结构及延伸电缆处理技术

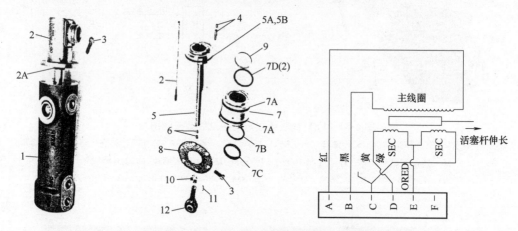

图 6-87　VSV 执行器零部件图及 LVDT 线圈图

1—伺服阀壳体组件　2—LVDT 传感器　2A—O 形圈（0.614×0.070）　3—螺栓（0.250-20×0.625）　4—孔板
5—伺服执行器活塞组件　5A—O 形圈（1.612×0.103）　5B—密封（外径 1.867）　6—堵头　7—伺服执行器衬套
7A—O 形圈（1.612×0.103）　7B—O 形圈（1.112×0.103）　7C—密封封闭环　7D—O 形圈（1.112×0.103）
8—伺服端盖板　9—密封（内径 1.065）　10—锁母　11—锁丝　12—杆端（含轴承）

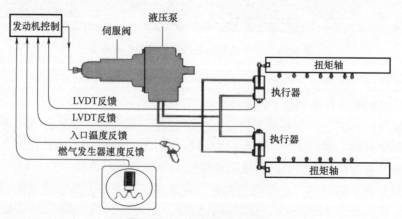

图 6-88　VSV 伺服控制原理

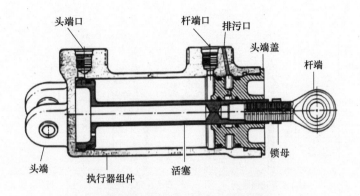

图 6-89　VSV 执行器内部结构示意图

如果 VSV 校验盘车，两侧执行器偏差超过 1.5%，建议标定 VSV 执行器的长度。使用液压泵，连接到 VSV 执行器，供应 1724kPa 的压力，使执行器杆端伸长或缩短；使用标尺测定，若需要修正，则需要将执行器杆端锁母打开，调整杆端长度在标尺上自由取下，即长度调整合适。在更换执行器时，L43418P07 与其他型号的执行器不能混用，而 L43418P02、P03、P04 执行器能相互搭配使用。

VSV 执行器连接件包括杆端关节轴承、螺栓，头端垫片、衬套、螺栓，若上述部件磨损，则需要修复或更换。

站场停机后的健康体检，能够发现执行器的上述故障，参照 GE 提供的 WP 文件实现上述部件的正常维护检修。

2. VSV 增压泵运行与维护

VSV 增压泵通过花键安装至附件齿轮箱，泵的最大操作速度为 6300rpm，出口压力使用 MIL-L-23699 合成油校准，工厂设定高于供油压力 5171kPa，供油来自燃机合成油系统，从泵驱动轴方向看，泵的旋转方向为顺时针。VSV 增压泵内部流程见图 6-90。

VSV 增压泵（见图 6-91）是容积泵，除了泄漏损失，泵入口需要一定正压的合成油，防止气蚀。每一转速提供给定的输出流量，在同一压力下，输出流量与转速成正比。当泵的出口流量超过需求，压力调节阀允许过量的合成油通过旁路回到合成油系统。当 VSV 操作在过渡状态，少量的合成油通过压力调节阀流动，并建立泵出口压力。弹簧负荷阀可调整，调整一般在工厂设定，现场不应修改。泵出口安装外部过滤器，防止进入 VSV 系统的合成油不洁净，过滤器上下游安装压力变送器，监测润滑油的洁净度。

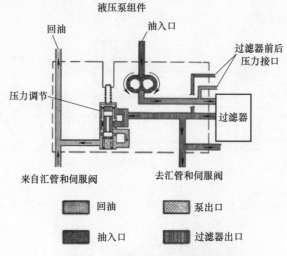

图 6-90　VSV 增压泵内部流程图

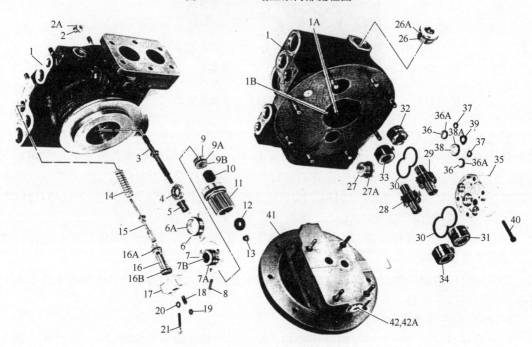

图 6-91　VSV 增压泵零部件图

1—VSV 泵腔组件　1A、1B—O 形圈　2—堵头　2A—O 形圈（0.468×0.070）　3—驱动轴　4—轴承（1.125×0.500× 0.250）　5—垫片　6—衬套　6A—O 形圈（1.144×0.070）　7—静密封组件　7A—O 形圈（0.864×0.070）　7B—O 形圈　8—螺栓（#10-32×0.625）　9—动密封　9A—O 形圈（0.864×0.070）　9B—O 形圈（0.364×0.070）　10—驱动花键衬套　11—花键驱动轴　12—垫片　13—锁紧螺母　14—减压阀弹簧　15—堵头　16—减压阀衬套　16A—O 形圈（0.551×0.070）　16B—O 形圈（0.614×0.070）　17—定位块　18—螺栓（0.25-28×0.625）　19—堵头　20—垫片　21—螺栓（#10-32×1.250）　26—堵头　26A—O 形圈（0.924×0.116）　27—堵头　27A—O 形圈（0.614×0.070）　28—驱动齿轮　29—从动齿轮　30—压力板密封　31—压力板 1　32—压力板 2　33—压力板 3　34—压力板 4　35—盖组件　36—活塞　36A—O 形圈（0.426×0.070）　37—垫片　38—活塞　38A—O 形圈（0.676×0.070）　39—垫片　40—螺栓（#10-32×1.250）　41—接口板　42—堵头　42A—O 形圈（0.644×0.070）

近几年的机组运行过程中，VSV 增压泵驱动与从动齿轮几乎不发生故障，其常见的故障主要为：传动轴轴承损坏，游隙变大，见图 6-91 中的 4，其轴承为英制尺寸轴承，R8 系列；机械密封，见图 6-91 中的 7、9，由于积炭或磨损导致泄漏，主要为静密封易出现故障；以及花键驱动轴，见图 6-91 中 11 上的 O 形圈老化膨胀，合成油泄漏。

上述增压泵常见问题，通过国内采购轴承，国产化测绘加工或清洗机械密封，以及更换必要的 O 形圈，能够实现此部件的长周期运行。在安装机械密封的静密封时，注意传动轴的旋向与静密封的防转方向一致，各站场能够自主修复与维护，提高备件的可用率，降低采购费用。

3. VSV 扭矩轴运行与维护

扭矩轴由前、后滑动轴承支撑，后部轴承轴向定位（结构见图 6-92 和图 6-93）。扭矩轴空心设计，做旋转运动，连接 VIGV、0~6 级连接杆，保证其受力平均。VSV 扭矩轴推力轴承在轴向受力较复杂，存在交变应力。扭矩轴后轴承承载 VIGV、0~6 级静叶旋转过程的部分轴向载荷、气流载荷、失速、喘振时的部分载荷、旋转过程由于执行环与垫片间隙不能满足要求，产生的摩擦阻力等受力情况。同时，还受轴承内外圈材料的影响。

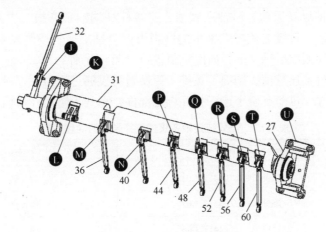

图 6-92　VSV 扭矩轴组件

27—扭矩轴后轴承组件　31—VSV 扭矩轴　32—VIGV 连接杆　36—0 级连接杆　40—1 级连接杆
44—2 级连接杆　48—3 级连接杆　52—4 级连接杆　56—5 级连接杆　60—6 级连接杆

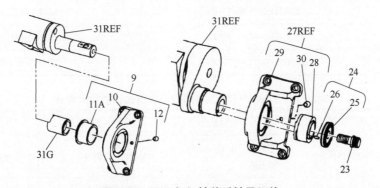

图 6-93　VSV 扭矩轴前后轴承组件

9—前轴承组件　10—前轴承座　11A—轴承衬套　12—定位销　23—螺栓　24—推力垫片　25—垫片　26—直销
27REF—后轴承组件　28—后轴承　29—后轴承座　30—定位销　31REF—扭矩轴　31G—前轴衬套

轴承从槽接触负荷改进为全面球接触负荷；轴承座与轴承配合由锻压式改进为螺栓固定，方便现场拆卸（见图 6-94）；轴承采用碳化钨涂层材料，与球轴承结合部位的涂层材料为金属钯，增加两者的耐磨性，GE 厂家试验验证，满足要求，现改进结构已在公司 GE 燃驱机组应用。

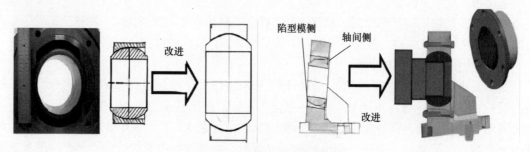

图 6-94　VSV 扭矩轴后轴承改进

VSV 扭矩轴常见故障为前、后轴承磨损，连接杆杆端轴承磨损，主要与燃机振动、扭矩轴载荷较大有关系。每级连接杆端轴承的磨损可以分别更换，按照表 6-13 的参数调整长度即可。前者通过检测前后轴承的径向间隙值进行判断，分别为 3.05mm、1.52mm，检查内容见表 6-14，若超过上述数值，则需要更换。更换时可以通过压力机、衬套、顶丝将轴承取出，然后压入新备件。目前有两个连杆相互绑定部件，有利于防止杆端轴承的磨损。

表 6-13　VSV 扭矩轴各级连接杆长度的调整数据

级数	部件号	杆端长度/mm
VIGV	L50631P01/L44777G01	227.84~228.35
0	L50631P02/L44777G02	187.15~187.66
1	L50631P02/L44777G03	187.17~187.35
2	L50631P03/L44777G04	185.24~185.75
3	L50631P04/L44777G05	181.99~182.50
4	L50631P04/L44777G06	183.13~183.64
5	L50631P04/L44777G07	184.66~185.17
6	L50631P05/L44777G08	189.33~189.84

表 6-14　L50519G16 型号的扭矩轴前后轴承检查内容

后轴承	前轴承	U 型夹	输入杆
轴承内径 38.100~38.151	衬套外径 50.467~50.696	不允许有裂纹	不允许有裂纹
轴承外径 63.056~63.157	轴承座不允许裂纹	不允许扭曲	不允许弯曲和扭曲
球轴承表面不允许深度达 0.08 的裂痕、凹坑、划痕	轴承座不允许扭曲	螺栓孔磨损范围在 6.340~6.375	需要控制杆端轴承两中心点间的距离

4. VSV 静叶执行环与转动臂运行维护

（1）与执行环相连的连接环的检查

1）检查连接环定位销孔，是否磨损，若 0.25mm 直径的线规通过带销的销孔，则需要更换连接环（见图 6-95）。

2）检查连接环上连杆安装孔是否磨损，若孔径磨损不应超过 0.10mm（直径间隙），否则需更换（见图 6-95）。

3）检查连接环及连杆安装孔是否有深度超过 0.12mm 的刻痕、凹陷及刮擦损伤，连接环衬套是否磨损。若出现上述情况，予以更换。

（2）执行环组件的检查

1）执行环连接螺母两侧侧边最大裂纹长度不能超过 10.2mm，在螺母和环端间要求尺寸如图 6-96 所示。内径侧、外径侧出现裂纹，每一段不能超过两个，其与机匣间隙值见表 6-15。

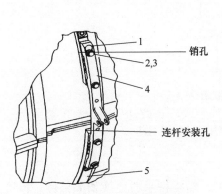

图 6-95　执行环上连接环示意图
1—直销（数量 2）　2—螺栓（数量 4）
3—平垫片（数量 4）　4—执行环连接环
5—执行环

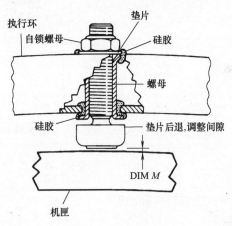

图 6-96　执行环间隙调整螺母与要求尺寸示意图

表 6-15　执行环垫片与机匣调整间隙

DIM M/mm		
级数	最小	最大
VIGV	0.05	0.10
0	0.05	0.10
1	0.05	0.10
2	0.05	0.10
3	0.05	0.10
4	0.13	0.18
5	0.25	0.30
6	0.36	0.41

2）使用线规检查，插入部件与执行环部件的相对位置不超过 0.12mm，判断金属衬套孔和执行环螺纹垫片孔是否磨损。

3）执行环不能存在扭曲、弯曲变形。

4）每一执行环不能有超过 6 个 0.38mm 的刻痕和凹陷，或者整体执行环最小间距在 50.8mm 内不能有超过 0.76mm 的刻痕和凹陷。

现场发现某些机组的执行环定位销孔，或转动臂连接孔磨损，则需要更换执行环，其非上、下匹配件，可以单个更换，更换时需对静叶位置做好标识，防止静叶转动，导致安装错误（见图 6-97）。

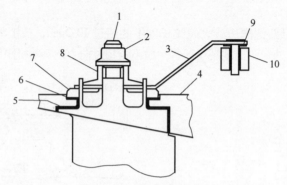

图 6-97　静叶安装组件

1—静叶　2—自锁螺栓　3—静叶转动臂　4—压气机外壳　5—法兰垫片　6—玻璃棉衬套
7—垫片　8—衬套　9—转动臂衬套　10—执行环

（3）检查静叶转动臂

按表 6-16 内容检查静叶转动臂，若偏差超过 4°，需要按手册更换相关部件。检查静叶与壳体结合部位部件是否变形或其他缺陷。

表 6-16　VSV 转动臂不定期检查及采取的纠正措施要求

情况	纠正措施
不定期检查为两度或者两度以下	不必采取措施
不定期检查为二度以上四度以下	1）更换有缺陷的可变定子叶片致动部件 2）按照 WP406 00 的说明对受影响级数的前一级和后二级的内窥镜进行检查
不定期检查为四度及四度以上或者在进口导叶上有断裂的连接杆	按照 WP406 00 的说明对受影响级数的后二级内窥镜进行检查
零级	按照 WP 215 00 的说明更换高压压气机转子叶片的下游两级
一级~六级叶片	按照 WP 215 00 的说明更换高压压气机转子叶片的上游一级和下游两级

（4）静叶衬套的磨损

扭矩轴、连接杆受交变载荷的影响，会加剧执行环上的安装孔变大，导致静叶玻璃棉衬套的磨损。若更换执行环或玻璃棉衬套，需要拆卸静叶紧固螺栓，取出拆卸部件，然后按技术文件进行更换。

VSV 伺服系统的相关连接件安装时，须按手册规定的力矩紧固螺栓，否则螺栓可能加速磨损，导致其他部件的磨损。

若更换 VSV 相关连接部件，需要按照以下程序进行静态、盘车模式校验左右两侧 VSV 执行器。点击 Calibrate Valve 进入 VSV 校验流程，校验过程自动生成趋势图，并对校验过程中 VSV 命令及反馈进行记录。依次对 VSV 的 Minimum End 和 Maximum End 高低行程进行校验，点击 Calibrate 进行修正。选择 Manual 模式核对 VSV 伺服阀线圈输出电流、LVDT 位置反馈以及现场作动筒伸缩量，检查校验后的偏差情况。VSV 命令与反馈值偏差以及 LVDT 反馈值 A、B 间偏差值最好在 1% 范围以内，其偏差值禁止超过 2.67%。

通过近几年对 LM2500+燃气发生器伺服系统各部件的维护，提高了 VSV 系统增压泵、伺服阀、执行器、扭矩轴、静叶执行环、转动臂及衬套的检修能力，与站场联合开展技术交流与检修活动，站场能够自主对上述系统零部件进行正确运行和维护，实现机组的长周期运行与技术攻关。

6.8.4　GS16 燃调阀的检修及维护技术

PGT25+燃气发生器是美国通用电气公司于 20 世纪六十年代以 TF39 涡轮风扇发动机为样本研制的航改型燃气轮机。该系列燃气轮机有着非常广泛的用途，可应用于船舶动力、发电、石油开采、油气储运等行业，运行小时和装机数量在全球范围内名列前茅。其采用的燃调阀大多为美国伍德沃德公司生产的 GS16 型号，由电子位置控制器驱动，精准控制球形阀芯 V 字型流量口的位置，使其有效流通面积与流量在一定压差下成线性比例，具有自清洁功能，解码器对位置反馈。解码器、无刷直流电机转子与燃调阀阀芯转子通过键直连，省去了联轴器和齿轮组，消除了调控精度不准确问题。本文主要阐述 GS16 燃调阀自主维修与测试方法，为自主国产化维修和制造提供了可行的依据。掌握了 GS16 燃调阀常见故障的诊断方法，形成了 GS16 燃调阀拆卸、安装检修工艺与方法；一套 GS16 燃调阀修复后，实验室、现场零点位置调整校准的方法。

1. GS16 燃调阀的特性

（1）GS16 燃调阀电流控制特性

GS16 燃调阀具有先进功能，定期发起位置脉冲，使执行器重新分配，保证控制的平稳性。脉冲周期为 60min、脉冲半波周期为 10ms、位置步进 1%，以此检验燃调阀是否卡滞等机械缺陷。

通常控制器易造成动力输入电源存在瞬态干扰，则需在正负极间并联一个 100V、1000μF 的电容，消除干扰。GS16 燃调阀通过 4~20mA 模拟信号控制，4mA 对应 0% 的阀位开度，20mA 对应 100% 阀位开度。在此范围内，阀位与输入电流成线性，如果输入电流小于 2mA 或大于 22mA，供电电压小于 17V 或大于 33V，燃调阀将被关至 0% 位置，阀位输出设定在 0mA。

运行过程中，燃调阀持续检测，阀位命令与反馈偏差大于 1%，且延迟 500ms，是否供电电压错误、模拟和数字转换器错误、软件看门狗错误、工厂校验和参数错误，若出现上述错误，则阀门关闭，需要更换燃调阀。

（2）GS16 燃调阀机械特性

燃调阀几何流通可用面积 968mm² （1.5in²），质量：48kg，燃料气过滤精度：25μm，介质：天然气，防护等级：IP56。入口操作压力范围：690~5171kPag，耐压试验压力：7757kPag，爆破压力：25856kPag，名义管径尺寸：50.8mm，阀门泄漏排放背压：69kPag。环境温度、燃料气温度范围：-40~93℃，热浸试验：125℃，2小时。正弦扫频振动：2g（10~2000Hz），冲击振动：10g（耐受11ms，锯齿波）。在345 kPag入口压力，0kPag出口压力条件下，燃调阀泄漏量小于最大额定流量的0.1%。

全开或全关时间：小于100ms。位置回路带宽：在DC 24V、-6dB条件下，40rad/s。燃调阀配对法兰：50.8mmRF法兰，ANSI B16.5 Class600。

（3）GS16燃调阀流量特性

非特性精度：在室温条件下，运行点的流量精度高于5%，或高于全流量范围的名义校准表的2%，特别是在2%~100%流量范围精度更高。

温度漂移：每摄氏温度，模拟位置精度的最大漂移量为全输入命令（4~20mA）的0.005%。共模抑制比：在每伏特条件下，模拟位置精度的最大共模偏差为全范围输入命令的0.025%。

（4）GS16燃调阀位置控制特性

旋转变压器用于运动伺服控制系统中，作为角度位置的传感和测量用。旋转变压器是目前国内的专业名称，简称"旋变"。英文名字叫"resolver"，根据词义，有人把它称作为"解算器"或"分解器"。旋转变压器在同步随动系统及数字随动系统中可用于传递转角或电信号；在解算装置中可作为函数的解算之用，故又称为解算器。其输出随转子转角作某种函数变化的电气信号，通常是正弦、余弦、线性等。20世纪60年代起，旋转变压器逐渐用于伺服系统，作为角度信号的产生和检测元件。GS16主要采用三相旋转变压器，用于燃调阀角度位置伺服控制，达到命令与阀门开度的一一对应关系。

2. GS16燃调阀的选择依据

为了选择适当尺寸的燃调阀，应用至PGT25+燃气发生器，有效面积首先需要满足最大流量。为了使选择的燃调阀有余量，燃调阀的有效面积至少比方程计算值高10%，包括即使在最恶劣的工况（最小的入口压力，最大的出口压力，最大流量和最高温度）条件下，燃调阀尺寸须有10%的余量。

针对PGT25+燃气发生器，通过GS16燃调阀的有效面积的压力降必须小于最大允许的差压（见图6-98），一旦燃调阀有效面积被确定，以及10%的余量被添加，燃调阀位与有效面积的关系如图6-99所示。

流通面积为1.0in²、1.5in²的燃调阀在PGT25+燃机上均有应用，在相同的阀前、阀后压力条件下，需要相同的流通面积，前者的阀位开度较大，由于阀芯流通面积是球面V字形，流通面积和阀位是指数关系。

3. GS16燃调阀的故障处理

GS16燃调阀主要故障表现为：①电缆故障、输入电压故障，输入命令信号（4~20mA）及极性故障；②控制器、执行器、旋转变压器故障；③机械故障包括阀芯在零点或100%位置边界卡滞、密封泄漏、轴承磨损等。其中①类故障主要检查供电、输入命令电缆、元器件，故障易排除。②类故障中执行器、旋转变压器类问题为线圈损坏、绕阻阻值超限等，电阻范围见表6-17，若出现上述问题，则需要更换备件，若控制器出现故障，主要表现为控制器驱动电路存在故障，负载过高，供电单元等电气元件损坏，超过驱动电路正常工作的电

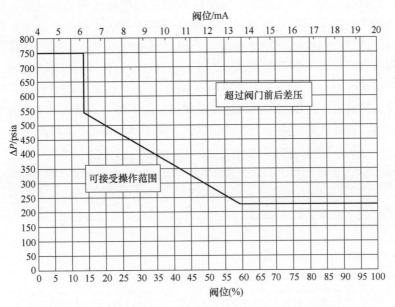

图 6-98　GS16 有效面积为 1.5in² 燃调阀的阀位与最大差压关系

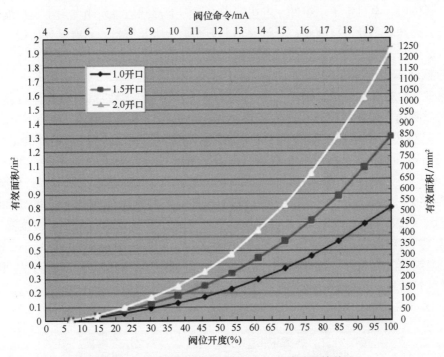

图 6-99　GS16 燃调阀的阀位开度与有效面积的关系

流，烧坏 AD629、MBRS100T3、HCPL0701、Capacitor 0.1 UF、VR2、VR3 等元件；需要返厂检修控制器，返厂前须使燃调阀机械部分完好。GS16 燃调阀采用三极线圈旋转变压器，检查过程需要测量三组线圈的阻值以及执行器线圈的阻值。③类故障为机械故障，运行过程中的较常见，为阀芯卡滞、阀座偏斜、轴承内润滑脂失效导致转动不灵活、密封磨损泄漏等。通常 WOODWARD 燃调阀是免维护的，维修周期按现场应用条件决定，若燃机在低负荷工况下长时间运行，则维修周期会缩短。若燃调阀故障为卡涩，则可以进行清洗。清洗时，拆卸燃调阀的控制器，盘动燃调阀上端的转动惯量盘，使用石油基的溶剂清洗，或刷阀门。禁止使用酮基溶剂，有可能损坏 VITON 成型 O 形圈或特氟龙密封材料；防止使用高压冲洗阀门及带尖角的工具刮擦阀门，可能导致阀门精度下降。冲洗阀芯入口球面，然后使用仪表风清洁阀门。若清洗无法解决上述问题，则需要解体检查 GS16 燃调阀。

表 6-17　解算器及执行器线圈的阻值范围

线圈	线标	电阻/Ω	实测值/Ω
解算器 1~2	红/白~黄/白	36.6~49.4	43.5
解算器 3~4	黄~蓝	74.8~101.2	91.2
解算器 5~6	红~黑	74.8~101.2	91.2
控制器线圈	红~黑	0.46~0.56	0.52

（1）拆卸 GS16 燃调阀

拆卸控制器，转动惯量盘、旋转变压器、上部轴承座、轴承及减振弹簧，拆卸电机转子锥形销与限位座、电机定子绕组件、电机转子；拆卸下部阀座，使用专用工具压缩阀门进口阀座弹簧，拆卸阀芯及进口阀座；分解阀芯上下部轴承座及密封，共有 5 处限位卡簧。此阀拆卸的关键点是需要专用工具压缩阀座弹簧。

（2）检修 GS16 燃调阀

此阀座背后的静密封是易损件，为 VITON 材质 O 形圈与聚四氟材料圆环两者组合的复合件，配合使用，保证阀座外径处的密封，阀座弹簧有较强的弹簧力，使阀座与阀芯紧密贴合（见图 6-100）；阀杆上部的两级串联和阀杆下部单级指状密封是另外的易损件（见图 6-101）。若阀座与阀芯接触面有划痕，则需要研磨处理，轴承分别采用 6202D（4 套）、R8（1 套）。在检修过程，分别测绘加工 3 套阀杆指状密封、1 套阀座复合密封更换原密封，4 套 6202-2RSH（SKF，中国）、R8-2RS（EZO，日本）分别替代原轴承。拆卸后的阀门主要部件见图 6-102，清洗、研磨阀芯、阀座，更换损坏的螺丝钢套，测试电机线圈、解算器线圈电阻，然后组装燃调阀。若测试阀门 0% 位置时，阀前压力稳定在 62.3psia，阀后大气压，阀门泄漏状况为 0pph，同时对阀杆泄漏检测（包括 OBVD 和阀杆下部密封检测），阀门上下游法兰打盲板，使用专用带阀充压工具，介质仪表风或氮气，压力 450psig，测量泄漏量均小于 13.5mL/min。

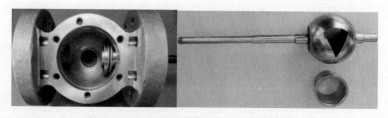

图 6-100　GS16 燃调阀阀座、阀芯与阀体

图 6-101　GS16 燃调阀阀座复合密封及阀芯上部密封、轴承座

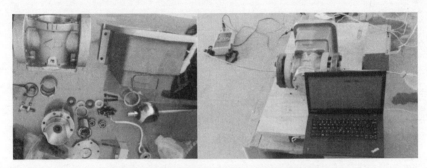

图 6-102　GS16 燃调阀解体及泄漏量测试

（3）阀门位置控制（Valve Positions Control，VPC）软件诊断及标定 GS16 零点

GS16 燃调阀组装后，测试阀芯转动扭矩≤2N·m，使用 RS-232 电缆连接 VPC 程序，上电，阀门有正常的嗡嗡声，软件执行数字通信诊断、I/O 诊断、位置控制器诊断、位置传感器诊断、内部诊断，状态无异常，说明检修的阀门可控。进行零位调整或开关行程测试，若确定零位，在 VPC 程序中测试阀门 0% 位置、100% 位置参数，读取解码器计数值分别为10000 或 50000 左右，并且阀门开度的反馈趋势平滑，无毛刺，与经验值对比相符。

（4）GS16 燃调阀的现场测试与处理

GS16 燃调阀修复后，安装至 PGT25+燃气轮机进行测试。正常状况燃气发生器吹扫结束后，开始执行点火进程。在 GG 转速升至 1700r/min 时，IGNTACTIVE 和 GAS_IGNITN 变成TRUE，Mark VIe 系统将燃料气请求命令下发至 SIS 安全系统，SIS 安全系统配合打开燃料气截断阀 XV224 和 XV226 阀门，Mark VI 系统将燃调阀打开至 10%，与此同时下发 10s 燃烧室点火命令进行点火，如果 10s 内燃烧室仍未检测到火焰信号，则执行 GG 清吹进程并停机（见图 6-103 和图 6-104）。

正常启机点火趋势如图 6-105 所示，点火进程开启，燃调阀打开至 10%，燃调阀阀后压力 GP2 数值为 16.174PSI，点火命令 IGN_CMD_S 同时下发，一般在 5 秒左右燃烧室检测到火焰信号，点火成功。（信号位号解释：FLAMDTA：燃烧室火焰信号；gfmvpsfbk：燃调阀阀位反馈；GP2SEL（GP2A）：燃调阀阀后压力；NGGSEL：燃气发生器转速；NPTSEL：动力涡轮转速）。

一旦点火成功，燃调阀开始缓慢开大，燃气发生器一般在 65s 左右升速至怠速 6800r/min。从开始点火到燃气发生器到达怠速，期间燃调阀开度从 10%增大至 16.917%（见图 6-106），GP2 压力上升至 53.217 PSI。

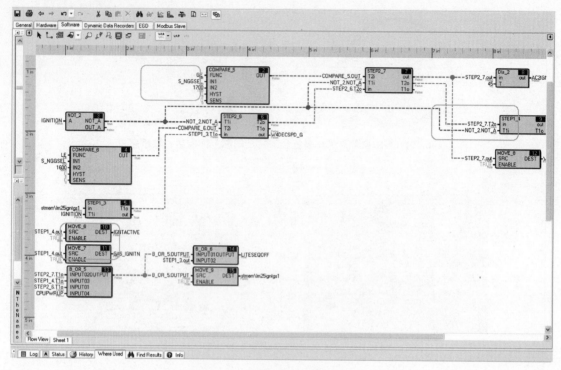

图 6-103　燃调阀点火进程逻辑之一

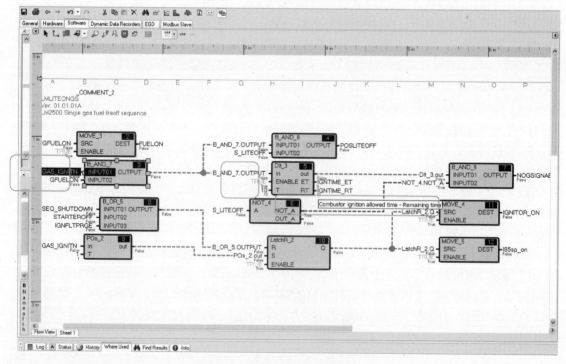

图 6-104　燃调阀点火进程逻辑之二

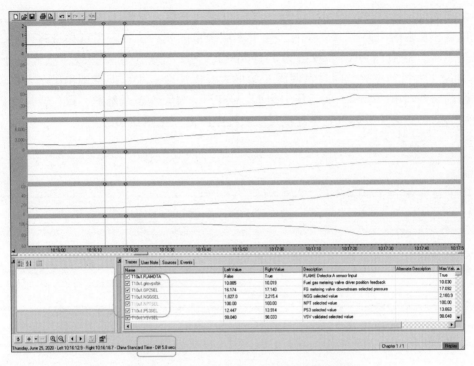

图 6-105 PGT25+正常点火过程的趋势变化

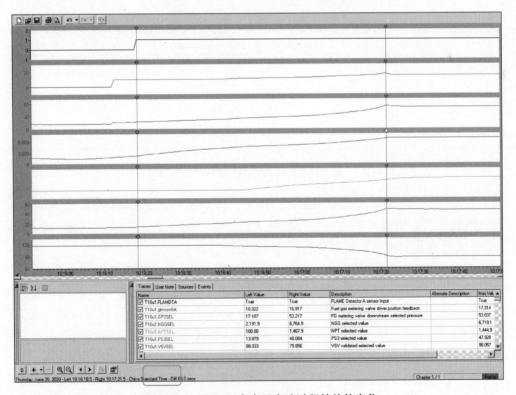

图 6-106 PGT25+点火至怠速过程的趋势变化

燃调阀进行维修后，2019.05.17 第一次启机点火测试，发现未成功点火，主要是阀门的零点位置较正常阀门偏小 15% 左右，处于零点余量的死点位置。当点火进程开启，燃调阀打开至 10%，阀后压力 GP2 数值为 11.906PSI，与大气表压几乎一致，点火命令 IGN_CMD_S 同时下发进行点火，同时燃调阀开始增大开度配合点火，但直到 10s 点火命令执行完毕，燃调阀开到 15.086%，阀后压力为 12.343PSI，与大气表压基本一致，燃烧室仍未检测到火焰信号，点火失败燃气发生器执行清吹程序停机（见图 6-107）。

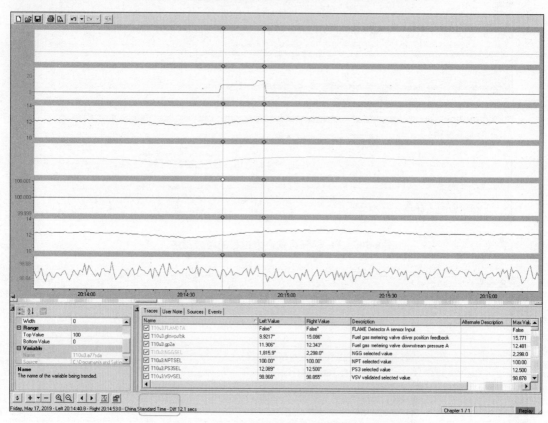

图 6-107　第一次维修后的 GS16 燃调阀点火趋势变化

将燃调阀返回实验室，重新校正零点的位置，按照阀门开度 1.4% 时，能检测到光线。2019.05.19 第二次启机点火测试，点火启机成功，但点火后至怠速转速 6800r/min 用时近 118s。随后三次启机过程中，燃调阀点火启机至运行转速正常。

2019 年 7 月 20 日启机过程中，点火正常，但燃气发生器在随后的升速至怠速过程中，时间超过 120s 触发 GGIDLEFLT（燃气发生器到达怠速失败），随后停机，启机失败（见图 6-108）。说明燃调阀运行时，相同阀位开度下，其燃料气流量与燃料气温度，大气压、环境温度有一定的关系，其中与阀门零点开度位置有极大的关系，否则不可能出现三次点火运行成功，而后一次发生点火至怠速过程超时的现象。

观察趋势发现，燃调阀打开至 10%，燃调阀阀后压力 GP2 数值为 14.89PSI，点火命令 IGN_CMD_S 同时下发进行点火，4s 后燃烧室检测到火焰信号，点火成功。燃调阀开始缓慢开大以配合燃气发生器升速，燃气发生器在 120s 内未升速至怠速 6800r/min，触发 GGIDLE-

FLT 停机（燃气发生器到达怠速失败）。从开始点火到燃气发生器升速的 120s 期间，燃调阀开度从 10% 增大至 16.408%。相关的逻辑解释如图 6-109 所示。

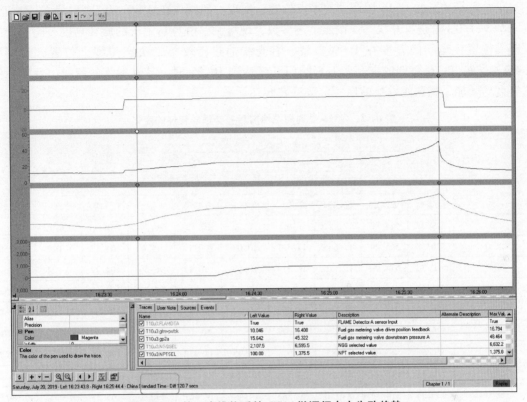

图 6-108　第二次维修后的 GS16 燃调阀点火失败趋势

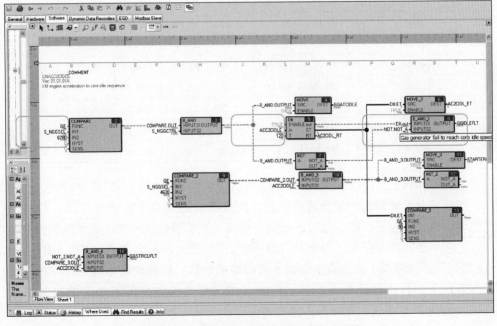

图 6-109　燃调阀点火至怠速进程超时逻辑

　　根据逻辑分析，维修的阀门可能零点位置较阀门开度偏大，即在怠速过程中，阀门给定开度，实际的燃料气流量不足以在 120s 内将 GG 托转至 6800r/min，燃料气量偏小；同时使用光束检测新购买的 GS16 燃调阀的零点位置，发现一般阀位在 0.6%~0.9% 时是关闭状态，在 0.7%~1.0% 时是打开状态。按照上述参数，现场调整解算器定子的旋转角度，阀门开度跟随其位置，当阀门开度在 1.0% 位置，有光线通过，较第二次调整零点位置，提高了 0.4%，虽然仅仅是微弱的提高，但当阀门开度达到 16.5% 时，其燃料气的流量、及实际阀门开度均增加，燃调阀维修前后各参数见表 6-18。

表 6-18　GS16 燃调阀维修前后各参数随转速的变化

GG 转速/(r/min)	变量名称									
	GP1 压力 PSI（阀前）		GP2 压力 PSI（阀后）		燃调阀位置反馈%		燃料气入口温度℉		流量差压计 PSI	
	维修前	维修后	维修前	维修后	维修前	维修后	维修前	维修后	维修前	维修后
2200	519.37	514.88	17.122	16	10.02	10.12	96.32	104.8	0.0212	0.0256
2500	520.58	515.24	17.648	17.301	10.02	10.1	96.4	104.82	0.022	0.0258
3000	520.74	514.99	18.776	18.514	10.03	10.1	96.56	104.72	0.021	0.0254
3500	520.64	515.32	20.059	19.96	10.02	10.113	97.12	104.63	0.022	0.0254
4000	520.66	515.29	21.661	21.658	10.02	10.1	98.33	104.54	0.022	0.0256
4500	520.57	515.22	24.776	24.671	11.0	10.85	100.54	104.49	0.0223	0.028
5000	520.51	515.09	28.85	28.915	11.95	11.932	105.74	104.60	0.0244	0.0327
5500	520.33	515.04	34.49	34.575	13.384	13.282	109.4	104.77	0.031	0.0354
6000	520.33	514.94	40.153	40.583	14.41	14.361	112.1	104.88	0.0353	0.0415
6500	520.06	514.76	48.091	49.924	16.114	16.44	114.25	105.03	0.043	0.0518
7000	520.23	514.83	55.65	57.465	16.133	16.072	146.31	105.56	0.044	0.0526
7500	520	514.66	67.66	70.753	18.042	18.076	145.83	106.26	0.059	0.070
8000	519.75	514.41	81.07	84.76	20.177	20.175	145.32	105.97	0.0784	0.0965
8500	519.14	513.62	99.63	109.62	23.06	23.944	144.64	105.57	0.117	0.156
9000	517.23	511.56	151.05	165.78	30.1	31.757	137.7	104.98	0.297	0.44
9100	516.84	510.13	166.26	188.68	32.04	34.66	124.23	102.97	0.366	0.583
9200	515.65	508.65	181.38	206.92	33.89	37.17	104.28	101.14	0.690	0.740
9300	514.5	507.54	196.98	222.42	36.006	39.17	105.05	100.48	0.912	0.8722

　　调整后，燃调阀正常点火，并在 62s 内升速至 6800r/min，符合 PGT25+燃气发生器的控制要求。对维修前后燃调阀的趋势进行比较，发现曲线趋势基本吻合（见图 6-110），说明修复的燃调阀点火、怠速、稳定运行的控制命令与反馈能够达到同步，满足机组控制要求。

　　经过近两年的实践与探索，用于 PGT25+燃气发生器的核心部件-WOODWARD 公司生产的 GS16 燃调阀，已实现了完全自主知识产权的维护检修。在缺少技术资料、专用工具、维修方案的条件下，自主设计专用工具，创新了维检修方法，突破了外方的技术封锁，为 PGT25+燃调阀国产化替代工作打下了坚实的基础。

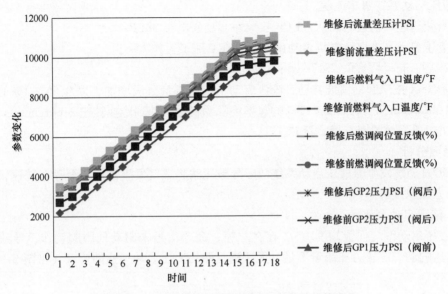

图 6-110　GS16 燃调阀维修前后各参数的趋势变化

6.8.5　液压启动马达运行维护技术

某站机组按照规定进行定期盘车测试，液压启动泵斜盘输出至 27.5%，液压泵出口压力升至 4691PSI，液压启动马达开始拖转燃气发生器。液压泵斜盘输出至 100% 的过程中，液压泵出口压力升至 4779PSI，液压启动马达转速升至 1326r/min。在液压泵斜盘输出保持100% 的过程中，液压启动马达只能将燃气发生器拖转至 1540r/min，未在 90s 的时间内将燃气发生器拖转至设定值（2100r/min）。连续三次均盘车失败，盘车过程中参数趋势基本一致（见图 6-111），证明该机组液压启动系统存在故障。

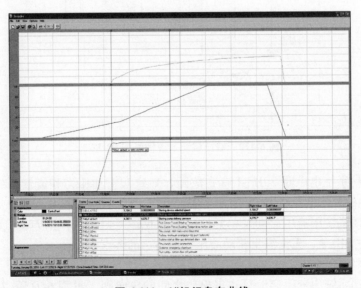

图 6-111　1#机组盘车曲线

1. 液压启动系统盘车流程

1）当液压起动机被启动后，UCP 按顺序起动泵电机 88CR-1。

2）液压启动泵被启动电机带动旋转，并在 0 流量工作 15s。

3）2s 后，自动隔离阀 20HS-1 得电关闭。

4）90HS-1 按照起动斜坡移动，液压启动泵出口流量分段增加，以 0.5%~1%的速率增加转速到 300r/min，然后以 2%~3%的速率将发动机轴加速到冷拖转速 2100r/min。

5）机组进入校验盘车模式运转。

2. 原因分析

LM2500+燃气发生器液压启动系统故障导致无法将燃气发生器拖转至盘车转速，主要有以下四个方面原因：

（1）液压启动泵故障

1）液压启动系统伺服阀 90HS-1 存在故障，命令信号未驱动伺服阀动作，导致进入液压启动马达的润滑油压力和流量不足，无法满足驱动液压启动马达的要求（见图 6-112）。

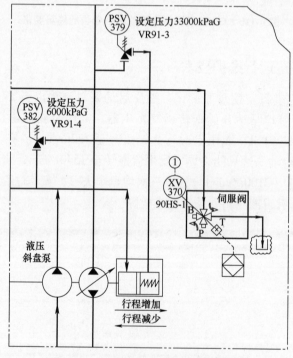

图 6-112　液压启动系统伺服阀 90HS-1

2）液压启动系统电磁阀 20HS-1 存在故障，导致润滑油压力和流量泄放，无法满足驱动液压启动马达的要求（见图 6-113）。

3）液压启动系统中液压启动泵单元体内部（见图 6-114）存在故障，无法输出达到设计流量和压力的润滑油，无法满足驱动液压启动马达的要求。

（2）液压系统供油、回油管路故障

1）液压启动系统中液压启动马达进出口之间的单向阀（见图 6-115）存在内漏，导致进入液压启动马达的润滑油压力和流量不足，无法满足驱动液压启动马达的要求。

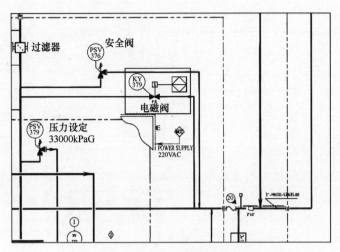

图 6-113 液压启动系统电磁阀 20HS-1

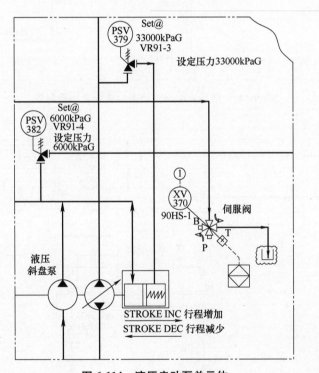

图 6-114 液压启动泵单元体

2）启动系统回油管路的单向阀（见图 6-116 方框）堵塞，造成回油不畅，导致流量不足。

（3）液压启动马达存在故障

液压启动系统中液压启动马达（见图 6-117）内部存在故障，无法正常拖转燃气发生器。

（4）离合器及附件齿轮箱故障

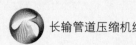

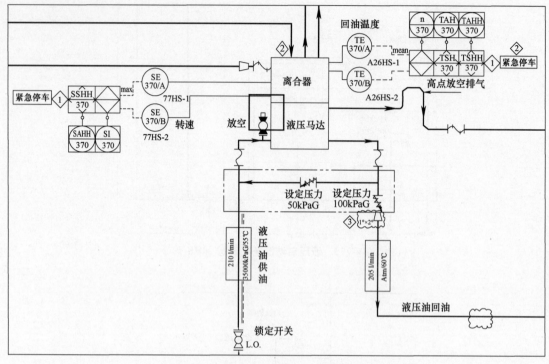

图 6-115　液压启动马达进出口管线之间单向阀

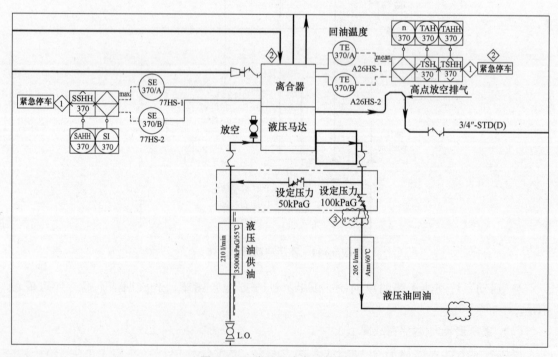

图 6-116　液压马达出口单向阀

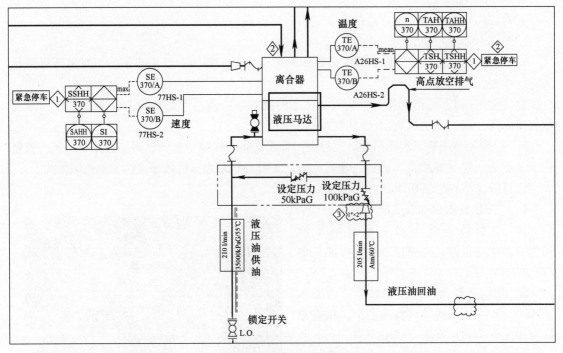

图 6-117　液压启动马达

离合器（见图 6-118）或附件齿轮箱内部存在故障，无法正常将拖转传动至燃气发生器。

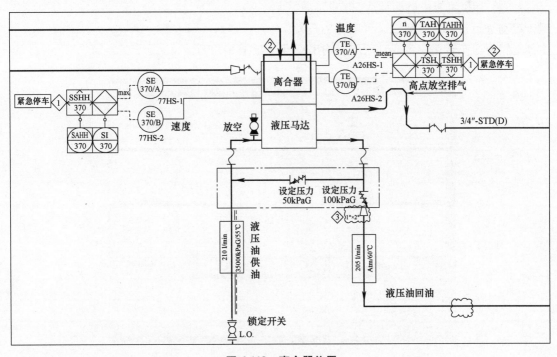

图 6-118　离合器位置

3. 原因排查

针对液压启动系统可能存在的原因进行全面排查。

（1）排除供油、回油管路故障

1）对1#机组盘车时，供油管线最高压力可稳定在32MPa，盘车结束后，对液压管路接头进行检查，未发现泄漏现象。

2）将液压启动马达两侧的单向阀、回油管路的单向阀拆下进行检查，未发现任何杂质堵塞单向阀，阀芯活动灵活。

3）拆卸3#备用机组液压启动马达进出口管线之间的回路单向阀、回油管路单向阀，安装在1#机组上，对1#机组盘车测试，盘车失败，证明1#机组盘车失败与这两个单向阀无关。

通过以上检查，证明供油和回油管路无故障。

（2）排除液压启动泵故障

1）现场检查液压启动系统伺服阀90HS-1，供电正常，强制信号输出，测量电流信号正常。

2）现场强制动作液压启动系统电磁阀20HS-1，发现电磁阀体卡涩未动作。检查电磁阀激励电压到达现场，供电正常。

3）现场检查液压启动系统过滤器TSA-1，拆卸后检查过滤器筒体内部清洁无杂质，滤芯完好（见图6-119），没有发现金属物存在。

图 6-119　TSA 过滤器滤芯

4）将3#机组液压启动马达安装至1#机组，启动进行校验盘车测试，可以将燃气发生器拖转至盘车转速，且启动泵斜盘输出正常（见图6-120）。

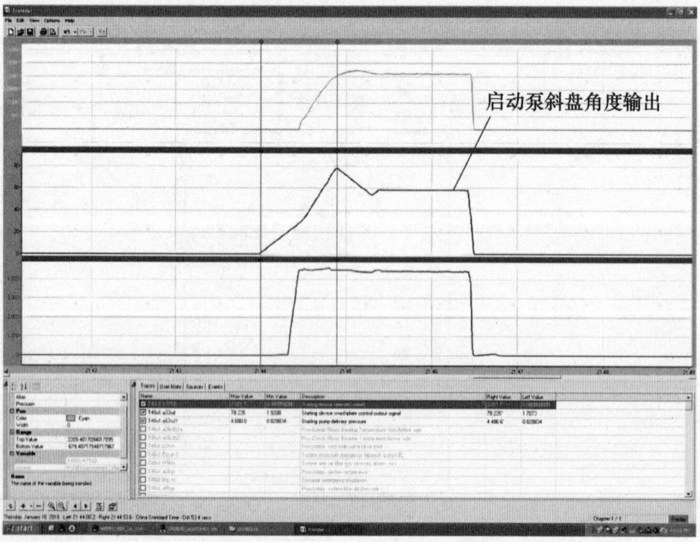

启动泵斜盘角度输出

图 6-120　换上 3#机组的马达后，1#机组盘车正常趋势图

通过上述排查，证明 1#机组液压启动泵无故障。

（3）排除离合器和附件齿轮箱故障

1）将 1#机组的液压启动马达拆下，在离合器位置手动对 GG 进行盘车检查，盘车过程轻松，无卡涩，惯性感觉良好，证明附件齿轮箱和 GG 内部无机械卡涩故障；

2）查看 1#机组盘车趋势，燃气发生器转速和离合器输入轴转速一致（见图 6-121），可以排除离合器内部故障。

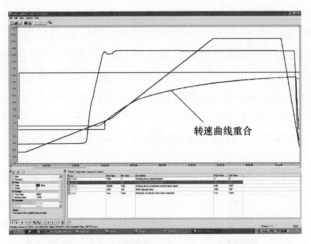

图 6-121　离合器转速与 NGG 转速重合

通过以上检查，可以排除离合器、附件齿轮箱、GG 本体机械故障。

（4）排查液压启动马达

1）将 3#机组液压启动马达安装至 1#机组，再次启动进行校验盘车测试，可将燃气发生器拖转至盘车转速，且斜盘输出正常（见图 6-122）。

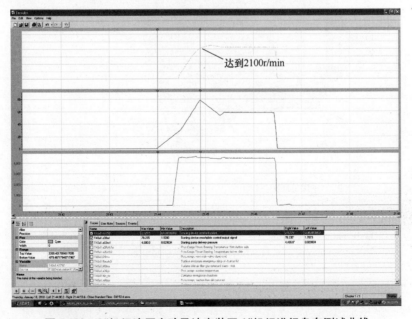

图 6-122　3#机组液压启动马达安装至 1#机组进行盘车测试曲线

2）将1#机组拆卸下来的液压启动马达安装至3#机组，对3#机组进行校验盘车测试，无法将3#机组GG拖转至盘车转速，只能将燃气发生器拖转至1540r/min，盘车失败，盘车趋势与原先1#机一致。

3）将库存中新的液压马达安装到1#机组上，对1#机进行盘车，1#机组盘车测试正常。

根据以上排查过程，可以确认原1#机组液压启动马达存在故障，是导致机组盘车失败的直接原因。

4. 液压启动马达工作原理

液压启动马达内部结构如图6-123所示。高压油从液压启动泵输出，经过过滤器后进入液压启动马达入口，经过配油盘高压油孔，高压油进入柱塞腔，对柱塞产生作用力，该作用力产生一个平行于轴线的力和垂直于轴线的力，平行轴线的力被推力轴承吸收，垂直于轴线的力带动液压马达旋转，这样高压柱塞的高压油变成了低压油，再通过配油盘低压油孔到达马达出口。配油盘可以调整马达柱塞的开度，开度大时，马达输出高扭矩、低转速；开度小时，马达输出低扭矩、高转速。配油盘的位置由2和4两液压控制块内部油路的压差决定。马达的轴承靠润滑油进行润滑降温。

当升速、负荷增大时，柱塞缸体容积变化增大。滑阀向下移，将压力油通过油路，导入上部腔体，在压力油的作用下，液压模块活塞向下移动，带动配油盘向下移动，直至触大开度限位螺钉。当完成升速、负荷减小时，柱塞容积减小。滑阀向上移，将压力油导腔体，在压力油的作用下，液压模块活塞向上移动，带动配油盘向上移动，直至触及最小开度入下部及最限位螺钉。滑阀部位的调整螺钉为调整液压启动马达油压。

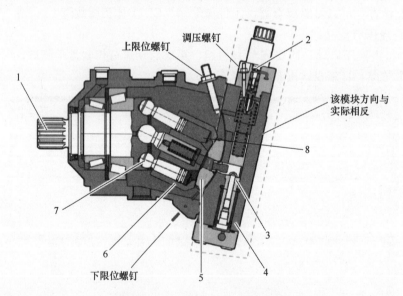

图6-123　液压启动马达内部结构

1—输出齿轮　2—滑块调整模块低压部分　3—滑块　4—滑块调整位置高压部分
5—配有盘　6—柱塞高压油入口　7—柱塞根部　8—低压油

5. 解体马达（见图6-124）**并分析工作过程**

第一过程：高压油进入马达内部主要分成两路；第一路进入模块10，第二路进入配油

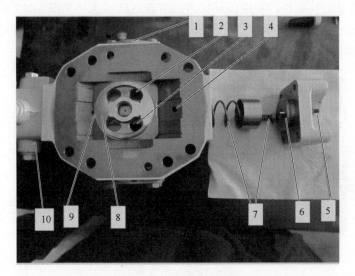

图 6-124　内部结构图

1—高压油入口　2—配油盘高压油入口　3—配油盘高压油出口　4—该孔模块 11 相通　5—调整螺栓
6—滑阀座　7—弹簧　8—配油盘　9—该孔与模块 10 连同　10—高压模块

盘。该过程中，滑块在高压油的推动下，带动配油盘在图 6-124 中的最右侧，此时斜盘开度最大，转矩最大，速度最小。

第二过程：高压油从模块 10 经过滑阀座 6 内部的滑阀，向模块 11 内部缓慢进油，增大模块 11 内部的压力。待模块 11 内部的压力加上弹簧的弹力可以克服入口压力时，推动滑块和配油盘（见图 6-124）向左移动，此时斜盘开度开始变小，扭矩变小，速度增大，直至将 GG 转速拖转到 2100r/min。

6. 故障根本原因排查及分析

1）将液压启动马达进行解体检查，检查配油盘是否磨损（见图 6-125），经检查，表面光滑无明显磨损现象。

2）检查马达轴向柱塞及缸体（见图 6-126），经检查，内部洁净，无杂质，无磨损现象。

图 6-125　配油盘表明洁净、无磨损痕迹

图 6-126　柱塞缸体内部无杂质，无磨损现象

3）检查配油盘控制模块，发现控制块内部滑阀油路不通（见图6-127标注部分），对不通的油路进行处理，最后用仪表风对所有的油路进行吹扫，确保所有油管路通畅，按照拆卸标记，复原所有拆卸的零件。

图6-127　滑阀内部油路堵塞

由于滑阀内部堵塞，图6-124中模块10的高压油无法进入模块，导致马达一直处于大开度、大扭矩、低转速区间运行，且分析结果与现场马达表现出来的故障完全吻合。

经过上述分析，可以确定滑阀内部油路堵塞导致了1#机液压马达故障，是导致1#机组盘车失败的根本原因。

4）将复原完毕的旧马达，回装到1#机组上，对1#机组连续进行两次盘车测试，机组盘车测试均一次成功，盘车参数趋势见图6-128，液压马达故障根本原因找到并彻底排除。

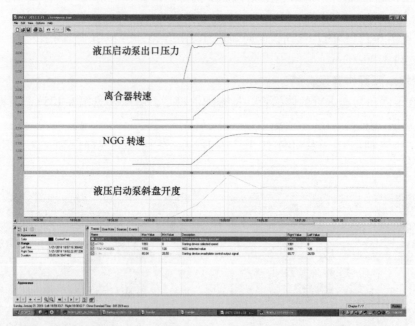

图6-128　清理完马达内部油路后将马达回装在1#机组上，盘车测试成功

7. 改进措施及建议

1）定期对液压启动泵出口的过滤器滤芯进行更换。

2）在机组进行盘车测试时，应注意查看液压启动泵斜盘开度、电磁阀状态、液压泵出口压力、离合器转速和燃气发生器转速等参数，对异常情况及时截屏留存。

3）现场开展检修作业时，如果将液压启动马达供、回油管路打开，应立即用堵头进行封堵，避免杂质进入马达内部。

4）库房里的备用马达或长时间不用的马达，应对马达内部进行灌入矿物油封存，避免内部零件生锈，如果将此类马达（包括新购买的马达）重新安装到机组上时，应对马达进行手动灌油盘车测试，一方面可以检查内部是否有杂质，另一方面可以检查马达是否存在机械故障。

5）西二线、西三线 GE 机组的液压启动马达均有三个调整螺栓，马达上方有 1 个，是马达斜盘开度最小限位调整螺钉；马达下方有 2 个，一个靠近离合器端，是马达斜盘最大开度限位调整螺钉；另一个远离离合器端，它可以调整液压启动系统供油管路压力和马达输出转速，除非紧急情况，不要轻易调整液压马达的三个调整螺钉。

6.8.6　两级高速动力涡轮检修维护技术

PGT25+两级高速动力涡轮在国内管道行业应用广泛，主要作为天然气运输设备压缩机的原动机，国内装机量约 100 台左右，其具有中等空气动力负荷和较高的膨胀效率，转子包括两级动叶、涡轮盘、中间密封环和整体轮毂转轴，三者过盈安装，一、二级动叶分别包含84 片叶片，叶根为枞树型；定子包括两个流通烟气的外部壳体，内部组件包括密封、喷嘴、护环。喷嘴由 20 个叶片组，每组 3 片组成，密封由蜂窝密封组成，动力涡轮两级均是高能量、三元设计型。本文基于 PGT25+两级高速动力首次国内现场检修工作，梳理了此型号动力涡轮的工厂大修内容与方法，现场检修更换技术以及日常维护检查重点，对指导此型动力涡轮运行与检修，以及国产化进程具有一定的指导意义。

1. 动力涡轮关键部件材质

喷嘴材质为 FSX414，钴基沉淀硬化型等轴晶铸造高温合金，化学成分见表 6-19，使用温度在 900℃以下。合金中含有较高的铬和钨，化学成分见表 6-20，具有较好的抗氧化性和耐热燃气腐蚀性能；动叶材质为 INCONEL738（Waspaloy），真空熔模精密铸造沉淀硬化镍基高温合金，含有四种难熔镍元素（Nb、Ta、Mo、W），具有优异的高温蠕变性能和耐热腐蚀性，通过 γ 基体上析出的 γ′ 产生强化，也称之为弥散强化镍基超合金；涡轮盘为 M152（1Cr12Ni3Mo2VN），与 17-4PH（0Cr17Ni4Cu4Nb）均是高强度合金钢，化学成分见表 6-21，能够在 600℃以上及一定应力条件下长期工作，具有优异的高温强度，良好的抗氧化性和抗热腐蚀性能，良好的疲劳性能、断裂韧性等综合性能，主要以板条状马氏体结构为主。涡轮壳采体用 CrMoV 钢和 Inconel718 的组合件。

表 6-19　动力涡轮喷嘴 FSX414 化学成分组成

元素	C	Cr	Ni	W	Fe	B	Si	Mn	Co
质量百分数（%）	0.20~0.30	28.5~30.50	9.50~11.5	6.50~7.50	≤2.0	0.005~0.015	≤1.0	≤1.0	余量

表 6-20　动力涡轮叶片 INCONEL738 化学成分组成

元素	C	Cr	Co	Mo	W	Ta	Nb	Al	Ti
质量百分数（%）	0.15～0.2	15.7～16.3	8～9	1.54～2	2.4～2.8	1.5～2	0.6～1.1	3.2～3.7	3.2～3.7
元素	Al+Ti	B	Zr	Fe	Mn	Si	S	Ni	
质量百分数（%）	6.5～7.2	0.005～0.015	0.05～0.15	≤0.5	≤0.2	≤0.3	≤0.015	余量	

表 6-21　动力涡轮盘 M152 化学成分组成

元素	C	Cr	Ni	Mo	Mn	Nb
质量百分数（%）	1.09	12.7	2.77	2.01	1.66	—
元素	Cu	N	Si	V	Fe	
质量百分数（%）	0.52	0.94	0.65	0.50	余量	

2. 动力涡轮工厂 50000 小时大修主要内容与方法

动力涡轮（见图 6-128）的大修周期一般为 50000 小时，动力涡轮组件总图见图 6-129。入口过渡壳体、一、二级涡轮壳体、轴支撑壳体、油密封和轴承腔、后密封环主要检查内容：金刚砂喷射清洗或手动清洗、目视检查、尺寸和几何形状检查，DPI 检查。轴承和密封、螺栓和销钉、螺丝钢套、温度、速度、键相位、振动传感器更换新备件；入口过渡壳体、一、二级涡轮壳体最终化学镀镍处理，通过焊接或打磨修复后密封环并更换梳齿。

一、二级护环主要检查内容：拆卸蜂窝密封、金刚砂喷射清洗、目视检查、尺寸检查、焊接修理缺陷并打磨恢复轮廓、修复螺栓孔、DPI 检查、更换蜂窝密封并安装；一级喷嘴返厂后整体更换新备件；二级喷嘴检查内容：从隔板上拆卸喷嘴、从隔板环拆卸蜂窝密封、显微检查（用 10 倍的放大镜进行检查）、金刚砂喷射清洗、尺寸和几何形状检查、焊接修复隔板、喷嘴缺陷并打磨恢复轮廓，DPI 检查、热处理、DPI 检查、金刚砂喷射清洗，喷涂涂层，荧光检查，隔板上蜂窝密封更换与安装。

转子组件如图 6-130 所示，检查主要内容：拆卸一、二级转动叶片，金刚砂喷射清洁涡轮盘，轴脱脂处理，目视检查轴颈表面是否有划痕及直径尺寸，检查密封环表面是否有划痕，检查推力盘是否有划痕或氧化，检查 T 型拉杆螺栓是否有腐蚀，抛光轴颈后圆周跳动检查，转子尺寸和几何形状检查，涡轮盘榫槽尺寸检查，DPI 检查轴和轴颈，FPI 检查涡轮盘。

一、二级转动叶片主要检查内容：显微检查、金刚砂喷射清洗、目视检查、尺寸检查、焊接修理叶片，按图纸尺寸机加工，FPI 检查，叶片气流表面喷涂、热处理，FPI 检查，金刚砂喷射清洗，硬涂层喷涂，叶根榫槽喷涂，榫槽喷丸硬化处理，编制叶片重量分配图。极少数叶片便面可能有裂纹（约 2.4%的左右，需要更换）。

3. 动力涡轮主要间隙数据要求

叶片组装后，静叶与转动部件需要测量径向或轴向间隙值，具体位置见图 6-131，数据见表 6-22，然后动力涡轮转子整体做低速动平衡，各数据在规定的范围内，方能到现场安装。

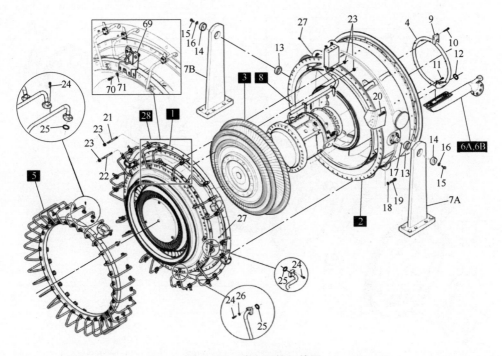

图 6-129　动力涡轮组件图

1—HSPT 涡轮机匣　2—排气机匣　3—转子和支撑机匣　4—机匣支撑空气冷却汇管　5——级喷嘴空气冷却汇管
6A—供回油管（海上用）　6B—供回油管（陆上用）　7A—右后支撑　7B—左后支撑　8—轴承温度探头
9—托架　10、11、15、19、20、24、70—螺栓　12—密封环　13—衬套　14—法兰
16、18、71—垫片　17—销　21、22—拉杆螺栓　23—螺母　25—密封环
26—特殊垫片　27—热偶　28—空气冷却管　69—汇管支撑

表 6-22　动力涡轮关键部位间隙值

位置	参数	间隙/mm	最小值/mm	备注
A	一级动叶叶根前上刃口密封与一级静叶间隙	1.70±0.20	1.15±0.25	径向
B	一级动叶叶根前下刃口密封与一级静叶间隙	1.80±0.20	1.25±0.25	径向
C	一级动叶叶顶前刃口密封间隙	1.60±0.25	1.05±0.25	径向
D	一级动叶叶顶后刃口密封间隙	1.60±0.25	1.05±0.25	径向
E	一级动叶叶根后刃口密封与二级静叶间隙	5.50±0.40	5.05±0.40	径向
F	中间隔板与二级静叶间隙	2.30±0.15	1.80±0.15	径向
G	二级动叶叶顶后刃口密封间隙	1.60±0.25	1.25±0.25	径向
H	二级动叶叶顶前刃口密封间隙	1.60±0.25	1.25±0.25	径向
I	二级动叶叶根前上刃口密封与二级静叶间隙	5.30±0.38	4.85±0.38	径向
L	二级动叶叶根前下刃口密封与二级静叶间隙	5.25±0.35	4.75±0.35	径向
M	二级动叶叶根后刃口密封与扇环密封间隙	3.60±0.40	3.20±0.40	径向
Z	一级动叶叶根前上刃口密封与一级静叶间隙	3.95±0.35		轴向
S	转子轴向位移量	0.70±0.10		轴向

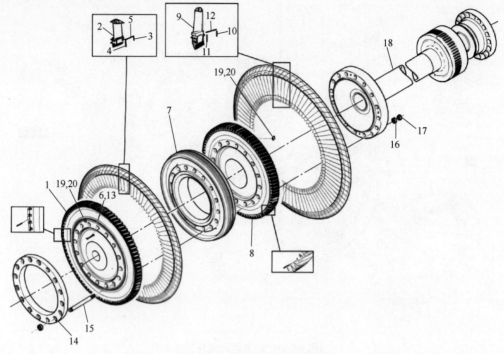

图 6-130　动力涡轮转子组件

1——级轮盘　2——级动叶　3~5、10~12—保持销　6、13—叶片锁板　7—中间垫片环　8—二级轮盘
9—二级动叶　14—压力环　15—拉杆螺栓　16—主螺母　17—锁紧螺母　18—轴　19、20—平衡块

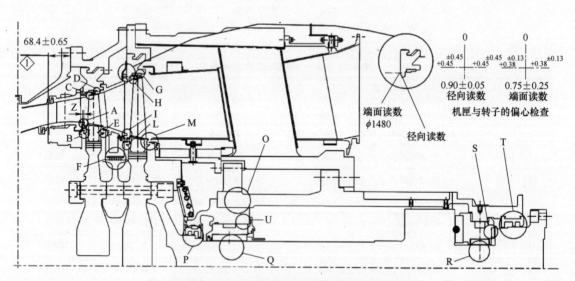

图 6-131　动力涡轮关键间隙部位示意图

　　上述数据需要现场进行测量或者计算，其中中间隔板与二级静叶间隙（F）无法直接测量，通过测量一、二级动叶的叶顶间隙再加上 0.25±0.40 得到，其值更接近二级动叶叶顶间隙值加 0.25。

动力涡轮为悬臂式结构，其中盘端径向轴承为 1#轴承，由 5 块瓦组成，轴端径向轴承由 5 块瓦组成与主、副推力轴承为组合轴承，称为 2#轴承，主推 7 块瓦，副推 8 块瓦，前者受力面积是后者的 8 倍，达到 778.5cm²，上述轴承均是可倾瓦轴承。

图 6-131 中 P 的间隙为 1#轴承处转轴与油密封环的间隙，通过测量此处油密封环、浮环的直径与转子的直径（见图 6-132）ϕA、ϕB、ϕC，A、B、C，两者相减得到。

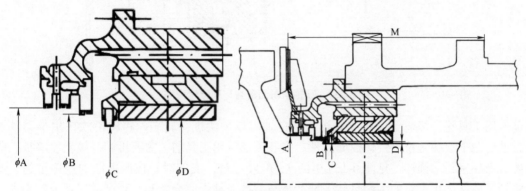

图 6-132 1#轴承与油密封环、浮环间隙示意图

1#轴承的径向间隙无法直接测量，需要计算得到，在计算其值时，必须知道轴承座与轴承腔的间隙、轴承腔与轴承瓦块的间隙，轴承瓦块与轴颈的间隙，见图 6-131 中的 O、U、Q，三者相加，然后再加上 1#轴承与轮盘端面的距离乘以转子与动力涡轮静叶夹角的正切值。2#组合轴承如图 6-133 所示。

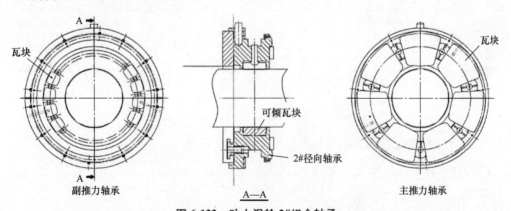

图 6-133 动力涡轮 2#组合轴承

图 6-131 中 R、T 的间隙为 2#轴承处轴承、转轴与油密封环的间隙，通过测量图 6-134 处的径向轴承、油密封环的直径与转子的直径，见图 6-134 中 E、G、H，两者相减得到。测定转子轴向位移量，能够计算调整垫片 I、F 的厚度。

4. 动力涡轮现场更换技术

当动力涡轮运行至 50000 小时，需要现场整体拆卸动力涡轮涡轮机匣、转子、轴承箱等部件，返回工厂维修。现场拆卸过程，拆卸轴承座、过渡机匣与排气机匣的连接螺栓，同时拆卸振动、键相位探头中间连接螺栓、断开轴瓦温度、轮间温度、转子速度传感器，拆卸一、二级喷嘴冷却空气管、润滑油供、回油管线、密封气管线、排气机匣筋板冷却气环管。

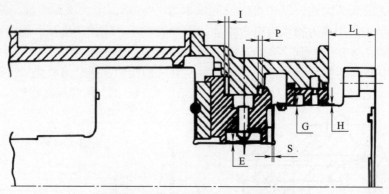

图 6-134　2#轴承与油密封环间隙示意图

借助专用工具将一级轮盘、过渡机匣固定，轴端以吊梁连接转子，将转子放在主推力轴承处，前后调平，缓慢拉出整体返修部件。安装前部专用工具前，需要拆卸一级轮盘隔板、隔热屏、扇环密封、锁环，见图 6-135 中的 4、6、5、51；安装时，按照拆卸的反序进行，始终将转子放在静止机匣的中心且转子推力盘与主推力轴承完全接触，否则易损坏内部零件。

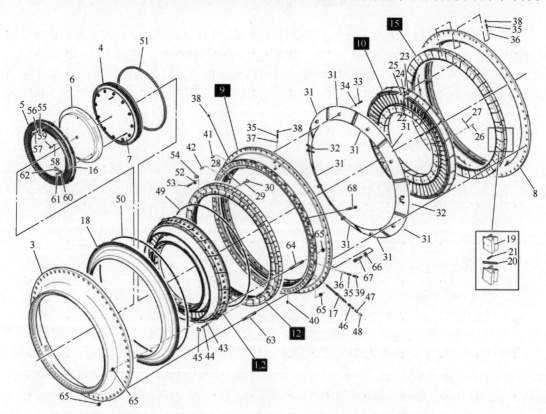

图 6-135　动力涡轮拆卸前需要拆除部件

1—级喷嘴及过渡排气机匣组件　2—一级喷嘴组件　3—过渡机匣　4—一级轮盘隔板　5—扇环密封

6—隔热屏　10—二级喷嘴　12—一级护环　15—二级低压涡轮护环　16—锁块

7~9、17~50、52~54、63~68—涡轮—二级、机匣相关静止组件　51—锁环

55、56、58、60—垫片　57、59—螺栓　61—螺母　62—锁丝

图 6-136 中的隔热屏 6 为 321 不锈钢和 Hastelloy x 的组合件，Hastelloy x 板较薄，拆卸时防止损坏。前部导轨小车的安装需要专用工具锥形过渡体，见图 6-136 中的 1，其位置安装角度见图 6-137，垂直方向偏右 7.826°，否则无法连接专用工具。

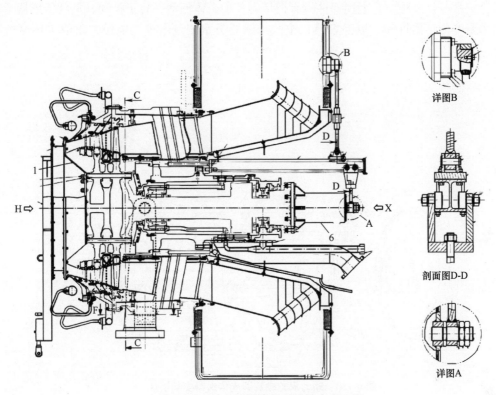

图 6-136　动力涡轮拆卸所需的专用工具

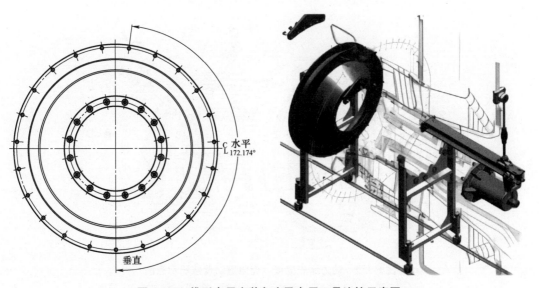

图 6-137　锥形专用安装角度及专用工具连接示意图

5. 动力涡轮现场维护技术

在动力涡轮大修时，轴瓦温度（见图6-138）、速度、壳体振动（见图6-139）、转子振动、键相位传感器（见图6-140），需要拆卸上述部件，通常在转接头处拆卸，方便安装。动力涡轮正常运行过程中，上述部件时有损坏，其中壳体振动、转子振动、速度传感器、2#组合轴承温度传感器拆卸、更换容易，按照传感器类型测量电容、电压、阻值等信号检测即可。

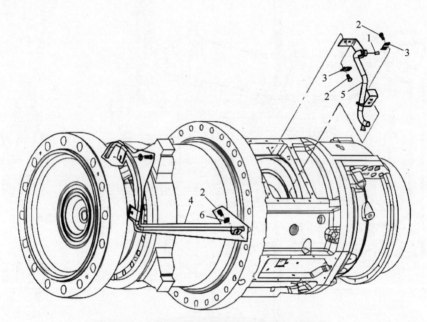

图6-138　动力涡轮轴瓦温度传感器安装组件
1—温度传感器（8支）　2—螺栓　3—双面锁紧垫片　4—穿线管　5—软管　6—固定板

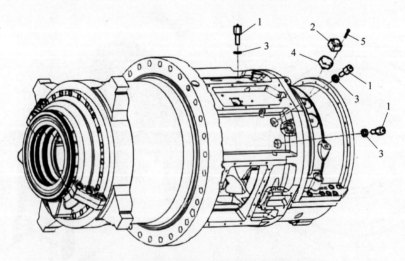

图6-139　动力涡轮速度、壳体振动传感器示意图
1—速度传感器　2—加速度振动传感器　3—垫片　4—探头固定座　5—螺栓

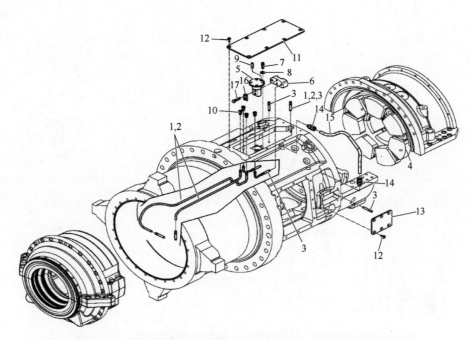

图 6-140　动力涡轮 1#、2#轴承处转子振动、键相位传感器示意图

1、3—振动探头　2—延长电缆　4—瓦块　5—销　6—键相位探头固定板　7、12、17—螺栓　8—垫片　9—定位销
10—电缆格兰头　11、13—盖板　14—接头　15—软管护套　16—双面锁紧垫片

（1）动力涡轮轴仪表探头问题

动力涡轮壳体振动探头为加速度计探头，报警值为 12.7mm/s，最高停机值为 25.4mm/s，正常运行时动力涡轮壳体振动最好在 6.35mm/s 以下，转子振动最好在 100μm 以下，但如果燃气发生器发生转子动不平衡或其他原因致使其振动高，对动力涡轮壳体振动的影响也较大。

动力涡轮 1#、2#轴承（见图 6-141～图 6-143），及相应的油密封环损坏的可能性较小，若瓦块磨损或者轴向位移、径向间隙变大，则需要调整垫片厚度或更换瓦块。一般轴承瓦块上的温度探头出现故障的可能性较高，特别是 1#轴承温度探头若出现故障，空间小，专用工具多，拆卸难度大。由于动力涡轮转子是悬臂式结构，需要专用提升轴工具预计转子顶丝工具（见图 6-144），将转子提升一定间隙，拆卸轴承座压板定位销，然后拆卸 1#轴承下部瓦块，更换探头。

振动探头及键相位探头出现故障的可能性较小，主要为中间接头接触不良或接头密封处漏油，拆卸图 6-139 或图 6-140 中的 12 即可处理。另外速度探头主要是探头与音轮的距离不合适或线缆磨损，导致超速保护停机，需要调整或更换探头。

（2）动力涡轮轮间温度探头问题

动力涡轮正常运行过程中，轮间温度传感器易发生烧蚀损坏，需要更换。在更换过程，其探头安装、定位孔见图 6-145。由于后 3 个温度探头需要插入由两部分连接的导管内，更换探头时，需要使用内窥镜检查探头导管连接滑套是否对中良好，在安装探头时，建议涂抹防咬合剂，起到润滑作用，利于安装与拆卸。

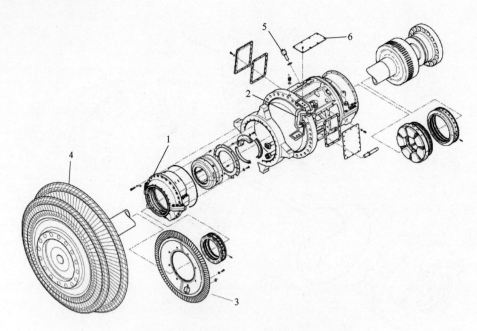

图 6-141　动力涡轮 1#、2#轴承结构示意图
1—轴支撑机匣（预先安装）　2—轴承热电偶（RTD）　3—扇环密封组件　4—涡轮转子组件
5—速度探头　6—振动探头（转接头位置）

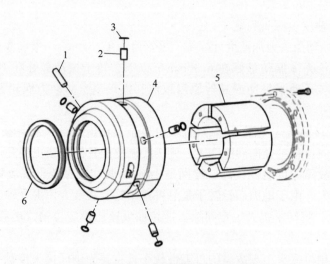

图 6-142　动力涡轮 1#轴承内部结构
1—防转销　2—瓦块定位支点　3—卡簧　4—轴承座　5—1#径向轴承瓦块　6—浮环密封（铜）

　　一般同一轮间温度的热电偶示数相同或相近，允许存在 50～60℃ 的偏差，若偏差超过
80℃，说明热电偶未安装到位或损毁，有可能读取的是金属温度，而不是气流的温度，不能
以两者的低值来判断轮间温度。热电偶安装长度见表 6-23，由于热电偶是柔性的，其安装长
度可能大于表中的 2%～3%。

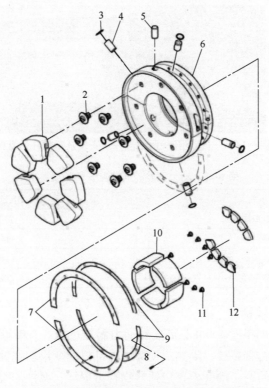

图 6-143　动力涡轮 2#组合轴承内部结构

1—主推力轴承瓦块　2、11—瓦块支点　3—卡簧　4—径向轴承瓦块定位支点　5—防转销
6—2#轴承座　7、9—调整垫片　8—沉头螺栓　10—径向轴承瓦块　12—副推力轴承瓦块

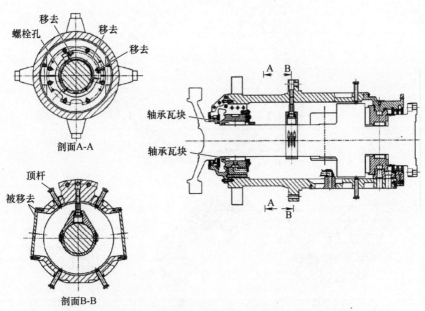

图 6-144　动力涡轮 1#轴承瓦块拆卸与温度探头更换工具与方法

图 6-145 一级轮盘轮间温度探头安装及定位孔示意图

表 6-23 动力涡轮轮间温度安装长度要求

轮间	长度/mm
一级轮盘前端	1548.3
一级轮盘后端	441.4
二级轮盘前端	448.2
二级轮盘后端	1088.5

（3）动力涡轮内窥镜检查

当动力涡轮运行至半年或4000h，需要对动力涡轮过渡段、喷嘴、动叶等部位进行内窥镜检查，过渡段检查是否有裂纹、隔热罩损坏、外部衬里变形、烧蚀等问题；喷嘴主要检查异物打击损坏、腐蚀等问题，动叶检查包括异物打击损坏、腐蚀、裂纹、叶顶间隙、蜂窝密封等状况。微小的裂纹不易发现，一般通过拆解后的放大镜显微检查或着色探伤检查，检查孔位置见图6-146。

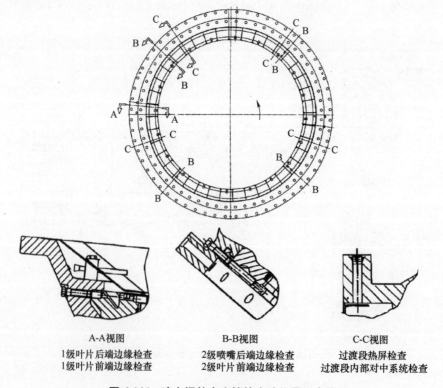

A-A视图	B-B视图	C-C视图
1级叶片后端边缘检查	2级喷嘴后端边缘检查	过渡段热屏检查
1级叶片前端边缘检查	2级叶片前端边缘检查	过渡段内部对中系统检查

图 6-146 动力涡轮内窥镜检查孔位置示意图

（4）动力涡轮运行过程中日常检查

动力涡轮正常运行过程中，需要检查转子、轴承相关温度、振动、速度等参数，检查润滑油压力、燃气发生器 9 级抽气作为密封气或冷却气的温度、压力。停机后检查是否有润滑油泄漏，冷却气、密封气管线是否断裂，动力涡轮定期进行低点排污，箱体温升探头是否完好，保温层是否损坏，烟气是否泄漏等内容。运行时需要重点监控数据见表 6-24。

表 6-24　动力涡轮运行过程重点监控数据

参数	正常范围	高报警值	最高停机值	备注
速度/（r/min）	3050~6100	6425	6710	额定加速度 30.5r/（min·s）
入口温度/℃	≯835.5	855	860.5	
排气温度/℃		600	615	
一级轮盘前温度/℃		350	365	
一级轮盘后温度/℃		400	415	
二级轮盘前温度/℃		450	465	
二级轮盘后温度/℃		450	465	
1#轴承温度/℃				
2#轴承温度/℃				
推力轴承温度/℃				
润滑油总管温度/℃	10~50	72	79	
润滑油总管压力/barg	1.5~1.7	1.2	0.9	
转子径向振动/μm		100	120	
轴位移/mm		±0.6	±0.8	
壳体振动/（mm/s）		12.7	25.4	报警一倍频，联锁通频

机组运行期间，站控重点监控上述参数，并在报警值前设定预报警，为紧急状况条件下的处理预留一定的时间，同时，注意机组各参数的变化趋势，及其发展变化状况，即可保证动力涡轮的长周期运行。

通过近几年对 PGT25+动力涡轮的工厂大修检查、现场动力涡轮主要部件整体更换、日常动力涡轮的运行和维护，提高了动力涡轮的自主故障处理和检修能力，为动力涡轮早日实现国产化制造和大修奠定了一定的基础，保证了 GE 燃气轮机运行的可靠性，对国家管网主干管线的长周期运行具有一定的指导意义。

6.8.7　西气东输干线离心压缩机联轴器的结构与安装技术

天然气干线离心压缩机组是天然气长距离输送的重要设备，每相隔一定的距离，约 200km 左右需要建设增压站，增加天然气的压力，提高输送流量。站内主要有电机驱动和燃气轮机驱动离心压缩机，其驱动机与压缩机均通过高性能联轴器连接。联轴器应用于炼油、石化、发电、油气储运等的工艺、管网等方面，驱动设备有燃气轮机、蒸汽轮机、同步、异步电动机、膨胀机；被驱动机包括离心压缩机、轴流压缩机、发电机、关键泵等。其中干式联轴器由于免维护、无磨损件、对设备作用力小，平衡性能好，连接件无裂纹，部件可现场更换、费用低等特点，应用更广泛。天然气压缩机使用较多联轴器结构类型主要有叠片联轴器、膜盘联轴器，少量扭矩联轴器也有使用。

1. 常用联轴器结构介绍（见图 6-147~图 6-151）

叠片联轴器由较多厚度 0.3~0.4mm 不锈钢 1Cr17Ni7、铜镍合金（白铜）或蒙乃尔合金（镍合金）薄片组成的盘片组，传递扭矩。叠片组处于拉紧、压缩和弯曲状态，适应不对中，有些叠片表面有涂层，消除高不对中时的磨损，扭矩从驱动螺栓到被驱动螺栓切向传递。

膜盘联轴器由金属片或一系列金属片从外径到内径径向传递扭矩，扭矩负荷以剪切力的形式传递，以弯曲形式适应不对中。其特点：扭矩没有限值，适应更高的扭矩比，具有更大的轴向和角度不对中，无磨损，膜盘也可设计成机械"保险丝"，扭矩过大时断开。

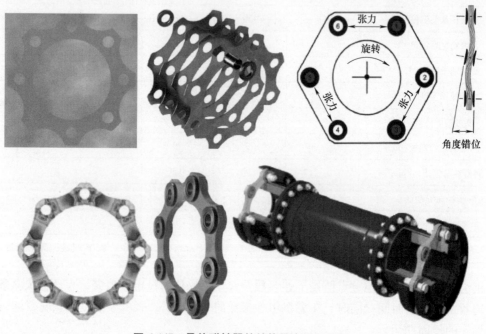

图 6-147　叠片联轴器的结构及有限元分析

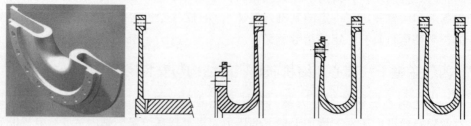

图 6-148　膜盘联轴器的结构形式（Ⅰ型、Ｊ型、Ｕ型）

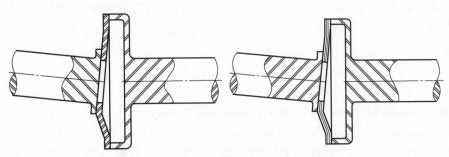

图 6-149　膜盘联轴器盘片和盘片组的结构

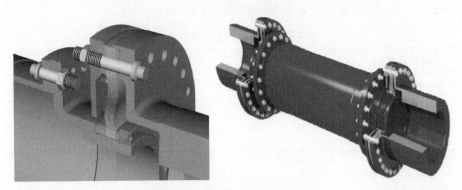

图 6-150　多层波纹状膜盘组结构

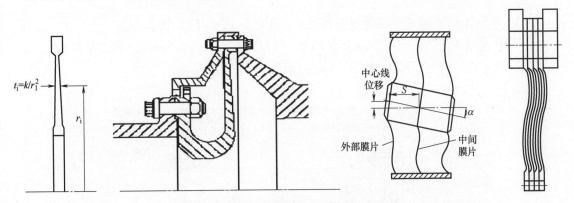

图 6-151　单层与多层波纹状膜盘组内部结构

　　叠片联轴器，传递相同的扭矩需要更小的直径，重量轻，对连接设备作用力较小，连接不用焊接和花键，在减小力矩设计时适应更大的轴孔；直膜盘联轴器利用薄膜盘提供挠性，挠性、扭矩和膜盘直径折中，应力均匀，单层弯曲膜盘联轴器剖面设计使应力均匀，能够根据扭矩和不对中要求，变化剖面形状。

　　多层波纹形膜盘设计综合了叠片、膜盘的优点，内径花键接口设计，允许挠性元件现场更换，材质通常选用 15-5PH 不锈钢膜盘和合金元件。多层实现低刚度、大能量密度，早失效预警等功能；波纹状起到柔性展开作用，刚度恒定；挠性区域互相分离，运行时挠性元件非接触，无任何磨损。优化挠性区域厚度，将挠性和承载能力最优组合，膜盘双面喷丸，增加疲劳寿命，并抵抗应力腐蚀裂纹，仅 50% 的膜盘传递扭矩，波纹膜盘组线性变形率，对连接设备的作用力更小。

2. 公司各型机组配套联轴器技术参数及安装要求

全球知名联轴器厂家有康福来（Kopflex）、伊格尔博格曼（EKK，EagleBurgmann）、福伊特（BHS-GETRIEBE）、毕比（Bibby Transmissions，Bibby Turboflex）、美锐（Ameridrives、Euroflex Transmission）、Metastream John Crane 等，西部管道公司由于压缩机组厂家、机型配置较多，联轴器的使用厂家也较多。EKK 的联轴器一般表面涂漆或发黑处理；Bibby、Ameridrives 联轴器常做氧化发黑处理，防止腐蚀；Kopflex 联轴器是金属本色，一般使用不锈钢。表 6-25 列举了几个常见厂家膜盘联轴器的特点。

表 6-25　各厂家膜盘联轴器的特点

材料及机构特点	Kop-Flex	Goodrich/EKK	Ameridrives
膜盘材料	15-5PH SS	4340VM	15-5PH SS
盘片带涂层	否	是	否
与中间节的连接方式	螺栓	焊接	花键/螺栓
元件数量	5/6	3	5
元件现场可更换	是	否	是
制造成本	高	中	中

（1）SIEMENS 压缩机组联轴器安装（见图 6-152~图 6-154）要求

SIEMENS 压缩机组，不论燃驱还是电驱，驱动机与压缩机轴头间距一般控制在 48″，联

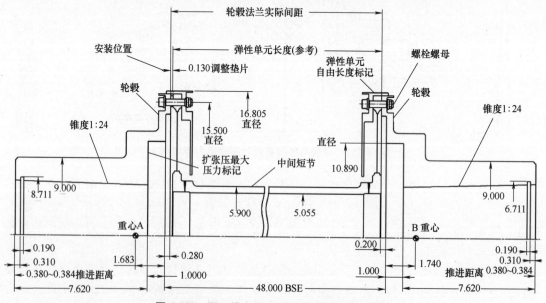

图 6-152　西一线 SIEMENS 燃驱联轴器安装图

轴器轮毂是刚性部件，叠片或膜盘挠性部件定位在中间短接的两端，所以计算安装调整垫片尺寸时，测量联轴器两端轮毂法兰至法兰的距离，作为基准距离，无需测量轴头间距，轴头间距仅是初始安装时，定位两台设备而用。测量 DBSE（轴端间距）时，建议两转子的位置处于运行工况的位置，推力盘放置在推力轴承的承力侧。检修时，拆卸轮毂与中间短节的螺栓螺母。

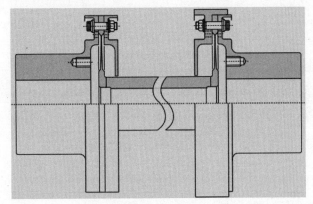

图 6-153　西一线 SIEMENS 燃驱联轴器示意图（数据仅供参考）

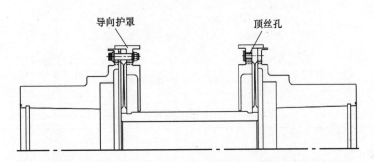

图 6-154　西一线 SIEMENS 燃驱联轴器导向保护板及顶丝示意图

　　西一线 SIEMENS 燃驱机组，联轴器（见图 6-155）包括两个轮毂和弹性元件，其弹性元件由中心管与两端的膜盘组成，膜盘由弹性金属加工，其弯曲能够调节两轴的角向不对中并传递扭矩。中间短节带导向保护，与轮毂法兰外圆配合，拆卸时需要使用顶丝将导向保护板脱开。必要时，使用颜料检查联轴器轮毂与轴须有 85% 的接触面积，检查轮毂外圆和端面的跳动量，联轴器螺栓允许拆装 10 次（另有规定除外）。测量法兰至法兰距离前，应将动力涡轮转子靠近压缩机，压缩机转子放在中间，例如：法兰至法兰距离 47.44″，弹性元件的长度 47.232″（钢印在中间短节上），预拉伸量 0.078″，则需要增加的垫片为，0.13″。两端轮毂的过盈量均为 0.015″/0.016″，锥度 1∶24。

　　西一线 SIEMENS 电驱压缩机组联轴器为叠片联轴器，电机轮毂的过盈量为 0.012″/0.015″，直孔安装，压缩机轮毂的过盈量 0.016″/0.017″，锥度 1∶24，轮毂推进位移10.15/9.90mm（0.400″/0.390″）。测量轮毂法兰间距时，电机转子靠近压缩机或者定位在磁力中心线处，压缩机转子放在中间位置，计算调整垫片与西一线 SIEMENS 燃驱类似。一般垫片放在电机侧，联轴器出厂已安装 8 片调整垫片，厚度 12.05±3.05，若需要垫片的尺寸超过 0.13″，则将固定整体垫片放在电机侧。检修时，拆卸轮毂两侧的螺栓螺母。

　　西二、三线、轮吐线 SIEMENS 燃驱联轴器（见图 6-156 和图 6-157），为 Ameridrives 公

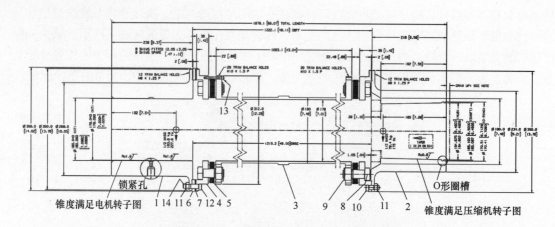

图 6-155　西一线 SIEMENS 电驱联轴器示意图

1—轮毂　2—轮毂　3—中间短节　4—适配器　5—叠片　6—背板　7—调整垫片　8—螺栓
9—自锁螺母　10—螺栓　11—自锁螺母　12—螺栓　13—内六角螺栓　14—内六角螺栓

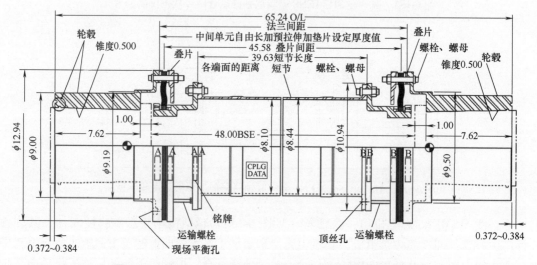

图 6-156　西二、三线、轮吐线 SIEMENS 燃驱联轴器示意图

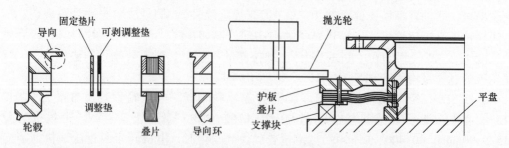

图 6-157　西二、三线、轮吐线 SIEMENS 燃驱联轴器弹性叠片安装与检查示意图

司为其量身定做的一款多层膜盘联轴器，检修时，拆卸轮毂两侧的螺栓螺母。其特殊性为联轴器刻意被加工短了 0.125"，但为其配置了一个 0.125" 预装垫片，联轴器中间短节上标记的长度应包括这个预装垫片，实际中间短节（不含垫片）的长度为 46.433"，记为 G，预装垫片厚度 0.125"（含整体垫片 0.062" 和可剥离的垫片 0.063"），记为 S，现场短节钢印标记的长度约为 46.558"，为两者的和，预拉伸量 0.11"（二线）、0.089"（三线），记为 P，以三线为例，在计算需要的调整垫片时，将三者相加，则 G（中间短节实际尺寸）$+S$（预装垫片厚度）$+P$（预拉伸量）$= 46.433" +0.125" +0.089"$，其值为 46.677"，将其记为 F；测量联轴器轮毂两法兰间距时，将动力涡轮转子靠近压缩机，压缩机转子处于中间位置，测量两法兰间距，并将其记为 I，若 $I-F$，其差值在 $\pm0.76mm$ 以内，则不需要增减调整垫片；若差值在超过 $\pm4.06mm$，则需要调整驱动机或压缩机的位置；若差值的绝对值在 $0.76\sim4.06mm$ 之间，则需要使用调整垫片进行调节，单端最大垫片的厚度不能超过 0.125"。两端轮毂的过盈量均为 0.015"/0.016"，在轮毂不带 O 形圈的情况下，用手推至轴头，作为初始起点位置，轮毂大约推进 0.360"/0.384"。行进距离至转子 $\Phi6.5"$ 直径刻度线的基准为 0.372/0.384" 范围。

（2）国产 703 机组联轴器安装要求

西三线 703 燃驱联轴器（见图 6-158），与二、三线 SIEMENS 燃驱联轴器极为相似。也为 Ameridrives 公司的产品，其联轴器为多层膜盘结构，刻意被加工短了 3.18mm，但为其配置了一个 3.18mm 预装垫片，联轴器中间短节上标记的长度应包括这个预装垫片，实际中间短节（不含垫片）的长度为 1938.96mm，记为 G，预装垫片厚度 3.18mm（含整体垫片 1.57mm 和可剥离的垫片 1.61mm），记为 S，现场短节钢印标记的长度约为 1942.14，为两者的和，预拉伸量 6.66，记为 P，在计算需要的调整垫片时，将三者相加，则 $G+S+P=$ 1938.96mm+3.18mm+6.66mm，其值为 1948.8mm，将其记为 F；测量联轴器轮毂两法兰间距时，将动力涡轮转子靠近压缩机，压缩机转子处于中间位置，测量两法兰间距，并将其记为 I，若 $I-F$，其差值在 $\pm0.12mm$ 以内，则不需要增减调整垫片；若差值在超过 $\pm3.18mm$，则需要调整驱动机或压缩机的位置；若差值的绝对值在 $0.12\sim3.18mm$ 之间，则需要使用调整垫片进行调节，单端最大垫片的厚度不能超过 3.18mm。拆卸短节时，两侧的叠片压缩量均不能超过 2.4mm，只要叠片组脱离导向保护止口即可。检修时，拆卸轮毂两侧的螺栓螺

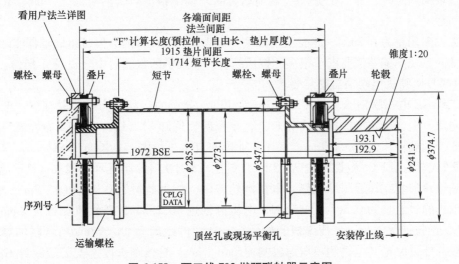

图 6-158　西三线 703 燃驱联轴器示意图

母。轮毂推进量为 8mm，行进距离至转子 Φ160mm 直径刻度线的基准范围为 7.7~8.3mm。联轴器的锥度是 1:20，如果推进 8mm，则轮毂直径增加 0.4mm，就是所谓的过盈量为 0.4mm，轮毂大头直径 159.585~159.615mm，加上 0.4mm，等于 159.985~160.015mm，取平均值是 160mm，厂家一般在轴头直径 160mm 的位置做一个刻度线，作为联轴器轮毂推进量的基准界限，或者在这个部位安装一个卡环，当轮毂推进至这个位置，与卡环接触，不能再前进，相当于限位。尺寸 7.7~8.3mm 就是轮毂安装推进量的上下限，取平均值，推进量就是 8mm。

西一、二、三线、轮吐线 GE 燃驱联轴器（见图 6-159）均为 Bibby 公司的产品，是干式薄片叠加而成的联轴器，弹性由叠片的变形产生，弹性元件受拉和弯曲应力，轴向、角向、平行不对中需要满足不对中曲线和操作曲线的要求，其联轴器依靠螺栓和弹性元件之间的摩擦传递扭矩。公司 GE 燃驱联轴器完全相同，能够互换使用，仅预拉伸量和联轴器自由长度有轻微差异，但联轴器安装长度（含 4mm 预拉伸量）均为 1992mm，联轴器自由长度为 1987.8~1988mm，检修时，拆卸中间短节两侧的螺栓螺母。

安装时，轴头间距尽可能接近 1800mm，测量轴头最外侧平面间距（特别是动力涡轮端面，计算时，以与联轴器适配器的接触面算起，见图 6-160），初始安装两台机器时，将两端的运输定位板拆卸，测量两法兰的间距，由其减去 1428.14mm，再减去 4mm 的预拉伸值，所得然后除以 0.381，得数圆整至整数即是需要添加的总垫片数。联轴器自由总长 1988mm（含 8 片垫片，短节两侧各 4 片，厚度各为 1.52mm）；或者以轴头间距减去 1800 时（含联轴器 4mm 预拉伸量，含 8 个垫片）所得，除以 0.381，即为另外多加垫片的数量，则总垫片数应再加联轴器自带的 8 个垫片，联轴器每侧安装的垫片数不能超过 8 片，且安装压缩机联轴器轮毂较压缩机轴头凸出 1mm。

在操作过程中，弹性元件轻微弯曲或 S 型变形非有害。联轴器自锁螺栓能够重复使用 10~12 次。此联轴器，弹性元件设定在轮毂上，由于长周期运行，叠片变形或轴向拉伸，其已不在新叠片初始自由位置，再次检修测量两法兰间距时，可能与初始安装数据有些许差别。

测量轴向间距时，外径千分尺接触到动力涡轮轴端最低点，然后减去 7mm，才是真实的轴头间距。

最大轴向偏差为 4.2mm，此时径向偏差允许为 1.95mm 以内，但机组联轴器实际安装过程中，轴向、径向偏差值要求小很多，按压缩机厂家提供的数据对中（见图 6-161）。

（3）GE 压缩机组联轴器安装要求

西二线 GE 电驱联轴器（见图 6-162）为 Bibby 公司的产品，为叠片联轴器，电机侧叠片在中间短节上，压缩机侧叠片在轮毂上，检修时，拆卸 11、12、13、14 螺栓螺母。联轴器自带 8 个调整垫片，约 3.05mm，算在联轴器的自由总长内，总长 968.534mm，其包括图中 13.05 的数据，13.05 数据中含 3.05 厚的垫片（8 片），另外还可以增加 8 个调整垫片，所有调整垫片安装在靠近压缩机侧。电机侧轮毂轴头的过盈量为 0.468~0.572mm，压缩机侧轮毂轴头的过盈量为 0.36~0.415mm，电机侧推进 10.25mm，压缩机侧推进 8mm，过盈量 2.5%，预拉伸量 2.8mm。压缩机侧轮毂头至法兰的距离为 28.677mm。若联轴器轮毂完全在理想的推进位置（电机侧、压缩机侧均凸出 1mm，轮毂轴头冷态安装间距为 1000mm，

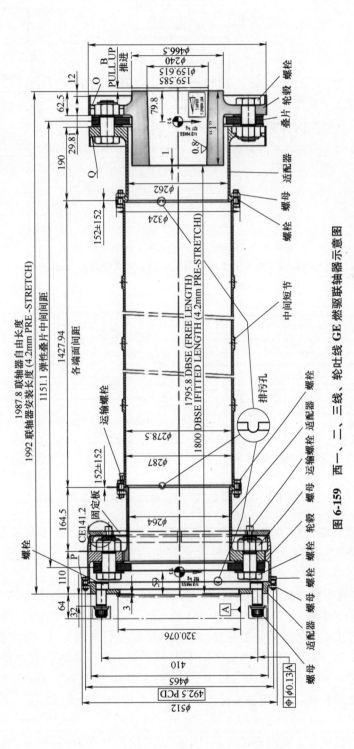

图 6-159　西一、二、三线、轮吐线 GE 燃驱联轴器示意图

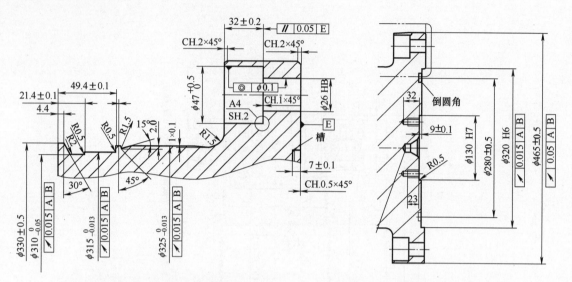

图6-160　动力涡轮轴头端面的情况（测出的轴头距离应减去7mm为实际轴头间距值）

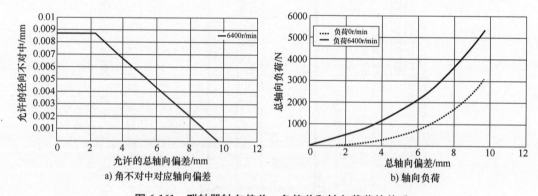

a) 角不对中对应轴向偏差　　　　　　b) 轴向负荷

图6-161　联轴器轴向偏差、角偏差和轴向载荷的关系

电机、压缩机转子轴头为1002mm，则调整垫片的数量为8片（基准垫片数量，随联轴器出厂设定垫片，则不需要增加垫片）。最大允许角偏差0.2°，平行补偿量3.48mm，轴向偏差1.8mm。

西三线GE电驱联轴器（见图6-163）为Metastream John Crane公司的产品，中间短节带叠片，传动单元（中间短节）的长度为981.6（含3.2mm，8片垫片），预拉伸量为3.9mm，主要是驱动机与压缩机转子的热膨胀量，联轴器的膨胀量考虑为0。电机侧带绝缘垫片，压缩机侧带调整垫片导向保护垫。当法兰间距为982.3mm时，则减去预拉伸量3.9mm后，为978.4mm；恰好等于中间短节长度981.6mm减去3.2mm值为978.4mm。调整垫片与轴头法兰间距的关系见图6-164，测量轴头法兰间距时，电机侧应带绝缘垫片，压缩机侧应去掉垫片导向保护垫。

此联轴器运行状态，轴向和径向不对中的最大偏差分别为±3.8mm，±3.75mm，角偏差为0.25°（见图6-165）。

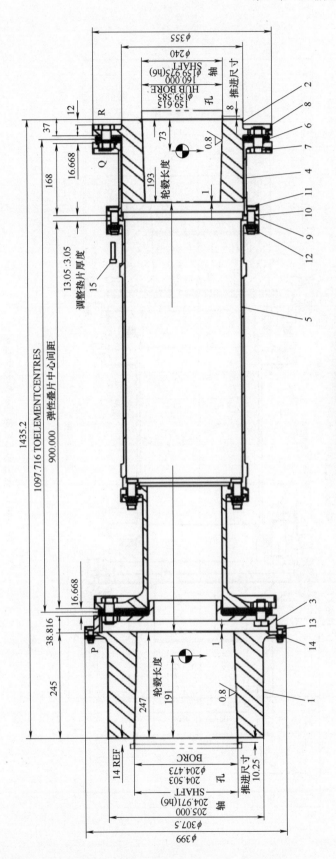

图 6-162　西二线 GE 电驱联轴器示意图

1、2—轮毂　3—适配器　4—短节　5—中间短节　6—叠片　7、12、14—螺母
8、11、13—螺栓　9—绝缘板　10—调整垫片　15—运输螺栓

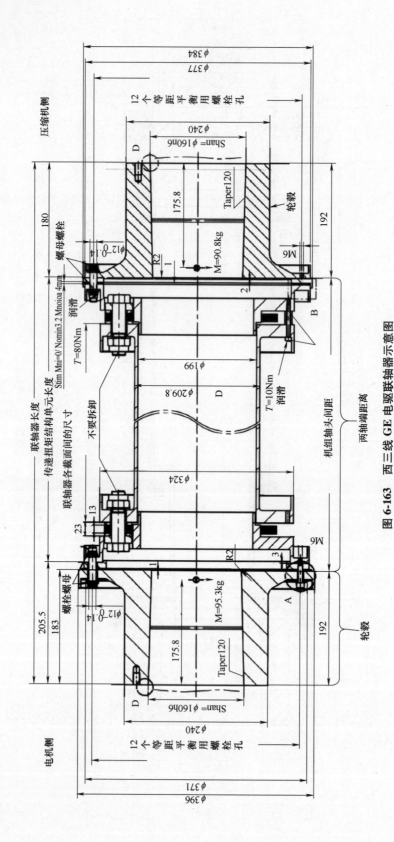

图 6-163 西三线 GE 电驱联轴器示意图

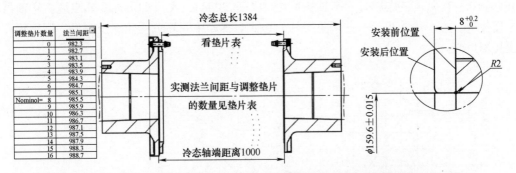

图 6-164　西三线 GE 电驱联轴器法兰间距与调整垫片的数量关系及轮毂的推进量

第一横向临界转速：≥47383r/min		
不对中	轴向	横向
最大连续	±3.8mm@13000N	±3.75mm@0.25°
最大过度	±5.7mm@25350N	±5.63mm@0.38°
推荐的现场运行数据	最大连续值的±10%	最大连续值的±10%

图 6-165　轴向及径向不对中数据

（4）西三线德莱塞兰压缩机组联轴器（见图 6-166）安装要求

西三线德莱塞兰压缩机用联轴器为康福来公司印度生产，叠片联轴器。电机侧、压缩机侧轮毂的过盈量均为 0.0025in/in，电机侧轮毂推进量为 9.90～10.16mm，压缩机侧轮毂推进量为 10.67～10.92mm。联轴器最大不对中偏差量为：轴向±7.0mm，径向±6.1mm，角偏差 0.375°。若两转子轴头间距为 609.6mm，且轮毂按标准量推进，则需要调整垫片 10 片，厚度 3.81mm。冷态法兰间距为 587.89mm，调整垫片 10 片，含联轴器预拉伸为 0.61mm。

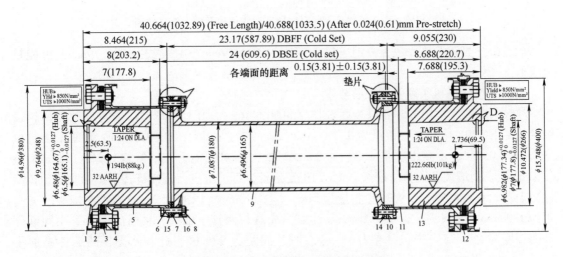

图 6-166　西三线德莱塞兰联轴器示意图

1—轮毂　2—螺母　3—弹性叠片　4—螺栓　5—短节　6—螺栓　7—绝缘组件　8—螺母　9—中间短节
10—调整垫片　11—短节　12—弹性叠片　13—轮毂　14—位置板 1　15—位置板 2　16—绝缘板

图 6-167 中，当无调整垫片时，则轴头间距为 605.90mm，含 0.61mm 预拉伸量。联轴器含两个定位板、一个绝缘板，一些调整垫片。检修时拆卸中间短节两侧螺栓螺母，调整垫片安装至压缩机侧。

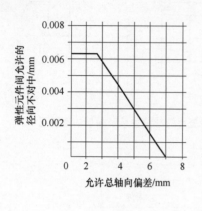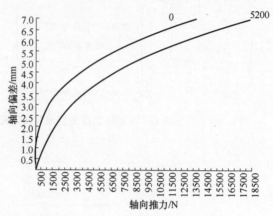

垫片说明		垫片说明	
垫片数量 每片厚度 (0.381mm)	轴端间距	垫片数量 每片厚度 (0.381mm)	轴端间距
0 shims	606.790mm	11 shims	609.981mm
1 shims	606.171mm	12 shims	610.362mm
2 shims	606.552mm	13 shims	610.743mm
3 shims	606.933mm	14 shims	611.124mm
4 shims	607.314mm	15 shims	611.505mm
5 shims	607.695mm	16 shims	611.886mm
6 shims	608.076mm	17 shims	612.267mm
7 shims	608.457mm	18 shims	612.648mm
8 shims	608.838mm	19 shims	613.029mm
9 shims	609.219mm	20 shims	613.410mm
10 shims	609.600mm-Nominal		

图 6-167　西三线德莱塞兰联轴器不对中偏差及调整垫片数据表

此表中，当调整垫片数为 0 时，轴头间距为 605.79mm，上表数据 606.79mm，可能是笔误。

（5）沈鼓压缩机组联轴器安装要求

沈鼓电驱机组常用 KOP-FLEX 联轴器（见图 6-168），其是 J 型单层膜盘联轴器，轮毂锥度均为 1∶20，电机侧过盈量为 0.450~0.462，轮毂推进量 9.00~9.25mm；压缩机侧过盈量 0.399~0.411，轮毂推进量 8.00~8.25mm。最大不对中能力，角偏差 0.25°，轴向偏差 4.70mm，膜盘最大平行补偿量 4.19mm，正常运行，抵消电机、压缩机转子热膨胀的预拉伸量为 3mm，极端状态，最大热膨胀量为 5mm（电机 3mm，压缩机 2mm）。正常轴头冷态间距为 1000mm，轮毂头冷态间距为 998，也就是轮毂较两转子轴头分别凸出 1mm，中间部分自由长度为 979.75（未包括垫片），冷态法兰间距为 986.05，此种状态，两端各添加了 1.65mm 的垫片加 3mm 预拉伸，再加上自由长度 979.75mm，与其一致。测量法兰间距时，电机转子必须放在磁力中心线上，压缩机转子处于中心。此联轴器两端带导向保护环（见图 6-169）。康福来联轴器自锁螺栓、螺母能够拆装使用 10 次。

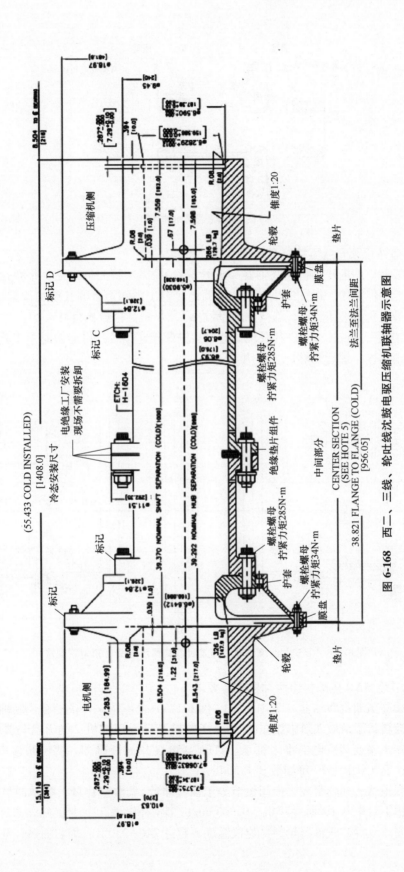

图 6-168　西二、三线、轮吐线沈鼓电驱压缩机联轴器示意图

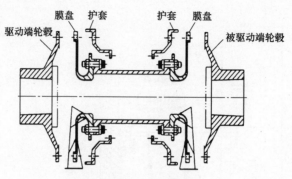

图 6-169　膜盘保护环

（6）河口站德莱塞兰压缩机组联轴器安装要求

涩宁兰线河口站的压缩机用联轴器（见图 6-170）是康福来的产品，是叠片联轴器，带扭矩测功功能，但未用。设计的法兰到法兰的距离等于中间短节的长度加调整垫片 1.52mm 的总长度。最大角偏差 0.25°，最大轴向偏差 ±2.54mm，轮毂锥度 1：20，过盈量 0.13 ~ 0.14mm，推进量 3.0~3.3mm。其联轴器通过运输螺栓定位后，也能做对中工具使用。康福来联轴器自锁螺栓、螺母能够拆装使用 10 次。

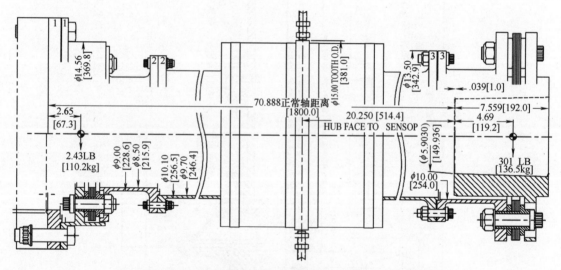

图 6-170　涩宁兰线德莱塞兰压缩机联轴器示意图（扭矩联轴器）

（7）涩宁兰 MAN 压缩机组联轴器安装要求

涩宁兰线曼压缩机联轴器（见图 6-171~图 6-173）是康福来提供的叠片联轴器，动力涡轮转子和压缩机转子放在工作位置，即动力涡轮转子靠近压缩机，推力盘与其推力轴承接触；压缩机转子靠近某一侧的推力轴承。TITAN130 使用的联轴器，每侧最多安装 2.29mm 的调整垫片，而 TAURUS70 每侧最多 1.524mm。

测量的联轴器法兰间距减去中间短节等于预拉伸量±调整垫片量，联轴器最大操作不对中数据为：角不对中 0.10°每叠片组，0.0035in/in TIR 补偿量。

若加热安装或拆卸联轴器轮毂，建议温度不超过 240~250℃，均匀加热，某些联轴器最

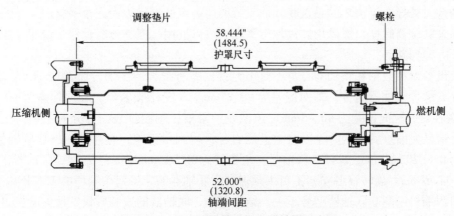

图 6-171　涩宁兰线曼压缩机联轴器示意图

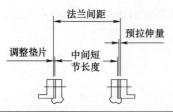

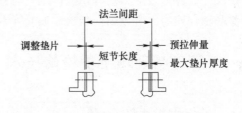

站场	短节长度	法兰间距	预拉伸量	垫片最大厚度
T130机组	28.294″ (718.67)	28.510″±0.010″ (724.15±0.254)	0.126″ (3.20)	0.090″ (2.29)

站场	短节长度	法兰间距	最大垫片厚度	预拉伸量
T70机组	24.656″ (626.26)	24.796±0.100″ (629.82±0.254)	0.060″ (1.524)	0.080″ (2.032)

图 6-172　涩宁兰线 SOLAR 燃气轮机 130、70 型与 MAN 压缩机配置中间短节尺寸

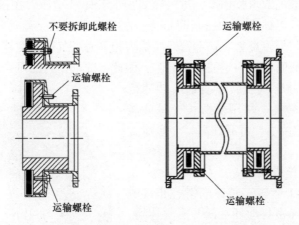

图 6-173　涩宁兰线 SOLAR-MAN 机组联轴器

（左与燃机连接，内法兰结构，右与压缩机连接，外法兰结构）

高不能超过 300℃，其中康福来联轴器不允许超过 230~232℃，否则易引起塑性变形。联轴器紧固螺栓，一般涂抹二硫化钼或类似润滑剂，打两遍力矩，第一遍为力矩的 50%，第二遍为力矩的 100%，也有资料强调，螺栓按星形紧固，扭矩 25%、50%、75%、100% 不断增

加，特别是对带导向保护环的膜盘联轴器，打四遍力矩使接触表面完全平整。

康福来联轴器螺栓、螺母均经过称重平衡，可以混用，但其他联轴器未说明，建议按顺序排列，方便回装。

机组设备对中数据和联轴器自身不对中允许偏差有很大的区别，前者较小，后者较大。对叠片处 6 螺栓联轴器而言，轴向偏差为 ±0.25mm；8 螺栓联轴器，轴向偏差为 ±0.20mm；10 螺栓联轴器，轴向偏差为 ±0.15mm。角偏差的限值：端面打表，百分表调零，然后旋转 360°，得到最大偏差值，然后除以对中盘的直径，得到角偏差，叠片处 6 螺栓联轴器而言，角偏差为 0.0020mm/mm；8 螺栓联轴器，角偏差为 0.0015mm/mm；10 螺栓联轴器，角偏差为 0.0010mm/mm。旋转设备初始不对中须保持在联轴器额定不对中限值的 25% 以内。

公司压缩机组配套联轴器型号不一、结构复杂，联轴器的安装质量直接影响机组对中及振动水平。在机组维检修过程中，明确并掌握联轴器结构、技术指标及装配要求，对严格控制安装尺寸、保证装配工艺有积极作用，能够保障准确控制联轴器过盈量、安装偏差，降低或消除联轴器应力，避免因安装尺寸偏差导致应力过大引起机组振动异常或本体损坏。

6.9 干气密封现场维护检修技术

6.9.1 干气密封系统介绍

干气密封广泛应用于石油化工、油气储运、金属冶炼等行业的离心压缩机和离心泵，主要由动环（碳化硅、硬质合金）、静环（石墨、碳化硅）、高压密封圈、弹簧、O 型圈、弹簧座和轴套等组成。动环密封面经过研磨和抛光处理，并在上面加工出流体动压槽，气体槽深度仅有几微米，干气密封动环旋转时，工艺气进入动压槽内，由于气体槽未开至密封面内侧，在密封坝、密封堰的双重作用下，进入密封面的气体被增压，在该气体压力的作用下，密封面被推开，流动的气体在两个密封间形成一层很薄的气膜，厚度约 3μm，当气体静压和弹簧力形成的合力与气膜反力、辅助密封摩擦力相等时，气膜厚度就十分稳定，这个稳定的气膜可以使密封端面间保持一定的密封间隙，因此保证了密封的可靠性。同时因为两密封面在运行时不接触，故干气密封具有适应转速范围广、密封介质压力较高、使用寿命长（一般能运行 5 万小时）、维护量小、可靠性高、介质泄漏量低的特点。

1. 干气密封的工作原理

干气密封是一种干运转、气体润滑、非接触式机械端面密封。干气密封动环端面开有气体槽，气体槽深度仅有几微米，如图 6-174 所示。

端面间必须有洁净的气体，以保证在两个端面之间形成一个稳定的气膜使密封端面完全分离。气膜厚度一般为几微米，这个稳定的气膜可以使密封端面间保持一定的密封间隙，间隙太大，密封效果差，而间隙太小会使密封面发生接触，产

图 6-174 干气密封动环端面气体槽

生的摩擦热能使密封面烧坏而失效，气体介质通过密封间隙时靠节流和阻塞的作用而被减压，从而实现气体介质的密封。几微米的密封间隙会使气体的泄漏率保持较小，动环密封面分为外区域和内区域，气体进入密封间隙的外区域有空气动压槽，这些槽压缩进来的气体，密封间隙内的压力增加将形成一个不被破坏的稳定气膜，稳定的气膜是由密封墙的节流效应和所开动压槽的泵效应得到的，密封面的内区域是平面，靠它的节流效应限制了泄漏量。干气密封的弹簧力很小，主要目的是为了当密封不受压时确保密封面的闭合。静止和工作状态下的动、静环如图 6-175 和图 6-176 所示。

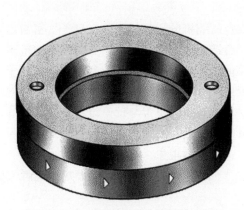

图 6-175　静止状态下的密封动环和静环

图 6-176　工作状态下的密封动环和静环

2. 干气密封的特点

干气密封具有泄漏量少、摩擦损失少、寿命长、能耗低、操作简单可靠、维修量低、被密封的流体不受油污染的特点。此外，干气密封可以实现密封介质的零逸出，从而避免对环境和工艺产品的污染。密封稳定性和可靠性明显提高，对工艺气体无污染，密封辅助系统大大简化，运行维护费用显著下降。

3. 输气管道压缩机干气密封系统

输气管道压缩机干气密封供气由压缩机出口和站场压缩机出口汇管两路引气，经干气密封处理撬增压、加热、过滤等处理，将干净、一定温度、一定压力和流量的密封气供入压缩机两端干气密封，密封气体进入密封动、静间隙的外区域有空气动压槽，这些槽压缩进来的气体在密封动、静环间隙内的压力增加将形成一个不被破坏的稳定气膜，用来封堵压缩机腔室内部介质，实现介质零泄漏、零逸出。

6.9.2　干气密封系统日常维护

1）检查压缩机隔离密封气供气过滤器，更换滤芯。

2）检查干气密封前置过滤器滤芯，更换在用过滤器滤芯。

3）前置过滤器加热器导热油有无泄漏，并对导热油液位进行检查，视情补油。

4）检查干气密封增压撬过滤器滤芯有无破损，视情更换过滤器滤芯。

5）检查干气密封增压撬系统的各个设备运行状态是否正常。

6）检查干气密封增压撬系统增压器低压气动回路气动管路是否存在密封泄漏，主要检

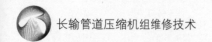

查增压器气缸、气动输送分配器、空气过滤减速器、减压器、管件和配件。

7）当干气密封增压撬系统运行约4000h，应对增压器高压回路中的磁性活塞组件、衬垫、止回阀进行检查。

8）检查干气密封系统密封性，根据压差及运行情况视情更换干气密封滤芯。

9）检查干气密封流量调节阀的灵活性。

10）检查干气密封增压撬的气缸、气动输送分配器、空气过滤减速器、减压器是否完好，检查过滤器差压，超过报警值进行更换。

6.9.3 干气密封疑难故障

干气密封属压缩机精密部件，其完好性直接决定压缩机的运行状态。一旦干气密封出现故障，就导致压缩机停运，影响设备完好备用率，会造成一定的经济损失。因此压缩机干气密封出现故障时，需及时快速的对其进行更换，保证压缩机的正常运行或备用；而更换干气密封时，需要准确测量密封腔的轴向长度，如果测量尺寸不准确，干气密封前调整垫片的尺寸无法精确控制，则压缩机运行过程中，干气密封动静环相对位置与理论设计不一致，静环后弹簧压缩或伸长处于非最佳状态，影响辅助密封的过盈量和摩擦力，继而影响干气密封的寿命，导致动静环磨损、静环卡滞、辅助密封圈快速磨损等现象。

由于干气密封安装过程不注意关键技术细节，导致安装时，损坏干气密封，或者安装后，干气密封运行周期不长。

西部管道某压气站场离心压缩机干气密封短时间运行频繁泄漏，国内外厂家均到现场，未找到根本症结所在，最终我们发现密封频繁泄漏与密封是否为国内修复或原装进口无关，其与密封安装工艺、安装控制精度直接相关。其特征为干气密封一级密封排气口发现大量聚四氟乙烯粉末；一级密封辅助密封圈内侧磨损严重，与外侧相比，减薄不少，二级密封辅助密封圈状态较好；同时发现，推环平衡直径表面光洁度尚可，涂层硬质合金无磨损。上述特征表明：主要原因为动环垂直度不足，若干气密封前调整垫片厚度不均匀或存在金属高点，且干气密封后部，动环锁紧螺母安装过紧，导致压缩机转子每旋转一周，动静环气膜间隙均发生变化，导致辅助密封高频位移，其频繁动作造成磨损，降低其寿命。动静环端面垂直度必须得到保证，打磨每个轴向部件垂直端面的金属高点，与干气密封零部件相关的各部件垂直端面的累计尺寸偏差必须得到保证。需要特别注意转动件端部相互尺寸误差控制在0.02mm以内，累计偏差控制在0.05mm以内。

同时，改进干气密封前部层状垫片为整体垫片，检查干气密封安装各平面的垂直度，无金属高点，防止密封静环座偏斜，紧固隔离密封螺栓时，对称紧固。

有些干气密封轴套内径与转子、密封腔配合间隙小，密封尺寸长，安装较困难。易出现密封轴套与转子发生粘连，干气密封无法安装与拆卸，轴套无法拔出，粘连金属会咬伤转子。先把干气密封静环座取出，干气密封轴套缠绕电磁加热器加热轴套至150℃，利用压紧环将其拉出，采用电动磨头修复转子磨损部位，若损伤部位在密封圈安装位置，则需要金属修补剂修复转子。

6.9.4 干气密封安装技术与方法

1）清理压缩机密封腔和转子，检查毛刺、尖锐倒角和其他异常，并采取适当的修复措施。

2）将压缩机转子轴向位置固定在工作位置或中间位置。

3）确认密封腔的深度、压缩机的轴向间隙，确认干气密封直径、长度和旋向，确保干气密封内外部密封圈完好，高压密封圈开口正确。

4）确认干气密封旋转件和静止件的相对位置，手动相对转动动静环，无卡滞，或者静态测试其转动扭矩，同时测定压缩与伸长的轴向位移，满足规定或与图纸相符，然后安装干气密封安装板，将干气密封锁在中间位置。

5）使用少量的可应用的润滑脂或润滑剂在外径 O 形圈和密封圈上（密封圈和密封腔环槽涂抹凡士林，干气密封内径金属面或压缩机转子涂抹二硫化钼、石墨或喷涂液态二硫化钼，防止其咬合转子表面）。

6）使用百分表将压缩机转子放在密封腔的中心位置，并进行锁轴。

7）压缩机转子安装防护轴套，在干气密封和密封腔放置防转装置，手动推动干气密封进入密封腔，直至无法推动（若安装较重的密封，则需要吊装设备，同时避免干气密封内径处的密封圈与压缩机转子磕碰损坏）。

8）手动紧固专用工具的压紧螺栓，将干气密封不断向前推进，在此过程，需间歇测量干气密封 12 点钟、3 点钟、6 点钟、9 点钟位置的推进尺寸，须保持一致。

9）若手动紧固螺栓至最后 10mm 左右，推进力量较大，此时，干气密封密封外部 O 形圈开始集体进入密封腔环槽的密封部位，使用扳手推进，注意保持平行推进，直至到达预定安装位置。

10）测量数据，须与安装前计算数据和图纸数据对比，三者数据在误差范围内。

注意事项如下：

1）在密封安装过程，切忌不断调整转子的抬轴量，密封能将转子自动找正。

2）不能使用过度的力量安装密封，若力矩超过 30N·m，则需要退出干气密封，否则易损坏干气密封。

3）勿使用过多的润滑脂在密封圈上，不要涂抹过多的润滑剂，否则润滑脂、润滑剂进入动静环表面或辅助密封圈，损坏密封。

4）若无安装工具，则不允许拆卸安装干气密封。

5）禁止将冷态密封安装至热的转子上，将热的密封安装至冷的密封腔里。

6）禁止擦除干气密封轴套内壁石墨涂层，否则可能会出现干气密封轴套与压缩机转子咬合。

6.9.5　干气密封操作运行工艺条件

1）密封气应采用加热、伴热等方式，确保进入干气密封腔的气体温度高于露点温度 20℃以上。

2）密封气应经过过滤、除液，保证密封气洁净、干燥，固体杂质颗粒小于 3μm。

3）干气密封不允许有反向压差。密封腔与平衡管的压差不低于 50kPa，并保持流量、压力稳定。

4）通过一级干气密封排气压力、流量、温度，参考二级密封排气温度、压力、流量等参数进行评估。

5）密封是设计、制造、使用的结合体，若出现故障，只能进行手术，出现故障想在线修正很难，几乎没有效果。

6）启动压缩机前，投用隔离气正常后，方可允许启动润滑油泵；压缩机停机后，轴承回油温度降至45℃以下，方可停止润滑油泵。

7）监视和调整密封气温度、过滤器压差、一级排放的压力、压差、流量等工艺参数，应满足运行规程要求。

8）检查干气密封系统过滤装置、管件连接处无泄漏，备用过滤器处于良好备用状态。

9）根据干气密封运行情况，采取合适的方式对密封腔体排污。

10）压缩机停机再启动，充压时若干气密封泄漏量超标，宜首先采用窜轴方式，改善静环对动环的补偿性，使干气密封恢复正常。若无改善，考虑更换干气密封。

11）现场更换干气密封时，应填写干气密封更换台账。

6.9.6 干气密封操作运行建议

1）提高干气密封进气过滤精度、以及干气密封气体加热温度，增加启机阶段密封腔预热时间，保证干燥、洁净、温度较高、不带液的气体进入密封腔，消除密封面划伤、静环卡涩的风险。

2）修复博格曼密封时，提高动环支撑弹簧的刚度及结构形式，保证动环启动阶段、运行过程，动环浮动稳定性。

3）提高密封平衡直径处表面粗糙度及密封材料的性能，防止静环卡涩阻滞，计算静环后弹簧的疲劳强度，使其有较强的弹性刚度和使用耐久性。

4）干气密封进气、隔离气、润滑油投用顺序必须严格要求，杜绝违规操作，同时定期检查隔离气密封与二级密封排污情况，润滑油增加梳齿油封及排油孔，进一步防止润滑油进入隔离密封或干气密封。

5）密封安装过程，严格控制安装参数，防止损坏，安装后的第一次启动非常重要。

6）在工艺状况、设备特性允许条件下，尽量保证机组长周期运行。

7）若SIEMENS配置JOHNCRANE密封，停机前密封参数正常，下次开机充压表现不正常，说明密封辅助密封卡滞，可以尝试窜动转子，使其消除卡滞现象。

8）一般干气密封使用寿命达7~10年，10年以上的情况也有。建议干气密封的更换状况，以密封系统的参数正常与否为主要依据，杜绝人为强制更换。

第7章 压缩机组转子
现场动平衡技术

旋转机械设备的过大振动将导致噪声过大，降低工作效率，引起配合松动和元件断裂，进而引发事故的发生。据资料统计，旋转机械由于振动原因导致设备失效的大约为 60%~70%，其中由于转子不平衡失效的比例为 30% 左右。可见，开展对高速精密转子系统平衡理论和技术的研究对提高旋转机械运行质量和安全等方面具有重大意义。

长输管道离心压缩机组包括压气机转子、高压涡轮转子、动力涡轮转子、压缩机转子、电机转子和励磁机转子，这些转子不仅需要在工厂制造和调试过程中进行精密平衡，而且需要根据现场运行状态进行现场动平衡或返厂动平衡。

7.1 现场动平衡技术

长输管道离心压缩机组配有专门的振动监测系统，如果检测到在运行状态下振动值较大且经过分析是由于转子不平衡所致，就需要开展转子动平衡作业。如果机组尚未达到中、大修时限，进行现场动平衡将是最佳选择，对于降低维修成本和维修周期、减少运行压力有着重要意义。

目前，长输管道离心压缩机组现场动平衡采用的方法主要为影响系数法和三圆法。其中，影响系数法适用于压缩机、电机和励磁机配有电涡流传感器和键相位传感器的转子。三圆法适用于没有电涡流和键相位传感器，但配有平衡盘以用于现场加装配重块的转子，鉴于上述条件，目前三圆法仅适用于 LM2500+SAC 燃气发生器现场动平衡调整。

1. LM2500+SAC 燃气发生器现场动平衡技术

1）拆卸 GG 下半部 4 个水洗喷嘴并封口，调整其余喷嘴方向直到不影响滤网移出为止。

2）安装专用轨道（西二线及之后所建机组导轨与进气室底板焊接在一起，西一线则需要重新安装导轨）和入口滤网小车（见图 7-1）。

3）将 GG 入口滤网小车安置于导轨上后，拆卸 GG 入口滤网并利用小车将其移开（见图 7-2）。

4）在中心体与 GG 前机匣接合部位作复位记号，标记中心体位置，清除 5 个固定螺栓部

图 7-1 入口滤网小车安装

位的密封胶及锁丝，用5/16in套筒扳手（带加长杆）拆卸GG中心体（见图7-3）。

图7-2　入口滤网拆除

图7-3　拆卸GG中心体

5）标记并使用5/16in套筒扳手拆卸压气机前机匣端盖（见图7-4）。

6）拆卸入口齿轮箱（IGB）花键轴。

① 标记入口齿轮箱花键轴与叶片转子的相对位置，用深度尺测量入口齿轮箱与齿轮箱壳体相对位置。

② 使用7/32英寸套筒扳手拆卸入口齿轮箱花键轴固定螺母（见图7-5）。

图7-4　拆卸压气机前机匣端盖

图7-5　拆卸入口齿轮箱花键轴固定螺母

③ 用两个顶丝对称将入口齿轮箱花键轴顶出，直到花键及锥齿分离，拆下入口齿轮箱花键轴（见图7-6）。

④ 检查花键轴配合部位齿轮磨损及润滑情况，检查花键轴与空心转子轴密封圈的磨损情况。

⑤ 用吸油纸堵住空心轴上的密封气进气孔、垂直传动轴油孔，防止异物进入空心轴和附件齿轮箱。

7）安装配重块。

① 按不同方向手动盘动转子，根据最后停靠位置找到初始不平衡位置，将初始安装位置定为12点位置。

② 根据法兰直径选取初始配重 90g 左右，将配重块安装于压气机前轴配重块法兰，使用 230 英寸磅力矩对自锁螺栓进行紧固（见图 7-7）。

图 7-6　拆下入口齿轮箱花键轴

图 7-7　安装配重块

8）回装入口齿轮箱花键轴，如果安装困难，使用热风枪对花键位置加热后再进行安装。用 35lbf·in 力矩对固定螺栓进行紧固，检查回装后入口齿轮箱安装尺寸是否符合手册要求，并与拆卸时尺寸做比较（见图 7-8）。

9）回装压气机前机匣端盖，使用 70 英寸磅力矩对固定螺栓进行紧固。

10）回装中心体，使用 70lbf·in 力矩对固定螺栓进行紧固，分别对 5 颗固定螺丝进行打锁丝处理，最终测试完成后还需要进行打胶处理。

11）回装进气滤网及 GG 水洗喷嘴。

12）将进气室清理干净，确认无异物遗留后关闭进气室门并上锁。

13）机组工艺系统及能量隔离恢复。

14）机组起机测试。

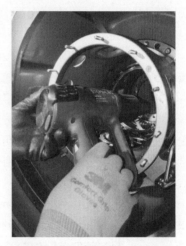

图 7-8　加热法安装入口齿轮箱

2. GG 盘车，检查 GG 振动情况

盘车时间在 5~10 分钟，做好数据记录，在此期间发现振动异常或超过报警值 101μm，立即停机，检查振动及回油温度，调整配重块位置或质量。

3. 怠速测试，检查 GG 振动情况

怠速运行时间在 15 分钟，做好数据记录，在此期间发现振动异常或超过报警值 101μm，立即停机，检查振动及回油温度，调整配重块位置或质量。

4. 加载测试，检查 GG 振动情况

在机组到达最小负载后，每隔 100r/min 缓慢增加 GG 转速，根据现场实际提高 GG 转速，直至压缩机到达额定转速，每个转速稳定 5-10 分钟，做好数据记录。在此期间发现振动异常或超过报警值 101μm，立即停机，检查振动及回油温度，调整配重块位置或质量。

5. GG 振动

在任意稳态下需低于 50.8μm（2mil），若振值不满足要求，按照三圆法进行调整，重复上述实施步骤，直至振动满足要求。三圆法调整如下：

将第一次配重块位置记为 1 点，与 1 点每相差 120°，记为 2 和 3 点。根据采集的原始数据，确定振动值 S_0（如用位移幅值表示）。配重块重量为 $G(g)$，将其置于 2、3 点后，读出记录振动值 S_2 和 S_3，与第一次的 S_1（同一转速下）一起进行作图（图 7-9），以 O 点为圆心，S_0 为半径作圆，根据转子上划分的三点相应的在该圆上均分 1、2、3 三点。以 1 点为圆心，S_1 为半径作图，以 2 为圆心，S_2 为半径作图，以 3 点为圆心，S_3 为半径做圆（S_1、S_2、S_3 的长度可进行适当的倍数放大）。由于 S_1、S_2、S_3 三圆一般不相交于 M 点，M 点可作为三圆共同区域面积的中心，连接 OM，延长至 S_0 圆上 N 点，测出 OM 长 S' 和 θ 角，那么 N 点就是需要配重块的位置，其重量 G_x 用下列公式计算：

$$G_x = \frac{S_0}{S'} \times G(g) \tag{7-1}$$

用天平称取 G_x 重量平衡块，置于 N 点，观察振值情况，然后对 G_x 进行几次（一般只需要经过 2~3 次）微量增减，直至振值为最小值，决定最后的配重 G_x。

6. 实例

西气东输一线某压气站场 2#GE 燃驱机组燃气发生器在运行期间振动值（VT-457）一直在 60μm 以上，由于该机组尚未达到中修返厂时限，如果提前返厂维修，公司将蒙受经济损失。为提高机组运行可靠性、降低维修成本，决定开展现场动平衡作业。

（1）获取基础数据

起机测试，GG 在 9100r/min 转速下，振动通频值为 85μm，1X（1 倍频）为 65μm（趋势截图见图 7-10）。

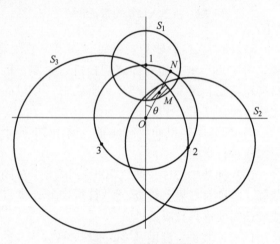

图 7-9　三圆法作图

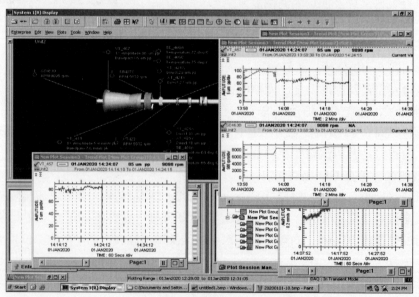

图 7-10　无配重状态下的振动截图

（2）第一次加配重后起机测试

将配重盘上的 20 个安装孔进行编号，按不同方向手动盘动转子，根据最后停靠位置找到初始不平衡位置，将初始安装位置定为 12 点位置（本次初始安装位置为 6#孔）。安装质量为 113.88g 的配重块，进行起机测试，在 9100r/min 转速下，振动 1X 为 67μm 左右，测试结果如图 7-11 所示。

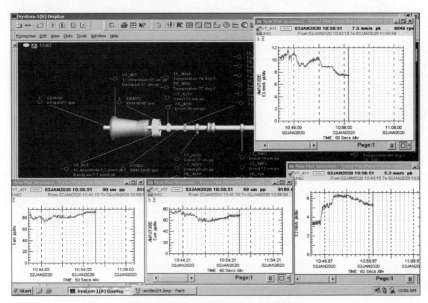

图 7-11　第一次配重后的振动截图

（3）第二次加配重后起机测试

将配重块在初始位置沿圆周方向顺移 120°（12#孔）进行第二次加装。起机测试，在 9100r/min 转速下，振动 1X 为 50μm 左右，测试结果如图 7-12 所示。

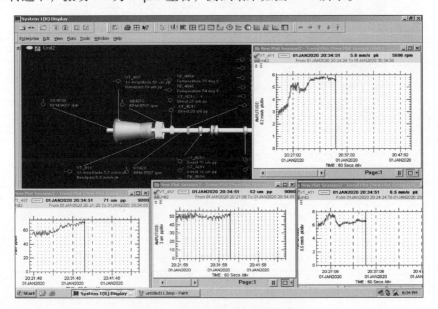

图 7-12　第二次配重后的振动截图

（4）第三次加配重后起机测试

再次将配重块沿第二次配重位置顺移 120°（19#孔）进行第三次加装。起机测试，在 9100r/min 转速下，振动 1X 为 85μm 左右，测试结果如图 7-13 所示。

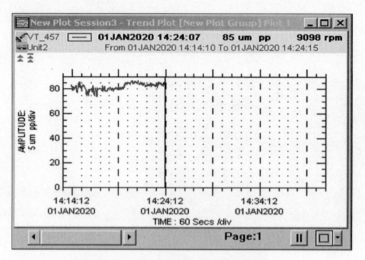

图 7-13　第三次配重后的振动截图

（5）三圆法画图

根据基础测试数据和三次配重测试结果，进行三圆法画图（见图 7-14）。

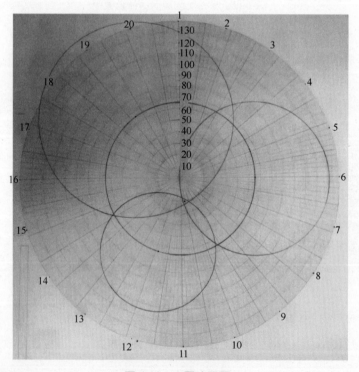

图 7-14　三圆法画图

（6）结果计算

测量圆心到三圆相交区域中心的距离为 21，沿此线的延长线与配重盘角度圆相交，测得角度为 190°，即 10#孔与 11#孔之间偏 11#孔 8°。根据已知条件进行配重块质量计算：

$$G_x = \frac{S_0}{S'} \times G(g) = \frac{65}{21} \times 113.88g = 352.48g \tag{7-2}$$

根据计算结果和现场实际，选择 3 孔配重块，在 10#和 11#孔内加装固定螺栓，以保证配重的矢量结果在 10#和 11#孔之间并靠近 11#孔，配重加装位置如图 7-15 所示。

图 7-15　最终配重位置

（7）结果验证

确定配重质量和安装位置后，按照 LM2500+SAC 燃气发生器现场动平衡技术实施步骤进行了配重块加装。经过启机测试，在正常运行转速下，振动值在 32μm 左右，测试振动趋势如图 7-16 所示，现场动平衡取得了良好的效果。

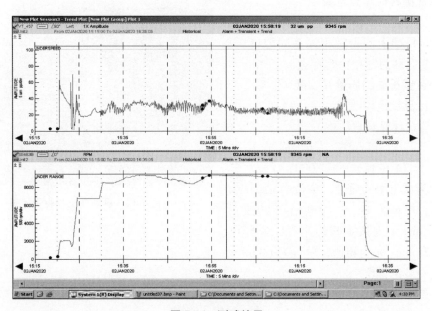

图 7-16　测试结果

7.2 TMEIC-PCL800 电驱压缩机组电机非驱端现场动平衡技术

1. 现场动平衡测试前应先拆除机组联轴器与护罩（见图 7-17）

以避免反复起停机造成干气密封损坏。

2. 恢复电机侧系统及能量隔离，测取原始数据

启机运转至最小负载 3965r/min，运转 20min，开始逐步升速至 4200r/min，4800r/min，5200r/min，最终到现场允许的最大工作转速，每个阶段运行 10min，然后停机（具体机组转速视现场情况而定）。做好数据记录，作为转子现场平衡的基础数据。

3. 按照机组能量隔离清单，对机组进行能量隔离

4. 拆卸电机非驱端两个振动探头及油气呼吸阀（见图 7-18）

图 7-17 拆卸联轴器短节

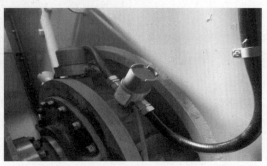

图 7-18 拆卸振动探头及油气呼吸阀

5. 拆卸并移除电机非驱端端盖（见图 7-19）

6. 标记键相位零点位置

盘动电机转子，在接线箱或机柜间本特利 3500/25 机架上测量键相探头间隙电压，当电压突变时即为键相位的零点。

7. 计算试重块的质量并安装

（1）计算试重块质量

根据下式计算试重质量

$$m_t = \frac{Mx}{(10 \sim 15)\, r/(n/3000)^2} \qquad (7\text{-}3)$$

式中，m_t 为试重块的质量，单位为 g；M 为转子质量，单位为 kg；x 为振幅-与转速对应，单位 μm；r 为试重安装半径，实际测量，单位为 mm；n 为转速，单位为 r/min。

图 7-19 拆卸电机非驱端端盖

（2）安装试重块

电机非驱端有 18 个配重块安装位（见图 7-20），相对于键相位零点某个相位角将试重块安装于电机非驱端配重盘。

8. 回装电机非驱端端盖

9. 回装电机非驱端两个振动探头及油气呼吸阀

10. 恢复电机侧系统及能量隔离

11. 启机测试

转速至 3965r/min，然后逐步升至最大工作转速，分别记录相关数据，获取趋势，与试重前进行对比，若试重后由于振动无法通过第一临界转速，说明配重块安装位置需调整 180°，复测配重块的质量及相位角，保证配重后电机非驱侧振动较配重前下降 30% 以上或振幅尽可能至 50μm 以下。

图 7-20　安装配重块

12. 计算配重质量及相位

（1）计算配重的质量

采用影响系数法开展现场动平衡调试，首先选择试加重，试加重量是否合适，不但关系到转子平衡工作的顺利与否，而且还关系到转子平衡成败与否。通常，当转子在机器本体上进行平衡时，每一个加重平衡面上的试加重量由下式求得

$$P = A_0 \frac{Gg}{r\omega^{2S}} \tag{7-4}$$

式中，P 为转子某一侧端面上的试加重量；A_0 为转子某一侧轴承的原始振幅；r 为加重半径；ω 为平衡时转子角速度；G 为转子质量；g 为重力加速度；S 为灵敏度系数。

具体步骤为：

1）转子不加重，第一次启动至额定的转速或选定的转速（如 4800r/min），测取平衡转子的轴承原始振幅和相位，以矢量 A_0 表示。

2）以上面的公式求取试加重量，并加到转子上。

3）第二次启动到与第一次相同的转速时，测取轴承振动的幅值和相位，以矢量 A_{01} 表示。

4）转子上应加平衡重量由下式求得：

$$Q = \frac{A_0}{A_{01} - A_0} P \tag{7-5}$$

式中，$A_{01} - A_0$ 表示转子上加了试加重量 P 所产生的振动矢量，称为加重效应。令 $A_1 = A_{01} - A_0$，则上面的公式可改写为

$$Q = \frac{PA_0}{A_1} \tag{7-6}$$

上式中 P/A_1 的倒数称为影响系数，一般用 $\boldsymbol{\alpha}$ 表示，它是矢量，表示在转子上加单位（kg）重量、加在零度方向、半径为 1m 处或固定半径处，在某一个振动测点上所呈现的振动矢量。它表示了某一台机组在指定的轴承上、在一定的转速下、使用一台固定的测振仪器，测量获得的轴承振幅、相位与转子上加重大小、方向之间的一个关系常数，利用这个关系常数，可以列出转子平衡方程式，即 $\boldsymbol{\alpha}Q + A_0 = 0$，式中 $\boldsymbol{\alpha}$、A_0 均为已知，求解该方程式即

可求得转子上应加平衡重量 Q。

（2）计算最终配重相对于试重偏离的相位角

由余弦定理 $a^2 = b^2 + c^2 - 2bc\cos\theta$ 或极坐标得出相位角为

$$\theta = \arccos \frac{X_0^2 + X_2^2 - X_1^2}{2X_0 X_2} \tag{7-7}$$

13. 根据计算结果，调整配重块的质量及位置

同样，若振动小于配重前的振动，需优化配重块质量及位置，直至达满意的效果。

14. 对机组整体进行动平衡测试

观察振动值，如有需要再按照上述实施步骤进行调整。

15. 实例

西气东输二线某压气站 1# 机组在投产时振值就比其他机组要高，且随着运行时间的增长逐渐升高。该机组电机非驱端 XT-141Y 振动值在转速 5000r/min 以上时超过 $60\mu m$，转速 5100r/min 左右，振动值最高达到 $68\mu m$，超过报警值 $65\mu m$，不能满足满负荷运行要求，严重影响机组的安全可靠运行。经分析，确认主要原因为转子动不平衡引起。

（1）获取基础数据

将机组联轴器拆下，进行电机单转测试，在 5100r/min 时电机非驱动端 XT-141Y 振动 1X 为 $46\mu m$，相位为 $265°$，如图 7-21 所示。

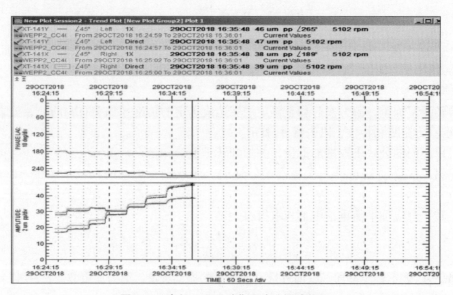

图 7-21 电机 5100r 时非驱动端振动数据

（2）安装试重块

现场非驱动端配重盘如图 7-22 所示。

现场共有配重螺纹孔 18 个，1# 孔与键相位凹槽角度一致。根据螺纹深度，要保证配重螺丝完全在螺纹孔内，最大配重螺丝应在 17g 以内。

由于单个螺纹孔配重重量有限，决定加装 3 颗试重螺丝在振动相位的反相，加装位置与角度见表 7-1。

图 7-22　电机非驱动端配重盘

表 7-1　试重块安装记录表

安装位置	安装角度/(°)	试重块重量/g
2#配重孔	20	13. 56
3#配重孔	40	14
3#配重孔	60	14. 24

试重块矢量和计算结果如图 7-23 所示。

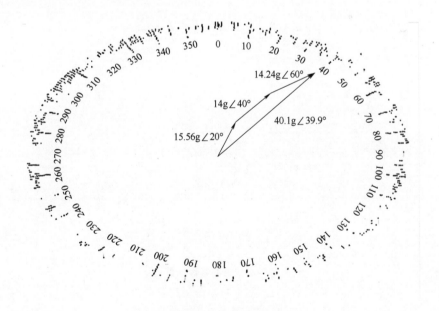

图 7-23　试重块矢量计算

根据矢量图，测量的试重块重量为 40.1g，角度为 39.9°。

（3）计算影响系数

安装试重块后，起机测试，在 5100r/min 时电机非驱动端 XT-141Y 振动 1X 为 43μm，相位为 255°，如图 7-24 所示。

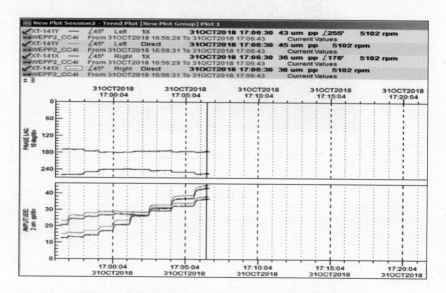

图 7-24　安装试重块后在 5100r/min 时非驱动端振动数据

根据振动原始值与加试重后的振动值，计算影响系数（见图 7-25）。

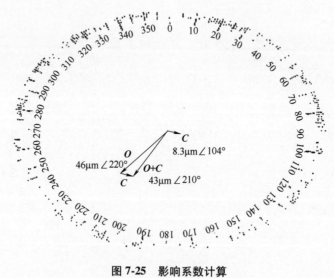

图 7-25　影响系数计算

$$\overline{H} = \overline{C} / \overline{W}s$$
$$= 8.3\mu m \angle 104° / 40.1g \angle 39.9° \tag{7-8}$$
$$= 0.207\mu m/g \angle 64.1°$$

式中，$\overline{H}$ 为影响系数；C 为加试重后的振动与原始振动矢量差；Ws 为试重质量角度。

将试重块取掉后，计算应加的配重块质量为

$$\overline{W} = 46\mu m \angle (220° - 180°)/0.207\mu m/g \angle 64.1° = 222.2g \angle 335.9°$$

（4）安装配重

由于单个螺纹孔配重重量有限，根据计算配重的相位角，决定加装 4 颗配重螺丝在振动相位的反相，加装位置与角度见表 7-2。

表 7-2　配重块安装记录表

安装位置	安装角度/(°)	试重块重量/g
1#配重孔	0	14.24
18#配重孔	340	16.30
17#配重孔	320	16.18
16#配重孔	300	14.01

试重块矢量和计算结果如图 7-26 所示。

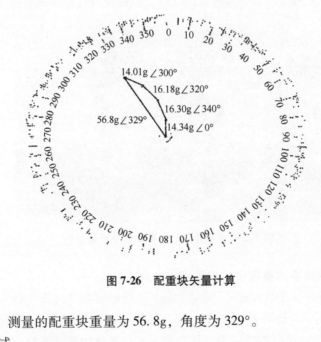

图 7-26　配重块矢量计算

根据矢量图，测量的配重块重量为 56.8g，角度为 329°。

（5）启机测试

安装配重块后，在电机单转测试时，5100r/min 时非驱端 XT-141Y 振动为 28μm，振动降幅显著。将机组联轴器恢复后进行带载测试，在 5100r/min 时非驱端 XT-141Y 振动值为 32μm，振动降幅超过 50%，超过预期目标（见图 7-27）。

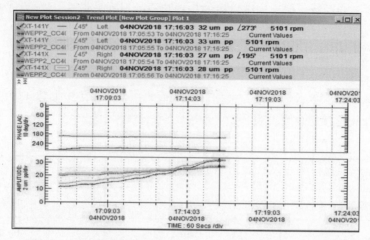

图 7-27　安装配重块后在 5100r/min 带载时非驱动端振动数据

7.3　上电/哈电电机/励磁机转子现场动平衡技术

1. 现场动平衡测试

前应先拆除机组联轴器与护罩（见图 7-28），以避免反复起停机造成干气密封之损坏。

图 7-28　国产电驱机组联轴器及护罩拆除

2. 恢复电机侧系统及能量隔离，测取原始数据

·启机运转至最小负载 3120r/min，运转 20min，开始逐步升速至 3600r/min，4200r/min，4800r/min，最终到现场允许的最大工作转速，每个阶段运行 10min，然后停机（具体机组转速视现场情况而定）。做好数据记录，作为转子现场平衡的基础数据。

3. 按照机组能量隔离清单，对机组进行能量隔离

4. 分析原始数据

根据振动数据分析结果，决定配重位置和方法（单端面或双端面），电机及励磁机振动探头分布如图 7-29 所示。

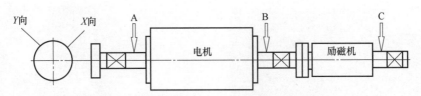

图 7-29　国产电驱机组轴承及振动探头位置示意图

5. 拆除要安装配重块的平衡盘对应的护罩挡板

上电与哈电平衡盘位置如图 7-30 ~ 图 7-37 所示。

图 7-30　哈电励磁机非驱动端平衡盘

图 7-31　哈电励磁机驱动端平衡盘

图 7-32　哈电电机驱动端平衡盘

图 7-33　哈电电机非驱动端平衡盘外盖板

图 7-34　上电小轴平衡盘

图 7-35　上电励磁机非驱动端平衡盘

图 7-36　上电电机非驱动端平衡盘

图 7-37　上电电机驱动端平衡盘

6. 计算试重块的质量并安装

（1）计算试重块质量

试重质量计算见式（7-2）。

（2）安装试重块

依据振动数据分析结果选取配重端面，如果采用双端面动平衡方法需要根据两个端面同方向探头检测振动值的相位角来决定同相或者反相加装配重。

7. 回装平衡盘护罩挡板

对于装有正压通风梳齿的挡板，回装时应保证圆周间隙满足要求（见图 7-38）。

8. 恢复电机侧系统及能量隔离

9. 启机测试

转速至 3120r/min，然后逐步升至最大工作转速，分别记录相关数据，获取趋势，与试重前进行对比，若试重后由于振动无法通过第一临界转速，说明配重块安装位置需调整 180°，复测配重块的质量及相位角。

图 7-38　带有梳齿密封的挡板安装

10. 计算配重质量及相位

计算方法与单端面方法一致。

11. 根据计算结果，调整配重块的质量及位置

同样，若振动小于配重前的振动，需优化配重块质量及位置，直至达满意的效果。

12. 作业现场工艺隔离，回装联轴器及护罩

13. 对机组整体进行动平衡测试

观察振动值，如有需要再按照上述实施步骤进行调整。

14. 实例

轮吐增输工程某压气站新建机组在单机测试时，电机两端在 1800r/min 左右时振动值均超过 100μm，其中电机驱动端 X 方向最高，达到 140μm。经分析，确认主要原因为转子动不平衡引起，为有效降低电机两端振动值，决定采取双端面影响系数法进行动平衡调整。

（1）获取基础数据

调取电机单转测试历史趋势，在 1800r/min 时电机驱动端（178X/Y）、非驱动端（177X/Y）和励磁机侧（176X/Y）振动数据，见表 7-3。

表 7-3　基础数据记录表

工况	轴振/μm（p-p）					
	A_x	A_y	B_x	B_y	C_x	C_y
1800r/min	140（38°）	120（331°）	116（43°）	132（332°）	66（356°）	61（282°）

（2）安装试重块

由于电机两端同方向振动相位角差值在 90°以内，选择在电机两端同相各加一个 35g 的试重块，如图 7-39 所示。

（3）配重块计算

安装试重块后，启机测试，在 1800r/min 时电机两端振动见表 7-4。

表 7-4　安装试重后启机测试结果

工况	轴振/μm（p-p）			
	Ax（178X）	Ay（178Y）	Bx（177X）	By（177Y）
1800r/min	127（67°）	108（359°）	97（72°）	118（0°）

根据振动原始值与加试重后的振动值，计算影响系数（见图 7-40）。

图 7-39　电机配重块

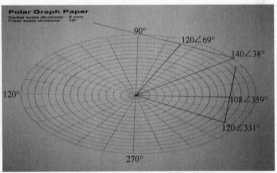

图 7-40　影响系数法作图

以 178Y 做矢量画图，测量影响长度为 56μm，由此计算影响系数为 56/35＝1.6。

计算应加的配重块质量：$\overline{W}$＝120/1.6g＝75g，

测量影响矢量与原始振动矢量夹角为 65°。

（4）安装配重

由于现场电机非驱端在试重块逆向 65°位置无法加装配重块，最终选择在电机两端自试重块逆向约 90°位置加装了各 70g 的配重块。

（5）启机测试

安装配重块后，在电机单转测试时，电机两端的振动数据见表7-5。

表7-5　安装配重后数据记录表

工况	轴振/μm（p-p）			
	Ax（178X）	Ay（178Y）	Bx（177X）	By（177Y）
1800r/min	76（70°）	51（3°）	62（75°）	61（7°）

（6）再次调整

以上次启机测试数据作为基础数据，以上次安装的配重块作为试重块，计算影响系数（见图7-41）。

同样，以178Y做矢量画图，测量影响长度为80μm，由此计算影响系数为80/70 = 1.143。计算应加的配重块质量：$\overline{W}$ = 120/1.143g = 104g，测量影响矢量与原始振动矢量夹角为20°。

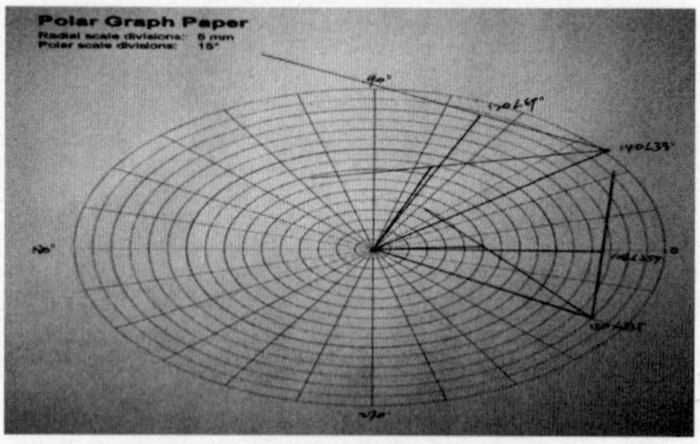

图7-41　影响系数法作图

（7）安装配重

根据现场实际情况，在电机两端自试重块逆向约30°位置加装了各110g的配重块。

（8）启机测试

安装配重块后，在电机单转测试时，1800r/min时电机两端的振动数据见表7-6。

表7-6　安装配重后数据记录表

工况	轴振/μm（p-p）			
	Ax（178X）	Ay（178Y）	Bx（177X）	By（177Y）
1800r/min	48（73°）	29（7°）	38（79°）	34（7°）

将机组联轴器恢复后进行带载测试，在正常运行转速区间，机组振动情况良好。

7.4　Solar 燃气轮机现场动平衡技术

1. 测取原始数据

启机运转至最小负载，待工况稳定后，逐步升速至工作转速或至最大运行转速（具体机组转速视现场情况而定），稳定运行10min，然后停机。做好数据记录，作为转子现场平衡的基础数据。

2. 根据燃气轮机各位置（转子）振动大小，选择相应的配重盘

3. 配重块安装位置和方法

（1）联轴器侧配重块安装方法

拆卸联轴器护罩，查找动力涡轮端转动轴键相位的位置。以键相位的位置作为基准，按计划的角度确定加装配重块的位置，联轴器侧配重盘（见图7-42）均匀分布12个配重块安装孔。

（2）压气机侧配重块安装方法

打开压气机机匣后侧安装孔，位置见图 7-43。

图 7-42　联轴器侧配重盘

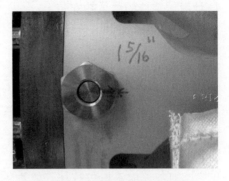

图 7-43　压气机侧配重块安装孔

利用配重块专用安装工具 FT28076 安装或拆卸配重块，见图 7-44。

图 7-44　压气机配重块安装

（3）AGB 侧配重块安装方法

拆卸并打开 AGB 右侧操作孔，位置见图 7-45。

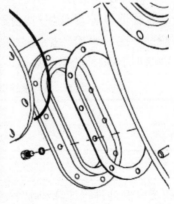

图 7-45　AGB 操作孔

确认配重块安装位置，并将配重块安装至 AGB 配重盘上，配重盘均匀分布 24 个配重块安装孔（见图 7-46）。

4. 计算试重块的质量并安装

（1）计算试重块质量

试重质量计算见式（7-2）。

（2）安装试重快

注意：在安装 AGB 配重块时，由于空间狭小，在拆装配重块时防止工具及配重块掉落至设备内部，建议将拆装工具用绳子绑定。

5. 启机测试

转速逐渐升至最大运行转速，分别记录启停机及运行时振动数据和趋势，若运行期间振动过大，需要调整配重块的质量或位置。

图 7-46　AGB 配重盘

6. 按照式（7-3）~式（7-7）计算得到配重块质量和相位

7. 根据计算结果，调整配重块的质量及位置

若振动小于配重前的振动，需优化配重块质量及位置，直至达满意的效果。

8. 实例

涩宁兰某压气站新安装索拉燃机，启机运行时 5# 轴承振动值 X、Y 方向振动值高达 57μm、53μm。经分析，确认主要原因为转子动不平衡引起，经过讨论决定对 5# 轴承做现场动平衡处理。

（1）获取基础数据

启机测试，获取燃机原始振动数据，NGP98.1%、NPT92.4% 时 5# 轴承的振动数据，见表 7-7。

表 7-7　基础数据记录表

配重块安装情况	NGP	NPT	5X	5Y
5#轴承原始数据	98.1%	92.4%	59μm∠133°	60μm∠220°

（2）安装试重块，获取振动数据

在 5# 轴承附近的联轴器侧配重盘相对键槽 255° 位置安装 1.6g 的试重块，安装位置如图 7-44 所示。启机测试，在与原始数据同一转速下，获取加装试重块后的燃机振动数据，NGP98.1%、NPT92.6% 时 5# 轴承的振动数据，见表 7-8。

表 7-8　试重数据记录表

配重块安装情况	NGP	NPT	5X	5Y
联轴器侧配重盘 1.6g∠255°	98.1%	92.6%	72μm∠132°	81μm∠218°

（3）配重块计算

选择振值较大的 Y 向振动进行计算和配平，按照 7.2.12 计算得到试重影响为 21.14μm∠212.32°，由此计算影响系数为 13.21μm/g，计算应加的配重块质量：$\overline{W} = 60/13.21g =$

4.54g，安装角度为 322.32°。

（4）安装配重

根据现场实际情况，分别在 300°安装 1.6g、330°安装 1.6g、0°安装 0.8g，共 3 个配重块。

（5）启机测试

安装配重块后，启机测试，NGP 98%、NPT 93.2%时 5#轴承的振动值大大降低，见表 7-9。

表 7-9　配重数据记录表

配重块安装情况	NGP	NPT	5X	5Y
联轴器侧配重盘 1.6g∠300°，1.6g∠330°，0.8g∠0°	98%	93.2%	21μm	21μm

第 8 章 天然气压缩机组新技术发展趋势

8.1 燃气轮机 DLE 排放与改造技术

燃气轮机布雷顿循环的热量输入是燃烧室提供的，燃烧室是一个空气加热器，燃料在其内部燃烧，需要消耗的空气约占压气机排出空气的 1/3 或更少一些。燃烧室主要有：分管形、环管型和环形燃烧室。分为三个区：回流区、燃烧区（包括延伸到稀释区的回流区）、稀释区。回流区的功能是使燃料加热或蒸发，部分燃烧和为燃烧区剩余燃料的快速燃烧做准备。理想情况：燃烧区的末端所有燃料应该燃烧完全，稀释区完成热气与稀释空气的混合，离开燃烧室的混合气体应当具有导叶和涡轮所要求的温度和速度分布。燃烧室出口温度的均匀性会影响涡轮进口温度的使用水平，因为气体平均温度受到温度峰值的限制，燃烧室出口温度的均匀性是喷嘴维持稳定寿命的保证，因为燃烧室出口温度梯度大会减少平均温度，由此减少输出功率和效率。

通过燃料喷嘴附近的旋流叶片产生强烈的漩涡，在回流区点燃火焰，高湍流区燃烧。为延长燃烧室寿命，使用抗热应力和疲劳性能好的材料，通过将一个个金属环以一定的环向间隙固定在燃烧室的里面来实现燃烧室的薄膜冷却降温，空气通过燃烧室的小孔进入这个环向间隙，在金属环和燃烧室内表面形成冷却空气膜。

燃烧室有三个特点：

1）火焰稳定性：燃料喷嘴在周围旋流叶片的作用下，燃烧区域中的空气将形成强烈的漩涡流动，在燃烧室轴线处形成一个低压区，由朝向燃料喷嘴的火焰回流引起，火焰筒周围的径向孔给漩涡中心处提供空气，使得火焰进一步增长延长。在喷射角和渗透孔的作用下，射流沿燃烧室轴线发生碰撞，在上游形成环形回流区，使火焰在这里稳定。

2）燃烧和稀释：燃烧产物被通过火焰筒上的孔所流入的空气稀释，稀释后的混合气体温度与涡轮叶片材料所能承受的温度相适应。

3）筒壁面薄膜冷却：空气通过火焰筒中的小孔进入环向间隙，在金属环和火焰筒内表面形成冷却空气膜。

燃烧会形成硝酸，燃烧通常在 1871~1927℃ 之间，这一温度，一氧化氮的体积在燃烧气体中约占 0.01%，随燃烧温度降低，一氧化氮的含量会大幅降低，若燃烧室的温度维持在 1538℃ 以下，则一氧化氮的体积将低于百万分之二十的最大限定值。这一限定值通过给燃烧室周围注入烟道气对燃烧区冷缺而实现。干式低氮氧化物燃烧室，预混贫燃。

燃烧室的材料，20 世纪 60 年代，采用 RA333 Hastelloy 合金，20 世纪 70 年代采用 Nimonic75 合金，含 Ni 与 Cr 比为 80：20。少量碳化钛进一步硬化，并采用缝隙冷却技术，燃烧室的制造与修复主要采用钎焊和焊接组合方式，后来 Nimonic75、80、90 一起使用，具有合适的抗蠕变强度和较好的抗疲劳强度。除了基础材料，燃烧室采用热障涂层（TBCs）技术，是一种绝热氧化物，成分为 ZrO2-Y2O3，总厚度一般在 0.4~0.6mm，可降低金属温度 50~150℃。密封件采用钴基涂层，提高磨损寿命 4 倍以上。污染物主要为烟、未燃的 UHC、CO、NO_x，国际通用的 NO_x 排放标准从 75→25→9ppm 逐渐下降。

干式低 NO_x 燃烧室取代注入蒸汽的湿燃烧室，这种燃烧室的特点是：燃料和空气在进入燃烧室前进行预混合，降低火焰温度，满负荷工况点在火焰温度曲线上下降，更加接近贫乏临界点。均采用旋流器产生所需要的流动条件，使火焰稳定。DLE 喷嘴大很多，包括燃料空气预混腔，预混大约燃烧室空气流量的 50%~60%。

目前，国家管网集团有 2 台 DLE 燃烧室的 SIEMENS 的 RB211-24G 型燃气轮机服役于西气东输公司的盐池站，6 台 DLE 燃烧室的 703 所 CGT25 型燃气轮机分别运行在西部管道的烟墩站。西气东输的衢州站，西南管道的梧州站，其他站场的 138 套燃气轮机均为非 DLE 燃烧室机组。

国家实施碳达峰、碳中和战略，大气污染治理措施不断升级，对工业排放气体的要求更加苛刻。

按照 GB 16297—1996《大气污染物综合排放标准》规定，氮氧化物排放量要求为：0.15mg/m³，按照国家标准 GB 13223—2011《火电厂大气污染物排放标准》，城市发电燃气轮机 NO_x 的排放限值为 50mg/m³，排放标准逐步提高。虽然国家管网集团 140 多台燃气轮机所处地点远离城市，但是氮氧化物排放超过 80~200mg/m³，有必要响应国家环保政策，做好降低排放物的技术研究，将 NO_x 排放量控制在 ≤30mg/m³（80%~100%工况，氧含量 15%），燃烧效率>99%，燃烧室出口最大不均度≤0.25，燃烧室壁温≤1223K。若要达到上述排放标准，将现有的 SAC 型燃烧室更换为 DLE 型燃烧室是必然选择。

国家管网西部管道公司西一线、二、三线管道主要输送新疆塔里木，中亚土库曼斯坦和伊犁煤制气的天然气，其族组成及含量见表 8-1~表 8-3，若将燃烧室升级为 DLE 型，则需要关注天然气的成分组成。

表 8-1　西一线天然气组成成分及浓度

轮南首站天然气气质分析报告			
分析项目	烃类（mol%）	分析项目	非烃类（mol%）
CH_4	93.508	N_2	1.425
C_2H_6	4.271	CO_2	0.678
C_3H_8	0.087		
NC_4H_{10}	0.007		
IC_4H_{10}	0.005		

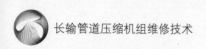
（续）

轮南首站天然气气质分析报告			
分析项目	烃类（mol%）	分析项目	非烃类（mol%）
NC_5H_{12}	0.007		
IC_5H_{12}	0.003		
$NEO\text{-}C_5H_{12}$	0		
C_{6+}	0.005		
$H_2S/(mg/m^3)$		0	
水含量（ppm）			
水露点/℃		−29	
高位发热值/（MJ/m³）		37.5839	

表8-2　西二、三线天然气组成成分及浓度

管线	AB 线		C 线	
站名	计量站	首站	计量站	首站
甲烷（mol%）	94.0893	94.1688	92.7694	92.6739
乙烷（mol%）	2.8317	2.7522	3.5901	3.631
丙烷（mol%）	0.5311	0.5266	0.6252	0.6634
异丁烷（mol%）	0.0888	0.0862	0.0642	0.0618
正丁烷（mol%）	0.1159	0.1145	0.0874	0.0869
异戊烷（mol%）	0.0404	0.0406	0.0202	0.0201
正戊烷（mol%）	0.0323	0.0337	0.0196	0.019
己烷（mol%）	0.0738	0.089	0.0457	0.048
氮气（mol%）	0.9466	0.9292	2.1263	2.1613
二氧化碳（mol%）	1.2466	1.2622	0.6481	0.6526
高位发热值/（MJ/m³）	37.7618	37.7447	37.7019	37.732
低位发热值/（MJ/m³）	34.0618	34.0453	34.0131	34.042
水露点/℃	−31.7100	−21.5	−25.6300	−14.71
烃露点/℃	−11.4000	−4.86	−15.2000	−10.00
硫化氢/（mg/m³）	1.2891	—	1.6953	1.45

表8-3　伊犁煤制气中天然气组分及组成

组分	（mol%）	组分	（mol%）
CH_4	97.99	CO_2	0.89
C_2H_6	0	H_2S	0

（续）

组分	（mol%）	组分	（mol%）
C_3H_8	0	总硫	0
IC_4H_{10}	0	水露点	0
NC_4H_{10}	0	烃露点	0
IC_5H_{12}	0	绝对密度	0
NC_5H_{12}	0	高位发热量/（MJ/m³）	37.1
C_6	0	低位发热量/（MJ/m³）	33.4
N_2	0.11	氢气	1

DLE 燃烧室对燃料气的要求如下：最小的燃料气温度超过燃料气露点温度以上 28℃，最大温度为 93℃；燃料气在燃调阀前压力范围为 3.6~4.1MPa；按照 ISO 16889 规定燃料气进燃烧室前必须过滤至 3μm，$\beta_3 \geqslant 1000$。

8.1.1　Siemens 公司 RB211-24G 燃气轮机 DLE 型燃烧室更换条件

目前，Siemens 公司已研制出 NO_x 排放量低至 15ppm 的 DLE 燃烧室及配套工艺，但如果将燃烧室升级改造，需要处理如下几方面的问题：

1. 升级 DLE 型燃烧室基本输入条件范围

1）增加 DLE 燃烧室额外的监控探头和点火系统。

2）增加燃料系统组件和管线（燃料气计量阀）。

3）增加箱体内燃料气汇管和排气通道支撑结构。

4）评估火气系统适应性。

5）动力涡轮边缘冷却，戴维斯阀、中压涡轮（第五模块）过热保护改造，PT 密封气，LQ6T 合成油流量分配器。

6）评估箱体通风系统适应性。

7）确认新接线箱的位置空间和电缆路径。

8）推荐将液压启动马达更换为气动马达（能够为新的燃料气组件释放一定空间）。

9）根据现场条件，软件模拟性能与 NO_x 和 CO 的排放量，如果软件模拟需要 HP6COTD，则安装 HP6COTD 系统，能达到理想的性能和排放数据。

10）核算 UCP 到机柜间额外的组件，例如 I/O 模块，电源转化器等。

11）评估燃气轮机的进气和排气系统。

12）评估合成油系统对 DLE 型燃气发生器（见图 8-1）的适应性。

2. 升级选择条件与方式

1）在大修状况下，升级燃烧室，将 SGT-A35 24G 的非 DLE 燃烧室升级为 SGT-A35 24G 的 DLE 燃烧室（见图 8-2），并且更换中压压气机机匣。

2）全新的 SGT-A35 24G DLE 型燃气发生器替换非 DLE 型机组。

SGT-A35 24G DLE 型燃气发生器是单天然气燃料，航改型燃气轮机，达到 NO_x、CO 的排放要求。其高压比、双轴设计，燃烧系统包括九个独立的径向安装的燃烧室，安装在压气机与涡轮之间，预混贫燃，高速、中速轴以优化转速独立运行。

图 8-1　DLE 型燃气发生器外貌图

图 8-2　DLE 型燃烧室示意图

3. 升级 DLE 型燃烧室需要的增加燃料气系统部件及材料（见图 8-3）

1）2 个流量计。

2）3 个燃料气计量阀。

3）1 个可变剖分二次阀。

4）1 个高速切断阀。

5）2 个电磁阀。

6）3 个汇管排污阀。

7）3 个 EMV 控制器。

8）3 个接线箱。

9）从燃料气系统（见图 8-3）仪表、EMV 控制器到接线箱电缆，预估 150m。

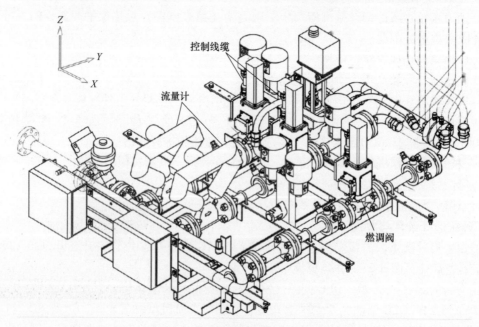

图 8-3　DLE 燃烧室的燃料气系统

4. 联合空气系统（包括 HP3 放气通道、燃料气汇管支撑，见图 8-4），**包括以下组件**

1）从 HP3 和 IP7 到排气烟道的放气阀管线。

2）放气阀管线支撑。

3）1 个 HP3 弹性波纹管。

4）1 个 IP7 弹性波纹管。

5）2 个单向阀。

6）2 个金属膨胀节。

7）1 个 rim 冷却气软管。

8）DLE 燃料汇管支撑。

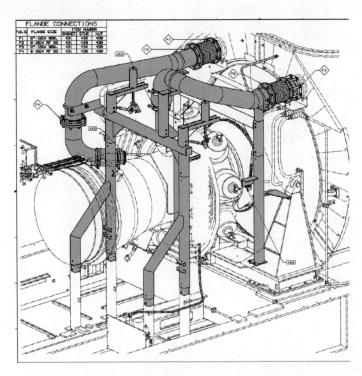

图 8-4　管线及支撑（与现有支撑相似）

5. HP6 CO 调节系统（见图 8-5）

1）1 个 HP6 放气阀。

2）HP6 放气管线（放气到发动机空气入口）。

3）定位在发动机空气入口的 HP6 放气汇管。

4）软管。

5）1 个 HP6 阀控制器。

6）从 HP6 阀控制器至接线箱电缆。

6. 燃气发生器仪表（包括点火器、燃烧室噪音检测系统，见图 8-6）

1）1 个 GG 点火接线箱。

图 8-5　HP6 放气阀管线和软管

501

2）燃烧室压力监测接线箱。

3）两个 CP103 传感器及变送器。

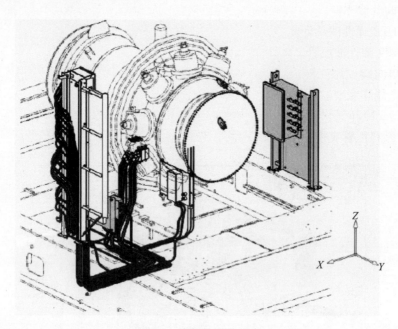

图 8-6　增加的 GG 仪表

7. 箱体通风风机

需要 2 台容量为 36000CFM 风机，且通风道满足风速要求。

8. 燃气发生器前支撑

需要加强燃气发生器前支撑。

9. 火气系统

评估火气系统适应性。

10. UCP 升级

需要因升级 DLE 而必须升级 UCP 的硬件和软件。

11. 工具

DLE 型燃气发生器的提升工具和运输小车。

8.1.2　BHGE 公司 LM2500+燃气轮机 DLE 型燃烧室更换条件

目前，BHGE 公司已研制出 NO_x 排放量低至 15ppm 的 DLE 燃烧室及配套工艺，但如果将燃烧室升级改造，需要处理如下几方面的问题：

燃料气系统的升级改造、燃气轮机机械部件改造、电气布置安装与仪表改造、排气系统改造、控制系统升级、燃气发生器提升与相关专用工具。

与 SAC 燃烧室相比，DLE 燃烧室进气压力较前者至少高 0.1MPa，DLE 型燃气发生器为了计算的需求，还需要燃料气的低位热值，密度，压缩因子、比热、N_2 和 CO 的含量等参数，若燃料气的特性变化超过 3%，需要安装气相色谱进行监控。燃气发生器与燃烧室如图 8-7 和图 8-8 所示。

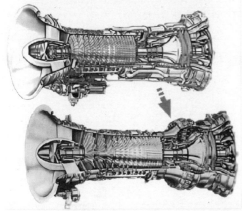

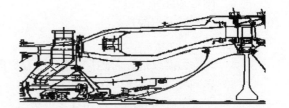

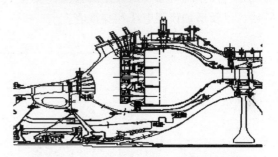

图 8-7　SAC 与 DLE+SAC 燃气发生器示意图　　　　**图 8-8　SAC 与 DLE+SAC 燃烧室示意图**

1. 1.0 版 DLE 燃烧室（见图 8-9）

DLE 燃烧室使用贫燃、预混技术，三环配置实现充分预混，低功率状态，减少热辐射。燃烧室头部支撑 75 块热屏，形成三环燃烧区域，称为外部 A 区，先导 B 区，内部 C 区，除了形成三环区域，热屏将热的燃烧气体以拱形结构隔离，热屏是采用冲击和对流冷却方式的超合金，燃烧室衬里采用热障涂层，非薄膜冷却。燃料气通过 75 空气、天然气预混器进入燃烧室，预混器由 30 个可拆卸、更换的模块组成，其中一半中每个包含 2 个预混器，另一半中每个包括 3 个预混器，预混器实现天然气和空气恰当比例充分混合。

预混器

热护罩

衬里

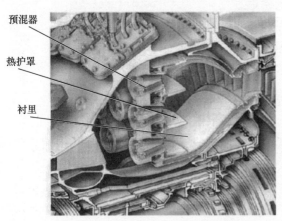

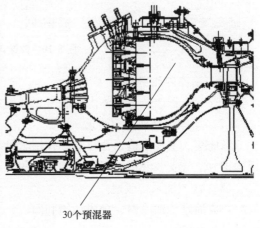

30个预混器

图 8-9　DLE 三环燃烧室

（1）轴流压气机

轴流压气机无需改造。

（2）高压涡轮

高压涡轮无需改造。

（3）附件齿轮箱

附件齿轮箱无需改造。

（4）动力涡轮

动力涡轮无需改造，若返厂，GE 推荐更改为 PIP 型的最新版本。

（5）燃料气系统配置（对比见图 8-10）

燃料气系统将原先的计量阀移去，安装三个计量阀，截断阀将被更换，按需要改造相关管线，以及增加仪表电缆和穿线管。

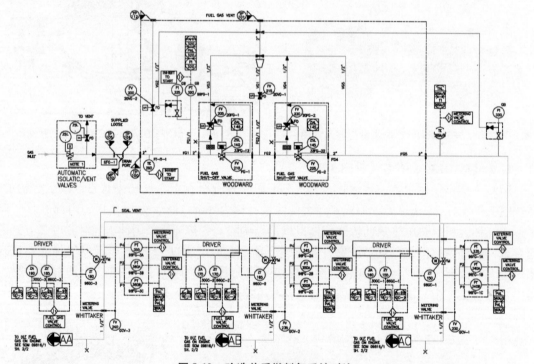

图 8-10　改造前后燃料气系统对比

（6）箱体内改造

点火变压器改造、箱体内燃料气管线改造，最终方案按最小的改动实施。

（7）箱体内其他方面改造

箱体板、基板改造、合成油和弹性软管改造、油池放空管线改造、排污管线改造。进烟道的排放空气安装液压执行结构的泄放阀。

（8）合成油系统改造

合成油系统油冷器、合成油箱利旧。

（9）仪表

需要从新仪表到接线箱、UCP 间的仪表电缆。

（10）防冰系统

原防冰系统从 16 级抽气，在 DLE 型燃气轮机将不在使用，采用脉冲喷射过滤达到防冰目的，旧防冰系统被拆除。

（11）控制系统升级

由于 UCP 原面板内部空间有限，安装 Mark Ⅵe 扩展板至原控制面板，以 IOnet 协议将燃料气系统硬件和软件连接到主控制器，通过 CANopen 通讯连接，管理新伍德沃德计量阀命令与反馈。主要包含新的 CANopen 网关主模块和所有组件；电源分配升级，提供 15VDC 电源至燃料气压力变送器 PTBOX；DCP 电源分配升级，提供电源至计量阀面板，位置控制器；上述相关文件更新。

（12）电源改造

提供 DCP110VDC 至燃料气计量阀，按需要扩展 DCP，新的动力电缆。

（13）安全保护系统

全保护系统仍采用目前的保护系统。包括手动紧急停、超速、振动、火焰丢失、启动阶段超燃料检测、吹扫、火气、噪音等。

（14）PGT25+DLE 排放量（见表 8-4）

表 8-4　运行参数及排放数据

GT 模型	燃料系统	燃料	功率范围（%）	室温/℃	NOx ppmvd@ 15% O$_2$	CO ppmvd@ 15% O$_2$
PGT25+DLE	单燃料	天然气	50~100	-12~+38	≤25	≤25

（15）改造需要的备件和材料

1）燃料气计量阀 3 套。

2）燃料气切断阀。

3）燃料气管线和 Y 型过滤器。

4）GG 连接的弹性软管。

5）启动管线。

6）轴流压气机的排污管线和垫片。

7）箱体板、基板改造、合成油和弹性软管改造、油池放空管线改造、排污管线改造。

8）空气排放阀及管线。

9）合成油系统改造。

10）仪表、电缆及穿线管。

11）入口系统改造（移去防冰管线）。

12）提升 GG 专用工具。

13）管理燃料气系统的 Mark Ⅵe 扩展板。

14）Mark Ⅵe 控制系统硬件和软件升级。

15）进 DLE 计量阀执行器 DCP 电源改造。

2. 1.5 版 DLE 燃烧室（见图 8-11）

两个燃烧室比较如图 8-12 所示。改造的燃烧室从 G4 型号衍生而来，升级预混器，燃料总管和 5 个计量阀（见图 8-13），控制系统、撬装设备，将 NO$_x$ 排放量控制在 15ppm 以下。

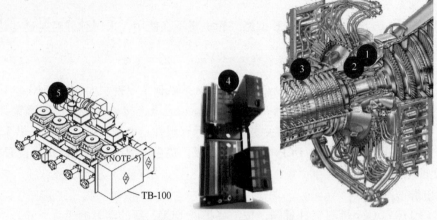

图 8-11   15ppm NO_x 燃烧室

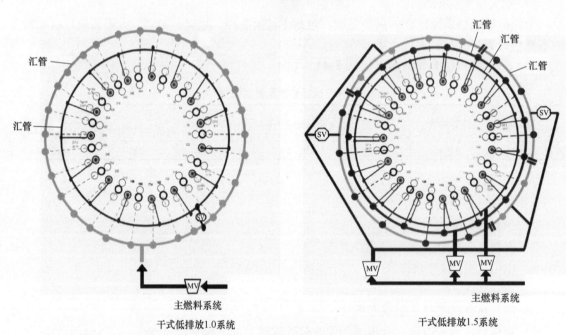

干式低排放1.0系统

干式低排放1.5系统

图 8-12   两种 DLE 燃烧室及配置比较

图 8-13   5 计量阀在箱体内的布局

对 GE 燃气发生器来说，若将其升级改造，建议改造 1.0 版本的燃烧室，1.5 版本的可能费用较高。

8.2　集成一体压缩机技术

集成一体压缩机包括变频装置、电动机、压缩机、机组控制系统及其辅助系统等。输气管道集成式压缩机组是实现天然气远距离输送的核心设备。集成式压缩机组是压缩机与电动机采用同一橇体，利用压缩机一级出口天然气对电机和压缩机进行冷却的机组，即集成式压缩机组是由压缩机和电动机两部分组成。同一般的天然气压缩机组相比，集成式压缩机组具有结构简单、占地面积小、重量轻、能耗低、无天然气放空、零排放、维护简单等特点。集成式压缩机组为压缩机与电机整体橇装，整套压缩机组采用户外布置方式，一般机组总装功率为 2~18MW，采用磁力轴承，电机定子及机组磁力轴承采用天然气自冷却，机械性能达到国际标准 API 617—2014 的要求。不设置外部干气密封系统、润滑油系统、电机冷却水系统。

采购前买方需提供天然气中 CO_2、H_2S 的含量，且实际运行中天然气可能含有少量 H_2O 及凝析液，卖方要充分考虑到管道实际输送的天然气气质与理论指标的差异，开展压缩机、电动机、磁力轴承及相关部件防 H_2S 腐蚀的专题研究，研究过程中将至少遵从以下三个标准：中国石油天然气行业标准《天然气地面设施抗硫化物应力开裂和抗应力腐蚀开裂金属材料技术规范》，标准编号 SY/T 0599—2018；美国腐蚀工程师协会的《Metals for Sulfide Stress Cracking and Stress Corrosion Cracking Resistance in Sour Oilfield EnviroN·ments》（油田设备抗硫化物应力腐蚀断裂和应力腐蚀裂纹的金属材料），标准编号：NACE MR 0175—2003；国际标准化组织的《Materials for use in H2S-containing enviroN·ments in oil and gas production》（石油和天然气工业油、气生产中含硫化氢（H2S）环境下使用的材料）标准，标准编号：ISO 15156—2009。

8.2.1　功能描述

集成式压缩机组的压缩机和电机共用同一橇体，电动机的启、停、转速设定等命令由压缩机控制系统下达给变频装置控制系统，由变频器负责实现电动机的控制功能。压缩机壳体与电动机壳体通过螺栓连接。压缩机在电动机的驱动下，将管道上游来气增压后输送到管道下游。压缩机在为管道气增压的同时，也为电动机冷却提供压缩天然气。天然气经过压缩机一级叶轮增压后，部分气体通过过滤器、调压阀等管路设备进入电动机，天然气在与电动机完成换热后重新进入压缩机入口。

压缩机组设计的正常运行点转速范围为额定转速的 35%~100%，根据 API-617 标准的要求，压缩机组应能在最高连续运行转速，即 105%额定转速下连续运行，在所有安装地点对应的转速至少有 10%的驱动扭矩裕量。变频装置控制系统在电动机额定转速以上可以为恒功率调速方式。ICL 一体压缩机与 PCL 压缩机对比如图 8-14 所示。其剖面图和结构如图 8-15 和图 8-16 所示。

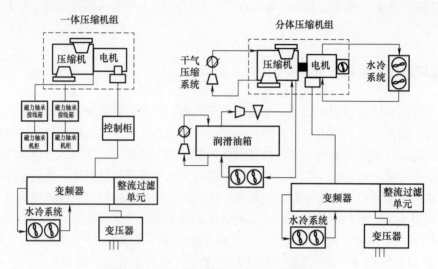

图 8-14 ICL 一体压缩机与 PCL 压缩机对比

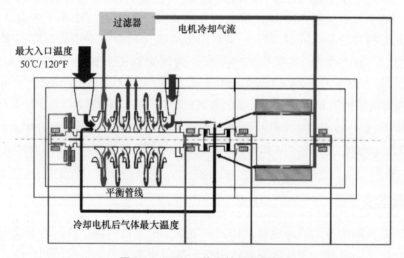

图 8-15 ICL 一体压缩机剖面图

图 8-16 ICL 一体压缩机结构

8.2.2　磁力轴承

采用磁力轴承作为压缩机和电动机的转子支撑，在压缩机和电动机侧设置轴向和径向磁力轴承。磁力轴承使用压缩机一级压缩后的天然气作为冷却介质，磁力轴承由其控制柜供电和控制，控制柜自带不间断电源，应满足机组紧急停机的要求。

主动磁悬浮轴承：依赖传感器、电磁技术、电气放大器、电力供应等伺服反馈技术，通过将电流转换成磁力，非机械接触，支撑转子。需要检测、处理传感器信号的设备，将其信号转移至电气放大器，调节磁吸力悬浮压缩机转子。

辅助轴承，当磁力轴承不能悬浮转子或被过载时，需要单独的轴承系统支撑转子，即辅助轴承，其寿命有限，一般能够承受转子的跌落或着陆次数为 5 次。

闭环转换功能：输出响应与输入激励信号的比值是一个正向控制系统，包括反馈回路的影响，磁力轴承控制器具有补偿功能，包括输入、输出转换。对补偿器来说输入，就是传感器的输出，补偿器的输出是电流或磁力的命令。非受控的不平衡力，相和频率锁定转子旋转，并且具有使其达到最小同步的轴承力。

在正常操作和停机过程，轴承应能够满足任何液体的侵入。全部电缆（动力、传感器、速度、温度）应在静叶端和连接端做标识，且坚固耐久。磁力轴承的静叶组件应能够方便更换和拆卸。静叶线圈电气绝缘部件应至少耐温 180℃，磁力轴承整体耐温至少 155℃。

1）磁力轴承（见图 8-17）是维持旋转组件（转子）与固定组件（定子）相对位置的电磁装置，使用电子控制系统并依照机器运转所产生的力来调整电磁力。

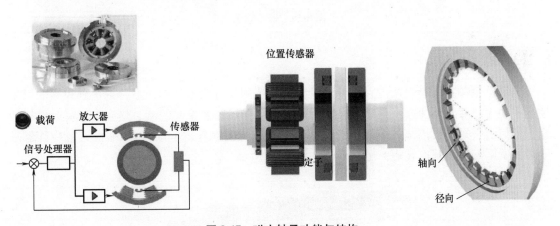

图 8-17　磁力轴承功能与结构

2）集成式压缩机组采用磁力轴承，主要包括：轴承本体（径向轴承和横向轴承），控制系统，辅助轴承（转子防失效系统，见图 8-18），控制系统。

3）保证磁力轴承正常运转必须要确定转子位置、转子振动和轴承负荷。通过传感器，磁力轴承控制系统应该处理这些信息并将它们输出以便及时了解设备的运行状态。

4）辅助轴承应能在由磁力轴承支撑的轴没有悬浮或磁力轴承系统过负荷时，起到支撑轴的作用。

转子安装磁力轴承部位应留出足够的空间，方便在平衡机上转动转子，转子关键部位的圆周跳动值应该小于 $5\mu m$，传感器表面的跳动值也应考虑。辅助轴承转子跌落表面应能够可修理或可更换，不应由于损坏更换整个转子系统。

每个探头计算的径向振动峰峰响应值，不应该超过下列方程的计算值和辅助轴承间隙的 0.3 倍，两者中的小者。

$$A_{v1} = 3\left(25.4\sqrt{\dfrac{12000}{N_{mc}}}\right) \tag{8-1}$$

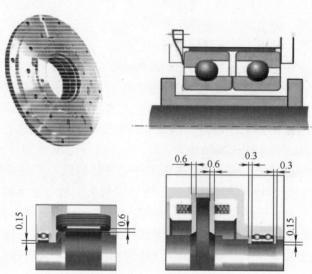

图 8-18　辅助轴承

8.2.3　高速电机

电动机整体及所有组成设备、部件及附件应选用长寿命预期的产品，以达到较高的可用性和平均无故障时间 40000 小时。电动机应能够承受短路发生时的动、热应力和瞬时机械转矩，任何由于短路或内部故障造成的损害应仅限于有关部件，电动机/压缩机设备应能够承受短路发生期间的瞬态转矩。电机转子如图 8-19 所示。

图 8-19　高速电机转子

8.2.4　电气贯穿件

电气贯穿件必须在正常或事故条件下均能保证线缆及数据的不间断传输且密封性完好，防止天然气泄漏。压缩机在结构、密封等方面，设计及制造时需要综合考虑压力边界、密封形式、耐压等级等因素。电气贯穿件的设计压力 15MPa，电气贯穿件的使用寿命应与机组本体相同。电气贯穿件应采用耐高温材料，接线箱内电气贯穿件旁应设置天然气泄露检测装置。

8.2.5　监控系统

一体机须有保证压缩机组及其辅助系统安全、可靠、平稳、高效地全自动运行的监控系统。该系统应包括所需的检测仪表和控制设备，应完全具有进行压缩机组启动、停车、监视控制、连锁保护、紧急停车、负荷分配等功能，同时应可靠地与本工程 SCADA 系统进行信息交换。

8.3　余热利用——发电技术

余热利用郎肯循环，将燃气轮机余热回收，用于发电或驱动压缩机，达到节能减排的目的。燃气轮机输出功率、余热可回收部分见图 8-20，其发电、驱动压缩机的工艺流程图和设备组成结构见图 8-21~图 8-24。

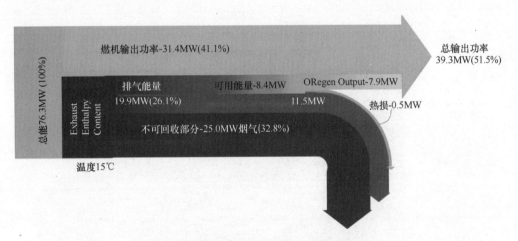

图 8-20　燃气轮机燃料气焓值及有效热能图

余热利用，蒸汽循环系统，将燃气轮机的余热用于产生蒸汽，进而驱动蒸汽轮机发电；或者使用有机介质环戊烷循环、导热油进行发电。其次余热产生蒸汽或热水，可供暖或其他工业利用。再者将余热用于提供制冷能源，达到制冷的目的，服务冷库、空调系统等。

30MW 等级的燃气轮机余热利用后，将减少约 2000~4000N⊖m³/h 的天然气能耗。

⊖　标准工况，即一个标准大气压，温度 0℃，相对湿度 0%。

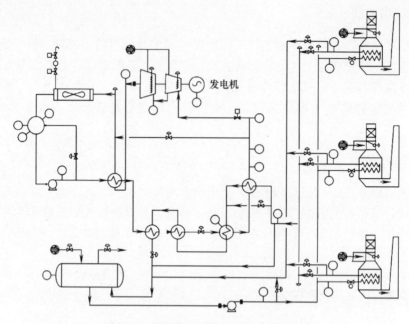

图 8-21　燃气轮机余热利用发电 PID 图

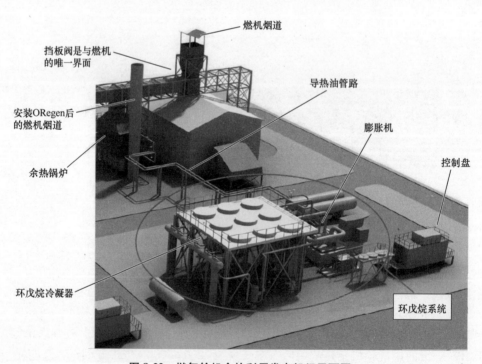

图 8-22　燃气轮机余热利用发电机组平面图

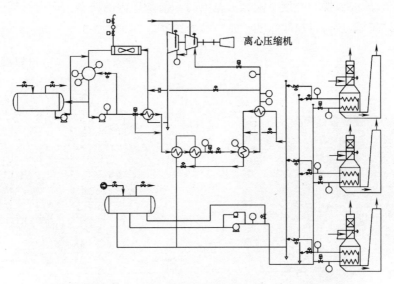

图 8-23　燃气轮机余热利用透平膨胀机带离心压缩机 PID 图

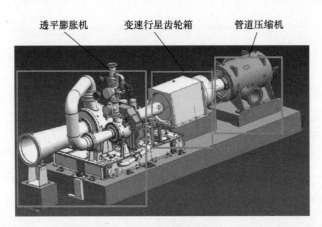

图 8-24　燃气轮机余热利用透平膨胀机带离心压缩机平面布置图

8.4　密封新技术

8.4.1　干气密封及压缩机内部密封新技术

　　干气密封（见图 8-25）在离心压缩机上应用广泛，随着技术的发展，干气密封已向智能化发展，在干气密封静环座上安装嵌入式声波、温度、液相监测传感器（见图 8-26），实时监控干气密封的健康状态，能早期预警干气密封性能，诊断运行方式是否正确，以运行数据为基础延长其使用寿命。

　　上述密封传感器引线通过干气密封二级排污管线引至压缩机外部，外部配置干气密封信号接收与发射装置，将信号无线传输至运维中心，中控室监控设备（见图 8-27）有干气密封故障库，密封声波数据、温度、液相数据实时与故障库内的典型案例进行相似度比对，形成运行诊断报告，监控可目视化，实现视情状态维护。

图 8-25　带智能传感器的干气密封

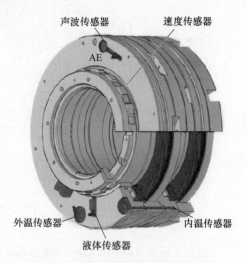

图 8-26　干气密封传感器的安装位置

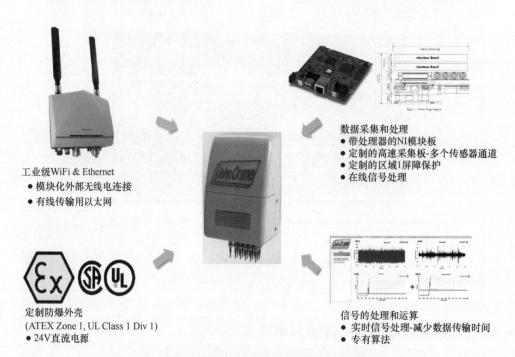

图 8-27　干气密封预测诊断管理数据采集系统

约翰克兰密封：第一家智能密封的生产商，并以实时数据建立了干气密封故障诊断库；另外，无泄漏干气密封也在研制中，使用干气密封动环内径处开槽，将外部惰性气体通过动环涡轮增压，进入压缩机壳体内，保证工艺气无泄漏。其干气密封动环采用拨叉传动，动环垂直度的影响因素较多，密封安装对各部件端面的垂直度要求高，否则易造成聚四氟乙烯辅助密封圈的磨损。辅助密封不动，而与之配合的平衡直径推环移动，对安装人员的操作要求细腻。

博格曼密封：采用浮动动环，传递扭矩较其他方式小，最新技术静环采用钻石面，进一步降低摩擦力，保证低扭矩，低速、低压力状态能使密封动静环打开。但目前碳化硅与类金刚石配合的干气密封在冬季长时间停机再启动过程，密封端面打开扭矩大，易造成传动环挤出，动环失稳；若增加密封供气温度，加长暖机时间，一级密封及时排污，可以解决上述问题。动环能自主浮动，自我调整端面的垂直度，对安装的调整垫、锁母端面的垂直度要求不高，辅助密封移动，与之配合的平衡直径部件不动。

福斯密封：采用低速悬浮、降低起动扭矩，低速时气膜强度高，端面间隙小。动环采用定位销传动，动态辅助密封为组合单元，前部无调整垫，以密封气的压力保证动环座稳定，后部剖分环定轴向定位且传动，静环座后部带定位销，组合辅助密封移动，与之配合的平衡直径部件不动。后部调整垫调整密封的压缩量。

德莱赛兰密封：动环采用容差带或转动块保持传动，辅助密封在平衡直径推环上，两者一起移动。前部无调整垫，以密封气的压力保证动环座稳定，静环座前部有定位销，后部剖分环前后调整垫调整密封的安装尺寸。

干气密封内部结构之一如图 8-28 所示。

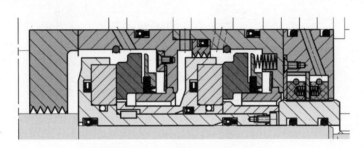

图 8-28　干气密封内部结构举例

8.4.2　涡轮增压技术

在离心压缩机首次起机过程，由于压缩机出入口管线为均压状态，需要增压泵将天然气压力提高较入口压力大 100kPa 以上，保证干气密封压力始终高于压缩机壳体压力。防止未经过滤的天然气杂质在干气密封动静环端面堆积，一旦运行，划伤损坏密封端面。目前，新型的涡轮增压设备替代了往复增压泵，且维护费降低，使用寿命提高。其内部结构件图 8-29 所示。

图 8-29　干气密封涡轮增压设备

8.4.3　干气密封预处理单元

干气密封预处理单元，能提高密封气的质量，将工艺天然气脱出液相物质、过滤杂质后进入精过滤器和电加热器，使密封气保持干燥、清洁（见图8-30）。预处理单元冷凝、旋风分离、聚结、过滤除液、除颗粒物、除重烃组分等方式。

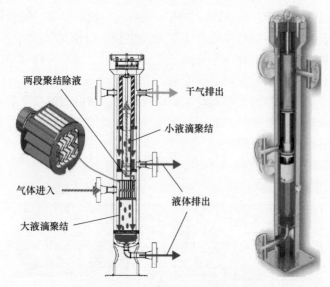

图 8-30　干气密封预处理除湿装置

8.4.4　压缩机内部密封技术

管道离心压缩机级间密封磨损会造成级间密封性能下降，气流由高压向低压侧反窜，不仅会影响压缩机运行效率，而且会导致轴向力增大，引起推力轴瓦温度升高，影响推力轴承受力和寿命。

从轴向力变化方面，转子的轴向力通常采用平衡盘进行部分抵消。不同压力的气体分别作用在平衡盘内外两侧形成压力差，产生与叶轮气动轴向力方向相反的推力来平衡轴向力，剩余的轴向力由推力轴承来承受。如级间密封的泄漏量变大，气体在末级出口处的压力有所下降，平衡盘内侧的高压气体压力也同步降低，这样就造成平衡盘内外两侧压力差降低，产生的平衡推力变小，平衡效果变差。同时，总的轴向力增大，平衡盘的平衡能力不足，推力轴承所受的轴向力也会增大，加速了推力轴承瓦块的受力，推力超过其工作极限则容易使轴瓦因摩擦温度过高而被烧瓦。

从压缩机效率方面，级间密封泄漏增大导致压缩气体在级间窜气，气体被重复压缩，增加了出口气体的温度以及气体换热时的能量消耗，还会使压缩机压缩效率下降。

因此，级间密封失效或因密封性能不佳导致泄漏量增大，不仅会增加转子轴向力，还使压缩效率有所下降。

研究低泄漏减振型蜂窝密封动力特性设计理论与方法，揭示了蜂窝密封芯格尺寸与深度在高功效区间内的流场旋涡能量耗散和泄漏量变化规律，解决了低泄漏、长寿命密封结构设计；试验验证，相同工况下比梳齿密封使用寿命延长 10~30 倍以上、泄漏量减少 50%~70%。针对离心压缩机转子级间密封泄漏量大导致轴向力增大、压缩效率降低的问题，行业内主要从两个方面进行研究处理：

1）采取降低级间密封泄露间隙、更换更为耐磨的级间密封材质，从而达到降低级间泄露、保障压缩效率和轴向推力的效果。

2）采取增大平衡盘受力面积、或优化级间密封结构，在满足级间密封安全运行间隙下，采取密封性能和效果更佳的蜂窝密封技术替换原来梳齿或迷宫结构密封来达到降低级间泄露量的目的，从而保障压缩机效率、并且降低轴承推力。目前国内在 BCL 多级中高压压缩机上已有级间密封结构优化应用。

两种密封形式的结构及参数对比如图 8-31~图 8-33 所示。

蜂窝密封件包含很多独立的六边形网格单元结构，因此具有强大的涡旋阻尼效应、良好的热力学效应以及优秀的封严效果等特点，泄漏的流体分散进入多个蜂窝孔内形成小涡流，使泄漏流体能量转换为热能，有效减少了气体的周向旋转，对转子振动具有一定的抑制作用，从而减少了

图 8-31　两种密封结构的对比

高压气体的泄漏。在相同压力和间隙的情况下，蜂窝密封的泄漏率比迷宫式密封降低了 50%~70%，此外，蜂窝密封使用镍基高温合金材料，比转子材料软，故对轴无损伤。因此蜂窝密封结构在目前作为一种有效的密封形式，对介质泄漏有显著的抑制效果（其动力学特性见图 8-34）。

通过优化压缩机转子级间密封结构，将原来梳齿结构密封改进为密封性能更佳、泄漏量更低的蜂窝结构密封，通过建模分析叶轮受到的轴向推力在级间密封结构优化前后的变化（见图 8-31），并利用计算流体动力学（Computational Fluid Dynamics，CFD）软件进行模拟仿真，验证其可行性和理论效果，从而达到提升机组压缩效率，同时降低压缩机转子径向振动、轴向推力增大问题，提升机组增压能力，达到节能减排的目的。

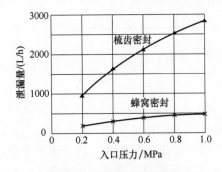

图 8-32　蜂窝密封与梳齿
密封同比条件泄漏率对比图

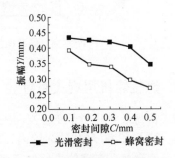

图 8-33　蜂窝密封和光滑
密封同比条件下振动对比图

梳齿密封（见图 8-35）和蜂窝密封的腔室内虽然都形成了漩涡，使得气体的动能转化为内能耗散，但蜂窝密封中气体速度要明显低于梳齿密封中气体速度（矢量图见图 8-36）。

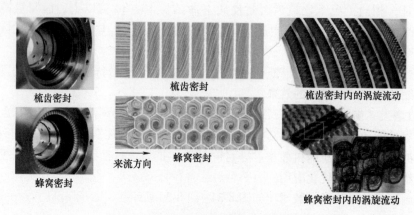

图 8-34　低泄漏减震蜂窝密封动力学特性

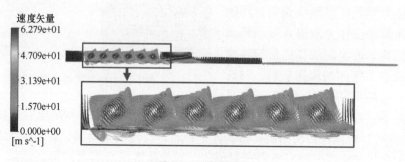

图 8-35　梳齿密封

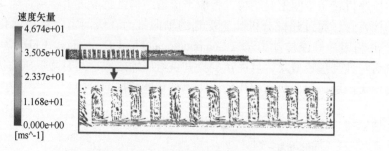

图 8-36　蜂窝密封与梳齿密封速度矢量图（压力 10kPa）

8.4.5　燃气轮机用刷式密封

刷式密封最早应用于航空发动机上，后有 GE 公司运用在工业燃气式汽轮机上，应用效果显著。20 世纪 90 年代传入国内，开始在运用在燃气轮机上。刷式密封一般用于动静件间的气体介质密封，在液体或粉尘等密封方面，效果也十分明显。刷式密封的刷毛相对轴的旋转方向按一定倾斜角度规则排列，以减少刷毛的磨损，使刷毛更容易适应转子的制造误差和热变形等，并在转子瞬间大幅径向位移后迅速弹回，保持密封间隙不变。和刷毛自由端接触的轴表面一般喷涂一层耐磨材料，以防止工作时刷毛划伤轴径，同时可减少刷毛的摩擦损耗。

刷式密封的刷丝主要采用钴基高温合金，具有低脆性、高韧性、保证运行过程中不折断，而高性能的焊接工艺保证刷丝的不脱落，优化的刷毛束厚度及高度保证高性能的封严性，刷丝材料和涂层材料的合理组合保证密封稳定、安全的运行 刷式密封是取代传统的迷宫密封的理想选择，它是一种接触式的具有适应性的密封，可全部或部分消除迷宫密封的寄生泄漏，同时允许转子在有一定的偏差的状态下工作，是可以做到零间隙的柔性密封。

　　刷式密封内流动形态与迷宫式密封有较大的区别（见图 8-37），由于刷丝束的多孔介质特性，从迷宫式泄漏的射流直接撞击到刷丝束上，一部分经过多孔介质刷丝束渗流过进入下一个腔室，另一部分形成回流在腔室内构成一个较大的旋涡流，将泄漏射流的动能转化为热能。泄漏流经过刷丝束后的压力下降大于经过迷宫齿时的情况，由此刷丝束可以有效地阻止泄漏流，提高密封效果。刷式密封使介质泄漏主要发生在密集排列的细金属丝之间形成的微小缝隙中，由于刷子中刷丝间空隙的不均匀性作用，均匀的来流进入刷丝束中就变得不均匀了，并且从紧密的刷丝束区域向疏松的刷丝束区域偏流，这些偏流在刷丝排之间逐渐形成同向流和射流，并产生随机的二次流和旋涡流。而当一射流遇到前面紧密的刷丝束，就会改变运动方向而变成和主流方向垂直的横向流（刷式汽封气体流动形式）。由于刷丝束破坏流动而确保流动的不均匀性，使流体产生了自密封效应，横向流动代替向前流动显然对流体自密封起了重要贡献，它能使横流过刷子的总压降增大从而减少汽封的泄漏量。因此，刷式密封的泄漏特点为，由于压比的增大，刷子中刷丝的密度增加，刷丝之间的空隙减少而使有效的泄漏面积减少，同时使泄漏流动的阻力增大，从而使泄漏随压比增加的梯度降低。

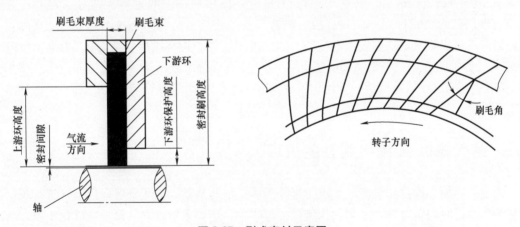

图 8-37　刷式密封示意图

第 9 章 视情维修与状态维修技术

　　燃气轮机驱动的离心压缩机组在长输管道得到了广泛的应用，它的性能直接影响到这些行业的生产效率和安全性。因此，对燃气轮机-压缩机组的性能仿真、故障诊断，以及对其失效模式和影响因素的深入研究，具有重要的理论和实际意义。

　　本书的第 9 章将深入探讨这一主题。首先，将在 9.1 节~9.5 节详细介绍燃气轮机-压缩机组的性能仿真模型的建立。通过仿真，可以预测和评估设备在各种工况下的性能，利用气路分析技术进行故障诊断。接下来，将在 9.4 节分析天然气压缩机组的失效模式及其影响因素。设备的失效不仅会导致生产效率的下降，还可能带来安全隐患。因此，深入了解设备的失效模式，找出导致设备失效的关键因素，对于提高设备的可靠性和安全性具有重要的意义。最后，在 9.5 节探讨燃气轮机-压缩机组的可靠性指标，可靠性是衡量设备性能的重要指标之一，它直接影响到设备的使用寿命和运行成本。通过对可靠性指标的研究，可以更好地评估设备的性能，为设备的设计和运行提供科学的依据。9.6 节基于 RCM 的维修策略制定，将介绍如何基于 RCM 制定有效的维修策略。将通过实例来说明如何运用 RCM 方法进行故障分析，如何根据故障分析的结果制定维修策略，以及如何评估维修策略的效果。

9.1　燃气轮机-压缩机组性能仿真

　　先进的建模方法是拥有高级系统仿真技术所必须的基础。除了要考虑模型计算结果的准确性和其运行时的实时性外，当前在建模的过程中，还要求所建立的模型能够易于被二次开发，即具有良好的通用性。在本系统中使用模块化建模的方法，如针对双轴燃气轮机模型，按压气机模块、燃烧室模块、透平模块、转子模块这四个部分来分块建模。

　　燃气轮机驱动的离心压缩机组是天然气长输管线系统中最重要的旋转设备，对管线的高效安全经济运行影响重大。准确地将燃气轮机与压缩机联合建模对于成功实现机组性能分析和气路故障诊断是至关重要的前提条件。此外，机组模型的准确性还依赖于其各部件的特性线。特性曲线的测试实际上需执行严格的试验标准，在不同操作条件下，在试车台上通过实际测试获得。然而，受到试验条件限制，且试车台试验费昂贵，机组制造商不可能会获取每一台机组的各部件全工况特性线，通常只会提供给用户一套同一型号通用特性曲线。由于制造和安装偏差，以及维护、改造、大修等原因，对于同一型号的机组而言，其性能会发生更大的改变。因此，使用通用部件特性线进行热力计算时，通常会产生一定误差，导致热力计算结果的准确性不高。

目前，许多学者提出了有效的方法来提高燃机热力学模型计算的准确性，主要是通过在试验时实测气路参数来调整模型中的部件特性线或生成新的部件特性线。一种常用的表示特性图的方法是人工神经网络[3-4]，它具有高度的非线性映射能力，可以通过设置适当的超参数来逼近任意非线性函数。然而，神经网络模型的精度依赖于数据集的大小及质量，与网络结构如网络层数、隐含层节点数、学习率等参数密切相关，且外推效果不理想。另一种方法是椭圆拟合算法，通过优化过程，利用旋转椭圆方程拟合压缩机特性图。该方法的实际试验表明，拟合精度很大程度上取决于拟合多项式系数初值的选取，而初值不易确定，且该方法有待进一步拓展至适用于可变几何压气机的燃气轮机热力建模情况。最常用的方法是部件特性自适应修正，该方法最先由 Stamatis 提出并应用于燃气轮机性能自适应修正，它通过优化算法来寻找一组最优的修正因子，再来修正部件特性线。而获得最优解的方法从传统的优化算法（如线性规划的单纯形法、非线性规划的基于梯度的各类迭代算法等）改进到智能启发式算法（如粒子群算法、遗传算法），不但在寻优方法上不断获得突破，同时在目标函数构造上也不断改进，通过设定合理的加权，使得目标函数更加合理。

这些自适应调整方法的原理首先是建立精确的热力学模型，然后通过智能启发式算法全局优化过程缩放相似压气机特性图的形状，使热力学模型输出与目标机组的测量结果相匹配，获取一组缩放系数进而来修正整个部件特性线。智能启发式算法的引入使得能够实现参数更多的多目标优化，对初值不敏感，限制条件更加宽松，但是也带来了计算耗费资源较重、计算时间较长的缺点。因此如果能够合理地选择优化算法，制定合理的迭代规则，能够缩短最优解的解算时间，同时也能一定程度提高最优解的精度。

9.1.1　燃气轮机性能模型

先进的建模方法是拥有高级系统仿真技术所必须的基础。除了要考虑模型计算结果的准确性和其运行时的实时性外，在建模的过程中，还要求所建立的模型能够易于被二次开发，即具有良好的通用性。在本系统中使用模块化建模的方法，如针对双轴燃气轮机模型，按压气机模块、燃烧室模块、透平模块、转子模块这四个部分来分块建模（见图 9-1）。

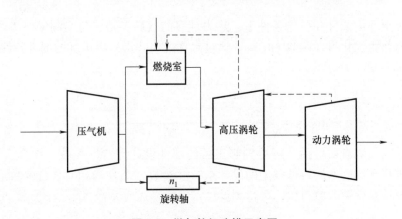

图 9-1　燃气轮机建模示意图

压气机和透平模块特性由部件特性图给出，在仿真模型中，通过二维插值方法获得不同转速和不同压比（膨胀比）下压气机（透平）的折合流量和绝热效率。燃烧室模块的建立运用质量守恒和能量守恒进行建立。通过优化算法来保证通过压气机和透平模块的质量守恒，功率或温度达到指定的数值。使用的优化的迭代计算稳态模型，大大缩短了计算时间，有助于实现快速准稳态仿真和故障植入。

燃气轮机建模仿真过程中，压气机及透平部件特性的获取一直是直接影响仿真结果的重点和难点。高压比多级轴流压气机作为燃气轮机的关键部件，燃气轮机的运行性能会受到其性能的相当大的直接影响。而且出于保密因素以及试验条件限制等原因，国内的燃气轮机生产单位无法提供建模所需求的特性数据，所以在建模时，很难获取准确的压气机特性曲线。

压气机特性线的基线估算法的主要计算过程有：第一步，先要在各折合转速下找到每条等折合转速线上的最高效率点，这些点叫作基准点，将这些基准点连接起来，就会形成一条最高效率线，这条线就是所谓的基线，在这条线上的除基点外的其他点叫作基点；第二步，求由失速极限点组成的压气机失速极限线；第三步，计算各等转速线上其他点，进而求出整个压气机的等转速特性，确定其特性曲线。

在估算仿真对象的压气机特性图时，先将一整台高压比压气机看成是两台低压比压气机串联组成的：压气机 OM 和压气机 MG，其中这两台压气机的压比 $\pi_1^* = \pi_2^* = \sqrt{\pi_c} < 10$，具体分法如图 9-2 所示，然后分别按照前文所述的基线法求取 OM 和 MG 两台压气机的特性。有了这两个特性之后，通过插值的方法将 OM 和 MG 两台压气机的特性整合到一起，形成一台高压比压气机的特性图，这样就实现了对压比大于 10.26 的压气机特性的估算。

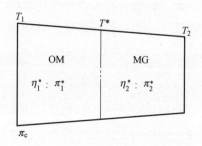

图 9-2　压气机特性分段计算示意图

在设计工况环境条件和操作条件下，热力计算的气路参数 z 与实测气路参数进行比较，其均方根误差作为优化目标函数 Fitness，通过寻优迭代获得一组最优的部件特性参数。优化目标函数 Fitness 如下所示：

$$\text{Fitness} = \sqrt{\frac{\sum_{i=1}^{M} \left[(z_{i,predicted} - z_{i,actual}) / z_{i,actual} \right]^2}{M}}$$

通过设计点性能自适应后，可得到修正后的部件设计点特性参数，结合实测的气路参数，可以整理得到部件通用特性线上的设计点特性参数（通常为相对折合参数形式），再与自适应前的设计点特性参数对比，可得到设计点性能自适应系数 $S_{n,DP}$、$S_{\pi,DP}$、$S_{g,DP}$ 和 $S_{\eta,DP}$，如下所示：

$$S_{n,DP} = \frac{n_{cor,rel,DP}}{n_{cor,rel,DP,0}} = 1$$

$$S_{\pi,DP} = \frac{\pi_{rel,DP} - 1/\pi_{DP,0}}{\pi_{rel,DP,0} - 1/\pi_{DP,0}}$$

$$S_{g,DP} = \frac{G_{cor,rel,DP}}{G_{cor,rel,DP,0}}$$

$$S_{\eta,DP} = \frac{\eta_{rel,DP}}{\eta_{rel,DP,0}}$$

式中，$n_{cor,rel,DP,0}$ 和 $n_{cor,rel,DP}$ 分别为自适应前、后的设计点相对折合转速；$\pi_{rel,DP,0}$ 和 $\pi_{rel,DP}$ 分别为自适应前、后的设计点相对压比（压气机）或膨胀比（透平）；$\pi_{DP,0}$ 为自适应前的设计点压比（压气机）或膨胀比（透平）；$G_{cor,rel,DP,0}$ 和 $G_{cor,rel,DP}$ 分别为自适应前、后的设计点相对折合流量；$\eta_{rel,DP,0}$ 和 $\eta_{rel,DP}$ 分别为自适应前、后的设计点相对等熵效率。

下角标中 DP 表示设计工况点，0 表示自适应前，cor 表示折合参数，rel 表示相对参数。

将得到的设计点自适应系数应用于整个部件特性线，则修正后的部件特性线参数如下所示：

$$n_{cor,rel} = n_{cor,rel,0}$$

$$\pi_{rel} = S_{\pi,DP}(\pi_{rel,0} - 1/\pi_{DP,0}) + 1/\pi_{DP,0}$$

$$G_{cor,rel} = S_{g,DP}G_{cor,rel,0}$$

$$\eta_{rel} = S_{\eta,DP}\eta_{rel,0}$$

设计点性能自适应后，为了改善变工况热力计算的准确性，需要进行变工况性能自适应，此时设计工况点作为固定参考点。定义变工况自适应系数如下：

$$S_{\eta} = (\eta_{rel})^* / \eta_{rel}$$

$$S_{g} = (G_{cor,rel})^* / G_{cor,rel}$$

$$S_{\pi} = (\pi_{rel})^* / \pi_{rel}$$

式中，上角标 * 表示变工况自适应后的部件特性参数。

为了将部件特性线变工况部分按非线性修正，将上述的变工况自适应系数定义为折合转速的二次形式的自适应系数函数，如下所示：

$$SF_X = a + b\left(\left|\frac{n_{cor,rel,DP} - n_{cor,rel,OD}}{n_{cor,rel,OD}}\right|\right) + c\left(\left|\frac{n_{cor,rel,DP} - n_{cor,rel,OD}}{n_{cor,rel,OD}}\right|\right)^2$$

$$= 1 + b\left(\left|\frac{n_{cor,rel,DP} - n_{cor,rel,OD}}{n_{cor,rel,OD}}\right|\right) + c\left(\left|\frac{n_{cor,rel,DP} - n_{cor,rel,OD}}{n_{cor,rel,OD}}\right|\right)^2$$

式中，$n_{cor,rel,OD}$ 为变工况点的相对折合转速，由于已经在前面的步骤中基于设计点对特性图进行了处理，在变工况自适应过程中以设计工况点的性能为固定参考点，因此系数 $a = 1$。$n_{cor,rel,DP}$ 为设计点的相对折合转速（等于 1）。

下角标 OD 表示非设计工况点。

同样，变工况性能自适应也可以作为一个优化问题，其优化流程与设计点自适应方法相同。在变工况环境条件和操作条件下，热力计算的气路参数 $z^{\sim}$ 与实测气路参数进行比较，其均方根误差作为优化目标函数 Fitness，通过寻优迭代得到系数 b 和 c 的值，从而得到最优的变工况自适应系数函数。优化目标函数如下所示：

$$\text{Fitness} = \sqrt{\frac{\sum_{j=1}^{m}\sum_{i=1}^{M}\left[\left(z_{i,predicted} - z_{i,actual}\right)/z_{i,actual}\right]^2}{mM}}$$

上述修正流程如图 9-3 所示。

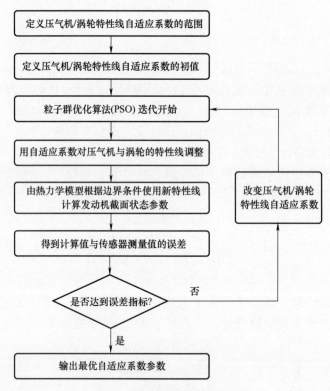

图 9-3 模型自适应修正方法

采用该方法可利用最终的计算结果绘制整台压气机的特性图，如图 9-4 所示。

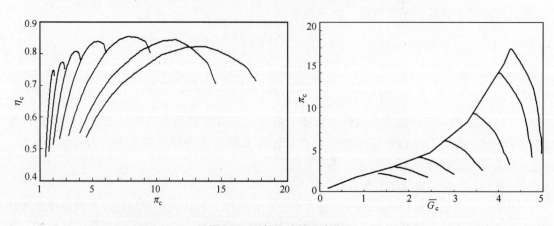

图 9-4 压气机特性示意图

利用这样的方法获得本机组的压气机特性线如图 9-5 所示。

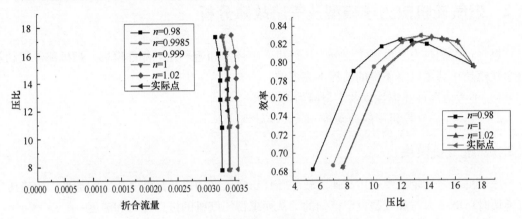

图 9-5　压气机流量特性图

对燃机主要热力参数进行仿真模拟，并于所建立的模型进行对比分析，在实际使用过程中证明了该方法的有效性。

9.1.2　压缩机性能模型

在天然气压缩机实际运行中，经常需要查询压缩机所要处于在的工况，即某一转速和流量下，所对应的性能参数，或者某一性能参数和转速下所对应的流量。以此来判断压缩机是否运行稳定，是否满足特定运行状态的需要。查询的方法主要是通过压缩机厂家所提供的压缩机特性曲线图，从图中找到所对应的工况点。而不同压气机在出厂批次不同，或由于离心压缩机实际运行工况与设计工况的不同，造成压缩机设计性能曲线无法反映压缩机实际运行状态。通过分析不同进口参数对压缩机能量头、压比、效率等参数的影响，通过相似原理的方法对原有性能曲线进行了修正，获得了更能够反映压缩机实际运行状态的性能曲线。该方法在其他系统中已经通过实例对性能曲线变换进行了验证（见图 9-6）。

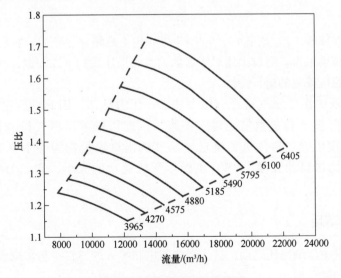

图 9-6　压缩机组运行特性图

9.2　燃气轮机热力学模型及气路故障分析

　　燃气轮机的热力学模型主要分为压气机、燃烧室和透平几个部件模块。燃机部件气动热力学建模是在满足以下条件的前提下完成的：

　　1）不考虑部件热惯性以及燃烧滞后的影响。

　　2）气体在燃气轮机中的流动按一元流动处理。

9.2.1　压气机模块

　　压气机是燃气轮机中利用高速旋转的叶片给空气做功以提高空气压力的部件，构建压气机模块时环境压力与温度是设定已知的，从而求得压气机的进口压力和温度：

$$P_1 = \sigma_i P_0 \tag{9-1}$$

$$T_1 = T_0 \tag{9-2}$$

式中，T_0 为压气机外部温度，单位为 K；P_0 为压气机外部压力，单位为 Pa；T_1 为进气温度，单位为 K；P_1 为进气压力，单位为 Pa；σ_i 为总压恢复系数。

　　建模过程中将压气机模块中的状态变量转速 n 作为输入参数量；在实际燃机构造中压缩机相接燃烧室，得到压气机又一个已知参数出口压力 P_2。

　　压气机由于其复杂的工作环境，导致它的运行特性只能通过试验来获得图像范围。我们在确定其特性的时候通常采取 $\pi_c = P_2/P_1$、$n/\sqrt{T_1}$、$G_i\sqrt{T_1}/P_1$ 和 η_c 这几个定义参数来描述。参数之间的关系为

$$\frac{G_i\sqrt{T_1}}{P_1} = f_1\left(\pi_c, \frac{n}{\sqrt{T_1}}\right) \tag{9-3}$$

$$\eta_c = f_2\left(\pi_c, \frac{n}{\sqrt{T_1}}\right) \tag{9-4}$$

　　这几个特性参数 $\pi_c = P_2/P_1$、$n/\sqrt{T_1}$、$G_i\sqrt{T_1}/P_1$ 不是独立存在的，它们之间存在某些函数关系可以互相转换求得。通过上述对于参数关系的描述我们可以知道，实际上只需两项参数就可以反应压缩机模块的运行特性。

　　在压气机模块中由于压气机进口压力和出口压力已知，因此增压比也为已知量；当设定 n 为输入量时折合转速数值也确定下来，以此可以求出压气机进口折合流量和绝热压缩效率，并得出通过压气机的流量（压气机出口流量视为等于压气机进口流量）。T_2 指的是压气机的出口处温度，PWC 则指压气机耗功的大小，它们为压气机的两个输出参数。

9.2.2　燃烧室模块

　　空气在压气机中压缩增压之后，进入燃烧室中和喷入的燃料一起燃烧成为高温高压的燃气，再进入透平中膨胀做功。

燃烧效率为

$$\eta_b = \frac{G_3 H_3 - G_2 H_2 - G_f H_f}{G_f H_u} \tag{9-5}$$

式中，G_f 为输入的燃料流量，单位为 kg/s；G_3 为输出的工质质量流量，单位为 kg/s；H_f 为燃料的焓值，单位为 kJ/kg，H_u 为燃料的低拉热值，单位为 kJ/kg。

燃烧室出口压强：

$$P_4 = \sigma_b P_3 \tag{9-6}$$

式中，σ_b 是燃烧室总压恢复系数。

在实际燃机工作的时候，燃烧室由于工作条件的不同导致在不同工况下特性参数随之改变。在某种程度上这种参数的变化性会使得燃烧室中总压的损失。在建模过程中应当考虑到这一情况使燃机模型更符合实际物理特征与工作状况，因此引入燃烧室总压恢复系数 σ_b。

燃烧室出口温度：

$$T_4 = \frac{G_{cout} c_{p,t} T_3 + (\mathrm{LHV} \eta_b + h_f) G_f}{(G_{cout} + G_f) c_{p,t}} \approx T_3 + \frac{\mathrm{LHV} \eta_b G_f}{(G_{cout} + G_f) c_{p,t}} \tag{9-7}$$

式中，$c_{p,t}$ 为变比热；LHV 为燃料的低发热值；η_b 为燃烧室效率。

9.2.3 透平模块

一台设计好的透平在各种工况下工作时，各主要参数（转速、燃气流量、膨胀比、效率）之间的变化关系曲线称为透平的特性线，例如高压透平在运转时其运行特征通常用透平膨胀比 π_t、透平折合转速 $n/\sqrt{T_3}$、透平折合流量 $G_t\sqrt{T_3}/P_3$ 和透平绝热膨胀效率 η_t 这几个定义参数来描述。

和压气机部分同理，这几个特性参数并不是独立的。通过上述对于各个参数的定义可以推断出，实际上只需两项参数就可以反应透平的运行特性。

构建透平模块的数学关系式以及实际参数关系如下：

透平进口流量与效率为

$$G = f_3(\pi) \tag{9-8}$$

$$\eta = f_4(\pi) \tag{9-9}$$

式中，f_3、f_4 为涡轮的特性函数；π 为透平膨胀比。

透平出口温度和透平膨胀功为

$$T_{out} = T_{in}\left(1 - \left|1 - \pi^{\frac{R}{c_p}}\right| \cdot \eta\right) \tag{9-10}$$

$$P = G_{in} C_p (T_{in} - T_{out}) \tag{9-11}$$

对于高压透平，T_3，T_4 分别为高压透平进出口温度；P_3，P_4 分别为高压透平进出口压强；G_{tin}，G_{tout} 分别为高压透平进出口燃气流量。对于动力透平同理。C_p 为定压比热，R 为气体常数。

透平进出口流量关系为

$$G_{in} = G_{out} \tag{9-12}$$

透平进出口压强关系为

$$P_{out} = P_{in} / \pi \tag{9-13}$$

9.3 研究燃驱型压缩机组的气路故障诊断方法

基于准确非线性燃机模型的气路故障诊断算法克服了线性模型不够准确的缺点，将诊断问题转化成最优化问题进行求解，具有很高的诊断精度。为了保证搜索过程快速与搜索结果准确，同时避免传统算法陷入局部最优点、后期收敛速度慢以及对算法参数敏感的缺点，拟采用模拟退火（Simulated Annealing，SA）和粒子群算法（Particle Swarm Optimization，PSO）相结合的组合算法。

9.3.1 模拟退火算法

模拟退火算法（SA）是由 Metropolis 等提出的，SA 算法基于 menteCarlo 迭代求解策略的一种随机寻优算法，其出发点是基于物理中固体物质的退火过程与一般优化问题之间的相似性。模拟退火算法在某一初始温度下，伴随温度参数的不断下降，结合概率突跳特性在解空间中随机寻找目标函数的全局最优解，即在局部最优解中能概率性地跳出并最终趋于全局最优。该算法首先在解空间内随机的选择初始解 x 和初始温度 T，在每次循环过程中在原来的解基础上产生扰动 Δx，计算得到新点 $x' = x + \Delta x$，计算新点的函数值并同原有函数值差值 $\Delta f = f(x') - f(x)$，如果差值小于零则接受新点，作为下次模拟的初始点，如果差值大于零，则计算接受概率 $P(\Delta f)$，按照该概率确定是否接受这个点作为新解，否则放弃新点，这样可以有效的保证跳出局部最优点，实际上，该可能性根据 Boltzmann-Gibbs 来确定：

$$P(\Delta f) = \begin{cases} 1, & f(x') < f(x') \\ \exp(-\Delta f / (KT)), & \text{其他} \end{cases} \tag{9-14}$$

其中 Twie 每次循环的温度，K 是 Boltzmann 常数；f 是目标函数，一个模拟退火过程就是温度从最高温 T_{max} 不断下降达到最低温度 T_{min} 的过程。在大多数的模拟退火中采用指数冷却，即温度下降过程为：

$$T(t') = aT(t), \quad 0 < a < 1 \tag{9-15}$$

其中 a 是一个指数冷却常数。

模拟退火算法的状态转移函数较多，目前采用下式。

$$\Delta x = \pm T \times \left[\left(1 + \frac{1}{T} \right)^{|2rand-1|} - 1 \right] \tag{9-16}$$

这样可以保证在后期仍然具有一点的跳跃能力，有利于防止其活性丧失。

9.3.2 粒子群优化算法

粒子群优化算法（PSO）是一种进化计算技术（evolutionary computation），由 Eberhart 博士和 kennedy 博士提出，源于对鸟群捕食的行为研究。具体的算法综述可参见 Kennedy 和 Poli 的综述性文章。

该算法最初是受到飞鸟集群活动的规律性启发，进而利用群体智能建立的一个简化模型。粒子群算法在对动物集群活动行为观察基础上，利用群体中的个体对信息的共享使整个群体的运动在问题求解空间中产生从无序到有序的演化过程，从而获得最优解。PSO 同遗传算法类似，是一种基于迭代的优化算法。系统初始化为一组随机解，通过迭代搜寻最优值。但是它没有遗传算法用的交叉（crossover）以及变异（mutation），而是粒子在解空间追随最优的粒子进行搜索。同遗传算法比较，PSO 的优势在于简单容易实现并且没有许多参数需要调整。目前已广泛应用于函数优化，神经网络训练，模糊系统控制以及其他遗传算法的应用领域。

（1）标准粒子群算法

PSO 其基本思想是：将所优化问题的每一个解称为一个微粒，每个微粒在 n 维搜索空间中以一定的速度飞行。通过适应度函数来衡量微粒的优劣，微粒根据自己的飞行经验以及其他微粒的飞行经验，来动态调整飞行速度，以期向群体中最好微粒位置飞行，从而使所优化问题得到最优解。

标准 PSO 算法（见图 9-7）描述为：假设搜索空间为 d 维，种群中有 N_p 个粒子，那么群体中的粒子 i 在第 k 代的位置表示为一个 d 维向量 $x_{ki}=(x_{ki1},x_{ki2},\cdots,x_{kid})$。粒子的速度定义为位置的改变，用向量 $v_{ki}=(v_{ki1},v_{ki2},\cdots,v_{kid})$ 表示。粒子 i 的速度和位置更新通过式（9-17）和式（9-18）得到。

$$v_{k+1}=wv_k+c_1\times\text{rand}\times(\text{Pbest}_k-x_k)+$$
$$c_2\text{rand}(\text{Gbest}_k-x_k) \tag{9-17}$$
$$x_{k+1}=v_{k+1}+x_k \tag{9-18}$$

式中，k 为粒子更新迭代次数。

在第 k 代，粒子 i 在 d 维空间中所经历过的最好位置记作 Pbest_k，粒子群最好的粒子位置记作 Gbest_k，w 为惯性系数，c_1 和 c_2 为加速系数，参数 w、c_1、c_2 的取值依赖于具体问题，在基本算法中，$w=0.7$，$c_1=c_2=2$。

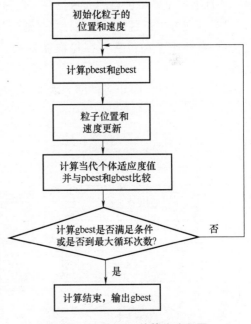

图 9-7　标准 PSO 的算法流程图

（2）基于最优粒子扰动策略的 PSO（PSO Ⅰ-Ⅲ）

在基本粒子群算法中，所有的个体都向同一个全局最优粒子学习，这样操作的优点是算法的收敛速度较快，但不足是容易导致算法种群的进化停滞。同基本粒子群算法相比，基于扰动策略的粒子速度更新，首先对全局最优粒子依据方差可调的正态随机分布进行扰动得到新的全局最优粒子，然后选定待更新粒子向扰动后的粒子进行学习。此时的速度更新函数为

$$\text{Gbest}'_k=N(\text{Gbest}_k,\sigma) \tag{9-19}$$
$$v_{k+1}=wv_k+c_1\text{rand}(\text{Pbest}_k-x_k)+c_2\text{rand}(\text{Gbest}'_k-x_k) \tag{9-20}$$

其中 Gbest'_k 为扰动后的最优粒子，其由正态分布 $N(\text{Gbest}_k,\sigma)$ 产生，其中 σ 是对循环变量 t 的非增函数。扰动算法会保证种群在全局最优点的邻域进行搜索学习，使得算法在后期具有较好的搜索能力，避免早熟。

（3）SA-PSO 混合算法的实现

模拟退火算法较为成熟，并且具有优秀的全局搜索能力，但其也具有后期搜索速度慢精度低的缺点。粒子群算法在局部收敛速度和效率上具有较大的优势，因此本课题将集成该两种算法的优点，组成 SA-PSO 组合算法，检验其诊断效果。在提高算法全局搜索能力和精度的同时，针对遗传算法较为复杂和对参数敏感的特点，新的算法需要更小的依赖算法参数，本课题通过设置算法不同模式来减少应用的难度。其中 PSO 算法将利用四种模式的测试，这四种模式侧重点不同，以保证因对不同的优化问题。该算法的主要思想是首先通过模拟退火算法在可行域内进行粗糙搜索，锁定解的大致位置，并将该解作为粒子群初始粒子的位置，利用粒子群算法对特定区域进行重点排查，最终获得精确的解。

1）基于初始点位置的 SA 算法：在本算法中首先利用模拟退火算法进行一次全局的搜索，并且锁定全局最优点的大致位置，作为粒子群算法的初始点。

2）客观方程：目标函数的计算是通过运行燃气轮机模型的输入输出口参数得到的。

3）更新速度和位置：在每次循环中，其速度和位置按照上面的位置来进行 PSO 的更新。

4）终止条件：终止条件即为最大运行次数和最小的代差，如图 9-8 所示。

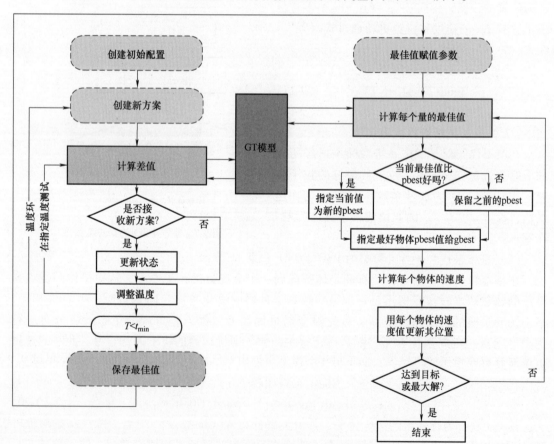

图 9-8　SA-PSO 组合算法用于故障诊断流程图

SA-PSO 算法和常规算法的对比如图 9-9 和图 9-10 所示。

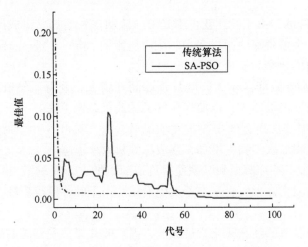

图 9-9　SA-PSO 组合算法与传统算法对比分析

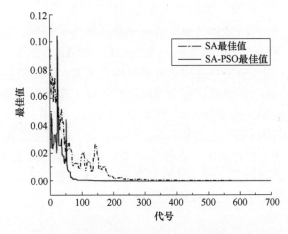

图 9-10　SA-PSO 组合算法与常规启发式算法对比分析

通过对比分析 SA-PSO 算法与传统算法和常规的启发式算法在气路故障诊断中的计算精度和效率可知，SA-PSO 算法相较传统算法精度更高，同时比一般的启发式算法具有更高的计算效率。

通过气路模块计算压气机、高压涡轮和动力涡轮的降级，对各个部件共 16 种典型故障在部件降级上表现出来的特征进行分析，建立故障特征降级参数识别库，基于故障特征识别方法建立故障概率分析模型，通过量化的概率指标衡量气路部件状态。当某一指标超过 0.9 时，可以判断出该部件的性能已经出现了明显的降级，并且趋近于某种故障状态，系统将进行报警。表征设计方法如下：

压气机的功能为用高速旋转的叶片给空气做功以提高空气压力，其性能对核心机与整机的工作有非常重要的影响。压气机在高温高压下工作，承受离心力和气动力、振动、腐蚀、氧化等作用，工作环境恶劣，常见的衰退现象包括叶片结垢或结冰、叶片外物损伤、叶片顶端间隙增大、叶片腐蚀和高低周期疲劳损伤。以上现象在性能计算上的具体表征如下：

1）叶片结垢或结冰：由于叶片变得不光滑，流动损失增加，造成压气机效率降低，同时叶片的表面增厚，会使得流道面积变小，从而使流量下降。当发生压气机结垢或结冰时，产生的征兆为压气机的效率和流量下降。

2）叶片顶端磨损导致间隙增大：叶片顶端间隙增大，使得压气机叶片有效面积变小，同时通过间隙发生的回流量增大，也使得压气机的流量急剧下降。

3）受到外来物损伤：当有外物撞击发动机时，压气机叶片叶型损失，甚至造成断裂，同时流动发生紊乱使得二次流损失增加，造成压气机效率下降。

4）叶片表面腐蚀：叶片磨损和腐蚀使得流道面积增大，流量增大，但是由于阻力系数增加，流速减小，所以实际上流量基本不发生变化。由于叶片变得粗糙，流动损失增加，造成压气机效率降低。

涡轮的作用是将气流的能量转化为机械能，涡轮叶片直接受到高温高压气流的冲击，工作环境较压气机更为恶劣。尽管涡轮叶片结构常使用一些特殊设计和采用冷却技术，但是涡轮发生衰退和故障的比例仍旧很大。且涡轮是发动机的原动力，带动转子和压气机，涡轮的性能衰退将降低整个发动机性能。涡轮常见衰退现象表征如下：

1）涡轮叶片结垢：在使用液体燃料，特别是重质液体燃料时，因为燃烧不完全，会在透平叶片上产生结垢，导致气流状况变差，效率降低，流道面积减小，流量减小。

2）涡轮喷嘴腐蚀：由于腐蚀和磨损造成喷嘴面积增加，因此流量会增大。

3）涡轮叶片磨损：进入涡轮的颗粒会冲刷涡轮叶片，造成叶片磨损，使得涡轮喷嘴面积增大，阻力由于叶片磨损后通道加大而降低，流量增大，效率下降。

4）涡轮叶片机械故障：征兆为效率下降，但造成的下降幅度要高于其他故障。

从部件衰退的具体表征可以看出，性能衰退主要表现为流量和效率的变化，因此可以定义流量降级因子和效率降级因子，将降级因子作为一个关键参数参与到气路计算中。基于物理模型中的部件特性计算，采用如下处理方法：

压气机进口流量为

$$g_C = f(\pi_C, N_R) \times (1-DC_g)$$

式中，DC_g 为压气机流量降级因子。

压气机效率为

$$Eff_C = f(\pi_C, N_R) \times (1-DC_{eff})$$

式中，DC_{eff} 为压气机流量降级因子。

涡轮进口流量为

$$g_T = f(\pi_T, N_R) \times (1-DT_g)$$

式中，DT_g 为涡轮流量降级因子。

涡轮效率为

$$Eff_T = f(\pi_T, N_R) \times (1-DT_{eff})$$

式中，DT_{eff} 为涡轮流量降级因子。

将衰退因子作为迭代计算的变量，在确定部件特性后，通过优化模型输出与实际测量的总误差，对衰退因子进行计算，流程如图9-11所示。

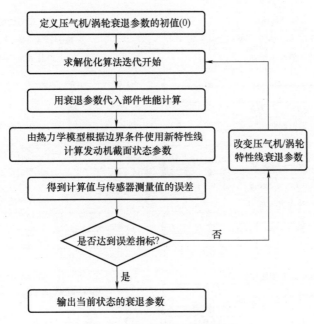

图 9-11　衰退因子计算流程图

基于以上气路故障分析及诊断算法，在系统中建立了包含 12 种气路故障类型的气路故障库，见表 9-1。

表 9-1　气路故障表

	压气机	高压涡轮	动力涡轮
故障 1	压气机叶片结垢	涡轮叶片结垢	涡轮叶片结垢
故障 2	压气机叶片腐蚀	涡轮叶片腐蚀	涡轮叶片腐蚀
故障 3	压气机叶片磨损	涡轮喷嘴腐蚀	涡轮喷嘴腐蚀
故障 4	叶片受外来物损伤	叶片受外来物损伤	叶片受外来物损伤

针对典型故障类型，通过开展 CFD 仿真分析（见图 9-12）不同故障类型对压气机、涡轮的效率和流量造成的影响，结合对国内外文献的调研，归纳总结了典型故障的衰退因子表征结果。故障仿真实验在 6.3 节中进行详细介绍，此处给出部分仿真结果用于支撑故障库的建立。

图 9-12 为在不同转速和压比条件下叶片厚度变化、粗糙度变化对效率和流量的影响分析结果。图 9-12 中在叶片粗糙度为 0（无叶片腐蚀、磨损）的情况下，随着叶片厚度的增加（叶片结垢），效率和流量均发生衰退，在厚度增加较大的情况下效率和流量的衰退约保持一定的比例关系。结合实际故障叶片的衰退情况、文献调研和诊断经验，制定了压气机和涡轮叶片结垢故障的判据。共在 3 种转速、6 种压比条件下开展了 12 种不同叶片厚度变化和粗糙度变化的仿真实验，通过对叶片结垢、腐蚀、磨损、击伤等典型故障叶片的扫描，将故障类型与厚度、粗糙度变化特征进行对应，并进一步对应到 CFD 仿真实验结果上，通过

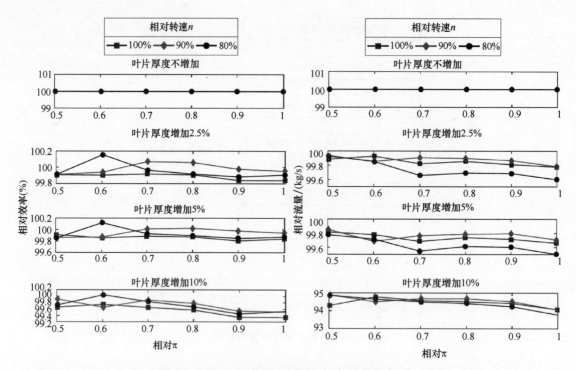

图 9-12 部分 CFD 仿真分析结果（无粗糙度变化）

上述叶片结垢故障判据制定的方法分别归纳出总结典型故障的衰退因子表征结果。

针对典型故障的衰退因子表征研究结果见表 9-2。

表 9-2 气路典型故障表征

故障模式	流量降级（%）	效率降级（%）
压气机叶片结垢	7	2
压气机叶片腐蚀	4	0
压气机叶片磨损	0	2
压气机叶片受外来物损伤	1	5
涡轮叶片结垢	6	2
涡轮叶片腐蚀	-4	0
涡轮喷嘴腐蚀	-6	2
涡轮叶片受外来物损伤	0	5

进一步通过实时监测计算压气机、高压涡轮和动力涡轮的实时降级参数，通过辨识该降级状态与对应故障模式中的降级状态的接近程度，计算不同故障类型的概率。以高斯曲线隶属度计算的方法，通过对现在的监测状态与不同故障的降级参数的欧氏距离进行高斯模糊计算，判断不同故障特征概率大小。

高斯函数表达式为

$$f(x) = ae^{-\left(\frac{x-\mu}{\sigma}\right)^2}$$

定义 $x = \sqrt{(x_1-x_0)^2+(y_1-y_0)^2}$，其中 x_0 和 y_0 分别为故障特征点流量降级和效率降级值，x_1 和 y_1 分别为降级实际计算值。则表达式如下：

$$f(x_1, y_1) = ae^{-\left(\frac{\sqrt{(x_1-x_0)^2+(y_1-y_0)^2}-\mu}{\sigma}\right)^2}$$

以高斯函数为基础建立状态概率模糊识别方法，当流量降级与效率降级和某种特定故障的特征降级参数相等时，定义故障发生可能性达到最大，特征概率系数为 1。取上式中 $a=1$，$\mu=0$。随着参数距离增加，距离定义的典型故障表征的欧拉距离随之增加，计算得到的故障特征概率减小。根据历史数据进行拟合，取 $\sigma=0.4$，并建立判断故障发生的报警机制，当计算的折合概率计算参数超过 0.9 时，可以判断部件性能已经趋近某种故障状态。计算如图 9-13 所示。

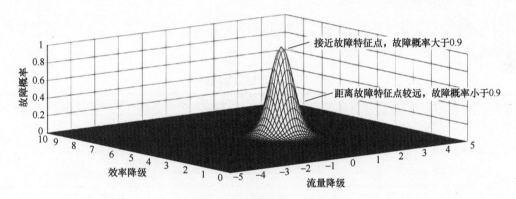

图 9-13　故障概率计算方法

9.4　压缩机组的失效模式及影响分析

按照对压缩机组进行从系统到部件，从部件到故障模式的思路，首先对燃驱压缩机组进行系统划分，再进行可维护部件的划分，最后确定各可维护部件的失效模式。

针对燃驱压缩机组，将其划分为以下的几个系统，如图 9-14 所示。

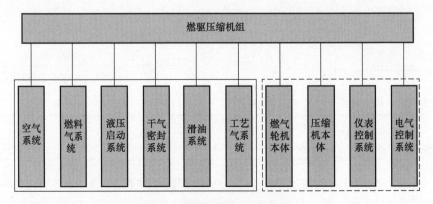

图 9-14　燃驱压缩机组系统划分

从图 9-14 中可以看出，将燃驱压缩机组共划分为 10 个系统，分别为空气系统、燃料气系统、液压启动系统、干气密封系统、滑油系统、工艺气系统、燃气轮机本体和压缩机本体、仪表控制系统以及电气控制系统，并将这 10 个系统分为了两个部分，如上图所示，用实线框处的 6 个系统为一部分，而用虚线框出的 4 个系统为另一部分。本文中划分的部件只针对压缩机组的辅助系统，并不针对压缩机组的本体，因此，只对空气系统、燃料气系统、液压启动系统、干气密封系统、滑油系统和工艺气系统进行分析。

根据上面对燃驱压缩机组进行的系统划分以及各个系统里的可维护部件划分，根据燃驱压缩机组在故障停机记录，整理出燃驱压缩机组各系统可维护部件的故障模式，各系统的可维护部件的故障模式整理如下表所示。

9.4.1　空气系统的故障模式

空气系统共分为 6 个功能子系统，其中可维护的部件有 8 类，其中这 8 类可维护部件的故障模式共有 15 种，具体见表 9-3。

表 9-3　空气系统的故障模式

子系统名称	部件名称	故障模式
防冰子系统	防冰阀	泄漏
	防冰电磁阀	电路故障
		电磁活门无法复位
过滤子系统	进气滤芯	滤芯破损
		滤芯套管机械泄漏
		滤芯堵塞
脉冲反吹子系统	脉冲反吹电磁阀	电路故障
		电磁活门无法复位
	反吹隔膜阀	隔膜破坏
排气子系统	排气蜗壳	泄漏
		堵塞
箱体通风子系统	通风机	叶片损坏
		电路故障
		切换或备用通风机故障
火警探测、报警和灭火子系统	二氧化碳钢瓶	泄漏

9.4.2　燃料气系统的故障模式

燃料气系统共分为 3 个功能子系统，其中可维护的部件有 11 类，其中这 11 类可维护部件的故障模式共有 21 种，具体见表 9-4。

表 9-4　燃料气系统的故障模式

系统名称	部件名称	故障模式
燃料气系统	燃气调节停止阀	泄漏
	燃气自动隔离阀	电路故障
	暖机阀	泄漏
	燃料气放空阀	电路故障
		泄漏
	电加热器	电路故障
		电加热器表面污染严重
	燃气调压阀	电路故障
		泄漏
	过滤器	滤芯破损
		泄漏
		堵塞
	旋风分离器	气路短路
		堵塞
	过滤器疏水阀	泄漏
		堵塞或无法正常开启
		无法关闭
	燃气关闭阀	泄漏
	压力安全阀	泄漏
		频跳
		卡阻

9.4.3　液压启动系统

液压启动系统共分为 3 个功能子系统，其中可维护的部件有 7 类，其中这 7 类可维护部件的故障模式共有 13 种，具体见表 9-5。

表 9-5　液压启动系统的故障模式

子系统名称	部件名称	故障模式
启动系统	电动马达	输出转矩减少
		转速降低
		轴承温度升高
	液压泵	泄漏
		轴承损伤
	电磁阀	电路故障
	压力控制阀	密封圈损坏
	冷却风机	风量过小

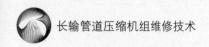

（续）

子系统名称	部件名称	故障模式
启动系统	电动马达	输出转矩减少
		转速降低
		轴承温度升高
	过滤器	堵塞
		滤芯破损

9.4.4　干气密封系统

干气密封系统的可维护的部件有 3 类，其中这 3 类可维护部件的故障模式共有 7 种，具体见表 9-6。

表 9-6　干气密封系统的故障模式

子系统名称	部件名称	故障模式
供气系统	干气密封前置过滤器	滤芯破损、O 型密封环损坏
		滤芯脏
		堵塞
	模块化过滤器	滤芯破损、O 型密封环损坏
		滤芯脏
		堵塞
	压力控制阀	密封圈损坏

9.4.5　滑油系统

滑油系统共分为 2 个功能子系统，其中可维护的部件有 12 类，其中这 12 类可维护部件的故障模式共有 29 种，具体见表 9-7。

表 9-7　滑油系统的故障模式

子系统名称	部件名称	故障模式
合成油系统	电加热器	工作过程中超温、过热
		电源电压超压或欠压
	合成油油箱	紧固件松动、密封垫损坏
		附件机匣内的齿轮等磨损
		密封胶受损和起层剥落
	双联过滤器	滤芯堵塞
		滤清器套管或管道有机械泄漏
		滤芯损坏或老化
	温控阀	阀门开启异常

（续）

子系统名称	部件名称	故障模式
合成油系统	齿轮泵	振动或异响
		密封系统失效
		油泵轴承磨损
矿物油系统	齿轮泵	振动或异响
		密封系统失效
		油泵轴承磨损
	电动马达	有异响或振动
		马达电阻积碳
	压力调节阀	阀门开启异常
	矿物油油箱	紧固件松动、密封垫损坏
		附件机匣内的齿轮等磨损
		密封胶受损和起层剥落
	双联过滤器	滤芯堵塞
		滤清器套管或管道有机械泄漏
		滤芯损坏或老化
	单联过滤器	滤芯堵塞
		滤清器套管或管道有机械泄漏
		滤芯损坏或老化
	空冷器风机	风机的叶片损伤或变形
		防护网或排空阀泄漏损坏

9.4.6　工艺气系统

工艺气系统的可维护的部件有 5 类，其中这 5 类可维护部件的故障模式共有 8 种，具体见表 9-8。

表 9-8　工艺气系统的故障模式

子系统名称	部件名称	故障模式
工艺气系统	防喘阀	防喘阀失灵
		防喘阀位置不符合命令位置
	热旁通阀	阀门调节失效
	空冷器旁通阀	阀门无法关死
	后空冷器风机	风机叶片异常
		电机轴承润滑失效
		皮带松脱跳槽
	后空冷器	翅片结垢

9.5　燃驱型压缩机组可靠性指标

基于前文所述故障失效模式，定义相应参数，对机组可靠性进行分析。根据站场和机组的统计数据，选取计算故障率、平均运行无故障小时、可用度作为机组可靠性指标，指标计算式如下所示：

故障率表示为：故障数/机组数。

平均运行无故障小时表示为：机组总运行小时数/故障总数。

可用度表示为：总运行小时数/（总运行小时数+停机时间）。

以图 9-15 轮南站截取的数据为例，选取三个案例进行计算。

选择	站场名称	机组名称	系统名称	部件名称	故障模式	故障原因	故障发生日期	运行时间	停机时间	修改	删除
☑	轮南站	4号GE机组	进气系统	进气滤芯进气…	滤芯破损	老化	2015-5-18	4000	3	✎	🗑
☐	轮南站	4号GE机组	燃料气系统	过滤器	泄漏	连接处有缝隙	2015-6-30	4200	2	✎	🗑
☐	轮南站	4号GE机组	启动系统	压力控制阀	密封圈损坏	磨损	2015-9-19	4500	4	✎	🗑
☐	轮南站	4号GE机组	润滑油系统	合成油双联过…	滤芯堵塞	滤芯过脏	2015-12-22	4800	3	✎	🗑
☐	轮南站	4号GE机组	润滑油系统	矿物油单联过…	滤芯堵塞	滤芯过脏	2015-12-22	4900	3	✎	🗑
☐	轮南站	5号RR机组	进气系统	防冰阀	泄漏	堵塞	2015-6-16	200	3	✎	🗑

图 9-15　轮南站机组信息

站场：轮南站。

故障率：（5+1）/2。

平均运行无故障小时：（4900+200）/（5+1）。

可用度：（4900+200）/（4900+200+3+2+4+3+3+3）。

机组：4 号机组。

故障率：5/1。

平均运行无故障小时：4900/5。

可用度：4900/（4900+3+2+4+3+3）。

系统：滑油系统为例。

故障率：2/1。

平均无故障运行小时：4900/2。

可用度：4900/（4900+3+3）。

9.6　基于 RCM 的维修策略制定

维护策略决断逻辑图根据故障模式的故障影响把故障后果分为四类：即隐蔽性故障后果、安全和环保性故障后果、使用性故障后果以及非使用性故障后果。在使用逻辑图时，首先根据故障影响的描述判断该故障模式是否属于隐蔽性后果，即回答逻辑图中第一个问题"在正常运行中，运行人员是否能观察到故障所引起的功能丧失？"。如果回答是否定的，则判定为隐蔽性故障，按照逻辑图的转向控制进入隐蔽性故障后果的任务选取。如果回答是肯定的，则不是隐蔽性故障后果，而要根据逻辑图进一步判断该故障是否属于安全和环保性后果（这两种后果的任务选取相同）。同样根据对于问题的回答，决定是进入任务选取或继续判断故障后果。依此类推，直到确定该故障模式的后果类型到达维修任务选取列的入口。

全部的维修任务类型包括状态监测、定期维修、定期更换、综合维修、定期试验、纠正性维修和改进（见图 9-16）。状态监测维修是指通过状态监测手段来判断设备运行是否满足期望的性能指标，以在适当的时刻采取必要的预防性措施避免故障发生。但任何特定的故障模式所能选取的任务则是受其故障后果分类的限制。定期维修是一种以时间为基础的预防性维修，根据设备磨损和老化的统计规律，实现确定检修等级、检修间隔、检修项目、需用备件及材料等的检修方式。定期更换也是一种以时间为基础的预防性维修，根据规定的时间间隔、固定的累积工作时间或里程、按照事先安排的计划进行更换，而不管设备当时状态如何进行更换的一种维修方式。综合维修则是综合状态监测以及定时维修技术的一种维修方式。定期试验同样是一种以时间为基础的维修，根据规定的时间对设备进行试验，试验时确保与运行限值和条件的一致性，并查明和纠正能够对安全造成严重后果的异常工况，它主要针对隐蔽性后果的故障模式的一种维修方式。纠正性维修和改进是通过重新设计，从根本上使维修更加容易甚至消除维修。

如前所述，对于后果类型为安全性后果和环保性后果的故障模式，其维修任务选取列的入口是相同的，也即它们可以选择的任务类型是相同的，按照次序分别是状态监测、定期维修、定期更换、综合维修以及改进。对应于生产性后果和非生产性后果的故障模式，其任务选取列的入口并不相同，但它们可以选取的维修任务的类型是相同的（仅经济性评价的比较基准不同），依次是状态监测、定期维修、定期更换、纠正性维修和改进。而隐蔽性后果的故障模式可选取的维修任务类型依次是状态监测、定期维修、定期更换、定期试验，之后根据是否影响安全或环保决定可否实施纠正性维修、改进或者只能改进。由上可知，综合维修是安全和环保性后果独有的任务类型，并且对于导致这类后果的故障模式不能实施纠正性维修。对于隐蔽性后果的故障模式可以选择定期试验这个特有的任务类型，并且在之前的任务都不适合后必须重新判断是否影响安全或环保，以避免对影响安全或环保的故障模式实施纠正性维修。

从任务选取顺序上揭示了 RCM 的内在思想是以可靠性为中心。通常情况下，非侵入性的维修活动对于一个稳定系统运行的干扰最小，因此状态监测任务置于任务选取列的最前面。只有当状态监测任务在技术上不可行（含不知是否可行）或者与纠正性维修相比不经济（或不能减少故障概率到一个预先确定的可忍受的程度）时，才会继续寻求其他维修任务。同样，当定期维修和定期更换任务均可行时，优先选择定期维修，以避免一个完全新的没有经过系统运行考验的备件/设备因为质量、材料等不确定因素带来的其他故障模式而引起早期失效。

如果这三种预防性措施都不可行，则最后的选择是定期试验（仅针对隐蔽性故障）、纠正性维修（不包括安全/环保性后果）和改进。把定期试验的选择顺序排在状态监测、定期维修、定期更换的后面，是因为从保护设备失效到发现保护设备失效之间总有一段时间，尽管这段时间内被保护设备故障的累计风险很低，但仍存在多重失效的可能性。而之前的三种任务却是预防性的，在保护设备失效之前就采取行动使保护功能恢复，从而完全消除了多重失效带来的影响和后果。在减少和消除维修任务的选择中，倾向于选择消除故障。在既可以选择纠正性维修又可以选择改进时，因为改进可能带来更多的不可预知的早期失效，倾向于选择纠正性维修。

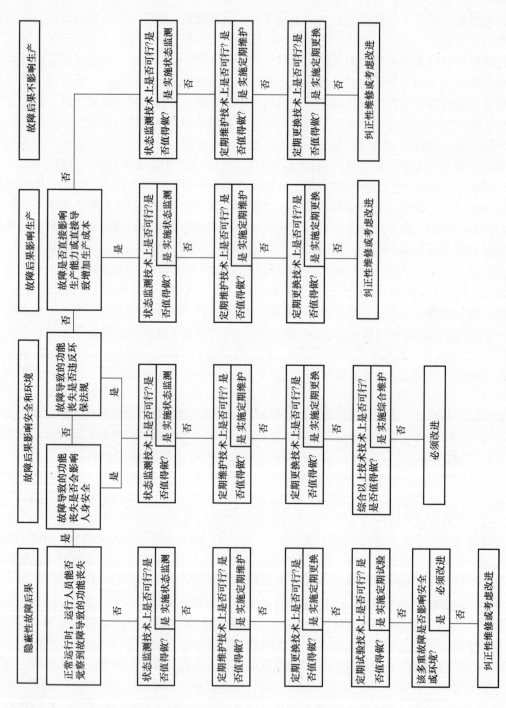

图 9-16 维修策略的逻辑决断图

选取维修任务时，不仅考虑维修任务在技术上是否可行（回答决断逻辑图中任务选项左侧全部问题，示意图中未列出），而且考虑实施成本是否经济或者实施后故障风险是否降低到可接受的水平。无论技术问题或者经济/风险问题，只要其中任何一个问题的答案是否定的，就必须放弃该任务而按顺序转向下一次任务判断，直到所有的问题都是肯定回答而选择该任务或者直到纠正性维修或改进。对于后果类型为生产性后果和非生产性后果的故障模式，选取维修任务时要考虑实施成本的经济性。其中生产性后果的故障模式要考虑的是所选取任务的维修成本与该故障所带来的生产损失及故障处理费用之和的比较；非生产性后果则要比较维修成本与故障处理费用。对于安全/环保性后果和隐蔽性后果，除所选任务的技术可行性外，考虑的是所选择的维修任务能否使得该故障发生的几率降低到预先设定的风险概率以下（这通常受到法律、法规的限制）。

1. 中高风险部件维修策略制定原则

　　在采用基于 RCM 方法制定中高风险部件的维修策略时，主要基于以下几个方面的考虑。

　　基于 FMECA 和风险分析的结果

　　关注提前预防，强化辅助系统、控制和监控仪表的功能，提前防止对设备本体有害的故障事件的发生对设备本体零部件的预防维护，基于使用过程中的状态监控达到视情维修，并考虑供应商对设备本体使用寿命的预期，对设备本体的部件进行保养和检查以达到提前预防大型事故的发生以空气系统进气滤芯破损为例，对空气系统进行了 FMECA 分析后，可知空气系统的进气滤芯的破损故障模式为中等的安全性后果风险等级。需要对进气滤芯进行提前性预防，由于进气滤芯有两侧的压差监控数据，因此可以采用状态监控的维修方式，对滤芯进气压损的监控要注意滤芯压损的变化情况。尤其是如果滤芯压损突然减小，需要在停机时进行检查，防止有滤芯破损的情况出现。

2. 低风险部件维修策略制定原则

　　对于低风险部件经过 RCM 维修策略逻辑决断图选择相应的维修方式。最主要的是采用定期维修的方式。如对于低风险的阀门，且对设备安全性没有直接影响时，建议 8000h 对其进行检查；而对设备安全性有直接影响时，建议 4000h 对其进行检查。

第10章 综合应用实例

10.1 驱动机故障参考案例

10.1.1 西二线某站4#机组跳机故障处理

1. 故障描述

2019年9月30日23：44：06，西二线某站4# GE机组发生紧急停车，HMI上先出现FLAMEOUT TRIP报警，后出现SIS EMEGENCY SHUTDOWN报警，跳机时故障报警信息如图10-1所示。

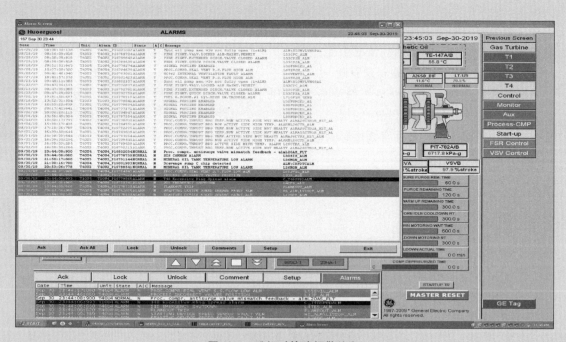

图10-1 跳机时故障报警信息

2. 故障原因分析

从故障跳机时的报警记录上看，是因为火焰检测器检测到火焰熄灭或火焰检测器信号丢失导致SIS系统触发紧急停机，但通过进一步对跳机前后的燃机相关参数趋势的分析，发现燃料气管路截断阀 FY224 和 FY226 在 23：44：05′80″时已经同时关断（趋势图见图 10-2），而火焰熄灭信号在 23：44：06′20″才出现（趋势图见图 10-3），因此判断机组跳机的直接原因为燃料气截断阀截断造成燃料气供气中断，导致燃机熄火，从而进一步触发燃机熄火紧急停机。

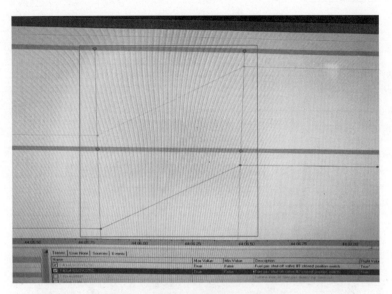

图 10-2　燃料气截断阀关断趋势图

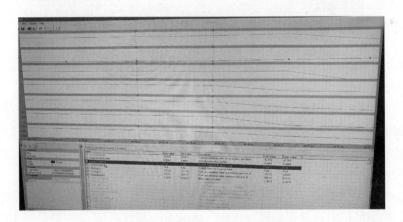

图 10-3　跳机时火焰信号趋势图

　　通过查找图纸，燃料气截断阀的开关由三个串联的继电器控制截断阀 DC 24V 供电，当截断阀门得电时阀门打开，当截断阀门失电时阀门关断，如图 10-4 所示控制截断阀 FY224 的继电器为 KA3、KA24、KA26，控制截断阀 FY226 的继电器为 KA7、KA25、KA27，其中 KA3 和 KA7 为 HIMA 紧急停机系统控制继电器，其中 KA24 和 KA25 为 Bently 超速保护模块发出的 NPT 超速保护截断燃料气控制继电器，其中 KA26 和 KA27 为 Bently 超速保护模块发出的 NGG 超速保护截断燃料气控制继电器。KA24、KA25、KA26、KA27 现场继电器如图 10-5 所示。因此，故障发生点排查范围可缩小到燃料气截断阀控制回路中。

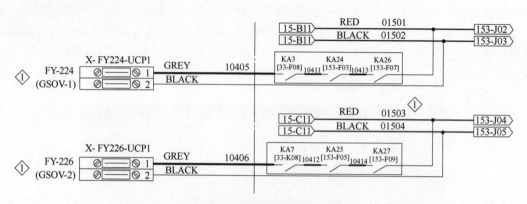

图 10-4　截断阀控制回路接线图

图 10-5　KA24、KA25、KA26、KA27 现场继电器

3. 故障处理经过

通过检查燃料阀供电回路，接线正常，经测试，燃料气得 DC 24V 供电后能立即打开，失电后能立即关断。经测试现场 UCP1 机柜继电器 KA24、KA25、KA26、KA27 开关动作均正常，继电器线圈阻值均正常，继电器无异常。检查继电器控制信号回路，未发现信号回路接线松动、短路或断路等异常。

为进一步检查确认是否为超速保护系统发出的截断命令，调取 Bently 系统超速模块系统日志，发现在机组停机时超速保护模块出现 XDCR 50%错误报警（报警见图 10-6），怀疑停机与该报警有关。对该报警进行进一步检查，发现该报警出现的频率较高，且有时恢复正常时间较短，有时恢复正常时间较长，检查 XDCR 50%错误报警帮助文件如图 10-7 所示，提示报警需要检查转速传感器的功能是否正常。进一步检查本特利 3500 中 M53 超速保护模块组态信息如图 10-8 所示，发现如果超速保护模块 OK Mode 和 Alarm Mode 配置为 Nonlatching（非锁存），Overspeed 配置为 Latching（锁存），即超速保护模块检测到故障时则该报警不是锁存信号。在 Group Option 选项中组态的 Not Ok Voting 选项为"OR Channel Not OK Voting with Overspeed Voting"，如图 10-9 所示，从帮助文件得知（帮助文件见图 10-10），当该选项选择是，则无论是出现非 OK 事件或超速保护事件，都会改变超速保护报警的状态。因此当模块出现非 OK 事件时，超速保护模块同样会输出保护命令；当由于 OK Mode 组态为非锁存，如果该报警信号恢复正常后，超速保护模块的输出保护命令会立即取消。当检测到超速保护时输出信号为锁存，故障发生时，超速保护报警并未出现，且现场超速保护继电器并未持续断开，因此，可以判断为机组实际并未发生超速而触发超速保护跳机。检查超速保护模块继电器输出组态信号，通过对超速保护模块自检。如该模块无法通过，通过对 3500/53M 模块背板进行更换；模块自检时能通过，且再调取日志经过观察未发现跳机时产生 XDCR 50%错误报警情况。

0000177477	Enabled Hw Chan Reset	00571	2
0000177476	Peak Hold Info Cleared	00574	2
0000177475	Enabled Hw Chan Reset	00571	2
0000177474	Hw Rack Reset Active	00076	2
0000177473	Config Token Acquired	00050	2
0000177472	Config Token Released	00051	2
0000177471	XDCR Signal Too Slow	00590	1
0000177470	XDCR Fifty Percent Error	00592	1
0000177469	XDCR Signal Now Valid	00597	1
0000177468	XDCR Fifty Percent Error	00592	1
0000177467	RPM Reading Too Low	00593	1
0000177466	XDCR Signal Now Valid	00597	1
0000177465	Config Token Acquired	00050	2
0000177464	XDCR Signal Too Slow	00590	1
0000177463	XDCR Signal Now Valid	00597	1
0000177462	RPM Reading Too Low	00593	1
0000177461	XDCR Signal Now Valid	00597	1
0000177460	XDCR Fifty Percent Error	00592	1
0000177459	RPM Reading Too Low	00593	1
0000177458	XDCR Signal Now Valid	00597	1
0000177457	RPM Reading Too Low	00593	1
0000177456	XDCR Signal Now Valid	00597	1
0000177455	RPM Reading Too Low	00593	1
0000177454	XDCR Signal Now Valid	00597	1
0000177453	XDCR Signal Too Slow	00590	1
0000177452	RPM Reading Too Low	00593	1
0000177451	XDCR Signal Now Valid	00597	1

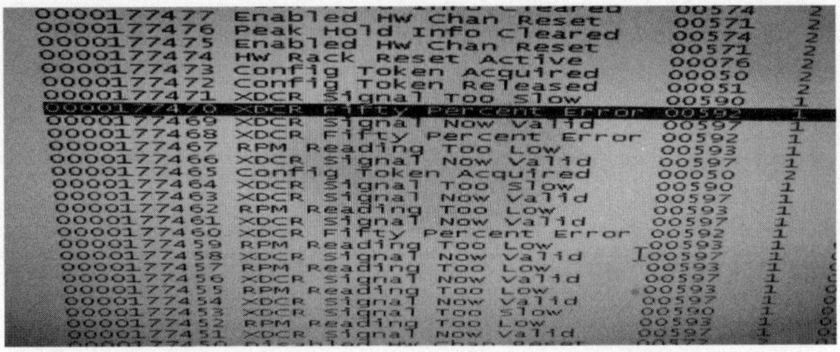

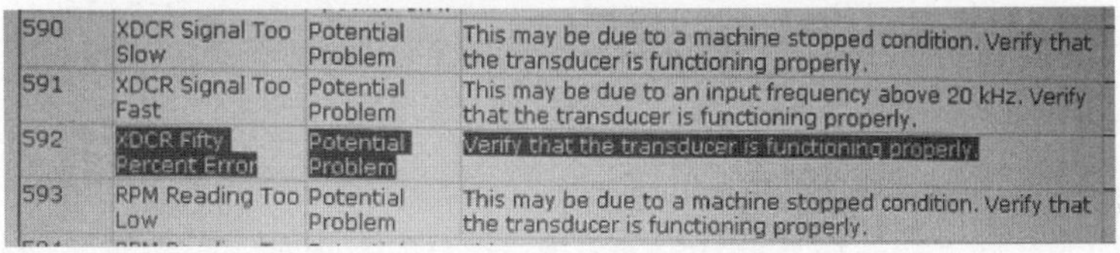

图 10-6　超速保护模块 XDCR 50%错误报警

590	XDCR Signal Too Slow	Potential Problem	This may be due to a machine stopped condition. Verify that the transducer is functioning properly.
591	XDCR Signal Too Fast	Potential Problem	This may be due to an input frequency above 20 kHz. Verify that the transducer is functioning properly.
592	XDCR Fifty Percent Error	Potential Problem	Verify that the transducer is functioning properly.
593	RPM Reading Too Low	Potential Problem	This may be due to a machine stopped condition. Verify that the transducer is functioning properly.

图 10-7　XDCR 50%错误报警解释

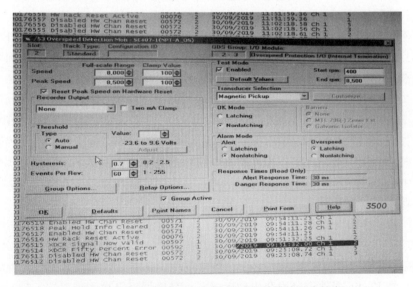

图 10-8　本特利 3500 中 M53 超速保护模块组态信息

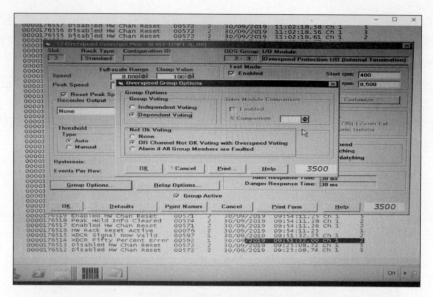

图 10-9　Not Ok Voting 选项

图 10-10　OR Channel Not OK Voting with Overspeed Voting 选项解释

因此，可判断为由于转速输入回路异常，出现 XDCR 50%错误报警，该报警导致非 OK 报警。非 OK 报警进一步触发输出超速保护命令，造成燃料截断阀截断，而当模块 OK 故障消失后，超速保护报警也消失，超速保护截断继电器会再次闭合。当截断阀截断时间较长造成燃料气供气不足而出现燃机熄火时，则会触发熄火保护跳机。如果该故障从出现到恢复时间比较短，不足以导致燃机熄火，则燃料气回路截断阀会出现线关断后快速打开的问题，该问题正如 9 月 30 号上午该机组出现的截断阀关断后立即打开的问题，虽然期间转速、燃调阀等有大的波动，但未导致停机。

为进一步查找出现 XDCR 50%错误报警出现的原因，即检查转速信号输入回路中存在的问题。使用 FLUKE 744 从 UCP1 机柜 Mark VIe WREA 转速信号复制模块输出信号中模拟加入转速信号如图 10-11 所示，Bently 超速保护系统能正常收到转速信号，且当转速超过超速保护设定值时，会出现超速保护报警并锁存，说明超速保护模块及内部判断逻辑工作正常。检查 Mark VIe WREA 模块在线诊断信息，未发现异常。检查现场 NPT 和 NGG 到 Mark VIe WREA 的转速趋势未发现异常。

在 Bently 机柜中检查转速信号回路接线端子排 X-MCC-BN2-RIOT 时（端子排见图 10-12），手轻微碰触端子开关时，超速保护模块的输出继电器会动作，且经过对现场 UCP1 机柜中对控制燃料气截断阀的 K24、K25 观察发现，轻微触动接线端子排闭合开关时，现场继电器会动作。并在，在 Bently 事件记录中会出现 XDCR 50%错误报警故障。对端子排开关进行详细检查，端子排如图 10-13 所示，发现该类型端子排在开关闭合时，刀闸实际接触面积较小

（开关触点如图 10-14 所示），且用于卡塞闭合开关的铁片经过反复开关后存在出现机械形变的可能，因此该类型端子排应用于高频开关量信号回路中时存在接触不良的风险。

图 10-11　模拟转速信号

图 10-12　X-MCC-BN2-RIOT 端子排

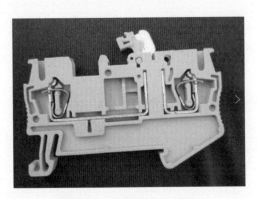

图 10-13　接线端子细节图 1

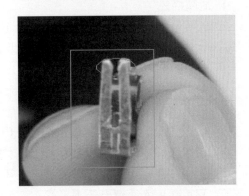

图 10-14　接线端子细节图 2

因此判断，端子排 X-MCC-BN2-RIOT 开关存在接触不良问题，且当该端子排上开关出现接触不良问题时，Bently 超速保护模块会自动检测到从 Mark VIe WREA 复制模板转过来的转速信号通道出现故障，因此会产生一个 XDCR 50% 错误报警。该报警产生后，将触发超速保护模块输出超速保护关断截断阀的命令，使截断阀 24V 供电断开，从而关闭燃料气截断阀。而由于 XDCR 50% 错误报警输出命令不是锁存信号，当转速输入通道恢复正常后，XDCR 50% 错误报警会立即消失，同时输出的超速保护命令立即恢复正常，燃料气截断阀 24V 供电又恢复正常，截断阀再次会打开。

4. 结果及验证

对原转速信号输入回路中使用的存在接触不良问题的端子排进行更换，更换为使用螺钉固定接线类型的端子排（见图 10-16），更换后的接线端子如图 10-15 所示。更换端子排后再次进行测试，在端子排处用力晃动，不再出现 XDCR 50% 错误报警，不会再触发截断阀超速保护继电器动作。经过多日的观察，4# 号机组 Bently 超速保护模块再未出现 XDCR 50% 错误报警信息。

5. 改进措施及建议

建议对西二线同类型 GE 机组 Bently 机柜转速信号输入回路中使用的接线端子进行排查，将同一类型存在接触不良问题的端子排进行更换。

图 10-15　更换后端子

图 10-16　更换后端子排

10.1.2　西二线某站 1#变频器故障处理

1. 故障描述

2019 年 6 月 4 日，西二线某站 1#启动机器（下面简称启机）测试过程中机组转速升至 4079r/min 时，变频器故障，导致启机失败，具体报警如图 10-17 所示。

具体报警信息如下：

1）OCDN_W_A 报警为 W 相 N 侧直流短路。

2）C_IL 为联锁关闭。

3）CNV_OCA_5_A 整流输入过电流（W 相上部）。

4）CNV_OCA_6_A 整流输入过电流（W 相下部）。

5）OVP_W_A 为 W 相 P 侧直流过电压。

6）VDC_UB_A 直流电压不平衡。

7）F_N_W_A 为 W 相 N 侧熔丝熔断。

8）AVDR_T_A 输入电源开关分闸。

损坏器件有 IEGT 3 个，钳位二极管 2 个，高速熔断熔丝 1 个，具体如图 10-18 所示。

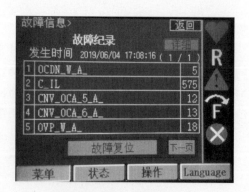

图 10-17　变频器报警信息

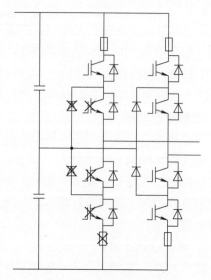

图 10-18　损坏器件示意图

2. 故障原因分析

由报警信息可知 W 相 N 侧直流短路故障（OCDN_W_A），通过故障波形可以发现 C-N 间直流电压瞬间下降 20%左右，随后 P-C 间电压升至 130%左右，C-N 间直流电压又上升至 100%。如图 10-19 所示。

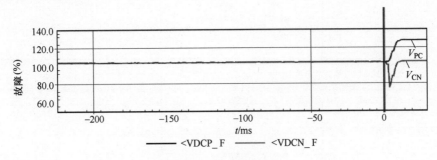

图 10-19　故障点的波形

通过对门极触发脉冲信号时序分析，IEGT3、IEGT4 导通之后，IEGT4 关断失败，然后 IEGT2、IEGT3、IEGT4 同时导通，C-N 间发生直流短路，C-N 间的直流电压降低，P-C 间电压升高，短路电流导致 W 相 N 侧熔丝熔断、IEGT2、IEGT3、IEGT4 损坏，短路电流流向如图 10-20 所示，门极脉冲信号时序如图 10-21 所示。

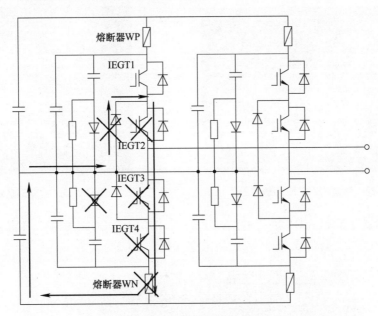

图 10-20　短路电流流向图

由于 P-C 间电压升高导致续流二极管击穿。

3. 故障处理经过

1）打开 W 相功率柜，发现功 IEGT 驱动板功率单元模块左下角 3 块驱动板指示灯状态异常，功率柜内无异物，有明显烧灼痕迹和水管漏水痕迹。

2）对 W 相异常的 3 块进行检查，发现驱动板上熔丝均被烧毁（见图 10-22）。

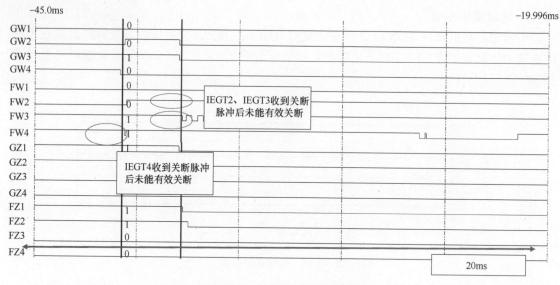

图 10-21　门极脉冲信号时序图

3）对 W 相功率单元 P、N 侧适配的两个高速熔断器进行排查，发现 N 侧 1 个高速熔断器熔断指示器已弹出，经现场测量，高速熔断器为断开状态，高速熔断器烧毁（见图 10-23）。

图 10-22　测量 IEGT 驱动板熔丝

图 10-23　检查高速熔断器

4）对故障逆变单元 IEGT 进行测量，IEGT2、IEGT3、IEGT4 C 极、E 极和 G 极、E 极均导通，判断 IEGT2、IEGT3、IEGT4 短路击穿（见图 10-24）。

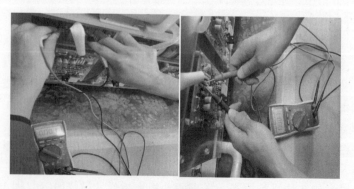

图 10-24　检测 IEGT

5）将故障逆变单元续流二极管拆除检测正向、反向电阻均无穷大，判断二极管为断路（见图 10-25）。

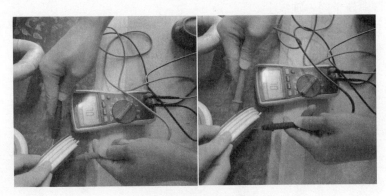

图 10-25 检测二极管

6）将损坏的逆变单元和高速熔断器进行更换。

7）对变频器整体做脉冲触发测试，脉冲触发正常。

8）对变频器整体进行绝缘测试，测试 1000V，绝缘电阻为 22.7MΩ。

9）用 380V 临时电源对整流单元进行测试，输入/输出电压正常。

10）对变频器进行预充电测试，变频器无异常。

11）拆除变频器输出电缆，对变频器空载测试，转速从 10% 升至 105%，输出电压及各项参数正常。

12）恢复变频器输出电缆。

4. 结果及验证

1）从故障波形分析，故障点前未发生控制信号异常。故判断故障原因为 W 相 N 侧逆变单元 IEGT4 未正常关断，导致直流母线短路，进而导致 IEGT2、IEGT3、IEGT4 短路击穿，续流二极管击穿。

2）由于未发现柜内直流母排和单元连接点有烧灼痕迹，其他单元未发现异常，判断为单元内部器件本体故障。

10.1.3 长输管道离心压缩机组对中技术

10.1.3.1 对中的概念与方法

对中是指用联轴器联接的两个相邻轴尽量减少其不对正的过程，它会使每个轴在正常运转工况下实际上尽量位于一条轴线。联轴器找中心是离心压缩机等主机设备检修的一项重要工作，转动设备轴中心若找得不准，必然要引起机械的超常振动。因此在设备的中、大修中都要求进行转动机械设备轴中心找正工作，使两轴的中心偏差不超过规定数值。

1. 对中的目的与类型

找中心的目的是使机组运行中一转子轴中心线与另一转子轴中心线重合，即要使联轴器两对轮的中心线重合，以便保证设备平稳运行，不发生振动，减轻轴颈和轴瓦非正常运动的磨损。对中按照对中要求分为完全对中和特殊对中。

完全对中：通过调整，使两轴基本处于同一轴线上。

特殊对中：设备在运行工况下，由于受到温度等因素影响，两轴位置将会发生变化，因此在冷态对中时，必须按设备所要求的冷态对中曲线或所给径向表、轴向表数值对中，以便保证两轴在运行中处于同一轴线上。

2. 不对中的类型

（1）平行偏移（见图10-26和图10-27）

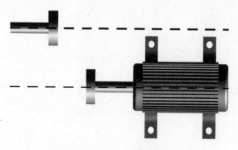

图10-26　平行偏移（水平）

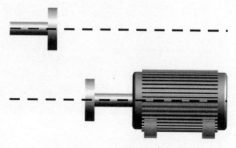

图10-27　平行偏移（垂直）

（2）夹角（见图10-28和图10-29）

图10-28　水平夹角

图10-29　垂直夹角

（3）（平移与夹角）的合成（见图10-30）

（4）轴向（间隙不对、预拉伸）

轴向（间隙不对、预拉伸）不对中主要是指两转子间距离不符合要求的情况，对于弹性联轴器，由于考虑了运行工况下的热膨胀，需要在冷态下进行预拉伸，在对中前应测量两转子轴间距离并根据实际情况调整至机组的标准范围内。

图10-30　（平移与夹角）的合成

3. 不对中的影响

不对中对设备部件产生动态应力，主要影响有：

1）轴承、密封和联轴器过早地出现故障。

2）轴承温度过高。

3）轴向或径向的振动过大。

4）基础失效/轴裂纹（交变应力）。

5）间接影响，如流体流动不稳、摩擦等情况。

4. 不对中的振动故障特征

如机组在运行中振动值偏大，需要对振动的图谱进行分析，如果符合表10-1中的振动特征，则需要进行对中的检查与调整工作。

表 10-1 不对中振动故障特征

序号	特征参量	故障特征	
		平行不对中	角不对中
1	时域波形	正弦波	正弦波
2	特征频率	径向振动以 1 倍、2 倍谐波分量为主，2 倍谐波分量常大于 1 倍谐波分量	径向振动以 1 倍谐波分量为主，轴向振动以 2 倍谐波分量为主
3	常伴频率	伴随 3 倍分量，少量 4 倍~8 倍谐波分量	少量高倍振动分量
4	振动稳定性	稳定	稳定
5	振动方向	径向	轴向、径向
6	相位特征	相位差 180°	相位差 180°
7	轴心轨迹	椭圆或呈 8 字形	椭圆或呈 8 字形
8	进动方向	正进动	正进动

10.1.3.2　不对中的检查方法

1. 机械对中支架测量法（百分表测量法）

1）双表法对中：泵机组多采用此法，是在表架上设置一块径向表和一块轴向表的对中方法。适用于轴向窜动量较小，对轮间距离较近，对轮直径较大的一般机组。

2）三表法对中：目前 GE/RR 机组采用此法，是在表架上借助一块径向表和两块轴向表的对中方法，设置三表法对中适用范围，适应于轴向窜动量较大，对轮间距离较近，对轮直径较大的大型重要机组。

3）五表（类似三表）测出 0°、90°、180°、270° 四个方位上的轴向读数，并取其同一方位上四个轴向读数的平均值进行分析，与计算用的轴向读数。

4）单表法（最近国外常采用的方法，驱动轴与被驱动轴分别架表测量）。

2. 激光对中仪对中测量法

激光对中仪的测量原理：激光的最大特点是具有方向性和单色性。方向性是指激光从激光发射器发出后光束散角很小，基本沿着直线传播，到达接收器能量基本没有损失。而单色性则指发出的光波波长单一，容易被接收器辨别，不受外界光线干扰。

激光对中法中激光发射器与激光接收器替代传统千分表分别固定在联轴器的两边，激光束从激光发射器中发出，打在激光接收器的感应面上，形成光斑，通过接收器的数据采集，可以确定激光能量中心点，随着轴的转动，光束能量中心也在接收器感应面上产生位移。

激光对中仪根据这种位移量计算出两轴间的平行偏差和角度偏差，并基于基本的三角几何原理，自动计算出设备需要调整的调整量和加减垫片厚度。

3. 打表法与激光对中仪对比（见表10-2）

表 10-2　打表法与激光对中仪对比

打表法	人为测量计算，对操作人员经验和技术要求高	测量速度慢，精度不高，存在误差	设备每调整一次，必须盘车重测一次	单轴盘车，力矩小	价格低
激光对中仪	操作简单，对操作人员技术要求低	测量速度快，精度高	只需测量一次，设备调整时可实时显示数据	需安装联轴器，盘车力矩大	价格昂贵

10.1.3.3　对中程序

1. 机械对中支架测量法（百分表测量法）

（1）对中工具安装

按照机组对中工具安装示意图，在驱动轴上安装对中工具与百分表。为消除驱动轴的轴向窜动，使用三表法（径向一块表，轴向两块表）进行对中检查（见图10-31）。

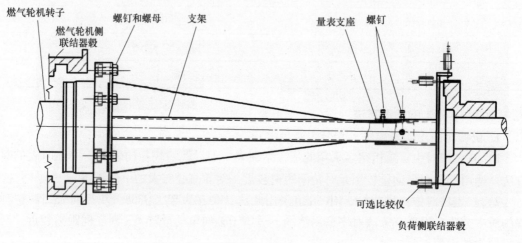

图 10-31　GE 燃驱机组对中工具安装图

在对中盘上12点、3点、6点和9点位置进行标记，12点为位置1，其余按运行方向编号为2、3和4。将径向表放在位置1，将轴向表 A 和 B 分别放在位置1和3（见图10-32）。

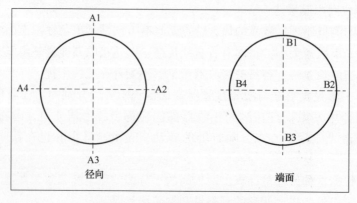

图 10-32　径向与轴向表位置示意图

（2）对中程序

将三块表表盘"归零"，径向表应保证足够行程后再将表盘"归零"（见图 10-33）。

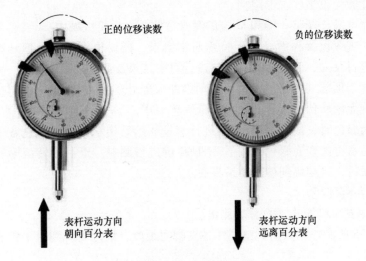

图 10-33　百分表使用方法

盘动驱动轴一周，查看径向表有无"超量程"现象。

沿转动方向盘动驱动轴，将标记位置的读数记录在对中记录表中，读数时注意对中工具上不要受力。当表回到起始点 1 时两次应显示同样的值。只有轴向表可能显示不同的值，因为轴向的移动会造成表的读数不同，但是两个表变化的值应该是一样的。例如：表 A 和表 B 起始点设置为 2mm，转动一圈后显示为 2.2mm。如果两个表在点 2、3 和 4 的变化量都不一样，就需要检查对中工具。

计算对中检查结果，并与标准进行对比来判定对中结果。

2. 激光对中仪对中测量法

激光对中仪安装及参数设定（见图 10-34）。

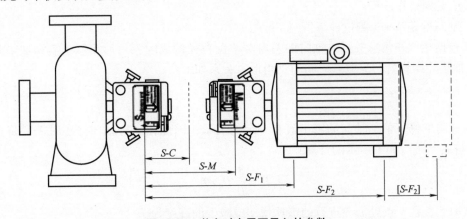

图 10-34　激光对中需要录入的参数

$S\text{-}M$—两个测量单元之间的距离；$S\text{-}C$—S 测量单元到联轴器中心线的距离；

$S\text{-}F_1$—S 测量单元到调整设备前地脚中心线的距离；

$S\text{-}F_2$—S 测量单元到调整设备后地脚中心线的距离，注意该值必须大于 $S\text{-}F_1$ 的值

识别对中设备，S 为固定设备，M 为可移动设备（可加垫片调整的设备）。将传感器分别固定在联轴器两侧：激光发射器 S 安装在 S 设备侧，将棱镜 M 安装在 M 设备侧。调节高度，注意不要让激光束被联轴器阻挡。

打开传感器电源，调整 S 端和 M 端的激光，使其在指定区域内。

打开主机，进入设置界面（对于特殊对中要求，需要根据压缩机型号和环境温度，将对中偏差标准进行录入，以便激光对中仪进行对中结果及调整计算）。

将传感器置于顶部（内置倾角仪可自动判断仪器处于什么位置）。按照机组正常运行的旋转方向盘车。无论从什么位置开始，尽量旋转 180°。

当指示变为绿色时，按下 ENTER 键进行测量，然后指示会变成橙色或琥珀色，旋转至下一位置时，指示再次变为绿色，按下 ENTER 键进行测量。最后旋转至第三个位置进行测量，三位置测量后，自动跳到诊断结果界面。

10.1.3.4　对中调整程序

1. 机械对中支架测量法（百分表测量法）

按照图 10-35 所示，测量需调整撬体各支脚间距离、最近支脚到对中盘的距离、对中盘直径。

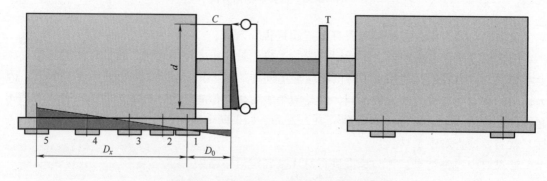

图 10-35　打表法对中调整需要测量的参数

（1）支脚垫片计算

① 轴向偏差 Aerr＝测量计算值－标准值

② 根据相似三角形关系，轴向偏差与对中盘直径构成的三角形相似于需添加垫片的高度和添加垫片螺钉处与支撑点之间的三角形，关系如下：

$$S_x = \frac{\text{Aerr}}{d} D_x \tag{10-1}$$

③ 径向的修正值与轴向的修正值有一定的关系，因此在进行轴向修正时需要将这个因素考虑进去，进行如下所示的计算：

$$R_x = \frac{S_x}{D_x} D_0 \times 2 \tag{10-2}$$

④ 因此，在 x 点处需要进行的垫片增加或减少的高度为

$$S_{tx} = S_x + (\pm R_x/2) \tag{10-3}$$

⑤ 需要根据径向表的数值进行径向位置的调整，通过读数与标准的比对获得径向对中偏差：Radial err＝测量计算值－标准值。

⑥ 需要调整的垫片的总高度为

$$S_{tx} = S_x + Radial\ err/2 + (\pm R_x/2) \tag{10-4}$$

（2）左右位置偏移量调整计算

左右张口的调整计算与上下张口计算类似，首先计算各个支点调整张口所需的位移量，最后计算整体位移量。左右调整时利用机组自带的顶丝进行调整，调整过程应在撬体前后位置打百分表，以便监测位置变化。

调整完成后，再次对中检查，验证对中调整结果，如有需要按照上述步骤进行重复调整，直到检查结果符合标准要求。

2. 激光对中仪对中测量法

在主机屏幕的诊断界面，左侧为失中值，右侧为支脚垫片的调整值，正为加垫片，负为减垫片。中间支脚垫片依据相似三角形原理进行计算，与打表法一致。

水平位置的调整：在主菜单中选择水平调整界面，平移机撬，直到实时显示的界面中指示条显示绿色为止。

调整完成后，再次对中检查，验证对中调整结果，如有需要按照上述步骤进行重复调整，直到检查结果符合标准要求。

10.1.4　RR 机组戴维斯阀阀位反馈优化改造技术应用

1. 背景介绍

RR 生产的 RB211 燃气发生器在发生紧急停车时，需要打开戴维斯阀，让带有一定压力的仪表阀对后轴和轴承腔室进行冷却，该阀对于保护轴承和转子起到了关键作用。由于该阀门是一个机械式阀门，无任何反馈信号，无法判断机组跳车后戴维斯阀的阀位状态，本次改造为戴维斯阀增加了阀位状态显示，方便运行人员及时了解阀门的工作状态。

2. 工作原理

（1）正常工作（见图 10-36）

燃机轴承在高速运行情况下，会产生大量的热，需要润滑油对其冷却。如果轴承得不到有效的润滑与冷却，极易引起轴承元件表面损伤而提前报废，润滑油可能因受高温加热而出现碳化结焦。如果轴承元件受热膨胀超过允许的范围，甚至可能引发轴承抱死的严重事故。戴维斯阀与油箱连通，将轴承腔内的油气导入油箱。

图 10-36　正常运行过程

（2）紧急停车

在 ESD（紧急停车）情况下，当 GG 转速 $NL<2800r/min$ 5min 之后，20QGBA（燃气发生器轴承冷却空气供应阀）打开 90min，从用户辅助空气系统来的仪表气，经过 PCV-301（压力调节器）降压。该 PCV-301（压力调节器）设定出口压力为 483kPaG。再经过打开的 20QGBA 阀，到达戴维斯阀。

到达戴维斯阀的冷却气分成二路（见图 10-37），一路进入戴维斯阀活塞腔底部，克服弹簧对柱塞的压力，使活塞及柱塞上移，上移后的柱塞上的宽槽将另一路仪表气和后轴承座组件轴承腔通风管接通，使仪表气（冷却气）进入后轴承座组件轴承腔，以消除余热的影响以及避免轴承区剩余润滑油形成积碳，整个作用过程如图 10-38 所示。

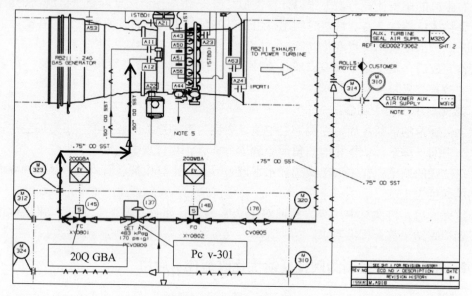

图 10-37　空气冷却过程图

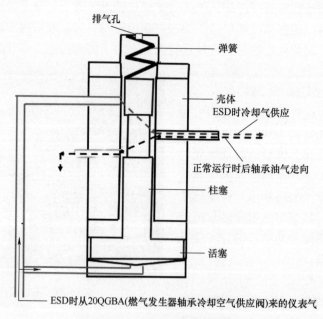

图 10-38　内部气流流通示意图

3. 安装位置、结构

（1）安装位置

戴维斯阀安装于燃气发生器（GG）中介机匣右侧（见图 10-39），阀体通过螺钉固定于中介机匣右侧安装座上。

（2）阀体结构

1）柱塞活塞腔壳体。用于安装柱塞底部的活塞，活塞腔底部有一通仪表气的小孔，与壳体上的进气接头相通。活塞的作用为在仪表气的作用下，能连动上部的柱塞向上运动。活塞的复位是在仪表气失压的情况下，由柱塞顶端的弹簧力作用下，使活塞复位（底座见图 10-40）。

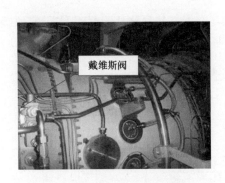

图 10-39　戴维斯阀安装位置图

图 10-40　活塞腔壳体底座

2）内部结构。柱塞腔壳体柱塞腔内部有三个出口，分别与柱塞腔壳体上三个接头相通。两个冷却空气进气口，一个轴承腔通风回油口（见图 10-41）。

3）柱塞。柱塞为一圆柱体（见图 10-42），下部为一活塞，圆柱体中间段开有一宽槽，此宽槽在正常运行时，将后轴承座组件轴承腔通风和回油箱管路导通。在 ESD 紧急停机时将冷却空气和后轴承座组件轴承腔通风管导通，以使仪表气（冷却气）进入后轴承座组件轴承腔，以消除余热的影响以及轴承区剩余润滑油形成积碳。

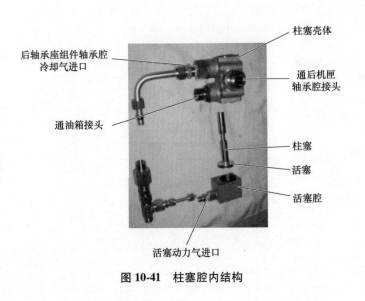

图 10-41　柱塞腔内结构

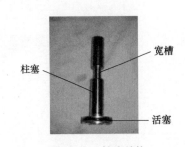

图 10-42　柱塞结构

4. 改造过程

（1）改造方案

本次改造作业是对戴维斯阀增加就地和远程阀位状态显示，方便运行人员和巡检人员清楚戴维斯阀的工作状态，改造方案如下：

1）在戴维斯阀杆内部增加一个就地机械阀位指示器（见图 10-43 中 15）。

2）在就地指示器外部增加一个防爆接触开关（14），将阀位信息上传到站控 HMI 上。

3）在弹簧室（10）上增加一个排气孔（16）。

4）将防爆接近开关支座固定在燃机壳体上。

5）将改造后的阀门完成装配，并将该阀固定在支座上，然后将组合体整体回装到燃气发生器上，正常运行和机组跳车时阀位状态如图 10-44 和图 10-45 所示。

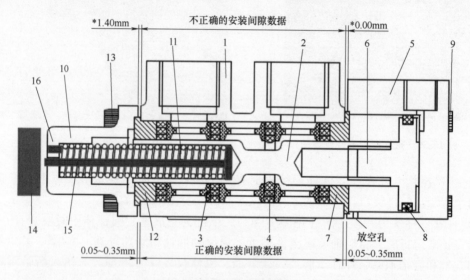

图 10-43　改造示意图

1—阀体　2—轴/活塞　3—隔套　4—密封　5—空气室　6—轴端活塞　7、12—轴承　8—O 形圈　9、13—螺杆
10—弹簧室　11—弹簧　14—防爆接触开关　15—阀位指示　16—排气孔

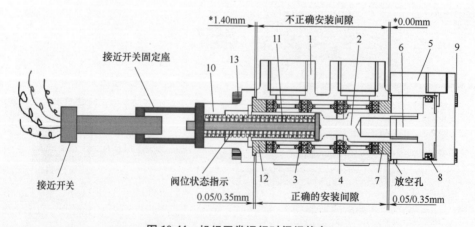

图 10-44　机组正常运行时阀门状态

1—阀体　2—轴/活塞　3—隔套　4—密封　5—空气室　6—轴端活塞　7—轴承　8—O 形圈
9—螺杆　10—弹簧室　11—弹簧　12—轴承　13—螺杆

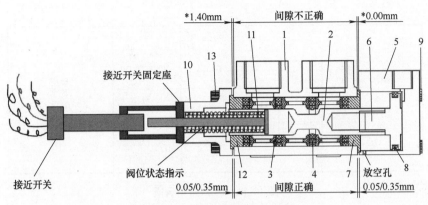

图 10-45　机组跳机时阀门状态

1—阀体　2—轴/活塞　3—隔套　4—密封　5—空气室　6—轴端活塞　7—轴承　8—O 型圈
9—螺杆　10—弹簧室　11—弹簧　12—轴承　13—螺杆

（2）接近开关原理

接近开关是一种无需与运动部件进行机械直接接触而可以操作的位置开关，当物体接近开关的感应面到动作距离时，不需要机械接触及施加任何压力即可使开关动作。

电感式接近开关属于一种有开关量输出的位置传感器，它由 LC 高频振荡器、信号触发器和开关放大器组成。振荡电路的线圈产生高频交流磁场，该磁场经由传感器的感应面释放出来。当有金属物体在接近这个能产生电磁场的振荡感应头时，就会使该金属物体内部产生涡流，这个涡流反作用于接近开关，使接近开关振荡能力衰减，内部电路的参数发生变化，当信号触发器探测到这一衰减现象时，便把它转换成开关电信号。由此识别出有无金属物体接近开关，进而控制开关的通或断。这种接近开关所能检测的物体必须是金属物体（见图 10-46）。

（3）程序配置

1）将接近开关的信号接线连接到箱体内 GI-1 接线箱内的备用端子上。

2）找出信号缆 E306 的两根备用芯，并在 UCP 机柜内找到其另一端（见图 10-47）。分别测试两根芯的线间绝缘和对地绝缘，如测试正常，则将其接入 UCP 机柜备用端子 X116：29/30，对应的通道为 R11：6：I. Ch14Data（见图 10-48）。

图 10-46　现场应用的开关

图 10-47　接线箱体内的备用端子

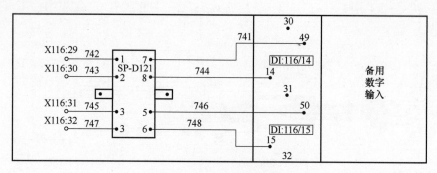

图 10-48　UCP 备用通道

3）备份当前 UCP 程序，使用当前 UCP 程序，上线，新增变量 I33DVS、LI33DVS 并注释（见图 10-49）。其中 I33DVS 对应硬通道 R11：6：I.Data.14，LI33DVS 对应别名 DI［21］.0。

	I33DVS	R11:6:I.Data.14	R11:6:I.Data...	BOOL	DAVIS VALVE OPEND	Read/Write	☐	Decimal
	LI33DVS	DI[12].0	DI[12].0	BOOL	DAVIS Valve Open Mapped	Read/Write	☐	Decimal

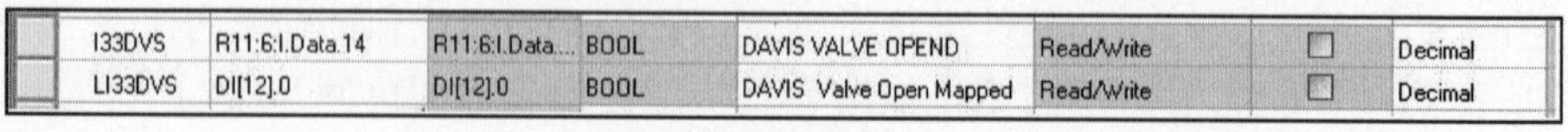

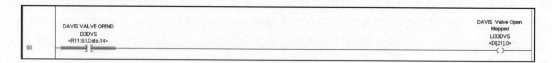

图 10-49　新增变量

4）在 MAP_IO 中新增程序段（见图 10-50）。

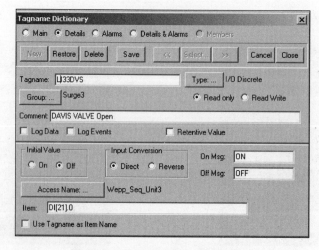

图 10-50　新增程序段

5）将修改后的逻辑 download 至主控制器，并检查备用控制器逻辑是否已经同步。

6）停用 Intouch 工程，并备份，在标签库中添加 LI33DVS，属性如图 10-51 所示。

图 10-51　上位机工程中新增数据点

7）在 GG 画面上绘制阀门图标，用于表征戴维斯阀（见图 10-52）。

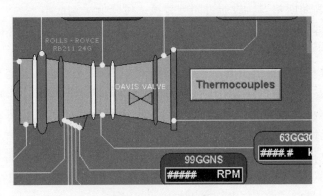

图 10-52   上位机画面

8）将阀门图标链接至数据库（见图 10-53）。

图 10-53   链接数据库的配置

5. 总结

戴维斯阀是一个机械阀门，结构紧凑，在燃机运行和机组跳车时承担着非常重要的作用。机组跳车后，如果该阀门出现卡塞未及时给轴承提供冷却和密封气，会导致润滑油在轴承表面结焦，会缩短轴承的使用寿命，同时也会增大机组的后期运行风险。本次改造未对阀门的本体和机构进行改变，实现了对阀门状态的监控，值得相同机组进行推广改造。

10.1.5   GE 燃驱型机组 GS16 燃调阀替换 3103 燃调阀可行性技术

10.1.5.1   现状概述

西部管道公司投产运行 GE 公司 PGT25+燃驱机组 56 台，其中西一线 18 台，西二三线及轮吐线 38 台，前者使用 WOODWARD 公司的生产的 3103 燃料气调节阀（流通面积 $1.0in^2$，以下简称燃调阀），后者使用 WOODWARD 公司 GS16 燃调阀（流通面积 $1.5in^2$），其作用均为控制燃气发生器的燃料供应。

西一线使用的 3103 阀门属于早期产品，电机带减速机构，燃调阀上下带两套旋转变压器，上部旋转变压器控制电机多圈旋转，下部旋转变压器测试反馈燃调阀阀芯绝对旋转角度，因其分离式结构导致维护不便，且增加了备件储备类型；另外，燃调阀控制开度的基准参数共 400 个，而 GS16 燃调阀控制开度的基准参数达 3700 个，控制更加精准，有必要进行同类替换改造。

10.1.5.2   改造理由及思路

1）降低采购成本。3103 型燃调阀阀体与控制单元分离，采购费用在 40 万元左右（控制器10万元、阀体30万元），GS16型燃调阀为阀体及控制单元集成式结构，采购费用在30万元左右，两者采购周期相当。故通过同类替换，可降低采购成本。

2）统一GE燃驱机组燃调阀备件库存型号。实现同类替换，可使用GS16燃调阀作为统一备件，降低备件类型及库存，统一备件型号。

3）优化检修维护环节，提升可靠性。GS16燃调阀机械驱动单元与控制系统集成在一起，阀门体积小，安装方便，外接电缆少；3103燃调阀驱动器与阀门机械部件分离，拆卸、检修不便，GG箱体外置控制器，连接线缆多。实现同类替换可优化维护维修环节，提升GE燃驱机组的可靠性。

4）助力国产化推广应用。公司GS16燃调阀国产化研制工作已取得实质性进展，目前在鉴定评估阶段，下一步将进入工业测试及推广应用。实施燃调阀替换攻关，势必再次降低备件采购成本，助力国产化GS16燃调阀推广。

10.1.5.3 技术论证及可行性分析

通过对两个型号阀门几何尺寸、供电及接线、控制程序、计算公式四个方面进行对比分析，论证替换可行性。

1. 阀门几何外形尺寸对比

3103及GS16燃调阀外观及几何尺寸如图10-54~图10-58所示。

图 10-54　GS16 燃调阀外貌图

图 10-55　3103 燃调阀外貌图

通过对比GS16（见图10-56）和3103（见图10-57）燃调阀的外形尺寸、出入口法兰尺寸、排污管接口尺寸以及仪表线缆格兰头尺寸，两者存在差别见表10-3。

表 10-3　GS16 燃调阀与 3103 燃调阀外形尺寸与接口尺寸对比

序号	阀门型号	外形尺寸（长×宽×高）	进出口法兰尺寸	进出口法兰间距	法兰螺栓孔规格	排污管线接头规格	电缆格兰接头尺寸	备注
1	GS16	233.17×215.9×483.74	2″ class600 RF，ANSI16.5	8.495″	8×0.625-11UNC-2B	0.438-20UNF（-04）STRAIGHT THREAD	0.750-14NPT	密封泄漏放空接头，通过0.526-18转0.438-20转接头和直头实现
2	3103	247.47×215.9×626.62	2″ class600 RF，ANSI16.5	8.5″	8×0.625-11UNC-2B	0.562-18UNF（-06）STRAIGHT THREAD	0.750-14NPT	

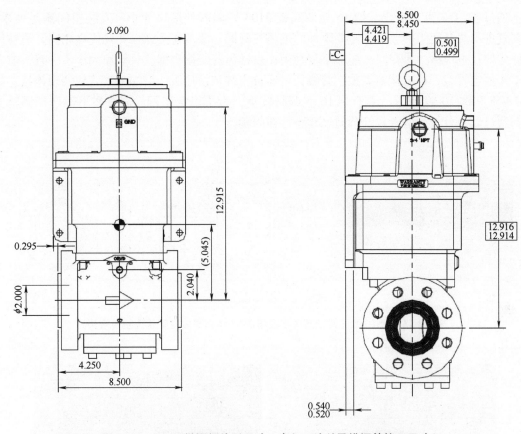

图 10-56　GS16 燃调阀外形尺寸、出入口法兰及排污管接口尺寸

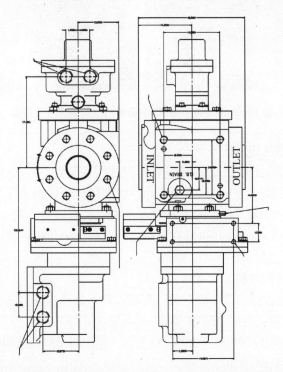

图 10-57　3103 燃调阀外形尺寸、出入口法兰及排污管接口尺寸

通过表 10-3 可以看出，GS16 燃调阀较 3103 燃调阀外形尺寸小，安装空间满足要求，燃料气进出法兰间距一致，不需要附加的燃料气管线。法兰连接螺栓孔及规格相同，能够使用原螺栓；电缆格兰头相同，能够重复利用；仅排污管线接头螺纹尺寸和大小不一致，前者接 1/4″放空管线，后者接 1/2″放空管线，可通过安装转换接头、增加 1/2″管线实现连接，如图 10-58 和图 10-59 所示。由于 GS16 燃调阀较重，为了稳定运行，需要在下部增加调整支撑，通过以上分析，两者替换几何尺寸不存在问题。

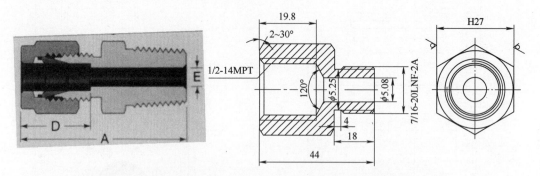

图 10-58　GS16 燃调阀转接头与现场 3103 燃调阀放空管线连接转接头

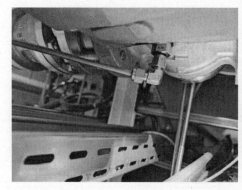

图 10-59　GS16 与 3103 燃调阀放空管线尺寸及接头

2. 供电及仪表电缆接线对比

GS16 及 3103 燃调阀供电方式及接线示意（见图 10-60）。

通过对比两燃调阀的接线图可以看出，西一线现场能够提供 18~32V DC 电源（三相），有 4~20mA 位置命令、反馈，有关闭重置输入，关闭状态输出，与 GS16 的接线端子一致。GS16 控制通信功能 CAN communication 在机组运行过程中未使用，所以现场供电、接线、功能满足要求。

3. 仪表线及电源线的连接

一线 FCV331 接线：命令 ZC-331、反馈 ZT-331、故障信号 UA-1999、使能：XS-2000（干接点）、24V DC 电源：一组，见图 10-61。

二线 GS16 接线（见图 10-62）：命令 ZC-331、反馈 ZT-331、故障信号：86GC-1、使能：30GC-1（干接点）、24V DC 电源：二组。

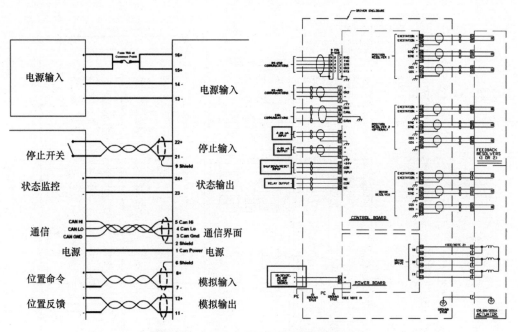

图 10-60　GS16 与 3103 燃调阀接线图对比

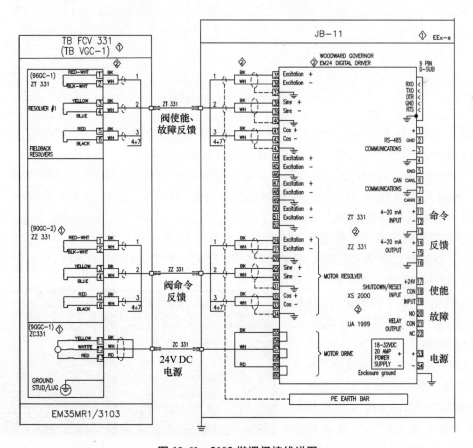

图 10-61　3103 燃调阀接线详图

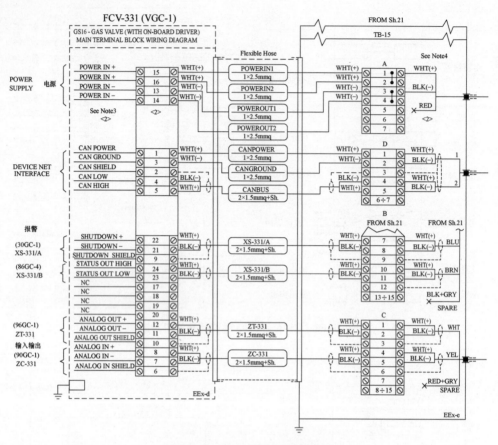

图 10-62　GS16 燃调阀接线详图

FCV331 控制板 EM35R1 到阀本体仪表信号共 6 组，采用两根多芯屏蔽电缆，EM35R1 控制板给电机供电为 3 芯电缆。因此 GS16 替换方案走线方案：

控制柜到现场：GS16 命令 ZC-331、反馈 ZT-331、故障信号 86GC-1、使能 30GC-1（干接点）回路均对等接入 FCV331 命令 ZC-331、反馈 ZT-331、故障信号 UA-1999、使能：XS-2000（干接点）控制回路。

现场控制板到 G16 阀：使用原 EM35R1 到阀本体仪表信号共 6 组中的 4 组，分别用于 GS16 命令 ZC-331、反馈 ZT-331、故障信号 86GC-1、使能 30GC-1。GS16 供电电源采用 EM35R1 控制板电源（20AMP），满足 GS16 供电要求（10AMP），使用原控制板给阀电机供电电缆接入 GS16 控制板接线端子 15、13，由于 GS16 为双回路供电，因此在 GS16 控制板接下排上将 DC 24V 正供电端子 15、16 短接，将 DC 24V 负供电端子 13、14 短接，动力电源、仪表接线进线外观及反馈回路跳线见图 10-63。

图 10-63　动力电源、仪表接线进线外观及反馈回路跳线

4. 计算公式对比

3103 及 GS16 燃调阀计算公式如下：

（1）GS16 有效面积

临界压力比
$$R_7 = \left(\frac{2}{1+K}\right)^{\frac{K}{K-1}} \tag{10-5}$$

如果 $\dfrac{P_2}{P_1} \geqslant R_7$，则有效面积计算如下：

$$ACd = \frac{W_f}{3955.289 P_1 \sqrt{\left[\dfrac{KSG}{(K-1)TZ}\right]\left[\left(\dfrac{P_2}{P_1}\right)^{\frac{2}{K}} - \left(\dfrac{P_2}{P_1}\right)^{\frac{1+K}{K}}\right]}} \tag{10-6}$$

如果 $\dfrac{P_2}{P_1} < R_7$，则有效面积计算如下：

$$ACd = \frac{W_f}{3955.289 P_1 \sqrt{\left[\dfrac{KSG}{(K-1)TZ}\right]\left[R_7^{\frac{2}{K}} - R_7^{\frac{1+K}{K}}\right]}} \tag{10-7}$$

式中　ACd——有效面积（in^2）；

　　　W_f——质量流速（pph）；

　　　R_7——临界压力比；

　　　P_1——阀门入口压力（psia）；

　　　P_2——阀门排放压力（psia）；

　　　K——比热容比（标准天然气 60℉时为 1.3）；

　　　SG——相对空气比重（标准天然气为 0.6）；

　　　T——绝对气体温度；

　　　Z——气体压缩系数，近似为 1。

（2）燃调阀 3103 有效面积

$$R_7(K) = \left(\frac{2}{1+K}\right)^{\frac{K}{K-1}} \tag{10-8}$$

如 $\dfrac{P_2}{P_1} \geqslant R_7$，则有效面积为
$$\frac{FLOW}{\left[3955.289 P_1 \sqrt{\left[\dfrac{KS_g}{(K-1)TZ}\right]\left[\left(\dfrac{P_2}{P_1}\right)^{\frac{2}{K}} - \left(\dfrac{P_2}{P_1}\right)^{\frac{1+K}{K}}\right]}\right]} \tag{10-9}$$

如 $\dfrac{P_2}{P_1} < R_7$，则有效面积为
$$\frac{FLOW}{\left[3955.289 P_1 \sqrt{\left[\dfrac{KS_g}{(K-1)TZ}\right]\left(R_7^{\frac{2}{K}} - R_7^{\frac{1+K}{K}}\right)}\right]} \tag{10-10}$$

式中　P_1——阀门入口压力（psia）；

　　　P_2——阀门排放压力（psia）；

K——比热容比（气体），标准天然气在 60℉时为 1.3；

S_g——气体相对空气的比重（标准天然气为 0.6）；

FLOW——阀门流量计（lb/h）；

T——气体温度（朗肯温度）；

Z——气体压缩系数（系数为 1）。

通过对比两燃调阀的技术手册，其使用的计算公式及常量参数均相同，说明两燃调阀的计算基准是一致的，这为两者替换提供了理论基础和依据。

5. 控制程序对比

两燃调阀控制程序见图 10-64~图 10-66。

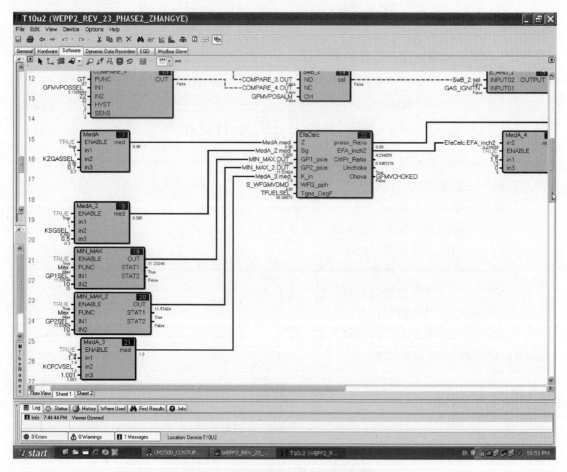

图 10-64　GS16 燃调阀程序中编译的计算公式

对比两燃调阀在 TOOLBOX 程序中的功能块逻辑，发现逻辑完全一致，计算公式、逻辑原理相同，具有替换的可能性。

对比图 10-67、图 10-68 中两燃调阀有效面积、阀前阀后压比与阀开度的参数不尽相同，需要将 GS16 有效面积、阀前阀后压比与阀开度的数据表以功能块的方式整体移植到西一线燃机的程序中，达到控制 GS16 燃调阀的功能。

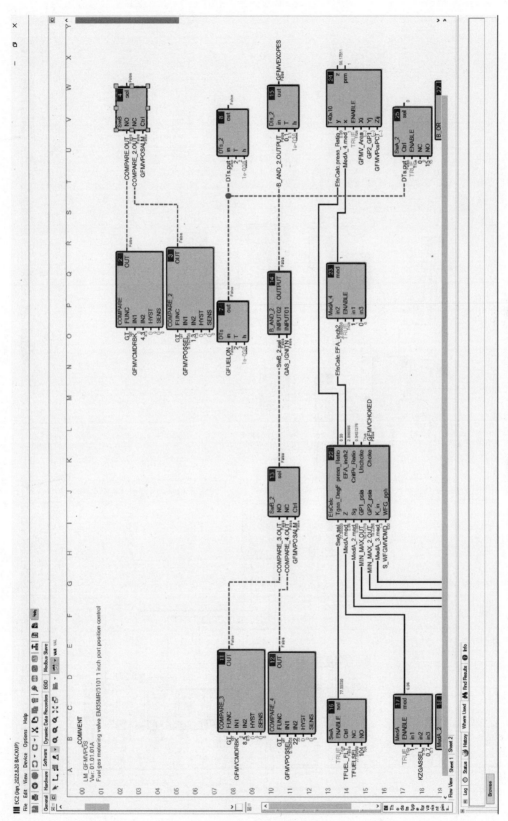

图 10-65　3103 燃调阀程序中编译的计算公式

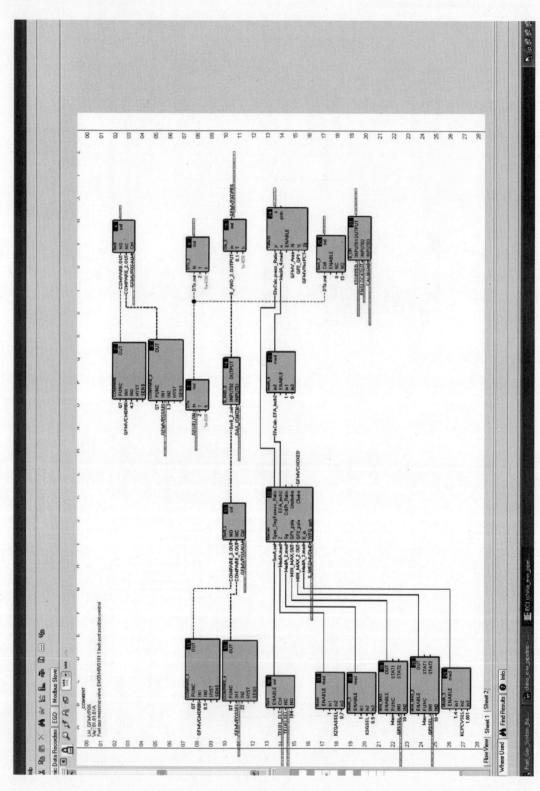

图 10-66　3103 燃调阀功能块逻辑图

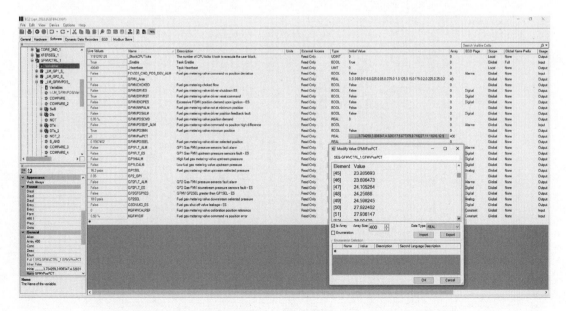

图 10-67 GS16 燃调阀有效面积、阀前阀后压比与阀开度的数据表

图 10-68 3103 燃调阀有效面积、阀前阀后压比与阀开度的参数矩阵

6. 西一线 ToolboxST 控制程序修改

在西一线 ToolboxST 控制程序中增加 GS16 燃调阀控制程序，逻辑框图及阀位开度调用数据表如图 10-69 和图 10-70 所示。

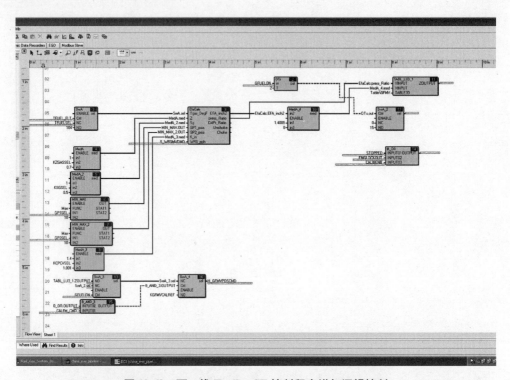

图 10-69　西一线 ToolboxST 控制程序增加逻辑控制

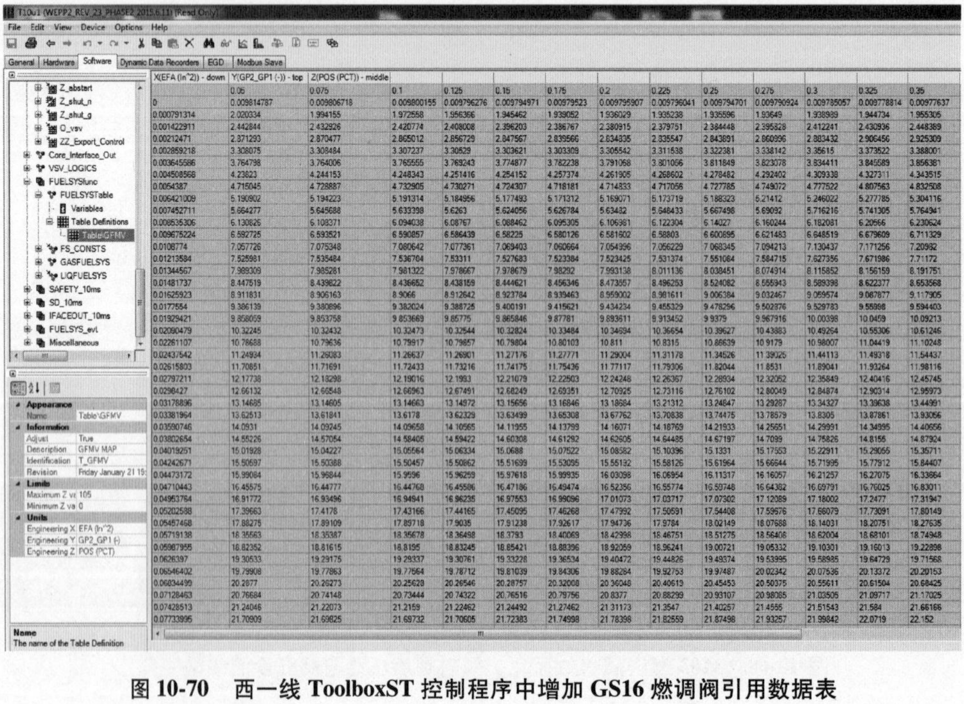

图 10-70　西一线 ToolboxST 控制程序中增加 GS16 燃调阀引用数据表

通过以上分析，控制逻辑上能够实现 GS16 替换 3103 燃调阀。

10.1.5.4 结论与效果

控制单元供电及接线方面，可利用原供电回路及接线端子实现，不存在增加负载及线缆铺设风险，进线处增加直通转接头和接线盒，仪表线和动力电源从接线盒两端进线。控制程序方面，替代后能实现阀门开关转换及位置反馈、流量调节等控制功能，且每次安装燃调阀后不需要修改程序，不存在影响机组正常运行风险。改造实施后，可实现 GE 燃驱机组燃调阀备件统一管控，降低备件采购成本及现场维护内容，提升机组可靠性。

替代后，西一线燃机点火、怠速、正常运行的加减载正常，最大负荷状态下，阀门开度较原阀门小 12% 左右，接近 50%。

10.1.6 西二线某压气站 2#机组碎屑检测器 QE152 报警及 3#轴承封严渗油故障排查

1. 故障简述

西二线某压气站对 GE 2#机组进行最小负荷测试，当机组达最小负荷后发现 QE152 碎屑检测器报警，停机后现场进行拆检发现检测器上存有少量碎屑（见图 10-71）。同时，现场发现进气室地面有集油现象，经孔探发现 3#轴承封严处有渗油痕迹（见图 10-72）。

图 10-71 碎屑检测器拆检

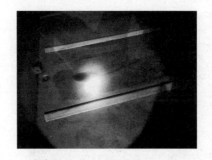

图 10-72 进气室有集油现象

2. 故障原因分析

根据故障现象及故障排查经验，初步判断：

（1）碎屑检测器报警故障原因

1）附件齿轮箱内部轴承磨损。

2）回油管路或离合器回油"Y"型过滤器损坏。

（2）进气室存在集油原因

1）燃机内漏（3#轴承泄漏）。

2）燃机外漏（油管件自身泄漏或拆装泄漏后进入进气室）。

（3）3#轴承渗油原因

1）轴承封严损坏。

2）密封气压力低。

3）合成油手阀未关或内漏。

3. 故障处理经过

（1）拆检离合器回油"Y"型过滤器滤芯，未发现异常

（2）拆卸附件齿轮箱回油管法兰，孔探检查管路及附件齿轮箱内部（见图 10-73），未

发现异常

（3）进气室检查

1）GG 前机匣及进气喇叭口表面无油痕迹（见图 10-74）。

图 10-73　附件齿轮箱内部

图 10-74　GG 前机匣及进气喇叭口表面无油痕迹

2）进气滤网底部密封橡胶垫处有渗油，进气隔板底部有少量存油，该处至进气室集油位置间有油痕迹（见图 10-75）。

3）检查上述对应 GG 箱体侧有存油（见图 10-76）。

图 10-75　进气隔板底部有存油

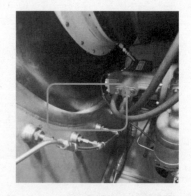

图 10-76　进气隔板标识位置有存油

4）进气喇叭口下侧外沿处有油滴（见图 10-77）。

5）孔探检查，发现 3#轴承固定密封与空气密封间在正下方位置存在少量渗油痕迹（见图 10-78）。

图 10-77　喇叭口下侧有油滴

图 10-78　3#轴承固定密封与空气密封间
在正下方位置存在少量渗油痕迹

4. 结果及验证

1）附件齿轮箱内部未发现异常。

2）进气室集油为 GG 箱体侧漏油通过进气隔板渗入到进气室所致。

3）进气喇叭口下侧油滴，推断为中心体后油池隔板密封安装不当，油从隔板及中心体端面泄漏所致。

4）3#轴承固定密封与空气密封间确实存在少量渗油痕迹。

5. 改进措施及建议

（1）根据现场检查情况及结果，建议机组继续运行

1）在正式运行前建议先进行盘车 10min，过程中注意振动、回油温度及磁屑检测器变化，盘车结束后对箱体进气段、进气室检查。

2）盘车检查正常后，启机到怠速运行 1h，过程中注意合成油油箱液位、燃机振动、回油温度及磁屑检测器变化。

3）怠速运行正常后升速至最小负载，并在最小负载状况下运行 3h，期间加强参数监控，如无异常可投入正式运行。

4）上述三个过程（盘车、怠速、最小负载）发现磁屑检测器、回油温度及其他异常立即停机。

（2）在运行中建议对以下情况进行监测

1）在机组运行过程中注意合成油液位变化，若有异常建议停机检查，并在停机后对比运行前后的液位变化情况。

2）若发生碎屑检测器报警，应立即停机检查。

3）在起机前将进气室及 GG 箱体内存油清理干净，在运行期间注意观察进气室及 GG 箱体内的漏油情况。

（3）在停机后孔探检查 3#轴承固定密封与空气密封间的渗油情况，并与之前孔探结果对比，检查有无扩展

（4）若进气喇叭口下侧仍有油滴，建议检查中心体后油池隔板密封，如有损坏或安装不当问题进行相应处置

经过现场排查后，启机测试未发现异常。机组至今运行已超过 10000h，未发现碎屑检测器报警及渗油等异常情况。

10.1.7　GE 燃驱型机组超速保护系统优化

1. 描述

西二线控制系统设计采用了控制室控制柜加现场就地控制机柜方案，现场机柜为 UCP1，机柜间为 UCP2，Bently 机架均安装于 UCP2，导致 Bently 超速信号的转速采集及继电保护输出的回路多次跨越 UCP1 和 UCP2 控制柜，其中转速采集的频率信号有较长的传输距离，易受到外部强电磁信号的干扰，增加了控制回路的不稳定性。

对比西一线、西二线、西三线和西二线新升级 GE 燃驱机组的燃料气截断阀 GSOV-1 和 GSOV-2 的供电和超速保护连锁回路的关联方式，在设计上存在差异。考虑将西二线超速保护连锁回路进行改造优化，不再使用 WREA 卡复制转速至本特利超速卡进行超速保护，改用机柜原 TREA 专用涡轮机保护卡实现超速保护。

2. 硬件及逻辑优化

（1）改造原理

考虑对西二线 GE 燃驱机组的超速保护连锁回路进行改造，将控制燃料截断阀供电回路的本特利超速保护卡继电器输出替换为 MarkVIe TREA 卡保护继电器输出控制。不再使用 WREA 卡的信号复制和本特利超速卡的超速保护功能，改用 TREA 卡进行超速保护。

（2）TRRA 硬件配置及逻辑修改

通过 TRRA Parameters 参数表中与西三线配置比对，仅零速、SIL 保护等级、转速冻结跳机存在差异，另外考虑西二线原设计无转速偏差跳机，故将该选项卡中 SpeedDifEn 禁用，其他配置保持不变，目的在于仅使用 TREA 的超速保护功能：

西二线 PPRA 硬件参数修改前如图 10-79 所示。

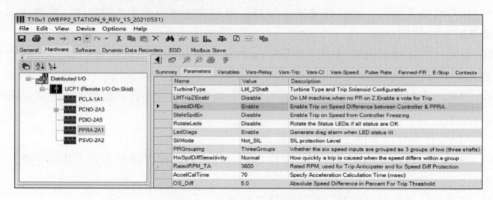

图 10-79　PPRA 硬件参数配置图

西二线 PPRA 硬件参数修改后（见图 10-80）。

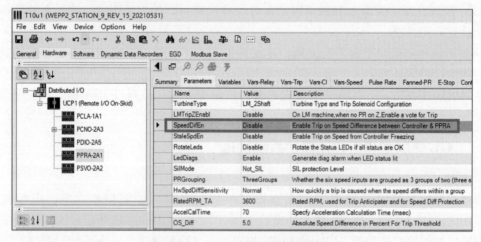

图 10-80　PPRA 硬件参数配置修改后

（3）Contacts 参数修改

在 Contacts 参数中，第 2 路输入配置了燃料调节阀故障反馈信号，且其 TripMode 设置为了 Direct（Hardware Trip），在燃料调节阀存在故障信号时，将直接驱动 ETR 继电器动作（见图 10-81）。

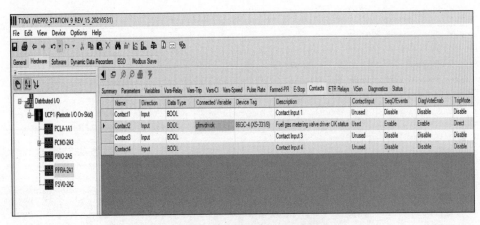

图 10-81　Contacts 第 2 路输入配置

同时该点连接至变量 gfmvdrvok，在逻辑中连接至 gfmvdrvsd，燃调阀故障时将触发 GFM-VDRVES 跳机（见图 10-82）。

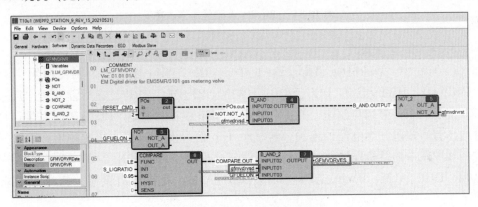

图 10-82　gfmvdrvok 跳机逻辑

参考西三线组态，将该输入信号接线移至 PDIO 第 5 路输入，并将 PPRA 的 Contacts 第 2 路输入恢复默认设置（见图 10-83 和图 10-84）。

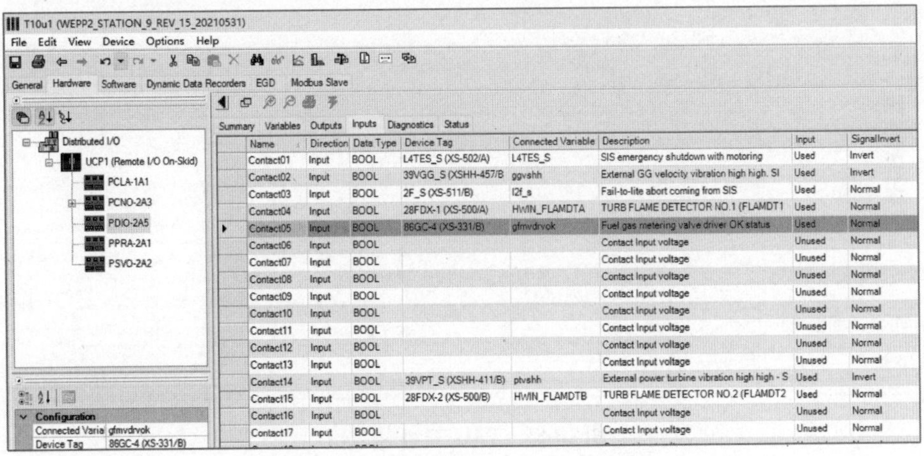

图 10-83　gfmvdrvok 硬件通道调整 1

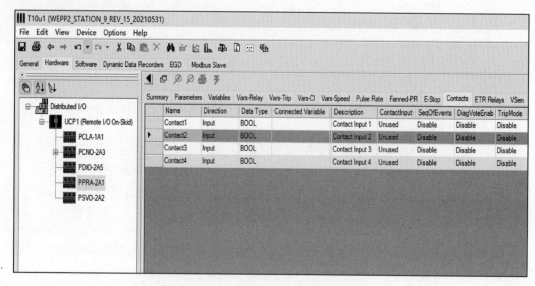

图 10-84　gfmvdrvok 硬件通道调整 2

（4）Vars-Trip 参数修改

在 Vars-Trip 中，WatchDog_Trip、Dec1_Trip、Dec2_Trip 连接了控制器逻辑中的变量 HWIN_L4CWDT、HWIN_NGG_DEC_TRIP、HWIN_NPT_DEC_TRIP，在后续逻辑中加入了跳机连锁。鉴于三个信号均与超速无关，WatchDog_Trip 仅在控制器 CPU 故障时发生，且在板卡固件内已有直接跳开继电器的连锁，这三个 Trip 信号发生时并非超速触发，故将三个信号在控制器逻辑中的跳机连锁取消，另外新建三个报警变量 HWIN_L4CWDT_ALM、HWIN_NGG_DEC_TRIP_ALM、HWIN_NPT_DEC_TRIP_ALM，替换原有变量，仅用于逻辑触发报警。

Vars-Trip 修改前，如图 10-85 所示。Vars-Trip 修改后，如图 10-86 所示。

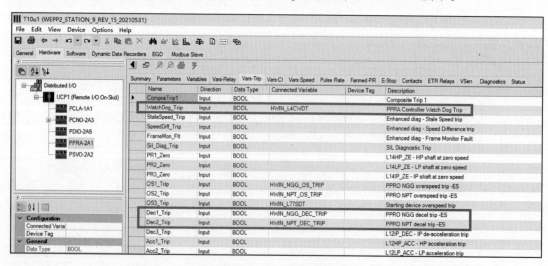

图 10-85　Vars-Trip 修改前

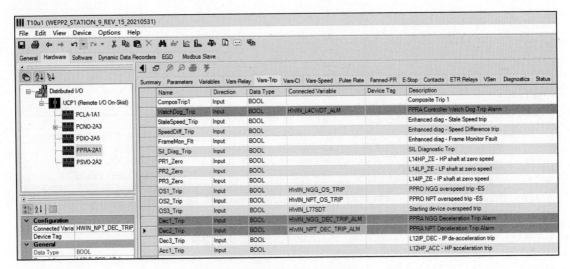

图 10-86　Vars-Trip 修改后

（5）ETR Relays 修改

在 ETR Relays 参数表中，对使用的两个继电输出增加反馈报警变量 L4ETR1_ACT_ALM、L4ETR2_ACT_ALM（见图 10-87）。

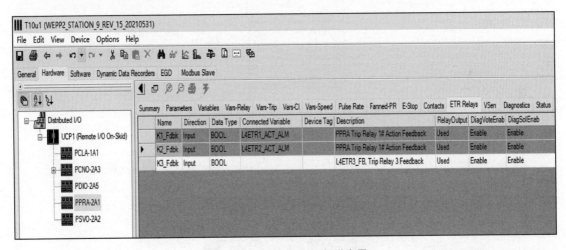

图 10-87　ETR Relays 新增变量

（6）Variables 修改

在 Variables 参数表中，对使用的两个继电器内部故障信号增加系统故障报警提示，增加变量 L4ETR_K1_FLT、L4ETR_K2_FLT（见图 10-88）。

（7）MarkVIe Bently 逻辑修改

修改 Bently 33 继电器超速输出至 MarkVIe 逻辑，原逻辑为接收到 NGG 双超速或 NPT 双超速时触发跳机，修改为仅报警（见图 10-89 和图 10-90）。

（8）对所有添加的报警信号启用报警功能

对上述步骤新增的报警变量启用报警功能（见图 10-91 和图 10-92）。

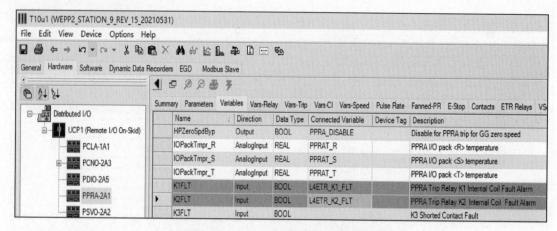

图 10-88　Variables 增加故障报警变量

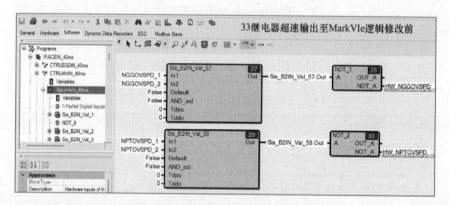

图 10-89　MarkVIe Bently 逻辑修改前

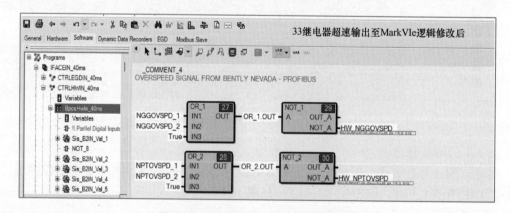

图 10-90　MarkVIe Bently 逻辑修改后

3. 系统测试

预先短接 TREA 板 K1/K2 继电器输出，1/2 端子短接，3/4 端子短接，之后启动机组至怠速或最小负载状态，进行以下测试：

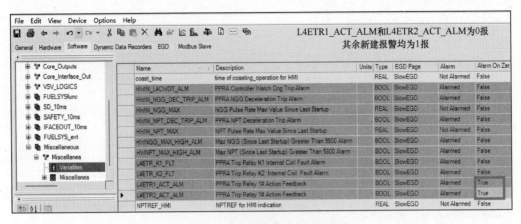

图 10-91 TREA 报警信号功能启用

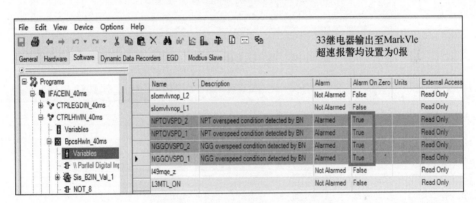

图 10-92 Bently 报警信号功能启用

1）在 T10 控制器 PPRA 的 Vars-Trip 中强制 PPRO_CROSS_TRIP 变量，由 FALSE 强制为 TRUE，强制后确认机组未跳机，另外在 PPRA 的 ETR Relays 中确认继电器已被驱动至跳机状态 TRUE 变为 FALSE，L4ETR1_ACT_ALM，L4ETR1_ACT_ALM 已触发报警（见图 10-93 和图 10-94）。

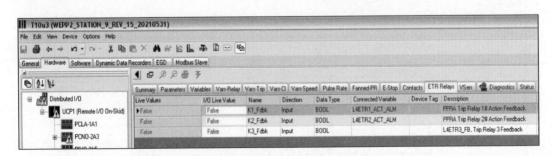

图 10-93 ETR Relays 实际触发

2）保持短接 K1/K2 继电输出，摘除 NGGA 探头侧的两根接线，测试 NGG DEC 触发继电输出功能，同样此操作当前状态不触发跳机，但将触发 K1/K2 继电器输出开路（见图 10-95 和图 10-96）。

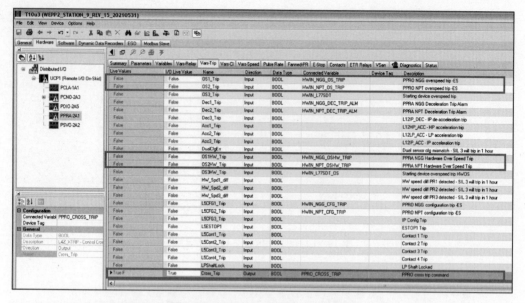

图 10-94　PPRO_CROSS_TRIP 强制

图 10-95　K1/K2 继电器输出开路报警触发

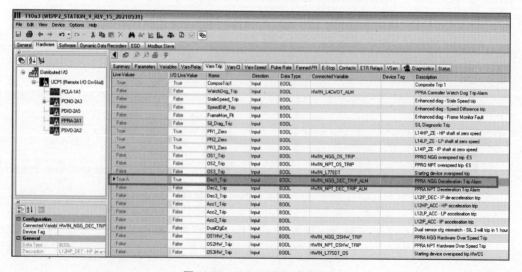

图 10-96　NGG DEC 功能触发

3）保持短接 K1/K2 继电输出，保持 NGGA 探头接线摘除，使用 FLUKE 754 向 NGGA 回路加入模拟超速信号，测试连锁跳机功能，确认软件逻辑超速能够正常触发，TREA 保护继电器正常动作（见图 10-97 和图 10-98）。

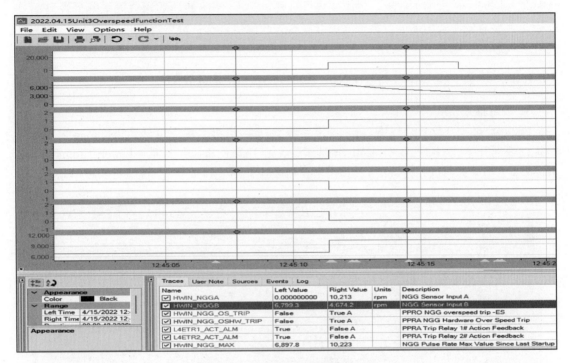

图 10-97 超速保护继电器正常动作

图 10-98 超速保护继电器动作报警

4. 结语

通过分析西二线 GE 燃驱机组以往超速保护系统跳闸触发燃料气速关阀切断的原因，深入研究西二线 GE 燃驱机组超速保护系统工作原理、跳闸机制，结合西三线 GE 机组超速保护系统硬件及组态功能配置，系统考虑了取消西二线 GE 燃驱机组 Bently 超速保护系统的可行性，提出了针对性的解决方案并组织现场实际验证，取得了较好的效果。

通过调整 TREA 组态配置，更新 MarkVIe 软件逻辑，实际起机测试，较好的满足了原系统功能。同时，通过增加超速、继电器内部故障、NGG/NPT 转速超阈值等系统报警 HMI 提示点，能够有效协助后期运行维护人员开展相关故障排查及日常运行期间值班提示，起到了优化、改造的预期效果。

10.1.8 涩宁兰线某站 1#机组 Npt Under Speed 停机故障

1. 故障描述

2020 年 11 月 17 日 07 时 50 分，涩宁兰线某站 1#机组出现 Ngp 转速下降，应急值班人员无法手动升速；07 时 54 分 HMI 出现 FN_Npt_Under_Speed 报警（Power Turbine Under Speed 动力透平转速低于设定值），1#机组执行快速非锁定停车，报警如图 10-99 所示。

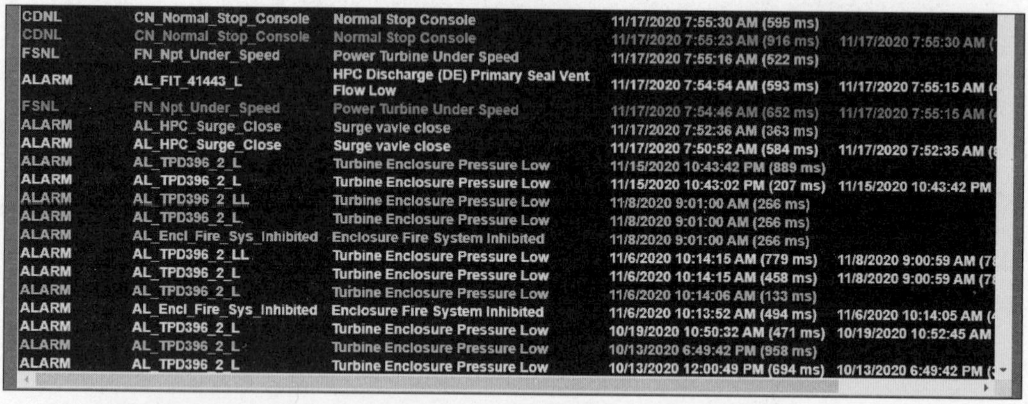

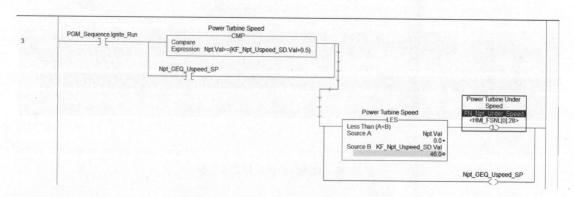

图 10-99　报警截屏

2. 故障原因分析

（1）FN_Npt_Under_Speed 报警逻辑（见图 10-100）

图 10-100　FN_Npt_Under_Speed 逻辑截图

FN_Npt_Under_Speed 逻辑简析：机组顺控点火运行，Npt 转速≥46.5%（Npt Uspeed 停

车值（46%）+0.5%）后，Npt 转速值再次小于 46%，产生该报警。该报警仅能说明 Npt 转速下降，无法直接定位导致转速下降的直接原因。

（2）应急值班人员无法手动升速

查阅历史记录，11 月 17 日机组处于 GAS_FLOW（燃料流量调节）模式，该模式根据 PCD 压力和燃料气流量自动计算燃料阀开度，由于不在 Ngp 或 Npt 模式，手动升速无法控制燃料阀开度（见图 10-101）。

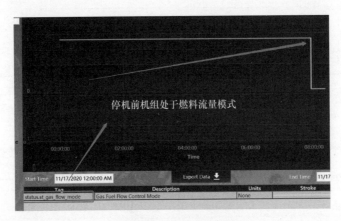

图 10-101　燃料流量模式

（3）机组调节模式简述

T70 机组有 T5_Error（T5 温度模式）、Ngp_Load_Error（Ngp 带载模式）、Ngp_Accel_Error（Ngp 加速模式）、Gas_Flow_Error（燃料流量模式）、Npt_Error（Npt 模式）5 种模式。5 种模式中偏差最小的参与燃料阀开度控制（低选逻辑见图 10-102）。进入燃料流量控制模式说明 11 月 17 日实际燃料气流量与理论燃料气流量偏差十分接近，偏差小于其他 4 种模式偏差。

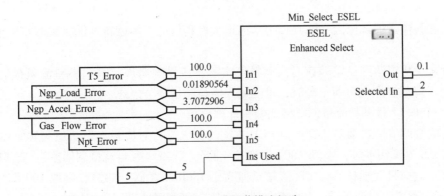

图 10-102　5 种调节模式低选

燃料流量调节模式：保证压气机建立足够的 PCD 排气压力，且避免过多的燃料气进入燃烧室，规定的最大燃料供应量曲线（随 PCD 压力变化而变化）。

查阅程序，PCD 对应最大燃料值为分段线性函数，分段线性函数坐标轴见表 10-4。

表 10-4　分段线性函数坐标轴

序号	X_1（PCD 压力修改前，单位 Psi）	Y_2（燃料气流量，单位 lb/h）
1	0	306
2	20	730
3	40	1200
4	60	1400
5	100	2200
6	200	3925
7	300	5390

根据坐标点做出 PCD 压力对应最大流量曲线，如图 10-103 所示。

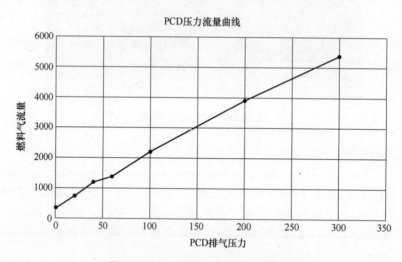

图 10-103　PCD 压力燃料气流量曲线

进入燃料流量模式原因：PCD 压力对应最大燃料值与实际燃料气供应量偏差小于其他 4 种模式。

一般来说机组达到设定转速时，燃料气实际供应量距离规定最大燃料流量很远，如果 PCD 压力下降或者燃机负荷很高时，可能进入燃料流量调节模式。

（4）11 月 17 日燃料流量调节模式偏差计算

燃料流量调节模式偏差计算：当 PCD（压气机压力）对应最大燃料值与实际流量差值小于 100lb/h（磅/小时），差值/1000 作为 Gas_Flow_Error（燃料流量调偏差）；若 PCD（压气机压力）对应最大燃料值与实际流量差值大于 100lb/h（磅/小时），则取 100 作为 Gas_Flow_Error（燃料流量调偏差，100 不会参与计算）。逻辑图如图 10-104 所示。

1）实际燃料气流量计算：

燃料气计算分为 Gas_Fuel_Cntrl_SubSonic=1（亚音速状态）和 Gas_Fuel_Cntrl_SubSonic=0（非亚音速状态）两种状态。燃料阀后压力>0.54 燃料阀前压力为亚音速状态，判断逻辑，如图 10-105 所示。

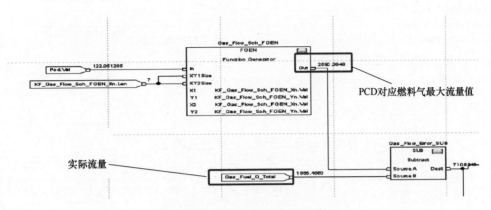

图 10-104　Gas_Flow_Error 计算

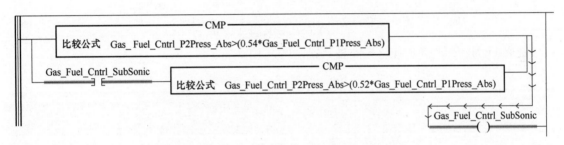

图 10-105　Gas_Fuel_Cntrl_SubSonic 判断逻辑

2）亚音速状态燃料气流量计算：

$$Gas\_Fuel\_Cntrl\_Flow = 3600 Gas\_Fuel\_Cntrl\_Cda \cdot Gas\_Fuel\_Cntrl\_Term1 \cdot$$
$$Gas\_Fuel\_Cntrl\_Term2 \cdot Gas\_Fuel\_Cntrl\_Term3 \tag{10-11}$$

式中，$Gas\_Fuel\_Cntrl\_Cda$ 为燃料计量阀流通面积，单位 in^2。阀门特性，随阀门开度变化。

$Gas\_Fuel\_Cntrl\_Term1$ 为流量计算因子 1，算式如下：

$$Gas\_Fuel\_Cntrl\_Term1 = \sqrt{\frac{64.4 * KT\_Gas\_Fuel\_k. Val}{(KT\_Gas\_Fuel\_R. Val * (KT\_Gas\_Fuel\_k. Val-1))}} \tag{10-12}$$

其中，$KT\_Gas\_Fuel\_k. Val = 1.27$，为比热；

$KT\_Gas\_Fuel\_R. Val = 91$，单位 ft-lbf/lbm deg R；

$Gas\_Fuel\_Cntrl\_Term2$ 为流量计算因子 2，与燃料阀前压力、燃料阀后压力、燃料气温度相关，且

$$Gas\_Fuel\_Cntrl\_Term2 = \frac{Gas\_Fuel\_Cntrl\_P1Press\_Abs}{\sqrt{(Gas\_Fuel\_Cntrl\_T1Temp\_Abs)}} \cdot$$

$$(Gas\_Fuel\_Cntrl\_P2Press\_Abs / Gas\_Fuel\_Cntrl\_P1Press\_Abs)^{(1/KT\_Gas\_Fuel\_k. Val)} \tag{10-13}$$

其中，$Gas\_Fuel\_Cntrl\_P1Press\_Abs$ 为燃料气阀前压力；

$Gas\_Fuel\_Cntrl\_T1Temp\_Abs$ 为燃料气温度=实际华氏温度+459.6（兰氏温度）；

$Gas\_Fuel\_Cntrl\_P2Press\_Abs$ 为燃料控制阀阀后压力；

$Gas\_Fuel\_Cntrl\_Term3$ 为流量计算因子 3，与燃料阀前、燃料阀后压力相关，且

Gas_Fuel_Cntrl_Term3 =

$$\sqrt{\left(1-\left(\text{Gas\_Fuel\_Cntrl\_P2Press\_Abs}/\text{Gas\_Fuel\_Cntrl\_P1Press\_Abs}\right)^{\frac{(KT\_Gas\_Fuel\_k.Val-1)}{KT\_Gas\_Fuel\_k.Val}}\right)} \quad (10\text{-}14)$$

3）非亚音速状态燃料气流量计算：

$$\text{Gas\_Fuel\_Cntrl\_Flow} = 3600\,\text{Gas\_Fuel\_Cntrl\_Cda} * \text{Gas\_Fuel\_Cntrl\_P1Press\_Abs} *$$
$$\text{Gas\_Fuel\_Cntrl\_Term1} * \text{Gas\_Fuel\_Cntrl\_Term2}$$

式中

Gas_Fuel_Cntrl_Term1 为流量计算因子 1，计算公式如下：

$$\text{Gas\_Fuel\_Cntrl\_Term1} = \sqrt{\frac{32.2\,KT\_Gas\_Fuel\_k.Val}{(KT\_Gas\_Fuel\_R.Val \cdot \text{Gas\_Fuel\_Cntrl\_T1Temp\_Abs})}}$$
$$(10\text{-}15)$$

Gas_Fuel_Cntrl_Term2 为流量计算因子 2，计算公式如下：

$$\text{Gas\_Fuel\_Cntrl\_Term2} = \left(\frac{2}{KT\_Gas\_Fuel\_k.Val+1}\right)^{\frac{(KT\_Gas\_Fuel\_k.Val+1)}{(2(KT\_Gas\_Fuel\_k.Val-1))}} \quad (10\text{-}16)$$

选取 11 月 17 日 07 时 18 分 42 秒数据，见表 10-5。

表 10-5 07 时 18 分 42 秒数据

Time	PCD	P1Press	T1Temp_Abs	P2Press	gas_valve_position	ngp	npt	vane_position
07:18:42.737	850.7953kPa	2304.882	18.16667	904.245	39.77564	97.79927	86.65	54.64743

3. 最大燃料流量可以根据 PCD 压力燃料气流量曲线计算

4. 最大燃料流量限制和实际流量偏差计算

1）实际流量：当时处于燃料阀处于非亚音速状态运行（904.245<（2304.882×0.54）），将上述数据带入公式 2。

$$\text{Flow\_total 实际} = 2630.010431$$

2）最大燃料流量限制

$$\text{Flow\_total 最大限制} = 2603.531$$

3）$\text{Flow\_error} = (\text{Flow\_total 最大限制} - \text{Flow\_total 实际})/1000$

$$= (2603.531 - 2630.010431)/1000$$
$$= -0.02648 \quad (10\text{-}17)$$

5. 小结

07 时 18 分 42 秒实际流量与最大流量关系如图 10-106 所示。由于实际流量<最大流量，经 PID 计算后燃料阀将减小开度，由于燃料减小，Ngp 转速减小，PCD 随之减小。由于低选控制，此时无法手动升速（升速将增加 Ngp 偏差，降速（减小偏差）可能跳出燃料流量控制模式）。

6. 检查发现的问题

（1）IGV（可调导叶）角度问题

索拉技术文件要求 GV 全关位置时角度为-47°，程序同样使用-47°进行控制（见图 10-107）。现场 1#机组 GV（可转导叶）角度全关位置时-50°，3#机组-49°。NGP 与 GV 对应关系如图 10-108 所示。

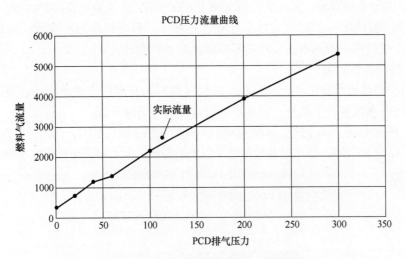

图 10-106 实际流量超过最大流量限制

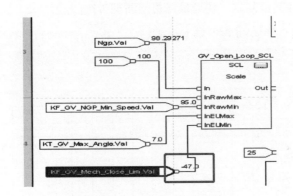

图 10-107 GV 与 NGP 对应关系

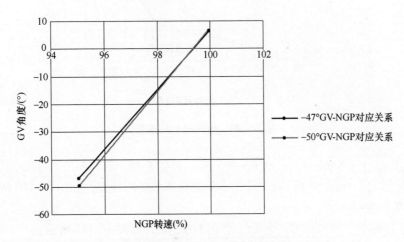

图 10-108 NGP 与 GV 对应关系

GV 关位置带来的影响：实际关位置如果是-50°，GV 进风量将比-47°时少。程序 1% 调整对应 GV 角度幅值比-47°时大。如果在降速过程中，角度幅值减小变大，可能造成 PCD 压力降低快于燃料阀关阀速度，会造成不断降速的恶性循环。

（2）燃料阀参数问题

对比 solar 调整前后程序，燃料阀 Cda 参数（燃料阀开度对应流通面积，见图 10-109），燃料阀补偿系数参数进行了调整。这些参数影响燃料气流量计算。

1）Gas_Fuel_Cntrl_Cda 修正。对比老阀门 cda 参数修正前后数据，阀门开度在 39.77564%（17 日 07 时 18 分 42 秒），修正后参数稍低于原来的参数，代入流量计算公式（10-11）。

$$Flow\_total\ 实际 = 2470.67081787395$$
$$流量偏差 = (Flow\_total\ 最大限制 - Flow\_total\ 实际)$$
$$= (2603.531 - 2470.67081787395)$$
$$= 132.86018 > 100 \tag{10-18}$$

此时转速将跳出燃料流量控制，调整参数有助于机组跳出燃料流量模式。

由于老阀可能存在其他问题，现场最终更换新型号阀门。

备注：阀门 Cda 参数为索拉非公开数据，数据为对比调整参数前后程序对比所得。老阀指 1042017，新阀为 1088209。

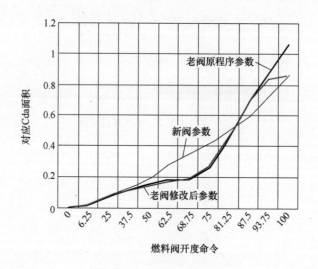

图 10-109　燃料阀 Cda 参数

2）Gas_Fuel_Vlv_Comp_Char_FGEN 阀门输出补偿系数。燃料阀开度 39% 时，修正后参数未造成实际影响。开度 50% 以后，修正后参数会减小阀门开度。如图 10-110 所示。

7. 故障处理经过

1）调整 1#机组、3#机组 GV 全关位置角度为-47°，如图 10-111 所示。

调整程序中 0°角度对应程序输出百分比 83.5%→78.5%（见图 10-112）。

2）调整燃料阀 Cda、补偿系数参数。

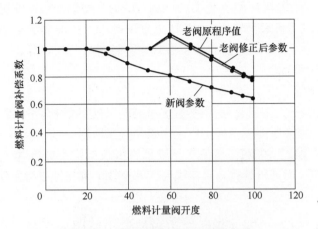

图 10-110　燃料阀开度补偿系数曲线

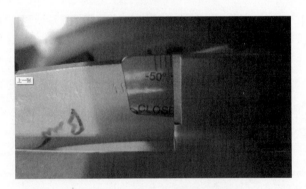

图 10-111　调整 GV 全关位置角度

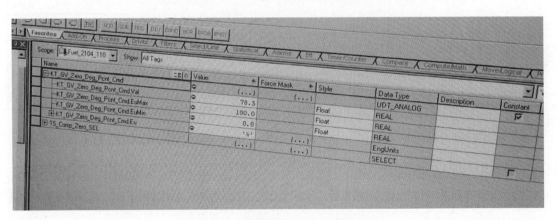

图 10-112　调整程序 0°角度对应百分比

3）1#机组进气滤网反吹。

8. 结果及验证

11 月 29 日启机，NGP 达到 90%转速时，PCD 压力提高约 20kPa。NGP 升至 98%（17日停机工况），燃料与预定最大流量偏差为 805（小于 100 进入燃料流量调节模式），没有进入 17 日的 GAS flow（燃料流量调节模式）。30 日 13 时环境温度最高情况下，将 1#机组转速提高至 98.35%（工况允许最高转速），PCD 压力 940kPa，PCD 最大燃料流量限制值与实际流量偏差 800lb/h（小于 100 时，燃料流量模式才可能参与 PID 计算，进入燃料流量模式），该工况不会进入燃料流量模式。

9. 改进措施及建议

1）由于故障为偶发，难以复现。调整 GV 角度、调整燃料阀参数有助于避免机组进入燃料流量控制模式，但尚不能完全肯定以上因素是直接原因。

2）机组进入 T5 模式、燃料流量模式，应急值班人员均不能升速干预，一旦进入上述模式应引起重视，须及时进行处置，且当出现转速持续下降立即进行手动停机，避免机组故障停机。

10.1.9 某站 1#燃气发生器 T48C 探头数值偏小原因分析及处理

1. 存在问题

某压气站 1#机组 2022 年 7 月 24 日月度暖机测试期间的 T48 8 支温度探头的趋势图，温度最高的 T48E 和温度最低的 T48C 温度偏差 121.9DecF（50℃），NGG 转速大于 9000Rpm，温度偏差须小于 200℉，即 93.3℃，超过该温度偏差则报警。针对上述问题，需要具体分析 T48 逻辑、探头健康、火嘴燃料气流通量等问题，温度趋势（见图 10-113）。

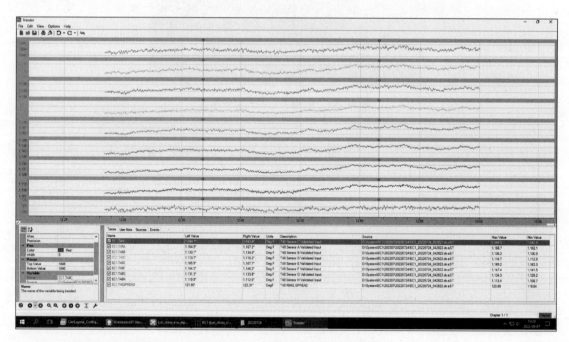

图 10-113　异常情况下 T48 温度趋势

2. GG 排气温度输出逻辑

T48A-H 判断是否健康，健康则输出温度值，当温度值低于-40 华氏度或高于 1900 华氏度，则输出该温度探头故障；T48SEL 选择 T48A-H 8 个探头数值取平均值作为输出值，当 T48A-H 中某一探头数值与 T48SEL 偏差绝对值大于等于 600 华氏度，则输出该探头温度偏差；T48A-H 中三个相邻以上探头或四个探头故障则输出三个或以上探头故障报警，机组禁止启机，运行机组切换为涡轮转速控制（TC）。

T48SEL≥1571 华氏度，并持续 10s，则输出 T48 高报警；T48SEL≥1581 华氏度，并持续 0.1s，则输出 T48 高高报警。停机逻辑如下：

1）T48A-H 8 个探头均故障则机组 ESP。

2）当 NGG<5000r 时，当 T48SEL≥1500 华氏度，则机组 ESP。

3）T48SEL<400 华氏度，则机组 ESP。

3. 探头健康及温度分散度

探头健康与否，需要使用万用表，在航插部位，测量每一支探头通断，或与外部的绝缘阻值，若绝缘不好，线缆破皮，则需要更换。燃气发生器 T48 温度的分散度在试车阶段有标准要求，可接受的限值为最大与最小温差须小于 200℉，即 93.3℃。柳园压气站 1# 机组 T48C 温度偏差 80℃，已接近限值，虽不会引起停机，但需要处理。

通过 HMI 截屏可以看出，T48C 温度探头，对燃机后看前来说，在 9 点钟方向，现场实际约 8 点钟方向（后看前，见图 10-114）。

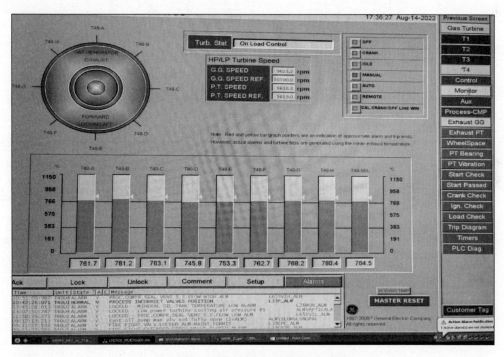

图 10-114　燃机 T48C 温度显示示意图

4. 燃料气火嘴问题

T48 温度分布不均匀，主要与燃料气火嘴有很大的关系，通常燃料气火嘴检修或出厂时，需要标定测量每一火嘴，其在一定气体压力下的流量或流速，燃气发生器 30 个火嘴安装时，后看前，按流量大小的间隔顺序安装。由于燃烧后的热气经过动力涡轮的旋转，至 T48 温度探头时，已旋转了一定的角度，故不能按轴向位置由探头定位哪几个火嘴出现问题。燃料气火嘴与温度探头关系如图 10-115 和表 10-6 所示。

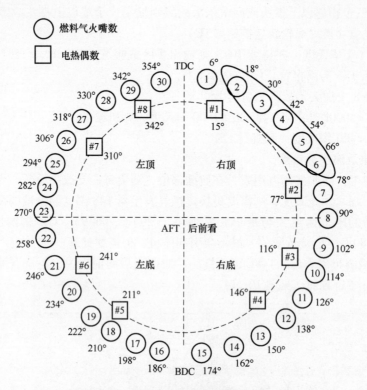

图 10-115　燃料气火嘴与温度探头的关系图

表 10-6　燃料气火嘴与温度探头关系

温度探头序号 （后看前顺时针）	HMI 温度探头序号 （前看后顺时针）	温度探头角度 （后看前）	对应主要影响 温度的火嘴序号 （后看前顺时针）	火嘴角度	相关影响温度 的火嘴序号
#1	H	15°	29、30、1	312° ~ 336° ~ 354° ~ 12°	27 ~ 28
#2	G	77°	2 ~ 6	12° ~ 72°	
#3	F	116°	7 ~ 9	48° ~ 72° ~ 108°	5 ~ 6
#4	E	146°	10 ~ 12	84° ~ 108° ~ 144°	8 ~ 9
#5	D	211°	13 ~ 17	144° ~ 204°	
#6	C	241°	18 ~ 20	180° ~ 204° ~ 240°	16 ~ 17
#7	B	310°	21 ~ 25	240° ~ 300°	
#8	A	342°	26 ~ 28	276° ~ 300° ~ 336°	24 ~ 25

另一方面，火嘴在使用一定时间后，由于介质带液、火嘴位置等原因，火嘴内部可能积碳，堵塞部分流道，这种情况需要拆卸或更换火嘴，拆卸的火嘴使用超声波进行清洗，去除堵塞物。

由于 HMI 界面探头 A ~ H 分布是前看后，探头 1# ~ 8#分布是后看前，则两则有对应关系。某站 1#燃机 T48C 温度低，探头对应于资料中#6 探头（后看前），即进入左侧（后看前）燃机箱体，需要重点检查 16#～20#燃料气火嘴，并根据温度分布，最大温度探头位置 T48A 和 T48H，其对应火嘴为，24#～30#和 1#，共 8 支火嘴，变换位置时，需要调整 5 个及以上的火嘴，或者超声破清洗 16#～20#火嘴，使用气体测量需要更换的火嘴，检测其流量大小（见图 10-116 和图 10-117）。

图 10-116　燃机 T48 温度探头现场分布情况（前看后，左侧、右侧）

图 10-117　燃料气喷嘴拆卸与更换对比（左旧右新）

2022 年 9 月 7 日，某压气站更换了 16#～21#6 个燃料气喷嘴，并进行启机测试，机组在最小负荷工况下，T48C 的温度有所变化，T48C 上次暖机温度为 1044.1DecF，本次的暖机的温度为 1149DecF，相较之前不是最低的温度，温度最高的 T48A 和温度最低的 T48H 温度偏差 52DecF（11.1℃），温度分散度较之前有非常明显的变化（见图 10-118）。

5. 结论

通过以上分析，LM2500+燃气发生器每支 T48 温度探头的显示与前端 5 支火嘴相关，并且火嘴位置逆时针偏差一定角度。燃气发生器运行一段时间，个别火嘴会积碳，导致流通面积减少，出现上述问题，需要超声波清洗或局部更换。

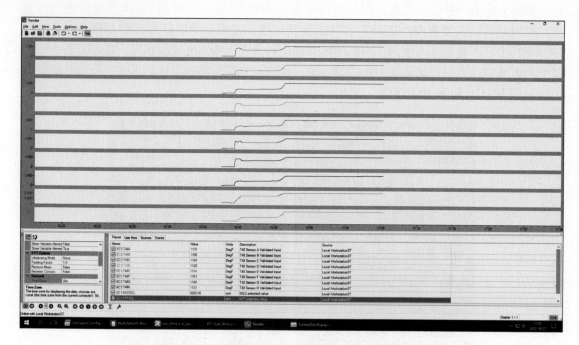

图 10-118　更换部分火嘴后 1#机组 T48 各温度趋势

10.1.10　西门子燃气发生器合成油泵修复与应用技术

RB211-24G 燃气发生器在天然气管道运输、发电企业应用普遍，其合成油供油泵采用西门子委托加拿大凯斯肯公司生产的专利油泵，主要为燃气发生器前、中、后轴承提供润滑和可变入口导向叶片（Variable Inlet Guide Vanes，VIGV）的执行器提供高压油，由于燃气发生器转速与轴承供油压力和流量息息相关，以及 VIGV 工作在高流速、重负荷条件下，因此燃气发生器对其要求苛刻，其在调节燃气发生器工作状态、拓宽工作范围等方面效果显著[1-3]。泵的采购、维护检修长期依赖凯斯肯公司，并对我国技术封锁。特别是中美贸易问题以来，状况更加严峻。为了提升合成油泵的自主检修、运维能力，有必要研究此泵的原理、结构与功能，将其实现国产化，打破国外的技术垄断。西门子燃气发生器合成油泵为六齿轮共轴摆线泵，分为低压泵、高压泵，前、中、后轴承回油泵。由于原 L2（前轴承回油）、L3（中轴承回油）、L4（后轴承回油）碎屑泵的中轴承座与后轴承座的间隙过小，夏季高温天气，每天定时湿润化运行 5min 或正常运行时，泵体热膨胀量大于中后轴承座间隙，导致后轴承、后回油泵齿轮两侧摩擦抱死，西门子曾报道由于后轴承内部传动键剪切，后轴承腔无法回油，造成润滑油在燃气发生器内溢流着火。

目前，西门子燃气发生器六齿轮共轴摆线泵的损坏方式主要为：机械密封泄漏、过渡轴断裂、摆线齿轮组摩擦等问题。

1. 机械密封国产化替代技术

合成油泵机械密封由弹簧、橡胶传动件、动静环、动静环座、O 形圈等组成。有 4 个静密封点，1 个动密封点。

合成油泵上部的机械密封基本处在混合润滑与边界润滑范畴，由于补偿环转动，且在弹簧的作业下，与非补偿环有接触，机械接触承担高比例载荷，会导致高摩擦或高磨损。通常需要确定弹簧的刚度或压缩量，保证机械密封运行在混合润滑的理想状态。由于摩擦生热和磨损过高，大部分材料无法长期在运行条件下工作，导致密封泄漏。主要表现形式有动静环端面磨损或偏磨（见图 10-119）、传动橡胶破裂、唇形密封损坏等现象（见图 10-119）。

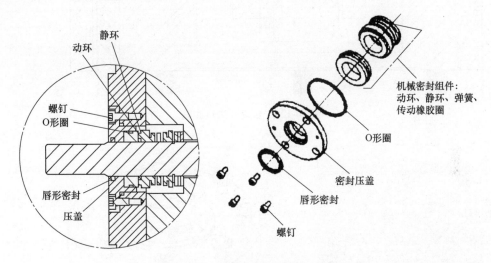

图 10-119　轴端机械密封安装示意图

针对机械密封从原厂采购周期长，费用高等问题，联系国内两个厂家测绘加工，费用降低至 1/12，且供货周期在一个月以内，完全满足零库存的要求，在某些站场进行了测试，运行满足要求。但其中一家机械密封传动橡胶有过早破裂的倾向，其改进型号提高了质量。国产化测绘加工替代机械密封，必须确定密封端面材料、平衡比、端面宽度、相对轴向刚度、传热环境、力变形锥度、热变形锥度，可以重新选用新型材料、设计密封的结构，保证此密封的长周期运行。

2. 过渡轴国产化测绘加工

由于西门子燃气发生器合成油泵中的后轴承腔碎屑回油泵故障，发生多起着火事件。西门子重新设计了联轴器过渡轴（见图 10-120），安装在所有西门子合成油泵上。当合成油泵扭矩增加到一定数值，在齿轮传动键被剪切前，首先将过渡轴扭断（见图 10-121），使运行泵的供油泵和回油泵同时停止，正常切换到备用泵运行，或正常停机，防止后部轴承部位合成油泄漏进热通道，引起火灾事故。

近几年，西门子合成油泵在我公司由于过渡轴扭矩大，过渡轴或联轴器传动销损坏了 5 台（见图 10-122），采购备件费用高，周期长的问题依然存在。为了使机组快速恢复正常，采取测绘、高精度加工、热处理工艺等措施实现过渡轴本地化加工，以及传动销使用工程塑料加工替换。试验加工过渡轴在规定的扭矩值 257.59～284.71N·m 范围内能够扭断，满足燃气发生器后部轴承防止着火的要求。上述国产加工的扭矩轴在西气东输某两处站场的西门子燃气发生器上成功应用。

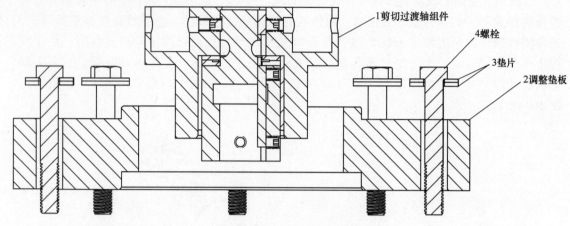

图 10-120　合成油泵过渡轴

图 10-121　过渡轴扭矩大断裂

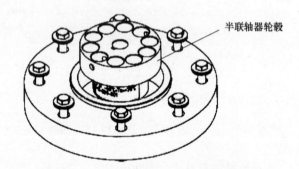

图 10-122　合成油泵半联轴器轮毂的结构

3. 合成油泵部件国产化测绘加工

凯斯肯公司受西门子的委托，成功完成 32MW 级航改型燃气发生器合成油系统的设计；①将大的箱体外合成油撬移到箱体内小撬；②箱体内合成油撬是标准电机驱动，满足新的国际设计协议，增加整体可靠性并减少组件的数量，明显降低原产品的费用。在咨询对比各油泵制造厂商的实际使用产品后，最终选择向凯斯肯定制油泵。

（1）合成油泵的结构

燃气发生器合成油系统采用两套集成多回路常压油泵，满足空间和费用降低的目的，在系统可靠性方面提供明显改进，由水平安装变为垂直方式，双联设计电机驱动油泵确保可靠性；一台运行，一台备用，但维检修空间显得狭小。

合成油泵提供六个独立的泵回路，由燃气发生器提供润滑的低压泵，可变入口导向叶片 VIGV 执行器的高压泵，前轴后轴承碎屑回油泵组成，主要为轴承润滑供应一定流量的油压，如果机械没有受到过量振动或出现润滑问题，燃气发生器轴承可以再次使用，否则将需要

图 10-123　合成油泵的内部结构

更换。高低压泵分别设计安全阀，并且在顶部设计压力检验口，每一个泵回路在泵体进出口处以直螺纹加 O 形圈与管线连接，泵体与泵盖以螺栓连接，结构见图 10-123，参数见表 10-7。

表 10-7　合成油泵设计参数

参数	数值	
流体介质	合成酯化基础油	
润滑油回路差压	124.90L/min	1654.8kPa
前轴承碎屑回油差压	18.92L/min	137.9kPa
中轴承碎屑回油差压	83.27L/min	137.9kPa
后轴承碎屑回油差压	83.27L/min	137.9kPa
可变入口导向叶片（VIGV）回路差压	34.06L/min	3447.5kPa
环境温度范围	−43℃ ~ +121℃	
操作速度	最大 3600r/min	
润滑油泵安全阀	2.38MPa 破裂	
VIGV 安全阀	6.8MPa 破裂	

（2）合成油泵的工作原理

合成油泵包括内外两部分元件。属于内啮合齿轮泵，其齿形曲线采用摆线，也称摆线泵，由一对偏心啮合内外转子组成（见图 10-124），内外齿旋转在不同且固定的中心；外转子齿数较内转子的齿数多一个齿，内外齿旋转，能形成几个独立的封闭空间。随着内外转子的啮合旋转，各封闭空间的容积将周期性发生变化，内转子的一个齿每转过一周时，完成一个工作循环，进行一次吸、排油过程，吸、排油口接近泵体，且相互密封独立。具有多个齿的内转子，每转过一周将出现多个吸、排油循环，便起到连续输油的作用。

图 10-124　内外啮合齿轮结构

（3）合成油泵故障

合成油泵通常出现振动大和上部齿轮相互摩擦两种故障，前者对泵的运行影响不大，后者需要更换内部齿轮。

1）合成油泵振动大的处理方法。某站由于油泵振动大，导致泵出口管线振动大，检查泵发现联轴器安装异常。清洁合成油泵法兰面，确保无碎屑，测量并记录泵法兰面与下半联轴器顶部的距离 A，距离在 91.90~95.96mm 范围之内，然后安装尼龙传动销。

测量并记录，泵法兰面与垫片适配器顶部的距离 B，电机安装法兰面与上半联轴器的距离。计算间隙值 B−（A+C）的数据，防止中间尼龙销受到轴向压力或热膨胀力，确保间隙在 1.5~6.5mm 的范围内，启机测试泵，运转正常，泵的振动值在规定范围内，安装测量数据如图 10-125 和图 10-126 所示。

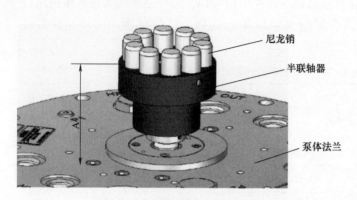

图 10-125　测量泵靠背轮的尺寸

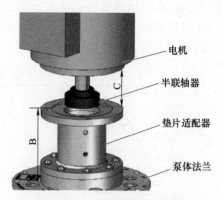

图 10-126　计算联轴器的间隙

2）合成油齿轮相互摩擦。由于共轴油泵的前、中、后碎屑回油泵的中轴承座与后轴承座的间隙过小，特别是西气东输管道沿线的新疆戈壁沙漠区域，夏季高温天气，合成油泵运行，泵体热膨胀量大于中后轴承座间隙，导致后轴承两侧相互摩擦，继而损坏过渡轴，合成油泵解体如图 10-127 所示。

解体合成油泵，发现上部齿轮及泵的上部腔体磨损，表面有金属高点，对泵体磨损部位进行表面研磨处理，保证表面光滑平整。

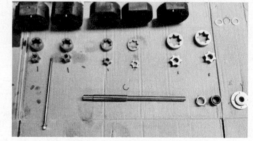

图 10-127　合成油泵解体检查

通过研究，按照摆线齿轮的结构、齿数、材质、齿形曲线、偏心距，国内加工齿轮组，将中后轴承座间隙尺寸由 0.05mm 提高到 0.10mm，其间隙值大于热膨胀量，加工件与原件对比如图 10-128 所示。

更换新的国内加工的齿轮，组装合成油泵，将其安装至三线连木沁 3#燃气发生器 1#合成油泵位置，测量原泵的轴向、径向位移量分别为 0.84mm 和 0.03mm，修复泵的轴向位移量较原泵小 0.54mm，径向位移量为 0.03mm，工厂测量转子的跳动量为 0.07mm（见图 10-129）。

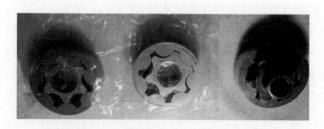

图 10-128　合成油泵加工齿轮与损坏齿轮对比

图 10-129　检查合成油泵径向跳动值

安装测试，低压泵、高压泵压力、中轴承供回油压差、前中后回油温度、供油流量均在正常范围内，满足机组启停、正常运行的要求，并在某站测试运行成功。

燃气发生器液压马达启动、点火测试时，记录合成油系统 63QG、63QGCS、63QGJCV，26QGA、26QGB、26QGBCSA、26QGBCSB、26QGBFSA、26QGBFSB、26QGBRSA、26QGBRSB 等数值，与历史数据或其他运行机组进行对比，完全正常（见表 10-8）。若不正常，说明合成油泵工作不正常，需要停机。现场测试轴承供回油压差及流量与转速的关系完全满足启停、怠速、正常运行要求。

在正常运行，记录上述参数，并与正在运行的机组进行对比，启机测试，转速 4300r/min 时，合成油出口温度 63℃，油箱温度 72℃，前中后回油温度分别为 80℃、119℃、113℃，低压泵出口压力 1555.2kPa，高压泵出口压力 4901.9kPa，中轴承回油压差 232.6kPa，满足机组运行要求。对比三台机组的正常运行时合成油泵低压泵出口压力的数据，发现 3#机组 1# 合成油泵较另两台泵低 43~85kPa，但与 3#机 2#油泵相当。可能与附属管路的差异有关，不影响合成油泵各泵的工作压力及运行工况。

表 10-8　合成油系统检测记录数据表

NL 转速/ (r/min)	NH 转速/ (r/min)	63QGHP/ kPa	63QGHS/ kPa	63FGHTX/ kPa	63QGCS/ kPa	63QGJCV/ kPa	63QGJGG/ kPa	26QG/ ℃	26QGB/ ℃	26QGBF/ ℃	26QGB/ ℃
6167	9167	4969.8	4924.6	1557.2	214.4	29.6	236.6	61	97	122	115
6036	8827	4930.2	4898.8	1556.3	214.6	29.6	236.6	60	72	109	99
6011	8787	4930.6	4899.2	1557.2	214.4	29.6	236.6	60	72	109	99

4. 结束语

通过历时 2 年的研究与国产化加工、测试，目前困扰西部管道的西门子燃气发生器合成油泵三大故障，机械密封国产化、过渡轴国产化、合成油泵内部齿轮加工与修复问题，均得到了实质性的进展，并在相关场站进行了现场验证，各项参数正常。说明西门子合成油泵自主修复技术是可行的。

10.1.11　TMEIC 变频驱动系统大修主要项目及注意事项

目前公司共有在用高压大功率变频器 63 台，随着运行时间的增加，已逐步到达大修所要求的运行时间，由于公司之前从未独立开展过变频驱动大修，缺少相关经验和技术。本文在公司首次变频器大修及定期检修基础上对部分主要项目步骤及注意事项进行说明，方便技术人员进行学习，由于篇幅有限，变频驱动系统大修详细检修项目及要求请参阅相关标注及规程。

1. 功率单元拆装工序及注意事项

1）拔下功率单元前端驱动电路板上控制电源连接线，并做好保护与标记，如图 10-130 中所示的电缆。

2）拔下功率单元前端驱动电路板连接

图 10-130　驱动控制板电源连接部位

光缆，并用光缆保护头对拆下的光缆进行保护，如图 10-131 所示。

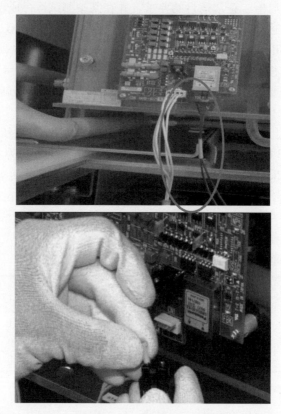

图 10-131　光缆拆卸示意图

3）将功率单元冷却水管与主回路断开。断开时，可能会有少量水流出，应立即用布擦干，如图 10-132 所示。

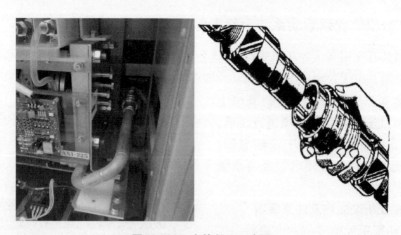

图 10-132　水管断开示意图

4）将功率单元与母排连接螺栓拆下，每个单元有四个连接点，如图 10-133 所示。

5）拆除功率单元底部地脚固定螺栓，共计 3 个 M6 螺栓。

图 10-133　功率单元与母排连接位置

6）在逆变单元两侧上部专用固定位置，安装单元吊装专用 C 型吊耳，共计 4 个 M10 螺栓连接固定，如图 10-134~图 10-136 所示。

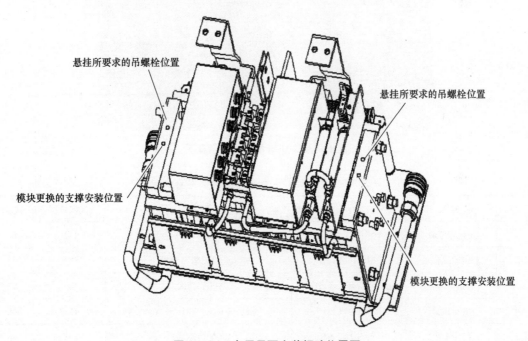

图 10-134　专用吊耳安装螺孔位置图

7）使用随机配套的变频器维修专用叉车将功率单元从变频器内移出，如图 10-136 所示，并放置在指定位置。

8）变频器功率单元安装，通过反向操作拆卸步骤完成。

2. 大修需要更换的部件及注意事项

（1）大修更换备件清单

按照 TMEIC XL-75 型变频器手册及相关标准要求，大修需要更换的备件主要为带有电解电容的控制板卡、熔断器、风扇、电解电容等，详细清单见表 10-9。

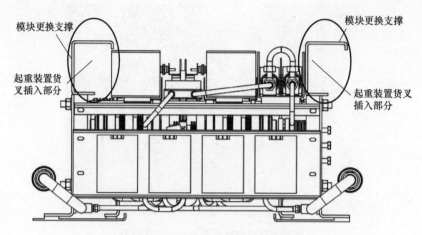

图 10-135　专用吊耳安装示意图

图 10-136　功率单元移出示意图

表 10-9　TMEIC 变频大修更换部件清单

序号	名称	型号	参数	安装位置	数量
1	主电路熔体	559-PCP-GLJB	5500V-20A	INV	6
2	电压检测模块	ARND-4016E	电压/频率转换板	INV	3
3	电路保险丝	29URD2174PLAF1700BS	2900V-1700A	INV	12
4	冷却风扇	MRS18-TUL-F3	AC 200V-50/60Hz-52/70W	INV	24
5	门 I/F 板	ARND-8229B	IEGT 门驱动板	STACK	24
6	冷却风扇	MRS16-TTA	200V-0.19A-50Hz	I/F	2
7	电压检测模块	ARND-4016D	电压/频率转换板	OUTPUT	1
8	接地检测板	ARND-4017C	接地检测板	OUTPUT	1
9	门电源	AA-40004	Out：50Vrms-20kHz-400VA IN：220V +20%-25%-50/60Hz	OUTPUT	1
10	电解电容	LNR2G103MSE/ LNR2G103MSEATG	DC 40V-10000μF（2P）	OUTPUT	2

（续）

序号	名称	型号	参数	安装位置	数量
11	控制熔体	NRF5-30	DC 250V-10A	OUTPUT	1
12	控制熔体	ATQ10	AC 500V-10A	REGULATOR	3
13	控制熔体	ATQ1	AC 500V-1A	REGULATOR	3
14	控制熔体	ATQ5	AC 500V-5A	REGULATOR	2
15	冷却风扇	MRS16-TTA	AC 200~230V-50/60Hz-38W/48W	REGULATOR	2
16	控制电源	JWS150-5/A	IN：AC 85~265V/120~330V DC OUT：150W-5V-30A	REGULATOR	1
17	控制电源	JWS50-15	IN：AC 85~265V/120-330V DC OUT：52.5W-15V-3.5A	REGULATOR	2
18	控制电源	JWS50-24	IN：AC 85~265V/ DC 120-330V OUT：52.8W-24V-2.2A	REGULATOR	1
19	电解电容	LNR2G103MSE/ LNR2G103MSEATG	DC 40V-10000μF（4P）	REGULATOR	4
20	门 I/F 板	ARND-8222B	光门接口-板（Det）	REGULATOR	2
21	门 I/F 板	ARND-4014B	光门接口-板（Inv）	REGULATOR	6
22	主电路熔体	CS5F-40-A	500V-40A	EXCITER	2
23	控制电源	LWT50H-5FF	IN：DC 100-240V-1.5A OUT：+5V-8A，+15V-1.5A，-15V-1A	EXCITER	1
24	控制电源	JWS100-24	DC 24V-4.5A	EXCITER	1
25	控制熔体	ATQ1	AC 500V-1A	EXCITER	6
26	控制熔体	ATQ1	AC 500V-1A	EXCITER	
27	电解电容	LNR2G402MSECTG	400V-4000μF	EXCITER	1
28	主电路熔体	6.9URD30TTF0350	AC 690V-350A	EXCITER	3
29	冷却扇	MDE1225-24L	DC 24V-0.3A	EXCITER	6

（2）控制板卡更换注意事项

1）所有电路板维护工作都应在切断电源 5min 后进行。

2）拆卸电路板时和拆除连接电缆时，防止螺栓掉落。

3）拆除光纤连接头后应用专用保护套对光纤头进行保护。

4）拆卸电缆前做好标记，防止接错。

5）新的板卡安装前对板卡进行外观检查，板卡上有保险的应对保险进行检查。

6）板卡上有拨码开关等设置时，安装前应与原板卡进行比对，确保新板卡与旧板卡设置相同。

（3）风扇更换注意事项

1）关闭风扇断路器。

2）用万用表测量电压，确保风扇侧没有电压。

3）拆卸风扇和拆除连接电缆时，防止螺栓掉落。

4）拆卸电缆前做好标记，防止接错。

5）安装冷却风扇时确保按写在风扇机体上的转子方向安装。

6）连接风扇电源线时注意正确的相序列。

7）确保更换后没有遗留工具。

（4）熔断器更换注意事项

1）更换熔断器前对新熔断器进行检查，确保新熔断器完好。

2）检查熔断器型号，确认熔断器型号、规格正确。

3）主回路熔断器螺栓应可靠连接。

3. 变频器脉冲试验、空载升压试验步骤

（1）脉冲测试步骤

1）在 REFULATOR 柜的 T11 端子上，拆开所有的外部 UVS 信号。

2）短接 T11 端子：166BG——24P（PLC 发来的 UVS）信号。

3）短接 T11 端子：VCB1+VCB2 的返回信号，171DF 和 171DX 端子。

4）按照图 10-137 在 NAVIGATOR 调试软件设置参数。

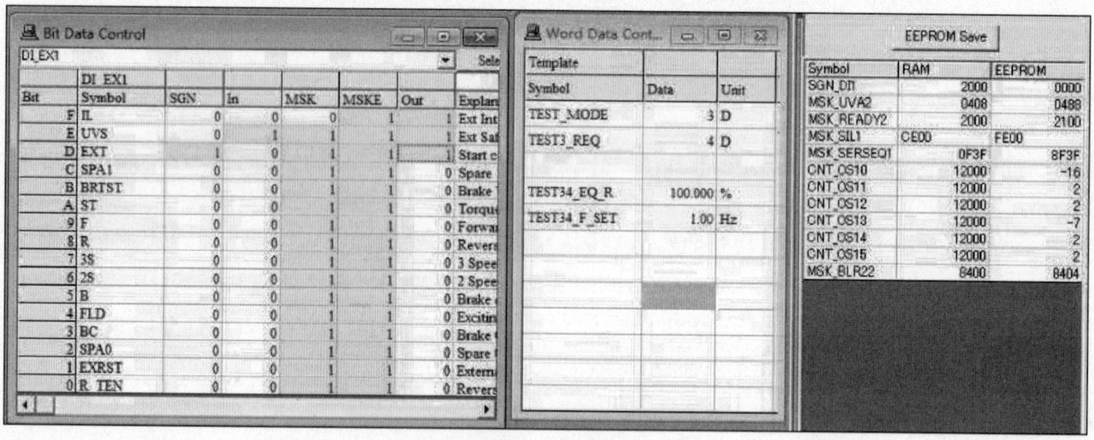

图 10-137 参数设置

5）EXT MSK 1-→0 启动变频器运行。

6）EXT MSK 0-→1 停止变频器运行。

7）测试过程中如出现影响变频器启动的状态时，可以在 NAVIGATOR 软件中进行强制，使变频器达到"ready"状态。

（2）空载升压测试

1）拆开变频器输出电缆，并做好相关防护，保持电缆具有安全距离。

2）将 VCB1 摇至工作位置。

3）短接 DI1-和 DI3，DO4 继电器拔出（防止 INV 给 UCS 运行信号）。

4）按照图 10-138 在 NAVIGATOR 调试软件设置参数。

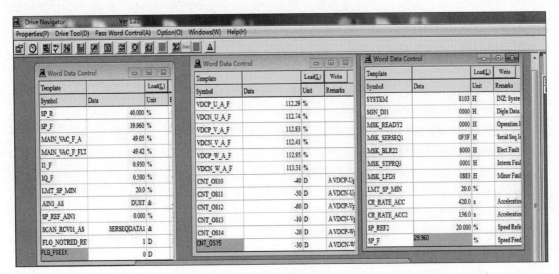

图 10-138　空载升压参数设置

5）DI_EX1 里 EXT MSK 1-→0 启动变频器运行。

6）通过 sp_ref2 给定速度（从 10% 转速开始，步长为 10%），并截图记录个转速下参数。

7）测试完成后，在 DI_EX1 里 EXT MSK 0-→1 停止变频器运行。

8）测试结束后对控制器下电在上电，并检查参数是否恢复到正常运行时的设定。

4. 变频器灰尘去除建议

为了彻底清除变频器内灰尘同时消除静电，建议采取清洗液对变频器进行清洗，如采用空气吹扫灰尘，请遵循以下建议。

1）变频器本体清灰、紧固作业前，按正确操作顺序断开所有主电源、控制电源，并静置 30min 以上，方可进行清灰及其他维护检修作业。

2）变频器维护保养中，建议使用吹风机低风量挡位（风量约为 $1m^3/min$），距离保持 0.5m 以上对变频器各控制柜进行吹扫。吹扫控制板时，可用手或其他物品进行遮挡，避免直吹控制板。

3）当用吸尘器对变频内部控制板卡进行吸尘操作时，吸尘器要与控制板卡保持一定距离，避免损坏控制板卡。

4）控制板卡表面灰尘建议用防静电毛刷进行去除或用带电清洗液进行清洗。

5）建议使用不掉布屑、线头的大布对变频器部件表面进行擦拭，避免布屑及线头掉入或遗留在变频器部件内部或表面。

6）维护保养过程中避免硬物碰撞控制板卡和电容等部件，造成部件变形，做好相关光纤本体与接头部位的保护。

7）吹扫完成检查柜后直流母线主熔断器辅助触点是否被吹风机吹起，如吹起轻轻将其按下，恢复至正常位置。

8）维护保养完成后，按顺序将所有控制电源上电，上电后检查变频器控制屏是否有异

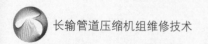

常报警，查明原因后复位报警。

9）吹扫过程中，风与设备摩擦会产生静电，静电在变频器内部元件积累，会对其性能造成影响，建议变频器检修维护完成后，设备恢复后整体静置 24 小时，完成静电释放后，再进行上电启机。

5. 电动机离线状态检测与评估项目

（1）定子部分

1）电机定子绕组直流电阻测试。

2）电机定子绕组对地绝缘电阻测试。

3）电机定子绕组极化指数测试。

4）电机定子绕组直流阶梯波电压测试。

5）电机定子绕组匝间绝缘测试。

6）电机定子绕组局部放电量和放电电压。

（2）转子部分

1）电机转子直流电阻测试。

2）电机转子绝缘电阻测试。

3）电机转子极化指数测试。

4）电机转子匝间短路测试（RSO）。

（3）励磁机

1）励磁机定子、转子直流电阻测试。

2）励磁机定子、转子绝缘电阻测试。

3）励磁机定子、转子极化指数测试。

（4）二极管

二极管阻断特性测试。

6. 结语

本文主要对 TMEIC 变频驱动系统关键项目操作步骤及注意事项进行了说明，有助于技术人员对 TMEIC 变频驱动系统检修技术进行学习和理解。本文仅对主要项目关键步骤进行了说明，如现场操作需在规程和作业指导书的指导下进行。

10.1.12　RB211 机组控制系统典型故障分析

1. 背景

西气东输一线工程是国内首条能源大动脉，是国内首条应用 30MW 级大型燃气轮机驱动离心压缩机组的大口径输气管线，共计投产 15 台 RR 燃驱机组。机组在运行过程中受到各种条件的制约，本文对机组在运行过程中的一次故障停机原因进行了探讨分析。

2. 故障停机现象

2019 年 8 月 25 日，某压气站 2#机组停机。停机报警信息：FC：动力涡轮转速低停车 CS；FC：可调导叶角度控制器错误停车 SD；燃料气控制系统停车；PLC2 盘架 1 故障停车；GG 滑油控制阀阀位错误停车；燃料气控制系统公用停车。

现象：GG 滑油控制阀输出 4ma，反馈 17.46ma；可变导叶角度控制输出% 为 0，进口可变导叶 1#、2#角度反馈仍为 21.04 度，机组 FT210 显示故障报警停车，UPP 停车指示灯亮。

停机报警及重要参数趋势如图 10-139 和图 10-140 所示。

图 10-139　机组停机报警信息

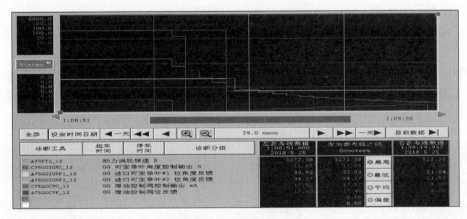

图 10-140　重要参数趋势

3. 故障排查分析

FT210 中报警显示 GG 滑油控制阀阀位错误停车 SD，现场检查滑油控制阀及控制器接线端子均无异常，排除滑油控制阀故障。VIGV 控制板及接线图如图 10-141 和图 10-142 所示。

图 10-141　可调导叶控制板 UG1、UG2

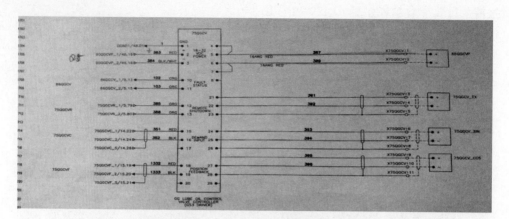

图 10-142　GG 滑油控制阀控制器接线图

　　排查可调导叶控制器 UG1、UG2 及现场液压作动筒，并在程序中对其进行强制可调导叶输出与反馈信号正常。

　　查看机组逻辑，动力涡轮转速低停车是由于当时机组转速很低，在 25ms 的扫描周期中判断转速低于的 2964 转便会出现该报警，与此次停机无关。

　　FT210 中报警显示：PLC2 盘架 1 故障停车报警，查看 UCP 柜中 ECS 控制器 PLC 状态灯，状态指示灯均在正常状态；FT310 登录 ECS 控制器查看 PLC 模块信息，无报警记录信息（见图 10-143 和图 10-144）。

图 10-143　ECS 控制器状态指示灯正常

　　在 UCP 程序中查看出现 PLC2 盘架 1 故障停车报警点 LAHR1_OK 触发条件为 R1_OK，R1_OK 的触发条件为两个故障代码 FC_SLOT1_FAULTCODE、R160_FAULTCODE 有一个 0 时，这两个故障代码分别读取 FC 控制器机架 R2_S01 1756-CNBR/D 模块的故障代码信息和 R2_S06 1756-IF4FXOF2F/A 模块的故障代码信息。

　　查看 1756-CNBR/D 模块和 1756-IF4FXOF2F/A 模块信息没有锁存故障信息（见图 10-145 和图 10-146）。

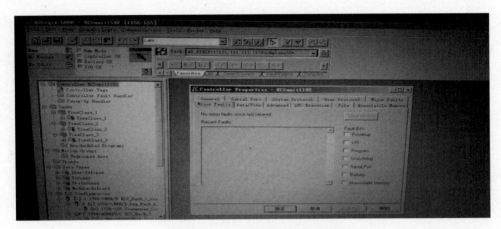

图 10-144　ECS 程序中 PLC 信息

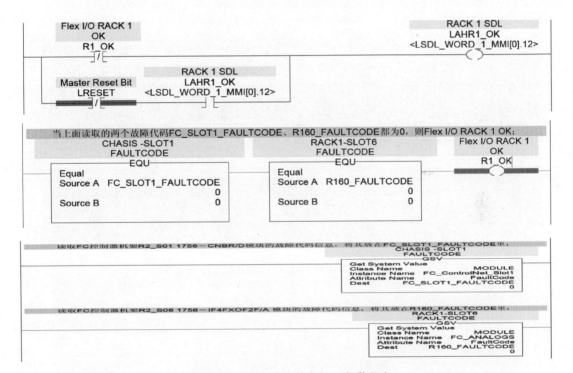

图 10-145　UCP 中有关盘架 1#报警程序

　　由于可调导叶角度的输出与反馈和 GG 滑油控制阀阀位反馈信号均接入 1756-IF4FXOF2F/A 模块，判断是由于模块故障报警产生的"可调导叶角度控制器错误停车"和"GG 滑油控制阀阀位错误停车"报警信息。1756-IF4FXOF2F/A 模块配置时将模块故障时输出信号置 0，正好与停机趋势中可调导叶角度的输出和 GG 滑油控制阀输出突然为零 4s 左右相吻合。

　　为了验证 1756-IF4FXOF2F/A 模块故障会不会出现停机相同的报警信息，在 IDLE 状态将模块拔出，报警信息显示为 PLC2 盘架 1 故障停车（见图 10-147）。

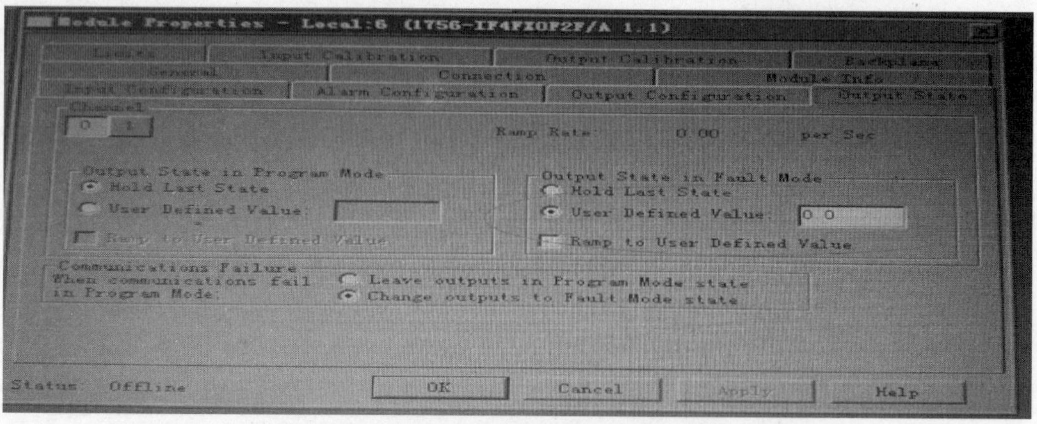

图 10-146　1756-IF4FXOF2F 模块故障输出置零配置

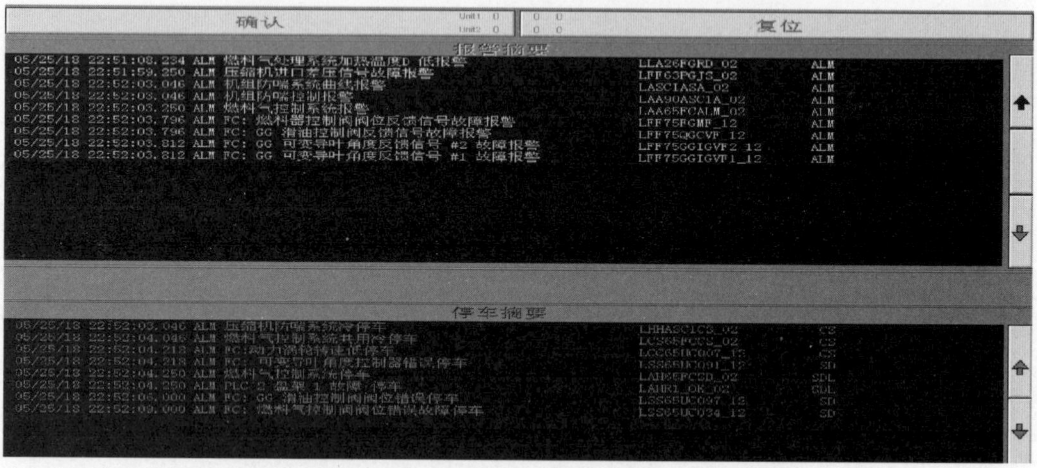

图 10-147　1756-IF4FXOF2F/A 模块拔出后报警信息

此次报警信息和趋势与压缩机故障停机时的报警信息一致，说明当输入输出模块故障，会导致压缩机停机。现场拆下 1756IF4FXOF2F/A 模块检查模块电路板，背板插槽、插针未发现异常（见图 10-148～图 10-150）。

图 10-148　1756IF4FXOF2F/A 模块电路板正面

图 10-149　1756IF4FXOF2F/A 模块插槽插针（有一处插针变形，是空通道）

图 10-150　1756IF4FXOF2F/A 模块电路板背面

在 UCP 程序中读取了 1756IF4FXOF2F/A 模块 16 个故障信息，当其中一个置 1 时则触发 R16_FAOCTCODE 模块故障，查阅模块相关技术说明书，无法确认 16 个故障信息分别触发的条件，虽然在插拔模块的时候 1756IF4FXOF2F/A 模块会有（Code 16#0203 连接超时和 Code 16#0204 连接请求超时的模块故障提示，并且 R16_FAOCTCODE 的 0/1/2/9 位会置 1），模块回装后故障提示消失（见图 10-151）。

图 10-151　模块诊断字图

4. 结束语

通过分析研究机组 VIGV、滑油控制系统等系统控制原理和机理，结合机组起机运转曲线，系统分析了引起某压气站机组故障跳机的可能原因，提出了有针对性的故障解决办法以及预防措施。同时，针对模块故障诊断字逻辑中未作相关锁存和报警，不便于跳机后问题排查和故障追溯问题，现场增加了相关程序的修改，针对每个模块诊断字添加了锁存逻辑，故障点定位更精确，方便问题排查。

10.2　压缩机故障参考案例

10.2.1　某离心压缩机振动故障诊断与分析

在石化、天然气管道等行业，离心式压缩机作为提供动力的机械设备，在运转过程中，不可避免地存在振动。如果出现振动故障，必将对企业正常生产工作开展带来一定隐患。因此出现振动故障时，需要及时并准确地找到故障原因，完成故障处理。

1. 振动故障类型

（1）转子不平衡

离心式压缩机转子质量会受到制造工艺与材料等方面因素的影响，分布于转子的质量通常情况下无法与中心轴线相对应，转子的质心与轴线中间位置通常会存在偏心距，因此导致转子无法达到平衡，而只是保持在一种相对平衡的状态。转子在工作的过程中又会产生离心力，压缩机轴承会受到载荷影响，从而导致出现了振动现象。振动所表现的变化主要与转速有关。

转子不平衡有很多原因，包括设计缺陷、材质问题、加工与装配错误、叶片断裂、叶轮不平衡等都会导致转子不平衡现象。

（2）转子不对中

转子不对中其主要表现有：振动的频率是转子频率的二倍，当垂直于彼此的耦合在同一面时基准频与二倍频相比，前者是后者的一半；受到某些因素影响；油膜力会出现变化，轴承的负荷如果较小，油膜的不稳定性就会增加。转子存在不对中问题，从而导致负载与振幅存在某种关系。转子平行而不对中在运行过程中可能会产生位移，从而导致了振动产生。转子不对中主要有三种类型，而其具体的原因则可以从三个方面来总结：研发工作失误、装配工作误差和引导装置松动。

（3）油膜振荡

当油膜涡动的频率小于转子固有频率时，转子会保持稳定运行。而当运行速度增加时，涡动频率就会相应增加，半频谐波振动的幅度会增大，转子振动也会加剧。当转子系统出现共振时，激增的振动会非常激烈。而此时轴心轨迹则会从双曲圆变为不规率的曲线，不稳定的波幅产生，相位会产生突变。将轴的转动速度继续提升，涡动频率就会保持稳定并且与转子的固有频率相等。此种现象就被称之为油膜振荡，我们将造成油膜振动的因素总结为以下方面：①轴设计结构，该环节会影响到轴的钢度、截荷分布、偏转程度，在运行过程中转速偏心率受到影响，轴承的工作性能也会受到影响；②轴承负荷问题，大型设备在轴系安装时，转子是没有运行的，并且依据制造单位提供的数据，对其中心位置进行调整。而设备在运行过程中会受热从而产生变形，油膜此时会将转子托起；③轴承进油的温度，当油的温度增高时，油的黏合度就会下降，油膜的厚度会变小，并且会影响到油膜钢度、轴承作用点、

618

阻尼系数，通常情况下油的温度较高时，油膜的厚度薄，偏心率则会较大，从而容易产生振动；④轴承之间的间隙，间隙问题主要是影响到了轴承的稳定性。除此之外的因素都可以将其归结为其他因素的影响，包括基础钢度、轴承座、夹紧力等。

（4）旋转失速与喘振

旋转失速与喘振是离心式压缩机特有的一种振动故障。离心式压缩机运转过程中，气体流动分离是造成压缩机旋转失速与喘振的重要因素。旋转失速主要是由于介质进入叶轮方向角与叶片进口安装角不一致造成的，其特征主要表现为：压缩机进入旋转失速状态后，流量基本保持稳定，扩压器与叶轮出现失速，超出控制范围；在各流道内反方向环状运动的气旋涡流使其内压力对称性遭到严重破坏。而喘振则是失速的深入表现，可对机组造成严重危害。在实际工作中要根据离心式压缩机故障检测经验判断喘振故障，其特征主要表现为：机壳与轴承出现剧烈周期性振动，压缩机进气流量与出口压力出现大的周期性脉动，噪音变大等。

2. 机组故障简介

西气东输某燃驱压缩机组在运行过程中，安装于压缩机上的 4 个振动探头突然增大，其中驱动端振动值在 1s 内突然从正常的 35μm 升高至 90μm 以上，超过跳机值 70μm（见图 10-152），导致振动连锁、故障停机。此次非计划停机由振动所致，无法确认机组备用，需要尽快查明故障原因。

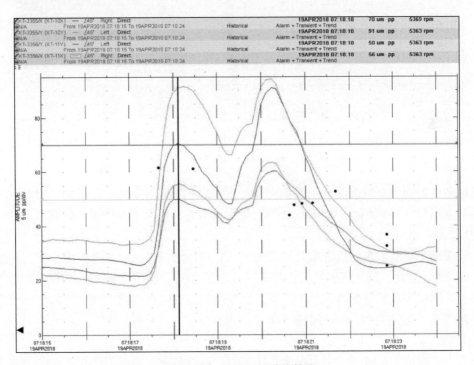

图 10-152　压缩机振动趋势图

3. 故障原因分析及处理

为查找振动突变的原因，以压缩机驱动端探头为研究对象，对振动突变前及突变后的趋势及频谱图进行分析。

通过压缩机振动趋势图（见图 10-152）及瀑布图（见图 10-153）可以看出，在振值正常时，压缩机转速为 5900r/min，在振值从正常上升至最大值后、机组跳机之前，压缩机转速为 5352r/min。因此可以判断，转速变化发生于振值变化前。通过查找趋势，发现在振值变化前，压缩机转速在 3s 左右从 5900r/min 降到 5352r/min，这在正常操作下是无法实现的。因此，怀疑压缩机失速导致压缩机喘振。

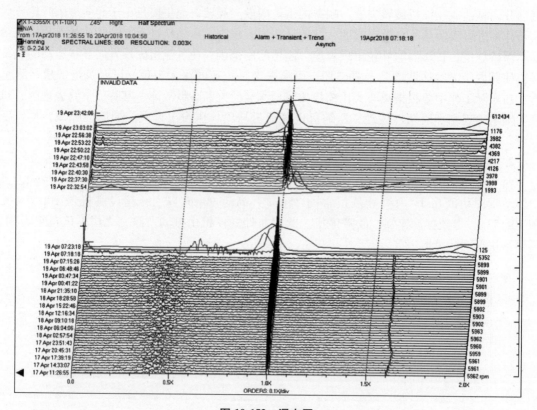

图 10-153　瀑布图

通过分析振动的全频谱图（见图 10-154），发现在振动突变时，频谱中 1 倍频（1.0X）的幅值基本不变，0.6 倍频（0.6X）处的能量明显增大，且大于 1 倍频处的能量，符合喘振低频特征。

比较振动突变前后压缩机进出口压力数值，发现压缩机进出口压力出现突变，压缩机进口压力降为 0。至此，确认压缩机因为转速突变出现喘振，导致振动快速升高而跳机。

通过对燃机各系统数据的进一步分析，发现燃机压气机出口温度探头故障，导致然调阀出现控制错误，阀门关小，转速瞬间下降。

4. 结论

离心式压缩机在机械设备中占有重要位置，一旦设备出现问题不仅会影响正常生产，同时也会对设备造成一定影响。引起振动的原因是多方面的，既有内部因素，也有外部因素。振动故障分析不能局限于分析振动设备本身，应充分考虑其相关连接设备，温度、压力等相关参数。解决振动问题，首先要了解导致振动的原因，从而有针对性的采取措施，确保问题能够有效解决。

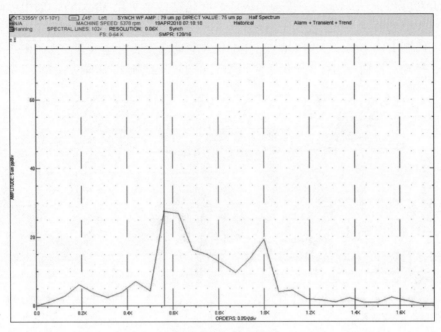

图 10-154 全频谱图

10.2.2 离心压缩机轴承温度异常原因分析及解决措施

10.2.2.1 机组概况

长输天然气管道涩宁兰线某站安装有 3 台管道压缩机组（2 用 1 备）对工艺天然气进行增压输送，该压缩机组中 RV050/02（参数见表 10-10）型离心式压缩机由德国 MAN 公司设计制造，其配套驱动设备为美国 SOLAR 公司的 TAURUS70 型燃机。

表 10-10 RV050/02 型离心式压缩机技术参数

参数	数值
制造商	MAN
型号	RV050/02
建造时间	2005 年
长×宽×高	5320mm×2750mm×2800mm
总重	14, 000kg
工艺介质	天然气
介质流量	220, 000Nm^3/h
功率	7, 000kW
额定转速	12, 000r/min
入口运行压力	4.5MPa
出口运行压力	6.4MPa
入口温度	20℃
排气温度	52℃

RV050/02 型离心式压缩机为单轴两级离心叶轮结构（见图 10-155），采用可倾瓦轴承对转子进行支撑和限位。压缩机转子由两侧径向轴承支撑，每侧径向轴承有 2 个用于测量轴瓦温度的三线制 RTD 探头（1 用 1 备）。压缩机非驱动端安装有止推盘，其两侧装有内外侧止推轴承，每侧止推轴承均有 2 个用于测量轴瓦温度的三线制 RTD 探头（1 用 1 备）。

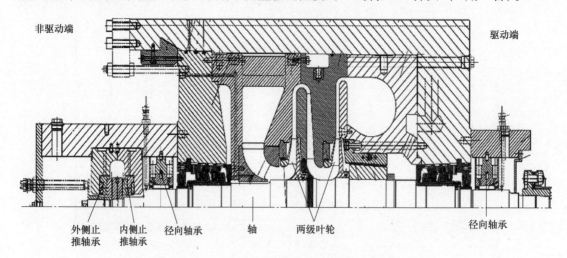

图 10-155　RV050/02 型离心式压缩机半剖面结构

10.2.2.2　机组存在的问题

该机组自 2017 年 12 月开始，压缩机非驱动端径向轴承和内外侧止推轴承温度频繁出现数值异常跳变（见图 10-156），严重威胁到机组正常平稳运行。机组停机后检查轴承温度显示正常，经过现场切换备用温度探头、更换控制系统卡件和更换轴承温度探头等多次排查处理，问题仍然没有从根本上解决。

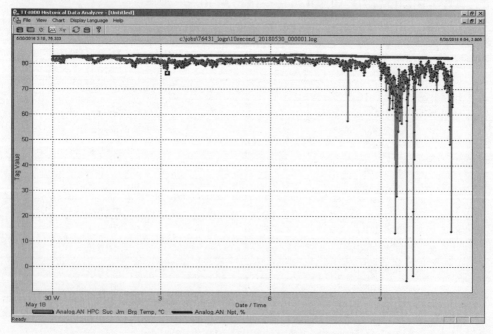

图 10-156　压缩机轴承温度异常历史趋势

10.2.2.3　机组历史检修情况调查（见表 10-11）

表 10-11　机组历史检修情况

时间	机组检修事件	现场情况
2017 年 6 月	动力涡轮驱动端径向振动高问题处理	2017 年 12 月，机组 HMI 上出现压缩机外侧止推轴承温度探头故障的报警信息，全面排查电气线路正常后更换至备用探头 2018 年 1 月，机组 HMI 出现压缩机内侧止推轴承温度探头故障和压缩机内侧止推轴承温度高报警。机组停机后检查，压缩机内侧止推轴承温度探头数值显示正常
2018 年 1 月	现场检查压缩机非驱动端轴承温度探头，发现部分故障，更换压缩机非驱动端全部温度探头（6 个）	3 月 3 日，机组运行期间压缩机内侧止推轴承出现数值跳变 3 月 6 日，机组运行期间压缩机外侧止推轴承数值出现跳变，现场检查温度探头，发现阻值无穷大，处于断线状态
2018 年 3 月	拆检压缩机非驱动端温度探头，发现 6 个探头中有 4 个外皮有不同程度磨损和破皮情况。更换非驱动端径向轴承、止推轴承内外侧温度探头共 6 个。另外，在新探头上加装塑料保护层和金属编织保护层，并对探头线缆在轴承体上的固定方式进行了改进，防止探头线缆在机组运行过程中再次出现磨损 同时，更换压缩机非驱动端轴承温度 I/O 卡件（1794-IRT8-AB）和安全栅	2018 年 4 月，机组运行过程中压缩机外侧止推轴承温度升至 90℃ 左右，达到报警值（90℃）
2018 年 5 月	打开压缩机非驱动端轴承座端盖检查，发现温度探头线缆加装的金属编织层破损，大量金属屑进入止推轴承轴瓦内，瓦面有刮痕和磨痕 清理轴承轴瓦，对检测阻值正常的温度探头外加热缩管保护，温度探头线缆重新排线、固定进行后回装	在机组带负荷运行 43h 左右，压缩机非驱动端径向轴承温度探头出现跳变。在机组运行状态，测量压缩机非驱动端轴承温度探头阻值异常，数值不稳定。停机后检测，轴承温度探头阻值稳定，显示正常

10.2.2.4　机组问题原因分析和现场处理措施

针对该压缩机组在带负荷运行时压缩机非驱动端轴承温度频繁异常的情况，主要从润滑油系统、轴承轴瓦和温度探头等 5 个方面进行全面分析可能造成的原因，见表 10-12。

表 10-12　造成非驱动端轴承温度异常可能原因及分析

可能原因	具体原因
润滑油系统	润滑油泵故障，未能及时供油
	供油管线有泄漏、破裂或堵塞，回油管线有堵塞，润滑油流动不畅
	润滑油箱液位过低致使吸油量不足，导致轴承润滑不足
	润滑油不合格，含有杂质，进入轴瓦表面油膜引起温度异常
	润滑油冷却器、温控阀故障，致使供油温度过高
	润滑油调压阀故障，致使供油压力、流量异常
	润滑油中含水，降低润滑性能，影响压力油膜形成

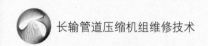

（续）

可能原因	具体原因
轴承轴瓦	轴瓦间隙过小，油膜形成不佳
	轴瓦进油量小，油膜形成不佳
	轴承瓦背紧力过大或过小，导致轴瓦工作不正常
	轴瓦表面巴氏合金质量不合格，可能有脱落、裂纹等缺陷
轴承温度探头	轴承温度探头安装、固定不符合要求
	轴承温度探头本身质量问题
机组对中	燃机与压缩机对中不符合技术要求，引起轴承负荷增大
控制系统	轴承温度探头测量回路中，I/O卡件、安全栅、浪涌保护器等工作异常，引起温度测量数据异常波动

根据上述原因分析情况，具体从以下几个方面进行排查：

1. 查看机组历史运行数据变化

收集机组历史运行数据，查看机组运行负荷、压缩机轴位移、压缩机轴承温度等参数变化（见表10-13和图10-157）。

表10-13　机组关键参数历史运行数据

时间	NPT（%）	DIS./DE/℃	SUC./NDE/℃	INB./℃	OUTB./℃	Z_1/mm	Z_2/mm
2017年6月14日	91	72	80.6	67.2	72	0.26	0.26
2017年6月22日	86	70.6	79.7	66	69.4	0.25	0.24
2017年12月31日	91.8	70.5	79.6	66	70	0.27	0.26
2018年1月7日	94.6	75	80	69	73	0.27	0.27
2018年2月21日	90.7	76	84	77	82	0.18	0.11
2018年2月27日	84	71.7	81	79	83	0.15	0.08
2018年3月1日	85.7	70	79	73	77	0.15	0.08
2018年3月4日	88	75	83	73	79	0.16	0.09
2018年3月20日	86	74	84	82	86	0.15	0.07
2018年4月17日	90	74.9	86.7	84.7	90	0.19	0.13
2018年5月5日	91	74	85	82	88	0.17	0.11

2017年6月~2017年12月期间，在机组运行负荷相近的情况下，压缩机非驱动端径向轴承和止推轴承温度基本维持稳定。但从2018年1月份历史数据看，压缩机非驱动端径向轴承温度基本保持不变，但内外侧止推轴承温度上涨11~14℃。

查看压缩机润滑油系统供油压力和温度、压缩机振动值随机组负荷历史变化情况，未见异常。

该机型燃机和压缩机共用一套润滑油系统，除压缩机非驱动端轴承温度频繁异常外，燃机、动力涡轮和压缩机驱动端供、回油数据均正常。因此，排除润滑油系统组件出现问题的可能性。

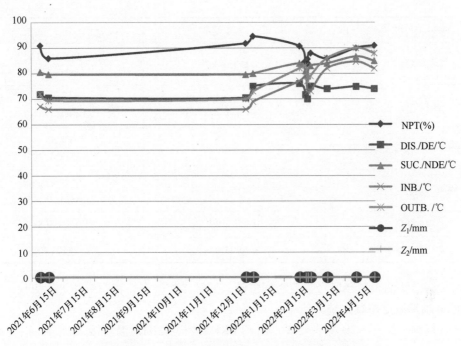

图 10-157　压缩机轴承温度、轴位移参数历史趋势

2. 查看压缩机组润滑油检测报告

2017 年 7 月份的检测报告中，水分含量为 307.8mg/kg，超出标准值（润滑油水分含量要求值≤150mg/kg，标准见表 10-14）。但 2018 年第一季度润滑油检测报告中水含量为 28.57mg/kg，符合要求。

表 10-14　润滑油主要检测标准

检测内容	要求	测试方法
黏度	ISO VG 32	DIN 51562-1 ASTM-D 445
黏度指数	最小 95	DIN ISO 2909 ASTM-D 2270
15℃下密度	≤0.90g/cm³	DIN 51 757 ASTM-D 1298
外观	清澈、透亮、无杂质	目视检查
闪点	≥180℃	DIN ISO 2592 ASTM-D 92
流点	≤-9℃	ISO 3016 ASTM-D 97
灰分	≤0.01%	DIN EN ISO 6245 ASTM-D 482

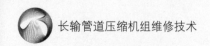

（续）

检测内容	要求	测试方法
含水量	≤150mg/kg	DIN 51 777-1 ASTM-D 1744
水释放特性	≤ 300s	DIN 51 589-1 ASTM-D 1401
在50℃时空气释放特性	≤5min	DIN 51 381 ASTM-D 3427
在40℃反乳化特性	≤15min	DIN ISO 6614 ASTM D 1401
固体杂质	≤300mg/kg	DIN ISO 5884
污染等级	≤20/17/14	ISO 4406

现场从润滑油油箱观察口目视检查润滑油，底部异物较多，将润滑油进行更换。

3. 检查轴承温度控制系统回路

断开现场轴承温度 RTD 探头接线，用 FLUKE754 模拟 RTD 温度接入回路，检查 HMI 上温度显示值，确认无异常（见表10-15）。

表10-15　非驱动端轴承温度探头控制系统回路测试　　　　　　（单位：℃）

现场模拟数值	HMI 显示数值		
	非驱动端径向轴承	外侧止推轴承	内侧止推轴承
0	0	0	0
10	10	10	10
25	25	25	25
50	50	50	50
75	75	75	75
100	100	100	100

4. 检查压缩机非驱动端润滑油系统

现场打开压缩机非驱动端润滑油供、回油管路，未见供、回油管路内异物堵塞情况，排除异物进入润滑油可能性。

现场打开润滑油过滤器，检查过滤器滤芯，未见有异常情况。

5. 检查压缩机轴向和非驱动端径向间隙

拆卸联轴器，现场测量压缩机轴向间隙值为 0.45mm（技术要求：0.35~0.53mm），满足技术标准要求。

测量非驱动端径向轴承间隙值为 0.20mm（技术要求：0.15~0.20mm），满足技术标准要求。

6. 检查轴承瓦背紧力

用压铅丝法测得压缩机非驱动端径向轴承瓦背间隙为 0.01mm，瓦背紧力符合要求。

7. 检查压缩机与动力涡轮对中情况

机组径向和端面对中数据检查，所测数据在机组对中标准范围内（见图 10-158）。

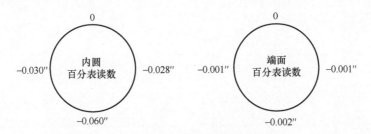

图 10-158　机组对中检查数据

压缩机和动力涡轮联轴器法兰间距值为 629.48mm，联轴器预拉伸量要求值为 2.032mm，联轴器短节长度 626.26mm，计算联轴器垫片厚度应为 1.19mm，测量现场实际安装联轴器垫片厚度为 1.0mm，实际预拉升量为 2.22mm，满足对中数据要求。

8. 检查压缩机非驱动端轴承

压缩机外侧止推轴承瓦面有很多划痕，内侧止推轴承瓦面未见异常（见图 10-159）。压缩机非驱动端径向轴承瓦面有偏磨痕迹（见图 10-160）。

图 10-159　外侧止推轴承瓦面

图 10-160　非驱动端径向轴承瓦面

因止推轴承和径向轴承瓦面有刮伤和磨损，对瓦块进行测量核实后全部进行更换。

9. 检查压缩机非驱动端轴承温度探头

现场断开压缩机组非驱动端轴承温度探头接线，检查其电阻值（见表 10-16）。

表 10-16　非驱动端轴承温度探头阻值

探头位置	探头阻值		
	A-B	A-C	B-C
外侧止推轴承（主）	109.6	109.5	0.6
外侧止推轴承（备）	112.4	112.4	0.5
内侧止推轴承（主）	112.6	112.2	0.5
内侧止推轴承（备）	112.1	112.3	0.5
径向轴承（主）	111.3	111.3	2.0
径向轴承（备）	111.4	111.4	1.7

从其上测量数据查看，温度探头正常。但轻轻拉伸温度探头线缆，同时进行电阻测量时，发现个别探头阻值出现跳变。仔细检查有问题的探头线缆，发现线缆外皮随完好，但在局部内部存在断线的情况（见图 10-161）。

该机型轴承温度探头端部只有约 15cm 长的铠装保护层，其后延伸线缆为 3 根裸线，且直径较小。在现场安装过程中、机组运行期间由于拉伸或在回油中冲刷，极易发生磨损或断线。为此，采用全铠装带保护层结构的轴承温度探头替代 MAN 公司生产的备件（见图 10-162 和图 10-163）。

图 10-161　轴承温度探头局部内部断线位置

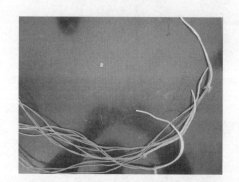

图 10-162　MAN 公司轴承温度探头

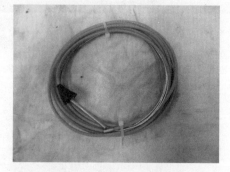

图 10-163　国产轴承温度探头

完成上述现场排查和处理后，机组进行 72h 试运行测试，NPT85% 运行负荷下压缩机非驱动端内外侧止推轴承和径向轴承温度保持在 70℃左右（见图 10-164）。

10. 结论

1）从历史趋势来看，轴承温度稳定在正常范围内。经过多次现场验证和处理，终于解决了 RV050/02 型离心式压缩机非驱动端轴承温度探头频繁出现异常情况的问题。

2）从整个问题处理过程中看到，最主要的原因是轴承温度探头本身存在严重的设计缺陷和质量问题。

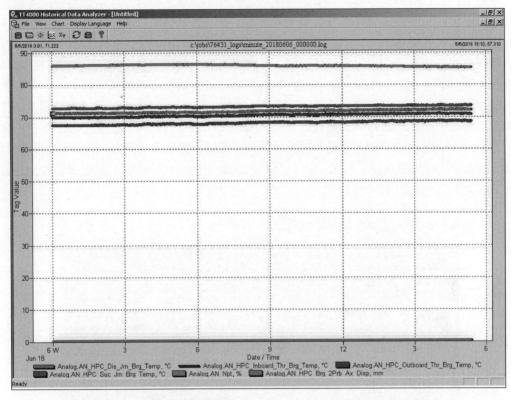

图 10-164　机组 72 小时带负荷试运行压缩机非驱动端轴承温度变化趋势

3）轴承温度探头备件因无外保护层，在现场安装过程中，应慎重选择保护层材料。在轴承温度探头安装位置，应考虑保护层耐油、耐高温和耐磨特性，如要加装金属保护层，应考虑金属延展性、可塑性和耐磨特性。

4）轴承温度探头线缆从轴瓦位置延伸出来，要穿过多个孔，线缆走向尽量保证走线平顺、无大角度弯折，线夹选用软性材质，且要耐油、耐高温和耐磨特性。

5）从德国 MAN 公司购买该轴承温度探头备件，约为 4 万元，更换 6 个温度探头共需 24 万元（暂且不计期间发生的人工费用）。而国产温度探头单价 0.4 万元，6 个全部更换仅需 2.4 万元。通过国产化替代，直接将备件价格降为原来 1/10。

11. 进一步改进措施

1）轴承温度探头备件应严格按照库存时间进行更新，防止备件因老化问题影响到现场问题处置过程中的判断。

2）采用国产化轴承温度探头备件，可明显减少采购周期，降低采购成本。

3）在其余 2 台机组进行计划性检修或故障处理过程中，择机将有问题缺陷的温度探头进行更换，做到提前预防。

10.2.3　RF3BB36 压缩机防喘阀频繁波动故障分析及解决措施

1. 描述

喘振现象是离心压缩机工作在小流量时的不稳定流动状态，它的出现轻则使压缩机停机，中断生产过程造成经济损失；重则造成压缩机叶片损坏，引起压缩机设备报废甚至造成人员伤害。因此，喘振现象在生产中应严格杜绝。防喘控制系统作为防止离心式天然气压缩机发生喘振的关键设备，在压缩机防喘保护中具有重要作用。当压缩机工作点接近喘振点时，防喘控制系统自动打开防喘振控制阀，使部分天然气从压缩机出口回流至入口，增加入口天然气流量以防止发生喘振。防喘振控制阀是一个流通截面可调的回流阀，开度随工作点转入喘振区而增大。西气东输一线某压气站两台 RR RF3BB36 压缩机在管线流量低运行工况下频繁出现开关阀波动问题，该站机组防喘控制程序虽进行过 PID 参数优化，但并未解决该问题。当压缩机组工作在低工况并靠近防喘控制线时，防喘阀在防喘控制线左右频繁开关波动，从而引起压缩机转速、进出口流量等工艺参数的波动，低流量下防喘阀动作及相关工艺参数波动的趋势如图 10-165 所示。

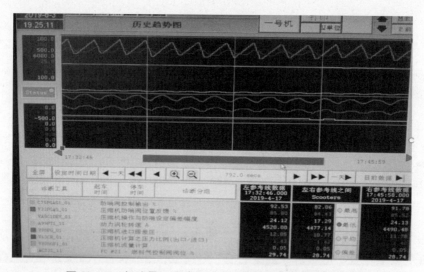

图 10-165　低流量下防喘阀动作及相关工艺参数波动趋势

2. 防喘阀波动原因分析

RR 压缩机组自动防喘 PID 控制由比例控制器、积分控制器、微分控制器三部分组成，对根据防喘控制线计算出的流量设定值与实时值的偏差分别进行比例计算、积分计算和微分计算，将三部分计算出的值相加得出输出控制量，该输出控制量最终控制压缩机工艺管线上的防喘阀。通过四道班压气站 2#机组 PCS 程序中组态防喘阀命令输出、阀位反馈、进口流量、压缩机转速等参数趋势（见图 10-166），对运行中的 2#防喘阀波动情况与压缩机工作点情况进行检查分析，发现工作点在喘振控制线左右来回波动，防喘阀从 83～89 关度之间波动，且防喘阀 PID 自动控制输出开命令后，开阀时防喘阀延迟近 7s，且防喘阀及时开阀非线性开阀，存在 5% 开度阶跃。防喘阀 PID 自动控制输出关命令后，有 4～5s 的延迟防喘阀才能动作，关阀时动作较为线性，按照 0.3% 每秒的程序设定速率关阀，但 PID 控制器停止关阀命令输出后，防喘阀延时 4～5s 后才能停止关阀。防喘阀快速打开后，压缩机进口眼压差能迅速增长，说明防喘回路流量无滞，对 PID 控制无影响。通过现场观察防喘阀动作情况，发现防喘阀实际开阀时确实存在阶跃。所以，可以判定由于防喘阀动作不灵敏，造成 PID 控制超调，从而造成防喘阀频繁波动，工作点在控制线左右震荡。

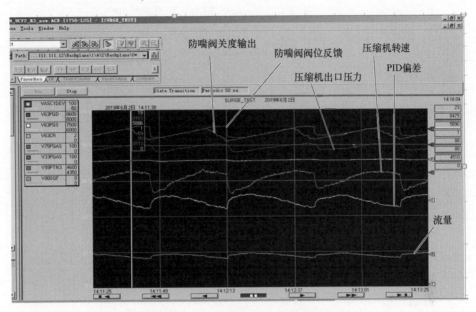

图 10-166　PLC 中组态 2#机组参数趋势

3. 防喘阀波动问题解决方法

通过在线不断对防喘控制系统的比例 P、积分 I 和微分 D 参数进行调整测试，发现 PID 参数对缓解阀门波动影响效果非常小。由于防喘阀在关阀时，延时停阀导致关阀时超调，流量下降越过控制线，从而防喘阀快速打开，因此通过延长自动关喘阀的时间，可以让 PID 能更加精确地检测到流量的变化，从而可减少关阀过程的超调现象。通过修改 PID 自动关阀的速度（原控制程序中工作点向右移动越过控制线时，自动关阀的速率为 0.3%/s），减小关阀速率，则防喘阀波动的周期会相应的增长，通过多次的测试，最终形成设定自动关阀速率为阶梯型值，不同流量偏差下使用不同的关阀速率，在流量偏差大于 -0.25 时（靠近控制线右侧）使防喘阀关阀速率设定为 0（即设置死区），不让防喘阀继续关阀，则在防喘阀因流量波动而自动打开后，经过缓慢的调节最终能稳定在紧临控制线右侧，使防喘阀实现快开慢关。优化 PID 自动关阀速率后，在不同的偏差时，关阀速率值见表 10-17。优化前和优化后的关阀速率设定程序如图 10-167 所示。

表 10-17　优化后阶梯型关阀速率设定值

防喘控制程序优化后阶梯型关阀速率设定值	
实际流量与控制线流量的偏差值	关阀速率
>-3	0.3%/s
-3≤偏差值<-2.5	0.2%/s
-2.5≤偏差值<-1.8	0.1%/s
-1.8≤偏差值<-1.3	0.05%/s
-1.3≤偏差值<-0.7	0.01%/s
-0.7≤偏差值<-0.25	0.001%/s
偏差值≥-0.25	0

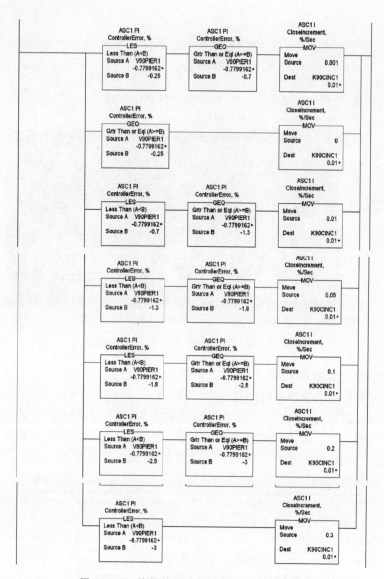

图 10-167　优化前后关阀速率阶梯设定程序

4. 优化结果验证

通过对该站 2#机组优化防喘控制程序后经过连续 10h 运行测试，机组防喘阀运行稳定，期间因工况变化出现过两次小幅度波动，但防喘阀能迅速回到稳定状态。对 2#机组进行降速至怠速，降速过程中防喘阀能正常打开。2#机组优化前后防喘阀输出命令、反馈信号、压缩机进口流量、出口压力等参数的波动趋势如图 10-168 所示。

对 1#机组防喘控制程序进行相同的优化，并进行启机测试。启机后进行加载提速到 3120 转后，防喘阀投入自动控制后防喘阀逐渐关阀，经过 7 次提速，转速由 3120r 提升至 4000r，期间防喘阀运行平稳，且在 4000r 时防喘阀全关，此时工作点离喘振线偏差约为 33%。对 1#机组投入远程负荷分配控制，转速下降至 3879r，出站压力保持平稳，防喘阀运行平稳。远程提高出站压力设定值，压缩机转速上升至 4000r，期间防喘阀运行平稳。远程降低出站压力设定值，压缩机转速下降，下降过程中防喘阀运行平稳。通过对 1#机组进行

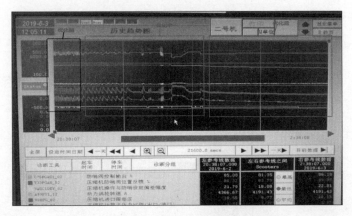

图 10-168　优化前后 2#机组相关参数趋势

启机、加载、升速、手动调速、远程调整负荷等压缩机各种工作模式下的测试，优化后的防喘控制程序能保证防喘阀在低流量工况下的运行平稳。

5. 总结

经对该压气站 2 台压缩机组防喘控制程序优化后，机组运行在小流量工况时，在启机过程、停机过程、转速手动控制、转速调整过程、远程负荷控制等各种控制模式和变工况运行下防喘阀均能稳定工作，在喘振控制线左右频繁开关波动现象不再出现，并通过一定时间的调整后能将压缩机工作点稳定在防喘控制线右侧 0.1%~0.3% 左右内的安全区域，确保压缩机组安全性的前提下使压缩机运行效率实现最大。

10.2.4　GE 机组干气密封电动增压泵故障原因分析及解决措施

1. GE 机组干气密封电动增压泵简述

公司所辖西三线和轮吐线压气站场安装的 GE 机组，每台机组单独配套有独立的干气密封系统电动增压泵，在启停机阶段为离心压缩机干气密封提供增压后的密封气，保证干气密封正常工作（见图 10-169）。

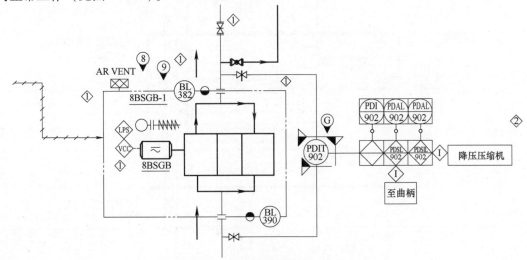

图 10-169　干气密封增压撬流程示意图

2. GE 机组干气密封电动增压泵结构和原理

GE 机组干气密封电动增压泵主要由驱动电机、减速齿轮箱和往复式增压泵三部分构成（见图 10-170）。

驱动电机功率为 1.5kW，动力为 380V/50Hz/3ph，主要通过减速齿轮箱（见图 10-171）为往复式增压泵提供动力。

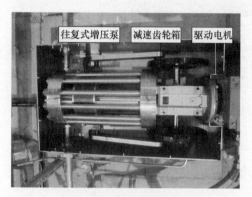

图 10-170　电动增压泵结构

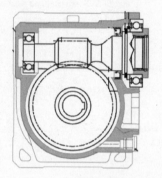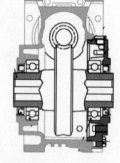

图 10-171　减速齿轮箱结构

减速齿轮箱主要通过小齿轮输入，大齿轮输出齿轮达到降低输出转速的目的，并且同时实现动力输出方向与电机输出方向成垂直 90°。并通过连杆与气缸活塞组件连接，由圆周旋转运动转化为气缸活塞往复运动。

往复式增压泵结构较为复杂（见图 10-172），主要由气缸、气缸活塞组件、进排气单向阀、气缸两端法兰和连杆构成。减速齿轮箱通过活塞缸体两侧连杆结构将圆周运动转化为活塞组件的往复运动。在缸体两端法兰均安装有气缸进/排气单向阀，可在活塞往复运动过程中同时实现气缸一侧吸气和另外一侧排气，交替重复进行，达到为密封气增压的目的。

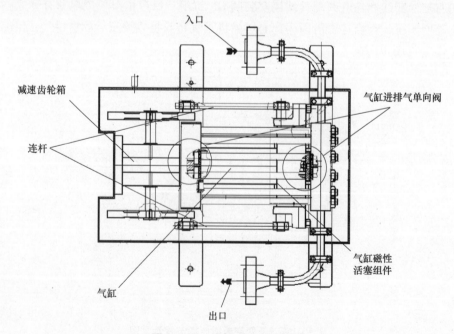

图 10-172　往复式增压泵结构

3. GE 机组干气密封电动增压泵目前存在的问题

GE 机组干气密封电动增压泵经过长时间运行后会出现增压效果差，不能满足启机过程中干气密封供气压力大于压缩机腔体内压力的要求，导致启机失败。

4. GE 机组干气密封电动增压泵故障原因分析和解决措施

（1）引起 GE 机组干气密封电动增压泵增压效果差的原因可能有以下几个方面

1）干气密封增压泵引气管线单向阀失效，导致密封气不进入增压撬内。

2）干气密封增压泵齿轮箱内部故障，导致增压泵驱动力不足。

3）干气密封增压泵内气路堵塞，导致增压泵无法增压。

4）干气密封增压泵活塞损坏，导致增压泵内无法增压。

5）干气密封增压泵内部单向阀失效，导致增压泵无法增压。

6）干气密封增压泵进出口差压变送器故障，导致显示错误。

（2）针对以上可能出现的故障原因，应采取相应的处理措施

1）在增压泵出现工作异常时，现场观察增压泵动作是否存在振动大，是否存在卡滞或异响等异常情况，掌握清楚现场问题，有助于后期故障诊断和处理。

2）系统能量隔离后，检查干气密封增压泵引气管线单向阀内部是否存在堵塞或卡死等情况，视情清理单向阀阀体内部组件。

3）检查干气密封增压泵进出口差压变送器引压管是否存在堵塞或差压变送器仪表本体发生故障，视情疏通引压管或处理仪表故障。

4）设备能量隔离后，现场将驱动电机脱离，用手转动减速齿轮箱检查是否有卡涩或异常声音。如有异响或卡涩等异常情况，更换减速齿轮箱。

5）解体往复式增压泵，检查进排气单向阀是否存在堵塞或失效的情况。视情清洁单向阀，恢复单向阀功能。

6）检查磁性活塞在缸体内是否可以自由滑动，活塞在缸体内是否密封，活塞表面是否有磨损或其他缺陷。视情修复活塞表面缺陷或更换新的活塞。

7）检查缸体内部是否有划痕、磨损或缺陷损伤，视情进行修复或更换。

8）用仪表风检查增压泵进排气管线、内部气路是否有异物或堵塞等情况，视情处理异物或堵塞等情况。

5. 结论

通过以上方面的排查和处理后，在干气密封增压泵故障消除的情况下，独立启动干气密封增压泵电机，进出口差压变送器会检测到明显压力反复波动情况，则表明干气密封增压泵恢复正常工作。

对于 GE 机组干气密封增压撬来讲，在做好检查、维护和保养的情况下，可以保证设备完好运行。

（1）主要从下列几个方面

1）电机检查。主要检查电机所处环境的温度和湿度，保证电机在干净、通风的环境下运行。电机轴承润滑脂符合设备要求。此外，还要检查电机与减速齿轮箱的连接是否可靠。

2）减速齿轮箱检查。因减速齿轮箱内部的齿轮传动结构，应定期检查内部润滑油量，保证内部润滑油维持在 0.9L 左右。减速齿轮箱在运行 10000h 后应进行更换。

3）增压泵高压部分组件检查。每运行 3000h，应检测干气密封增压泵工作情况。建议每运行 6000h 后，更换活塞、垫片和单向阀。

（2）进一步改进措施

1）机组外围干气密封系统主要为压缩机轴两侧干气密封提供干燥、洁净的密封气，因此要保证外部异物不会进入干气密封系统中，特别是在干气密封过滤器后部管段内。目前因站场工艺管道内气质较差，机组干气密封系统处理能力差，部分站场都根据实际情况对干气密封系统进行了技术改造，牵扯到改造管路、增加过滤或加热设备。因现场施工过程中焊接、耐压试验等项目清理不彻底，导致异物进入管路内，引起设备故障。建议加强设备技术改造过程中的监督环节，保证高质量施工，现场无遗留隐患。

2）需要定期对干气密封增压撬进行检查和保养，应储备一定数量的备件包，主要包括密封圈、垫片等易损件。

10.2.5　轴流式止回阀失效机理及原因分析

1. 轴流式止回阀工作原理

轴流式止回阀是安装在压缩机、泵等装置或管线上，防止介质回流的保护装置。当正向流动的介质流动到阀瓣位置时，流动受阻，使阀芯产生位移，如图 10-173a 所示流体介质从内截面 A1 处以平均速度 V_1 进入，阀门流道截面积稳定减小至阀座口径截面 A2 处（依据文丘里管原理设计），随着流道口径减小而通过阀门的介质流量保持恒定，因此流速势必增加，即在截面 A2 处，流体速度增大至 V_2。流道横截面进一步减小至阀门绝对最小横截面 A3 时，即在内阀套和主阀体之间速度增加至 V_3。随着流体速度的

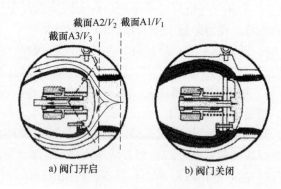

图 10-173　阀门开启和关闭

a）阀门开启　　b）阀门关闭

增大，每个截面上静压头的减小，导致了静压差：即阀体截面 A3 处的静压小于阀体截面 A1 处的静压。静压差的存在提供了部分作用于阀瓣上的力，该作用力和流体冲击阀瓣的冲力的合力开启阀门；当介质流量明显减小时，如图 10-173b 所示，静压差随之减小使得弹簧弹力克服流体压力，阀瓣瞬时响应并关闭阀门，轻型阀瓣及弹簧作用和轴向行程短，可确保快速缓冲响应，阀瓣快速响应回位可避免流体逆流和阀门拍击，因此也消除了压力冲击波的危险和水锤的影响。止回阀的工作特点是载荷变化大，启闭频率小，一旦投入开启或关闭状态，在使用周期内便始终保持原有状态，但一旦有"切换"要求，则必须动作灵活，实现开启或关闭。

2. 轴流式止回阀结构特性

轴流式止回阀根据其阀瓣结构形式不同可分为套筒形、圆盘形和环盘形等，如图 10-174 所示。套筒形结构阀瓣质量轻动作灵敏，行程较短、结构长度短，可低压密封和低压开启，关闭无冲击、无噪声，弹簧不直接与介质接触、寿命长。缺点为有两个密封副，给加工、研

磨和维修增加了困难。套筒形结构一般用在长输管线或空压机出口等大口径管线介质出口，可水平或垂直安装。圆盘形结构具有动作灵敏、行程短、关闭无冲击、无噪声、流体阻力小，反应迅速，只有一个密封面制造方便等优点，一般用于低噪声、无外漏的天然气输送，石化、电厂等中小口径管线系统。环盘形结构阀瓣行程很短，加之有弹簧载荷的作用，使其关闭迅速，因此更有利于降低水锤压力；缺点是结构复杂，流通阻力较大，一般用于垂直管道。

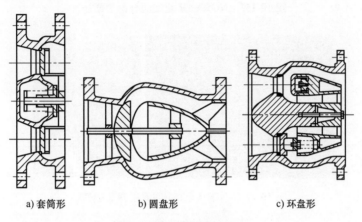

a) 套筒形   b) 圆盘形   c) 环盘形

图 10-174 阀瓣结构形式

3. 轴流式止回阀在西气东输西段的运行情况统计

西气东输一、二线西段共有 87 台压缩机，每台压缩机的出口均设置一台轴流式止回阀，其中西一线及支线共计 41 台，其中 37 台是 MOKVELD 品牌，阀瓣形式为圆盘形；4 台是 TREE 品牌，阀瓣形式为圆盘形。西二线共计 46 台，其中 6 台是 MOKVELD 品牌，阀瓣形式为圆盘形，其余 40 台全部产自德国 NOREVA，阀瓣形式为环盘形。自投产运行以来，西二线某站先后出现了止回阀失效，对压缩机的安稳运行带来了隐患，经过统计，失效的四台止回阀均为德国 NOREVA 生产，且失效前存在阀门关闭不严和阀内有异响的现象。

4. 故障分析

环盘型轴流式止回阀采用浮动的阀瓣结构，即实现关闭的关键件阀瓣由三个或四个放射状的导向片实现导向，并实现在静止状态下的限位。导向片一端连接在后端的导流体上，另一端连接弹簧座，弹簧座背部设置弹簧，利用弹簧的弹力使弹簧座前端与阀瓣内的 U 行环槽配合，起到定位阀瓣的作用。阀瓣的运动将由导向片围绕螺栓连接段做转动运动的同时实现阀瓣的前后运动。该结构复杂，且为了保证阀瓣前后运动和保证弹簧片对阀瓣具备低的运动阻力，导向片一般设计得很薄。该结构设计精巧，但同时其弊端也是显而易见的：三片或者四片较薄的导向片由于装配误差，决定了阀瓣的重力将长期由一个或两个导向片来承受，在响应波动流量的运动过程中极易疲劳破坏，当一个导向片破坏后，将发生后续导向片断裂，最终导致整个阀门失效报废的严重后果。如图 10-175 所示，2014 年西二线某压气站 4302#止回阀在运行过程中阀内有巨大声响，将该阀从管线切下并对该阀进行解体后发现，导向片全部断裂，阀瓣也出现了变形。2017 年 3 月，我们对出现同样故障的西二线某站 4302#阀进行了拆解，拆解体后发现密封面损坏，不能实现密封，如图 10-176 所示。

图 10-175　NORVER 止回阀导向片断裂

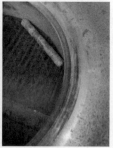

图 10-176　NORVER 止回阀密封面损伤

通过对出现问题的阀门进行拆解，更加印证了我们之前的分析：

1）环盘形轴流式止回阀采用双密封面密封方式，要求浮动的阀瓣的两个密封面与阀体的两个密封面紧密配合实现密封，由于该类型轴流式止回阀阀瓣浮动，由导向片支撑，且导向片与阀瓣非固定连接，如图 10-177 所示，装配的间隙和因阀瓣自身重力引起的导向片受力不均将导致阀瓣与阀座很难对准，因此阀瓣和阀座在低流量条件下很难实现密封。同时由于该阀筋迎面和导流罩设计不合理（见图 10-178），干扰气流加剧了阀瓣的晃动，同时加快了导向片的疲劳断裂。

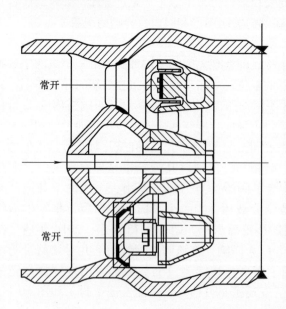

常开

常开

图 10-177　导向片弹簧座与阀瓣配合情况

2）设计选型存在问题，在本文的一开始，我们就提到，环盘形阀瓣适用于垂直安装的管道，垂直安装的话一方面可以避免导向片受力不均匀问题；另一方面可以避免在介质回流时阀瓣对阀座的碰撞磨损。在实际运行工况条件下，由于阀瓣自由活动的间隙较大，介质回流时首先会对阀瓣形成冲击，然后再慢慢实现阀瓣与阀座贴合实现密封功能，因此该类型的止回阀在水平安装时，短时间该阀可以实现密封，但是经过一段时间的运行后，阀门往往因为多次的碰撞磨损导致密封失效。

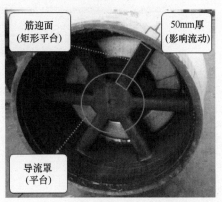

图 10-178　进气端导流罩和筋

5. 后期运行及建议

1）这些出现问题的阀门降低了压缩机组的可靠性，同时对用户造成巨大的经济损失，切割一台止回阀，需要无谓的放空掉至少几万方的天然气，经济损失极大。一直以来，用户一般认为采用国外的产品尽管价格相对昂贵，但是能够保证使用性能和使用寿命，然而从实际的使用情况来看，大面积的使用环盘型的轴流式止回阀正在给用户带来一系列的麻烦。如果更换一台国外的止回阀，交货期至少半年以上，这对于现场的安全运行是一种极大的挑战，用户只能通过关闭机组来避免这种危害的发生。如果所有进口阀门都这样，管线安全运行将得不到保证。鉴于此型阀门阀芯结构缺陷，且损坏后无修复价值，应对损坏的阀门进行更换。

2）轴流式止回阀的开启是一个基于流量变化的动态过程，介质流量对阀门的开启位置状态起决定性作用，只有当流量达到一定程度后才能保证轴流式止回阀达到全开稳定工作状态。因此，针对特定工况，在设计制造阶段应对流量提出要求，其目的不仅是为了阀门具有足够的流通能力，更重要的是确保阀门实际工况下稳定工作。

3）优化压缩机启停机程序，核算压缩机出口阀开启和关闭时机，从而缩短轴流式止回阀阀芯在不稳定区的停留时间，达到轴流式止回阀阀芯长周期运行的目的。

4）前期中石油的轴流式止回阀一直以进口为主，通常只把16″以下的小口径阀列为国产，偶尔因国外厂家供货来不及等原因有几次实现了大口径32″的国产化，经过十几年的使用，这些阀门没有因制造技术水平等原因出现大的问题。目前国内一些厂家已经实现了大口径轴流式止回阀零泄漏的技术突破，已基本赶上国外水平，部分技术甚至已经超过国外。新地佩尔厂家生产的大口径止回阀已经在庆铁线、西二线轮南支干线、中哈天然气管线得到成功应用，后期在新管线设计选型时，可以优先选用国产止回阀。

10.2.6　西三线某站 1#机组压缩机启机振动值高故障处理

1. 故障简述

2019 年 2 月 12 日 11 时 55 分，西三线某站 1#机组在周期性启机测试过程中出现压缩机非驱端 XT3356X 振动值高报警，出现停机信号导致测试中断（见图 10-179），机组无法备用。该机组上次起机时间为 2018 年 12 月 6 日，停机时间为 2019 年 1 月 17 日，期间压缩机振动、温度压力等无任何异常。

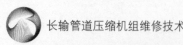
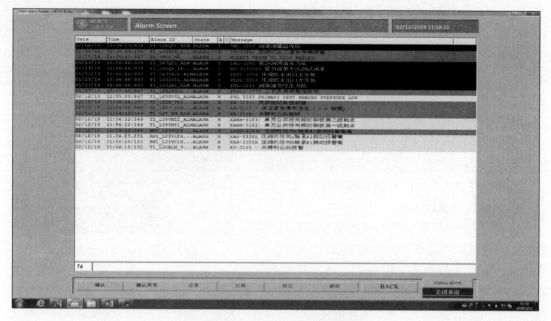

图 10-179　2 月 12 日停机报警画面

2. 故障详细描述

2019 年 2 月 12 日 11 时 55 分，西三线某站 1#机组压缩机组启机测试，转速到达 2572RPM 时，驱动端振动值 XT-3355X 为 67.92μm、XT-3355Y 振动值为 36.77μm，非驱动端 XT-3356X 振动值为 75.29μm、XT-3356Y 方向振动值为 45.39μm，驱动端 X 方向振动超过报警值 50μm，非驱动端 X 方向振动超过停机值 70μm（见图 10-180）。

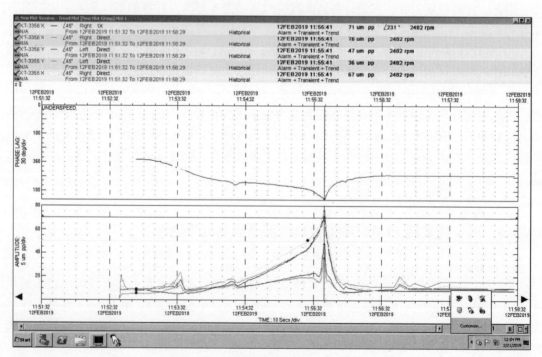

图 10-180　起机振动趋势图（2 月 12 日）

该机组上次起机时间为 2018 年 12 月 6 日，起机趋势图见图 10-181。

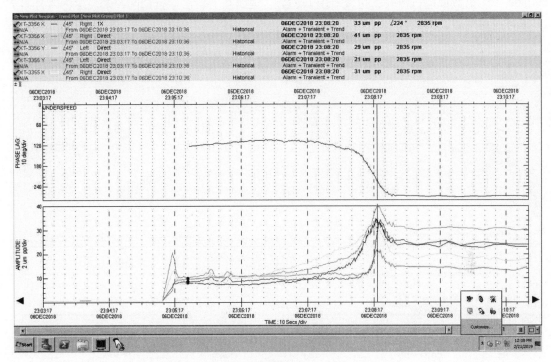

图 10-181　正常起机振动趋势图（2018 年 12 月 6 日）

将两次起机数据进行比较（见表 10-18），发现在 1000r/min 以下时，振动数据比较接近，当转速上升至 2000r/min 以上时，振动值快速上升，在未达到临界转速 2800r/min 时，振动即达到跳机值。

表 10-18　机组振动数据对比

振动参数	503r/min		1040r/min		2028r/min		2572r/min	
	12 月 6 日	2 月 12 日	12 月 6 日	2 月 12 日	12 月 6 日	2 月 12 日	12 月 6 日	2 月 1 日
XT-3355X	8.72	13.18	11.19	12.98	22.58	47.48	28.19	67.92
XT-3355Y	10.42	6.06	10.76	10.27	11.09	19.23	13.27	36.77
XT-3356X	10.66	13.37	11.53	14.34	18.46	40.4	31.49	75.29
XT-3356Y	8.82	11.38	9.54	10.9	9.5	20.98	12.84	45.39

3. 故障原因分析

1）回路或卡件故障：首先确定信号回路和卡件是否正常。起机时压缩机两端 4 个探头振动值同时升高，振动探头故障可能性比较低，现场前置放大器或 3500 卡件故障可能导致振动值异常，之前在酒泉站 2#机组遇到过因 3500 卡件故障导致压缩机两端振动值升高，需进行排查。

2）矿物油温度、压力、干气密封系统等辅助系统的影响：矿物油温度、压力变化影响油膜质量，进而对机组振动产生影响，干气密封严重损坏，可能导致振动升高。

3）外来物体打击或内部零件脱落：通过对 2018 年 12 月 6 日起机和 2019 年 1 月 17 日

停机期间振动数据进行分析（见图 10-182），没有振动异常升高现象，且将此区间振动数据
与前两年历史数据进行比较，也没有上升趋势，说明在上一次运行期间，未发生物体打击或
零部件脱落现象。

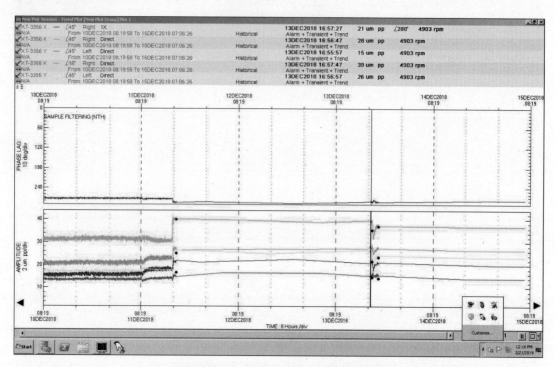

图 10-182　上一次正常运行时振动趋势图

调取分析 2 月 12 日起机振动高点频谱图（见图 10-183），发现振动 1 倍频占主要成分，
转子不平衡现象明显，不能排除外来物体打击或内部零件脱落的可能性。

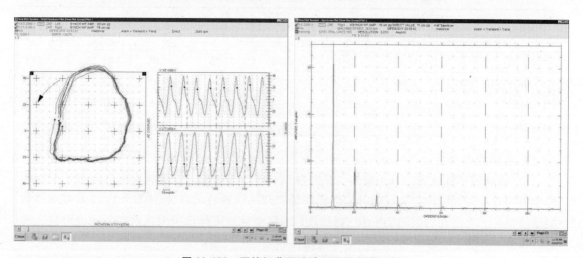

图 10-183　压缩机非驱端波形图及频谱分析

4）长时间停机，压缩机轴发生轻微弯曲变形：从 1 月 17 日停机，到 2 月 12 日起机，

压缩机 26 天停机未运转，存在轴轻微弯曲可能，轴弯曲会造成转子不平衡，现象与转子不平衡现象相似，但轴轻微弯曲变形可以在运行过程中自动矫正，恢复到正常状态。如果压缩机运行后，振动下降至之前水平，可判断为转子弯曲，而不是因为制造或掉块产生的质量不平衡。

4. 故障处理经过

（1）回路及卡件检查

因 2 月 12 日起机时，是压缩机两端 X 方向振动高，怀疑振动信号线错接，对现场 JB-02 接线箱内回路进行通断测试，均与上位机及本特利保持一致（见图 10-184），无错接现象。

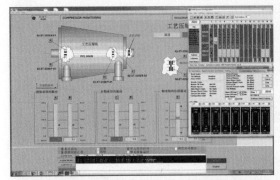
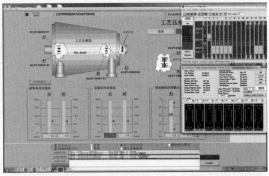
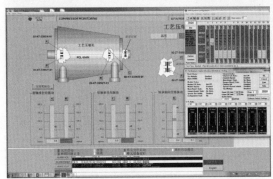
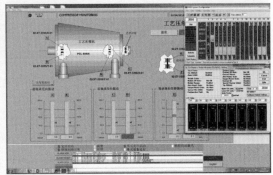

图 10-184　回路通断测试

对本特利机架及回路各接线端子进行检查（见图 10-185），无异常。

图 10-185　对本特利机架及回路各接线端子进行检查

（2）矿物油及干气密封系统等检查

检查矿物油、干气密封、工艺系统均正常，矿物油供油温度保持在 50℃ 以上，压力 200kPa 以上（见图 10-186），干气密封排气压力在 200kPa 以内（见图 10-187），压缩机入口过滤器压差最高为 38kPa，均在正常范围内（见图 10-188）。

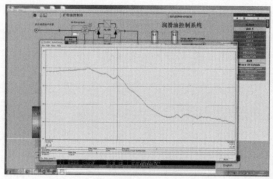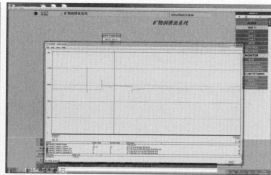

图 10-186　矿物油温度及压力

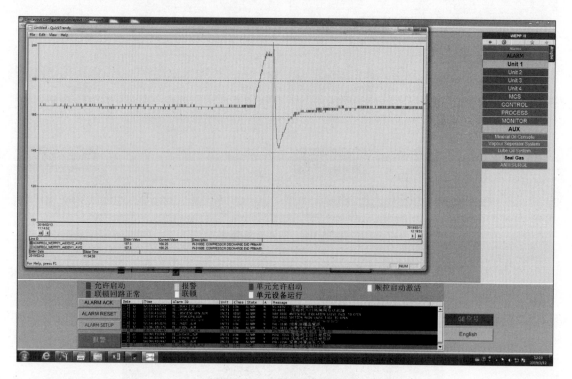

图 10-187　干气密封排气压力

（3）拆卸压缩机入口短节，检查压缩机入口滤网及进口流道

2 月 15 日，分公司开始对压缩机入口短节进行拆卸，检查滤网完好，无破损（见图 10-189）。

检查入口导流罩螺栓检查，完好（见图 10-190）。经确认，GE 已对西三线所有压缩机端盖进行过更换。

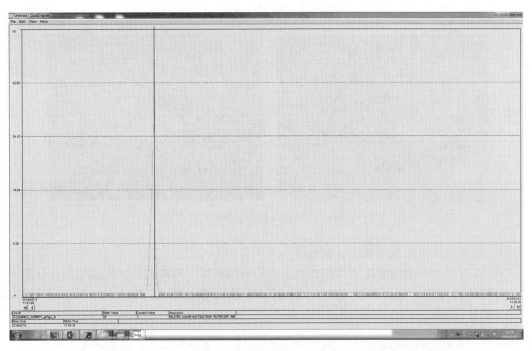

图 10-188 压缩机入口过滤器压差

图 10-189 压缩机入口滤网检查

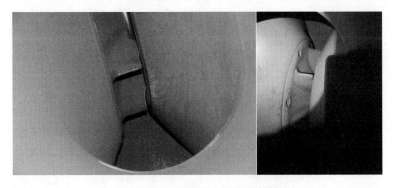

图 10-190 检查入口导流罩螺栓

对压缩机一级导流叶片进行孔探检查，正常（见图10-191）。

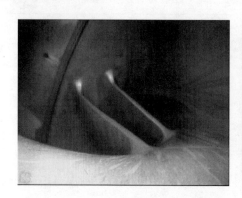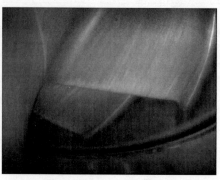

图 10-191 压缩机一级导流叶片孔探检查

（4）压缩机入口短节回装后启机测试

2月18日，在完成压缩机入口检查、入口短节回装后，启机测试，振动趋势与数据和2月12日起机时相似，最高转速2662r/min时，压缩机非驱端XT-3356X为73μm，驱动端XT-3355X为64μm（见图10-192）。

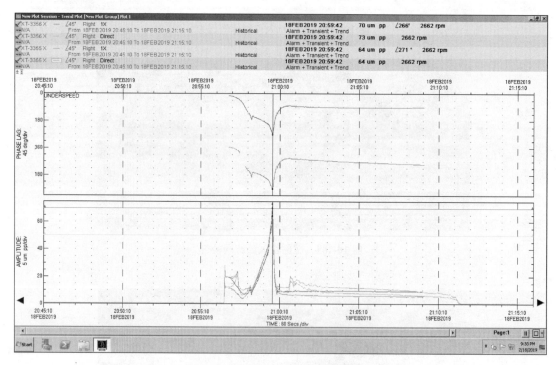

图 10-192 2月18日启机测试趋势图

（5）更换卡件、隔离栅及前置放大器

2月19日，为彻底排除回路故障，将西三线3#机组压缩机4个前置放大器、隔离栅及XT-3356X、XT-3356X对应3500机架40卡件替换至1#机组后，启机测试，测试结果与前两次一致，未能顺利通过临界转速2800r/min（见图10-193）。

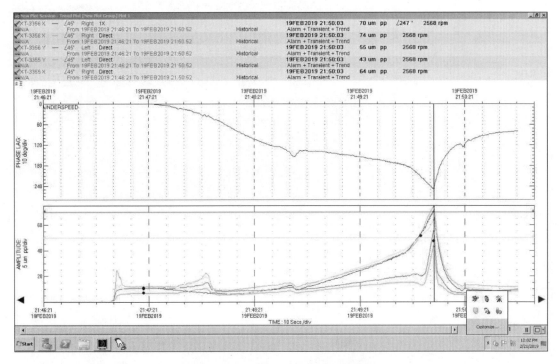

图 10-193　2 月 19 日启机测试趋势图

（6）拆卸检查联轴器

2 月 20 日，拆卸联轴器护罩，对联轴器及连接情况进行检查（见图 10-194），未发现异常。

图 10-194　联轴器检查

（7）与西三线某站 1#机组进行对比分析

在停机备用 20 天后，2018 年 2 月 2 日，西三线某站 1#机组启机时，在转速到达 2720r/min 时，压缩机驱动端振动 XT-3355X 为 74μm，超过停机值，另外 XT-3355Y 为 55μm，XT-3356X 为 64μm，XT-3356Y 为 57μm（见图 10-195）。

该启机趋势图走势与某站基本一致，在刚起机时，由于启动的冲击叠加轴的弯曲影响，加大了振动的幅值，可以解释在 700rpm 以内振动相对较大。而随着运行时间的增加，启动冲击效应逐渐消失，振值逐渐降低稳定直至靠近临界转速。

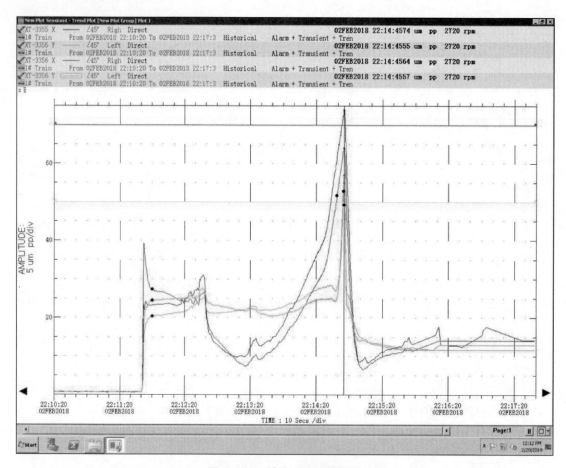

图 10-195 某站跳机时趋势图

对比某站的启机振动高点频谱图（见图 10-196），可以发现与某站一样，振动 1 倍频占主要成分。

在第一次启机失败后，某站在 2 月 3 日第二次启机时，靠近临界转速振动仍然较大，XT-3355X 最大达到 67μm，但未达到跳机值，顺利通过临界转速，在达到最小负载后，随着运行时间的增加，振动值逐渐降低，恢复以往正常运行时振动水平（见图 10-197）。

因此，轴如果发生轻微弯曲，在临界转速下会产生较大振动幅值叠加，使机组难以过临界，此时需想办法尽可能使机组过临界转速，顺利启机。

（8）低转速测试，在临界转速以下进行充分运转后升速

根据前几次启机测试情况发现，振动在 2000r/min 以后快速上升，在 2000r/min 左右时，振动最高维持在 40μm 左右。经过与分公司现场讨论，将压缩机转速逐步提升至 2000r/min，在保证安全的情况下，让压缩机在该转速下运转 30min，消除可能存在的轴弯曲现象，压缩机进行充分运转后将转速升至最小负载。

2 月 20 日 20:50 开始启机测试，将转速逐步提升至 2000r/min，转速到 2000r/min 时，振动值达到阶段高值，XT-3356X 为 28μm，XT-3356Y 为 15μm，XT-3355X 为 26μm，XT-3355Y 为 14μm（见图 10-198）。前三次失败的启机过程中，在 2000r/min 时，XT-3356X 在

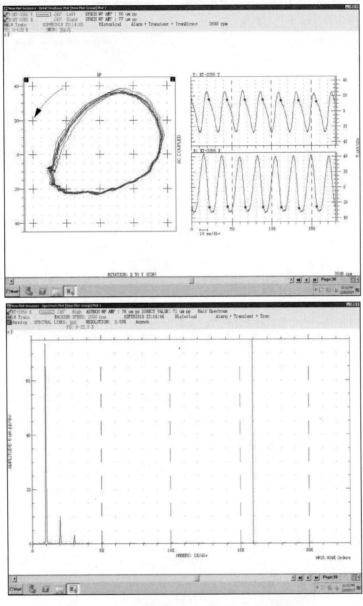

图 10-196 某站压缩机驱动端波形图及频谱分析

34~40μm 之间，而在 2018 年 12 月 6 日起机时，XT-3356X 在 2000r/min 为 18μm。

压缩机在 2000r/min 稳定运行后（见图 10-199），XT-3356X 振动值维持在 18μm 左右，稳定运行 30min 左右，先将转速提至 2200r/min，然后将转速提至最小负载 3380r/min，在提速过程中，XT-3356X 最高振动值未超过 30μm，稳定后，振动值维持在 25μm 左右，恢复到以前正常运行时振动水平。机组于 22:00 停止测试，手动停机。

为保证机组恢复备用，分别于 2 月 20 日 22:23（见图 10-200）和 2 月 21 日 12:47（见图 10-201）正常启机测试。两次起机，机组过临界时，压缩机所有振动值均未超过 35μm。机组恢复备用。

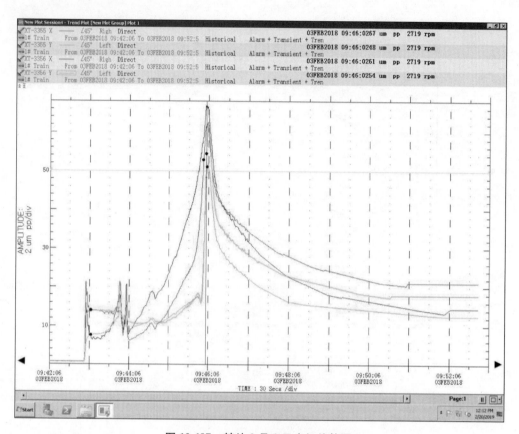

图 10-197　某站 2 月 3 日启机趋势图

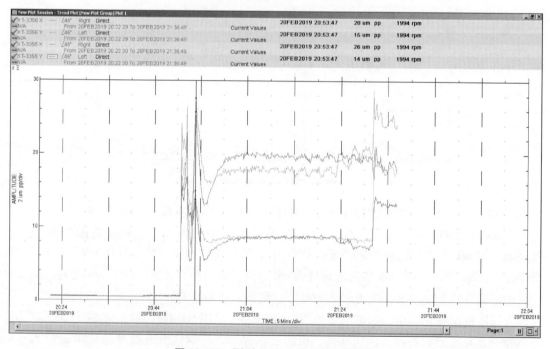

图 10-198　刚到 2000r/min 时振动数据

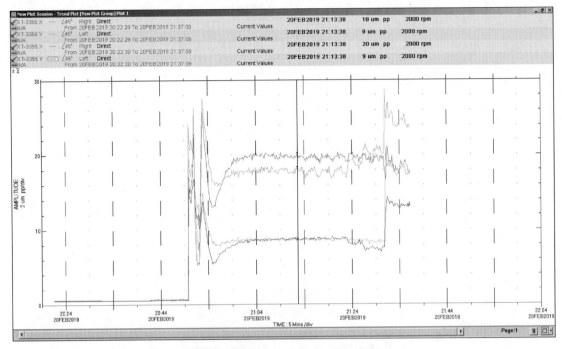

图 10-199　2000r/min 稳定运行后振动数据

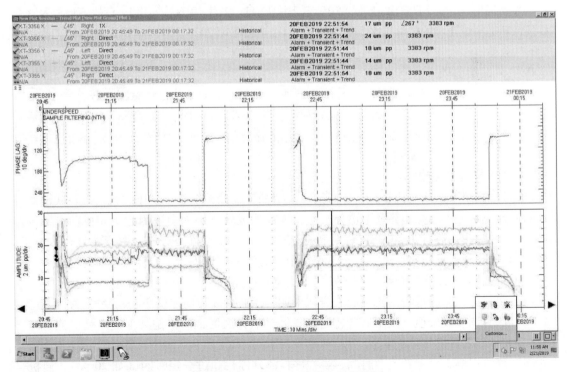

图 10-200　2 月 20 日正常启机趋势图

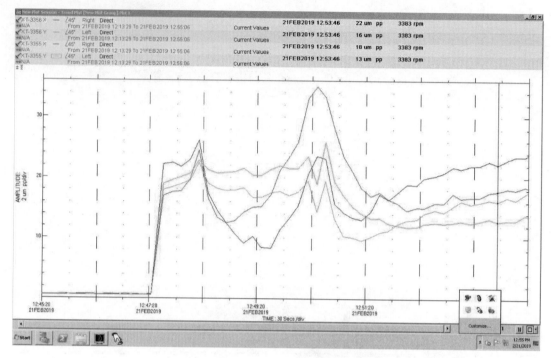

图 10-201　2 月 21 日正常启机趋势图

（9）多次启机数据对比及总结

将 2018 年 12 月 6 日正常启机、2019 年 2 月 12 日、2 月 18 日、2 月 19 日故障启机及 2 月 20 日低转速测试正常的压缩机振动数据进行对比（见图 10-202）。可以看到，在 2000r/min 处，故障时振动值相比正常时增加很多，最高的 XT-3355X 接近 50μm，相对来说 2 月 20 日在 2000r/min 振动值较小，但也高于正常值。因为通过软件修改，在转速到达 2000r/min 时即停止升速，从图 10-203 中可看出，若此时转速正常上升，振动值也将急剧上升。

2 月 20 日测试（见图 10-203），在转速刚到达 2000r/min 时，XT-3356 为 27μm，然后在 2min 左右下降到最低的 16μm，又过 5min 后达到稳定值 18μm。因此，在设定低转速运转时间时，可设定在 10~20min。

5. 改进措施及建议

通过对控制系统回路检查及卡件对换、润滑油等辅助系统检查、压缩机入口及联轴器等机械检查、System1 系统趋势及图谱分析等，确定造成转子不平衡原因为压缩机轴在备用期间发生轻微弯曲，通过在 2000r/min 低转速较长时间连续运行，对轴轻微弯曲进行了矫正，降低振动值顺利通过临界转速。转子不平衡现象的消失，也佐证了轴轻微弯曲的存在。

继续观察，若以后再有类似情况发生，建议：

1）可讨论适当降低备用机组起机测试周期，嘉峪关故障前停机 20 天、精河站为 26 天。

2）临时调整设定值，采用低转速运转降低过临界振值，而不是马上提高跳机值，防止振动过大，造成转子与静子摩擦。

3）修改程序，设定转速及时间，当程序检测到停机超过一定时间（如 20 天），启机自动执行低转速（如 2000r/min）运行，在运行完设定的时间后（如 15min）再提速至最小负载。

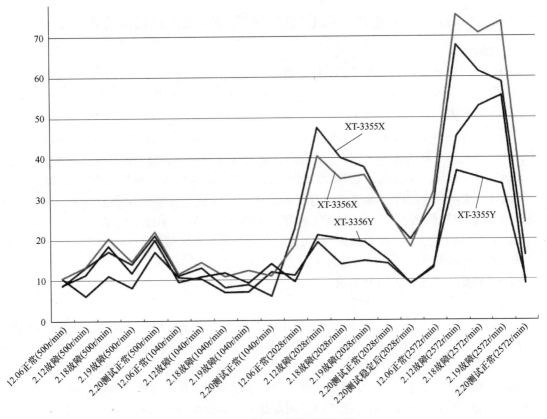

图 10-202 多次启机数据对比图

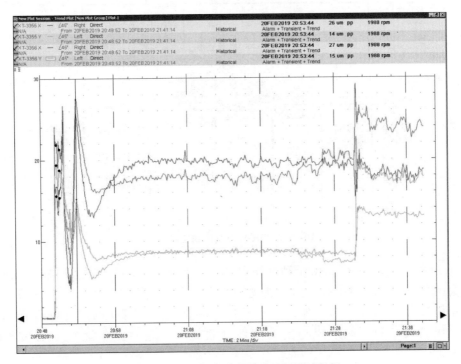

图 10-203 2 月 20 日低转速运行测试数据

10.2.7 长输天然气管道压缩机干气密封污染原因及改进预防措施

1. 描述

干气密封因其寿命长、能耗低、操作简单、且能适应高温高压、被密封流体不受油污染等特点在长输天然气管道压缩机中得到广泛应用。据统计，某管道公司共有 154 台压缩机，配备了 5 个厂家不同型号共 308 套干气密封。

长输管道压缩机干气密封均为集装式、单螺旋槽、串联干气密封，主要是为适应压缩机轴径大、功率高、输送介质压力高、沿途条件依托差等特点而设计。但管道压缩机因输送介质来源复杂、带液、压力高、上下游互相影响、地理位置等因素，容易造成干气密封受到污染而失效，影响向下游的连续输送。有统计表明，干气密封失效的众多原因中 70% 以上都是因为干气密封污染造成。因此如何保护管道压缩机干气密封不遭受污染就显得意义重大。本文以西气东输二线 Nuovo Pignone 公司 PCL800 系列离心压缩机配套博格曼 PDGS 10/200 型干气密封为例分析干气密封污染原因，并提出相应解决措施。

2. 博格曼干气密封结构及系统

（1）干气密封的结构及原理

PDGS10/200 干气密封为集装式串联密封，与普通平衡型机械密封相似，由静环和动环组成，摩擦副为硬对硬配对。动环为单向 V 形槽，采用缠绕弹簧定心，扭矩传递方式为摩擦力，材料采用碳化硅或氮化碳，只能单向转动；静环由弹簧加载，端面材料采用碳化硅+金刚砂涂层，高硬度金刚砂涂层增强了端面耐化学和磨损性能，并能弥补硬对硬摩擦副自润滑性能方面的不足，增加了配合端面的使用寿命。其结构如图 10-204 所示。

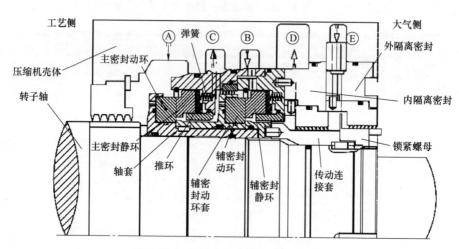

图 10-204　PDGS 干气密封结构示意图

干气密封在正常工作时，由于动环端面单向 V 形槽（深度一般为几微米）存在，周围气体会因黏性沿槽形向中心泵送，遇到密封坝处阻碍，气体压缩、压力升高，推开密封面，从而形成 3~5μm 气膜间隙，使干气密封运行时，动、静环始终处于非接触状态并且微动。维持动、静环间形成稳定的刚性气膜是干气密封正常运行的必要条件，如图 10-205 所示。

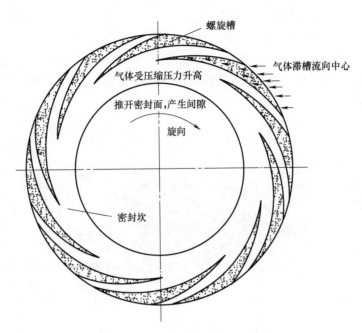

图 10-205　PDGS 干气密封工作原理

螺旋槽

气体滞槽流向中心

气体受压缩压力升高

推开密封面，产生间隙

旋向

密封坎

密封面刚性气膜的厚度大小受到闭合力（F_O）和开启力（F_C）的影响。闭合力由静环座弹簧力（S）与静环后面密封气压力（P）组成，在密封气压力相对不变的情况下，闭合力大小随弹簧的弹性形变而改变；开启力在压缩机转子不转动时受密封端面（动环和静环）槽深、端面变形、表面粗糙度（R_a/R_z）、端面平行度误差等影响；但一旦旋转，则为端面间气膜压力差和流体动压能的共同影响，主要受压缩机旋转转速的影响。当端面间隙增加时，闭合力（F_C）>开启力（F_O），如图 10-206a 所示；当端面间隙减少时，闭合力（F_C）<开启力（F_O），如图 10-206b 所示；而在机组正常平稳运行阶段，闭合力（F_C）= 开启力（F_O），如图 10-206c 所示。一般情况下，转速越高端面间隙也就越大。

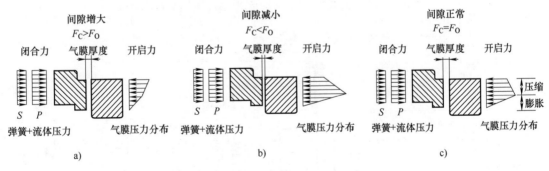

间隙增大　　　　　　　间隙减小　　　　　　　间隙正常
$F_C > F_O$　　　　　　　$F_C < F_O$　　　　　　　$F_C = F_O$

闭合力　气膜厚度　开启力　　闭合力　气膜厚度　开启力　　闭合力　气膜厚度　开启力

压缩
膨胀

S P　　　　　　　　S P　　　　　　　　S P

弹簧+流体压力　　气膜压力分布　　弹簧+流体压力　　气膜压力分布　　弹簧+流体压力　　气膜压力分布

a)　　　　　　　　　　b)　　　　　　　　　　c)

图 10-206　干气密封端面开启与闭合

刚性气膜的气源为系统提供的密封气，如此小的端面间隙（3～5μm），在运行过程中如果固体、液体、气体材料污染了密封气，将会导致刚性气膜失稳，密封面损伤，从而降低密封的可靠性。外界材料进入密封端面间，会引起泄漏量增大，如果持续下去，最终会使密封失效。故需配备一套卓有成效的密封气系统。

（2）PCL800 系列离心压缩机密封气系统

完善的密封气处理系统应具有除尘、除液、加热、增压及调压等功能，并能实现随时调节。PDGS 10/200 干气密封密封气供给示意如图 10-207 所示，与标准串联式干气密封不同的是辅助密封（二级密封）没有单独的供气源，由主密封（一级密封）泄漏密封气供给。PCL800 压缩机密封气处理系统如图 10-208 所示。

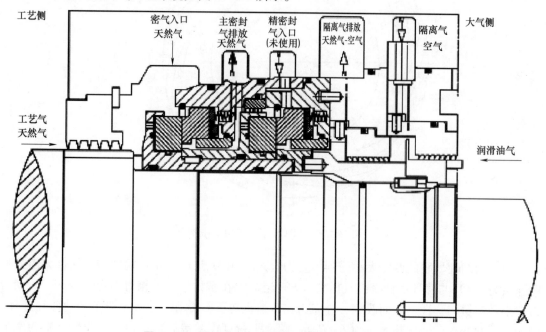

图 10-207　PDGS 干气密封组件密封气供给示意图

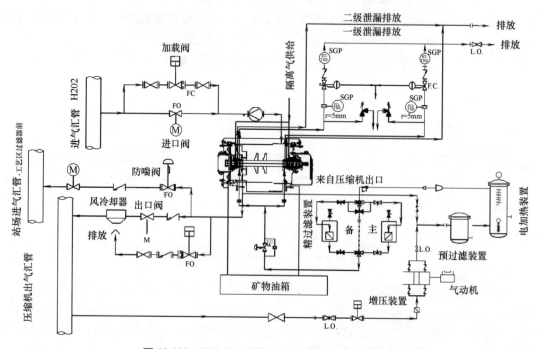

图 10-208　PCL800 压缩机组干气密封气处理系统

如图 10-207 和图 10-208 所示，天然气管道压缩机由于现场公用条件限制，干气密封主、辅密封气均采用工艺气（天然气），密封气有两个不同的来源：当站场没有机组运行时，来自压缩机组出气汇管；而当机组正常运行时，来自于运行压缩机组出口。密封气经预过滤—加热—精过滤—调压后供给主密封，主密封泄漏气的一部分再供给辅助密封。取自压缩机排气汇管的密封气在进入预过滤器前还需增加粗过滤及增压装置，以保证进入干气密封的密封气压力大于压缩机腔体从梳齿密封出来的气体压力，使之处于微正压（50kPa），阻止工艺脏空气污染干气密封。

3. 管道压缩机干气密封的污染物

由图 10-208 可以看出，为防止密封气污染，压缩机制造商在工厂时已经做了相对完善的设计，但是具体到生产运行场地，实际情况要复杂。

（1）颗粒污染

管道压缩机干气密封密封气的颗粒污染来源于四个方面：滤芯质量差、精度不够、破损后没有被发现；滤芯安装时与配管的密封元件受损形成短路；充压时压缩腔体工艺气反窜至密封腔；上游站场或工艺区波动，密封气处理系统来不及处理或效果变差如滤芯堵塞、淹没、击穿等；系统新投产或长时间停用自然生锈、系统改造时等。不管来源如何，颗粒进入干气密封如图 10-209 所示，极有可能导致密封失效。

（2）液体污染

液体污染主要是指管网带水或带入其他液体如凝析油。管网带液多是由于工艺波动（如投产初期、设备突然故障）引起，由上游或本站场带入密封气系统，但是凝析油的影响却往往容易忽视。

在冬季（特别是西部寒冷地区），凝析油的产生及其对干气密封的影响尤其应引起重视。管输压缩机组通常安装在没有设置暖气设备的压缩厂房内，环境温度有时会达到-15℃以下。如果压缩机组长时间没有运行（比如冬季检修期间），压缩机腔体、进出口管线、密封气管线、干气密封部件温度均处于较低状态，如果这时启机，进入干气密封腔的密封气温度在与干气密封机械部件接触后势必迅速降低，工艺气体中的重烃凝析，大大增加了干气密封失效的几率。其表现为干气密封拆解后会发现在主密封动静环部位有凝析油存在如图 10-210 所示，同时动环传动拉簧极可能已损坏（见图 10-210）。根据某管道公司近 2012 年~2016 年压缩机组冬季运行期间（10 月~次年 3 月半年期间）干气密封非正常失效统计，共出现故障 29 次，其中因机组长时间停机、再启机阶段出现故障的达 11 次，且主要发生在冬季 11、12、1 月这 3 个月，说明这与凝析油存在有很大的关系。

图 10-209　PDGS 干气密封颗粒污染情况

图 10-210　PDGS 干气密封一级动环凝析油污染情况

凝析油产生原因与管输天然气出厂指标有关，而烃露点是其主要指标。我国 GB 17820—2018《天然气》标准中 5.1 条中对烃露点指标仅作了笼统的规定，即"在天然气交接点的压力和温度条件下，天然气中应不存在液态水和液态烃"，这种要求不能保证在长达几千公里的长输管道任何地域保证重烃不析出；而俄罗斯全俄行业（OC T51.40—1993）中却对天然气水露点、烃露点指标区分温带、寒带进行了规定，见表 10-19。欧州 6 家主要输气公司联合成立的 EASEE-gas 组织也对天然气烃露点指标进行了规范，见表 10-20。

表 10-19　俄罗斯全俄行业（OC T51.40—1993）相关露点指标

露点指标	温带地区 （1/5-30/9）	温带地区 （1/10-30/4）	寒带地区 （1/5-30/9）	寒带地区 （1/10-30/4）
水露点	≤-3	≤-5	≤-10	≤-20
烃露点	≤0	≤0	≤-5	≤-10

表 10-20　EASEE-gas 提出的有关露点的指标表

露点指标	单位	最高值	推荐实施日期
水露点	℃/7MPa	-8	2006-10-01
烃露点	℃/7MPa	-2	2006-10-01

从表 10-19、表 10-20 可以看出，即使在管输天然气出厂指标完全合格的条件下，在某些局部寒冷的地区，也可能会出现天然气中有水、凝析油的情况，这对保证干气密封的运行构成了威胁。

（3）轴承润滑油污染

在干气密封与支撑轴承之间有内、外隔离密封（见图 10-204）。在内、外隔离密封之间通入仪用空气，通过维持仪用空气和润滑油气的压差来实现润滑油气阻断。如果隔离密封的作用没有正常发挥，则可能因有以下原因：

1）润滑油泵启动前，隔离气未及时投用。

2）机组停机、热备用期间或润滑油泵运行时，仪表风空压机意外停运，造成隔离空气中断。

3）润滑油泵停止，油温还未冷却时，人为过早切断隔离气，导致较高温度油气进入密封腔。

4）隔离密封设计及参数设置不合理。

在对 PCL800 型管输离心压缩机干气密封检修过程中，均可不同程度发现干气密封在二级放空环槽或干气密封动静环进入润滑油如图 10-211 所示，这也造成是密封故障的重要原因之一。

在隔离气正常投用的情况下依旧封不住油，主要有以下因素：润滑油供油压力高或回油温度高；排污阀排放频率较低；压缩机轴承油气排放不畅；干气密封设计缺陷。

分析压缩机组密封腔体结构，当润滑油压

图 10-211　压缩机二级放空环槽的润滑油

过高，油流量大时，会不断冲刷着外侧隔离密封端面转子第一道轴肩处，其中一部分油顺着轴下方流到隔离梳齿密封附近，回油量增加使回油液位提升，波动的液位在最高值时可能高过梳齿密封最下端的密封齿。虽然有隔离气存在，但是梳齿密封下方存在的油的阻力使气体并非均匀地沿着密封间隙向外流，而是倾向于阻力较小的上方空隙，从而产生上面排出下面进油的情况，导致润滑油进入隔离气环槽。如果不及时将环槽中的油排出，润滑油将慢慢爬行至干气密封二次密封气放空和排放的空腔内；加之排放阀排放的频率或间隔不能及时地将流过来的油排放掉，油便毫不费力的沿定子部件之间缝隙进入到二级密封气动静环所在的腔体内部，并从静环背部的弹簧区、动静环贴合面渗到一级密封气排放环槽里。

　　轴承润滑油油气排放不畅的影响也应高度重视，在 Nuovo Pignone 公司 PCL800 压缩机组中，所有压缩系统轴承（燃驱机组还包括动力涡轮）的油气、密封气（除压缩机内侧隔离密封与干气密封二级排放口混合排放外）会统一汇至矿物油箱中，然后由风机抽出，经油气分离、放空阻火器后，排放室外。如果由于风机故障、油箱真空度调节不好、阻火器、配管堵塞意外，势必造成润滑油回油不畅，大大增加润滑油进入干气密封系统的风险。

　　博格曼 PDGS 10/200 型干气密封在设计时，存在一定的设计缺陷。分析干气密封、隔离密封的结构可以发现，干气密封动环轴套锁紧螺母处存在漏油通道，虽然原则上隔离气体压力高于轴承箱压力且螺母外圆自带甩油环结构，通常不会产生爬油现象，但螺母内圆与转子存在配合间隙，构成泄露通道如图 10-212 所示；另一个缺陷是内外隔离密封间的联接螺钉存在进油的隐患。一旦油进入，会增加油进入二次放空口的概率。典型润滑油污染干气密封二级动静环情况如图 10-213 所示。

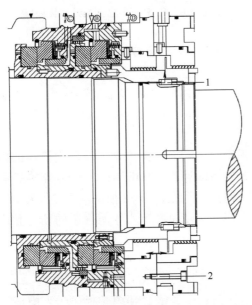

图 10-212　PDGS 10/200-ZT9 型干气密封设计缺陷　　　图 10-213　干气密封二级动静环油气污染情况
1—传动键　2—外隔离密封紧固螺钉

　　（4）其他污染因素

1）工厂装配及现场安装（工艺装配或拆解时），不小心融入。

2）安装时使用防卡阻剂过多带的影响。

3）启停机操作不当的影响。

4. 干气密封损坏机理

（1）对气膜的影响

干气密封正常工作最核心的工作机理是在配对的动环和静环之间能够形成较稳定的微米级刚性气膜，且在备用、启机、运行、停机、负荷调整等各个阶段，气膜厚度是变化的。根据西南交通大学王和顺等人的研究，干气密封在启机过程中端面气膜厚度变化分为Ⅰ（接触）、Ⅱ（波动）、Ⅲ阶段（稳定）。其变化情况如图10-214所示：1~4s内膜厚度为0，两密封端面直接接触，端面间摩擦、磨损严重；4~16s，随着转速的上升，端面间隙由零迅速上升到一个较大值，然后振荡，最后趋于平稳；16s以后，随着转速的不再变化，气膜厚度处于相对稳定的状态。

当有较大颗粒进入密封端面，不论是进入至动压槽或平面区，都将引起气膜的不稳定，气膜的不稳定势必造成干气密封运行的不稳定。不同槽形（不同的几何形状、不同的几何尺寸）的干气密封具有不一样的抗干扰能力。在管道压缩机组中，几乎所有的压缩机厂家均使用单螺旋槽设计，除了它不能双向旋转这个缺点外，它具有更好的液体动压效应，容易形成稳定的刚性气膜、抗干扰能力强是它突出的优点，这也与管输压缩机公用条件较差相适应。但是它也是有运行极限的，大颗粒、大分

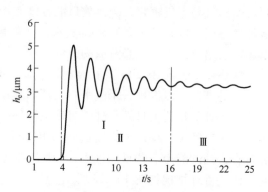

图10-214　P干气密封启动过程模拟

子的进入以及它本身承受几何变形、温差、离心力等都会影响它的正常运行。

（2）对摩擦力矩的影响

在干气密封正常启机过程中，启动力矩是一个重要的参数，许多干气密封制造厂家也就如何降低启动力矩，减少启机阶段对干气密封端面的磨损进行着相应研究，并已研发出相应的产品。

对于非接触的气膜密封（干气密封）或液膜密封，端面摩擦力即为端面间流体的内摩擦力，即黏性剪切力。关于端面螺旋槽结构摩擦力矩的计算，Muijderman 1966年推导的公式被认为是最经典、最准确的计算公式，但由于计算过于复杂，本文根据昆明理工大学宋鹏云、产文研究的当量间隙的简化算法公式进行说明，发现总摩擦力矩与气膜的动力黏度正相关。

$$M_S = \int_{r_i}^{r_g} \frac{2\pi\mu\omega}{h} r^3 \mathrm{d}r + \int_{r_g}^{r_o} \frac{2\pi\mu\omega}{h_e} r^3 \mathrm{d}r \tag{10-19}$$

式中，μ为流体的动力黏度；ω为密封环旋转角速度；r_i为密封环内半径；r_g为槽根处半径；r_o为密封环外半径；h为密封坝区气膜厚度；h_e为当量间隙，其值由以下公式计算：

$$h_e = h + \frac{1}{1+\gamma} h_g \tag{10-20}$$

式中，h_g为螺旋槽深度；γ为台槽比，且

$$\gamma = \frac{r_o - r_g}{r_g - r_i} \tag{10-21}$$

干气密封设计时，都是根据密封气动力黏度进行设计，而液体动力黏度要远远大于气体动力黏度。如果气膜被液体污染，则形成气液混合物，动力黏度将会增加成百上千倍，与此同时，干气密封端面摩擦力矩也相应增加，势必造成轴套的传动部件承受更大的应力，极易造成损坏，在PDGS10/200 干气密封中，直接的表象为动环的支撑拉簧断裂，如图 10-215 所示。

图 10-215　干气密封一级动环支撑拉簧损坏情况

（3）对散热的影响

当干气密封动静环端面之间有油存在时，油就会在动静环之间形成一层几微米厚的油膜，这层油膜使动环端面上的气槽丧失吸入气体的工作能力，因为有油膜阻碍了气体。动、静环端面在相对运动时，气体分子的摩擦将产生大量的热量，如果端面被油污染，热量将被中间的油膜吸收，持续升温会导致动静环由于过热产生脆裂，最终使干气密封报废。密封端面的颗粒影响也大致如此。

5. 预防改进措施

防止干气密封污染的改进措施主要从操作、维护及优化三方面进行。

（1）操作层面

1）优化操作规程，启机前至少提早投用隔离气 30min。

2）减少启机次数，以减少低速情况下对密封端面的磨损。

3）机组反向充压，当条件允许时，可以试着开启干气密封供气阀的形式对压缩机腔体进行反向充压，直至压力达到平衡，可以减少工艺气反窜至干气密封腔体，污染密封端端面。

4）条件具备时，可以另设氮气给辅助密封供气，既可以保证二级密封（辅助密封）的供气量，又可防止一级密封的污染气对二级密封的影响，增加干气密封运行可靠性。

5）保证隔离气的不间断供应，若确需切断，应确保在机组轴承回油温度低于 40℃以下且润滑油泵及应急油泵均断电停用后进行。

6）在全站所有机组均停运时，应立即对机组进行泄压放空，不得通过干气密封增压撬长时间连续保压，避免密封气供应中断或不足。

7）随时与上下游站场保持沟通，掌握工况变化信息，对大量带液工况作为应急事件来处理，做到响应及时，措施得当。

8）合理评估压缩机的怠速盘车和机组切换频次，尽量减少干气密封非正常工况运行机会。

（2）维护层面

1）要经常性地打开压缩机隔离气环槽、二级放空环槽排污阀，检查内部是否有油，及时排放。

2）更换干气密封组件时：①应对所有密封 C 形圈、O 形圈进行更换，注意检查 C 形环开口方向正确；②检查梳齿密封齿顶是否磨损、倒齿，有磨损要及时更换备件，保证密封间隙；③干气密封表面，不得有油渍存在。保证安装部位腔体及对应进气管线干净、干燥、无杂质，及时封堵拆卸的密封气管线，回装前进行必要的吹扫检查；④安装内外隔离密封螺钉时，每个螺钉都应配置密封环垫，隔绝油气通过螺钉向隔离气沟槽的泄露通道。

3）严格监控干气密封过滤器压差，及时切换和更换滤芯，防止压差过高、异常突降，避免工作介质带液击穿滤芯本体，从而使密封气流短路。

4）保证矿物油箱风机的正常运行，定期清理排放阻火塞，保证油箱真空度在$-100mmH_2O$以下，保证所有回油管路正常畅通。

5）保证密封气、隔离气的排放管路畅通，尽量单独排放。

6）如需对机组进行氮气置换，应先通过临时接管，在干气密封双联精过滤器之前导入密封氮气，再通过压缩机进出口相关接口向缸体内通入置换氮气的方式进行充压置换操作，以避免气流将缸体内杂质带到密封端面；

（3）参数及结构优化方面

1）调整密封气供气压力、温度、流量等参数：冬季运行时必须提高干气密封的供气温度至60℃以上，以提高一级密封端面时温度，避免工艺气中重组份在密封浮动部位冷凝堆积。

2）调整润滑油供油压力：在满足轴承温度要求前提下，尽量降低油压，降低油从阻油环中泄油的流量。

3）改进干气密封结构设计：优化现有动环支撑拉簧结构，减少向动环传递扭矩时变形量，提高其可靠性。或优化轴套与动环扭矩传动方式，将动环扭矩传递由支撑拉簧改进为拨叉传动。

4）将隔离梳齿密封形式改为碳环密封，改进挡油环设计，阻断油气泄漏通道。

5）优化密封气控制逻辑，延长干燥、预热干气密封供气时间，至少保持30min以上，保证动环、密封轴套材料和橡胶密封圈充分预热，尽量杜绝密封气在温度较低的情况下进入干气密封腔，并保持密封气温度始终处于较高水平，减少重烃凝出的概率。

6. 结论

1）管道压缩机干气密封必须在干燥、洁净的环境中运行，任何轻微的污染都有可能导致密封可靠性下降，甚至引起密封失效。

2）颗粒、液体、润滑油气是干气密封的主要污染物质，其来源包括密封气、工艺气和轴承润滑油，产生的根源为上游站场、本站工艺区、机组的生产操作、日常维护及系统设计缺陷等。

3）冬季运行时应特别注意天然气凝析油对干气密封的污染。

4）减少污染的措施，应根据压缩机运行站场的实际情况，从操作、维护、优化等方面进行综合施策，不应千篇一律。

参 考 文 献

[1] 美国石油学会. API Std 617—2022. 石油、化工和气体工业用离心压缩机 [S]. 纽约：美国石油学会，2022.

[2] 李平. 西部管道压缩机组控制系统的维护及管理 [J]. 自动化应用，2016 (6)：3.

[3] HORAN S. GSI6 gas melering system fuel valve with on-board electronie controller analog and digital version installation and operation manual [EB/OL]. (2020-09-11). http://www. woodwand. com/searchpublications. aspx.

[4] 战鹏，李宇峰. 大流量燃气轮机调节阀试验研究 [J]. 汽轮机技术，2008，50 (4)：3.

[5] ANDRAS. GEH-6721D Mark Ⅵe control system guide volume Ⅰ [EB/OL]. [2020-09-11]. http://www. woodwand. com/searchpublications. aspx.

[6] 工业和信息化部. JB/T 9218—2015. 无损检测 渗透检测方法 [S]. 北京：机械工业出版社，2015.

[7] 国家质量监督检验检疫总局. GB/T 9445—2024. 无损检测人员资格鉴定与认证 [S]. 北京：中国标准出版社，2015.

[8] 国家质量监督检验检疫总局. GB/T 8923.1—2011. 涂覆涂料前钢材表面处理 表面清洁度的目视评定 [S]. 北京：中国标准出版社，2011.

[9] 勒贝克. 机械密封原理与设计 [M]. 北京：机械工业出版社，2016.

[10] 何存兴. 液压传动与气压传动 [M]. 武汉：华中科技大学出版社，2008.

[11] SUHAIL HORAN. 3055 VSV Servovalve and VSV actuators installation and operation manual [EB/OL]. Fort Collins：Woodward INC，2013 (2013-01-17) [2020-07-29]. http://www. woodward. com/directory.

[12] CHRISTOPHER PERKINS. 3055 hydraulic pump/Servovalve assembly installation and operation manual [EB/OL]. Fort Collins：Woodward INC，2015 (2016-01-07) [2020-07-29]. http://www. woodward. com/directory.

[13] Fort Collins：Woodward INC. 3055 hydraulic pump/Servovalve assembly damaged torue motor wiring repair [EB/OL]. (2011-05-15) [2020-07-29]. http://www. woodward. com/directory.

[14] Fort Collins：Woodward INC. 3055 hydraulic pump and manifold plate installation and operation manual [EB/OL]. (2011-03-25) [2020-07-29]. http://www. woodward. com/directory.

[15] FLORENCE：GEPS OIL &GAS Nuovo Pignone. Operation and maintenance manual volume Ⅲ illustrated parts breakdown [EB/OL]. (2009-12-02) [2020-07-29]. http://www. gepower. com/geoilandgas.

[16] BORIS SERGIO. instruction，operation and maintenance manual volume Ⅱ description-operation-maintenance [EB/OL]. FLORENCE：GEPS OIL &GAS Nuovo Pignone，2009 (2009-12-02) [2020-07-29]. http://www. gepower. com/geoilandgas.

[17] 国家质量监督检验检疫总局. GB/T 9239.1—2006. 机械振动恒态（刚性）转子平衡品质要求第 1 部分：规范与平衡允差的检验 [S]. 北京：中国标准出版社，2006.

[18] 国家市场监督管理总局. GB/T 9239.12—2021. 机械振动 转子平衡 第 12 部分：具有挠性特性的转子的平衡方法与允差 [S]. 北京：中国标准出版社，2021.

[19] 国家质量技术监督局. GB/T 11348.1—1999. 旋转机械转轴径向振动的测量和评定第 1 部分：总则 [S]. 北京：中国标准出版社，1999.

[20] 国家质量技术监督局. GB/T 13675—2021. 航空派生型燃气轮机包装与运输 [S]. 北京：中国标准出版社，2021.

[21] 尹雨春. 长输管线压缩机产品概述 [J]. 中国高新技术企业，2015 (13)：3.

[22] GODSE A. 干气密封 [J]. 刘学荣，译. 中国设备工程，2001 (04)：48-50.

［23］晏初宏. 机械设备修理工艺学［M］. 北京：机械工业出版社，2010.

［24］VILA M, CARRAPICHANO J M, GOMES J R, et al. Ultra-high performance of DLC-coated Si_3N_4 rings for mechanical seals［J］. Wear, 2008, 265 (5-6)：940-944.

［25］王泽平，毕晓明. 循环氢压缩机高压干气密封"硬对硬"摩擦副国产化技术分析［J］. 化工设备与管道，2015 (3)：5.

［26］国家质量监督检验检疫总局. GB/T 14100—2016. 燃气轮机验收试验［S］. 北京：中国标准出版社，2016.

［27］中华人民共和国国家质量监督检验检疫总局，中国国家标准化管理委员会. 机械密封用碳化硅密封环技术条件：JB/T 6374—2006［S］. 北京：机械工业出版社，2006.

［28］GB/T 11348.4—2015. 机械振动在旋转轴上测量评价机器的振动第4部分：具有滑动轴承的燃气轮机组［S］. 北京：中国标准出版社，2015.

［29］BHUSHAN B. 摩擦学导论［M］. 葛世荣，译. 北京：机械工业出版社，2007.

［30］吴爱中. 动力涡轮在外力拖动下的工况分析［J］. 汽轮机技术，2004, 46 (5)：4.

［31］GIACHI F. Gas turbine data sheet PGT25 plus［R］. Florence：GE, 2008. http://www. geenergy. com.

［32］GB/T 11371—2008. 轻型燃气轮机的使用与维护［S］. 北京：中国标准出版社，2008.

［33］黄晓斌，罗通伟，何晓辉. 汽轮机末级叶片用钢1Cr12Ni3Mo2VN的研制［J］. 特钢技术，2005, 10 (3)：7.

［34］LUCIANO F. Hot gas path parts&rotor preliminary report［R］. Florence：GE, 2020. http://www. geenergy. com.

［35］汪洪滨. 动力涡轮机模拟装配系统及其关键技术研究［J］. 汽轮机技术，2009, 51 (04)：257-260.

［36］邓旺群. 航空发动机柔性转子动力特性及高速动平衡试验研究［D］. 南京：南京航空航天大学，2006.

［37］SERGIO B. LM2500+ high speed power turbine part number 12-package redesign gas turbine service manual of description operation & maintenance［R］. Florence：GE, 2009. http://www. geenergy. com.

［38］SERGIO B. LM2500+HSPT part number 12 power turbine illustrated parts breakdown［R］. Florence：GE, 2009. http://www. geenergy. com.

［39］SERGIO B. Instruction, operation and maintenance manual LM2500+HSPT Description-Operation-Maintenance［R］. Florence：GE, 2009. http://www. geenergy. com.

［40］黄素华，苏保兴，华宇东等. 燃气轮机NO_x排放控制技术［J］. 中国电力，2012, 45 (6)：100-103.

［41］沈利萍，顾正皓，丁勇能. 基于MARK Ⅵe控制系统的燃料气系统参数辨识［J］. 浙江电力，2015, 34 (10)：4.

［42］张会生，周登极. 燃气轮机可靠性维护理论及应用［M］. 上海：上海交通大学出版社，2016.

［43］工业和信息化部. SH/T 3547—2011. 石油化工设备和管道化学清洗施工及验收规范［S］. 北京：中国石化出版社，2011.

［44］国家质量监督检验检疫总局. GB/T 25146—2010. 工业设备化学清洗质量验收规范［S］. 北京：中国标准出版社，2010.

［45］博伊斯. 燃气轮机工程手册［M］. 4版. 丰镇平，李祥晟，邓清华，等译. 北京：机械工业出版社，2012.

［46］姬忠礼，邓志安，赵会军. 泵和压缩机［M］. 3版. 北京：石油工业出版社，2015.

［47］黄志坚. 机械设备振动故障诊断与监测技术［M］. 2版. 北京：化学工业出版社，2009.

［48］李淑英，王志涛. 燃气轮机性能分析［M］. 哈尔滨：哈尔滨工程大学出版社，2017.

［49］吴斌，迈赫迪·纳里马尼. 大功率变频器及交流传动［M］. 2版. 卫三民，苏位峰，宇文博，等译. 北京：机械工业出版社，2018.

［50］秦海鸿，聂新. 现代交流调速技术［M］. 北京：科学出版社，2016.

［51］American Society of Mechanical Engineers. Performance test code on compressors and exhausters ASME PTC10-1997［S］. 1997.

［52］International Organization for Standardization. Turbocompressors—performance test code ISO 5389：2005 ［S］. 2005

［53］Maciej Ławryńczuk Jet engine turbine and compressor characteristics approximation by means of artificial neural networks［C］. International Conference on Adaptive and Natural Computing Algorithms, Warsaw, 11-14 April 2007：143-152.

［54］FEI J, ZHAO N, SHI Y, et al. Compressor performance prediction using a novel feed-forward neural network based on Gaussian Kernel function［J］. Advances in Mechanical Engineering, 2016, 8（1）. DOI：10. 1177/1687814016628396.

［55］GHORBANIAN K, GHOLAMREZAEI M. An artificial neural network approach to compressor performance prediction［J］. Applied Energy, 2009, 86：1210-1221.

［56］GHOLAMREZAEI M, GHORBANIAN K. Compressor map generation using a feedforward neural network and rig data［J］. Proceedings of the Institution of Mechanical Engineers, Part A：Journal of Power and Energy, 2010, 224（1）：97-108.

［57］TSOUTSANIS E, MESKIN N, BENAMMAR M, et al. A component map tuning method for performance prediction and diagnostics of gas turbine compressors［J］. Applied Energy, 2014, 135：572-585.

［58］TSOUTSANIS E, MESKIN N, BENAMMAR M, et al. Transient gas turbine performance diagnostics through nonlinear adaptation of compressor and turbine maps［J］. Journal of Engineering for Gas Turbine Power, 2015, 137（9）：091201.

［59］STAMATIS A, MATHIOUDAKIS K, PAPAILIOU K D. Adaptive simulation of gas turbine performance［J］. Journal of Engineering for Gas Turbine Power, 1990, 112（2）：168-175.

［60］KONG C, KHO S, KI J. Component map generation of a gas turbine using genetic algorithms［J］. Journal of Engineering for Gas Turbine Power, 2006, 128（1）：92-96.

［61］LI Y G, PILIDIS P, NEWBY M A. An adaptation approach for gas turbine design-point performance simulation［J］. Journal of Engineering for Gas Turbine Power, 2006, 128（4）：789-795.

［62］ROTH B A, DOEL D L, CISSELL J J. Probabilistic matching of turbofan engine performance models to test data［C］. AMES Turbo Expo 2005：Power for Land, Sea, and Air. Reno-Tahoe：American Society of Mechanical Engineers, 2005：541-548.

［63］GATTO E L, LI Y G, PILIDIS P. Gas turbine off-design performance adaptation using a genetic algorithm ［C］. ASME Turbo Expo 2005：Power for Land, Sea, and Air. Reno-Tahoe：American Society of Mechanical Engineers, 2005：551-560.

［64］LI Y G, GHAFIR M A, WANG L, et al. Improved multiple point nonlinear genetic algorithm based performance adaptation using least square method［J］. Journal of Engineering for Gas Turbine Power, 2012, 134 （3）：031701.

［65］YING YULONG, LI SHUYING. A gas turbine performance adaptation method based on particle swarm optimization algorithm［J］. Gas Turbine Technology, 2015, 28（4）：48-54.